“国家示范性高等职业院校建设计划项目”中央财政支持重点建设专业
杨凌职业技术学院水利水电建筑工程专业课程改革系列教材

水利水电工程施工技术

《水利水电工程施工技术》课程建设团队　主编

内 容 提 要

本教材以水利水电工程建筑专业及其专业岗位群的培养目标和我国现行水利水电工程施工规范及工程验收规范为依据进行编写，在具体内容中以工作任务的完成为目标，以完成工作任务的过程为主线，选择基本理论知识与能直接形成实践能力的实用知识内容。

本教材共分为6个模块，即：明挖工程爆破施工，地基处理工程施工，混凝土工程与混凝土建筑物施工，土方工程与土石坝施工，砌筑工程与浆砌石坝施工，地下洞室施工。在各模块之中按照完成工作的类型与顺序，构建形成项目导向、任务驱动的工学结合的教材内容模式。

本教材可作为水利水电工程建筑专业以及专业岗位群的教材或参考书，也可供施工一线施工技术人员学习与参考。

图书在版编目（CIP）数据

水利水电工程施工技术/《水利水电工程施工技术》课程建设团队主编．—北京：中国水利水电出版社，2011.1（2016.1重印）
“国家示范性高等职业院校建设计划项目”中央财政支持重点建设专业、杨凌职业技术学院水利水电建筑工程专业课程改革系列教材
ISBN 978-7-5084-8074-9

Ⅰ.①水… Ⅱ.①水… Ⅲ.①水利工程-工程施工-高等学校：技术学校-教材②水力发电工程-工程施工-高等学校：技术学校-教材 Ⅳ.①TV5

中国版本图书馆CIP数据核字（2010）第241310号

书 名	“国家示范性高等职业院校建设计划项目”中央财政支持重点建设专业 杨凌职业技术学院水利水电建筑工程专业课程改革系列教材 **水利水电工程施工技术**
作 者	《水利水电工程施工技术》课程建设团队 主编
出版发行	中国水利水电出版社 （北京市海淀区玉渊潭南路1号D座 100038） 网址：www.waterpub.com.cn E-mail：sales@waterpub.com.cn 电话：（010）68367658（发行部）
经 售	北京科水图书销售中心（零售） 电话：（010）88383994、63202643、68545874 全国各地新华书店和相关出版物销售网点
排 版	中国水利水电出版社微机排版中心
印 刷	北京瑞斯通印务发展有限公司
规 格	184mm×260mm 16开本 24.5印张 581千字
版 次	2011年1月第1版 2016年1月第3次印刷
印 数	6001—8000册
定 价	**45.00**元

“国家示范性高等职业院校建设计划项目”
教材编写委员会

《水利水电工程施工技术》
教材编写团队

主　编　杨凌职业技术学院　卜贵贤
杨凌职业技术学院　朱显鸽

参　编　杨凌职业技术学院　赵旭升
杨凌职业技术学院　冯　旭
杨凌职业技术学院　穆创国
杨凌职业技术学院　何祖朋
中国水利水电第十五工程局有限公司　张天亮

主　审　杨凌职业技术学院　高安吉
中国水利水电第七工程局有限公司　郗举科

序言

2006年11月，教育部、财政部联合启动了“国家示范性高等职业院校建设计划项目”，杨凌职业技术学院是国家首批批准立项建设的28所国家示范性高等职业院校之一。在示范院校建设过程中，学院坚持以人为本，以服务为宗旨，以就业为导向，紧密围绕行业和地方经济发展的实际需求，致力于积极探索和构建行业、企业和学院共同参与的高职教育运行机制，在此基础上，以“工学结合”的人才培养模式创新为改革的切入点，推动专业建设，引导课程改革。

课程改革是专业教学改革的主要落脚点，课程体系和教学内容的改革是教学改革的重点和难点，教材是实施人才培养方案的有效载体，也是专业建设和课程改革成果的具体体现。在课程建设与改革中，我们坚持以职业岗位（群）核心能力（典型工作任务）为基础，以课程教学内容和教学方法改革为切入点，坚持将行业标准和职业岗位要求融入到课程教学之中，使课程教学内容与职业岗位能力融通、与生产实际融通、与行业标准融通、与职业资格证书融通，同时，强化课程教学内容的系统化设计，协调基础知识培养与实践动手能力培养的关系，增强学生的可持续发展能力。

通过示范院校建设与实践，我院重点建设专业初步形成了“工学结合”特色较为明显的人才培养模式和较为科学合理的课程体系，制订了课程标准，进行了课程总体教学设计和单元教学设计，并在教学中予以实施，收到了良好的效果。为了进一步巩固扩大教学改革成果，发挥示范、辐射、带动作用，我们在课程实施的基础上，组织由专业课教师及合作企业的专业技术人员组成的课程改革团队编写了这套工学结合特色教材。本套教材突出体现了以下几个特点：一是在整体内容构架上，以实际工作任务为引领，以项目为基础，以实际工作流程为依据，打破了传统的学科知识体系，形成了特色鲜明的项目化教材内容体系；二是按照有关行业标准、国家职业资格证书要求以及毕业生面向职业岗位的具体要求编排教学内容，充分体现教材内容与生产实际相融通，与岗位技术标准相对接，增强了实用性；三是以技术应用能力（操作技能）为核心，以基本理论知识为支撑，以拓展性知识为延伸，将理论知识学习与能力培养置于实际情景之中，突出工作过程技术能力的培养和经验性知识的积累。

本套特色教材的出版，既是我院国家示范性高等职业院校建设成果的集中反映，也是带动高等职业院校课程改革、发挥示范辐射带动作用的有效途径。我们希望本套教材能对我院人才培养质量的提高发挥积极作用，同时，为相关兄弟院校提供良好借鉴。

杨凌职业技术学院院长：

2010年2月5日于杨凌

前言

水利水电建筑工程专业是杨凌职业技术学院“国家示范性高等职业院校建设计划项目”中央财政重点支持的四个专业之一，项目编号为062302。按照子项目建设方案，在广泛调研的基础上，与行业企业专家共同研讨，在原国家教改试点成果的基础上不断创新“合格+特长”的人才培养模式，以水利水电工程建设一线的主要技术岗位核心能力为主线，兼顾学生职业迁移和可持续发展需要，构建工学结合的课程体系，优化课程内容，进行专业平台课与优质专业核心课的建设。经过三年的探索实践取得了一系列的成果，2009年9月23日顺利通过省级验收。为了固化示范建设成果，进一步将其应用到教学之中，实现最终让学生受益，在同类院校中形成示范与辐射，经学院专门会议审核，决定正式出版系列课程教材，包括优质专业核心课程、工学结合一般课程等，共计16部。

“水利水电工程施工技术”是水利水电工程建筑专业的一门核心主干必修课程，也是水利类专业岗位群的一门专业课。

水利水电工程施工技术是从事水利水电工程建设工作必备的知识与技能，是水利水电建筑工程专业学生胜任工作应具备的核心能力。由于水利水电工程建筑物的类型多样性及构成的复杂性，其技术方法和技术措施也有其多面性，并随着施工条件的变化而有其不同的适应性和选择性。本教材主要以目前水利水电工程涉及的工程类型和最为常用的技术方法为主形成核心内容。

本教材由课程建设团队成员共同教研组织编写，其中课程描述、模块1、模块2、模块5由卜贵贤编写，模块3由朱显鸽编写，模块4由何祖朋编写，模块6分别由赵旭升编写任务6.1.1、任务6.1.2，穆创国编写任务6.1.3、任务6.1.4，冯旭编写任务6.1.5，张天亮编写项目6.2与项目6.3。全书由卜贵贤、朱显鸽主编，高安吉、郗举科主审。

在本教材的编写过程中得到了有关企业工程技术人员的鼎力协助，同时杨凌职业技术学院水利系主任拜存有副教授也给予大力支持，并提出了建设性意见。在此，对本书编写给予支持和所引用到文献资料的作者一并表示感谢。由于水平有限，难免存在不足，恳请读者与同行专家批评指正。

编者

2010年7月

课 程 描 述

1　水利水电工程施工技术的发展

水利水电工程施工技术是水利水电工程施工方法、措施、手段以及组织应用的综合体现，施工技术支撑着工程建设，使得大型超大型工程得以实现，同时水利水电事业的快速发展又促使了施工技术的不断进步，可以说施工技术一方面是水利水电工程建设的基础保障，另一方面又随着水利水电工程建设的发展而发展。

我国水利水电建设历经坎坷曲折，从小到大，由弱到强不断发展。水利工程建设可以追溯到古代时期，早在公元前230年就修建了诸多水利工程设施，如都江堰、京杭大运河等工程。这些工程对当时乃至现今社会的农业与航运事业发展有着重要作用。这些工程的建设是我国劳动人民智慧的结晶，就工程自身来说的确有其奇妙的地方，就工程修建的过程在当时那样落后的生产力水平条件下也有其独特性的做法，甚至某些做法在如今也有可借鉴的价值。旧中国的水利水电建设是十分落后的，自1912年在云南建成石龙坝水电站（装机容量仅为12kW）到1949年的几十年间，全国修建的水电站装机容量还不足36万kW，其中还包括了日本侵略者为掠夺我国资源在东北修建的丰满等水电站。我国水利水电事业的大力发展主要是在1949年新中国成立之后，特别是1978年改革开放以来随着国力与科学技术水平的发展与提高，水利水电事业得到迅猛发展，工程规模不断扩大，20世纪修建了一大批大型灌区与大型水电站工程，尤其在水电建设方面更为突出，代表性的工程包括：在20世纪50年代有新安江、盐锅峡等；在60年代有刘家峡、丹江口、三门峡等；在70年代有葛洲坝、乌江渡、龚嘴等；在80年代有龙羊峡、水口、岩滩、隔河岩等；在90年代有五强溪、李家峡、二滩、天生桥等。世纪之交修建有三峡、小浪底、大朝山、棉花滩等；进入21世纪，水电建设也进入大发展的新高潮，开工建设的龙滩、小湾、公伯峡、三板溪、洪家渡等都是大型水电站，截至2005年，我国水电开发量达9520万kW，占全国总装机容量的27%。随着对金沙江、雅砻江、大渡河、澜沧江、乌江、红水河和黄河上游水电资源的全面开发，我国水电装机容量在2010年可达1.25亿kW，到2015年可达1.5亿kW，按照我国水能资源理论蕴藏量6.76亿kW中可开发量为3.78亿kW，这时全国水能资源开发程度可达40%。随着水电事业的发展和科技水平的极大提高，工程建设技术水平也得到不断提高，在施工技术方面我国已进入世界先进行列，某些方面已处于世界领先地位。施工技术发展表现在以下几个方面。

1.1　施工导流工程

我国江河众多，经过多年尤其是近20年来的工程实践，在大江大河立堵或平立堵截流，各种大流量挡水与导流建筑物包括围堰、明渠、隧洞、底孔等的修建、拆除与封堵，各种坝体拦洪或过水度汛，施工期通航过木以及围堰挡水提前发电受益等各个方面都积累了十分丰富的经验，并发展了各种类型的挡水或过水围堰及其相应的地基处理技术。如今，我国已有能力驾驭各大江大河，大流量明渠或隧洞导流已非难题。当今世界上最大规模的长江三峡导流明渠工程的顺利通航，深水大流量截流，高挡水标准、巨大填筑量、高混凝土防渗墙，低渗漏量的二期上下游深水围堰工程的按期建成，就是最有说服力的例证。

1.2 土石方开挖工程

土石方开挖技术水平与能力显著增强。20世纪50年代后期到2009年我国先后建成和在建的大型水电站（≥25万kW）中开挖量在500万m^3以上的有30多座，在1000万m^3以上的有6座，年开挖强度超过1000万m^3的工程有葛洲坝、小浪底工程和三峡等工程，三峡工程土石方开挖总量达1.21亿m^3，最大年开挖强度高达4400万m^3，可见工程规模之大。很多大型工程例如安康、龙羊峡、天生桥二级、铜街子、漫湾、五强溪、隔河岩、李家峡、二滩、天荒坪、小浪底、长江三峡等工程的建设促进了高边坡治理与加固技术的发展。此外，还有各种不同地质条件下的大型地下厂房、长大隧洞和高压输水管道的施工。在完成上述各种不同规模和不同地质条件的开挖工程中，除不断提高施工机械化程度和水平外，还采用了许多新技术：在爆破技术方面，广泛采用预裂爆破、光面爆破、孔内孔间微差顺序爆破；在岩体支护方面，针对不同的要求采用锚洞、锚杆、锚桩、预应力锚索及喷混凝土。这些在工程实践中不断发展起来的技术，使坝基开挖、地下工程开挖与围岩支护衬砌、高边坡治理以及石料场开采等得以顺利进行，提高了工程质量，保证了施工期和运行期的工程安全。

1.3 地基处理工程

具有我国特色的高压水泥灌浆技术用于喀斯特和非喀斯特地层的帷幕灌浆和固结灌浆，为高坝大库防渗、高压输水道围岩的结构稳定和渗流稳定提供了保证。为满足不同工程的地基处理要求，各种灌浆材料包括超细水泥、胶状浆体和各种化学灌浆材料也相继得到应用和发展，并取得满意的效果。20世纪50年代末到70年代，我国相继在深厚覆盖层中建造混凝土防渗墙取得成功，促进了砂砾石地基土石坝或混凝土闸坝的发展。80年代至90年代革新了造墙机具和墙体材料，提高了施工效率和墙体质量，最大造墙深度达到82m（小浪底工程），并完成了深达101m的造墙试验（冶勒工程），使我国的造墙技术达到一个新的更高的水平；80年代以后，高压喷射灌浆成墙技术也广泛地用于围堰和坝基覆盖层的防渗；此外，沉井、抗滑桩和振冲加固技术也用于一些有特殊要求的地基处理。

1.4 土石坝工程

20世纪50年代至70年代，当时我国施工机械化程度较低，以人力为主修建了一批均质土坝、黏土心墙或斜墙砂砾石坝，并将定向爆破筑坝技术成功地用于一批中小型工程。70年代以后，吸收国际上的筑坝技术和经验，引进并开发了各种大型土石方施工机械，使以碾压堆石为主的混凝土面板和黏土心墙堆石坝在我国得到迅速发展，90年代后期建成的天生桥一级混凝土面板堆 石坝（高178m）和建于深覆盖层上的小浪底黏土斜心墙堆石坝（高154m）是其代表，其最高月填筑强度分别超过110万m^3和150万m^3。在提高混凝土面板抗裂、防渗和耐久性，改进周边缝止水结构和材料以及面板滑模施工技术等方面都有所发展和创新。此外，沥青混凝土也经常用于土石坝的防渗，并取得了新的经验。

1.5 混凝土工程

混凝土工程在水利水电工程中占较大规模，混凝土坝在我国占主导地位。在我国已建成的1万kW以上的水电站中，混凝土坝约占70%，共浇筑各种水工混凝土2.48亿m^3。在大型水电站中混凝土坝占84%，在已建成的39座100m以上高坝中，混凝土坝共25座，占64%。

混凝土材料生产技术日益成熟，生产力日趋增强，混凝土原材料优选和优化混凝土配合比设计的理论与实践也比较成熟。20世纪60年代以前，我国各水电工程以使用天然砂石料为主，随着水电建设逐步向西部地区和各流域上游转移，当地天然砂石料资源渐趋短缺。70年代乌江渡工程建成以灰岩为料源的大型人工砂石料系统，产品质优价廉。此后人工砂石料相继为西南和中南地区一些大型工程所采用。二滩水电站建成了以正长岩为料源的先进人工砂石料系统，产品性能和质量优越；长江三峡工程以花岗岩为料源，并大量利用开挖料，建成了当今世界规模最大的人工砂石料系统。

混凝土坝施工综合机械化程度和水平有很大提高，高效施工设备包括自动化拌和楼、高效缆索起重机、大型门机、塔机以及胶带机运输系统有比较广泛的使用，在一些工程中年混凝土浇筑量达到100万m^3以至200万m^3以上，三峡工程，1999年混凝土浇筑量高达458万m^3。采用水冷、风冷骨料以及加冰拌和等预冷工艺后，夏季能生产7～10℃低温混凝土，可满足更严格的温度控制要求，一些大型工程采用通仓浇筑取代了长期沿用的柱状浇筑，既提高了结构的整体性，也加快了施工进度。此外，强力成组振捣器的使用、模板技术的革新、缝面处理与表面保护技术的改进，都有利于提高工程质量和施工效率。

碾压混凝土筑坝技术自1986年在福建坑口工程取得成功经验后，在我国发展很快，目前已建和在建的碾压混凝土坝达40座，总体积超过1000万m^3，此外，碾压混凝土也常用于围堰工程。我国碾压混凝土施工的特点是高掺粉煤灰、低稠度、短间歇、薄层全断面碾压、快速连续上升，近年还发展了斜层铺筑碾压新工艺。

新技术、新材料以及新工艺的采用和不断创新，施工机械化程度和水平的提高以及水电建设管理体制的改革，使工程建设取得了巨大的经济效益。

尽管我国的水电建设取得了巨大的成就，但水电资源开发利用程度仍然较低，这与我国拥有的居世界首位的水能资源极不相称。面对环境保护的严峻形势，在21世纪前50年，我国水电必将有一个更大的发展，以适应国民经济发展和建设全国大电网的要求。随着水电建设重心向西进一步的转移，将面临更险峻的地形和更复杂的地质（包括高地震烈度、高地应力、喀斯特岩爆等），要在更不利的条件下修建各类更高的坝，更多的大型地下厂房和更长或更大的水工隧洞，处理更高的边坡和更深厚的河床覆盖层。此外，还将面临当地人力资源短缺和交通不便等困难。

2 水利水电工程施工技术特点

（1）水利工程施工多在河流上进行，因而需要采取导截流、基坑排水、施工度汛、施工期通航及下游供水等措施，以保证工程施工的顺利进行。

（2）水利工程施工经常遇到复杂的地质条件，如渗漏、软弱地基、断层、破碎带及滑坡等，因而要进行相应的地基处理，以保证施工质量。

（3）水利工程多为露天施工，需要采取适合的冬季、夏季、雨季等不同季节的施工措施，保证施工质量和进度。

(4) 水利工程一般都是挡水或过水建筑物，这些建筑物的安全往往关系到国计民生和下游千百万人民生命财产的安危，因此必须确保施工质量。

3 课程设置情况

“水利水电工程施工技术”课程是水利水电工程建筑专业的一门核心主干必修课程，也是水利类专业岗位群的一门专业课，承担着水利水电工程建筑专业及其专业岗位群的职业核心能力的培养任务，一方面为学生掌握典型工种的施工方法和施工工艺，为主要水工建筑物的施工程序、施工方法及质量与安全控制等核心能力提供知识与技术支撑；另一方面为学生良好职业道德和职业素养的形成提供服务与支撑。

本课程以《工程水文与水力学》、《工程土力与地质学》、《水利水电工程建筑结构》、《工程建筑材料》、《水工建筑物》、《水电站建筑物》等课程教材的学习为基础，并与《施工组织设计与造价》、《施工测量放线》、《水利工程管理》等课程教材的学习相衔接，共同实现学生专业核心能力的培养目标。本课程具有培养水利水电工程施工一线施工技术员与高等级技能人才的功能，同时也有为工程施工组织与造价工作提供技术服务与支撑的功能。

本课程立足于实际能力的培养，打破以知识传授为主要特征的传统学科课程模式，转变为以工作任务为核心组织课程内容和实施课程教学，让学生在完成具体项目的过程中构建施工技术理论知识，并发展职业能力。课程的内容是以职业活动为导向，紧紧围绕职业能力目标的实现，取材于水利水电工程施工职业岗位活动和实际工作流程，使课程的内容和顺序，从“以知识的逻辑线索为依据转变成以职业活动的工作过程为依据”。

课程内容主要涵盖并凸显对学生岗位专业能力的训练，其理论知识的选取紧紧围绕工作任务完成的需要来进行，同时又充分考虑了高等职业教育对理论知识学习的需要，并融合了相关职业资格证书对知识、技能和素质的要求。例如：技能证书考试内容包含了爆破工、钢筋工、混凝土工等知识和技能。

课程内容设置为6个模块，每个模块又包含了相关项目与任务，即：

(1) 明挖工程爆破施工：建筑物岩基开挖，岩石高边坡开挖爆破，堆石坝石料开采。

(2) 地基处理工程施工 ：岩基帷幕灌浆处理，砂砾石地层灌浆，地下混凝土防渗墙施工，高压喷射灌浆。

(3) 混凝土工程与混凝土建筑物施工：混凝土坝施工，模反施工，钢筋工程施工，碾压混凝土坝施工，水电站厂房施工，混凝土水闸施工。

(4) 土方工程与土石坝施工：坑（渠）槽土方挖运，填筑体土石料的压实。混凝土面板堆石坝施工。

(5) 砌筑工程与浆砌石坝施工：砖砌墙体施工，砌石护坡施工，小跨径拱涵浆砌石施工，浆砌石坝施工。

(6) 地下洞室施工：岩石平洞工程钻爆法施工，掘进机TBM法掘进，盾构法开挖隧洞。

4 课程目标

通过本课程的学习总体上实现以下目标。

(1) 能利用水利水电工程施工基本词汇及专业用语。

(2) 根据施工图纸和特定环境条件恰当选用施工技术方法，安全有效地完成各类水利水电建筑物及典型工种施工，具备水利水电施工技术的运用能力。

(3) 能进行常用工种（混凝土、爆破、钢筋、模板、灌浆）的一般生产操作，具备初步的实践操作能力。

(4) 有效地进行主要建筑物及典型工中组织施工，具备初步的现场进行组织的能力。

(5) 能应用施工技术规范与工程验收规范进行施工质量的检测、控制及安全文明施工，具备规范文明安全施工的意识和能力。

(6) 能对生产及质控质检工作中所用的重点设备仪器进行操作运用与维护，具备应用与使用先进仪器设备的能力。

(7) 遇到工程问题时，能运用施工基本的技术方法、知识及原理进行处理方案的制定和在实际中做出决定以及技术总结的能力。

(8) 自觉接受新技术并运用于生产中的创新能力。

(9) 具备在复杂环境中做事的能力以及与人协作的能力；具备在完成任务过程中大胆科学思考的能力、开拓创新的能力、团结协作和吃苦耐劳等良好的意识与态度，以及自我学习和持续发展的能力。

目录

模块1 明挖工程爆破施工

在水利水电工程建设中，经常涉及各种建筑物岩基与石料开挖等项目，由于岩石比较坚硬，机械难以直接挖掘，目前均采用炸药爆破的方法进行，一般先将岩体爆破形成渣体，然后再用挖运机械挖装运出。通常这类项目工程量大，开挖又有一些特定的质量要求，因此，爆破技术对提高爆破效率，保证开挖质量是至关重要的。

在露天进行的明挖通常涉及建筑物岩基开挖、岩石高边坡开挖、堆石坝石料开采等项目。

项目1.1 建筑物岩基开挖

工程背景（案例项目）：三峡船闸爆破开挖工程

工程情况：三峡工程永久船闸基岩主要为闪云斜长花岗岩，岩体完整坚硬，最发育的几组断层、裂隙、岩脉等主要结构面的走向与边坡走向夹角较大，有利于边坡稳定；但基岩又是一个古老多隐裂隙的岩体，在开挖卸荷及爆破的双重作用下，裂隙易张开，在结构面出露处形成不稳定块体，所以对直立墙边坡开挖必须采取安全可靠的技术措施，将爆破影响至最低限度。

永久船闸一期工程开挖后，两岸形成了从上至下7个台阶，揭顶工程基本结束。二期工程主要开挖闸室直立墙边坡，如图1.1所示。永久船闸两线闸室间保留一个宽58m中

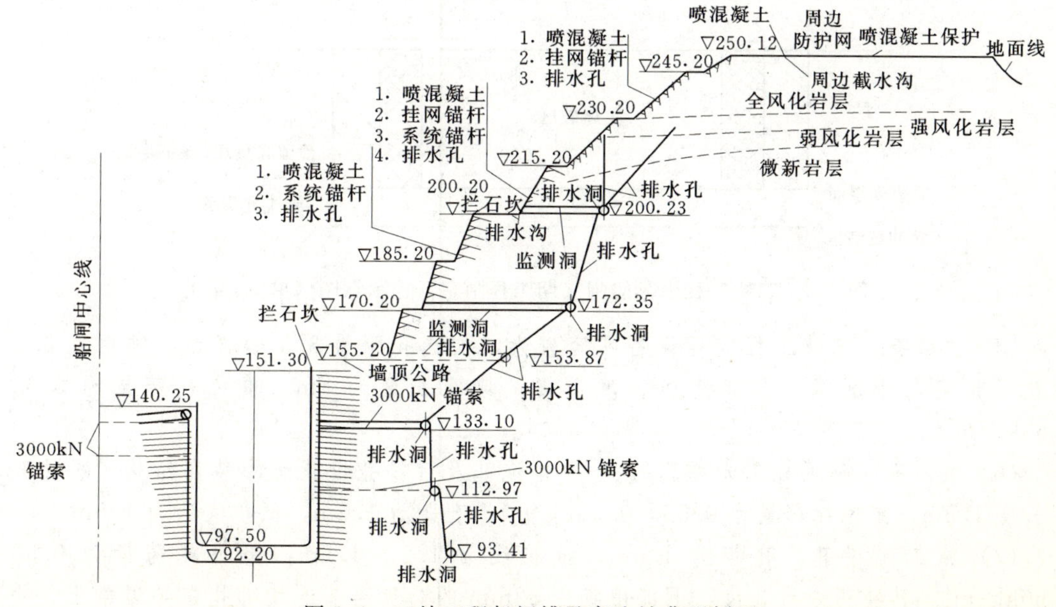

图1.1 三峡工程船闸槽及高边坡典型剖面

隔墩，每一闸室槽挖宽度38m，两侧为高达40～68m的直立边坡（每15m高差设宽度30cm的小台阶）。边坡不准欠挖，超挖不大于20cm。

开挖施工要点（方案）：该工程应用乳化炸药并采用导爆管为主要网路形式进行爆破。由槽中部向两侧分主爆区、缓冲区和光爆层保护区。深槽中部采取分层梯段微差爆破，分层高度10m，用直径89mm钻头钻孔，微差方式为V形和单孔微差结合并用，侧、底预留保护层，应用光面爆破一次开挖，用大斗装载及运输机械装渣运输。

问题：由案例项目可以看出：一个岩基爆破开挖项目的完成应寻求合理的施工程序、爆破方式、确定合理的爆破参数和装药量以及合理安全可靠的施工方法，那么应如何进行？

学习目标：

（1）知识目标。能陈述爆破工程术语和原理，能说出岩基爆破的工作内容和程序。

（2）能力目标。能正确运用爆破工程术语进行交流，能按程序安全保质有效地完成岩基爆破工作任务。

任务1.1.1 爆破设计

项目任务背景（案例项目）：三峡船闸爆破开挖工程爆破设计

三峡船闸爆破开挖工程实施槽挖梯段微差爆破。

（1）梯段高度H。根据爆破效果和挖、装效率确定，取H=10.m。

（2）钻孔直径D。为了减小爆破药包水平和底部影响范围，满足施工进度的要求，选择中等钻孔直径钻孔，即选直径89mm钻头钻孔。

（3）炮孔排数。坚硬花岗岩易残留根底，一次爆破炮孔排数不宜超过5排。

（4）孔网参数及装药结构。根据炮孔在爆区的位置分为三类孔：主爆孔、缓冲孔、施工光爆孔，如图1.2所示。

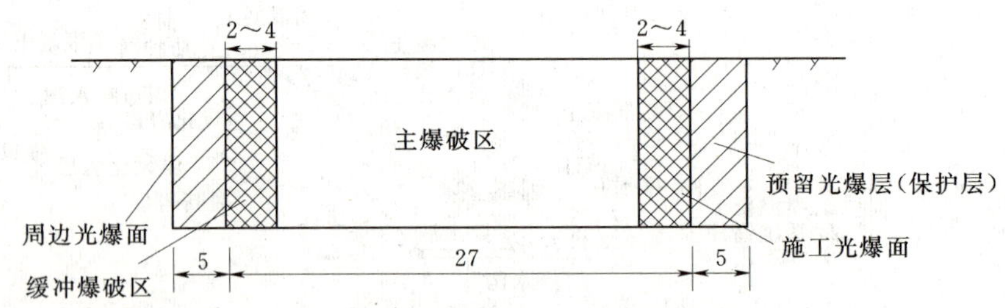

图1.2 三峡工程永久船闸二期工程闸室开挖示意图（单位：m）

（5）主爆孔。三峡工程挖运设备斗容较大，初选孔距为3.5～4.0m，排距为2.0m。炮孔下部装药密度低，上部装药密度更低。堵塞长度约2m。单位耗药量为0.55～0.65kg/m³。

（6）缓冲孔。邻近施工光爆孔的1～2排炮孔及后排孔设置缓冲装药结构。缓冲孔堵塞长度1.5m，单位耗药量为0.55～0.60kg/m³。孔距为1.5m，抵抗线约为1.8m。

（7）施工光爆孔。孔距为1.0m，抵抗线为1.2～1.5m，单位耗药量为0.55～0.60kg/m³。其装药分为3段，下部用直径32mm的药包双节连续绑扎在导爆索上，中部

单节连续绑扎，上部单节间隔绑扎，堵塞长度0.8～1.0m。

(8) 起爆方式：采用V形和单孔微差起爆方式，如图1.3所示。

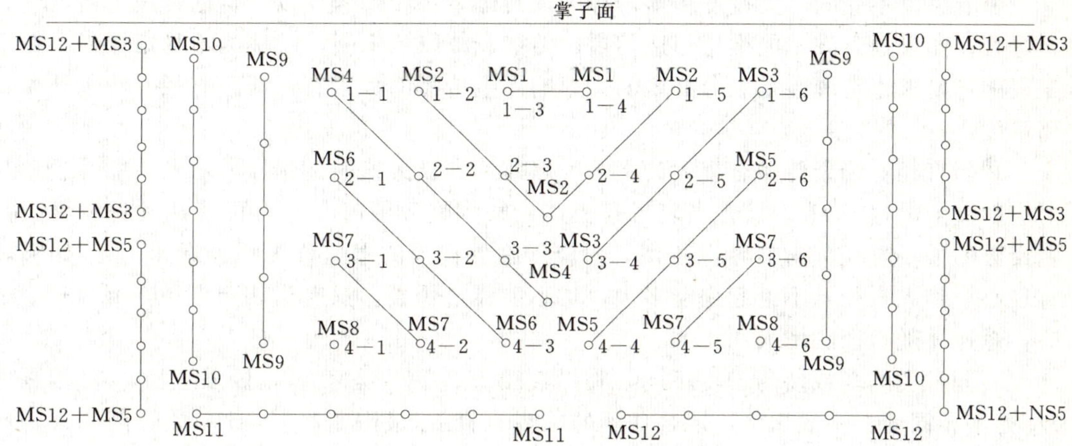

图1.3 V形起爆网络图

(9) 起爆顺序：如图1.3所示。中心四排炮孔为主爆孔，按V形起爆，先主爆孔，再缓冲孔，后光面孔侧向预留保护层光面爆破。

问题：爆破设计包括的内容有哪些？如何确定相关的爆破参数？

学习目标：

(1) 知识目标。能陈述爆破材料的性能、类型、爆破原理与爆破的常用方法。

(2) 能力目标。针对工程地质状况，能正确安全应用爆破材料，合理运用爆破方法，确定爆破参数，能正确绘制爆破网络，编制爆破实施计划书。

1.1.1.1 炸药及其选择

1.1.1.1.1 炸药的概念

1. 爆炸

爆炸是物质系统一种迅速的物理或化学变化过程。按引起爆炸原因的不同，可将爆炸分为物理爆炸、核爆炸和化学爆炸三大类。

2. 炸药

炸药是指在一定条件下能够发生快速化学反应、放出能量、生成气体产物并显示出爆炸效应的化合物或混合物，由氧化剂和还原剂两类物质组成。

因环境和条件的不同，炸药有4种不同形式的化学变化：热分解、燃烧、爆炸和爆轰。其中爆轰是指爆炸以最大的稳定速度进行传播的过程；爆炸和爆轰并无本质的区别，爆炸是一种不稳定的爆轰状态。

3. 爆轰波

爆轰波指炸药被引爆以后，在局部发生爆炸化学反应产生大量的高温高压和高速的气体产物，形成一种冲击波，并以高温、高压、高速、高密度的状态传播能量，作用于未反应的临近炸药薄层，这样持续作用持续反应，使冲击波维持一定速度和波阵面压力向前传播，这种伴随化学反应在炸药中传播的特殊形式的冲击波称为爆轰波。爆轰波的传播速度称爆速，爆轰波的传播过程称爆轰过程。

爆轰波以不变的最大速度传播，称为理想爆轰；如爆速仅以一定的常速传播，称为稳定爆轰；如果爆轰波不能维持恒速传播，传播衰减以致中断，就称为不稳定爆轰。在实际工程中，要求稳定爆轰是十分必要的。影响爆轰传播的因素有：药包直径、药包外壳、炸药量度。

装药直径对爆轰传播有很大的影响。爆速达到极大值时的最小直径称为极限直径 d_1，对应的极限爆速为 D_1。只有当装药直径达到某一临界值时，才有可能达到稳定爆轰，稳定爆轰的最小直径称为临界直径 d_s，对应于临界直径的爆速称为临界爆速 D_S。如果装药直径小于临界直径，不论起爆能多大，均不能稳定爆轰。只有当装药直径在 d_s 和 d_1 之间时，爆速才随直径的增大而增大。

不同种类炸药或装药密度不同，临界直径 d_s、临界爆速 D_S、极限直径 d_f 和极限爆速 D_F 是不相同的。一般而言，混合炸药的临界直径 d_s 极限直径 d_f 比单质炸药的大，而临界爆速 D_S 和极限爆速 D_f 比单质炸药的小。

表 1.1　部分炸药的临界直径和极限直径　单位：mm

炸药名称	临界直径	极限直径
黑索金	1.0～1.5	3～4
TNT	6	10～30
岩石铵梯炸药	15	120

表 1.1 列出了部分炸药的临界直径和极限直径。

药包外壳对爆轰也有一定的影响。外壳阻力越大，临界直径与极限直径就越小。

单质炸药装药密度增大，爆速也随之增大，并成线性关系。

对于混合炸药，起初，爆速随装药密度的增大而增大，但当密度增大到一定值时，爆速达到最大值。此后，随着密度的进一步增大，爆速反而下降，当密度超过某一极限值时，就会发生所谓的“压死”现象，导致炸药拒爆。

4. 爆破

爆破是利用炸药的爆炸能量对周围的岩石，混凝土或土等介质进行破碎、抛掷或压缩达到预定的开挖、填筑或处理等工程目的的技术。

1.1.1.1.2　炸药的分类

1. 按组成分

炸药分为单体（质）炸药和混合炸药两大类。

单体炸药又称为爆炸化合物。它本身是一种化合物，即一种均一的相对稳定的化学系统。

混合炸药是由两种或两种以上化学性质不同的组分组成的混合物。混合炸药是目前工程爆破中应用最广、品种最多的一类炸药。

2. 按用途分

炸药分为起爆药、猛爆药、发射药。

起爆药是一种对外界作用十分敏感的炸药，主要用于装填雷管和其他火工品，利用它来起爆猛炸药。最常用的起爆药有雷汞、叠氮化铅和二硝基重氮酚等。

猛炸药具有相当大的稳定性，对外界作用的敏感度比起爆药低得多，在使用时需用起爆药起爆。如 TNT、乳化炸药、浆状炸药和铵油炸药等，都是猛炸药。

发射药又称火药，其主要特点是对火焰敏感，化学反应呈燃烧形式，但在密闭条件下能转变为爆炸。

3. 按使用环境

炸药分为煤矿许用炸药、岩石炸药和露天炸药。

1.1.1.1.3 炸药的性能

1. 感度

炸药在外界能量作用下激起爆炸的过程称为起爆。起爆炸药所需的外界能量称为起爆能或初始冲能。

工业炸药常用的起爆能有 3 种：热能、机械能和爆炸能。其中爆炸能是指起爆药爆炸产生的可以起爆另一些炸药的爆轰波或高温、高压气体产物流的动能，常用的有雷管、导爆索和中继起爆药包等爆炸能。

炸药的感度是指炸药在外界起爆能的作用下发生爆炸的难易程度。感度的高低是以激发炸药爆炸反应所需要的起爆能的大小来衡量的。炸药起爆时所需的起爆能小，表示炸药的感度高；反之，所需的起爆能大，则表示炸药的感度低。

2. 炸药氧平衡

炸药通常是由碳、氢、氧、氮 4 种元素组成，通常可以写成 $C_aH_bO_cN_d$，其中碳、氢是可燃元素，氧是助燃元素，氮是载氧体。

炸药的爆炸反应将形成新的稳定产物，并且放出大量的热量，形成的产物主要有 CO_2、H_2O、CO、N_2、O_2、H_2、C、NO、CH_4 等。

炸药中所含的氧量与炸药中的碳、氢完全氧化所需的氧量之差，称为炸药的氧平衡。

炸药的氧平衡有以下 3 种情况。

(1) 正氧平衡。含氧量多于炸药反应所需氧量。

(2) 零氧平衡。含氧量与炸药反应所需氧量持平。

(3) 负氧平衡。含氧量少于炸药反应所需氧量。

正氧平衡炸药因未能充分利用炸药中的氧量，而且剩余的氧和游离状态的氮化合时，产生氮氧化物有毒气体，并吸收热量。

负氧平衡炸药因炸药中的氧量不足，未能充分利用可燃元素，并且生成可燃性 CO 有毒气体，但在生成产物中含双原子气体较多，能够增中生成气体的数量。

零氧平衡炸药因炸药中的氧和可燃元素都得到了充分利用，故在理想反应条件下，放出最大的热量，而且不会生成有毒气体。

氧平衡对炸药的爆炸性能、放出热量、生成气体的组成和体积、有毒气体含量、做功效率等有着多方面的影响。

3. 爆容

每千克炸药爆炸生成的气体产物在标准状态下（1.0133×10^5Pa、273K）的体积称为炸药的爆容。气体产物是炸药爆炸放出热能借以做功的介质。因此，爆容是与炸药做功能力有关的一个重要参数。

4. 爆热

单位质量炸药爆炸时，所释放出来的热量，称为爆热。通常以1kg炸药爆炸放出的热量来表示，单位为J/kg。

爆热是炸药做功的能源，也是决定炸药爆速的重要因素之一，与炸药的其他许多性能有着直接或间接的关系。

5. 爆温

炸药爆炸瞬间所放出的热量将爆炸产物加热到的最高温度称为爆温。

6. 爆压

炸药在一定容积内爆炸后，其气体产物的比容不再变化时的压力称为爆炸气体压力，简称爆压。

7. 炸药的威力

炸药的威力是指其所具有的总能量。在理论上可用炸药的做功能力近似地表示炸药的威力，在工程实践中则采用一些标准的实验方法对炸药的威力进行相对比较。

炸药的做功能力是衡量炸药威力的重要指标之一，通常以爆炸产物绝热膨胀直到其温度降到炸药爆炸前的温度时，对周围介质所做的功来表示。图1.4示意性地描述了炸药做功的理想过程。

在实际工程中，为了比较不同炸药的威力，通常采用一种规定的试验方法，并以试验获得的结果来衡量不同炸药爆炸做功的相对指标。

炸药的爆力是表示炸药爆炸做功的一个指标，表示炸药爆炸所产生的冲击波和爆轰气体作用于介质内部，对介质产生压缩、破坏和抛移的做功能力。炸药的爆压越大，爆温越高，所成的气体体积越多，爆力就越大。

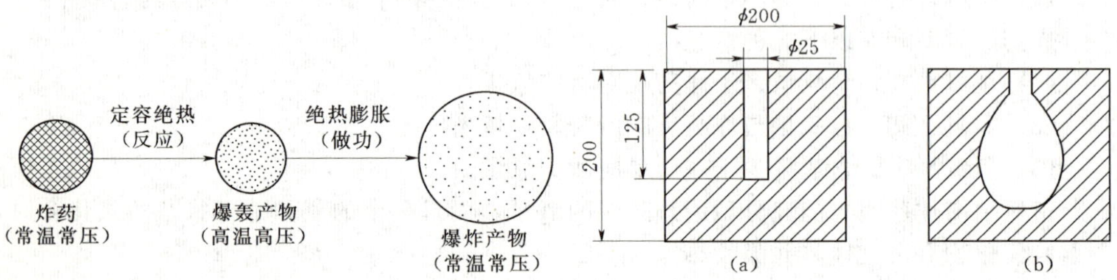

图1.4 炸药爆炸的理想做功过程示意图

图1.5 铅铸扩孔法测定炸药焊力示意图
(a) 爆炸前的铅铸；(b) 爆炸后的铅铸

炸药爆力铅铸扩张法（又称特劳茨法）的测定方法：如图1.5所示，称取受试炸药10g（精确至0.01g），装入纸筒中，纸筒内径为24mm，装药密度为1g/cm^3，将装好的药柱放入铅铸中心孔内，并用石英砂填充（石英砂自由倒入，不要振动或捣固），用8号工业雷管起爆。

爆轰气体产物的膨胀作用将孔壁压缩成梨形空洞，如图1.5（b）所示，分别用水量测爆炸前后炮孔容积的大小，两个数据之差即表示炸药的爆力大小（mL）。

$$\Phi = V_2 - V_1 \tag{1.1}$$

式中 V_1——爆炸前铅铸内孔穴容积，mL；

V_2——爆炸后铅铸内孔穴容积，mL。

8. 炸药的猛度

炸药的猛度是指炸药爆炸瞬间爆轰波和爆炸产物直接对与之接触的固体介质局部产生破碎的能力。猛度的大小主要取决于爆速，爆速越高，猛度越大，岩石被粉碎得越厉害。

炸药猛度的实测方法一般采用铅柱压缩法。

测定炸药猛度方法如图1.6所示，称取受试炸药50g（精确到0.1g）装入内径40mm的纸筒内（纸厚0.15～0.20mm），然后将炸药压制成中心有孔（孔径7.5mm，孔深15mm）、装药密度为1g/cm³的药柱。药柱上面放一中心穿孔的圆形纸板，以便插入和固定起爆雷管。用精制的铅浇铸一铅柱并车光表面，铅柱高60±0.5mm，直径40±0.2mm。铅柱置于厚度不小于20mm、最短边长不小于200mm的钢板上。药包与铅柱之间用厚度为10±0.2mm、直径41±0.2mm的钢片隔开。药包、钢片和铅柱的中心在同一轴线上，用钢板上的细绳固定这个相对位置，分别测量药包爆炸前、后铅柱的平均高度，其高并差即为这种炸药的猛度值（mm），按规定，每种试样平行做两次测定，然后取其平均值，精确到0.1mm，平均误差不超过1.0mm。

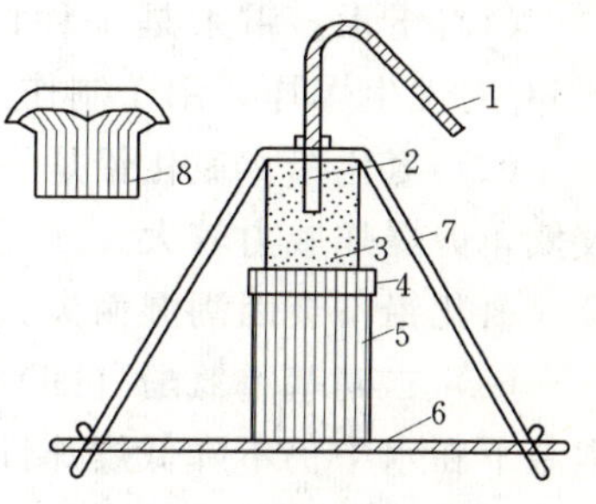

图1.6 炸药猛度测定方法

1—导火索；2—雷管；3—炸药；4—钢片；5—铅柱；6—钢板；7—细绳；8—爆破后的铅柱

9. 炸药的殉爆

一个药包（卷）爆炸后，引起与它不接触的邻近药包（卷）爆炸的现象称为殉爆。殉爆在一定程度上反映了炸药对冲击波的敏感度。通常将先爆炸的药包称为主动药包，而将被主动药包引爆的药包称为被动药包。前者引爆后者的最大距离叫做殉爆距离，一般以厘米计，表示一种炸药的殉爆能力，在工程爆破中，殉爆距离对于确定分段装药、盲炮处理和合理的孔网参数等都具有指导意义。在炸药厂和危险品库房的设计中，殉爆距离又是确定安全距离的重要依据。

炸药的殉爆距离受多种因素的影响，首先是被动药包本身的性质，它决定了该种炸药对冲击波的感度。在炸药品种确定后，炸药的殉爆距离就取决于药包的密度、药量、药径、外壳特征以及中间介质等因素。

10. 安定性

炸药在长期储存中保持自身性质稳定不变的能力，包括物理安定性和化学安定性。

11. 聚能效应

利用爆炸产物运动方向与装药表面垂直或近似垂直的规律，做成特殊形状的装药，就能使爆炸产物聚集起来，提高能流密度，增强爆炸作用，这种现象称为聚能效应。聚集起来朝着一定方向运动的爆炸产物，称为聚能流。

如果药柱的一端带有锥状穴，那么爆轰后当锥孔部分的爆轰产物飞散时，先向轴线集中，聚集成一股高压、高速的聚能流。这种聚能流作用在钢板上，就会形成较大的深孔，这是因为锥形穴提高了聚能破坏作用。

1.1.1.1.4 单质炸药

单质炸药是制造工业炸药和起爆器材的原料，按其起爆的难易程度可分为起爆药、单质猛药。

1. 起爆药

起爆药一般用来制作工业雷管。常用的起爆药有雷汞、氮化铅、二硝基重氮酚和三硝基间苯二酚铅。

(1) 雷汞。雷汞是一种白色或灰白色的微细晶体，50℃以上时会自行分解，160～165℃时发生爆炸。用于制作工业铜壳或纸壳雷管。

(2) 氮化铅。氮化铅是一种白色或淡黄色的针状晶体。与雷汞相比，氮化铅的热感度较低，但爆炸威力较大。

氮化铅不会因潮湿而失去爆炸能力，可用于水下爆破。用于制作铝壳或纸壳雷管。

(3) 二硝基重氮酚（DDNP）。二硝基重氮酚是一种黄色或黄褐色的晶体，安定性好，常温下在水中仍不降低爆炸性能。

干燥的二硝基重氮酚在75℃时开始分解，170～175℃时发生爆炸。二硝基重氮酚对撞击、磨擦的感度均比雷汞和氮化铅低，其热感度介于两者之间。目前国产工业雷管主要采用二硝基重氮酚作起爆药。

(4) 三硝基间苯二酚铅（THPC）。三硝基间苯二酚铅是一种金黄色微细晶体，热安定性好，温度高于100℃时仍不分解，200℃时才开始爆炸。三硝基间苯二酚铅通常与氮化铅一起使用作为工业雷管的起爆药。

2. 单质猛炸药

(1) 梯恩梯（TNT）。TNT在化学上叫做三硝基甲苯，分子式为$C_6H_2(NO_2)_3CH_3$。自然状态的TNT是一种黄色或淡黄色晶体，TNT的化学稳定性好，常温下不分解，180℃时才显著分解，遇火燃烧，并冒出黑烟，在密闭或堆积量很大的情况下，燃烧可以转变成爆炸。TNT的机械感度低，但掺入硬质掺合物时则易被引爆。TNT有毒性，它的粉末、蒸汽主要通过皮肤和呼吸道侵入人体，TNT吸湿性很小，难溶于水，易溶于甲苯、丙酮和乙醇等有机溶剂。

TNT具有良好的爆炸性能，爆力为300mL，爆速为7000m/s，爆热为4222kJ/kg，有着广泛的军事用途。常用精制的TNT做工业炸药中的加强药或硝铵类炸药中的敏化剂。

(2) 黑索金（RDX）。RDX在化学上叫做环三次甲基三硝胺。自然状态的RDX是一种白色晶体，熔点为204.5℃，爆发点为230℃，不吸湿，几乎不溶于水，机械感度比TNT高。RDX的爆力为500mL，爆速为8300m/s，爆热为5350kJ/kg，猛度为16mm（25g药量）。除了作为工业雷管中的加强药外，黑索金（RDX）还可有作导爆索的药芯以及同TNT混合后制作起爆药包。

(3) 特屈儿。特屈儿在化学上叫做三硝基苯甲硝胺。自然状态的特屈儿是一种淡黄色晶体，难溶于水，热感度和机械感度高。

特屈儿的爆炸性能好，爆力为475mL，猛度可达22mm，易与硝酸铵作用而释放热量导致自然。

除了军事用途之外，特屈儿还可用作工业雷管中的加强药。

(4) 泰安 (PETN)。PETN 化学上叫做季戊四醇四硝酸酯。自然状态的 PETN 是一种白色晶体，几乎不溶于水。

PETN 的爆炸威力大，爆力为 500mL，爆速为 8400m/s，猛度为 15mm (25g 药量)。PETN 的用途同 RDX。

(5) 硝化甘油 (NG)。硝化甘油在化学上叫做三硝酸酯丙三醇。自然状态下的硝化甘油是一种无色或微黄色的油状液体，20℃时的比重为 1.59g/cm^3，不溶于水，在水中不丧失爆炸性能，50℃时开始挥发，爆发点为 200℃。硝化甘油有毒，应避免与皮肤接触，其机械感度很高，不能单独使用，通常用多孔物质（如硅藻土或硝化棉）吸收，以降低其感度。

硝化甘油爆炸威力高，爆力为 500mL，猛度为 23mm。

1.1.1.1.5 粉状硝铵类炸药

以硝酸铵为主要成分的炸药叫做硝铵类炸药，简称硝铵炸药。由于硝酸铵为常用的化工产品，来源广泛，易于制造，成本低廉，所以国内外广泛制作各种类型的混合炸药。

硝铵炸药主要由氧化剂、可燃剂和敏化剂组成。

(1) 氧化剂。氧化剂为硝酸铵，在炸药中的作用是提供爆炸反应时所需的氧元素。

(2) 可燃剂。可燃剂又叫还原剂，常用木粉、木炭、柴油、铝粉等作为可燃剂。它与氧化合，发生剧烈的燃烧（氧化）反应。

(3) 敏化剂。常用的敏化剂有 TNT、二硝基萘、铝粉和一些发泡剂或发泡物质，作用是增加敏感度、改善爆炸性能。

(4) 其他成分。为适应各种不同的使用要求，经常在炸药中添加一些附加成分，如消焰剂、防潮剂、黏结剂等。

以上诸成分中，氧化剂和还原剂为必要成分，其他成分视需要而定。

1. 铵梯炸药

铵梯炸药是我国应用最广泛的工业炸药品种。它是一种以硝酸铵、TNT 和木粉为主要原料的粉状混合炸药。根据用途可分为岩石炸药、露天炸药和煤矿许用炸药。

几种铵梯炸药的成分和性能见表 1.2。

表 1.2 **铵梯炸药的成分与性能**

成分与性能		岩石铵梯炸药		露天铵梯炸药		
		1号	2号	1号	2号	3号
成分(%)	NH_4NO_3	82±1.5	85±1.5	82±2.0	86±2.0	88±2.0
	TNT	14±1.0	11±1.0	10±1.0	5±1.0	3±1.0
	木粉	4±0.5	4±0.5	8±1.0	9±1.0	9±1.0
性能	水分不大于(%)	0.3	0.3	0.5	0.5	0.5
	爆力(mL)	350	320	300	250	230
	猛度(mm)	13	12	11	8	5
	殉爆距离(cm)	6	5	4	3	2

铵锑炸药有效储存期一般为6个月，临界直径为18～20mm，直径为32～35mm处于最佳密度时的药炸速为3600m/s。

工业用铵梯炸药品种还有很多，一般多用2号岩石炸药。

2. 铵油炸药

铵油炸药的主要成分是硝酸铵和柴油，是我国冶金、有色矿山应用最多的一种钝感猛性炸药。

几种粉状铵油炸药的成分与性能见表1.3。

表1.3 几种粉状铵油炸药的成分与性能

成分与性能		92—4—4细粉状铵油炸药	100—2—7粗粉状铵油炸药	露天细粉状铵油炸药	露天粗粉状铵油炸药
成分（%）	硝酸铵	92	91.7	89.5±1.5	94.2
	柴油	4	1.9	2.0±0.2	5.8
	木粉	4	6.4	8.5±1.0	
性能	水分（%）	0.3	0.3	0.5	0.5
	爆力（mL）	280～310	—	240～280	—
	猛度（mm）	9～13	8～11	8～10	≥7
	殉爆距离（cm）	4～7	3～6	≥3	≥2

铵油炸药的原料来源广，价格低廉，加工制作简单，爆炸性能良好，但容易吸湿和结块，不能用于水中爆破。有效储存期仅为7～15d，一般在施工现场拌制。

3. 铵松蜡炸药

为了克服铵梯炸药和铵油炸药吸湿性能、保存期短的缺点，结合我国的资源特点，20世纪70年代以来，我国研制成功了铵松蜡炸药。铵松蜡炸药除了保持铵油炸药的优点外，还具有抗水性能良好、保存期长、性能指标达到2号岩石铵梯炸药的标准等优点。

铵松蜡炸药是由硝酸铵、木粉、松香、石蜡和柴油混制而成。

另外，还有铵沥炸药、铵沥蜡炸药等。这些炸药的毒气生成量较大，主要缺点是：由于石蜡和松香的燃点低，不能用于有瓦斯和粉尘爆炸危险的地下矿山。

铵松蜡炸药、铵沥蜡炸药的配方和性能见表1.4。

表1.4 铵松蜡炸药、铵沥蜡炸药的配方和性能

配方（%）	炸药名称		爆炸性能		
	铵松蜡	铵沥蜡	指标	铵松蜡	铵沥蜡
硝酸铵	91±1.5	90±1.5	殉爆（cm）	5～7	3～4
柴油	1±0.1		猛度（mm）	13～14	11～12
木粉	5	8	爆力（mL）	200	230
松香	1.8±0.3		爆速（m/s）	3200	3100
石蜡	1.2±0.1		加工方法	热覆法	热碾法
沥青＋石蜡		2±0.3			

注 浸水30min后，铵松蜡的殉爆距离下降为4～5cm，铵沥蜡的殉爆距离下降为2～3cm。

1.1.1.1.6　含水硝铵类炸药

含水硝铵炸药包括浆状炸药、水胶炸药、乳化炸药等。它们的共同特点是将硝铵或硝酸钾、硝酸钠溶解于水成为硝酸盐的水溶液，当其饱和后便不再吸收水分，这样能起到“以水抗水”的作用。

1. 浆状炸药

浆状炸药是1956年由美国的库克和加拿大的法曼合作发明，由美国埃列克化学公司正式投产的一种新型抗水炸药，在世界炸药史上被称为“第三代炸药”。

浆状炸药是由氧化剂、敏化剂和胶凝剂3种基本成分混合而成的悬浮状的饱和水胶混合物，其外观呈半流动胶浆体，故称为浆状炸药。

浆状炸药具有密度高、可塑性好、抗水性强、适于水孔爆破和使用安全等优点。但其感度低，不能用普通雷管起爆，需用专门起爆体加强起爆，理化安定性较差，储存期短。

2. 水胶炸药

水胶炸药是浆状炸药改进后的新品种，它与浆状炸药的不同之处主要是采用了水溶液敏化剂，这样就使得氧化剂的耦合状况大为改善，从而获得更好的爆炸性能。

水胶炸药具有抗水性强、感度高、可塑性好、使用安全、可用8号雷管直接起爆和爆炸性能良好等优点；其主要缺点是生产成本较高。

3. 乳化炸药

乳化炸药是20世纪70年代在美国发展起来的一种新型炸药，20世纪70年代末期我国也已经可以制造。乳化炸药具有威力高、感度高、抗水性好的特点，被誉为“第四代”炸药，它不同于水包油型的浆状炸药和水胶炸药，而是以油为连续相的油包水型的乳化胶体，既不含爆炸性的敏化剂，也不含胶凝剂。此种炸药中的乳化剂使氧化剂水溶液（水相或内相）微细的液均匀地分散在含有气泡的近似油状物质的连续介质中，使炸药形成一种灰白色或浅黄色的油包水型的特殊内部结构的乳胶体，故称乳化炸药。

（1）乳化炸药的成分主要有氧化剂水溶液（水相或内相）、可燃剂（油相或外相）、发泡剂（气相泡或第三相）和乳化剂。

（2）乳化炸药的分类与品种。乳化炸药按其使用的条件和目的可以分为岩石型、露天型和煤矿许用型。

1）岩石型乳化炸药。该类药具有较好的爆轰性能，使用于无沼气、无粉尘爆炸危险、有水的坚硬或中硬岩石的爆破工程。一般具有雷管感度，有较好的储存性能，以小药卷的形式包装出厂。国内的定型产品很多，如EL系列、RJ系列等。

2）露天型乳化炸药。该类炸药以加工简便和成本较低为显著特点，适用于露天爆破工程。一般具有雷管感度，抗水性能好，主要以散装的形式使用，因而，不要求其具有长期的储存稳定性。定型产品有LK—2型、露天—111和露天—112型等。此外，随着装药机械化程度的提高，通过混装车或泵送车在爆破作业现场可以直接进行混制，然后装入炮孔。

3）煤矿许用型乳化炸药。该类炸药适用于有沼气或煤尘爆炸的危险的矿井爆破工程。由于要求这类炸药的爆热小，爆温低，不产生二次火焰，爆炸后生的灼热固体残渣少，因此在炸药的组分中添加了一定的消焰剂（如氧化钠）。定型产品有RMJ—1型、RNJ—2

型和LR型。

(3) 乳化炸药的性能。乳化炸药的性能不仅与共组成配比有关，而且也与它的生产工艺特别是乳化技术有关。

1) 抗水性好。常温下浸泡在水中7d后，炸药的爆炸性能无明显变化，仍然可用8号雷管起爆，可替代硝化甘油炸药在水中的使用。

2) 爆速高。爆速可达4000～5000m/s，故猛度高。

3) 感度高。由于加入了发泡剂，使氧化剂水溶液成为微滴，敏化剂气泡均匀地分散在其中，故爆轰敏感度高，且具有雷管感度。

4) 密度范围可调。炸药的密度可在0.8～1.45g/cm³之间调节。

5) 安全性能好。乳化炸药对于冲击、磨擦、撞击的感高都较低，而且爆炸后的有毒气体生成量少，使用安全，储存期长，在常温下可储存半年以上。部分国产乳化炸药的成分与性能见表1.5。

表1.5　部分国产乳化炸药的成分与性能

项目		炸药型号				
		RL—2	EL—103	RJ—1	MRY—3	CLH
成分	硝酸铵	65	53～63	50～70	60～65	50～70
	硝酸钠	15	10～15	5～15	10～15	15～30
	尿素	2.5	1.0～2.5	—	—	—
	水	10	9～11	8～15	10～15	4～12
	乳化剂	0.5～1.3	0.5～1.5	1.0～2.3	0.5～2.5	
	石蜡	2	0.8～3.5	2～4	(蜡—油) 2～6	(蜡—油) 2～6
	燃料油	2.5	1～2	1～3	—	—
	铝粉	—	3～6	—	3～5	—
	亚硝酸钠	—	0.1～0.3	0.1～0.7	0.1～0.5	—
	甲基胺硝酸盐	—	—	5～20	—	—
	添加剂	—	—	0.1～0.3	0.4～1.0	
性能	猛度 (mm)	12～20	16～19	16～19	16～19	16～17
	爆力 (mL)	302～304	—	301	—	295～330
	爆速 (m/s)	3000～4200	4300～4600	4500～5400	4500～5200	4500～5500
	殉爆距离 (cm)	5～23	12	9	8	—

1.1.1.2　起爆器材及其选用

起爆器材是指用于起爆工业炸药的一切点火和起爆工具，按其作用可分为起爆材料和传爆材料，各种雷管属于起爆材料，导爆索、导爆管属于传爆材料，继爆管、导爆索既可起爆，也可用于传爆。

起爆器材的基本要求是安全可靠，使用简单，方便、具体要求是：①具有足够的起爆力和传爆能力；②能适应多种作业环境；③延时精确；④便于储存和运输。

1.1.1.2.1　雷管

工程爆破中常用的工业雷管有火雷管、电雷管和导爆管雷管等。电雷管和导爆管雷管又可分为瞬发、秒延期、毫秒延期等品种。

1. 火雷管

在工业雷管中，火雷管是最简单的一种品种，但又是其他各种雷管的基本部分。火雷管的结构如图1.7所示，它由以下几个部分组成。

(1) 管壳。火雷管的管壳通常采用金属（铝和铜）、纸或硬塑制成，呈圆管状。管壳一端为开口端，以供插入导火索之用；另一端密闭，做成圆锥形或半球面形聚能穴，以提高该方向的起爆能力。

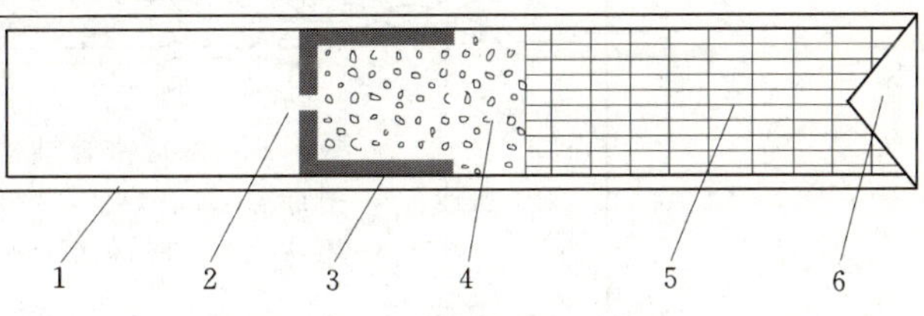

图1.7 火雷管结构示意图

1—管壳；2—传火孔；3—加强帽；4—DDNP正起爆药；5—加强药（副起爆药）；6—聚能穴

(2) 正起爆药。火雷管中的正起爆药在导火索火焰的作用下，首先起爆，所以其主要特点是灵敏度高。它通常由雷汞、二硝基重氮或叠氮化铅制成，目前，国产雷管的正起爆药大多用于二硝基重氮酚（DDNP）制成。

(3) 副起爆药。副起爆药也称为加强药。它在正起爆药的爆炸作用下起爆，进一步加强了正起爆药的爆炸威力。通常由黑索金、特屈儿或黑索金＋梯恩梯药柱制成。

(4) 加强帽。加强帽是一个中心带小孔的小金属罩。它通常用铜皮冲压而成。加强帽的作用是减少正起爆药的暴露面积、增加雷管的安全、在雷管内部形成一个密闭的小室，促使正起爆药爆炸压力的增长，提高雷管的起爆力，还可以防潮。加强帽中心孔的作用是让导火索产生的火焰穿过此孔，直接喷射到正起爆药上。

工业雷管按其起爆药量的多少，可以分为10个等级，号数愈大，其起爆药量愈多，雷管的起爆能力愈强。目前，工程爆破中常用的是8号和6号雷管。

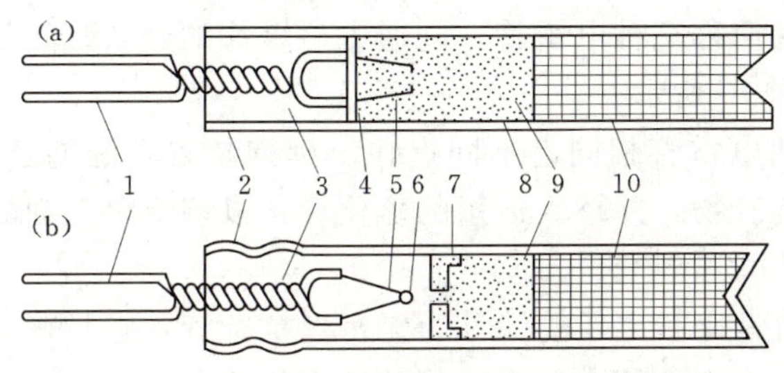

图1.8 瞬发电雷管结构示意图

1—脚线；2—管壳；3—密封塞；4—纸垫；5—线芯；6—桥丝（引火药）；7—加强帽；8—散装DDNP；9—正起爆药；10—副起爆药

火雷管的结构简单，使用方便，不受杂散电流和雷电引爆的威胁，可用于直接起爆和间接起爆各种炸药和导爆索，多用在地面采石场、隧道爆破、水利建设工程中。随着起爆器材的发展，这种雷管应用范围变小，在有瓦斯、煤尘和矿尘爆炸危险的场合禁止采用。

2. 电雷管

(1) 瞬发电雷管。瞬发电雷管也称即发电雷管，它是一种通电即爆炸的电雷管。瞬发电雷管的结构如图1.8所示。它的装药部分与火雷管相同，不同之处在于其管内装有电点火装置。电点火装置由脚线、桥丝和引火药组成。通电后桥丝发热引发引火药燃烧爆炸，进而引发雷管爆炸，引发电雷管爆炸必须给输入一定电流，保证在1min内必定使任何一发电雷管都能起爆的最小恒定的直流电流称为准爆电流，一般为0.7A。

工程爆破中最常见的是8号瞬发电雷管，其起爆药量与8号火雷管的起爆药量相同。

(2) 秒延期电雷管。秒延期电雷管就是通电后隔一段以秒为计量单位的时间才爆炸的电雷管，秒延期电雷管的结构如图 1.9 所示。

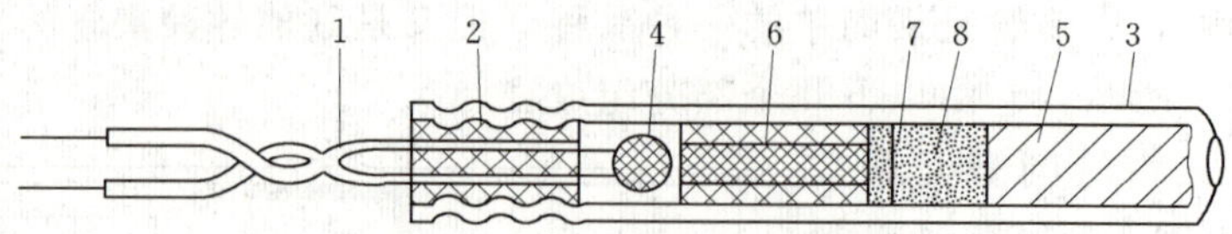

图 1.9 秒延雷管结构示意图

1—脚线；2—密封塞；3—管壳；4—引火头；5—副起爆药；
6—导火索；7—加强帽；8—正起爆药

它的组成与瞬发电雷管基本相同。不同的是引火头与加强帽之间多安置了一个延期装置。秒延期电雷管的延期装置一般是用精致导火索制成的，雷管的延期时间的多少由导火索的长短来控制。秒延期电雷管所用的精致导火索外径 6.0±0.1mm，索芯直径大于 2.5m。根据通电后延期时间的长短，将秒延期电雷管划分为各种不同的段别。延期时间长的秒延期电雷管段别高。表 1.6 列出了国产秒延期电雷管的段别和延期时间。

利用秒延期电雷管可以实现分段起爆。但它的延期时间过长，而且精度太低。

表 1.6　　秒延期电雷管的段别和延期时间

段别	延期时间（s）	标志（脚线颜色）	段别	延期时间（s）	标志（脚线颜色）
1	不大于 1.0	灰—蓝	5	4.0±0.8	灰—黄
2	1.0±0.5	灰—白	6	5.0±0.9	黑—蓝
3	2.0±0.6	灰—红	7	6.0±1.0	黑—白
4	3.0±0.7	灰—绿			

（3）毫秒延期电雷管。毫秒延期电雷管简称毫秒电雷管，它通电后爆炸的延期时间是以毫秒来计算的，毫秒电雷管的结构如图 1.10 所示。

毫秒延期电雷管的组成基本上与秒延期电雷管相同，不同点在于延期装置是延期药，常用硅铁（还原剂）和铅丹（氧化剂）的混合物，并掺入适量的硫化锑，以调节缓燃剂的反应速度。

（4）无桥丝抗杂毫秒电雷管。无桥丝抗杂毫秒电雷管简称为无桥丝抗杂管，它与普通毫秒电雷管的主要区别是取消了电桥丝，而在引火药中加入适量的导电物质：乙炔、炭黑和石墨，做成具有导电性的引火头。

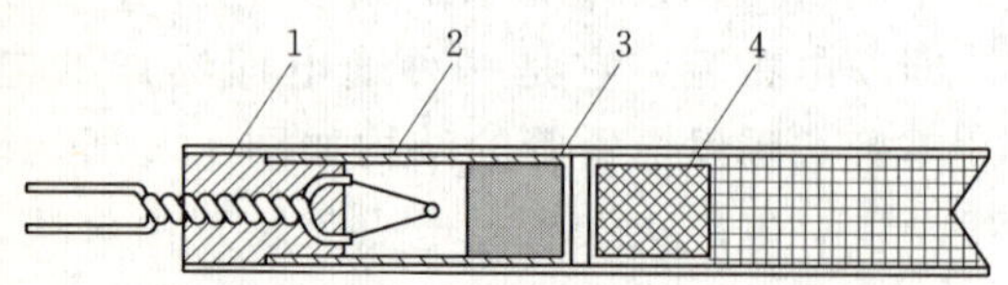

图 1.10 毫秒延期雷管结构示意图

1—塑料塞；2—延期管壳；3—延期药；4—加强帽

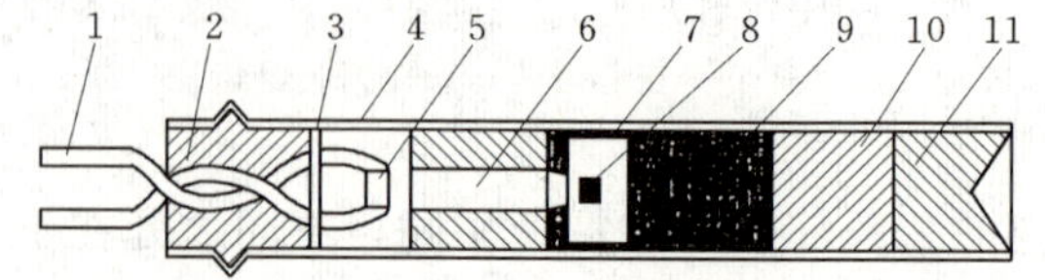

图 1.11 无桥丝抗杂电雷管结构示意图

1—脚线；2—封口；3—纸垫；4—管壳；5—引火头；
6—延期装置；7—加强帽；8—点火药；9—正起爆药；
10—副起爆药（黑索金）；11—钝化墨索金

无桥丝抗杂毫秒电雷管的结构如图 1.11 所示。抗杂雷管延期装置采用一段特殊的导

火索。导火索芯是铅丹、硅铁、硫化锑的混合物。六段以上的无桥丝毫秒电雷管，在起爆药和加强帽之间还装入0.07～0.1g的低段延期药。既起延期的作用，又充当点火药的之用。

动力电源和起爆器均不能作为抗杂管的起爆电源，因此，为无桥丝抗杂电雷管专门设计了起爆器，如GM—2000型高能脉冲起爆器。

(5) BJ—1型安全电雷管。这种新型电雷管是国内最近研制成功的一种能防止外业电流干扰的安全电雷管，其结构几乎和普通电雷管一样，所不同的只是在点火桥丝和脚线之间加入一个微型安全电路，它的结构如图1.12所示。微型安全电路只接收通过与设计信号相符的信号流入电路，让它顺利通过电路到达点火桥丝，将电雷管起爆。

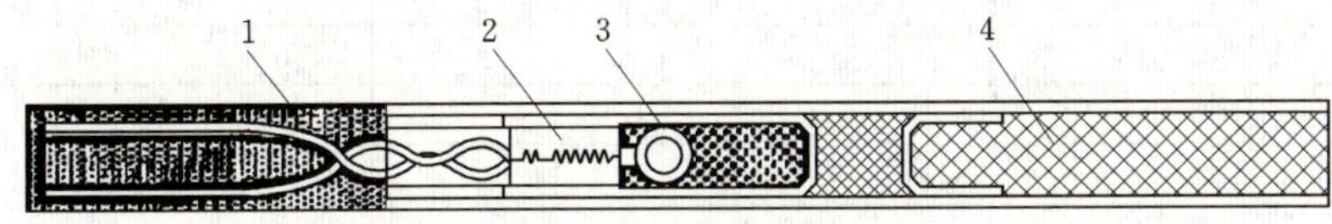

图1.12 BJ—1型安全电雷管结构示意图

1—引出脚线；2—微型电路；3—电点火头；4—雷管装药

这种电雷管的结构简单，成本低，对外来电安全可靠，具有普通电雷管的一切性能，适用性广，是一种非常有发展前途的新产品。

(6) 无起爆药雷管。它的结构与原理和普通工业雷管一样，只是用一种对冲击和磨擦感度比常用正起爆药低的猛炸药来代替常用的正起爆药，大大提高了雷管在制造、存储、装运和使用过程中的安全性，而起爆性能并不低于普通工业雷管。

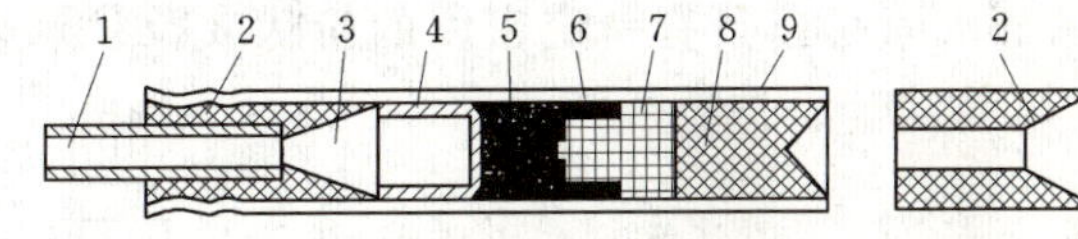

图1.13 非电毫秒雷管结构示意图

1—塑料导爆管；2—塑料联结套；3—消爆空腔；4—信号帽；5—延期药；6—加强帽；7—正起爆药DDNP；8—副起爆药RDX；9—金属管壳

3. 非电毫秒雷管

非电毫秒雷管是用塑料导爆管引爆而延期时间以毫秒数量计量的雷管，它的结构如图1.13所示。

它与毫秒延期电雷管的主要区别在于：不用毫秒电雷管中的电点火装置，而用一个与塑料导爆相连接的塑料连接套，由塑料导爆管的爆轰波来点燃延期药。

非电毫秒雷管的段别及其延期时间列于表1.7中。

表1.7　非电雷管段别和延期时间

非电毫秒延期雷管		非电半秒延期雷管		非电秒延期雷管	
段别	延期时间（ms）	段别	延期时间（s）	段别	延期时间（s）
1	≥13	1	≤0.013	1	≤1.0
2	25±10	2	0.5±0.15	2	2.0±0.5
3	50±10	3	1.0±0.15	3	4.0±0.6
4	75±15	4	1.5±0.2	4	6.0±0.8
5	110±15	5	2.0±0.2	5	8.0±0.9
6	150±20	6	2.5±0.2	6	10.0±1.0

续表

非电毫秒延期雷管		非电半秒延期雷管		非电秒延期雷管	
段别	延期时间（ms）	段别	延期时间（s）	段别	延期时间（s）
7	200±25	7	3.0±0.2	7	14.0±2.0
8	250±25	8	3.5±0.2	8	19.0±2.0
9	310±30	9	3.8～4.5	9	25.0±2.5
10	380±35	10	4.6～5.3	10	32.0±3.0
11	460±40				
12	550±45				
13	650±50				
14	760±55				
15	880±60				
16	1020±70				
17	1200±90				
18	1400±100				
19	1700±130				
20	2000±150				

除了非电毫秒雷管外，与塑料导爆管配合使用的雷管还有非电即发雷管。

1.1.1.2.2　索状起爆材料

1. 导火索

导火索是以具有一定密度的粉状或粒状黑火药为索芯，外面用棉纱线、塑料或纸条、沥青等材料包缠而成的圆形索状起爆材料。导火索的用途是产生并传递火焰以起爆火雷管或点燃黑火药。

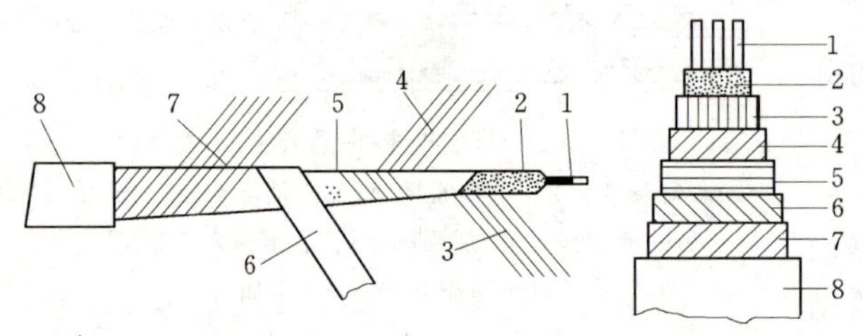

图1.14　工业导火索结构示意图

1—芯线；2—索芯；3—内层线；4—中层线；5—防潮层；6—纸条层；7—外线层；8—涂料层

导火索由索芯和索壳组成（图1.14），其索芯是用轻微压缩的粉状或粒状黑火药做成。

工业导火索在外观上一般呈白色，其外径为5.2～5.8mm，索芯药量一般为7～8g/m，燃烧速度为0.008～0.01m/s，为了保证可靠地引爆雷管，导火索的喷火强度（喷火长度）不小于40mm。导火索在燃烧过程中不应有断火、透火、外壳燃烧、速燃和爆燃等现象。导火索的燃烧速度和燃烧性能是导火索质量的重要标志。导火索还应具有一定的防潮耐火能力：在1m深的常温静水中浸泡2h后，其燃速和燃烧性能不变。

普通导火索不能在有瓦斯或矿尘爆炸危险的地场所使用。

2. 导爆索与继爆管

（1）导爆索。导爆索是用单质猛炸药黑金或泰安作为蒸芯，用棉、麻、纤维及防潮材料包缠成索状的起爆材料。导爆索能够传递爆轰波，经雷管起爆后，导爆索可直接引爆炸药，也可作为独立的爆破能源。

普通导火索能直接起爆炸药。但是这种导爆索在爆炸过程中，产生强烈的火焰，所以

只能用于露天爆破和没有瓦斯或矿尘爆炸危险的井下作业。

导爆索的爆速与芯药黑索金的密度有关。目前国产普通导爆索的索芯（黑索金）密度为1.2g/cm³左右，药量为12～14g/m，爆速不低于6500m/s。

普通导爆索具有一定的防水性能和耐热性能。在0.5m深的水中，浸泡24h后，其感度和爆炸性能仍能符合要求，在50±3℃的条件下保温6h，其外观和传爆性能不变。

普通导爆索的外径为5.7～6.2mm。每50±0.5m为1卷，有效期一般为2年。

安全导爆索一般专供有瓦斯或矿尘爆炸危险的井下爆破作业使用。

（2）继爆管。继爆管是一种专门与导爆索配合使用、具有毫秒延期作用的起爆器材。单纯的导爆索起爆网路中各炮孔几乎是齐发起爆。导爆索与继爆管的组合起爆网路，可以借助于继爆管的毫秒延期作用，实施毫秒微差爆破。

继爆管的结构如图1.15所示，由一个装有毫秒延期元件的火雷管与一根消爆管组合而成。

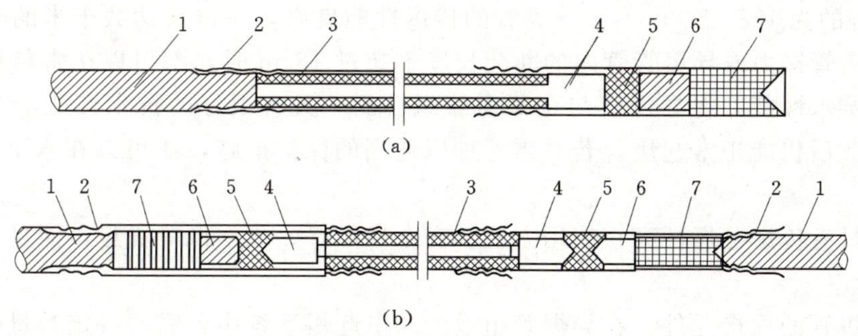

图1.15　继爆管结构示意图

1—导爆索；2—连接套；3—消爆管；4—减压室；5—延期药；6—起爆药；7—猛炸药

单向继爆管只能单向传播，如果连接颠倒，则不能传爆。

图1.15（b）所示为双向继爆管，在两个方向均能可靠地传播。

继爆管的起爆威力不小于8号电雷管，在40±2℃的高温和－40±2℃的低温条件下，其性能不应有明显的变化。

继爆管采用浸蜡等防水措施后，可用于水下爆破，它具有抗杂散电流、静电和雷电危害的能力，装药时可以不停电，和导爆索配合常用于矿山爆破工程。但不能用于有瓦斯煤尘爆炸危险的矿井爆破。

国产继爆管的延期时间参见表1.8。

表1.8　继爆管的延期时间

段别	延期时间（ms）		段别	延期时间（ms）	
	单向继爆管	双向继爆管		单向继爆管	双向继爆管
1	15±6	10±2	6	125±10	60±4
2	30±10	20±3	7	155±15	70±4
3	50±10	30±3	8		80±4
4	75±15	40±4	9		90±4
5	100±10	50±4	10		100±4

3. 导爆管及导爆管连接元件

导爆管是20世纪70年代出现的一种全新的非电起爆系统的主体。

(1) 导爆管。它是一种内壁涂有混合炸药粉末的塑料软管，管壁材料是高压聚乙烯，外径为3mm，内径为1.5mm。混合炸药含量为91%的奥克托金或黑索金，9%的铝粉。药量为14～16mg/m。

导爆管需用工业雷管、普通导爆索、击发枪、火冒或专用击发笔等击发元件起爆。由于导爆管内壁的炸药量很少，形成的爆轰波能量不大，不能直接起爆工业炸药，而只能起爆雷管或非电延期雷管，然后再由雷管起爆工业炸药，导爆管与晨电雷管连接才能达到起爆炸药的目的。

工业雷管、普通导爆索、火帽、专用电子型点火器等能够产生冲击波的起爆器材都可以激发导爆管的爆轰，一个8号工业雷管可激发50根以上的导爆管。最适宜可靠的激发根数为20根。但是一般的机械冲击不能激发导爆管。导爆管的传爆速度一般为1950±50m/s，也有的为1580±30m/s。导爆管的传爆性能良好，一极长达数千米的导爆管，中间不有中继雷管接力或导爆管管内的断药长度不超过15cm时，都可以正常传爆。导爆管具有良好的抗水性能，将导爆管与金额雷管组合后，具有很好的抗水性能，在水下80m深处放置48h后仍能正常起爆。若对雷管加以适当的保护措施，还可以在水下135m深处起爆炸药。

导爆管具有传爆可靠性高、使用方便、安全性能好、成本低等优点，而且可以作为非危险品运输。

(2) 导爆管的连接元件。在导爆管组成的非电起爆系统中，需要一定数量的连接元件与之配套使用。连接元件的作用是将导爆管连接成网路，以便传递爆轰波。目前常用的连接元件为带传爆雷管和不带传爆雷管的两大类。

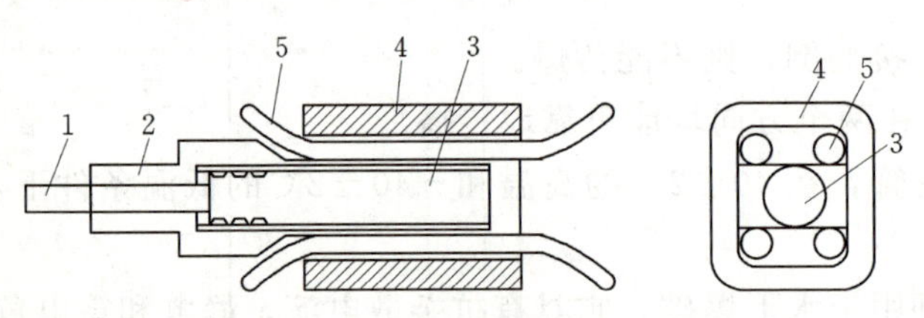

图1.16 连接块结构示意图
1—主动导爆管；2—塑料连接块；3—传爆雷管；
4—塑料卡子；5—从动导爆管

1) 连接块。连接块是一种用于固定击发雷管（或传爆雷管）和被爆导爆管的连通元件。连接块通常用普通塑料制成，其结构如图1.16所示。

连接块有方形和圆形两种，不同的连接块，一次可传爆的导爆管数目不同。一般可一次传爆4～20根被爆导爆管。

主爆导爆管先引爆传爆雷管，传爆雷管爆炸冲击作用于被爆导爆管，使被爆导爆管激发而继续传爆。如果传爆雷管采用延期雷管，那么主爆导爆管的爆轰要经过一定的延期才会激发被爆导爆管。因此采用连接块组成导爆管起爆系统，也可以实现毫秒微差爆破。

2) 连通管。连通管是一处不带传爆雷管的、直接把主爆导爆管和被爆导爆管连通导爆的装置。连通管一般采用高压聚乙烯压铸而成。集束式连通管有三通、四通和五通3种，其结构如图1.17所示。

集束式连通管的长度均为46±2mm，管壁厚度不小于0.7mm，内径3.1±0.15mm，与国产塑料导爆管相匹配。

连通管取消了传爆雷管，降低了成本，提高作业的安全性。但是由连通管组成的导爆管起爆网路，其抗拉能力小，防水性能较差。

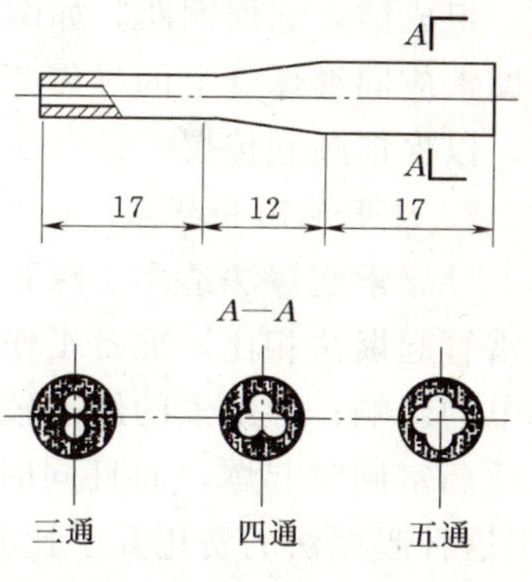

图1.17 集束式连通管示意图

1.1.1.3 起爆方法和起爆网路的选择

起爆方法有非电起爆和电力起爆，非电起爆包括导火索、导爆管、导爆索起爆等方法。

1.1.1.3.1 导火索起爆法（火雷管起爆法）

导火索起爆法是利用点燃导火索产生的火焰，首先引起火雷管爆炸，然后再引起炸药爆炸的起爆方法（也称火雷管起爆法）

导火索起爆法的优点是操作简单、成本低、其缺点是安全性能较差、无法准确控制起爆时差。目前其使用范围逐渐缩小，仅在爆破作业量小而分散的条件下，或不具备其他起爆方法的条件下使用，主要用于引爆导爆管、导爆索。

1.1.1.3.2 导爆索起爆法

导爆索起爆法是利用捆绑在导爆索一端的雷管爆炸引爆导爆索，然后由导爆索传爆，将捆在导爆索另一端的起爆药包起爆的一种起爆方法。

导爆索起爆不同于导火索和导爆管起爆，它可直接起爆药包，无需在起爆药包中装入雷管。

1. 导爆索起爆网路和连接方法

导爆索的起爆网路包括主干索、支干索和引入每个深孔和药室中的引爆索。导爆索起爆网路的连接方法有开口网路和环形网路两种。

(1) 开口网路（又叫分段并联网路）。开口网路由一根主干索、若干根并联的支干索以及各深孔中的引爆索组成，整个网路是开口的，如图1.18所示。各深孔中的引爆索并联在分支干索上，各分支干索又并联在主干索上。

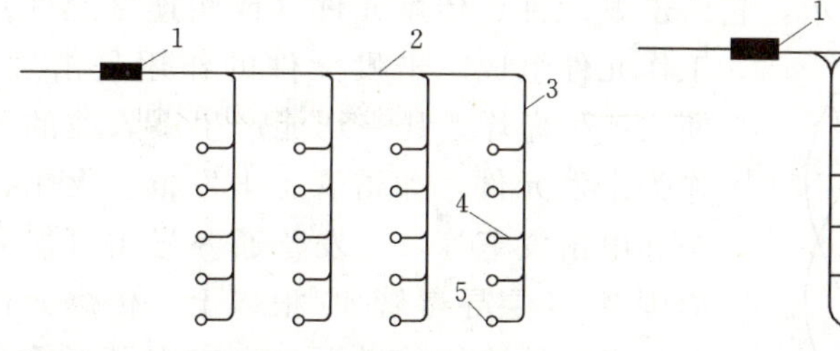

图1.18 导爆索开口网路示意图
1—引爆雷管；2—主干索；3—支干索；4—引爆索；5—炮孔

图1.19 导爆索环形网路示意图
1—引爆雷管；2—主干索；3—支干索；4—引爆索；5—炮孔

(2) 环行网路（又叫双向并联）。环行网路是一种闭口网路，连接方法如图1.19所示。这种网路的特点是各个深孔或药室中的引爆索可以接受从两个方向传来的爆轰波，起爆的可靠性比开口网路要可靠得多，但导爆索消耗增大。

在应用导爆索起爆法时，为了实现微差起爆，可在起爆网路中的适当位置连接继爆管，组成微差起爆网路，如图1.20所示。在采用单向继爆管时，应避免接错方向。主动导爆索应同继爆管上的导爆索搭接在一起，被动导爆索应同继爆管的尾部雷管搭接在一起，以保证顺利传爆。

2. 应用范围和特点

导爆索起爆法适用于深孔爆破，洞室爆破和光面爆破。其主要优点是操作简单，与用电雷管起爆法相比，准备工作量少，安全性较高，除非雷电直接击中导爆索，一般不受外界电的影响；导爆索的爆速较高，有利于提高被起爆的炸药传爆的稳定性，可以使成组炮孔或药室同时起爆，而且同时起爆的炮孔数不受限制。导爆索起爆法的缺点是成本较高(用这种起爆法的费用几乎比其他起爆法高出1倍以上)，在起爆前不能用仪表检查起爆网路的质量，在露天爆破时，噪声较大。

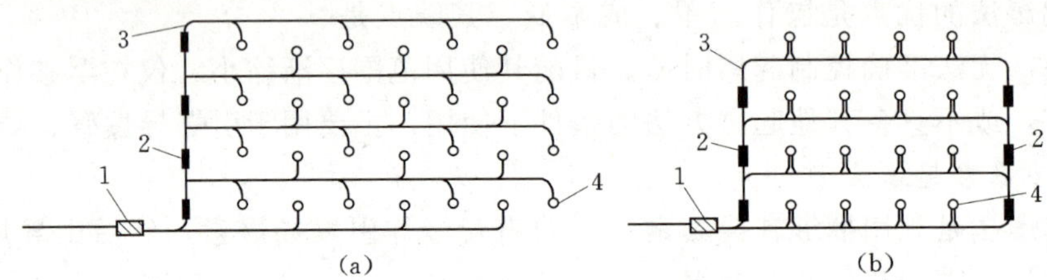

图1.20 导爆索微差起爆网路

(a) 开口网路的微差起爆；(b) 环形网路的微差起爆

1—起爆雷管；2—继爆管；3—导爆管；4—炮孔

1.1.1.3.3 导爆管起爆法

导爆管起爆法是利用导爆管传递爆轰波引爆雷管进而引爆工业炸药的一种的爆方式。导爆管传递的爆轰波是一种低爆速的弱爆轰波，它本身不能直接起爆工业炸药，只能起爆炮孔中的雷管，再由雷管的爆炸引爆炮孔内的炸药。

1. 导爆管起爆系统的工作原理

导爆管起爆系统如图1.21所示，它由击发元件、传爆元件（或叫连接元件）和末端工作元件组成。击发元件的作用是击发导爆管，使之产生爆炸。凡一切能产生爆轰波的元件都可作为击发元件，如雷管、击发枪、火帽、电引火头和电击发笔等，一发普通8号雷管能激发雷管周围3～4层导爆管40根以上。传爆元件的作用是使爆轰波连续传递下去，它由导爆管和连接元件组成，末端工作元件由引入炮孔和药室中的导爆管和它末端连接的雷管（即发的或延期的）组成，作用是直接引爆炮孔或药室中的工业炸药。

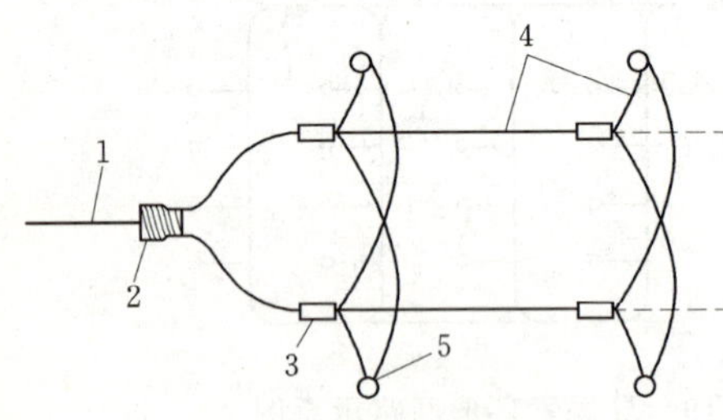

图1.21 导爆管起爆系统的组成

1—导火索 2—火雷管；3—连通管；4—导爆管；5—炮孔

导爆管起爆系统的工作过程是：击发元件引起传爆元件中的导爆管起爆，传爆到连通管并带动各导爆管起爆和传爆。连通管往下的导爆管有两类：一类属于末端工作元件的导爆管，由它传爆引爆雷管，使炮孔中的炸药爆炸。另一类属于传爆元年的导爆管，它的作用是往下继续传爆，就这样接连的传爆下去，

使所有的炮孔或药室起爆。

2. 爆破网路

导爆管爆破网路的连接方法是在串联和并联基础上的混合联，如并并联、并串并联等。实践证明，导爆管起爆系统用于隧道爆破以并并联网路为好，用于露天深孔爆破以并串并联网路为宜，用于楼房拆除爆破，区域内以簇联（也称“大把抓”，一并联）为好，区域间（即干线）以并串联较为方便。

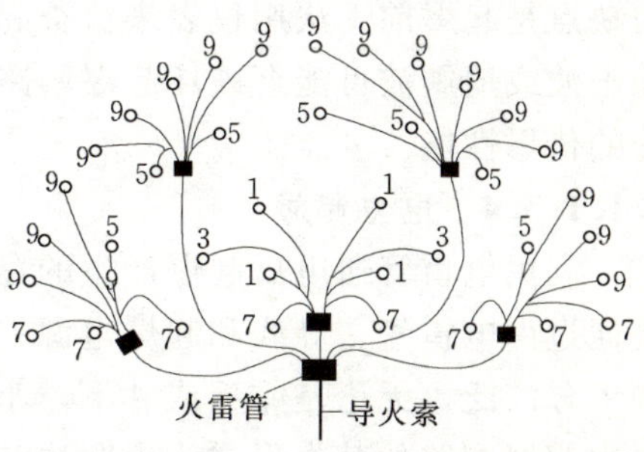

图 1.22 弧形导坑光面爆破并并联网路

(1) 并并联。图 1.22 所示为某隧道开挖爆破采用的并并联导爆管连接网路。38 个炮孔分成 5 组，每组并联（属于簇并联）7～8 根导爆管，5 组再并联于火雷管上。特征是在各支路上为并联，然后各支路再并联。

导爆管起爆系统可以实现微差爆破，其方法有孔内微差和孔外微差两种。孔内微差爆破就是将各段别的毫秒雷管状在炮孔内，以雷管的段别时差实现微差爆破。这种方法对设计、操作要求较严，容易出差错，影响效果。孔外微差爆破，就是装填在各个炮孔中的都是即发雷管，而把不同段别的毫秒雷管作为传爆雷管放在孔外，各个炮孔的响炮时间间隔和前后顺序由这些放在孔外的不同段别的传爆雷管控制，实现微差爆破。这种方法操作简便，不易出差错。

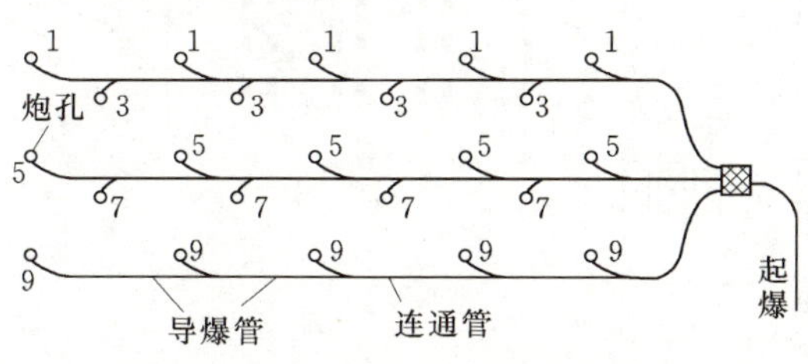

图 1.23 并串并联爆破网路

(2) 并串并联。露天深孔爆破常用并串并联网路，如图 1.23 所示。特征是在各分支路上有并联，然后这些并联路再串联，各分支路再并联。

并串并联网路可以用于孔外微差爆破。每个炮孔中装入即发雷管，根据设计的顺段或隔段方案在每一排孔的一端连接相应的段别雷管。图 1.24 为隔段孔外微差爆破网路。孔外微差爆破除了比孔内微差爆破节省起爆器材费用之外，最大的特点是，只用一种段别的毫秒雷管就可实现微差起爆。例如用 2 段毫秒雷管（延期 25ms）：第一排 0 段，第二排 2 段，第三排串联两个 2 段，往下串联三个 2 段，四个 2 段，实现每排间隔 25ms 的等间隔微差爆破。这种网路如图 1.25 所示。

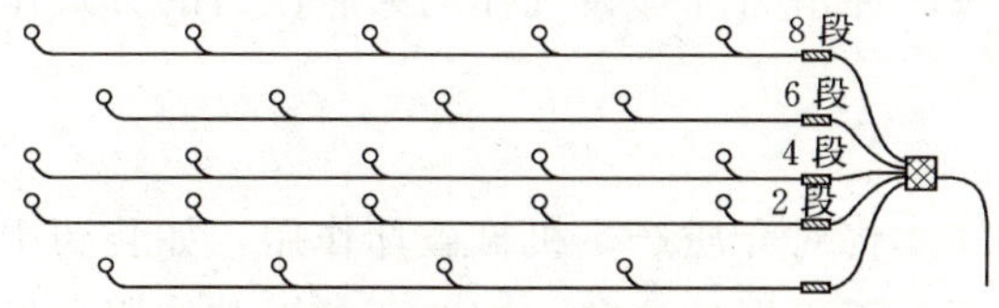

图 1.24 隔段孔外控制微差爆破网路

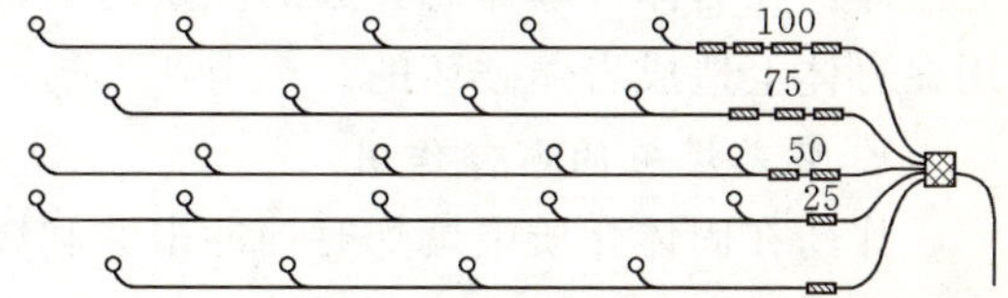

图 1.25 孔外等间隔微差爆破网路（单位：ms）

3. 应用范围和特点

导爆管起爆法的应用范围比较广泛，除了在有沼气和矿尘爆炸危险的环境中不能采用以外，几乎在各种条件下都可使用。

导爆管起爆法的优点是安全性好，不受外来电的影响，使用简单，起爆方便，网路敷设容易；能使成组炮孔或药室同时起爆，并且能实现各种方式的微差爆破。导爆管起爆法的缺点是起爆前无法用仪表来检查起爆网路连接质量；爆区太长或延期段数太多时，空气冲击波或地震波可能会破坏起爆网路，在高寒地区，由于塑料管的硬化，可能会恶化导爆管的传爆性能。

1.1.1.3.4　电力起爆

利用电雷管通电后起爆产生的爆炸能引爆炸药的方法，称为电力起爆法。电力起爆法是通过由电雷管、导线和起爆电源三部分组成的起爆网路来实施的。电力起爆法的使用范围十分广泛，无论是露天或井下，小规模或大规模爆破，还是其他工程爆破中均可使用。电力起爆网路的基本形式为串联法和并联法，如图1.26所示。

在工程爆破中，单纯的串联或并联网路只适用于小规模爆破。为了准爆和减少电线消耗，施工中多采用混合联接网路，如串联并联或并串联网路，如图1.26（c）、（d）所示。对于分段起爆的网路，若各段分别采用即发或某一延迟雷管时，则宜采用一串一并联网路，如图1.26（e）所示。

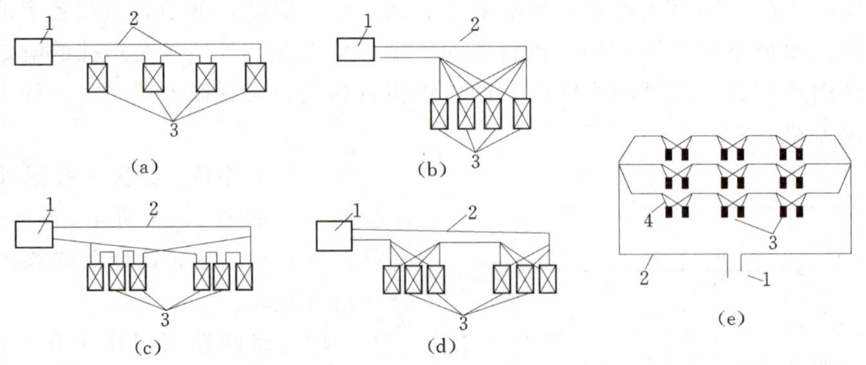

图1.26　电力起爆网路

（a）串联法；（b）并联法；（c）串并联法；（d）并串联法；（e）并串并联法

1—电源；2—网路干线；3—药包；4—网路支线

1.1.1.4　爆破药量计算

1.1.1.4.1　单个药包的爆破作用

炸药在岩体中爆炸后释放的能量是以冲击波的冲击力和爆轰气体的膨胀压力的方式作用在岩体上造成岩体破坏的。

1. 装药爆破的内部作用

炸药在固体介质中爆炸时，冲击波和爆生气体将对介质产生机械破坏作用，如装药中心距离自由面很远时，装药爆炸时后，在自由面看不出爆破迹象。即装药的爆破作用只发生在岩体的内部。装药的这种作用称为内部作用。发生这种作用的装药称为药壶装药，或称为药壶爆破作用。

当装药爆炸后，除装药处形成扩大的空腔外，随着与爆源距离的增大，大致分为压碎

圈、裂隙圈和震动圈，如图1.27所示。

（1）压碎圈。装药爆炸后，爆炸能量以冲击波的形式通过炮孔壁扩散到岩体中，与此同时，爆生气体压力也急剧增高到数万兆帕作用到岩壁上，这一压力远远超过岩石的极限抗压强度，在冲击波和爆生气共同作用下，岩石受到粉碎性破坏，同时伴随着数千摄氏度的高温，可使紧靠炮孔壁的岩石呈现近似流体的塑性流动区，或强烈压碎区。这一区域范围一般不超过（2～3）γ_0（自爆炸中心算起，γ_0为装药半径），这一区域内能量消耗大，冲击波在岩体内衰减很快，为了充分利用爆炸能量，应尽量避免形成压碎圈。

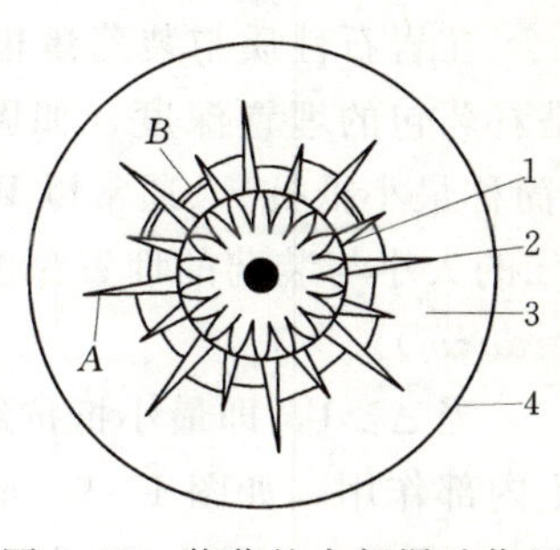

图1.27 装药的内部爆破作用

1—药包；2—压碎圈；3—裂隙圈；4—震动圈

（2）裂隙圈。压碎圈是由塑性变形或剪切破坏形成的，而裂隙圈则是由拉伸破坏形成的，在压碎圈的外界面上，由于能量得不到补充，而且又随传播距离的扩大而衰减，此时最大径向应力小于岩石的动载抗压强度，故不能引起岩石的压碎破坏，但在应力波传播过程中，可以引起岩石质点向外的径向位移，在径向压应力σ_γ作用下产生切向拉应力σ_θ，当σ_θ大于岩石的抗拉强度时，该处岩石将被拉断，形成与压碎圈相贯通的径向裂隙。同时，在高压爆生气体的挤入作用下，使径向裂隙继续延伸和扩展。径向裂隙的数目随着与爆源距离的增大而减小，呈现内密外疏的分布状况。

（3）震动圈。由于爆生气体和爆炸应力波经过破碎区时做功，波头压力衰减变得比较平缓，不足以对岩石造成破坏，应力波能量只能引起岩石质点发生弹性振动。在震动圈，幅度于地震波，有可能引起建筑物、结构物的破坏。震动圈之外，岩石就不再受爆破作用的影响了。

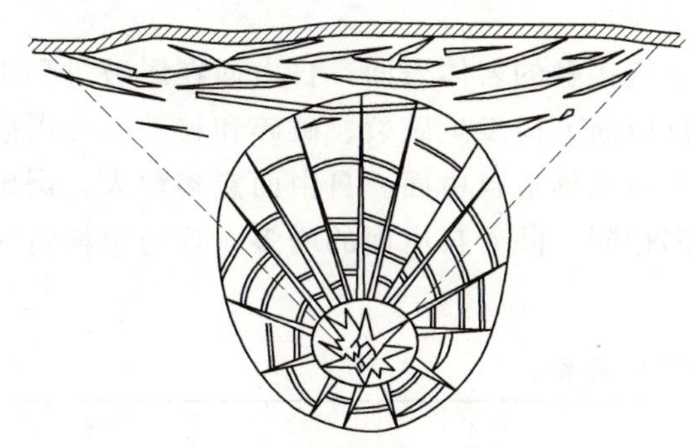

图1.28 装药上方形成的爆破漏斗

2. 装药爆破的外部作用

当装药接近自由面时，装药爆炸后，除在装药下方岩体内形成压碎圈、裂隙圈和震动圈外，装药上方一部分岩石将被破碎，脱离岩体，形成爆破漏斗，如图1.28所示，表现出装药爆破的外部作用。

当装药爆炸产生的应力波在岩体内部自装药中心向周围传播时，会强烈压缩周围的岩石质点沿径向运动，但波前方的外层岩石必然阻止这种运动，当应力波到达自由面时，自由面上的岩石质点的这种径向运动，由于没有外层的阻力，所以自由面上的岩石质点可以向自由面外自由地运动。当这种运动相当强烈时，自由面附近的质点就会相继从自由面上飞离脱落，形成爆破的外部作用破坏区。岩体的自由面实际上是两种不同介质的分界面。入射的压缩应力波抵达自由面后，将变为反射的拉伸应力波从身由面向岩体内部反射。入射波和反射波的叠加作用，构成了自由面附近的岩体中非常复杂的动态应力场，该应力场对爆破漏斗形成起着决定性的作用。

1.1.1.4.2 爆破漏斗

在岩石性质与装药量相同的条件下，区别岩体中装药爆破的内部作用和外部作用主要是看药包的埋置深度，如图1.29所示。药包中心距自由面的垂直距离称为最小抵抗线(简称最小抵抗)，通常以W来表示。设每千克炸药爆炸后能形成的爆破漏斗体积为V_e，V_e的大小与装药的埋置深度系数Δ有关。Δ为装药的最小抵抗线与临界抵抗线之比值($\Delta=w/w_c$)。

当$\Delta \geqslant 1$，即最小抵抗线大于或等于临界抵抗线时，漏斗体积$V_e=0$。装药爆破只产生内部作用，如图1.29(a)所示。

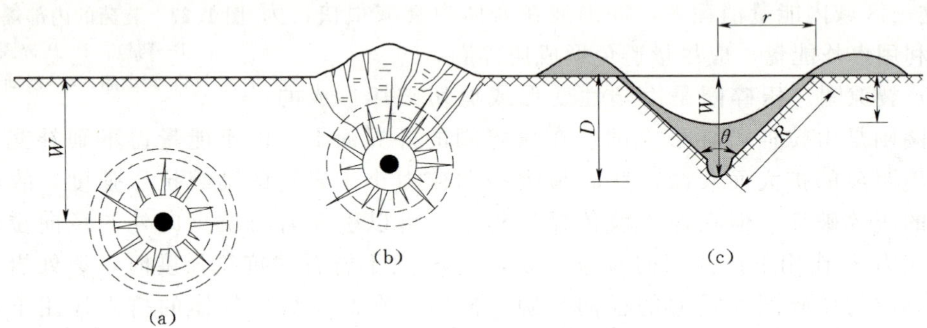

图1.29 药包埋置深度变化时的爆破作用

当$\Delta \leqslant 1$，即最小抵抗线小于临界抵抗线时，装药爆炸后，除在装药下方岩体内形成粉碎区、破裂区和震动区外，装药区上部岩体将被破碎，形成爆破漏斗，如图1.29(b)、(c)所示。

1. 爆破漏斗的构成要素

(1) 自由面。自由面又叫临空面，是指同空气接触的岩体表面。自由面在爆破过程中起重要作用，有了自由面，爆破时岩体才能向自由面方向发生破裂、破碎和移动。在爆破工程中，为了控制爆破作用，常常在药包附近人为地创造自由面。自由面愈多愈大，爆破效果愈好。如果岩体是均质的，其他条件与也都相同，随着自由面的增多，炸药单耗将明显降低，见表1.9。

表1.9 自由面与单耗药量关系

自由面个数	1	2	3	4	5	6
炸药单耗 (kg/m^3)	1	0.7～0.8	0.5～0.6	0.4～0.5	0.3～0.4	0.2～0.3

(2) 最小抵抗线。最小抵抗线是指药包中心距临空面的最小距离，图1.32(c)中W即为最小抵抗线。爆破时，最小抵抗线方向的岩石最容易破坏，是爆破作用和岩石移动的主导方向。

(3) 爆破漏斗底圆半径。靠近自由面的药包爆破时通常在自由面处形成一个圆形缺口，叫做爆破漏斗底圆。它的半径在图1.29(c)中以r来表示。

(4) 爆破作用半径。爆破作用半径又叫破裂半径，是指从药包中心到爆破漏斗底圆圆周上任一点的距离，图1.29(c)中的R表示爆破作用半径。

(5) 爆破漏斗深度。爆破漏斗顶点至自由面的最短距离叫爆破漏斗深度。图 1.29 (c) 中的 D 表示爆破漏斗的深度。

(6) 爆破漏斗可见深度。

爆破漏斗岩渣堆表面最低点到自由面的最短距离叫爆破漏斗可见深度。图 1.29 (c) 中的 h 表示爆破漏斗可见深度。

(7) 爆破漏斗张开角。爆破漏斗的顶角叫爆破漏斗张开角。图 1.29 (c) 中的 θ 表示爆破漏斗的张开角。

2. 爆破作用指数

在爆破工程中经常使用一个极为重要的指数，称作爆破作用指数 n，它是爆破漏斗底圆半径与最小抵抗线的比值，即

$$n=\frac{r}{W}$$

在最小抵抗线相等的条件下，爆破作用愈强，爆破形成的漏斗底圆半径愈大，相应地，爆破漏斗内岩石的破碎和抛掷作用也随之增大。在爆破工程中，常根据爆破作用指数 n 值的不同将爆破漏斗分为下述几类。

(1) 标准抛掷爆破漏斗。当 $r=w$ 时，即 $n=1$ 时，爆破漏斗为标准抛掷爆破漏斗，漏斗张开角 $\theta=90°$表现为介质被抛离在漏斗边缘。形成标准抛掷爆破漏斗的药包，叫做标准抛掷爆破药包。

(2) 加强抛掷爆破漏斗。当 $r>w$ 时，即 $n>1$ 时，爆破漏斗为强强抛掷爆破漏斗，漏斗张开角 $\theta>90°$，表面为介质被抛离在漏斗边缘之外较远，形成加强抛掷爆破漏斗的药包，叫做加强抛掷爆破药包。

(3) 减弱抛掷爆破漏斗。当 $r<w$ 时，即 $n<1$ 时，爆破漏斗为减弱抛掷爆破漏斗，漏斗张开角 $\theta<90°$，表面为介质被抛离在漏斗边缘较近处，形成减弱抛掷爆破漏斗的药包，叫做减弱抛掷爆破药包。

(4) 松动爆破漏斗。当 $0<h<0.75$ 时，爆破漏头号为松动爆破漏斗，这只有岩石破裂、破碎而没有向外抛掷的作用，从外表看没有明显的可见漏斗出现。

1.1.1.4.3 成组药包的爆破作用

在爆破工程中，大都采用多炮孔成组药包爆破。成组药包若采用逐个延期起爆，爆破作用和单个药包爆破时相同。如成组药包同时起爆，由于相邻两药包爆炸后应力波相互叠加，岩体中的应力状态和岩体的破坏情况比单药包爆破要复杂得多。根据药包间距大小和作用强弱会表现出不同的作用效果，如图 1.30 所示，阴影部分为未被炸除的残留介质。

多药包爆破时，为使相邻装药间的岩体得到充分破碎，必须合理地选择炮孔间距与最小抵抗线的比值，即炮孔密集系数 $m(s/w)$，a 为孔距，$a=s$。图 1.30 所示为不同炮孔密集系数时岩体的破碎情况。

密集系数的正确选择，对提高爆破效果有重要作用，如选择不当，可能形成超挖或欠挖，增大大块率或岩石抛掷过远等现象。一般密集系数 m 在 0.8～2.0 之间。从经济上考虑，在保证达到所要求的爆破效果的前提下，应尽量扩大炮孔间距。

1.1.1.4.4 装药量计算

在隧道和露天开挖等工程爆破时，正确地确定装药量，不仅直接影响爆破效果的好坏

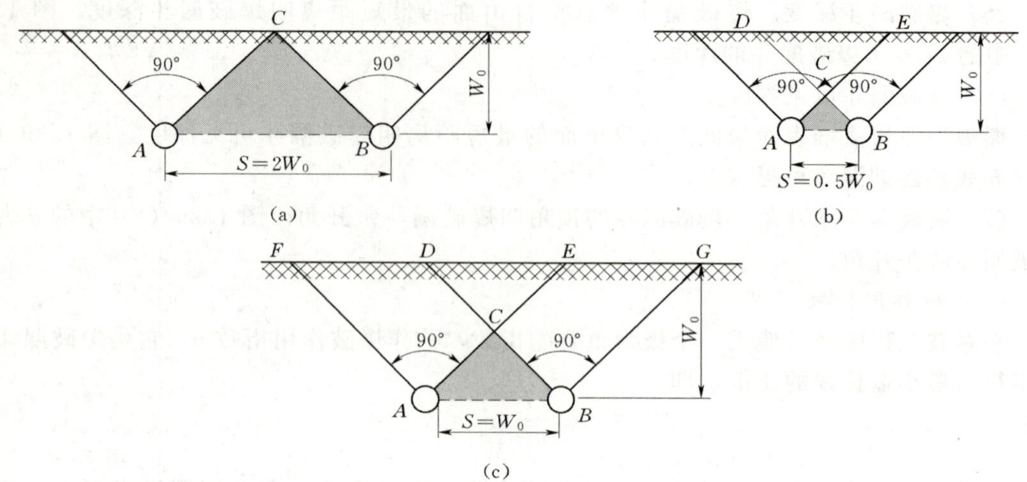

图1.30 不同炮孔密集系数时岩石的破碎情况

和成本的高低，而且影响凿岩爆破甚至铲、装、运等工作的综合经济技术效果。然而由于岩体构造复杂性和各向异性，精确计算装药量的问题至今尚未获得完满的解决，在工程实际中，通常采用体积法的原理来计算装药量。

体积法是指在一定炸药和岩石条件下，爆落的土石方体积同所用的装药量成正比，即

$$Q=qV \tag{1.2}$$

式中 Q——装药量，kg；

q——所爆破岩石的单位炸药消耗量，kg/m^3；

V——爆破漏斗体积，m^3。

如果药包是集中药包（药包形状接近于球状或立方体的药包叫集中药包，而药包长度大于其最短边的4倍时则叫延长药包或长条药包），按照前面的定义，标准抛掷爆破时爆破作用指数 n 的值为1，即 $r=W$，所以，爆破漏斗的体积大小为

$$V=\frac{1}{3}\pi r^2 W\approx W^3 \tag{1.3}$$

标准抛掷爆破装药量为

$$Q_{抛}=qW^3 \tag{1.4}$$

式中 W——最小抵抗线。

适用于各种类型的抛掷爆破装药量计算公式

$$Q_{抛}=f(n)qW^3 \tag{1.5}$$

式中 $f(n)$——爆破作用指数函数。

标准抛掷爆破 $$f(n)=1 \tag{1.6}$$

加强抛掷爆破 $$f(n)=0.4+0.6n^3 \tag{1.7}$$

减弱抛掷爆破 $$f(n)=\left(\frac{4+3n^3}{7}\right) \tag{1.8}$$

松动爆破 $$f(n)=n^3 \tag{1.9}$$

计算松动爆破（包括减弱抛掷爆破）的装药量，还可以采用式（1.10）。

$$Q_{松}=(0.4\sim0.6)qW^3 \tag{1.10}$$

计算式中的单位炸药消耗量 q，可根据岩石的可爆性、岩石的坚固性系数、工程性质等多种因素，按下述方法选择确定。

（1）查表参考定额或有关资料的数据。

（2）参照条件相似的工程或本工程的实际单位炸药消耗量 q 值的统计数据。

（3）在需要进行爆破的岩体中做标准抛掷爆破漏斗试验。

（4）松动爆破时的单位炸药消耗量一般为标准抛掷爆破单位炸药消耗量的0.4～0.6倍。

（5）式中单位耗药量 q 以标准炸药为准的，如果采用其他炸药，用药量应再乘以炸药换算系数 $e=B_0/B$，其中，B_0 为标准炸药的暴力，B 为所用炸药的爆力。

1.1.1.5 爆破方法的选择

采用爆破的方法破碎介质，根据不同工程任务的需要，一般有裸露爆破法，炮眼爆破法，药壶爆破法和洞室爆破法等基本方法，其中以炮眼爆破方法最为常用。如基岩开挖，洞室开挖，石料开采等工程都是采用炮眼爆破的方法进行。

炮眼爆破根据炮眼深度大小（或台阶高度大小）区分为浅孔爆破和深孔爆破。对开挖起爆存在时差的爆破称为梯段爆破。在水电工程建设施工中，当基岩开挖厚度较大时，常以深孔梯段爆破作为主要的开挖方法，对开挖深度不大的基岩可采用浅孔爆破的方法。

为达到某种质量目标，按炮眼起爆的时间顺序和作用方式又表现出不同的形式，常见的有齐发爆破、微差爆破、小抵抗线宽孔距爆破和微差挤压爆破等，对周边起控制作用的还有预裂爆破和光面爆破。

1.1.1.5.1 齐发爆破

齐发爆破是一种同排孔由导爆索串联，排间用不同段毫秒雷管引爆的爆破方法，这种爆破方法施工简单不易发生错误，但炮孔内的导爆索自上而下传播，易成泄气通道，减少气体在孔内作用时间，不利于破岩作用，近几年使用逐渐减少。

1.1.1.5.2 微差爆破

微差爆破是不同排用不同段毫秒雷管调节排间微差时间，同排同段雷管以其自身误差达到微差时间的爆破方法。常用于孔、排数较少情况下的爆破。

1.1.1.5.3 微差顺序爆破

微差顺序爆破是采用塑料导爆管雷管组成接力起爆（即按一定时间顺序传递）网络，进行逐孔按规定顺序起爆的爆破方法。如果每个炮孔内再分段，可组成孔间、孔内微差顺序爆破，这是目前世界上最先进的起爆方法，该方法在每一孔爆破时均有三个自由面，故能使岩石得到充分破碎，在坝基开挖以及许多重要建筑物附近或炮孔很多的情况下，这一方法显示出它的优越性。它将取代前面两种爆破方法，成为水电工程主要采用的起爆方法。

1.1.1.5.4 小抵抗线宽孔距爆破

在一个钻孔所能担负面积条件下，间排距乘积等于该面积者有多种组合，其中小抵抗

线与宽孔距的组合较之孔距是抵抗线的1～2倍的任何组合所获得的效果要好。该爆破方法孔距是抵抗线的2～8倍时称为小抵抗线宽孔距爆破。我国采用2～4倍者居多，因其爆破的岩块均匀，大块率低，而受欢迎，并在坝基开挖中逐渐被采用。对于块度要求在某一小范围的采石爆破，此法更为有效。

1.1.1.5.5 微差挤压爆破

在台阶正面未清完爆渣条件下进行的爆破称为挤压爆破。挤压爆破对加快施工进度和增加块石破碎度有利，但也存在台阶前部留底坎、后部严重拉裂、单耗高、振动大、爆堆高的问题。

1.1.1.6 露天小台阶炮眼（浅孔）爆破设计

露天小台阶炮眼（浅孔）爆破在露天多以台阶形式进行爆破开挖，每个台阶至少有水平和倾斜的两处自由面。由于地形条件或者出于开挖的需要，小台阶炮眼开挖方法也是经常用到的。在水平面上进行钻眼、装药、堵塞及起爆作业，爆破时岩石朝着倾斜自由面的方向崩落，然后形成新的倾斜自由面，如图1.31所示。图中符号意义见图注说明，其中$W_{底}$表示炮孔中心至台阶底部表面的距离，是爆破阻力最大的地方。h为炮眼超深（也叫超钻）长度，超深的目的是为了降低装药高度，以利于克服底部的阻力，使爆后能形成平整的台阶面。

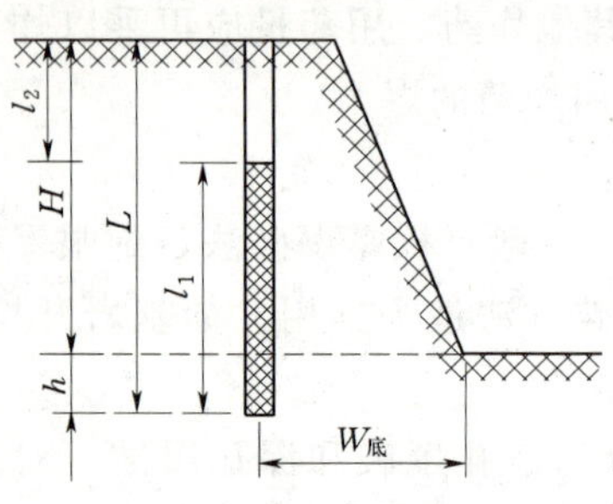

图1.31 露天小台阶炮眼爆破的炮眼

H—台阶高度；L—眼深；h—超深；l_1—装药长度；l_2—堵塞药长度；$W_{底}$—底盘抵抗线

1.1.1.6.1 炮眼排列方式

炮眼排列形式可分为单排眼和多排眼两种。一次爆破量较小时用单排眼，一次爆破量较大时，则要布置多排眼，一般不宜超过3～4排，多排眼的排列可以是平行的，也可以是交错的。图1.32为常用的炮眼布置形式。

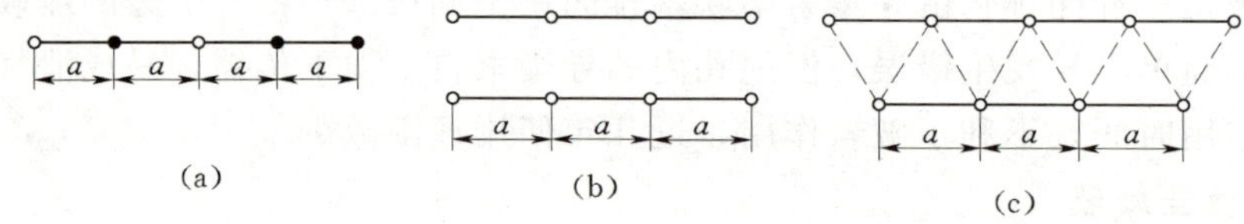

图1.32 露天小台阶炮眼爆破的炮眼布置形式

(a) 单排眼；(b) 多排眼平等排列；(c) 多排眼交错排列

1.1.1.6.2 爆破参数

爆破参数应根据施工现场的具体条件和类似矿山的经验选取，并通过实验检验修正，以取得最佳参数值。

1. 单位炸药消耗量q

q值与岩石性质、台阶自由面数目、炸药种类、炮眼直径等多种因素有关。在大孔径深孔台阶爆破中，q值在0.2～0.6kg/m^{3}范围内变化，浅眼小台阶爆破可参照此数值或稍高一些选取。

2. 炮眼直径 d 和炮眼深度 L

露天小台阶炮眼爆破的炮眼直径和炮眼深度都比较小，炮眼直径多在50mm内，眼深多在5m之内，此时台阶高度 H 也在5m以内，若台阶底部辅以倾斜炮眼，台阶高度可适当增加，如图1.33所示。

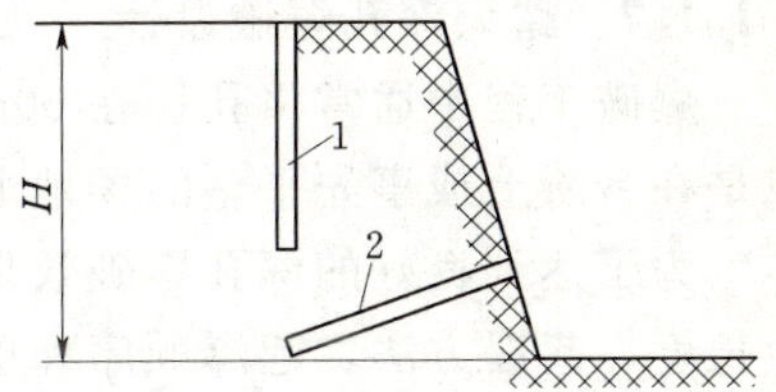

图1.33 小台阶炮眼示意

1—垂直眼；2—倾斜眼

3. 底盘抵抗线 $W_{底}$

在台阶爆破中，一般都用这一参数代替最小抵抗线进行有关计算，以便保证台阶底部能获得预期的爆破效果，$W_{底}$ 与台阶高度 H 有如下关系

$$W_{底}=(0.4\sim1.0)H(或K_w d) \tag{1.11}$$

式中 K_w——岩质系数，一般取15～30，坚硬岩石取小值，松软岩石取大值；

d——钻孔直径，mm。

在坚硬难爆的岩体中，若台阶高度较高时，计算时应取较小的系数。

4. 炮眼超深 h

如前所述，为了克服台阶底部岩石对爆破的阻力，炮眼深度要适当超出台阶高度 H，其超出部分 h 为超深，h 一般取台阶高度的10%～15%

$$h=(0.1\sim0.15)H \tag{1.12}$$

5. 炮眼孔距 a 与排距 b

同一排炮眼间的距离叫炮眼间距，常用 a 表示。通常 a 不大于是 L，不小于 $W_{底}$，并有以下关系

$$a=(1.0\sim2.0)W_{底} \tag{1.13}$$

$$a=(0.5\sim1.0)L \tag{1.14}$$

$$b=(0.8\sim1.0)W \tag{1.15}$$

6. 装药量计算

浅孔爆破药量按延长药包计算，单孔药量为

$$Q=qaWH \tag{1.16}$$

装药长度通常为孔深的1/3～1/2，雷管置于自上部算起装药全长的1/3～1/2处。孔口用炮泥堵塞。

7. 起爆网路

浅孔台阶爆破现多采用导爆管起爆网路，进行微差间隔起爆。常用的微差间隔起爆方法包括排间微差和V形起爆，如图1.34所示。

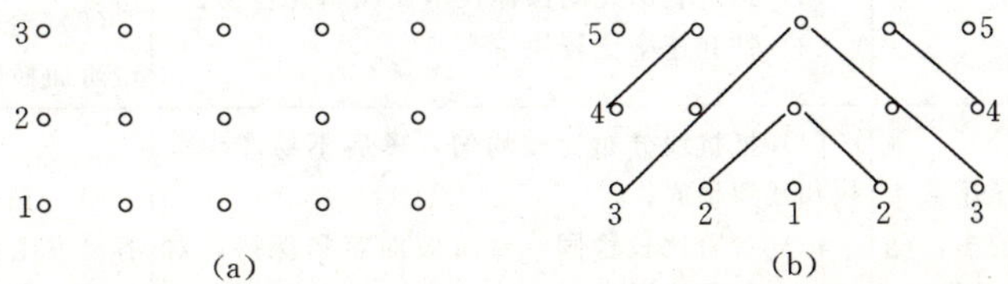

图1.34 台阶爆破的微差间隔起爆方式

(a) 排间微差；(b) V形起爆；1，2，3，4，5—雷管段别

1.1.1.7 露天深孔爆破设计

爆破工程中通常将孔径在50mm以上及深度在5m以上的钻孔称为深孔。深孔爆破一般是在台阶上或事先平整的场地上进行钻孔作业，并在深孔中装入延长药包进行爆破。

为了达到良好的深孔爆破效果，必须合理地确定布孔方式、孔网参数、装药结构、装填长度、起爆方法、起爆顺序和单位炸药消耗量等参数。

1.1.1.7.1 露天深孔的布置

1. 台阶要素

深孔爆破的台阶要素如图1.35所示。

为达到良好的爆破效果，必须正确确定上述各项台阶要素。

2. 钻孔形式

深孔爆破钻孔形式一般分为垂直钻孔和倾斜钻孔，如图1.36所示，也有个别情况采用水平钻孔。

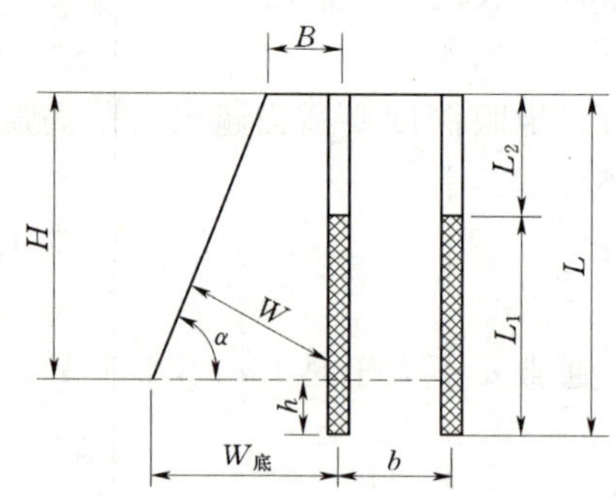

图1.35 台阶要素示意图

H—台阶高度；$W_底$—前排钻孔的底盘抵抗线；
L—钻孔深度；L_1—装药长度；L_2—堵塞长度；
h—超深；α—台阶坡面角；b—排距；
B—台阶上边线至前排孔口的距离；
W—炮孔的最小抵抗线。

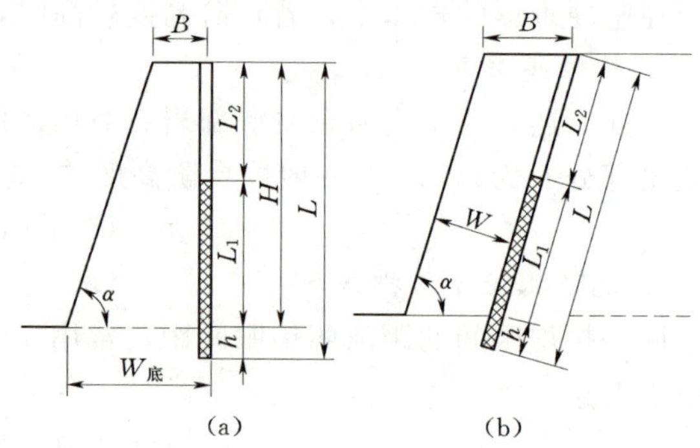

图1.36 钻孔形式示意图

垂直深孔和倾斜深孔的使用条件和优缺点列于表1.10。

表1.10 垂直深孔和倾斜深孔的比较

钻孔形式	适用情况	优　　点	缺　　点
垂直钻孔	在开采工程中大量采用	(1) 适用于各种地质条件的深孔爆破； (2) 钻垂直深孔的操作技术比倾斜孔容易； (3) 钻孔速率比较快	(1) 爆破后大块率比较高，常留有根底； (2) 台阶顶部经常发生裂缝，台阶面稳固性比较差
倾斜钻孔	在软质岩石开采工程中应用比较多，随着新型钻孔机的发展，应用范围将增加	(1) 抵抗线分布比较均匀，爆后不易产生大块和残留根底； (2) 台阶比较稳固，台阶坡面容易保持，对下一台阶面破坏小； (3) 爆破软质岩石时，能取得很高效率； (4) 爆破后岩堆的形状比较好	(1) 钻孔技术操作比较复杂，容易发生夹钻事故； (2) 在坚硬岩石中不宜采用； (3) 钻孔速度比垂直孔慢

从表中可以看出，斜孔比垂直孔具有更多优点，但由于钻凿斜孔的技术复杂，孔的长度相应比垂直孔长，而且装药过程中易发生堵孔，所以垂直孔仍然用得比较广泛。

3. 布孔方式

布孔方式有单排孔和多排孔两种，多排孔又分为方形、矩形及三角形（又称梅花形）3 种，如图 1.37 所示。从能量分布的观点看，以等边三角形布孔最为理想，所以许多开挖多采用三角形布孔，而方形或矩形布孔多用于挖沟爆破。目前，为了增加一次爆破量，广泛推广大区多排孔微差爆破技术，不仅可以改善爆破质量，而且可以增大爆破规模以满足大规模开挖的需要。

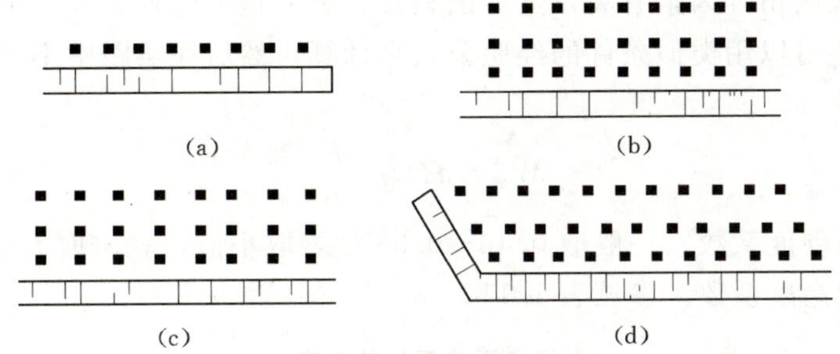

图 1.37 深孔布置方式

(a) 单排布孔；(b) 方形布孔；(c) 矩形布孔；(d) 三角形布孔

1.1.1.7.2 露天深孔爆破参数

露天深孔爆破参数包括孔径、孔深、超深、底盘抵抗线、孔距、排距、堵塞长度和单位炸药消耗量等。

1. 孔径和孔深

露天深孔爆破的孔径主要取决于钻机类型、台阶高度和岩石性质。采用潜孔钻机时，孔径通常为 100～200mm，采用牙轮钻机或钢绳冲击式钻进时，孔径为 250～300mm，也有达 500mm 的直径钻孔。一般来说，钻机选型确定后，其钻孔直径已固定下来，国内采用的深孔孔径有 80mm、100mm、150mm、170mm、200mm、250mm、310mm 几种。SL 47—94 规定，主体建筑物部位，直径不应超过 110mm。孔深由台阶高度和超深确定。

2. 台阶高度和超深

台阶高度主要是为钻孔、爆破和铲装创造安全和高效率的作业条件，一般按铲装设备选型和开挖技术条件来确定，多采用 10～12m 的台阶高度，也有采用 15～20m 的高台阶。有的学者则认为经济的台阶高度为 12～18m。

超深是指钻孔超出台阶底盘标高的那一段孔深，其作用是用来克服台阶底盘岩石的夹制作用，使爆破后不残留根底，而形成平整的底部平盘。超深选取过大，将造成钻孔和炸药的浪费，增大对下一个台阶顶盘的破坏，给下次钻孔造成困难，而且还会增加爆破地震波的强度；超深不足将产生根底或抬高底部平盘的标高，从而影响装运工作。

根据实践经验，超深可按式（1.17）确定

$$H=(0.15\sim0.35)W_{底} \tag{1.17}$$

式中 $W_{底}$——底盘抵抗线，m。

岩石松软时超深取小值，岩石坚硬时取大值，如果采用组合装药，底部使用高威力炸药时可适当降低超深。有时可按孔径的倍数来确定超深值，超深一般取8～12倍的孔径。国内工程的超深值一般在0.5～3.6m之间。在某些情况下，如底盘有天然分离面或底盘岩石需要保护时，则可不留超深或留下一定厚度的保护层。

3. 底盘抵抗线

底盘抵抗线是影响露天爆破效果的一个重要参数。过大的底盘抵抗线会造成根底多、大块率高、后冲作用大；过小则不仅浪费炸药，增大钻孔工作量，而且岩块易抛散和产生飞石危害。底盘抵抗线的大小同炸药的威力、岩石的爆破性、岩石的破碎要求以及钻孔直径、台阶高度和坡面角等因素有关，这些因素及其影响程度的复杂性，很难用一个数学公式表示。在设计中可以用类似条件的经验公式来计算，然后在实践中不断加台调整，以达到最佳效果。

$$W_{底}=HD\eta\frac{d}{150} \tag{1.18}$$

式中 D——岩石硬度系数，一般取0.46～0.56硬岩取小值，软岩取大值；

η——台阶高度系数，参见表1.11。

表1.11　高度影响系数的确定

H (m)	10	12	15	17	20	22	25	27	30
η	1.0	0.85	0.74	0.67	0.6	0.55	0.22	0.49	0.42

考虑钻孔作业的安全条件

$$W_{底}\leqslant H\cot\alpha+B \tag{1.19}$$

式中 $W_{底}$——底盘抵抗线，m；

H——台阶高度，m；

α——台阶坡面角，一般为60°～70°；

B——从钻孔中心至坡顶的安全距离，m，$B\geqslant2.5\sim3.0$m。

按炮孔孔径倍数确定底盘抵抗线。根据调查，我国露天深孔爆破的底盘抵抗线一般为孔径的20～50倍。

清渣和压渣爆破的$W_{底}/d$的比值见表1.12。

表1.12　最小抵抗线与孔径关系

孔径(mm)	清渣爆破	压渣爆破
200	30～50	22.5～37.5
250	24～48	20～48
310	33.5～42	19.5～30.5

以上说明，底盘抵抗线受许多因素的影响，变动范围较大，除了要考虑前述的一些条件外，控制坡面角是底盘抵抗线的有效途径。

4. 孔距与排距

孔距a是指同一排深孔中相邻两钻孔中心线间的距离。孔距按式(1.20)计算

$$a=mW_{底} \tag{1.20}$$

m是炮孔密集系数(或邻近系数)，其值通常大于1.0，在宽孔距爆破中则为3～4或更大。但是每一排孔往往由于底盘抵抗线过大，而选用较小的密集系数，以克服底盘的

阻力。

排距 b 是指多排孔爆破时，相邻两排钻孔间的距离，也就是第一排孔以后各排孔的底盘抵抗线。因此，确定排距应按确定最小抵抗线的原则考虑。

即

$$b=(0.8\sim1.0)W_{底} \tag{1.21}$$

采用三角形布孔时，排距与孔距的关系为

$$b=a\sin60^{\circ}=0.86a \tag{1.22}$$

5. 堵塞长度

合理的堵塞长度和堵塞质量，对改善爆破效果和提高炸药能量利用率具有重要作用。合理的堵塞长度应能降低爆炸气体能量损失和尽可能增加钻孔装药量，堵塞长度过长将会降低延米爆破量，增加钻孔费用，并造成台阶上部岩石破坏不佳；堵塞长度过短，则炸药能量损失大，将产生较强的空气冲击波、噪声和个别飞石的危害，并影响钻孔下部的破碎效果。一般而言，堵塞长度不小于底抵抗线的 0.75 倍，或取 20～40 倍的孔径，最好不小于 20 倍的孔径。堵塞试验表明，随着堵塞长度的减小，炸药能量损失增大，不堵塞时爆轰产物将以每秒几千米的速度从炮孔口喷出，造成有害效应。因此，安全规程中规定禁止无堵塞爆破。

露天深孔爆破的堵塞长度一般为 5～8m，堵塞物料多就地取材，以钻孔时排出的岩渣作堵塞物料。

6. 单位炸药消耗量

影响单位炸药消耗量的因素很多，主要有岩石的爆破性、炸药种类、自由面条件、起爆方式和块度要求等。因此，合理地选取单位炸药消耗量（q）往往需要通过试验或长期的生产实践。实际上，对于每一种岩石，在一定的炸药与爆破参数和起爆方式下，有一个合理的炸药单耗。各种爆破工程都是根据生产经验，按不同的岩石的爆破性分类确定单位炸药消耗量或采用工程实践总结的经验公式进行计算。通常，露天深孔爆破的炸药单耗在 0.1～0.35kg/m³ 之间，在进行露天深孔爆破设计时，可以参照类似岩石条件下的实际单耗，也可以按表 1.13 选取单位炸药消耗量（该表数据以 2 号岩石硝铵炸药为标准）。

表 1.13　　单位炸药消耗量 q 值表

岩石坚固性系数 f	0.8～2	3～4	5	6	8	10	12	14	16	20
q (kg/m³)	0.40	0.43	0.46	0.50	0.53	0.56	0.60	0.64	0.67	0.70

7. 每孔装药量

单排孔爆破或多排孔爆破的第一排孔的每孔装药量计算公式为

$$Q=qaW_{底}H \tag{1.23}$$

式中　q——单位炸药消耗量，kg/m³；

a——孔距，m；

H——台阶高度，m；

$W_{底}$——底盘抵抗线，m。

多排孔爆破时，从第二排起，以后各排的每孔装药量按式（1.24）计算

$$Q=KabH \tag{1.24}$$

式中　K——考虑受前面各排的岩石阻力作用的增加系数，一般取1.1～1.2；

b——排距，m；

其余符号意义同前。

1.1.1.7.3　深孔梯段爆破的装药结构

深孔梯段爆破的装药结构包括：耦合连续装药、耦合间隔装药、不耦合连续装药、不耦合间隔装药以及混合装药等方式，如图1.38所示。

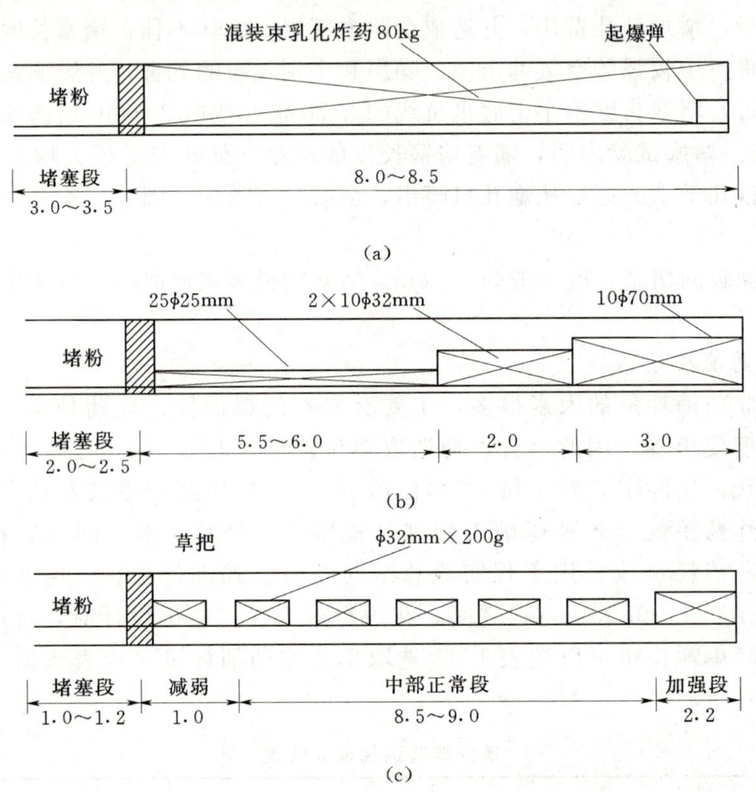

图1.38　施工深孔装药结构图（单位：m）

（a）主爆孔装药结构图为连续耦合装药；（b）缓冲孔装药结构图为变径连续不耦合装药；（c）施工光爆孔装药结构图为间断不耦合装药

在接近建基面、开挖边坡部位多用不耦合装药，因为不耦合装药可以缓解炸药对炮孔底及周壁岩石的破坏。其他部位可采用不耦合增加单孔装药量，减少钻孔量耦合装药方式。炮孔底部耦合装药，中部以上或上部采用不耦合装药也是常用的方法。炮孔底部耦合装药，可使底板爆得比较干净且不留根底，这在梯段爆破中至关重要。

是否采用间隔装药，由以下两种情况决定：首先，利用它作为调整块度级配的手段；其次，连续装药在孔口的堵塞长度过长时，必须间隔装药。

1.1.1.7.4 深孔微差爆破

微差爆破又称毫秒爆破，是指在深孔孔间、深孔排间或深孔内以毫秒级的时间间隔，按一定的顺序起爆的一种爆破方法。通常用不同段毫秒雷管调节排间微差时间，这种方法具有降低爆破地震效应、改善破碎质量、降低炸药单耗、减小后冲、爆堆比较集中等明显优点。因此，在各种爆破工程中得到广泛应用，特别是大区多排孔微差爆破方法已成为露天爆破开挖工程的一种主要方法。

1. 微差爆破作用原理

相邻深孔起爆间隔时间很短，爆破过程中存在着复杂的相互作用。微差爆破的主要作用原理是先爆孔为相邻的后爆孔增加新的自由面，应力波的相互叠加作用和岩块之间的碰撞作用，使被爆岩体获得良好的破碎，并相应提高了炸药能量的利用率。

以单孔顺序起爆方法为例，其破岩过程包括以下内容。

(1) 先行爆破的深孔在爆破作用下形成单孔爆破漏斗，使这部分岩体破碎并与原岩分离，同时在漏斗体外相邻孔的岩体中产生应力场与微裂隙。

(2) 后爆破的相邻深孔，因先爆孔已为其增加了新的自由面，改善了爆破作用条件，从而得良好的破碎。

(3) 后爆孔是在先爆孔产生的预应力尚未消失之前起爆，形成应力波的相互叠加，从而增强了爆破效果。

(4) 相邻孔之间的岩体在破碎过程中存在着岩块间的互相碰撞，得到了进一步的破碎。

2. 微差爆破间隔时间的确定

合理的微差爆破间隔时间，对改善爆破效果与降低爆破地震效应具有重要作用。在确定微差间隔时间时，主要考虑岩石性质、布孔参数、岩体破碎和运动特征等因素。微差间隔时间过长则可能造成先爆孔破坏后爆孔的起爆网络，过短则后爆孔可能因先爆孔未形成新的自由面而影响爆破质量。微差间隔时间的长短一般根据经验公式来确定。

$$\Delta t = K_p W_{底} (24 - t_d) \tag{1.25}$$

式中 Δt——微差间隔时间，ms；

t_d——从爆破到岩体开始移动的时间，ms；

$W_{底}$——底盘抵抗线，m；

K_p——岩石裂隙系数。对于裂隙少的岩石，$K_p=0.5$；对于中等裂隙岩石，$K_p=0.75$；对于裂隙发育的岩石，$K_p=0.9$。

我国露天深孔爆破采用的微差时间一般为25～50ms。近年来，由于起爆器材的不断改进，提高了起爆网络的可靠性，对多排微差爆破来说，适当延长微差间隔时间，将会改善爆破质量和降震效果。

3. 大区多排微差爆破起爆方案

随着开挖工程规模的不断扩大，大区多排微差爆破愈加显示出优越性。为保证达到良好的爆破质量，必须正确选择起爆方案。起爆方案是与深孔布置方式和起爆顺序紧密结合的，需要根据岩石性质、裂隙发育程度、构造特点、爆堆要求和破碎程度等因素进行选择。常用的起爆方案有以下几种。

(1) 方形(或矩形)布孔,排间微差起爆,如图1.39(a)所示。

(2) 方形(或矩形)布孔,对角微差起爆,如图1.39(b)所示。

(3) 方形(或矩形)布孔,V形微差起爆,如图1.39(c)所示。

(4) 方形(或矩形)布孔,横向掏槽起爆,如图1.39(d)所示。

(5) 三角形布孔,排间微差起爆,如图1.39(e)所示。

(6) 三角形布孔,对角微差起爆,如图1.39(f)所示。

(7) 三角形布孔,V形微差起爆,如图1.39(g)所示。

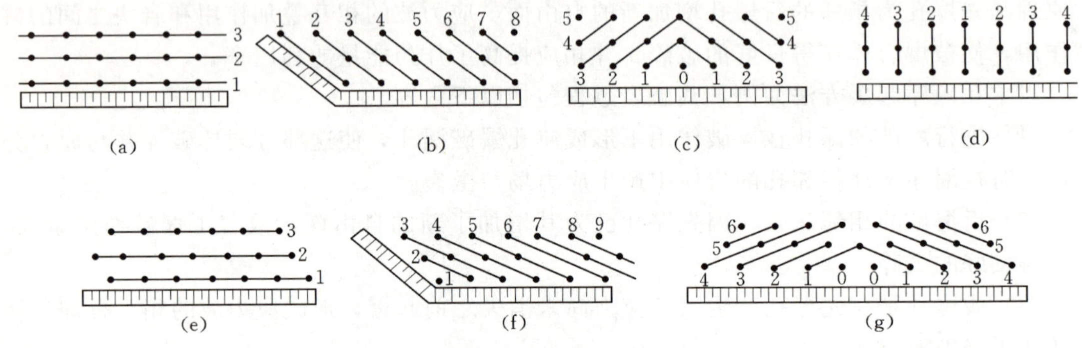

图1.39 几种常用的起爆方案

此外,在方形或三角形布孔方式中,也可采用单孔顺序微差起爆方案。

目前,多采用三角形布孔对角起爆或V形起爆方案,以形成小抵抗线宽孔距爆破,使深孔实际的密集系数增大到3~8,以保证岩石的破碎质量。

1.1.1.8 预裂爆破和光面爆破

为保证保留岩体按设计轮廓面成型并防止围岩破坏,须采用轮廓控制爆破技术。常用的轮廓控制爆破技术包括预裂爆破和光面爆破。所谓预裂爆破,就是首先起爆布置在设计轮廓线上的预裂爆破孔药包,形成一条沿设计轮廓线贯穿的裂缝,再在该人工裂缝的屏蔽下进行主体开挖部位的爆破,保证保留岩体免遭破坏;光面爆破是先爆除主体开挖部位的岩体,然后再起爆布置在设计轮廓线上的周边孔药包,将光爆层炸除,形成一个平整的开挖面。

预裂爆破和光面爆破在坝基、边坡和地下洞室岩体开挖中获得了广泛应用。

1.1.1.8.1 成缝机理

预裂爆破和光面爆破都要求沿设计轮廓产生规整的爆生裂缝面,两者成缝机理基本一致。现以预裂缝为例论述它们的成缝机理。

预裂爆破采用不耦合装药结构,其特征是药包和孔壁间有环状空气间隔层,该空气间隔层的存在削减了作用在孔壁上的爆炸压力峰值。因为岩石动抗压强度远大于抗拉强度,因此可以控制削减后的爆压不致使孔壁产生明显的压缩破坏,但切向拉应力能使炮孔四周产生径向裂纹,加之孔与孔间彼此的聚能作用,使孔间连线产生应力集中,孔壁连线上的初始裂纹进一步发展,而滞后的高压气体的准静态作用,使沿缝产生气刃劈裂作用,使周边孔间连线上的裂纹全部贯通成缝。

1.1.1.8.2　质量控制标准

（1）开挖壁面岩石的完整性用岩壁上炮孔痕迹率来衡量，炮孔痕迹率也称半孔率，为开挖壁面上的炮孔痕迹总长与炮孔总长的百分比率。在水电部门，对节理裂隙极发育的岩体，一般要求炮孔痕迹率达到10%～50%；节理裂隙中等发育者应达50%～80%；节理裂隙不发育者应达80%以上。围岩壁面不应有明显的爆生裂隙。

（2）围岩壁面不平整度（又称起伏差）的允许值为±15cm。

（3）在临空面上，预裂缝宽度一般应不小于1cm。实践表明，对软岩（如葛洲坝工程软岩）裂缝宽度可达2cm以上，而坚硬岩石预裂缝难以达到1cm。

1.1.1.8.3　预裂爆破与光面爆破参数选择及装药量计算

1. 经验数据法

预裂爆破装药量建议按表1.14选用。光面爆破装药量不仅与钻孔直径、孔距有关，还与最小抵抗线有关，建议参照表1.15选用。

表1.14　预裂爆破装药量经验数据

岩石性质	岩石抗压强度（MPa）	钻孔直径（mm）	钻孔间距（m）	线装药量（g/m）
软弱岩石	60以下	80、100	0.6～0.8、0.8～1.0	100～180、150～250
中硬岩石	60～80	80、100	0.6～0.8、0.8～1.0	180～300、250～350
次坚石	80～120	90、100	0.8～0.9、0.8～1.0	250～400、300～450
坚石	>120	90～100	0.8～1.0	300～700

注　表中未列入地质状况，其影响体现在线装药量的变化里。

表1.15　光面爆破装药量经验数据

钻孔直径（mm）	钻孔间距（m）	最小抵抗线（m）	线装药量（g/m）	钻孔直径（mm）	钻孔间距（m）	最小抵抗线（m）	线装药量（g/m）
37	0.6	0.9	120	50	0.8	1.1	250
44	0.6	0.9	170	62	1.0	1.3	350

2. 装药量计算的经验公式

我国于20世纪70年代末期提出许多依据不同岩石抗压强度与孔径和孔距等有关的预裂爆破装药量计算公式，现推荐式（1.26）

$$\Delta=0.034[\sigma_p]0.63a0.67 \quad (1.26)$$

式中　Δ——线装药量，g/m；

$[\sigma_p]$——岩石极限抗压强度，MPa；

a——钻孔间距，m。

在岩体内进行预裂爆破，用岩石极限抗压强度显然是不合理的，应当用岩体抗压强度，因岩体内存在节理裂隙，影响预裂的效果。因此，若用岩体抗压强度代替岩石极限抗压强度，可将岩石极限抗压强度减低10%～30%计算。

光面爆破药量计算在国内尚没有较为成熟的经验公式，按水电工程的应用经验，一般

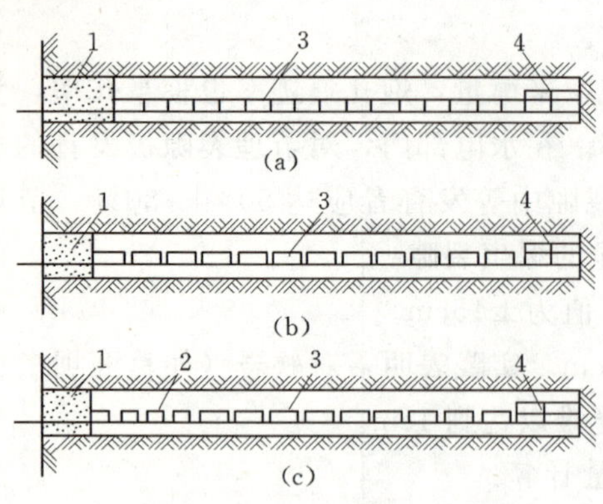

图 1.40 预裂孔结构示意图

(a) 连续装药；(b)、(c) 间隔装药

1—堵塞段；2—顶部减弱装药段；3—正常药段；4—底部增强装药段

用式（1.26）计算，然后再减少 10%～30%进行施工。

1.1.1.8.4 装药结构设计

合理的装药结构应满足下列要求：从孔口到孔底线装药密度的变化应与岩性的变化相适应；导爆索上的药卷应均匀分布，药卷间的中心距离不大于 50cm。设计的线装药密度 q，可作为中段装药密度 $q_{中}$。在岩性均匀部位，装药结构分成三段，如图 1.40 所示。

(1) 孔口段。根据地面岩石风化程度确定线装药密度。一般 $q_{孔口}=(1/2\sim1/3)q_{中}$，装药长度 1～2m。在地面岩石坚硬完整部位，$q_{孔口}=q_{中}$。

(2) 中间段。它是预裂爆破的主要装药段，对预裂缝的形成和预裂缝的宽度起控制作用，$q_{中}=q$。

(3) 孔底段。底部装药量随着孔深增加而加大，集中分布在孔底 1～2m 范围内，以克服岩体底部对预裂缝面的夹制力。底部线装药密度可参照表 1.16 数据。

表 1.16 孔底线装药密度取值

孔深 L（m）	底部线装药密度 $q_{底}$
<10	(1～2) $q_{中}$
10～15	(2～3) $q_{中}$
15～20	(3～4) $q_{中}$

当孔深超过 20m 时，可根据地质等条件酌情处理。

全孔为不耦合装药，不耦合系数 m（孔径与药卷直径之比）一般取 2～3。

1.1.1.8.5 预裂爆破的注意事项

预裂爆破中还须注意以下几点。

(1) 为了保证预裂缝面能延伸至建基面，又不伸入基础，均钻至建基面终孔。药卷底部与建基面间预留 0.2m 的空隙。

(2) 紧邻预裂缝面的梯段爆破最后一排炮孔称为缓冲孔。缓冲孔与预裂缝的距离应考虑岩石性质，药包直径大小，梯段爆破起爆方式及炮孔排数等综合因素。对于岩性软弱，节理裂隙发育的岩石，在爆炸力作用下，岩体稍松动即可挖除，缓冲孔与预裂缝间距可控制在 2m 内。对于中等强度，整体性较好的岩石，如砂岩、砾岩等，间距应控制在 1.0m 以内。

缓冲孔的药包直径应小于梯段爆破主爆孔的药包直径，一般为主爆孔药径的 1/2～2/3。为了根除炮根和防止爆破对后冲方向岩体的破坏，底部 1～2m 药包直径应同主爆孔，上部 1～2m 视炮孔至预裂缝面的距离而定，距离近，应布置小直径药包。缓冲孔单位耗药量同主爆孔，单孔药量应为主爆孔的 1/2～2/3，因此其抵抗线和孔距均小于主爆孔。缓冲孔距应不小于抵抗线。

(3) 有临空面条件的预裂爆破。在有临空面的情况下，进行预裂爆破时，爆炸应力有可能使缝面前的岩体向临空面方向移动或坍塌，这主要取决于岩石的性质与台阶宽度。台阶宽度小于 5m 时，不论何种岩石，预裂爆破应和松动爆破同一次进行，预裂炮孔提前 75～100ms 起爆，若不同次进行，会给后期造成困难；台阶宽度 5～10m 时预裂爆破与梯段爆破

也可同次进行；若台阶宽度大于 10m，岩体内无软弱水平层时，可按一般施工程序进行。

(4) 预裂爆破震动大于光面爆破，某些条件下，采用预裂爆破减震微弱而不适宜，采用光面爆破可有效控制边坡坡面平整和稳定。

1.1.1.9　平地掏槽爆破。

水工建筑物基础轮廓形状各异，都需要进行平地掏槽爆破。大量基坑岩石需要采用梯段爆破方式开挖，为了形成梯段爆破临空面，也必须先进行掏槽爆破。基坑开挖施工道路，也需通过层层掏槽爆破，才能进入基坑最低工作面。所以平地掏槽爆破是基坑开挖必须掌握的一种爆破方式。

掏槽爆破的一次爆破深度与掏槽形状、轮廓尺寸密切相关，一般来说平面尺寸大，可爆深度也大。由于掏槽爆破的震动影响和破坏范围较大，一次掏槽深度 3～4m 较合适，最大不宜超过 5m，深度较大的槽宜分层进行掏槽爆破。

为了保证壁面平整，掏槽开挖轮廓面应采用预裂爆破或光面爆破。

1.1.1.9.1　群孔平地起爆

在槽挖深度不大时（一般小于 2m），可采用此方式进行爆破，炮孔内布置即发雷管同时起爆。为了保证掏槽效果，孔深等于或略大于槽深，孔、排距约为孔深的 1/2，单位耗药量应大于 1.3kg/m³。此掏槽方式的优点是施工工艺简单，缺点是爆破震动影响大，抛掷方向无法控制，对基础破坏也大。

1.1.1.9.2　由浅至深掏槽爆破

基坑施工道路一般采用由浅至深的掏槽爆破，掏槽深度达到设计高度后，采用梯段爆破开挖此高程以上其他部位，同时按施工布置继续进行掏槽爆破下降施工道路至下一层。

这种掏槽方式有两种形式，图 1.41 (a) 是变角度、变孔深掏槽方式，掏槽效果较好，但改变钻孔角度施工较麻烦。图 1.41 (b) 仅改变孔深，钻孔工艺简单，但掏槽效果稍差。

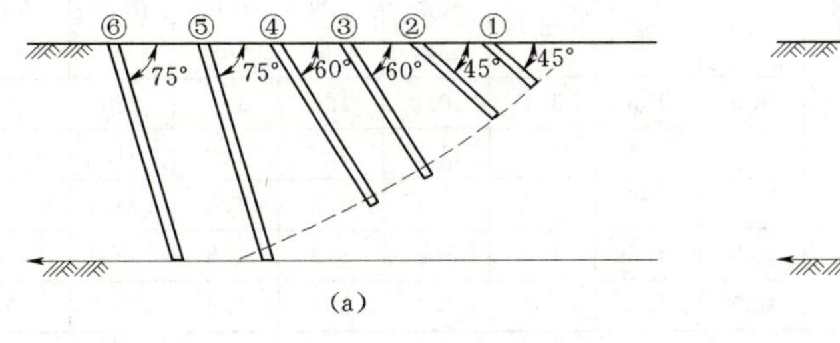

(a)

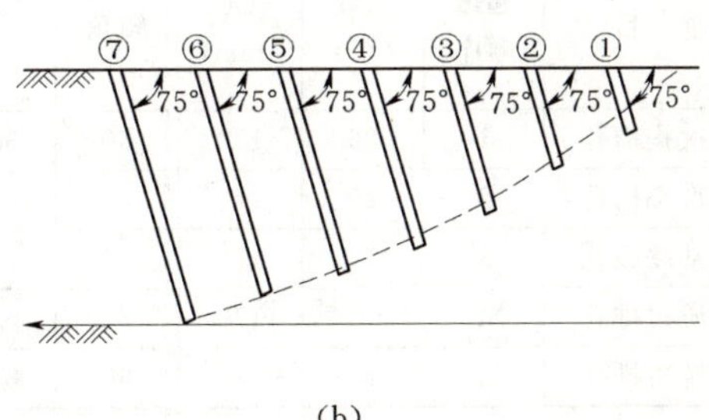

(b)

图 1.41　由浅至深掏槽爆破

(a) 变角度由浅至深掏槽爆破；(b) 不变角度由浅至深掏槽爆破

1.1.1.9.3　中心掏槽爆破

在槽挖深度 3～4m，开挖平面尺寸较大时，采用中心掏槽方式爆破效果较好。中心掏槽布孔和起爆顺序有多种形式，根据在多个工程中的实践经验，图 1.42 (a) 掏槽方式可以获得满意效果。

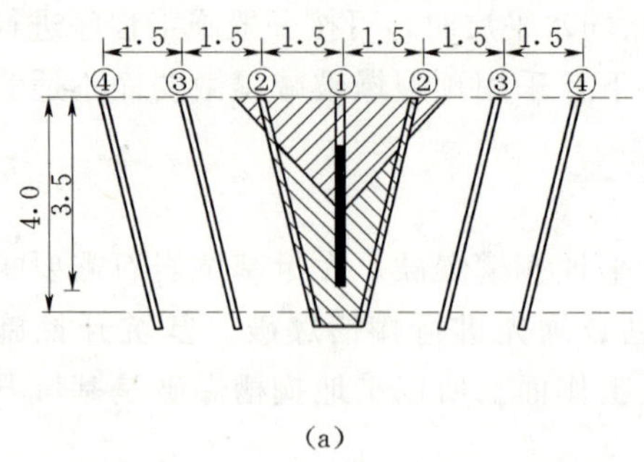

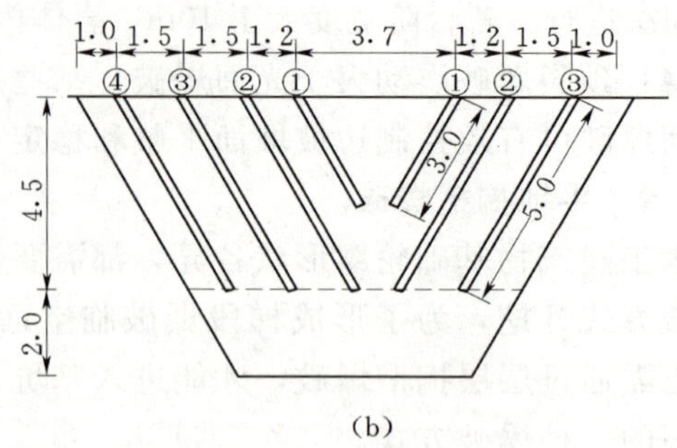

图 1.42 中心掏槽爆破
①~④雷管段别

中心布置垂直孔，孔内布置高威力炸药，或加密中心孔，在满足堵塞长度的条件下，保证以药包中心为顶点的爆破漏斗（图中①部位）单位耗药量略大于 1.3kg/m³，孔内布置 1 段雷管。中心孔两侧第 1 排炮孔布置 2 段雷管，炮孔装药集中在下部，两侧炮孔间破碎岩石的单位耗药量必须达到 1.3kg/m³ 以上（图中②部位）。两侧第 2、3 排炮孔依次装 3、4 段雷管，按梯段爆破计算炮孔药量，单位耗药量控制在 0.65kg/m³ 左右。

另一种中心掏槽方式如图 1.42（b）所示。例：葛洲坝二江汇水闸地质条件复杂，多为黏土质粉砂岩、砂岩、粉岩互层，考虑到建筑物的稳定，抗冲刷、基础防渗、排水和观测的需要，在整个建筑物基础中设置了嵌固廊道的大小齿槽 21 条，槽深 6～17m，总长 4300m。较长齿槽，一般先进行掏槽爆破，创造临空面，再采用梯段爆破方式开挖齿槽。槽深大于 5m 时，分层进行掏槽爆破。图 1.42（b）所示为两侧先进行预裂爆破，再在中心掏槽，其主要爆破参数见表 1.17。

表 1.17　　　葛洲坝二江泄水闸掏槽爆破参数表

项　目	起爆顺序	孔数（个）	孔径（mm）	钻孔倾角（°）	孔深（m）	孔距（m）	排距（m）	单孔药量（kg）	装药长度（m）	堵塞长度（m）	单起爆量（kg）	爆破方量（m³）
一次掏槽孔	1	26	170	60	3.0	1.5	3.7	10.0	1.6	1.4	260	103.5
二次掏槽孔	2	26	170	60	5.0	1.5	1.2	11.2	3.2	1.8	291.2	164.5
松动爆破孔	3	13	170	60	5.0	1.5	1.5	8.4	3.2	1.8	109.4	113.5
上游边排孔	4	13	170	60	5.0	1.5	1.5	8.4	3.2	1.8	109.4	189.0
下游边排孔	5	13	170	60	5.0	1.5	1.5	8.4	3.2	1.8	109.4	189.0

1.1.1.10 保护层开挖

多数水工建筑物必须建造在完整坚硬的岩体上。为此，在接近建基面的部位留出一定厚度的岩层，再用特殊的办法加以处理，是我国规定的方法。

预留的保护层厚度，与上部深孔梯段爆破所采用的钻孔直径、药卷直径以及爆破参数和方法有关。它一般根据测定梯段炮孔底以下破坏深度的试验结果确定。

1.1.1.10.1 保护层厚度的确定

首先，最可靠的方法是通过现场试验确定。

其次，可以根据 SL 47—94 所推荐的办法确定，见表 1.18。

表 1.18　　保护层厚度与装药直径关系

岩体特性	节理裂隙不发育和坚硬的岩体	节理裂隙较发育、发育和中等坚硬的岩体	节理裂隙极发育和软弱的岩体
$\frac{H}{D}$	25	30	40

注　表中 H 为保护层厚度；D 为梯段炮孔底部的装药直径。

使用表 1.15 中数据进行梯段爆破应遵循以下条件：必须具有两个良好的临空面；单响药量小于 300kg；钻孔直径应小于 110mm。

1.1.1.10.2　保护层的开挖方法

保护层的开挖方法在 SL 47—94 的第 3.6.3 和 3.6.4 条中有具体明确的规定。保护层开挖有分层开挖法，一次开挖法和无保护层开挖几种方法。

1. 分层开挖

按规定，保护层开挖一般分三层开挖。第一层炮孔不得穿入建基面以上 1.5m 的范围，装药直径不得大于 40mm，控制单响药量不超过 300kg；第二层，对节理裂隙极发育和软弱岩体，炮孔不得穿入建基面以上 0.7m 的范围，其余岩体不得超过 0.5m 范围，且炮孔与水平建基面的夹角不应大于 60°，装药直径不应大于 32mm，须采用单孔起爆方法；第三层，对节理裂隙极发育和软弱岩体，须留 0.2m 厚岩体进行撬挖，其余岩体炮孔不得穿过建基面。

保护层分层开挖限制了工程岩石基础开挖的速度，成为控制施工进度的关键。

2. 保护层一次挖除爆破方法

（1）孔间微差小梯段爆破。微差小梯段爆破是保护层一次爆除最基本的方法。

1）用小梯段爆破取代平地爆破。SDJ 211—83 规定保护层开挖方式为一个自由面的平地爆破，虽是一种单孔爆破，但较杂乱，耗药量大，效果差，采用小梯段爆破可以改善效果。

2）采用毫秒雷管取代火雷管，实现排间微差梯段爆破。

3）用小直径乳化药卷代替硝铵药卷。可使装药分散，不耦合系数加大，降低单耗，减少震动影响。

4）底部设缓冲层的装药结构。即在炮孔底部设置一种排水型的体积可变的柔性垫层，使药卷不与炮孔底部直接接触。

5）控制钻孔精度，加大密集系数，可以改善爆破效果，减少超欠挖工程量。

实施要点（此为某一工程保护层钻爆开挖，孔网参数装药结构起爆方式设计）：

1）单位耗药量。单耗控制在 0.35～0.47kg/m^3，岩性软弱或断层构造发育时取低值，岩性坚硬时取高值。

2）炮孔斜度。采用垂直钻孔，以利于控制孔底高程和孔排距钻孔误差，提高试验资料的精确性。

3）抵抗线（排距）。取梯段高度（1.5m）的 0.4～0.5 倍，即为 0.6～0.75m。

4）炮孔密度集系数。将一般采用的 0.8～1.2 加大到 1.67～2.5，按梅花形布孔，以利消除炮孔根底。

5）钻孔深度。炮孔钻至建基面，不超深。

6）堵塞长度。等于或略小于各排抵抗线，一般为0.5～0.7m。

7）柔性垫层。层厚18cm。

8）药量及装药结构。单孔药量根据单位耗药量和孔网参数确定，一般为400～800g/孔。装药结构有全孔装直径25mm药卷，全孔装直径32mm药卷、底部装直径32mm药卷上部接25mm药卷三种形式，视地质条件选用。药卷均为厂家生产的乳化炸药定型药卷。

9）起爆方式。采用排间微差起爆方式。一般7排布置7段雷管，最多一次分17排布置17段雷管。1～4段为25ms等间隔电雷管，15～17段雷管间隔时间大于50ms。

某一工程对保护层孔间微差爆破网路实例如图1.43所示。

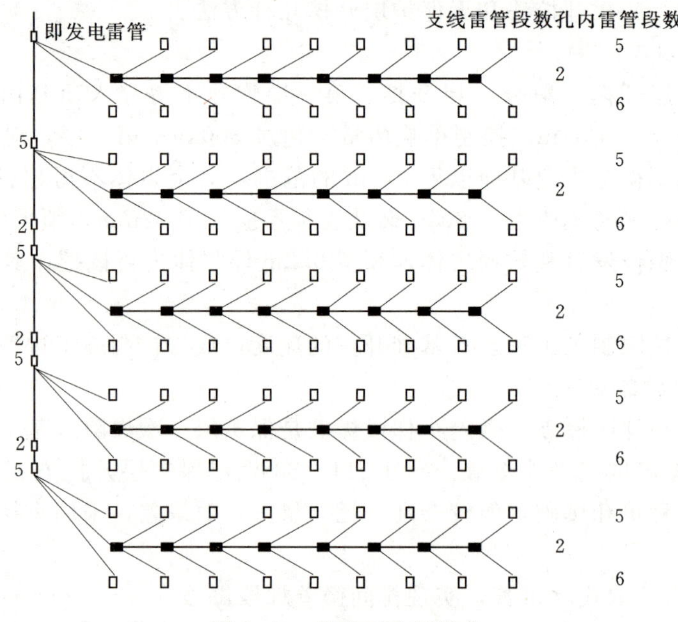

图1.43　保护层孔间微差

（2）浅孔松动爆破配合水平光面爆破或水平预裂爆破。采用水平光面爆破或水平预裂爆破一次爆除保护层是20世纪90年代发展起来的爆破技术。它的主要优点是，建基面平整，超欠挖工程量小。水平预裂或水平光爆采用不耦合间断装药结构对地基的不良影响小。

三峡二期工程泄洪与挡水大坝（包括左导墙）工程具有钻爆工作量大、开挖强度高、地质条件复杂、基础质量要求高的特点，采用传统的保护层分层爆破开挖法无法满足施工进度和基础质量的要求。因此，施工单位采用水平预裂爆破辅以垂直浅孔梯段爆破法开挖保护层。保护层厚度为2.5～3.0m。

水平预裂爆破按钻孔直径大小取不同参数如下：

1）钻孔直径D_1、D_2。D_1=100～105mm，D_2=45～50mm。

2）药卷直径d_1、d_2。d_1=32mm，d_2=25mm。

3）钻孔间距 a_1、a_2。a_1＝80～100cm，a_2＝40～50cm。

4）钻孔深度 L_1、L_2。L_1≤10m，L_2≤3.0m。

5）线装药密度 q_O 经生产性试验不断调整，最终确定 q＝380～450g/m（D＝100～105mm）。

水平预裂爆破与边坡预裂爆破有着本质区别。边坡预裂爆破是在半无限体中进行的，底部夹制作用较大。水平预裂爆破相当于2.5～3.0m的光面层爆破，是在有限体中进行的，底部夹制作用小，因此装药结构较为简单。一般按设计的线装药密度由上至下均匀分布药量，在孔底40cm范围内，线装药密度约增加1倍。孔口堵塞长度以下50cm范围内线装药密度减少约1/2。堵塞长度一般取80～100cm。

浅孔梯段爆破参数如下：

1）钻孔直径 D_1、D_2。D_1＝105～89mm，D_2＝45～50mm。

2）药卷直径 d_1、d_2。d_1＝50mm，d_2＝32mm。

3）钻孔深度 L。保护层厚度2.5m时，L＝1.7～1.5m；保护层厚度3.0m时，L＝2.2～2.0m。

4）钻孔间距。孔径89～105mm时，孔距1.5～1.8m，排距1.0～1.2m。

孔径40～45mm时，孔距1.0～1.2m，排距0.5～0.6m。

5）单位耗药量 q。q＝0.5～0.6kg/m^3。

三峡二期主体工程基础保护层开挖通过应用水平预裂爆破辅以垂直浅孔梯段爆破的施工方案，达到高质量、快速开挖保护层的目的，经过建基面残留炮孔痕迹进行检查与统计分析，在微风化岩中其半孔率一般为90%～98%，平均半孔率大于95%；在局部地质缺陷部位，其半孔率均在80%以上。满足设计要求。

3. 无保护层爆破法

20世纪80年代初湖南东江水电站双曲拱坝坝基开挖中首先采用了无保护层一次爆破法，其后，紧水滩等其他水利水电工程也相继采用并获得成功。

以东江水电站坝基开挖为例，建基面及上、下游坡面采用三面预裂爆破，不留保护层的方式开挖。

左岸自坝顶高程294m，右岸自高程270m（以上为重力坝）开始，向下开挖，每垂直10m为一台阶。为方便施工，每一台阶设0.75m宽平台道。建基面预裂孔按水工建筑物基础开挖图逐孔计算方位和孔深。上、下游边坡钻孔倾角分别为3.5∶1和4∶1。

预裂爆破参数如下：

1）钻孔孔径 D。D＝90～110mm。

2）钻孔孔距 a。a ＝（8～10）D，上、下游边坡取大值，建基面取小值。

3）钻孔孔深 L。L＝10～15m。

4）线装药密度 q。q＝600～700g/m。

装药结构按设计线装药密度将直径32mm药卷绑扎在导爆索上。底部1m范围内药量加倍。堵塞长度0.8～1.2m。

预裂孔底距设计面20～30cm。

梯段爆破孔，孔径110mm，药径90mm，孔底至预裂面间距1.5m。

河床坝基开挖采用水平预裂爆破和水平抬炮（2～3 层），同样取得了良好的爆破效果。

任务 1.1.2　爆破材料安全储存与保管运输

问题：爆破材料在储运及使用过程中如何保证安全？

学习目标：

（1）知识目标。能正确陈述爆破材料储存保管运输的一般方法和要求。

（2）能力目标。能安全有效地储存保管和运输爆破材料。

1.1.2.1　爆破材料的储存与保管

（1）爆破材料应储存在干燥、通风良好，相对湿度不大于 65%的仓库内，库内湿度应保持在 18～30℃；爆破材料周围 5m 内的范围，须清除一切树木和草皮。仓库离民房、工厂、铁路、公路等应有一定的安全距离。库房应有避雷装置，接地电阻不大于 10Ω，库内应有消防设施。

（2）炸药与雷管须分开储存，两库房的安全距离不应小于有关规定。同一库分房内不同性质，不同批号的炸药应分开存放，库房应严防虫鼠。

（3）炸药与雷管成箱（盒）堆放要平稳，整齐，成箱炸药宜放在木板上，堆放高度不得超过 1.7m，宽不超过 2m，堆与堆之间应留有不小于 1.3m 的通道，药堆与墙壁间的距离不应小于 0.3m。

（4）施工现场临时仓库内爆破材料应严格控制储存数量，炸药不得超过 3t，雷管不得超过 10000 个以及存放相应数量的导火索。雷管应放在专用的木箱内，离炸药不少于 2m 距离。

1.1.2.2　装卸、运输与管理

（1）爆破材料的装卸均应轻拿轻放，不得受到摩擦震动、撞击、抛掷和转倒，堆放时要摆放平稳，不得散装，改装和倒放。

（2）爆破材料应使用专车运输，炸药与起爆材料，硝铵炸药与黑火药不得在同一车辆、车厢装运，用汽车运输时，装载不得超过允许载量的 2/3，行驶速度不应超过 40km/h，车顶应遮盖。

任务 1.1.3　爆破施工

项目任务背景：三峡船闸开挖

其钻孔采用 KQL－100 型快速钻，CM351 液压钻，ROC848 液压钻，手风钻，铝合金钻钻孔，非电网路起爆。

问题：如何布孔，钻孔和实施爆破任务？

学习目标：

（1）知识目标。熟悉现场施工工作内容和程序，了解钻孔机械性能和爆破危害防控方法与措施。

（2）能力目标。能据爆破设计书进行现场施工作业及组织工作。能进行网络连接与敷设。

1.1.3.1 深孔梯段爆破作业施工

凿岩爆破的施工包括平整钻孔施工场地、安装钻孔设备，以及供电、供水、供风管网和线路的架设与安装等，此外，还有运输道路的平整、爆破施工的各种准备工作以及爆破作业。

1.1.3.1.1 凿岩作业技术

在完成凿岩设备的定型选择以后，就要为设备架设供电线路、供水、供风的管网等做好各种准备工作。

1. 供电线路的架设

在有条件采用外部供电的情况下，要尽量采用电网的线路延伸，引入到作业地区，如果采用工程本身发电，则要选择好发电机房的位置。位置选择原则是：与工作区段的距离应大于400～500m；便于架设输电线路的地方，发电机房要避开爆破工作面的抵抗线方向，要做好防雷电及接地保护等安全措施。

2. 供风设备及管道的位置

凿岩设备应尽量采用自带压风机供风，这有利于设备的迁移和安装，在大中型露天矿山及开采石方的工地都要采用这种设备，但是，在小型矿山，或小型采石点，采用的是集中供风，设置空压机房来集中供风。

空压机房应布置在靠近主要用风地点，使管道敷设量最小，以减少风压损失，要将空压机房布置在爆破危险区以外，要注意爆破地震对空压机房的影响，要考虑空压机房在通风良好的地方，有条件时，要将空压机房布置在常年最小风频的上风方向，要注意运输条件方便。

3. 供水管网的建设

凿岩设备应保持良好的防尘效果，若采用湿式除尘及洒水降尘，那么供水管网的铺设应注意以下几点：在需要防冻的地区要做好防冻工作，确保不冻坏水管；要保证水流与供水点的距离最小；要避开爆破飞石抛掷的主要方向。

4. 平整工作场地

凿岩设备的工作场地要先按设计要求进行清理和平整，凿岩平台要保证大于安全需要的宽度，以便于移支。平整场地可以用浅眼爆破及推土机整平。

5. 布孔

在接到凿岩作业通知书以后，按照作业通知书上规定的参数实施布孔，布孔由有经验的老工人进行，也可以由技术人员来布孔。布孔的原则如下：

（1）先从安全角度来考虑孔边距的大小，将孔位布放在现场。

（2）孔位要避免布在岩石震松圈内及节理发育或岩性变化大的地方。有这种情况，可以调整孔位，调整时要注意抵抗线、排距和孔距之间的关系。一般说来，应保证调整前后的孔网面积不超过10%，过大或过小都是不恰当的。

（3）布孔时要注意在底盘抵抗线过大处布孔，如图1.44所示，以防止在过大的底盘抵抗线情况下产生根底和大块。

(4) 当地形复杂时，炮孔的全部高度上的抵抗线变化较大时，要注意抵抗线的变化，特别要防止因抵抗线过小而出现飞石事故，如图 1.45 示。

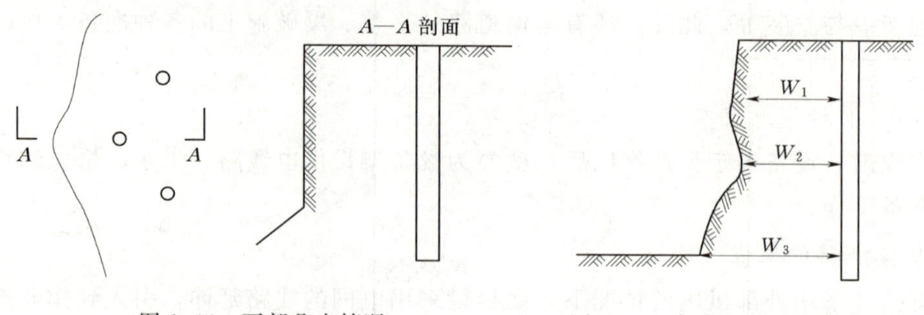

图 1.44　下部凸出情况　　图 1.45　复杂地形下的装药情况

(5) 布孔时要注意场地标高的变化，对于有标高变化的炮孔要用调整孔深的办法，保证下部平台的标高基本相同。

装药结构如前图 1.38 所示。

6. 凿岩作业

凿岩作业应严格遵守设备维护使用规程，按岗位规程的标准化作业程序进行操作。在进行凿岩作业时，把质量放在首位，凿岩就是为了给放炮提供高质量的炮孔、孔深、角度、方向都满足设计要求。

钻孔有风钻钻孔，潜孔钻钻孔等方法。

(1) 风钻打眼。风钻是风动冲击或凿岩机在水利工程中使用较多，风钻按其应用条件及架持方法，可分为手持式、柱架式和伸缩式。目前我国水利工地普遍采用的风钻型号与性能见表 1.19。风钻用空心钻钎送入压缩空气将孔底凿碎的岩粉吹出，叫做干钻；用压力水将岩粉冲出叫做湿钻。国家规定地下作业必须使用湿钻以减少粉尘，保护工人身体健康。图 1.46 所示为风动冲击凿岩机结构示意图。

表 1.19　　风钻型号与性能

型号 性能	Y—30 (01～03)	YT—25	YT—23 (7655)
重量 (kg)	28	23	23
耗气量 (m^3/min)	2.4	<2.6	<3.6
使用风压 (kPa)	392～588	490～588	490
钻孔直径 (m)	40～45	34～38	34～38
钻孔深度 (m)	4	4	5
钻机长度 (mm)	635	600	628
冲击频率 (次/min)	1600	>1800	2100

(2) 潜孔钻打眼。潜孔是一种回转冲击式钻孔设备，其工作机构（冲击器）直接潜入炮孔内进行凿岩，故名潜孔钻，如图 1.47 所示。潜孔钻是先进的钻孔设备，它的工效高，构造简单，在大型水利工程中被广泛采用。

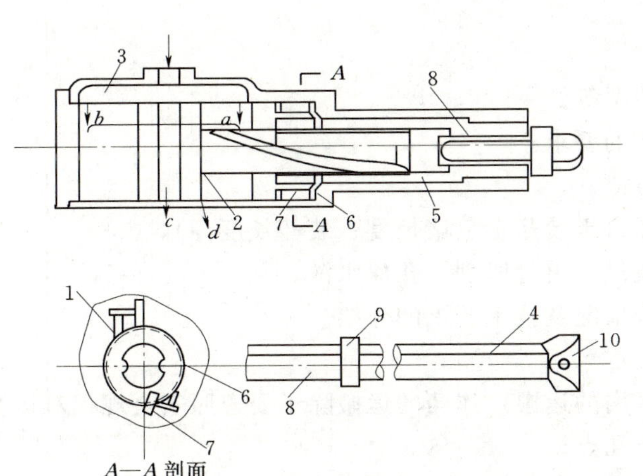

图 1.46 风动冲击凿岩机结构示意图

1—汽缸；2—活塞；3—配气孔道；4—钎杆；5—转动套管；6—棘耗；7—棘爪；8—钎尾；9—凸轮；10—钎头

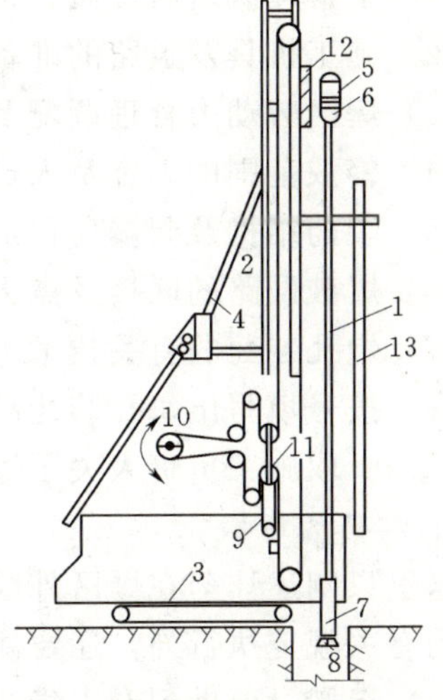

图 1.47 潜孔钻结构示意图

1—钻钎；2—滑架；3—履带；4—拉杆和调斜度板；5—电动机；6—减速箱；7—冲击器；8—钻头；9—推压汽缸；10—卷扬机；11—托架；12—滑板；13—副钻杆

7. 炮孔检查

炮孔检查是指检查孔深和孔距。孔距一般都能按参数控制，因此炮孔的检查，主要是炮孔深度的检查。孔深的检查分三级检查负责制，即打完孔后个人检查、接班人或班长抽查及专职检查人员验收，检查的方法最简单的是用软绳（或测绳）系上重锤（球）来测量炮孔深度，测量时要做好记录。

根据实践，炮孔深度不能满足设计要求的原因有：炮孔壁掉落片石而堵孔，排出的岩渣因某种原因回填孔底；孔口封盖不严造成下雨时雨水冲垮孔口或孔内片石下落堵塞炮孔；凿岩时，因故岩渣未被吹出，残留岩渣在孔底内沉积造成孔深不够。

为防止堵孔，应该做到：钻完孔后，要将岩渣吹干净，防止回填，若不能吹净，应摸清规律适当加大钻孔深度；凿岩时将孔口岩石清理干净，防止掉落孔内，防止雨天的雨水流入到孔内，可采用围绕孔口作围堤的办法，在有条件的地方打完孔后，尽快爆破也是防止堵孔的一个重要方法。

对于没有防水炸药的情况，可以将孔内积水排除，排水方法有提水法、爆破法、高压风吹出法等，使用这些方法孔内积水仍无法排干时，应该采用防水炸药进行爆破。

1.1.3.1.2 爆破作业技术

台阶深孔爆破是一项涉及面广、影响范围较大、工作环节较多的作业，它包括爆区的准备工作、炸药的运搬、装药、填塞、网路的连接，以及爆破警戒、起爆、爆后检查等。

1. 爆区的准备工作

爆区的准备工作是多方面的，从劳动组织、安全工作到技术准备都需要认真进行。其中包括以下内容。

(1) 了解爆区岩石性质、结构构造地形条件。

(2) 施工机具及道路的准备。

(3) 爆区劳动力合理调配及使用。

(4) 警戒范围的划定及人员流动情况等。

(5) 装药结构及起爆药包加工方法的要求。

(6) 爆破网路的联接及点火起爆方式。

(7) 炮孔装药的有关技术资料（如每米装药量、堵长度、装药长度等）。

(8) 按号填写出每孔装药品种、数量、雷管段别、孔深水深。

(9) 听取施工负责人关于爆区安全情况及技术要求的介绍。

2. 炸药的运搬

这里只阐述炸药在爆区外缘向爆区内的运搬。炸药的运搬除了要遵照安全规程对运搬过程的有关规定执行外，还要注意以下几点。

(1) 运搬时要做到专人指挥，专人清点不同品种的炸药。

(2) 运搬炸药要做到轻拿轻放。

(3) 人工运搬炸药时，要有专人指挥车辆的移动，车辆移动前要鸣号示警，然后才能移动。

(4) 人工运搬时，道路要平整，防止跌倒或扭伤。

炸药运搬以后，要核对爆区总药量，如有差错，应及时采取措施。

3. 装药

爆区装药量核对无误，应在装药开始前先核对孔深、水深、再核对每孔的炸药品种、数量、然后清理孔口附近的浮渣、石块，做好装药准备，再核查微差雷管段别，装药时炸药应避免与岩渣接触，装粉状炸药要用无纺布口袋，装防水炸药要用铝铲将炸药切成小块，保持装药顺畅。

关于装药的技术问题简述如下：

(1) 装药结构。目前起爆药包放置位置有三种形式：一种是孔口起爆，起爆药包放在孔口，这是上引爆法；第二是孔底起爆，起爆药包放在孔底，又称下引爆法或反向起爆。第三是将起爆药包均匀地放置在炸药里，即在炮孔全部炸药里的1/4，3/4两处。

对于感度高、威力大的防水药包，可以采用孔口或孔底起爆。采用感度高低的炸药，则应将起爆药均匀地布置在孔内，以保证起爆可靠性。

在特殊条件下，可以使用同一品种、不同密度的炸药来装药，下部由于底盘抵抗大，应采用密度大的炸药，以保证有较大的体积威力，上部则采用密度较小的炸药，以改善破碎质量。

(2) 装药中心。这是反映装药质量的一个参数，它是炮孔内炸药在长度方向上的中点，故称装药中心。这个参数是为了评估深孔爆破的根底产生情况而求算的，装药中心过高，则可能出现根底，且容易从台阶中部某一点造成飞石远抛事故，影响爆破安全。

装药中心过低现象产生的原因：一是因底盘抵抗线过小，炸药量过小；二是下部炮孔出现空洞，每米炮孔装药量过大；三是使用不防水炸药时，孔底有水，炸药溶于水。

装药中心过高的原因：一是装药堵孔；二是装药前未检查出孔深的变化。

装药不慎会造成堵孔，堵孔原因：一是在水孔中由于炸药在水中下降慢，装药速度超过下降速度而造成堵孔；二是炸药块度过大，在孔内下不去；三是由于在装药过程中，装药将孔口浮带入孔内或将孔内松石碰到孔中间，堵住了炸药造成堵孔；四是由于孔内水面因装药而上升，将孔壁松石冲到孔中间堵孔；五是起爆药包未装到接触炸药处，在孔中部某一处停留又未被发现，继续装药就造成堵孔。

（3）起爆雷管的加工。就是将导火索和火雷管按照要求结合在一起，加工好的雷管叫做起爆雷管。此项加工工作必须在专门的加工房或洞室内进行。

加工起爆雷管时，首先检查导火索和火雷管的质量，并确认为合格者方能使用；然后根据导火索燃速、炮眼深度、炮眼数目、躲炮安全距离及点炮时间等确定导火索长度。导火索最短不得小于1.2m。

加工时应用锋利的小刀按所需长度从导火索卷中截取导火索段，插入火雷管的一端一定要切平，点火的一端可以切成斜面，以便增大点火时的接触面积。导火索插入雷管内，与雷管的加强帽接触为止。如雷管壳是金属的，则需用专门的雷管钳夹紧雷管口，使导火索固接在火雷管中，如果是纸壳雷管可以采用缠胶布的方法固定导火索。

（4）制作起爆药包。加工起爆药包就是将起爆雷管装入药包内。加工起爆药包时，首先要将药包的一端用手揉松，然后把此端的包装纸打开，用专用锥子（木质的、竹质的或铜质的）沿药包中央长轴方向扎一个小孔，然后将起爆雷管全部插入，并将药包四周的包装纸收拢紧贴在导火索上，最后用胶布或细绳捆扎好。

起爆药包只许在爆破工点于装药前制作该次所需的数量。不得先做成成品备用。制作好的起爆药包应小心妥善保管，不得震动，亦不得抽出雷管。

制作过程如图1.48所示，分为以下几个步骤。

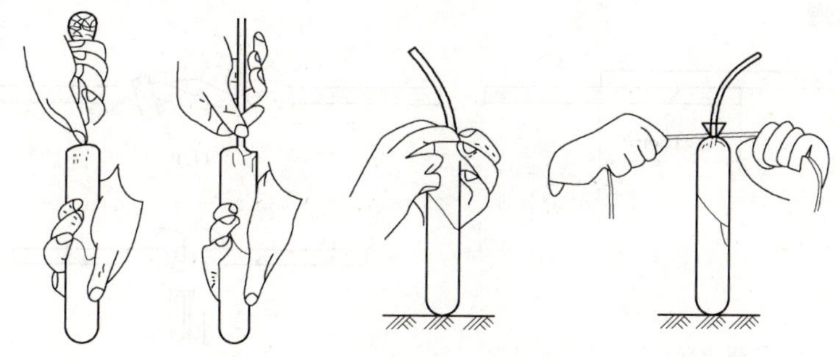

图1.48 药包制作过程

1）解开药筒一端。

2）用木棍（直径5mm，长10～12cm）轻轻插入药筒中央然后抽出，并将雷管插入孔内。

3）插入雷管。易燃的硝化甘油炸药将雷管全部插入即可；其他不易燃炸药，雷管应埋在接近药筒的中部。

4）收拢包皮纸用绳子扎起来，如用于潮湿处则加以防潮处置，防潮时防水剂的温度

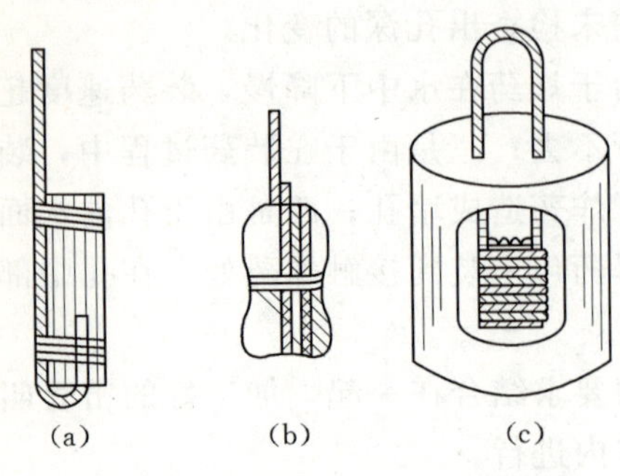

图 1.49 导爆索起爆药包捆扎方法示意图

不超过 60℃。

对于深孔爆破，起爆药包的加工有三种方法：一种是将导爆索直接绑扎在药包上，如图 1.49（a）所示，然后将它送入孔内；另一种是散装药时，将导爆索的一端系一块石头或药包，如图 1.49（b）所示，然后将它放到孔内，接着将散装药倒入；第三种方法是采用起爆药柱时，将导爆索的一端绑扎在起爆药柱露出的导爆索扣上，如图 1.49（c）所示。

4. 填塞

填塞工作是在完成装药工作以后进行的，对于塑性较好的炸药，应在完成装药后过 10～30min 再进行填塞，以防填塞物渗入炸药内。填塞物块度小于 30mm，填塞前要用塑料袋装一小袋岩渣放入孔内，然后再正式充填；填塞时要防止导线或导爆管被砸断、砸破、填塞的长度应按设计要求，不得用石头、木桩堵塞炮孔或代替充填物，以防飞石远抛事故。

5. 网路的连接

由于爆轰波的作用力在其传播方向上最强，与爆轰波传播方向成夹角的导爆索方向上，起爆能力会减弱，减弱的程度与此夹角大小有关。所以导爆索与导爆索之间的连接方式应采用如图 1.50 所示的搭接，扭接、水手接和“T”形连接几种方式。其中搭接应用最多，为保证传爆可靠，搭接部分的长度应大于 15cm，支导爆索与主导爆索搭接时，其接头应朝向爆轰波的传播方向，夹角应大于 90°，在导爆索接着较多的情况下，为了防止弄错传爆方向，可以采用如图 1.51 所示的三角形接法，这种方法不论主导爆索传爆方向如何都能保证起爆。

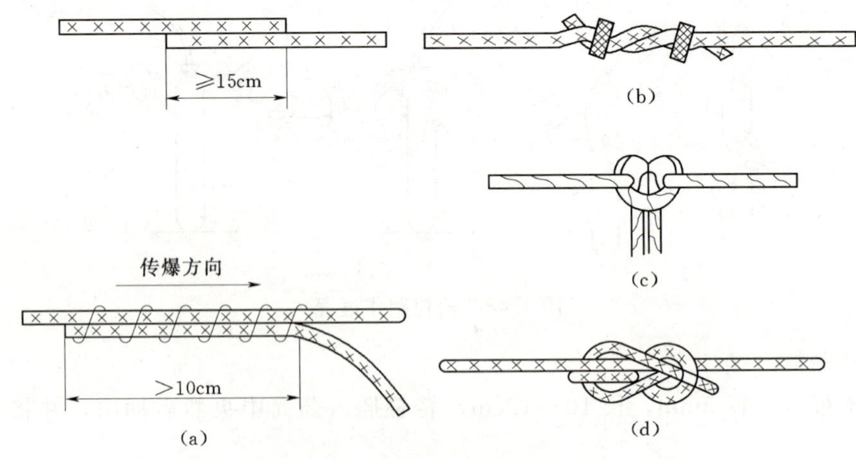

图 1.50 导爆索间的连接方式

(a) 搭接；(b) 扭接；(c)“T”形接；(d) 水手接

导爆索与雷管的连接方式较为简单，可直接将雷管捆在导爆索上，不过雷管的聚能穴

端应与导爆索传爆方向相同。

导爆索网路的敷设要严格按设计的方式和要求进行。敷设工作必须从最远地段开始，逐步向起爆源后退，也就是说先进行炮孔导爆索与相应支导爆索的连接，然后逐段进行支导爆索与主导爆索以及继爆管的连接。支导爆索与主导爆索的连接全部完成，经检查无误，所有操作人员全部撤出危险区之后，方可进行起爆雷管与主导爆索的连接。

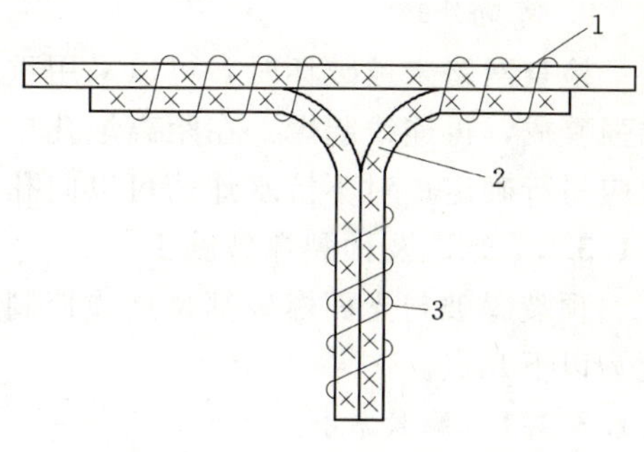

图 1.51　导爆索的三角形连接

1—主导爆索；2—支导爆索；3—捆绳

导爆管起爆网路的敷设应严格按设计进行，网路敷设应从离起爆点最远处开始，逐步向起爆点后退进行。敷设应避免导爆管打结、对折、管壁破损、管径拉细、异物入管等问题，以保证爆轰正常传播，避免拒爆。

对于连线的安全问题，应特别强调和注意的是：

（1）导线或导爆管等要留有一定富余长度，防止因炸药下沉拉断网路。

（2）网路的连接应在无关人员撤离爆区以后进行，连好后，要禁止非爆破人员进入爆破区段。

（3）网路连接后要有专人警戒，以防意外。

（4）要有专人核对装药、起爆炮孔数或检查网路。

6. 起爆

按爆破设计采用相关起爆方法进行，非电起爆方法采用火雷管击发引爆时，导火线应按安全撤离距离设置导火索长度。

点火前必须用快刀将导火索点火端切掉 5mm，严禁边点火边切割导火索。必须用导火索段或专用点火器材点火，严禁用火柴、烟头点火。应尽量推广采用点火筒、电力点火和其他的一次性点火方法。

点火起爆的工作一般在生产工人撤离现场或下班以后进行。爆破指挥人员要确认周围的警戒工作完成，并确认发布放炮信号后方可发出起爆命令。

7. 爆破警戒

爆破实施警戒工作应按规定执行，警戒范围主要依据爆破安全距离为界，具体要求为：

（1）按指定的时间到达警戒地点进行警戒。

（2）按指定的警戒范围，爆破员负责禁止人员、设备、车辆进入警戒范围。

（3）注意本身的避炮位置要安全可靠。

（4）爆破后经检查确认安全，经爆破责任人许可后方可撤除警戒。

8. 爆后检查

爆后必须对爆破现场进行检查，检查的内容包括：是否全部炮孔起爆；爆后对周围设备及建筑物的影响情况；爆堆的形状及安全状况。检查出有盲炮时，应分析出盲爆的原因。

9. 盲炮处理

检查网路未被破坏时，可以采用重新起爆，如果抵抗线有变化，则要验算安全距离，加强警戒，再连线起爆。在距离炮孔口不小于10倍炮孔直径处另打平行孔装药起爆，参数应另行确定；对不抗水炸药可以向孔内灌水，使炸药失效，然后作进一步处理。

1.1.3.2　光面及预裂爆破施工

预裂爆破与光面爆破都是周边控制爆破技术，在施工技术上有许多共同之处，主要表现为以下几点。

1.1.3.2.1　测量放样

要按设计要求放出周边轮廓线，并按设计孔距放出孔位。放出的孔位应编号，并将孔深、倾角等标在固定位置上，由于钻孔方向和间距是控制开挖轮廓的基本要素，所以，必须保证放样精度。

1.1.3.2.2　钻孔施工

钻孔精度是关系到能否达到预期爆破效果的关键，一般要求钻孔底与设计偏差不大于15cm，否则边坡轮廓面将受到影响，爆破效果也就达不到要求。

1.1.3.2.3　装药结构

由于炮孔内装药量较少，所以装药时都采用间隔装药，预裂爆破的不耦合系数大于光面爆破。

其不同点表现在以下几点。

（1）一般所用炸药不一样，预裂爆破对炸药的敏感度、成型状况要求较高；光面爆破则要求炸药的威力较大。

（2）充填要求不一样，预裂爆破为了保证充分的间隔空间，对充填要求不太严格，只是在孔口进行充填；光面爆破要求分段充填，孔口部分的充填要有足够的长度且要严实。

（3）起爆不一样，首先是同时起爆的孔数、光面爆破可以比预裂爆破多，因为，预裂孔在整体岩石中预先起爆，震动强度大；其次是起爆时间不一样，预裂爆破是先于主爆孔75ms以上起爆，光面爆破是后于主爆孔起爆。

施工技术中，装药结构是必须认真注意的，为保证不耦合效果，药包应尽量放置在炮孔中心位置上。

1.1.3.3　避免公害和安全防护

在完成岩石爆破破碎的同时，爆破作业必然会伴生爆破飞石、地震波、空气中冲击波、噪音、粉尘和有毒气体等负面效应即爆破公害。因此，在爆破作业中，需研究爆破公害的产生原因，公害强度的分布与衰减规律，通过科学的爆破设计，采用有效的施工工艺措施，以确保保护对象（包括人员、设备及邻近的建筑物或构筑物等）的安全。

为防范与控制爆破地震波、飞石和空气冲击波等的危害，一般应根据各种情况对安全控制距离进行计算，以便确定警戒范围和安全保护措施。

1.1.3.3.1　爆破地震

岩石爆破过程中，除对邻近炮孔的岩石产生破碎、抛掷、爆炸能量的很大一部分将以地震波的形式向四周传播，导致地面振动。这种振动即为爆破地震。爆破地震达到一定强度后，可以引起地面建筑物破坏、边坡失稳等现象。通常认为爆破地震居于爆破公害

之首。

衡量爆破地震强度的参数包括位移、速度和加速度等，实践表明质点峰值震动速度与建筑物的破坏程度具有较好的相关性，因此国内外普遍采用质点峰值震动速度安全判据。我国 GB 6722—2003《爆破安全规程》对某些建（构）筑物的允许质点峰值震动速度作了具体规定，见表 1.20 所示。

表 1.20　建（构）筑物的允许质点峰值震动速度

<table>
<tr><th colspan="2" rowspan="2">保护对象类别</th><th colspan="3">允许质点峰值震动速度（cm/s）</th></tr>
<tr><th><10Hz</th><th>10～50Hz</th><th>50～100Hz</th></tr>
<tr><td colspan="2">土窑洞、土坯房、毛石房屋</td><td>0.5～1.0</td><td>0.7～1.2</td><td>1.1～1.5</td></tr>
<tr><td colspan="2">一般砖房、非抗震性大型砖块建筑物</td><td>2.0～2.5</td><td>2.3～2.8</td><td>2.7～3.0</td></tr>
<tr><td colspan="2">钢筋混凝土结构房屋</td><td>3.0～4.0</td><td>3.5～4.5</td><td>4.2～5.0</td></tr>
<tr><td colspan="2">一般古建筑与古迹</td><td>0.1～0.3</td><td>0.2～0.4</td><td>0.3～0.5</td></tr>
<tr><td colspan="2">水工隧道</td><td colspan="3">7.0～15.0</td></tr>
<tr><td colspan="2">交通隧道</td><td colspan="3">10.0～20.0</td></tr>
<tr><td colspan="2">矿山隧道</td><td colspan="3">15.0～30.0</td></tr>
<tr><td colspan="2">水电站及发电厂中心控制室设备</td><td colspan="3">0.5</td></tr>
<tr><td rowspan="3">新浇筑大体积混凝土</td><td colspan="2">初凝～3d</td><td colspan="2">2.0～3.0</td></tr>
<tr><td colspan="2">3～7d</td><td colspan="2">3.0～7.0</td></tr>
<tr><td colspan="2">7～28d</td><td colspan="2">7.0～12.0</td></tr>
</table>

质点峰值震动速度用式（1.27）计算

$$V=K\left(\frac{Q^{n}}{R}\right)^{a} \tag{1.27}$$

式中　V——质点峰值震动速度，cm/s；

n——药包形状系数，欧美等国家的 n 值通常取 1/2，我国和前苏联一般取 1/3；

Q——最大单向段药量，kg；

R——爆心距，即测点至爆源中心距离，m；

K、a——与地质条件、爆破类型及爆破参数有关的系数。

在没有现场实验资料的情况下，不同岩石的 K、a 值，可参考表 1.21 确定，对于较重要工程，应通过现场试验确定 K、a 值。

表 1.21　不同岩性的 K、a 值

岩性	K	a
坚硬岩石	50～150	1.3～1.5
中等坚硬岩石	150～250	1.5～1.8
软弱岩石	250～350	1.8～2.0

根据给定的建筑物安全质点峰值震动速度判据，就可由式（1.27）反算爆破震动安全距离。若同时给定安全质点峰值震动速度和保护对象爆心距，由上式也可确定允许的最爆破规模。

在水利水电工程施工中，在重要或特殊的建（构）物如岩石高边坡，电站厂房和新浇筑混凝土等附近进行爆破作业时，必须开展爆破震动效应的监测与专门试验，以确定被保护对象的安全性。

1.1.3.3.2　爆炸空气冲击波和水中冲击波

炸药爆炸产生的高温高压气体，或直接压缩周围空气，或通过岩体裂缝及药室通道高速冲入大气并对其压缩形成空气冲击波。空气冲击波超压达到一定量值后，就会导致建筑物破坏和人体器官损伤，因此在爆破作业中，需要根据被保护对象的允许超压确定爆炸空气冲击波安全距离。埋入式药包爆破的爆破作用指数 $n<3$ 时，其空气冲击波的破坏范围比爆破震动和飞石破坏范围小得多，因此，一般工程爆破的安全距离是由爆破震动及飞石控制。

对露天裸露爆破，GB 6722—2003《爆破安全规程》规定，为确保作业人员安全，裸露药包每次爆炸的总药量不得大于20kg，并由式（1.28）确定爆炸空气冲击波对掩体内避炮作业人员的安全距离

$$R_F=25\sqrt[3]{Q} \tag{1.28}$$

式中　R_F——空气冲击波对掩体内人员的最小安全距离，m；

Q——一次爆破装药量，kg；秒延迟爆破时，Q 按各延迟段中最大药量计算，当采用毫秒延迟爆破时，Q 按一次爆破的总药量计算。

当进行水下爆破时，同样会在水中产生冲击波，因此同样需要针对水中的人员及施工船舶等被保护对象按有关规定确定最小安全距离。

1.1.3.3.3　爆破飞石

洞室爆破飞石安全距离按式（1.29）计算

$$R_F=20K_Fn^2W \tag{1.29}$$

式中　R_F——洞室爆破的飞石安全距离，m；

W——最小抵抗线，m；

n——爆破作用指数；

K_F——与地形、风向、风速和爆破类型有关的安全系数，一般取1.0～1.5，最小抵抗线方向取大值，当风大而又顺风时，取1.5～2.0或更大的值，山谷或垭口地形，应取1.5～2.0。

对钻孔爆破，目前尚无公式计算飞石安全距离。GB 6722—2003《爆破安全规程》对飞石安全距离仅规定了最小值，见表1.22。

表1.22　露天土岩爆破个别飞石对人员最小安全距离

爆破方法	个别飞石最小安全距离（m）	爆破方法	个别飞石最小安全距离（m）
破碎大块岩体裸露药包爆破法	400	深孔爆破	按设计，但不小于300
破碎大块岩体浅孔爆破法	300	深孔药壶爆破	按设计但不小于300
浅孔爆破	300	浅孔孔底扩壶爆破	50
深孔药壶爆破	300	深孔孔底扩壶爆破	100
蛇穴爆破	300	洞室爆破	按设计，但不小于300

1.1.3.3.4　爆破公害的控制与防护

爆破公害的控制与防护是工程爆破设计中的重要内容，为防止爆破公害带来破坏，应调查周围环境，掌握人员、机械设备及重要建（构）物等保护对象的分布状况，并根据各种保护对象的承受能力，按照规定的安全距离，确定允许爆破规模。爆破施工过程中，危险区的人员，设备应撤至安全区，无法撤离的建（构）筑物及设施必须予以防护。

爆破公害的控制与防护可以从爆源、公害传播途径以及保护对象三方面采取措施。

1. 在爆源控制公害强度

在爆源控制公害强度是公害防护最为积极有效的措施。

合理的爆破参数、炸药单耗和装药结构既可保证预期的爆破效果，又可避免爆炸能量过多地转化为震动、冲击波、飞石和爆破噪音等公害；采用深孔台阶微差爆破技术可有效削弱爆破震动和空气冲击波强度；合理布置岩石爆破中最小抵抗线方向不仅可有效控制飞石方向和距离，而且对降低与控制爆破震动、空气冲击波和爆破噪声强度也有明显的效果。保证炮孔的堵塞长度与质量、针对不良的地质条件采取相应的爆破控制措施对消减爆破公害的强度也是非常重要的方向。

2. 在传播途径上削弱公害强度

在爆区的开挖线轮廓进行预裂爆破或开挖减震槽，可有效降低传播至保护区岩体中的爆破地震波强度。

对爆区临空面进行覆盖、架设防波屏削弱空气冲击波强度，阻挡飞石。

3. 保护对象的防护

当爆破规模已定，而在传播途径上的防护措施尚不能满足要求时，可对危险区内的建筑物及设施进行直接防护。对保护对象的直接防护措施有防震沟、防护屏以及表面覆盖等。

此外，严格执行爆破作业的规章制度，对施工人员进行安全教育也是保证安全施工的重要环节。

项目 1.2　岩石高边坡开挖爆破

项目背景：三峡工程永久船闸主体二期工程

其边坡高一般在 60m 以上，最大边坡高度达 100m，加上一期开挖形成的边坡，高达 160m，大部分闸室段都开挖成 60m 高的直立边坡。如前图 1.1 所示，施工采取深孔侧面预留保护层，实施缓冲孔及光面爆破开挖，确保边坡稳定与平整。

问题：如何有效的采用控制爆破技术，确保边坡稳定安全？

学习目标：

知识目标。熟悉孔间微差顺序爆破技术，缓冲孔爆破技术。

能力目标。能实施高边坡爆破开挖。

1.2.1　爆破对边坡稳定的影响及其控制

水电工程高陡岩石边坡开挖中，距爆破孔不同距离的边坡岩体，将分别受到爆破冲击波、应力波和地震波的作用。对趋于临界稳定状态的边坡有较大影响。一般边坡稳定设计都有一定裕度，因爆破造成边坡整体失稳的现象较少发生，但对于某些违反常规的开挖方法或由于某些局部地质缺陷而使岩体边坡处于危险状态时，则可能由于爆破震动效应触发危险滑体坍落。

爆破震动效应对边坡稳定的影响是可控制的，主要手段是采用多种减振措施（如减小单响药量、实施预裂爆破等），使爆破震动强度控制在允许值之内。表1.23列出水电工程制定的安全控制标准。

表1.23　边坡开挖爆破控制标准

工程名称	边坡位置	岩性	允许峰值质点振动速度（cm/s）
隔河岩水电站	右岸厂房进、出口边坡	石灰岩	22
隔河岩水电站	左、右岸坝肩及升船机边坡	石灰岩	28
隔河岩水电站	船闸引航道边坡	石灰岩	35
三峡水利枢纽	永久船闸边坡	微新花岗岩	15～20
三峡水利枢纽	永久船闸边坡	弱风化花岗岩	10～15
三峡水利枢纽	永久船闸边坡	强风化花岗岩	10

1.2.2 保证边坡开挖质量的控制爆破技术

边坡开挖采用控制爆破的目的是最大限度地减轻爆破震动效应，降低爆破侧裂和后裂的破坏作用，保证最终边坡壁面光滑、完整和边坡的稳定安全。20世纪70年代以来，水电工程采用了预裂爆破、光面爆破、缓冲爆破和深孔梯段微差爆破等技术进行岩石边坡开挖。在实际工程中，针对工程施工特点和要求，将这些较先进的爆破技术灵活的加以组合应用，就能取得满意的效果。

1.2.2.1 孔间微差顺序爆破技术

1990年在东风水电站进行的现场爆破试验表明：在爆破外界条件基本相同的情况下，孔间微差顺序爆破的爆渣大块率仅为排间齐发爆破的13.3%，比例药量$\left(\frac{Q^{1/3}}{R}\right)$相同时，其震动强度比排间齐发爆破减小30%以上，其炮孔底部破坏深度约为排间齐发爆破的45%。孔间微差顺序爆破最大的优越性在于它能最大限度的降低单段起爆药量，有效地控制爆破振动效应和炮孔底部的破坏深度。

1.2.2.2 预裂爆破与光面爆破技术

该技术在前已作叙述。

1.2.2.3 缓冲孔爆破技术

缓冲孔爆破是指在预裂孔或光面孔和主爆孔之间（距预裂或光爆面0.8～1.5m）设置一排或二排炮孔，其孔排距、单孔装药量、装药直径和单响药量均较主炮孔减小的一种技术，其孔距是一般主炮孔的0.5～0.8倍，采用不耦合装药，单响药量参照整个网路加以确定。

项目 1.3 堆石坝石料开采

项目背景：天生桥一级水电站大坝

其坝高 178m，坝顶长 1168m，堆石料总计 1860 万 m^3，其中过渡料（最大粒径 30cm）60 余万 m^3，主堆石料（最大粒径为 80cm）900 万余 m^3，用深孔爆破法开采坝体石料。

问题：采用爆破法开采石料有何技术要求（如何控制石料级配）？

学习目标：

(1) 知识目标。熟悉爆破参数对爆破石料粒径级配的影响。

(2) 能力目标。能正确选择爆破参数，实施石料爆破开挖。

水电工程中，一般石料开采没有太多的复杂技术问题，开采方法主要以深孔梯段爆破为主。少数工程（例如花山、东津水电站）也采用洞室爆破，因其价格低廉，条件许可时，仍不失为优选方案之一，其主要问题是超粒径大块含量较高。对于保护边坡、护坦及海漫等部位的石料，要求控制在某些粒径范围以内，爆破技术较复杂，这些石料开采在深孔梯段爆破时以小抵抗线宽孔距爆破法为主。

面板堆石坝作为一种经济坝型，越来越多地得到采用。用深孔爆破法开采石料，其中满足设计级配和细料含量要求是关键的技术。

1.3.1 爆破参数

表 1.24 列举了鲁布革及天生桥一级水电站试验与生产使用的爆破参数值。它们均满足了设计要求，具有一定的参考价值，天生桥一级水电站过渡料试验时偏细，生产中作了调整。

表 1.24 鲁布革等水电站采石料爆破参数表

工程名称		孔径 (mm)	孔深 (m)	抵抗线 (m)	排距 (m)	孔距 (m)	堵塞长度 (m)	钻孔角度	起爆排数	单耗 (kg/m^3)	布孔方式	起爆方式
鲁布革		—	6.71	2.4	—	2.4	1.05	—	4	0.55	交错形	
西北口		—	17.28	2.41	—	2.46	4.53	—	2	0.41	交错形	
天生桥一级（试验）	主堆石料	90	10.5～11.5	3.8～4.6	2.3～2.5	2.3～2.5	1.5～1.8	垂直	4	0.64～0.69	正方形	非电爆破网路
	过渡料	90	10.5	3～4	1.6～2.0	1.6～2.0	1.1～1.4	垂直	4	1.31～1.39	正方形	非电爆破网路
天生桥一级（生产）	主堆石料	90	10.5～12.0	—	2.3～3.5	2.5～3.4	—	垂直	—	0.55～0.65	正方形	非电爆破网路
	过渡料	90	10.5～26	—	2.0～2.5	2.0～2.5	1.5～2.5	垂直	—	0.9～1.1	正方形	非电爆破网路

1.3.2 堆石坝级配料开采的参数及优化

1.3.2.1 与级配料有关的参数

试验与分析表明，级配料与以下因素和参数有关：最小抵抗线、炮孔密集系数、装药形式（耦合与不耦合、间隔与连续装药和同孔不同直径装药）、台阶高度、堵塞长度、地质因素的影响、布孔方式与起爆方式、炸药特性、炸药单耗等。上述因素同样与级配料块度不均匀系数 C_u 和曲率系数 C_c 有关。

1.3.2.2 爆破参数的优化

露天深孔爆破块度优化研究表明，在采选总成本降低的条件下，目前的趋势是提高炸药单耗，减小爆破块度、提高装运效率和降低装运机械设备的损耗。面板坝堆石料开采爆破参数的优化受到严格的级配限制，而装运效率对其影响不大，它的优化是在保证级配要求的前提下，主要考虑钻孔和爆破的成本。为此，建立它们的目标函数

$$\min(q,m,B)=1.05K_1/(mB^2)+K_2q+K_3/(mB^2) \tag{1.30}$$

式中 K_1——每米钻孔单价，元；

K_2——每千克炸药单价，元；

K_3——每米钻孔起爆材料单价，元；

q——炸药单耗，kg/m^3；

B——炮孔排距，m；

a——炮孔间距，m；

m——炮孔密集系数，$m=a/B$。

在进行面板坝堆石料爆破参数优化时，必须建立在设计级配曲线的上、下包络线范围内并满足 $C_u\geqslant10$ 和 $C_c=1\sim3$ 这两个条件。根据这些条件和式（1.30）即可进行爆破参数的优化设计计算。

模块2　地基处理工程施工

水利水电工程建筑物对地基的承载力与抗渗性都有其特殊的要求，由于自然基地多存在不同程度的缺陷，因此，根据建筑物的类型和特点，对地基应做相应的处理。通常在水利工程中有灌浆处理，混凝土防渗墙，高压喷射灌浆等类型。

项目2.1　岩基帷幕灌浆处理

项目背景：乌江渡水电站大坝坝基帷幕灌浆

1. 地质简况

大坝地基为三叠系玉龙山灰岩，坝基上、下游有隔水性能较好的页岩，如图2.1所示，但受构造的影响，左岸F_{20}断层，右岸F_{148}断层均将页岩错断，形成潜在的漏水通道，增大了坝基帷幕防渗的困难。

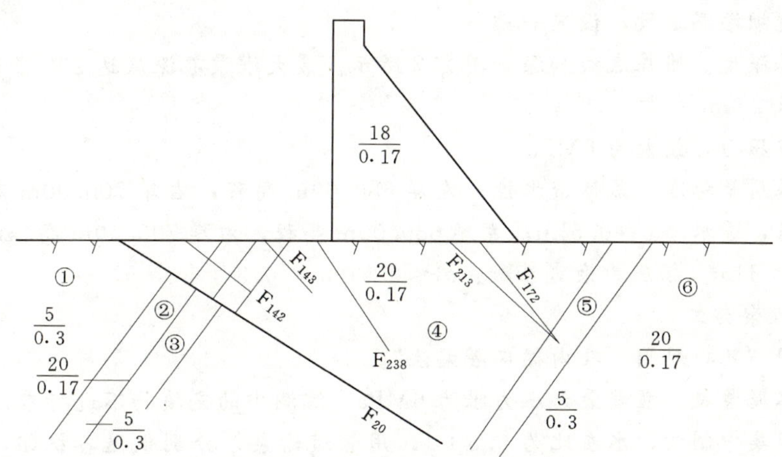

图2.1　坝基地质纵剖面示意图

①—P1/2乐平煤组；②—P2/2长兴灰岩；③—T1/1沙堡湾页岩；④—T2/1玉龙山灰岩；⑤—T3/1九级滩页岩；⑥—T1/2茅草铺灰岩

坝区喀斯特发育，两岸均有暗河，喀斯特洞穴总体积约86000m³。坝区岩层经过构造运动和倒转后，断裂多，裂隙发育，在右岸近坝处，形成宽约17m的裂隙密集带，密度达5条/m，普遍含有夹泥，透水性强。

2. 帷幕设计

以水泥灌浆帷幕为主，右坝肩局部地段辅以混凝土防渗墙及开挖回填混凝土的综合处理措施，帷幕线总长1175m，截水面积约为189000m²，设计灌浆工程量约190000m。

(1) 帷幕布置。采用分层搭接式帷幕，如图2.2所示。

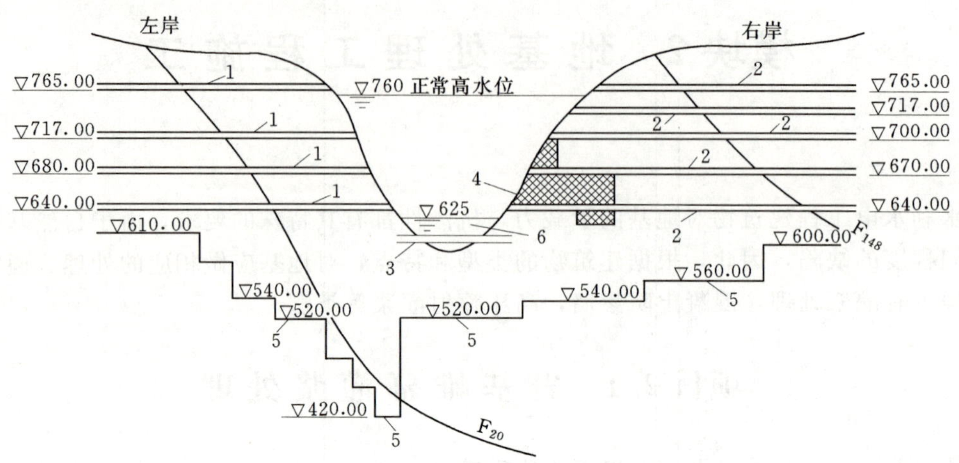

图2.2 灌浆帷幕布设示意图（高程单位：m）

1—左岸灌浆平洞，长350～450m；2—右岸灌浆平洞，长350～420m；3—灌浆廊道；4—混凝土防渗墙，墙厚1.5～2.0m；5—灌浆帷幕底线；6—河水

(2) 灌浆孔排数。河床及坝前水深大于60m的近坝肩地段设置三排；小于60m的，设置两排；绕坝渗漏地段，设置一排。

(3) 帷幕深度。帷幕底线加深如图2.2所示。最大灌浆孔深底达200多米，该处帷幕底线低于河床200m左右。

(4) 灌浆压力，最大为6MPa。

(5) 帷幕质量标准。幕体透水性；左岸680.00m高程，右岸700.00m高程以下的坝基及河床坝基，透水率$q=0.5$Lu；左岸680.00m高程，右岸700.00m高程以上和坝肩以外绕渗区，$q<1$Lu。扬压力衰减系数：$a_1 \leqslant 0.5$；$a_2 \leqslant 0.3$。

3. 帷幕灌浆施工

(1) 采用“孔口封闭、孔内循环灌浆法”。

(2) 纯水泥浆液、灌浆最大压力限为6MPa，溶洞中的充填物不进行专门的冲洗。

(3) 采用集中制浆，水灰比为0.5∶1，用管道输浆，分别供送各机组，使用时由各机组再行调整水灰比。

(4) 灌注浆液遵循由稀到浓，逐级改变的原则。

(5) 灌浆过程中，压力的大小根据浆液注入率的多少来控制，见表2.1。

表2.1 **灌浆压力控制**

浆液注入（L/min）	>50	50～30	30～20	20～10	<10
灌浆压力（MPa）	0.5	0.5～1	1～2	2～3	设计规定压力

(6) 灌浆结束标准，同时满足下列两个条件，可以结束灌浆。

1) 灌浆段注入率不大于0.5L/min，持续时间不少于1h；

2）达到设计规定压力的持续时间不少于1.5h。

4. 灌浆效果检查

(1) 灌浆后压力检查。检查孔113个，计6330m，做了1177段压水试验。检查孔中q值大于防渗标准的孔段，均进行了补灌处理。

(2) 渗压观测。实测a_2值约为0.10或小于0.10。在河床坝段尚有一些测压孔，其扬压水位低于下游水位。

问题：岩石地基灌浆是如何进行的？

学习目标：

(1) 知识目标。能说出灌浆的方法和适用性，能陈述灌浆质量控制的方法。

(2) 能力目标。能根据地层地质条件制定灌浆方案，并能进行灌浆施工作业和现场的组织工作。

任务2.1.1 灌浆参数的确定

项目任务背景：乌江渡水电坝基灌浆处理

其灌浆工程帷幕线总长1175m，截水面积约为189000m²，设计灌浆工程量约190000m。设置2～3排灌浆孔，灌浆深度200多米，最大灌浆压力6MPa，帷幕透水率0.5～1Lu。

问题：为保证灌浆质量在实施灌浆前，技术人员及作业人员应明确哪些灌浆基本数据资料？

学习目标：

(1) 知识目标。熟知灌浆的基本参数及其意义。

(2) 能力目标。能通过压水试验，判断和分析地基构造情况，确定有关灌浆参数。

帷幕灌浆是指布置在靠近上游迎水面的坝基内，通过钻孔向其中压入浆液，形成一道连续的防渗幕墙，以减少坝基的渗流量，降低坝底渗透压力，保证基础渗透稳定的工程措施。

帷幕灌浆呈深而窄的特征，质量要求高，作业难度大，为保证灌浆的质量，一般安排在水库蓄水前完成。由于帷灌浆的工程量大，与坝体施工在时间安排上有矛盾，所以若为混凝土坝，通常安排在坝体基础灌浆廊道内进行，这样既可实现坝体上升与基岩灌浆同步进行，也使灌浆施工具备了一定厚度的混凝土压重，有利于提高灌浆压力，保证了灌浆质量，但对于各种土石坝，一般还是安排在坝体防渗体填筑之前于露天进行。对于高坝的灌浆帷幕，常常要深入两岸坝肩较大范围岩体中，一般需要在两岸分层开挖灌浆平洞。许多工程在坝基与两岸山体中所形成的地下灌浆帷幕，其面积较之可见的坝体迎水面要大得多。体现帷幕灌浆状态的参数有防渗标准、帷幕形式和深度、帷幕的厚度和排数以及灌浆的压力等。

2.1.1.1 灌浆帷幕形式及主要参数

1. 灌浆帷幕的防渗标准

在坝基防渗中，常以透水率作为反映其防渗优劣的指标。透水率大防渗性差，透水率小防渗性就好，规范限定了透水率标准，以此作为衡量帷幕灌浆质量的标准。帷幕的防渗标准取决于枢纽布置、坝型、坝高和地质条件等，同时还需考虑大坝地基的渗流稳定和水库渗漏损失的经济价值，着重点是工程安全。

透水率指标单位为Lu［1Lu＝0.01L/（min·m·m）］。如乌江渡大坝坝基幕体左岸680.00m高程下右岸700.00m高程以下为$q=0.5$Lu，左岸680.00m高程，右岸700.00m高程以上和坝肩以外绕渗区$q<1$Lu。

2. 灌浆帷幕的形式和深度

（1）接地式帷幕，灌浆帷幕深入基岩中的相对不透水层，基本上全部截断渗流，这种帷幕的防渗效果好。帷幕深度由相对不透水岩层的位置确定。高坝在河床及左右坝肩近河床地段均宜采用这种形式。

（2）悬挂式帷幕。在相对不透水岩层埋藏深的地段，帷幕深度难以达到相对不透水岩层，这种帷幕的防渗效果相对较差。

国内一些大坝，悬挂式帷幕深度一般约为坝高的50%，其变化范围多在30%～70%之间。喀斯特发育地区有时达到1倍坝高或以上。

帷幕的形式和深度应根据大坝基岩地质条件和对基岩防渗的要求以及其他一些因素综合确定。同一座坝由于各个地段具体条件不同，帷幕的形式和深度也不会完全相同。例如朱庄水库浆砌块石重力坝，坝高100m，在河床部位帷幕深度进入相对不透水岩层5m，而在左岩坝肩部位，坝高自该处岩面算起仅20～35m，虽基岩岩石破碎，透水性大，但由于相对不透水岩层埋藏很深，所以选用悬挂式帷幕，幕深定为该地段坝高的1倍左右。

高坝基岩灌浆帷幕常深入两岸坝肩，为不使钻孔深度过大，常在两岸分层开挖灌浆平洞，在平洞内进行钻孔灌浆。

3. 灌浆帷幕的厚度和灌浆孔的排数

灌浆帷幕厚度和灌浆孔排数的确定，至今尚未有一个统一的准则，实际上这个问题与地质条件、灌浆压力和防渗标准密切相关。

如果地质条件不良而防渗标准又较高，例如要求透水率q小于1Lu，灌浆孔的排数可为三排。采用高压灌浆时，扩散半径增大，也可为双排；如果地质条件又较好，可采用单排。

我国一些高坝在河床地段，防渗标准常定为透水率q小于1Lu，故多布设三排或双排孔，其中一排为主孔，深达相对不透水岩层，其他排孔的深度根据地质条件，有的与主孔相同，成为均厚式帷幕，有的较浅，为主孔深度的1/2～2/3，成为阶梯式帷幕。

对高坝帷幕灌浆或遇到复杂情况难于确定排数和孔距时，宜进行现场灌浆试验或施工初期的试验性灌浆来确定。

4. 灌浆压力

灌浆压力是指灌浆孔段中部浆液的压力。灌浆压力是保证和控制灌浆质量提高灌浆效果的一个重要因素，使用较高的压力有利于提高灌浆质量和效果。但应注意，要防止灌浆压力过大而致使表层混凝土抬动，地层岩体开裂发生永久变形的问题。确定灌浆压力的原则是在不致破坏基础和坝体的前提下，尽可能采用比较高的压力，灌浆压力的大小与孔深岩层性质和灌浆段上有无压重等因素有关，可据式（2.1）计算。

$$P=P_0+mD+krgh \tag{2.1}$$

式中　P——灌浆压力，Pa；

P_0——基岩表层的允许压力，Pa，可由表 2.2 中查得；

D——灌浆段以上岩层的厚度，m；

m——灌浆段以上岩层每增加 1m 所能增加的灌浆压力，Pa/m，亦可由表（2.2）中查得；

h——灌浆孔以上压重的厚度，m；

r——压重体的容重，kg/m^3；

g——重力加速度，m/s^2；

k——系数，可选用 1～3。

灌浆压力还可参考类似工程的灌浆资料，特别是现场灌浆试验成果来确定，并且，在具体的灌浆施工中结合现场条件进行调整。

帷幕灌浆时，当已浇的一定厚度的坝体混凝盖重后，其表层孔段的灌浆压力不宜小于 1～1.5 倍帷幕的工作水头，底部孔段的灌浆压力不宜小于 2～3 倍的工作水头，在地质条件较差或软弱岩层中，应适当降低灌浆压力。

通常，将灌浆压力大于 3～4MPa 的灌浆称为高压灌浆，高坝一般均采用高压灌浆。

表 2.2　P_0 和 m 值选用表

岩石分类	岩　性	m ($\times 10^5$ Pa/m)	P_0 ($\times 10^5$ Pa)	常用压力 ($\times 10^5$ Pa)
Ⅰ	具有陡倾斜裂隙，透水性低的坚固大块结晶岩，岩浆岩	2～5	3～5	40～100
Ⅱ	风化的中等坚固的块状结晶岩变质岩或大块体弱裂隙的沉积岩	1～2	2～3	15～40
Ⅲ	坚固的半岩性岩石、砂、岩黏土页岩，凝灰岩，强或中等裂隙的成层的岩浆岩	0.5～1	1.5～2	5～15
Ⅳ	坚固性差的半岩性岩石，软质石灰岩，胶结弱的砂，岩及泥灰岩，裂隙发育的较坚固的岩石	0.25～0.5	0.5～1.5	2.5～5
Ⅴ	松软的未胶结的泥沙、土壤、砾石、石、砂质黏土	0.15～0.25	0	0.5～2.5

2.1.1.2　灌浆试验与压水试验确认参数

为获得有效可行的灌浆参数，大型工程和地质条件复杂时，灌浆压力宜通过灌浆试验确定，灌浆试验是在现场选择适宜的位置，帷幕灌浆试验选在实际帷幕线的上游一定距离进行，作业方式与灌浆施工相同。

为获得地层单位吸水率（或透水率）测定地层的渗透性，为基岩的灌浆施工提供基本技术资料，在灌浆过程中，在钻孔冲洗完毕之后，应进行一次测试工作。

压水试验的原理：在一定的水头压力下，通过钻孔将水压入到孔壁周围的缝隙中，根据压入水的水量和压水的时间，计算出代表岩层渗透特性的技术参数。

工程中一般采用透水率 q 来表示岩层的渗透特性，所谓透水率，是指在单位时间内，通过单位长度试验孔段，在单位压力作用下所压入的水量，试验成果可按式（2.2）计算求得地层的透水率（Lu），当然压水试验也运用于灌浆质量的检查。

$$q=\frac{Q}{PL} \tag{2.2}$$

式中 q——地层的透水率，Lu（吕容）；

Q——单位时间内试验段的注水总量，L/min；

P——作用于试验段内的全压力，MPa；

L——压水试验段的长度，m。

对有关岩溶泥质充填物和遇水性能恶化的地层在灌浆前可以不进行裂隙冲洗，也不宜做压水试验。

有关压水试验的施工过程见后叙述。

任务 2.1.2 灌浆材料及浆液选择

项目任务背景：乌江渡水电工程坝基灌浆材料——水泥灌浆

问题：灌浆还用到哪些材料？浆液如何选用？

学习目标：

（1）知识目标。能说出灌浆材料类型及适用性，熟知灌浆制浆机械设备及类型性能。

（2）能力目标。根据灌浆要求能正确选择浆液和配制合格的浆液。

2.1.2.1 灌浆材料

灌浆材料基本上可分为两类：一类是固体颗粒的灌浆材料，如水泥、黏土、砂浆等。用固体颗粒浆制成的浆液，其颗粒处于分散的悬浮状态，是悬浮液；另一类是化学灌浆材料，一般有环氧树脂、聚氨酯、甲基丙烯酸酯类，由化学灌浆材料制成的浆液是真溶液。

岩石帷灌浆以水泥基浆液为主。遇到一些特殊地质条件如断层，破碎带，微细裂隙等，当使用水泥浆液难以达到预期效果时，方采用化学灌浆材料作为补充，而且化学灌浆材料多在水泥灌浆基础上进行。

2.1.2.2 浆液的选择

在地基处理灌浆工程中，浆液的选择，在很大程度上直接关系到帷幕的防渗效果，由于灌浆的目的和地基地质条件的不同，组成浆液的基本材料和浆液中各种材料的配合比例也有很大的变化，在选择灌注浆液时，应满足以下要求。

（1）浆液在受灌的岩层中应具有良好的可灌性，即在一定的压力下，能灌入到受灌岩层的裂隙，孔隙或空洞中，充填密实。这对微细裂隙岩石尤为重要。

（2）浆液硬化成结石后，应具有良好防渗性能和必要的强度及黏结力。帷幕灌浆在长期高水头作用下，应能保持稳定，不受冲蚀，耐久性强；固结灌浆则应能满足地基安全承载和稳定的要求。

（3）为便于施工和增大浆液的扩散范围，浆液须具有良好的流动性。

（4）浆液应具有较好的稳定性，析水率低。

2.1.2.3 浆液类型

（1）纯水泥浆。它是一种最常用的灌注浆液，适用于基岩固结灌浆和基础帷幕灌浆。

（2）细水泥浆液。它分为干磨细水泥浆液、湿磨细水泥和超细水泥浆液，适用于微细裂隙基岩的灌浆。前两种浆液，一般情况下，其最大粒径 D_{max} 在 35μm 以下，平均粒径 D_{50} 为 6～10μm。超细水泥为一种特制水泥，其最大粒径一般在 12μm 以下，平均粒径为

3～6μm。

(3) 稳定浆液。常在水泥浆液中掺有少量稳定剂（例如膨润土），其析水率不大于5%。适用于高压帷幕灌浆和遇水性能易恶化或注入量较大的地层的灌浆。例如克孜尔水库主坝右坝肩岩体为遇水易软化、崩解的泥岩，在固结灌浆中采用了稳定浆液，其配合比和性能见表 2.3。

表 2.3　稳定浆液配合比和性能

水泥	水	膨润土	减水剂	析水率(%)	漏斗黏度(s)	塑性屈服强度(Pa)	塑性黏度(Pa·s)	初凝时间(h：min)	终凝时间(h：min)	抗压强度(MPa)	备注
100	80	1	0.5	5.1	19.0	1.5	0.0082	13：05	16：25	14.7	浆液通过胶体磨高速搅拌
100	60	1	0.5	1.8	26.7	0.75	0.0123	11：31	14：24	16.5	
100	50	0.5	0.5	2.5	27.4	1.25	0.0164	7：41	11：46	25.4	

在拌制细水泥浆液和稳定浆液时，必须加入减水剂和采用高速搅拌机。

(4) 混合浆液。在水泥浆液中掺有掺合料，例如水泥砂浆、水泥黏土浆、水泥粉煤灰浆、水泥水玻璃浆等，适用于注入量大或地下水流速较大地层的灌浆。如掺用粉煤灰，应采用高速搅拌机。

(5) 膏状浆液。这种浆液塑性屈服强度大（常大于 20Pa），稠度如牙膏，适用于大孔隙地层（如喀斯特空洞、岩体宽大裂隙、堆石体等）的灌浆。由于其明显的塑性特征，在灌浆过程中具有良好的浆液可控性，有利于控制大孔隙地层灌浆浆液扩散的范围。

2.1.2.4　浆液中掺用的外加剂

由于浆液的类型日益增多，为满足灌浆需要，常需在浆液中掺用一些外加剂。其主要类别如下：

(1) 速凝剂，例如水玻璃、氯化钙、三乙醇胺等。

(2) 高效减水剂，例如萘系减水剂。它对浆液的强烈分散和流动性的提高有明显作用，常用的有 NF、UNF 等。

(3) 稳定剂，例如膨润土和其他高塑性黏土等。

(4) 其他各种外加剂。

所有外加剂凡能溶于水的均以水溶液状态加入。

2.1.2.5　浆液性能试验

由于纯水泥灌浆工艺比较简单，实践经验丰富，技术成熟，如无特殊要求对于纯水泥浆液可不进行室内试验，若有特殊要求时可再补做试验。对于其他类型浆液，则应根据工程需要，有选择地进行以下各项性能试验。

(1) 细水泥颗粒或掺合料的细度和颗分曲线。

(2) 浆液的流动性和流变参数（塑性屈服强度、塑性黏度）。

(3) 浆液的析水率和稳定性。

(4) 浆液的初、终凝时间。

(5) 结石的密度、强度、弹性模量、渗透性等。

任务 2.1.3　灌浆施工

项目任务背景：乌江渡坝基灌浆

施工要点：孔口封闭，孔内循环灌，灌浆压力最大限 6MPa，集中制浆，水灰比 0.5∶1，管道输浆，灌注浆液由稀到浓，压力根据注浆率大小进行控制。经压水试验检查灌浆效果，透水率在 0.1～1 Lu，

问题：如何进行灌浆施工？除在乌江渡坝基灌浆方法之外，还有无其他的方法？灌浆效果应检查哪些内容？如何检查？

学习目标：

（1）知识目标。熟知帷幕灌浆的作业程序和灌浆方法，能说出灌浆质量控制的技术措施。能陈述帷幕灌浆效果检查的内容及方法。

（2）能力目标。能依据灌浆设计参数，完成灌浆作业及组织灌浆设备的操作有效控制灌浆质量。能进行灌浆质量检查的实际工作。

灌浆施工程序包括：灌浆孔位放样、钻孔，钻孔及裂隙冲隙，压水试验，浆液配制，灌注浆液，灌浆结束，灌浆质量检查。

2.1.3.1　放样

一般用测量仪器放出建筑物边线或中线后，再根据建筑物中线或边线定灌浆孔的位置，钻孔的开孔位置与设计位置的偏差不得大于 10cm，帷幕灌浆还应测出各孔高程。

2.1.3.2　钻孔

灌浆孔有铅直孔和斜孔两种。钻孔原则应尽可能多地和岩石裂隙层理互相交叉。倾角较大的裂隙一般打斜孔，裂隙倾角小于 40°的可打直孔，打直孔比打斜孔可提高工效 30%～50%，因此，最好多打直孔。钻孔应按设计好的顺序进行。

帐幕灌浆的钻孔宜采用回转式钻机和金刚石钻头或硬质合金钻头，其钻进效率较高，不受孔深、孔向、孔径和岩石硬度的限制，还可钻取岩芯。钻孔的孔径一般在 75～90mm。固结灌浆则可采用各式合适的钻机与钻头。

钻孔的质量对灌浆效果影响很大。钻孔质量包括：

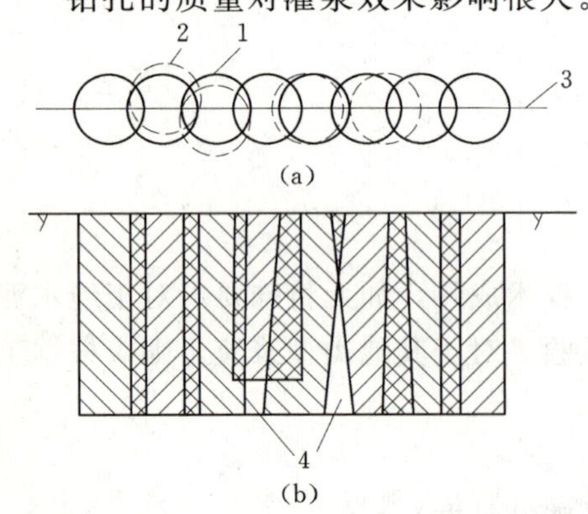

图 2.3　钻孔质量对帐幕的影响
（a）平面图；（b）剖面图
1—孔顶灌浆范围；2—孔底灌浆范围；
3—帐幕轴线；4—漏水通道

（1）确保孔深、孔向、孔位符合设计要求。

（2）力求孔径上下均一、孔壁平顺。

（3）钻进过程中产生的岩粉细屑较少。

孔径均一，孔壁平顺，则灌浆栓塞能够卡紧卡牢，灌浆时不致产生返浆。钻进过程中产生过多的岩粉细屑，容易堵塞孔壁的缝隙，影响灌浆质量。

钻孔的方向与深度是保证帐幕灌浆质量的关键。如果钻孔方向有倾斜，钻孔深度达不到要求，则通过各钻孔所灌注的浆液，不能连成一体，将形成漏水通路，如图 2.3 所示。

孔深的控制可根据钻杆钻进的长度推测。孔斜的控制相对较困难，特别是钻设斜孔，掌握钻

孔方向更加困难。在工程实践中，按钻孔深度不同规定了钻孔偏斜的允许值，见表2.4，当深度大于60m时，则允许的偏差不应超过钻孔的间距。钻孔结束后，应对孔深、孔斜和孔底残留物等进行检查，不符合要求的应采取补救处理措施。

表2.4　　钻孔孔底最大允许偏差值

钻孔深度（m）	20	30	40	50	60
允许偏差（m）	0.25	0.50	0.80	1.15	1.50

2.1.3.3　钻孔（裂隙）冲洗

钻孔后，进入冲洗阶段，冲洗工作通常分为以下两点。

（1）钻孔冲洗，将残存在钻孔底和黏滞在孔壁的岩粉铁屑等冲洗出来。

（2）岩层裂隙冲洗，将岩层裂隙中的充填物冲洗出孔外，以便浆液进入到腾出的空间，使浆液结石与基岩胶结成整体。

在断层、破碎带和细微裂隙等复杂地层中灌浆，冲洗的质量对灌浆效果影响极大。

一般采用灌浆泵将水压入孔内循环管路进行冲洗，如图2.4所示。将冲洗管插入孔内，用阻塞器将孔口堵紧，用压力水冲洗。也可采用压力水和压缩空气轮换冲洗或压力水和压缩空气混合冲洗的方法。

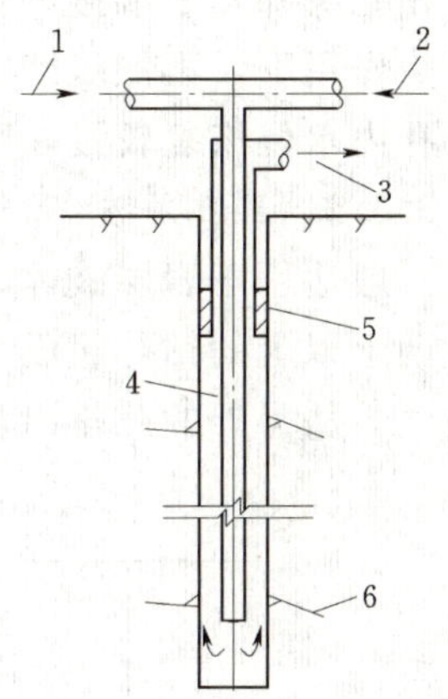

图2.4　钻孔冲洗方法

1—压力水进口；2—压缩空气进口；3—出口；4—灌浆孔；5—阻塞器；6—岩层裂隙

钻孔冲洗时，将钻杆下到孔底，从钻杆通入压力水进行冲洗。冲孔时流量要大，使孔内回水的流速足将残留在孔内的岩粉铁末冲出孔外。冲孔一直要进行到回水澄清5～10min才结束。

岩层裂隙冲洗方法分单孔冲洗和群孔冲洗两种。在岩层比较完整，裂隙比较少的地方，可采用单孔冲洗。冲洗方法有高压压水冲洗、高压脉动冲洗和扬水冲洗等。

2.1.3.3.1　单孔冲洗

1. 高压压水冲洗

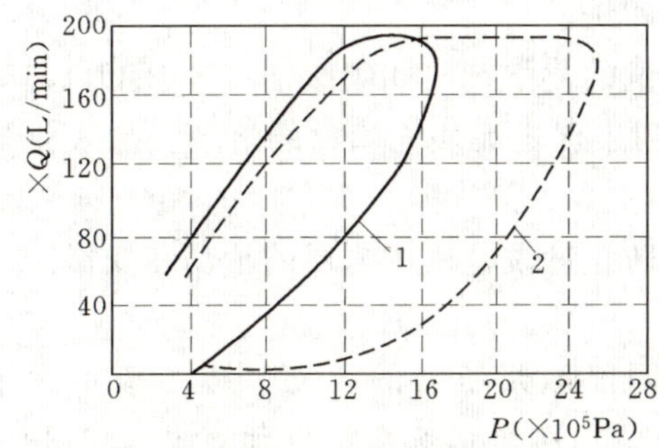

图2.5　高压压水冲洗流量变化

1—孔深小于50m；2—孔深50～100m

整个冲洗过程均在高压下进行，裂隙中的充填物沿着加压的方向推移和压实。冲洗压力可以采用同段灌浆压力的70%～80%，但当大于1MPa时，采用1MPa。当回水洁净，流量稳定20min就可停止冲洗。有的工程则根据冲洗试验中得出的升压降压过程和流量的关系（图2.5），来判断岩层裂隙冲洗后透水性增值情况。在同一级压力下，降压时的流量和升压时的流量相差愈大，则透水性增值愈大，说明冲洗效果愈好。

2. 高压脉动冲洗

即采用高压低压水反复变换冲洗。先用高压水冲洗，冲洗压力为灌浆压力的80%，经5～10min以后，将孔口压力在几秒钟内突然降低到零，形成反向脉冲水流，将裂隙中的碎屑带出。通过不断的升降压循环，对裂隙进行反复冲洗，直到回水洁净，最后延续10～20min后就可结束冲洗。高压脉动的压力差愈大，冲洗效果愈好，如图2.5所示。

3. 扬水冲洗

对于地下水位较高，地下水补给条件良好的钻孔，可采用扬水冲洗，冲洗时先将管子下到钻孔底部，上端接风管，通入压缩空气。孔中水气混合以后，由于比重减轻，在地下水压力作用下，再加压缩空气的释压膨胀与返流作用，挟带着孔内的碎屑杂物喷出孔外。如果孔内水位恢复较慢，则可向孔内补水，间歇地扬水，直到将孔洗净为止。

2.1.3.3.2 群孔冲洗

一般适用于岩层破碎，节理裂隙比较发育且在钻孔之间相互串通的地层中。它是将两个或两上以上的钻孔组成一个孔组，轮换地向一个孔或几个孔压进压力水或压力水混合压缩空气。从另外的孔排出污水，这样反复交替冲洗，直到各个孔出水洁净为止，如图2.6所示。

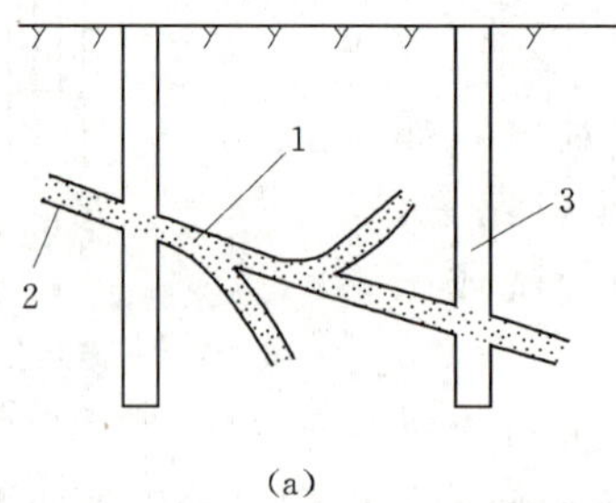

(a)

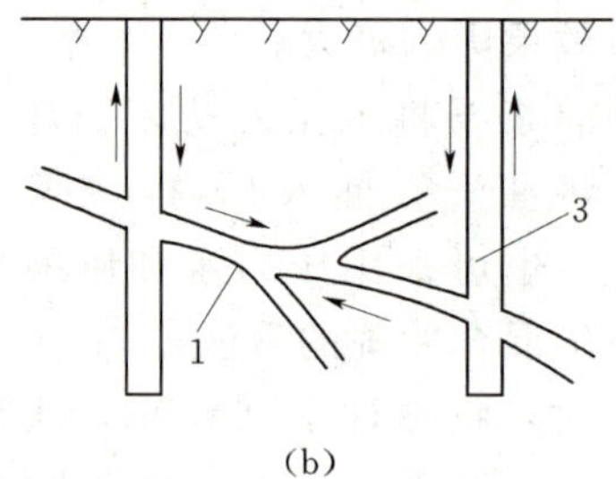

(b)

图2.6 群孔冲洗示意图

(a) 冲洗前；(b) 冲洗后

1—裂隙；2—充填物；3—钻孔

群孔冲洗时，沿孔深方向冲洗段的划分不宜过长，否则冲洗段内钻孔通过的裂隙条数增多，这样不仅分散冲洗压力和冲洗水量，并且一旦有部分裂隙冲通以后，水量将相对集中在这几条裂隙中流动，使其他裂隙得不到有效地冲洗。

为了提高冲洗效果，有时可在冲洗液中加入适量的化学剂，如碳酸钠（Na_2CO_3），氢氧化钠（NaOH）或碳酸氢钠（$NaHCO_3$）等，以利于促进泥质充填物的溶解。加入化学剂的品种和掺量，宜通过试验确定。

采用高压水或高压水气冲洗时，要注意观测，防止冲洗范围内岩层的抬动和变形。

2.1.3.4 压水试验作业

灌浆施工时的压水试验，使用的压力通常为同段灌浆压力的80%，但一般不大于1MPa。试验时，可在预定压力之下，每隔5min记录一次流量读数，直到流量稳定30～60min，取最后的流量作为计算值，再按式（2.2）计算该地层的透水率q。

帐幕灌浆孔压水试验结果符合下列标准之一时，试验工作即可结束，且以最终压入流

量读数作为计算流量。

（1）当流量大于 5L/min 时，连续 4 次读数的最大值与最小值之差小于最终流量的 10%。

（2）当流量小于 5L/min 时，连续 4 次读数的最大值与最小值之差小于最终值的 20%。

（3）连续 4 次读数流量均小于 0.5L/min。

压水试验应自上而下分段进行，分段的长度一般为 5m。对于透水性较强的岩层、构造破碎带、裂隙密集带、岩层接触带以及岩溶洞穴等部位，应根据具体情况确定试段的长度。同一试验段不宜跨越透水性相差悬殊的两种岩层，这样获得的试验资料更具有代表性。如果地层比较单一完整，透水性又较小时，试验段长度可适当延长，但不宜超过 10m。

2.1.3.5 灌浆机械设备与布置

灌浆需用的机械主要有钻孔机械、灌浆机械及其附属设备，包括钻机、灌浆机、灰浆拌和机、输浆管、灌浆塞、压力表及其他附属设备等等。

2.1.3.5.1 钻机

灌浆孔一般用钻孔机具钻成。

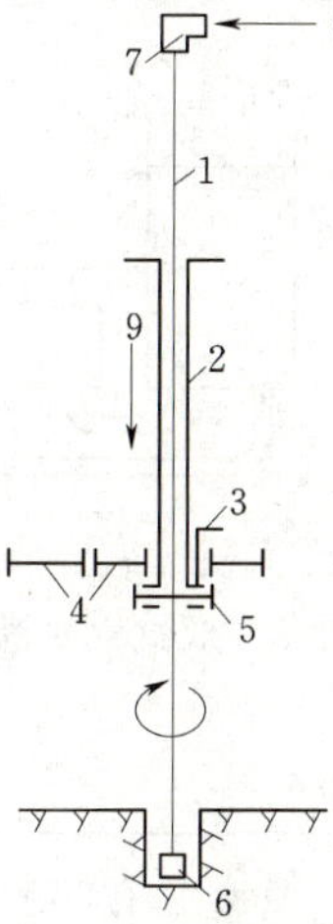

图 2.7 回转式钻机

1—钻杆；2—空心立轴；3—回键；4—齿轮；5—卡盘；6—钻头；7—进水接头；8—冲洗液；9—推进方向

钻孔机械有冲击式和回转式两种。在岩石中钻孔，应优先选用回转式钻机，当钻孔较浅且无取岩芯要求时，可采用风动式钻机。

回转式钻机（图 2.7）为我国生产的油压式钻机，常用的回转式钻机如 XU—100 型钻机，它是在 XJ—100 型钻机的基础上改进的轻型油压式钻机，工作安全可靠，劳动强度低。灌浆钻孔常用的钻机见表 2.5。

表 2.5　　灌浆钻孔常用钻机

钻机类型	型号	钻进深度（m）	开孔直径（mm）	钻杆直径（mm）	钻孔角度（°）	给进方法	需要功率（kW）	钻具重量（kg）	备注
油压给进钻机	XU300—2	300	110	42	0～90	油压	14.7	900	岩石及土质钻孔
油压给进钻机	XU—100	100	100	42	15～90	油压	7.35	419	岩石及土质钻孔
油压给进钻机	东风—300	300	150	42	90	油压	14.7	960	岩石及土质钻孔
油压给进钻机	XB—300	300	130	42	45～90	油压	14.7	750	岩石及土质钻孔
手摇钻机	土钻	30	110						钻土质孔
锥探机	土锥	11	30				7.35		钻土质孔
物探钻机	WT—2	30	114	42			1.47	310	钻土质孔

2.1.3.5.2 灌浆机械

灌浆机械包括灌浆机（泵）及浆液搅拌机（筒）。

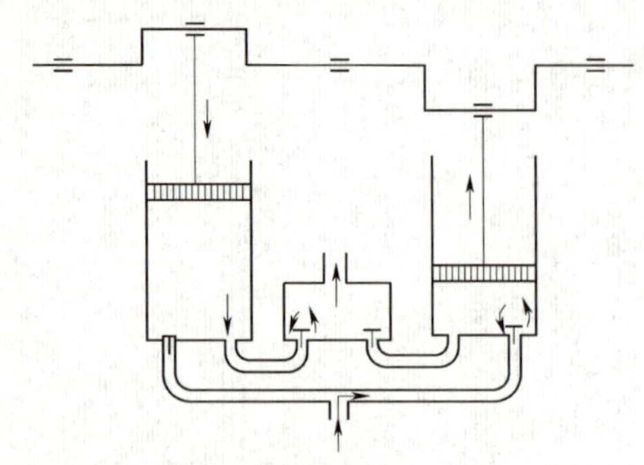

图 2.8 双缸立式灌浆机工作原理图

1. 灌浆机（泵）

灌浆机是灌浆的主要设备，灌浆质量在一定程度上取决于灌浆机的工作情况，一般灌浆机有活塞式及液压式两种。目前发展轻便的液压式，但活塞式应用较广。一般工地常用双缸立式灌浆机，它由两个缸同时工作，一个缸压浆，一个缸吸浆，然后轮换，达到均衡压送浆液，能提高生产力，保证质量。双缸立式灌浆机工作原理如图 2.8 所示。灌浆用各种泵的技术性能与适用条件见表 2.6。

表 2.6 灌浆用各种泵的技术性能与适用条件

型号	TBW—$\frac{200}{400}$	BW—200	TBW—$\frac{50}{15}$	2DN—$\frac{6}{30}$	CB	100/15	110/60
最大排量（L/min）	200	200	50	100	180～540	100	110
最大压力（kPa）	3920	3920	1470	2940	5880～3430	1470	5880
所需功率（kW）	18	15	2.2	10	40	7	14
重量（kg）	680	300	192	634	1200	1050	
适用条件	水泥浆和黏土浆					水泥砂浆、水泥浆	

2. 浆液搅拌机（筒）

浆液搅拌机是灌浆机的一个组成部分，其外形为一个圆筒，其中安设有能转动的机轴和轮叶，用来搅拌水泥浆，拌搅筒有立式和卧式两种，立式的拌浆筒能较精确的计算水泥浆量，应用较多。

2.1.3.5.3 输浆管及灌浆塞

输浆管主要有钢管及胶皮管两种。钢管适应变形能力差，又不易清理，因此一般多用胶皮管，但在高压灌浆时仍须使用钢管。

灌浆塞又称灌浆阻塞器，用以堵塞灌浆段和上部联系的必不可少的堵塞物，以免翻浆、冒浆以及不能升压而影响灌浆质量。灌浆塞的形式很多，一般应由富有弹性、耐磨性能较好的橡皮制成。图 2.9 所示为用在岩石灌浆中的一种灌浆塞。

2.1.3.5.4 灌浆设备的布置

工程量不大的工程，其布置情况，可参考图 2.10（a）。它是通过机身开关来调节供浆量和压力的，灌浆孔的吸浆量，可根据拌浆筒中水泥浆的水位计算，灌浆压力则由出浆管上的压力表测出。为保证灌浆的连续性，一般是并排设置 2 台拌浆筒轮换使用。

在工程量较大的情况下，其布置情况如图2.10（b）所示。

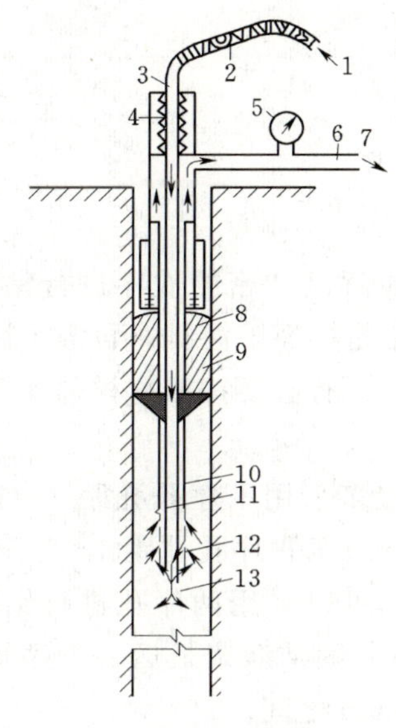

图2.9　用在岩石灌浆中的一种灌浆塞

1、11—进浆管；2—胶皮管；3—钢管；4—丝杆；5—压力表；6—阀门；7、10—回浆管；8—胶皮圈；9—阻塞器；12—花管；13—出浆管

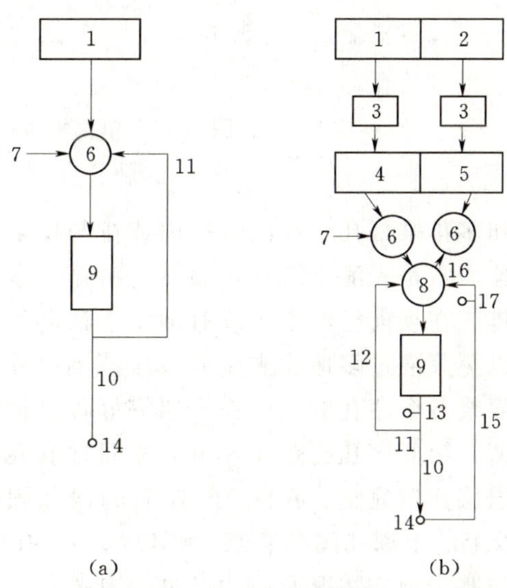

图2.10　灌浆布置示意图

（a）工程量不大；（b）工程量较大

1、2—仓库；3—机动或手动式筛；4、5—中间仓；6—拌浆筒；7—水管；8—受浆槽；9—灌浆机；10—输浆管；11、16—开关；12—引出管；13、17—压力表；14—灌浆孔；15—回浆管路；16—开关

仓库1及2，一个装水泥，另一个装砂，出料后经过筛3过筛转入中间仓库4和5，再送到拌浆筒6。拌和用水从水管7送到拌浆筒内。水量按水表指针确定，或将拌浆筒充水到所需的水位。有时也用自动计量器确定水量。拌好的水泥浆流入受浆槽8中。为了调节输浆管10中的浆量，在灌浆机的出口处设引出管12及开关11，以此调节灌浆孔14的浆量及压力。压力表13来测定灌浆机出口的浆液压力。15为回浆管路。由开关16调节。为了控制压力，在开关16之前再设第二压力表17。由于浆液流动受到阻力，使灌浆机、灌浆孔及回浆管中产生的压力不同。在使用较浓水泥浆和灌浆量很大时，压力表13和17的指数差可达10.13×10^{2}kPa（10个大气压）以上。这时灌浆孔中水泥浆压力大约等于这两个压力表指数的平均值，但一般多以孔口回浆压力表为准。

2.1.3.6　灌浆的方法与工艺

为了确保岩基灌浆的质量，必须注意以下问题。

1. 钻孔灌浆的次序

基岩的钻孔与灌浆应遵循分序和加密的原则进行。一方面可以提高浆液结石的密实性，另一方面，通过后灌序孔透水率和单位吸浆量的分析，可推断先灌序孔的灌浆效果，若经过压水试验，透水率达到设计要求，除省去后序孔的灌浆，同时还有利于减少相邻孔串浆现象。

单排帷幕孔的钻灌次序是先钻灌第Ⅰ序孔，然后依次钻灌第Ⅱ、第Ⅲ序孔，如有必要再钻灌第Ⅳ序孔图 2.11。

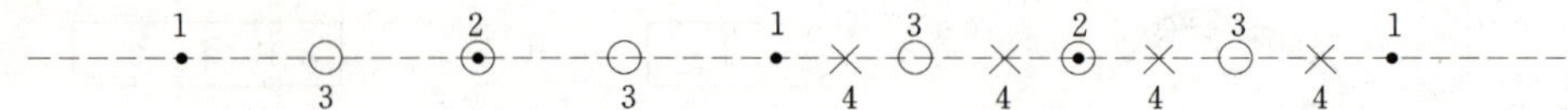

图 2.11　单排帐幕孔的钻灌次序

1—第Ⅰ序孔；2—第Ⅱ序孔；3—第Ⅲ序孔；4—第Ⅳ序孔

双排和多排帷幕孔，在同一排内或排与排之间均应按逐渐加密的次序进行钻灌作业。双排孔帷幕通常是先灌下游排，后灌上游排；多排孔帷幕是先灌下游排，再灌上游排，最后灌中间排。在坝前已经壅水或有地下水活动的情况下，更有必要按照这样的次序进行钻灌作业，以免浆液过多地流失到灌浆区范围以外。

帷幕灌浆各个序孔的孔距视岩层完好程度而定，一般多采用Ⅰ序孔孔距 8～12m，然后内插加密，第Ⅱ序孔孔距 4～6m，第Ⅲ序孔孔距 2～3m，第Ⅳ序孔孔距 1～1.5m。

对于岩层比较完整、孔深 5m 左右的浅孔固结灌浆，可以采用两序孔进行钻灌作业；孔深 5m 以上的中深孔固结灌浆，则以采用三孔施工为宜。固结灌浆最后一个序孔的孔距和排距，与基岩地质情况及应力条件等有关，一般在 3～6m 之间。

2. 注浆方式

按照灌浆时浆液灌注和流动的特点，灌浆方式有纯压式和循环式两种。对于帷幕灌浆，应优先采用循环式。

纯压式灌浆，就是一次将浆液压入钻孔，并扩散到岩层裂隙中。灌注过程中，浆液从灌浆机向钻孔流动，不再返回，如图 2.12（a）所示。这种灌注方式设备简单，操作方便，但浆液流动速度较慢，容易沉淀，造成管路与岩层缝隙堵塞，影响浆液扩散。纯压式灌浆多用于吸浆量大，有大裂隙存在，孔深不超过 12～15m 的情况。

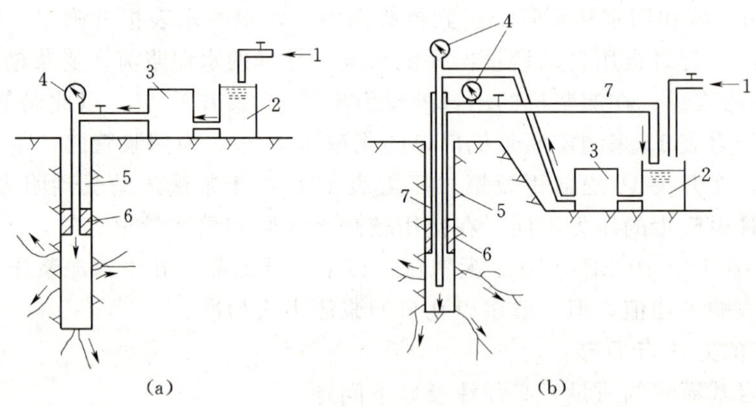

图 2.12　纯压式和循环式灌浆示意图

（a）纯压式灌浆；（b）循环式灌浆

1—水；2—拌浆桶；3—灌浆泵；4—压力表；5—灌浆管；6—灌浆塞；7—回浆管

循环式灌浆，灌浆机把浆液压入钻孔后，浆液一部分被压入岩层缝隙中，另一部分由回浆管返回拌浆筒中，如图 2.12（b）所示。这种方法一方面可使浆液保持流动状态，减

水浆液沉淀；另一方面可根据进浆和回浆浆液比重的差别，来了解岩层吸收情况，并作为判定灌浆结束的一个条件。

3. 钻灌方法

按照同一钻孔内的钻灌顺序，有全孔一次钻灌和全孔分段钻灌两种方法。

全孔一次钻灌系将灌浆孔一次钻到设计孔底，并沿全孔进行灌浆。这种方法施工简便，多用于孔深不超过 6m，地质条件良好，基岩比较完整的情况。

全孔分段钻灌又分自上而下法、自下而上法、综合灌浆法及孔口封闭法等。

(1) 自上而下分段钻灌法。其施工顺序是：钻一段，灌一段，待凝一定时间以后，再钻灌下一段，钻孔和灌浆交替进行，直到设计深度，如图 2.13 所示。这种方法的优点是：随着段深的增加，可以逐段增加灌浆压力，借以提高灌浆质量；由于上部岩层经过灌浆，形成结石，下部岩层灌浆时，不易产生岩层抬动和地面冒浆等现象；分段钻灌，分段进行压水试验，压水试验的成果比较准确，有利于分析灌浆效果，估算灌浆材料的需用量，这种方法的缺点是钻灌一段以后，要待凝一定时间，才能钻灌下一段，钻孔与灌浆须交替进行，设备搬移频繁，影响施工进度。

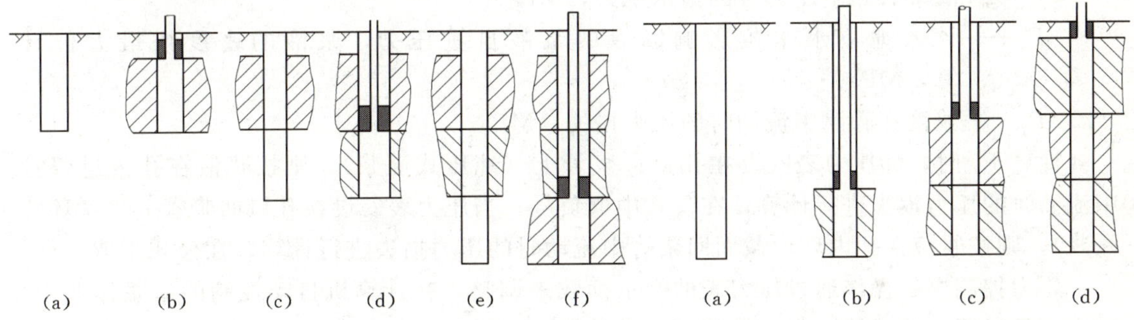

图 2.13 自上而下分段灌浆

(a) 第一段钻孔；(b) 第一段灌浆；(c) 第二段钻孔；(d) 第二段灌浆；(e) 第三段钻孔；(f) 第三段灌浆

图 2.14 自上而下分段灌浆

(a) 钻孔；(b) 第三段灌浆；(c) 第二段钻孔；(d) 第一段钻孔

(2) 自下而上分段钻灌法。一次将孔钻到全深，然后自下而上逐段灌浆，如图 2.14 所示。这种方法的优缺点与自上而下分段灌浆刚好相反。一般多用在岩层比较完整或基岩上部已有足够压重不致引起地面抬动的情况。

(3) 综合钻灌法。在实际工程中，通常是接近地表的岩层比较破碎，愈往下岩愈完整。因此，在进行深孔灌浆时，可以兼取以上两法的优点，上部孔段采用自上而下法钻灌，下部孔段则用自下而上法钻灌。

(4) 孔口封闭灌浆法。其要点是：先在孔口镶铸不小于 2m 的孔口管，以便安设孔口封闭器；采用小孔径（ϕ55～60mm）的钻头，自上而下逐段钻孔与灌浆；上段灌后不必待凝，进行下段的钻灌，如此循环，直至终孔；可以多次重复灌浆，可以使用较高的灌浆压力。其优点是：工艺简便、成本低、效率高，灌浆效果好。其缺点是：当灌注时间较长时，容易造成灌浆管被水泥浆凝住的现象。该法对孔口封闭器的质量要求较高，以保证灌浆管灵活转动和上下活动。

孔口封闭灌浆法是一种灌浆新技术，在许多工程中相继得到应用。在喀斯特发育的地层，如乌江渡、隔河岩、观音岩等水利电工程，其帐幕灌浆采用孔口封闭灌浆法，均取得了较好防渗效果。

需要说明的是，灌浆孔段的划分对灌浆质量有一定影响。原则上说，灌浆孔段的长度应该根据裂缝分析情况确定，每一孔段的裂隙分布应大体均匀，以便施工操作和提高灌浆质量。一般情况下，灌浆孔段的长度多控制在5～6m。如果地质条件好，岩层比较完整，段长可适当放长，但也不宜超过10m；在岩层破碎，裂隙发育的部位，段长应适当缩短，可取3～4m；而在破碎带、大裂隙等漏水严重的地段以及坝体与基岩的接触面，应单独分段进行处理。

4. 灌浆压力控制

在灌浆过程中根据设计的压力施灌时，应合理有效的控制灌浆压力，是提高灌浆效果的重要保证。灌浆压力可以通过灌浆管路上的压力表测读，即

$$P=P_1+P_2\pm P_f \tag{2.3}$$

式中 P——灌浆压力，MPa；

P_1——灌浆管路中压力表的指示压力，MPa；

P_2——计入地下水水位影响以后的浆液自重压力，浆液的密度按最大值计算，MPa；

P_f——浆液在管路中流动时的压力损失，MPa。

计算 P_f 时，如压力表安设在孔口进浆管上（纯压式灌浆），则按浆液在孔内进浆管中流动时的压力损失进行计算，在公式中取负号；当压力表安设在孔口回浆管上（循环式灌浆），则按浆液在孔内环形截面回浆管中流动时的压力损失进行计算，在公式中取正号。

压力控制中的操作通过压力表的指示读数来调整，在计算机自动控制的灌浆作业中，压力可通过压力传感器测得，计算机显示其值。

灌浆过程中灌浆压力的控制基本上有两种类型，即一次升压法和分级升压法。

（1）一次升压法。灌浆开始后，一次将压力升高到预定的压力，并在这个压力作用下，灌注由稀到浓的浆液。当每一级浓度的浆液注入量和灌注时间达到一定限度以后，就变换浆液配比，逐级加浓。随着浆液浓度的增加，裂隙将被逐渐充填，浆液注入率将逐渐减少，当达到结束标准时，就结束灌浆。这种方法适用于透水性不大，裂隙不甚发育，岩层比较坚硬完整的地方。

（2）分级升压法。是将整个灌浆压力分为几个阶段，逐级升压直到预定的压力。开始时，从最低一级压力起灌，当浆液注入率减少到规定的下限时，将压力升高一级，如此逐级升压，直到预定的灌浆压力。

分级升压法的压力分级不宜过多，一般以三级为限，例如可分为0.4P、0.7P及P三级，P为该灌浆段预定的灌浆压力。浆液注入率的上、下限，视岩层的透水性和灌浆部位、灌浆次序而定，通常上限可定为80～100L/min，下限为30～40L/min。在遇到岩层破碎透水性很大或有渗透途径与外界连通的孔段时，常采用分级升压法。如果遇到大的孔洞或裂隙，则应按特殊情况处理。处理的原则是低压浓浆，间歇停灌，直到规定的标准结束灌浆。待浆液凝固以后再重新钻开，进行复灌，以确保灌浆质量。

5. 浆液稠度控制

浆体稠度一般以水和干料的重量比表示，如水泥浆即以水灰比表示。灌浆过程中，必须根据灌浆压力或吸浆率的变化情况，适时调整浆液的稠度，使岩层的大小缝隙既能灌饱，又不浪费。浆液稠度的变换按先稀后浓的原则控制，这是由于稀浆的流动性较好，宽细裂隙都能进浆，使细小裂隙先灌饱，而后随着浆液稠度逐渐变浓，其他较宽的裂隙也能逐步得到良好的充填。对于帐幕灌浆的浆液配比即水灰比，采用水泥浆的稠度一般有8、5、3、2、1.5、1.0、0.8、0.6、0.5等九个比级。

变浆时，增加水泥，或增加水量，一般有表格可参考。

浆液比重 $r_{浆}$ 与水灰比 n 的关系为

$$r_{浆}=\frac{r_{灰}(1+n)}{1+r_{灰}\ n} \tag{2.4}$$

式中 $r_{灰}$——水泥比重。

在灌浆施工中，一般从8∶1稀浆开始。这样稀浆可以进入细微裂隙，并压送到远处。然后逐渐加浓，用浓液充填大的裂隙、空穴。也有按所灌地区单位吸水率选用起始的水灰比的，见表2.7。

表2.7 超始水灰比

单位吸水率Lu [或L/(min·m·m)]		<0.01 (1Lu)	0.01～0.10 (1～10Lu)	0.10～0.50 (10～50Lu)	0.50～2.00 (50～200Lu)	>2.00 (200Lu)
超始水灰比（重量比）	对不良混凝土或破碎岩石	8∶1	5∶1	3∶1	2∶1	1.5∶1
	集中漏水处	3∶1	2∶1	1.5∶1	1∶1	0.8∶1

不同的岩层，因其缝隙大小不同，所需要的稀浆量和浓浆量也各不相同，所以在灌浆过程中应根据条件及时变换浆液稠度。

灌浆中，当灌浆压力保持不变、吸浆率均匀减少时，或吸浆率不变、压力均匀升高时，不得改变水灰比。一般，当某一级水灰比浆液的灌入量已超过规定值，而灌浆压力及吸浆率均无改变或改变不明显时，应改浓一级水灰比。当其吸浆率大于6L/（min·m·m）时，可根据具体情况适当越级变浓。但越级变浓后，如灌浆压力突增或吸浆率突减，应立即查明原因，并改回到原水灰比进行灌注。

6. 灌浆的结束条件与封孔

灌浆结束条件，一般用两个指标来控制，一个是残余吸浆量，又称最终吸浆量，即灌到最后的限定吸浆量；另一个是闭浆时间，即在残余吸浆量不变的情况下保持设计规定压力的延续时间。

帷幕灌浆时，在设计规定的压力之下，灌浆孔段的浆液注入率小于0.4L/min时，再延续灌注60min（自上而下法）或30min（自下而上法）；或浆液注入率不大于1.0L/min时，继续灌注90min或60min，就可结束灌浆。

对于固结灌浆，其结束标准是浆液注入率不大于0.4L/min，延续时间30min，灌浆可以结束。

灌浆结束以后，应随即将浆孔清理干净，然后进行封孔，对于帷幕灌浆孔，宜采用浓浆灌浆法填实，再用水泥砂浆封孔；对于固结灌浆，孔深小于10m时，可采用机械压浆法进行回填封孔，即通过深入孔底的灌浆管压入浓水泥浆或砂浆，顶出孔内积水，随浆面的上升，缓慢提升灌浆管。当孔深大于10m时，其封孔与帷幕孔相同。

2.1.3.7　灌浆效果检查

基岩灌浆属于隐蔽性工程，必须加强灌浆质量的控制与检查，为此，一方面要认真做好灌浆施工的原始记录，严格灌浆施工的工艺控制，防止违规操作；另一方面，要在一个灌浆区灌浆结束以后，进行专门的质量检查，作出科学的灌浆质量评定。基岩灌浆的质量检查结果，是整个工程验收的重要依据。

灌浆质量检查的方法很多，常用的有以下几种。

(1) 在已灌地区钻设检查孔，通过压水试验和浆液注入率试验进行检查。

(2) 通过检查孔，钻取岩芯进行检查，或进行钻孔照相和孔内电视，观察孔壁的灌浆质量。

(3) 开挖平洞、竖井或钻设大口径钻孔，检查人员直接进去观察检查，并在其中进行抗剪强度、弹性模量等方面的试验；利用地球物理勘探技术，测定基岩的弹性模量、弹性波速等，对比这些参数在灌浆前后的变化，借以判断灌浆的质量和效果。

项目2.2　砂砾石地层灌浆

项目背景：密云水库斜墙土坝地基处理

坝高66m，大坝修建在冲击层上，最厚达44m，砾石层颗粒直径一般为20～30mm，最大者1m，不均匀系数20～80。孔隙率16%～22.9%，渗透系数300～600m/a。

防渗墙总长953m，截水面积27400m^2，河床中部砂砾石层最深，采用灌浆帷幕，长度240m，两岸防渗采用混凝土防渗墙。

灌浆帷幕由三排孔组成，排距3.5m，孔距4m，采用预埋花管法施工，开环最大压力为5.5MPa。

浆液为水泥黏土浆，配比见表2.8，最大灌浆压力为3MPa

表2.8　浆液配合比

地层吸浆量 (L/min)	水泥、黏土、水	
	边排孔	中排孔
<50	1∶1.8　6∶8.6	1∶4∶2.5
50～100	1∶1.8　6∶4.3	1∶4∶7.5
>100	1∶1.8　6∶2.86	1∶4.5

效果：灌浆后渗透系数降低为0.0005m/d左右，满足要求。

问题：在砂砾地基中如何进行灌浆，有哪些方法？

学习目标：

(1) 知识目标。能说出砂砾石地基灌浆的常用方法和适用性。

(2) 能力目标。能正确分析判断地基的性质和可灌性，选择合理有效的灌浆方法并实施灌浆。

在砂砾石层上建坝的防渗设施有多种，主要应根据地质条件和工程具体情况而定。用灌浆方法在砂砾层中建造防渗幕墙的主要优点是：帷幕对于地基变形适应性好，施工灵活性大，适用于深厚砂砾石层处理。

砂砾石地层具有结构松散，空隙率大，渗透性大的特点，在地层中成孔较困难，与基岩有很大差别。因此在砂砾石地层中灌浆，有一些特殊的技术要求与施工工艺。

这类项目的完成涉及到地基可灌性分析，灌浆材料选择，浆液灌注施工及灌浆质量检查等工作任务。

任务2.2.1　砂砾石地基灌浆参数与灌浆材料的确定

项目任务背景：密云水库土坝加固

斜墙土坝基砾石层颗粒直径一般为20～30mm，大者达1m，不均匀系数20～80。孔隙率16%～22.9%，渗透系数300～600m/d，灌浆浆液采用水泥黏土浆，不同地层采用了不同比例。

问题：砂砾石地基对灌浆材有何要求？如何选择？

学习目标：

(1) 知识目标。理解砂砾石地基可灌性的意义，熟悉灌浆材料确定方法

(2) 能力目标。能判断地基可罐性并能正确选定灌浆材料。

2.2.1.1　可灌性分析

为了更好地进行帷幕灌浆设计，正确地选用灌浆施工方法，保证帷幕防渗效果，必须了解和掌握帷幕线部位及附近地区砂砾石层的工程地质条件和水文地质条件，需要查明砂砾石层的组成和分布状况，弄清各层的渗透性及渗透系数以及砂砾石层的颗粒级配，据此分析判断地基的可灌性。砂砾石地基的可灌性是指砂砾石地层能否接受灌浆材料灌入的一种特性，它是决定灌浆效果的先决条件。

在工程实践中，常以可灌比值M来衡量地层的可灌性。可灌比值M的计算式为

$$M=D_{15}/d_{85} \tag{2.5}$$

式中　D_{15}——砂砾石地层颗粒级配曲线上累计含量为15%的粒径，mm；

d_{85}——灌浆材料颗粒级配曲线上累计含量为85%的粒径，mm。

可灌比值M愈大，接受颗粒灌浆材料的可灌性愈好。一般认为当$M=10\sim15$时，宜灌注水泥黏土浆；当$M\geqslant15$时，则可以灌注水泥浆。显然，可灌比是对由颗粒材料组成的浆液材料而言的，化学浆材不存在可灌比问题。

根据一些工程的灌浆实践经验，当砂砾石地层中粒径小于0.1mm的颗粒小于5%时，可以实施水泥黏土浆的有效灌注。

对于砂砾石地层可灌性的认识，目前多还停留在半经验的阶段上。实际工程中，最终确定砂砾层是否可灌，最好通过灌浆试验来决定。

2.2.1.2　灌浆试验

由于砂砾石层的组成复杂多变，为了使帐幕灌浆设计和施工更符合实际，应先期在工

地进行灌浆试验。通过灌浆试验解决以下主要问题。

(1) 选定适宜的钻进方法。

(2) 确定灌浆施工方法，推荐合理的施工程序、施工工艺。

(3) 选定适用的浆液。

(4) 确定灌浆压力。

(5) 提供有关的技术参数，如帷幕的排数、排距、孔距，以及相应的孔深等。

(6) 提出对钻孔、灌浆以及其他需用的机械设备。

(7) 提出帷幕灌浆工程中各项主要定额。

(8) 提出对帷幕灌浆的质量检查方法和工作细则。

(9) 对灌浆试验工作和试验效果进行总的评价。

2.2.1.3　灌浆材料

岩基灌浆以水泥灌浆为主，而砂砾石地层的灌浆，一般以水泥黏土浆为宜。因为在砂砾石地层中灌浆，多限于修筑防渗帷幕，对浆液结石强度要求不高，28d强度为0.4～0.5MPa就可满足要求，而帷幕体的渗透系数则要求在10^{-4}～10^{-6}cm/s以下。

配制水泥黏土浆所使用的黏土，要求遇水以后，能迅速崩解分散，吸水膨胀，具有一定的稳定性和黏结力。

浆液的配比，水泥与黏土的比例多为1∶1～1∶4（重量比），水和干料的比例多在1∶1～3∶1（重量比）。有时为了改善浆液的性能，可掺加少量膨润土或其他外加剂。

水泥黏土浆的稳定性可灌性指标均比纯水泥浆优越，费用也低廉，其缺点是：析水率低，排水固结时间长，浆液结石强度低，抗渗性及抗冲性较差。

有关灌浆材料的选用，浆液配比的确定以及浆液稠度的分级等问题，应根据地层特性与灌浆材料设计要求，通过室内外的试验来确定。

任务2.2.2　砂砾石地层灌浆施工

项目任务背景：密云水库砂砾坝基灌浆

采用预埋花管法施工，开环最大压力为5.5MPa。进行渗透性检查，渗透系数为0.0005m/d，满足要求。

问题：在砂砾地基中灌浆还有哪些方法如何选用？质量如何控制？砂砾石地基灌浆效果如何检查？

学习目标：

(1) 知识目标。能说出砂砾石地基中的灌浆方法和质量控制措施，熟知灌浆效果的检查方法。

(2) 能力目标。能正确应用灌浆方法，能进行灌浆的技术操作，能根据灌浆标准进行效果的检查和判定。

2.2.2.1　施工程序

多排孔时应先灌边孔，后灌中间排孔，同一排的灌浆孔可分两次序施工。

2.2.2.2　钻灌方法

砂砾石地层的钻孔灌浆方法有打管灌浆、套管灌浆、循环钻灌和预埋花管灌浆等。

1. 打管灌浆法

打管灌浆就是将带有灌浆的厚壁无缝钢管，直接打入受灌地层中，并利用它进行灌浆，如图2.15所示。其施工程序是：先将钢管打入到设计深度，再用压力水将管内冲洗干净，然后用灌浆泵进行压力灌浆，或利用浆液自重进行自流灌浆。灌完一段以后，将钢管起拔到一个灌浆段高度，再进行冲洗和灌浆，如此自下而上，拔一段灌一段，直到结束。

这种方法设备简单，操作方便，适用于砂砾石层较浅，结构松散，颗粒不大，容易打管和起拔的场合。用这种方法所灌成的帷幕，防渗性能较差，多用于临时性工程（如围堰）。

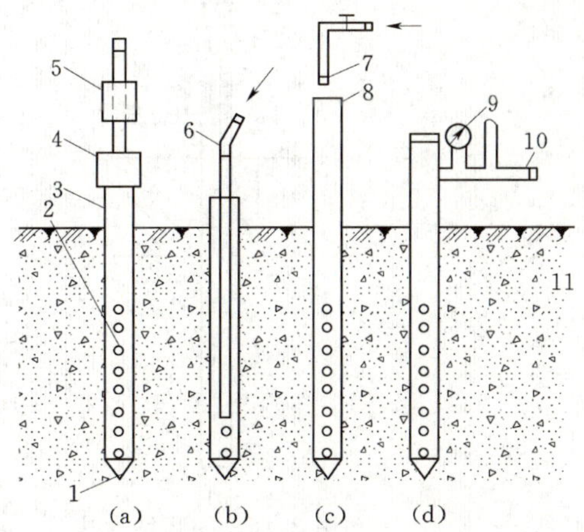

图2.15 打管灌浆法施工程序

(a) 打管；(b) 冲洗；(c) 自流灌浆；(d) 压力灌浆

1—管锥；2—带孔花管；3—钢管；4—管帽；5—打管锤；6—冲洗管；7—注浆管；8—浆液面；9—压力表；10—进浆管；11—盖重层

2. 套管灌浆法

套管灌浆的施工程序是：一边钻孔，一边跟着下护壁套管。或者，一边打设护壁套管，一边冲掏管内的砂砾石，直到套管下到设计深度。然后将钻孔冲洗干净，下入灌浆管，起拔套管到第一灌浆段顶部，安好止浆塞，对第一段进行灌浆。如此自下而上，逐段提升灌浆管和套管，逐段灌浆，直到结束。

采用这种方法灌浆，由于有套管护壁，不会产生坍孔埋钻等事故。但是，在灌浆过程中，浆液容易沿着套管外壁向上流动，甚至产生地表冒浆。如果灌浆时间较长，则又会胶结套管，造成起拔的困难。

近年来已较少采用套管法进行灌浆。

3. 循环钻灌法

这是一种我国自创的灌浆方法。实质上是一种自上而下，钻一段灌一段，无需待凝，钻孔与灌浆循环进行的施工方法。钻孔时用黏土浆或最稀一级水泥黏土浆固壁。钻孔长度，也就是灌浆段的长度，视孔壁稳定和砂砾石层渗漏程度而定，容易坍孔和渗漏严重的地层分段可短一些，反之则应长些，一般为1～2m。灌浆时可利用钻杆作灌浆管。

用这种方法灌浆，应做好孔口封闭，以防止地面抬动和地表冒浆，并有利提高灌浆的质量。

图2.16所示体现了循环灌浆法的原理。

4. 预埋花管灌浆法

这种方法在国际上比较通用。如图2.17所示，其施工程序如下：

(1) 用回转式或冲击式钻机钻孔，跟着下护壁套管，一次直达孔的全深。

(2) 钻孔结束后，立即进行清孔，消除孔底残留的石渣。

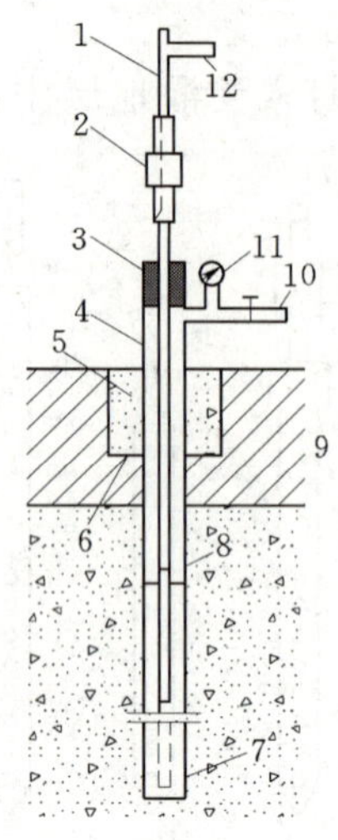

图 2.16　循环钻灌法

1—灌浆管；2—钻机竖轴；3—封闭器；4—孔口管；5—混凝土封口；6—防浆环；7—射浆花管；8—孔口管下部花管；9—盖重层；10—回浆管；11—压力表；12—进浆管

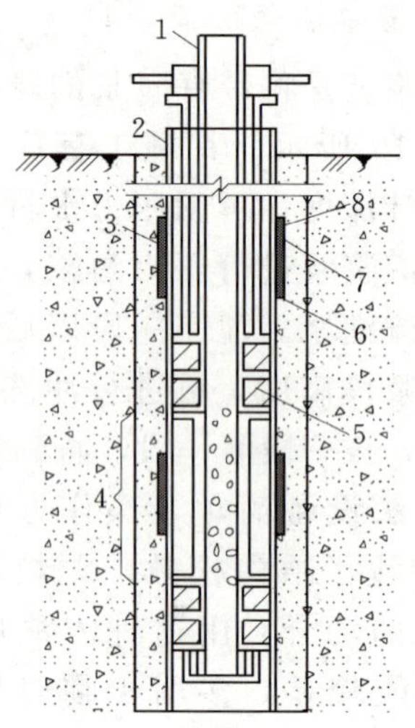

图 2.17　预埋花管法

1—灌浆管；2—花管；3—射浆管；4—灌浆段；5—双栓灌浆塞；6—防滑环；7—橡皮圈；8—填料

(3) 在套管内安设花管。花管的直径一般为 73～108mm，沿管长每隔 33～50cm 钻一排 3～4 个射浆孔，孔径 1cm，射浆孔外面用橡皮圈箍紧，花管底部要封闭严密牢固。

(4) 在花管与套管之间灌注填料，边下填料，边起拔套管，连续灌注，直到全孔填满套管拔出为止。填料由水泥、黏土和水配制而成。

(5) 填料要待凝 5～15d，达到一定强度，紧密地将花管与孔壁之间的环形圈封闭起来。

(6) 在花管中下入双栓灌浆塞，灌浆塞的出浆孔要对准射浆孔，如图 2.17 所示。先用清水或稀浆压开花管上的橡皮圈，压穿填料，形成通路，为浆液进入地层创造条件，称为开环，然后通过花管的射浆孔进行灌浆。灌完一段，移动双栓灌浆塞，使其出浆孔对准另一排射浆孔，进入另一灌浆段的开环与灌浆。

用预埋花管法灌浆，由于有填料阻止浆液沿孔壁和管壁上升，很少发生冒浆串浆现象，灌浆压力可相对提高。另外，由于双栓灌浆塞的构造特点，灌浆部位机动灵活，可以进行重复灌浆，对确保灌浆质量是有利的。这种方法的缺点是：花管被填料胶结以后，不能起拔，耗用管材较多。

2.2.2.3　灌浆效果检查

砂砾石地基灌浆效果的检查最常用的方法是帷幕体内钻较大口径的检查孔，逐段做渗透试验，求出各层的渗透系数 K，验证其是满足设计要求。渗透试验可根据实际情况采用抽水试验，压水试验或注水试验，由抽水试验和压水试验两者求得渗透系数常常不同，可考虑采用式（2.6）确定渗透数 K 值

$$K=\sqrt{K_a K_o} \tag{2.6}$$

式中　K_a、K_0——抽水试验和压水（或注水）试验求得的渗透系数值。

项目 2.3　地下混凝土防渗墙施工

项目背景：小浪底水库工程拦河大坝

大坝设有内铺盖的壤土斜心墙堆石坝、最大坝高 154.00m。大坝基础河床覆盖层防渗墙轴线地质情况十分复杂，河床覆盖深厚，最深处达 80m，自上而下大致可分 4 层，表层砂层，上部卵石层，底砂层和底部砂卵石层，在上部砂卵石层中分布有厚约 1～4m 的类砂层透镜体，底砂层位于高程 80.00～100.00m 之间，厚 10～20m，河床基岩为二叠系的黏土岩和三叠系的砂岩。河床深槽右侧有高约 45m 的基岩陡坎，岩坎坡度 1∶0.60。

防渗墙设计情况：墙厚 1.2m，墙体嵌入基岩 1～4m，墙顶设计高程分别为 126m、130m 和 138m 并在 126m 高程以上的墙内设置钢筋笼，墙段之间采用套打一钻连接，要求接头孔孔斜率不大于 2‰，其余部位孔斜率不大于 4‰。墙体混凝土设计强度等级 R90＝35MPa（保证率 85％）变形模量 E＝30000MPa，抗渗等级不于小 S8，混凝土坍落度 18～20cm，扩散度 34～38cm，防渗墙纵剖面图如图 2.18 示。

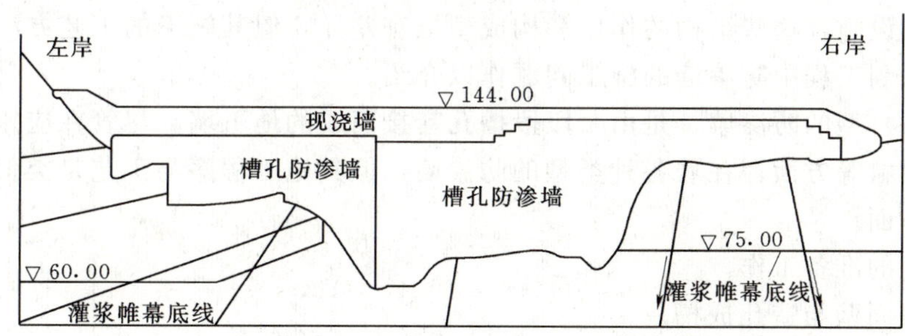

图 2.18　小浪底工程主坝防渗墙纵剖面图（高程单位：m）

防渗墙工程施工分右岸和左岸两期进行，右岸部分为一期，左岸部分为二期。

右岸一期防渗墙轴线长 259.6m，最大造孔深度 81.9m；右岸二期墙长 151m，最大深度 70.3m，防渗墙右岸共分 43 个槽段，单号槽段为Ⅰ期槽，双号槽段为Ⅱ期槽，槽孔长度 6.6～8.7m，主孔长均为 1.2m，副孔长为 1.3～1.95m 其中大部分槽长 7.2m，副孔长 1.8m。左岸共分 23 个主槽孔和 22 个横向接头槽孔。

槽孔开挖：泥浆固壁造孔，右岸槽孔采用 CZ30 型和 CZ20 型号冲击钻造主孔，液压导板抓斗抓部分副孔，另一部分副孔采用钻劈法施工，左岸采用机械式抓斗和液压双轮液槽机并配合重 11t 的重锤成槽。

制浆：

(1) 泥浆材料。一期用当地黏土（黏粒含量 35％）加膨润土 12.5kg/m^3 及碱粉；二期用优质膨润土，主要指标密度 $P\leqslant 1.1$g/cm^3，马氏漏斗黏度为 35～45S，含砂量小于 3％，pH 值为 8～12。

(2) 泥浆系统。采用循环浆液制备系统。该系统包括 2m^3 泥浆搅拌机一台，450m^3/h 的振动除砂机一台和 100m^3/h 的除砂过滤机一台，3 个 300m^3 的储浆池。

(3) 泥浆循环通过泥浆泵压入槽底，悬浮钻渣由槽口返回至浆池，经过滤二次利用。

混凝土浇筑：

（1）混凝土系统一座$60m^3/h$的混凝土自动拌和楼，$7m^3$的混凝土搅拌车运输。

（2）混凝土浇筑泥浆之下直升导管法，混凝土面的平均上升速度2.5～5.22m/h。

低强度等级混凝土包裹头法：用横向接头槽孔并浇低强度等级混凝土后进行一序槽孔施工，一序槽孔应超过横向接头槽中线10cm，二序槽孔的开挖，须将一序槽孔超浇的10cm混凝土用液压双轮铣槽机自上而下削铣干净形成新鲜的混凝土接触面，以达到新老混凝土紧结合的目的，而留下的横向槽两端的低强度等级混凝土包裹在接缝的两端，对接缝起着加厚的保护作用。

问题：混凝土防渗墙如何施工，质量如何控制？

学习目标：

（1）知识目标。熟知地下成槽（孔）及导管浇筑混凝土的工艺方法。

（2）能力目标。能进行混凝土防渗墙等地下混凝土结构设施的施工作业和有效的组织施工。

在工程中经常遇到诸如：建筑、桥梁工程柱桩及水利工程中的坝闸地基覆盖层的防渗墙等地下结构设施，这些结构的作用和构成型虽有差异，但其施工的工艺方法却有相近之处，下面就水利工程中防渗墙的施工问题作以介绍。

槽孔（板）型的防渗墙，是由一段段槽孔套接而成的地下墙。尽管在应用范围、构造型式和墙体材料等方面存在着各种类型的防渗墙，但其施工程序与工艺是类似的，主要包括以下几个方面。

（1）造孔的准备工作。

（2）泥浆固壁与造孔成槽。

（3）终孔验收与清孔换浆。

（4）槽孔混凝土浇筑。

（5）全墙质量验收等过程。

任务2.3.1　制浆

项目任务背景：小浪底水库工程防渗墙施工

一期工程采用黏土加膨润土加碱料，制浆；二期用膨润土制浆。

问题：泥浆在地下墙体施工中有何意义？有何要求？如何制备？

学习目标：

（1）知识目标。熟悉泥浆的性能和制浆系统，了解制浆机械的构成及性能。

（2）能力目标。根据工程要求，能制备泥浆，能有效地组织制浆系统。

2.3.1.1　泥浆作用

在松散透水的地层和坝（堰）体内进行造孔成墙，如何维持槽孔壁的稳定是防渗墙施工的关键技术之一，工程实践表明，泥浆固壁是解决这类问题的主要方法。

（1）泥浆固壁的原理：由于槽孔内的泥浆压力要高于地层的水压力，使泥浆渗入槽壁介质中，其中较细的颗粒进入空隙，较粗的颗粒附在孔壁上，形成泥皮。泥皮对地下水的流动形成阻力，使槽孔的泥浆与地层被泥皮隔开，泥浆一般具有较大密度，所产生的侧压

力通过泥皮作用在孔壁上，就保证了槽壁的稳定。

如图 2.19 所示，孔壁任一点土体 P 侧向稳定的极限平衡条件为

$$P_1 = P_2 \tag{2.7}$$

即

$$\gamma_e H = \gamma h + [\gamma_0 a + (\gamma_w - \gamma) h] K \tag{2.8}$$

其中

$$K = \mathrm{tg}^2 \left(45° - \frac{\varphi}{2}\right)$$

式中　P_1——泥浆压力，kN/m^2；

P_2——地下水压力和土压力之和，kN/m^2；

γ_e——泥浆的容重，kN/m^3；

γ——水的容重，kN/m^3；

γ_0——土的干容重，kN/m^3；

γ_w——土的饱合容重，kN/m^3；

K——土的侧压力系数；

φ——土的内磨擦角，一般可取 $K=0.5$；

其他符号意义均如图 2.19 所示。

(2) 泥浆除了固壁作用外，在造孔过程中，尚有悬浮和携带岩屑、冷却润滑钻头的作用。

(3) 成墙以后，渗入孔壁的泥浆和胶结在孔壁的泥皮上，还对防渗起辅助作用。

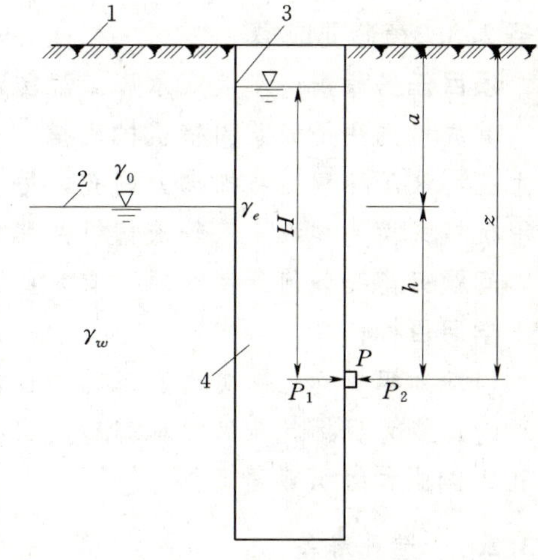

图 2.19　泥浆固壁原理

1—土层；2—地下水位；3—泥浆液面；4—泥浆

2.3.1.2　材料及要求

由于泥浆的特殊重要性，在防渗墙施工中，国内外工程对于泥浆的制浆土料、配比以及质量控制等方面均有严格的要求。

(1) 泥浆的制浆材料主要有膨润土、黏土、水以及改善泥浆性能的掺合料，如加重剂、增黏剂、分散剂和堵漏剂等。制浆材料通过搅拌机进行拌制，经筛网过滤后，输入专用储浆池备用。

(2) 我国根据大量的工程实践，提出制浆土料的基本要求是：黏粒含量大于 50%，塑性指数大于 20，含砂量小于 5%，氧化硅与三氧化二铝含量的比值以 3～4 为宜。

配制而成的泥浆，其性能指标，应根据地层特性、造孔方法和泥浆用途等，通过试验选定。表 2.9 所列为新制黏土泥浆性能指标，可供参考。

表 2.9　新制黏土泥浆性能指标

漏斗黏度 (s)	密度 (g/cm^3)	含砂量 (%)	胶体率 (%)	稳定性 [$g/(cm^3 \cdot d)$]	失水量 (mL/30min)	1min 静切力 (Pa)	泥饼厚 (mm)	pH 值
18～25	1.1～1.2	≤5	≥96	≤0.03	<30	2.0～5.0	2～4	7～9

泥浆的造价一般可占防渗墙总价的15%以上，故应尽量做到泥浆的再生净化和回收利用，以降低工程造价，同时也有利于环境的保护。

2.3.1.3　制浆

通过搅拌机进行拌制，经筛网过滤后，放入专用储浆池备用。制浆工艺及布置如图2.20所示。

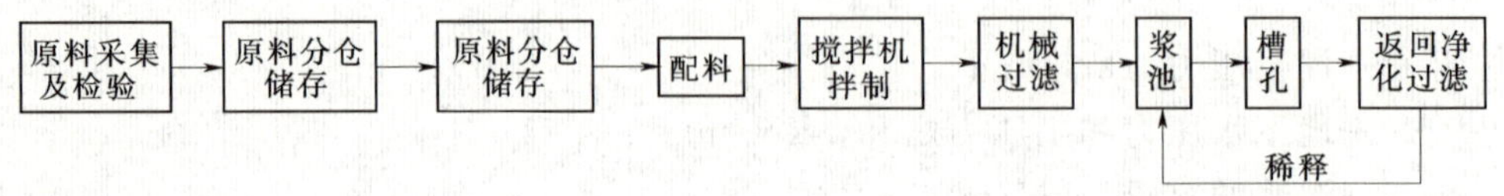

图2.20　制浆工艺流程图

搅拌机通常有$2m^3$或$4m^3$等不同容量的卧式搅拌机，NJ—1500型泥浆搅拌机。

过滤用振动除砂机、除砂过滤机。

槽孔返回的悬渣浆液可采用泥浆净化系统对泥浆进行筛分和旋流处理，除去大于0.075mm的颗粒后又重新回到浆池中重复利用。

任务2.3.2　造孔成槽

项目任务背景：小浪底水库工程防渗墙施工

其成槽方法是泥浆固壁机械成槽。在右岸一期采用采用CZ30型和CZ20型号冲击钻造主孔，液压导板抓斗抓部分副孔，另一部分副孔采用钻劈法施工；在左岸二期中开槽孔采用机械式抓斗和液压双轮液槽机并配合重11t的重锤成槽。

问题：槽孔如何开凿？通常有哪些方法？如何保证槽孔质量和安全？

学习目标：

(1) 知识目标。熟悉造孔工艺和技术方法。

(2) 能力目标。能针对地基地质状况选择安全有效和较高生产率的造孔方法；能进行造孔的作业和组织管理工作。

2.3.2.1　造孔准备

造孔前准备工作是防渗墙施工的一个重要环节。必须根据防渗墙的设计要求和槽孔长度的划分，做好槽孔的测量定位工作，并在此基础上设置导向槽，导向槽沿防渗墙轴线设在槽孔上方，用以控制造孔的方向，支撑上部孔壁。它对于保证造孔质量，预防塌孔事故有很大的作用。导向槽可用木料、条石、灰拌土或混凝土制成。导向槽的净宽一般等于或略大于防渗墙的设计厚度，高度以1.5～2m为宜，为了维持槽孔的稳定，要求导向槽底部高出地下水位0.5m以上。为了防止地表积水倒流和便于自流排浆，其顶部高程应比两侧地面略高。

导向槽安设好后，在槽侧铺设造孔钻机的轨道，安装钻机，修筑运输道路，架设动力和照明路线以及供水供浆管路，做好排水排浆的系统，并向槽内充灌泥浆，保持泥浆液面在槽顶以下30～50cm。做好这些准备工作以后，就可开始造孔。

关于槽口的处理：20世纪60～70年代延用密云水库修建木制导向槽的方法，此法施工复杂，进度很慢且浪费大量木材，容易坍孔并引起施工平台的塌陷，很不安全，自80

年代开始使用钢筋混凝土导向槽，基本克服了施工平台的塌陷问题，但孔壁坍塌还时有发生，特别是孔口。90 年代开始对导向槽土体一定深度（一般为 8m）范围，在开槽前进行加密处理，通常用振冲法或振动碾加密的方法进行，取得了较好的效果，保证了施工的安全，且提高了工效，缩短了工期。

2.3.2.2　造孔成槽

造孔的成槽工序约占防渗墙的整个施工工期的一半，槽孔的精度直接影响防渗墙的质量。选择合适的造孔机具与挖槽方法对于提高施工质量，加快施工速度至关重要。混凝土防渗墙的发展和广泛应用，也是与造孔机具的发展和造孔挖槽技术的改进密切相关的。

用于防渗墙开挖槽孔的机具，主要有冲击钻机、回转钻机、钢绳抓斗及液压铣槽机等。它们的工作原理与适用的地层条件及工作效率有一定的差别。对复杂多样的地层，一般要多种机具配套使用。

进行造孔挖槽时，为了提高工效，通常要先划分槽段。

造孔成槽的每一槽段长度与墙厚、地质、水文地质条件，槽深及机械等条件有关，同时还应考虑进度要求和墙段接头的工艺等问题。

一般沿防渗墙轴线方向可以分段，间隔分期成槽筑墙，以便墙段结合紧密，每个墙段长度应满足混凝土浇筑能力大于混凝土墙体浇筑强度的要求即

$$Q \geqslant BLV \tag{2.9}$$

式中　B——墙厚；

L——墙段长度；

V——规定的混凝土浇筑上升速度；

Q——混凝土生产能力。

通常工程实践中槽段长度在 6～12m。

槽孔划分好后，然后在一个槽段内划分主孔和副孔，采用钻劈法、钻抓法或分层钻进等方法成槽。

(1) 钻劈法。又称“主孔钻进，副孔劈打”法，如图 2.21 所示，它是利用冲击式钻机的钻头自重，首先钻凿主孔，当主孔钻到一定深度后，就为劈打副孔创造了临空面。使用冲击钻劈打副孔产生的碎渣，有两种出渣方式：利用泵吸设备将泥浆连同碎渣一起吸出槽外，通过再生处理后，泥浆可以循环使用；也可用抽砂筒及接砂斗出渣，钻进与出渣间歇性作业。这种方法一般要求主孔先导 8～12m，适用于砂砾石等地层。

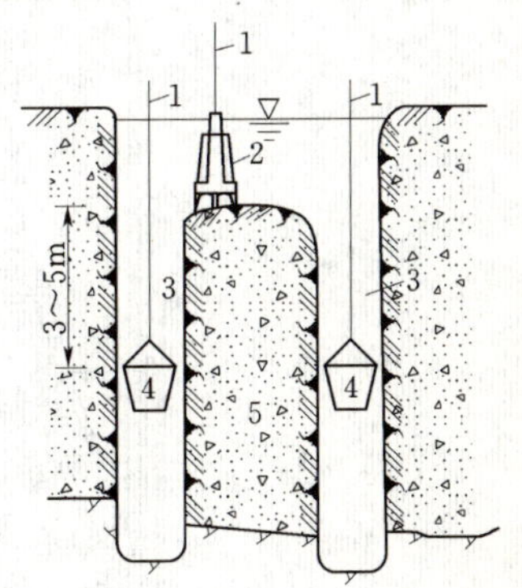

图 2.21　钻劈法造孔成槽

1—钢丝绳；2—钻头；3—主孔；4—接砂斗；5—副孔

(2) 钻抓法。双称“主孔钻进，副孔抓取”法，如图 2.22 所示，它是先用冲击钻或回转钻钻凿主孔，然后用抓斗抓挖副孔，副孔的宽度要求小于抓斗的有效作用宽度。这种方法可以充分发挥两种机具的优势，抓斗效率高，而钻机可钻进不同深度地层，具体施工时，可以两钻一抓，也可三钻两抓，四钻三抓形成不同长度的槽孔。

钻抓法主要适合于粒径小的松散软弱地层。

(3) 分层钻进法。常采用回转式钻机造孔，如图 2.23 所示。分层成槽时，槽孔两端应领先钻进导向孔，它是利用钻具的重量和钻头的回转切削作用，按一定的程序分层下挖，用砂石泵经空心钻杆石渣连同泥浆排出槽外，同时，不断地补充新鲜泥浆，维持泥浆液面的稳定。

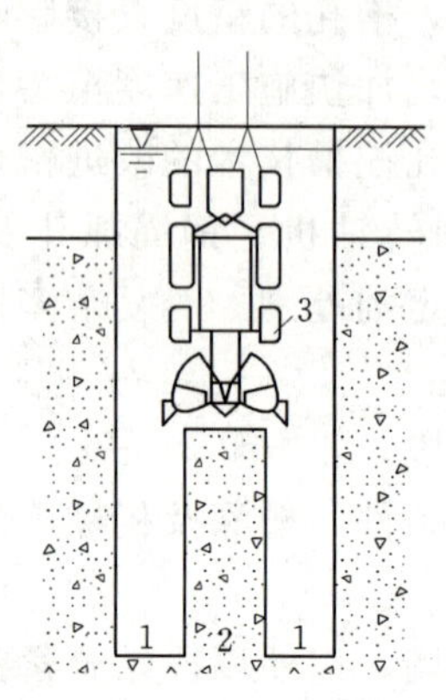

图 2.22　钻抓法成槽过程

1—主孔；2—副孔；3—抓斗

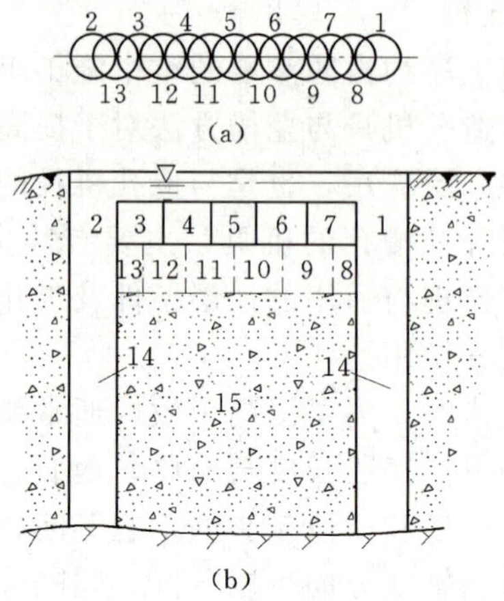

图 2.23　分层钻进成槽法

(a) 平面图；(b) 剖面图

1～13—分层钻顺序；14—端孔；15—分层平挖部分

分层钻进法适用于均质细颗粒的地层，使碎渣能从排渣管内顺利通过。

(4) 铣削法。采用液压双轮铣槽机，先从槽段一端开始铣削，然后逐层下挖成槽。液压双轮铣槽机是目前一种比较先进的防渗墙施工机械，它由两组相向旋转的铣切刀轮，对地层进行切削，这样可抵消地层的反作用力，保持设备的稳定。切削下来的碎屑集中在中心，由离心泥浆泵通过管道排出至地面如图 2.24 所示。

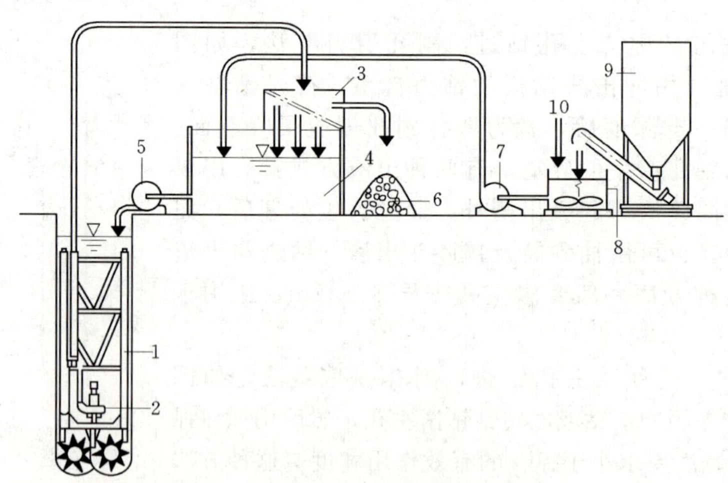

图 2.24　液压洗铣槽机的工艺流程

1—铣槽机；2—泥浆泵；3—除渣装置；4—泥浆罐；5—泥浆泵；6—筛除的钻渣；7—补浆泵；8—泥浆搅拌机；9—膨润土储料罐；10—水源

以上各种造孔挖槽的方法，都采用泥浆固壁，在泥浆液面下钻挖成槽的。在造孔过程中，要严格按操作规程施工，防止掉钻、卡钻、埋钻等事故发生；必须经常注意泥浆淮面的稳定，发现严重漏浆要及时补充泥浆，采取有效的止漏措施；要定时测定泥浆的性能指标，并控制在允许范围内；应及时排除废、废浆、废渣，不允许在槽口两侧堆放重物，以免影响工作，甚至造成孔壁坍塌；要保持槽壁平直，保证孔位、孔斜、孔深、孔宽以及槽孔搭接厚度、嵌入基岩的深度等满足规定的要求，防止漏钻漏挖和欠钻欠挖。

2.3.2.3　终孔验收和清孔换浆

终孔验收的项目和要求，见表 2.10。验收合格方准进行清孔换浆，清孔换浆的目的，是在混凝土浇筑前，对留在孔底的沉渣进行清除，换上新鲜泥浆，以保证混凝土和还透水层连接质量。清孔换浆应该达到的标准是经过 1h 后，孔底淤积厚度不大于 10cm，孔内泥浆密度不大于 1.3，黏度不大于 30s，含砂量不大于 10%，一般要求清孔换浆 4h 后开始浇筑混凝土。如果不能按时浇筑，应采取措施防止落淤，否则，在浇筑前要重新清孔换浆。

表 2.10　终孔验收项目与要求

终孔验收项目	终孔验收要求	终孔验收项目	终孔验收要求
槽位允许偏差	±3cm	一、二期槽孔搭接孔位中心偏差	≤1/3 设计墙厚
槽宽要求	≥设计墙厚	槽孔水平断面上	设有梅花孔、小墙
槽孔孔斜	≤4‰	槽孔入基岩深度	满足设计要求

2.3.2.4　孔低沉渣清理

在用冲击钻施工时，通常抽筒出渣，尽管施工验收时一般都满足孔底泥浆含砂率小于 12%的要求，但当混凝土浇筑进度较慢，而槽孔又较深时，泥浆中的砂粒就会沉积到混凝土的表面，而随着混凝土面的上升，这些泥沙就有可能被裹入混凝土中，形成夹泥，或推向两边与相邻槽孔的连接处，形成接缝夹泥，这对防渗墙来说是致命的缺点。近年来，由于冲击循环采用泵吸法并经泥浆处理装置去除了孔内泥浆中大于 0.075mm 的颗粒，这一问题得以解决。不过在单独使用冲击钻和抓斗施工时，也开始采用一种可置于孔底的潜水泵抽吸孔底泥浆以清孔，使防渗墙的质量大大提高。

2.3.2.5　墙段接头的施工工艺

目前我国水利水电混凝土防渗墙在接头施工中有 5 种不同的方式。

1. 套打一钻的接头方式

该方式在一期墙段的两面端孔处套打一钻与二期墙段混凝土呈半圆弧相接，主要用于冲击钻机的施工。

2. 双反弧接头方式

该方式在两面个已浇筑混凝土的槽段中间预留一个孔的位置，待两个墙段形成后，再用双反弧钻头钻凿中间的双反弧形的土体，然后浇混凝土将两个墙段连接。这种方法多在墙体混凝土强度等级较高时采用。

3. 预埋接头管的接头方式

这种方式是在一期槽段的两端放置与墙厚尺寸相同的圆钢管，待混凝土凝固后，再将

接头管拔出即形成光滑的半圆珠笔形墙段接头。如铜街子水电站工程左深槽混凝土防渗墙的部分接头就是采用此种方式；葛洲坝大江围堰防渗墙的部分接头也是用此法连接的。

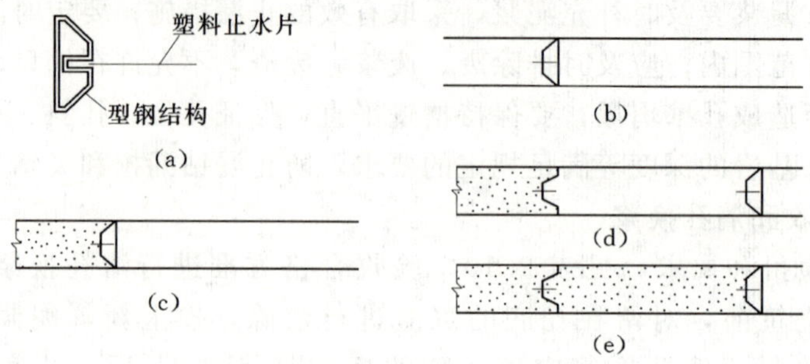

图 2.25 地下连续墙接头塑料止水板的接头施工法

4. 预埋塑料止水带的接头方式

这种方式是一期槽孔两端放置一个与墙厚尺寸相同的接头板，板上可以卧入塑料止水带，待一期混凝土凝固后，露在槽孔内的塑料止水带就被浇筑在一期混凝土中；而二期槽孔造成后，再将接头板拔除，则原卧入此接头板中的另外一半塑料止水带就又留在了二期槽中，待二期槽孔混凝土浇筑完毕，这两期槽孔混凝土之间的接缝就被塑料止水带封堵(图 2.25)。

5. 低强度等级混凝土包裹接头法

这种接头的施工程序是先用抓斗在设计的墙段接头部位沿垂直于墙轴线方向取一个单个槽孔，该槽的长度和宽度即是抓斗的长度和宽度，成槽后浇筑低标号混凝土，此即为包裹接头槽段。然后在每两个包裹接头中间抓取一期槽孔，并浇筑一期槽孔混凝土，这时每个包裹接头槽段的混凝土均被抓去一部分。此后再在每两个一期槽段之间抓取二期槽段，同时也将包裹接头的另一部分抓出，并用双轮铣槽机铣削一期槽孔混凝土接头端面，待二期槽孔混凝土浇筑完毕后，每个槽段接头就被原已浇筑好的包裹接头槽段包裹住，如图 2.26 所示。

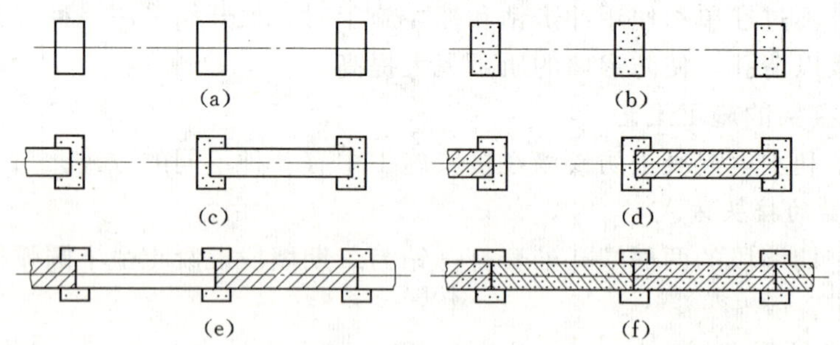

图 2.26 低强度等级混凝土包裹接头法施工工艺过程

(a) 包裹接头造孔；(b) 包裹接头混凝土；(c) 一期槽造孔；(d) 一期槽浇混凝土；
(e) 二期槽造孔；(f) 二期槽浇混凝土

此种接头的优点是不易漏水，即使有少量漏水，渗径也比较长。我国的小浪底防渗墙(左岸部分) 就是采用此种接头。

从目前来看，预埋接头管的方法和预埋塑料止水带的方法一般只适用于 30～50m 深的槽孔，而双反弧接头方式可适用于较深的槽孔，且此法十分经济。低强度等级混凝土包裹接头法只适用于用抓斗施工的工程。套打一钻的接头方式由于工效低，且浪费混凝土，已逐渐被淘汰。

2.3.2.6　特殊地层的钻进工艺

在我国的防渗墙施工中，由于一直采用冲击钻机造孔成墙，因此，在遇到粉细砂层和孤石、漂石地层时进度十分缓慢，一直是影响工程进度的关键因素。在我国水电系统实行的定额中规定粉细砂层的额定施工工效仅为 1.05m/（台班），而钻进孤石和漂石地层时，额定的钻进工效也仅为 1.20m/（台班），其难度可见一斑。但随着时间的推移，人们也积累了一些经验，例如，在钻进粉细砂地层时常常向孔内投黏土球，以改善土层的颗粒组成以加快进尺。而对于回转反循环钻机及抓斗施工时，粉细砂层进度很快，无需采用特殊的工艺。在用冲击钻钻进孤石、漂石和基岩时，常用表面聚能爆破或钻孔爆破等方法，先爆破后钻进，往往可提高钻进工效 1～3.5 倍。1996 年，我国又研制出对付孤石的专用钻器具，即对钻进中遇到的孤石用岩芯钻造成蜂窝状的孔洞，然后再用重锤对孤石和基岩钻进，我国地矿部门已研究出直径 1m 的冲击锤，其工效可达 0.4m/h，相信今后将会得到推广应用。

上述方法不仅采用冲击钻机时适用，而且在采用抓斗和双轮铣钻机时也适用，其他工艺都是不经济的。

任务 2.3.3　防渗墙体混凝土浇筑

项目任务背景： 小浪底水库工程防渗墙混凝土浇筑

采用导管法，其工艺要点：

材料： 开始采用早期强度高的混凝土 R7＝23MPa，R28＝44.1MPa，随后采用早期强度较低的混凝土，而后采用强度较高的缓凝型混凝土。混凝土制备用 JS500 型卧轴强制试混凝土搅拌机拌，自动称量系统称量骨料，人工加水泥和掺合料。$6m^3$ 搅拌车运于槽口边入导管内，浇筑采用直升导管法，每个槽段一次设 2 个导管，提升速度 2.5m/h。

问题： 泥浆下导管法浇筑混凝土是如何进行的？关键的工艺环节是什么？

学习目标：

（1）知识目标。掌握导管法浇筑混凝土的一般方法和技术要领。

（2）能力目标。能正确应用导管法进行地下混凝土浇筑，能有效地组织混凝土浇筑工作。

2.3.3.1　防渗墙的墙体材料

防渗墙的墙体材料，按其抗压强度和弹性模量，一般分为刚性和柔性材料。可根据工程性质及技术经济比较后，选择合适的墙体材料。

刚性材料包括普通混凝土、黏土混凝土和掺粉煤灰混凝土等，其抗压强度大于 5MPa，弹性模大于 10000MPa。柔性材料的抗压强度则小于 5MPa，弹性模量小于 10000MPa，包括塑性混凝土、自凝灰浆和固化灰浆等。另外，现在有此工程开始使用强度大于 25MPa 的高强混凝土，以适应高坝深基础对防渗墙的技术要求。

1. 普通混凝土

有些低水头的闸、坝或临时围堰，所受水压力较小，墙深又较浅，墙内不会产生较大的内力，特别是不会产生过大的拉应力，此时多采用强度较低的混凝土。

这种混凝土通常是指除水泥、砂、石、外加剂等一般材料外，不加其他掺合料，抗压强度在7.5～20MPa的一般混凝土。除此以外，当然还要满足防渗墙混凝土的一般要求，例如较好的和易性（表现在流动性、黏聚性、保水性三方面），其坍落度为18～22cm，扩散度为34～38cm。

由于防渗墙混凝土是在泥浆中浇筑的，故无法振捣，这就要求混凝土具有在自重作用下自行流动的性能，有抗离析的性能以及保持水分不易析出的性能。一般要求在2h内其析水不大于混凝土体积的1.5%，泌水率小于4%，而且具有良好的流动性保持能力，也就是指在1h内混凝土的坍落度不能低于15 cm。

在材料的选用方面，水泥要求不低于22.5级，石子的粒径不宜大于40mm，砂以中、粗砂为宜。

在材料的配合比方面，水泥用量不宜低于300kg/m^3，砂率以35%～40%为宜，水灰比宜控制在0.55～0.70之间。

采用普通混凝土的部分防渗墙工程其混凝土配合比见表2.11。

表2.11 普通混凝土防渗墙工程混凝土配合比及物理力学性能

工程名称	材料用量（kg/m^3）					坍落度（cm）	抗压强度（MPa）	弹性模量（MPa）	抗渗标号	水泥品种
	水泥	砂	小石（5～20mm）	中石（20～40mm）	水					
猫跳河四级	336	742	1067		235	18～21	16.9	28500	S4～S9	硅500号
映秀湾	368	565	533.5	533.5	254	19～20	15.5～20	19000	S5～S8	硅500号
渔子溪	410	764	401	602	221	18～22	20～31.4		＞S8	矿400号
铜街子深墙	384	519	425	637	264	18～22	35.0	20000	＞S8	普525号
宝珠寺防冲墙	396	745	534	534	190	18～22	29.4		＞S8	普525号

2. 黏土混凝土

在混凝土中掺入一定量的黏土（一般为总量的12%～20%），不仅可以节省水泥，还可以降低混凝土的弹性模量，改变其变形性能，增加其和易性，改善其易堵性。黏土混凝土的强度在10MPa左右，抗渗性相对普通混凝土要差。

3. 粉煤灰混凝土

在混凝土中掺加一定比例的粉煤灰，能改善混凝土的和易性，降低混凝土发热量，提高混凝土密实性和抗侵蚀性，并具有较高的后期强度。这对于防渗墙的施工和运行都是十分有利的。

4. 塑性混凝土

由黏土和（或）膨润土取代普通混凝土中的大部分水泥所形成的一种柔性墙体材料。

其抗压强度不高，一般为 0.5～2MPa，弹性模量为 100～500MPa，渗透系数 10^{-6}～10^{-7} cm/s。

塑性混凝土与黏土混凝土有本质区别，因为，后者的水泥用量降低并不多，掺黏土的主要目的是改善和易性，并未过多改变弹性模量。塑性混凝土的水泥用量仅为 80～100kg/m³，使得其强度低，几乎不产生拉应力，减少了墙体出现开裂现象的可能性。

我国 1990 年首次在福建水口水电站的主围堰中成功运用塑性混凝土，其后在其他水电工程建设中迅速普及，十三陵抽蓄能电站、小浪底工程、三峡工程等围堰渗墙体材料均采用了塑性混凝土。

5. 自凝灰浆

这是在固壁浆液（以膨润土为主）中加入水泥和缓凝剂所制成的一种灰浆，凝固前作为造孔用的固壁泥浆，槽孔造成后则自行凝固成墙。自凝灰浆是 1969 年由法国地基公司首先采用。

自凝灰浆每立方固化需水泥 200～300kg，膨润土 30～60kg，水 850kg，采用糖蜜或木质素横酸盐材料作为缓凝剂。其强度在 0.2～0.4MPa，变形模量 40～300MPa，与土层和砂砾石层比较接近，可以很好地适应墙后介质的变形，墙身不易开裂。

由于自凝灰浆减少了墙身的浇筑工序，简化了施工程序，使建造速度加快、成本降低。在水头不大的堤坝基础及围堰工程中使用较多。

6. 固化灰浆

在槽段造孔完成后，向固壁的泥浆中加入水泥等固化材料，砂子、粉煤灰等掺合料，水玻璃等外加剂，经机械搅拌或压缩空气搅拌后，凝固成墙体。其强度在 0.5MPa 左右，弹性模量 100MPa，渗透系数 10^{-6}～10^{-7}cm/s，一般能够满足中低水头对抗渗的要求。

以固化灰浆作墙体材料，可省去导管法混凝土浇筑工序，提高造接头孔工效，减少泥浆废弃，使劳动强度减轻，施工度加快。

2.3.3.2　墙体混凝土浇筑

防渗墙的混凝土浇筑和一般混凝土浇筑不同，是在泥浆液面下进行的。泥浆下浇筑混凝土的主要要求是：①不允许泥浆与混凝土掺混形成泥浆夹层；②确保混凝土与基础以及一、二期混凝土之间的结合；③连续浇筑，一气呵成。

泥浆下浇筑混凝土常用直升导管法。导管由若干节 ϕ20～25cm 的钢管连接而成，沿槽孔轴线布置，相邻导管的间距不宜大于 3.5m，一期槽孔两端的导管距端面以 1.0～1.5m 为宜，开浇时导管口距孔底 0.1～0.25cm。当孔底高差大于 25cm 时，导管中心应布置在该导管控制范围的最低处，如图 2.27 所示。这样布

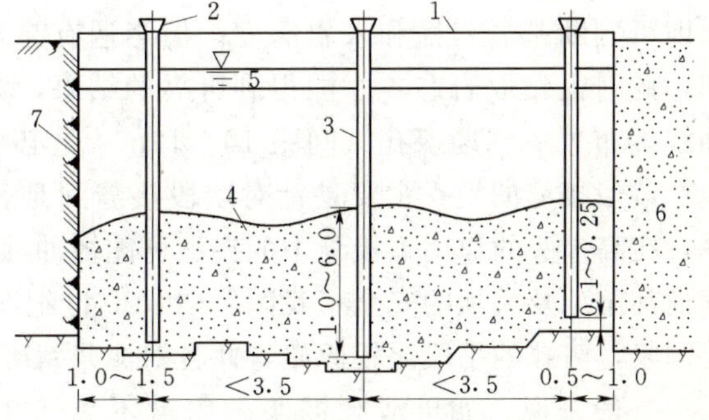

图 2.27　导管布置图（单位：m）

1—导向槽；2—受料斗；3—导管；4—混凝土；5—泥浆液面；6—已浇槽孔；7—未挖槽孔

置导管，有利于全槽混凝土面均衡上升，有利于一、二期混凝土的结合，并可防止混凝土与泥浆掺混。

槽孔浇筑应严格遵循先深后浅的顺序，即从最深的导管开始，由深到浅一个一个导管的混凝土，浆导注塞压到导管底部，使管内泥浆挤出管外。然后浆导稍微上提，使导管注塞浮出，一举将导管底端被泻出的砂浆和混凝土埋住，保证后续浇筑的混凝土不致与泥浆掺混。

在浇筑过程中，应保证连续供料，一气呵成；保持导管埋入混凝土的深度不小于1m，但不超过6m，以防泥浆掺混和埋管；维持全槽混凝土面均衡上升，上升速度不应小于2m/h，高差控制在0.5m范围内。

总之，槽孔混凝土的浇筑，必须保持均衡、连续、有节奏、直到全槽成墙为止。

任务2.3.4 防渗墙的质量检查

项目任务背景：小浪底水库工程防渗墙质量检查

在全长151m的墙体中布设了13个100mm检查孔，取芯进行压水实验。

问题：质量检查的内容有哪些？检查的方法有哪些？

学习目标：

(1) 知识目标。熟悉防渗墙质量检标准及检查内容，检查方法（一般原理）

(2) 能力目标。能进行检查理场工作和检查仪器的操作。

2.3.4.1 防渗墙质量检查的内容

对混凝土防渗墙的质量检查应按规范及设计要求进行，主要有以下几方面。

(1) 槽孔的检查，包括几何尺寸和位置、钻孔偏斜、入岩深度等。

(2) 清孔检查，包括槽段接头、孔底淤积厚度、清孔质量等。

(3) 混凝土质量的检查，包括原材料、新拌料的性能、浇筑时间导管位置以及导管埋深浇筑速度，浇筑工程，硬化后的物理力学性能等。

(4) 墙体的质量检测。

2.3.4.2 检查方法

基岩岩性及入岩深度的检查，一般在地质资料比较准确的情况下，由泥浆携出的钻渣中即可判断基岩岩性和入岩深度。但当遇有与基岩岩性相同的漂卵砾石时，则常常发生误判，此时需钻取岩芯，才能得到可靠的结果，为了减少基岩面判断的失误，在开工前沿墙轴线多布置一些勘探孔（间距10～12m）是必要的。

墙段接缝的检查主要是针对墙段接缝间是否有夹泥以及判定夹泥的厚度。如果夹泥过厚，在高水头的作用下接缝中的夹泥可能被冲蚀，形成集中渗漏通道，严重时将在墙后产生管涌甚至危及大坝的安全。我国早期（20世纪60年代初）修建的防渗墙，由于采用当地黏土制浆，清孔的手段比较原始，并且对泥浆絮凝的机理缺乏了解，因此墙段接缝夹泥较厚。

一般来说，如果清孔泥浆的密度不大于1.2g/cm^3（对黏土泥浆），黏度在25～55s间，含砂量不大于3%，墙缝将不会产生夹泥。

当泥浆密度较大、含砂量较大、黏度较低，而且浇筑槽孔较深、混凝土强度又不高时，在长时期的浇筑过程中泥浆中砂粒有可能沉积在混凝土表面，极有可能被裹入混凝土

中或被挤向接缝处而形成接缝夹泥层。随着对这一问题的认识的不断深化。1995 年修订的新规范对清孔泥浆含砂量，由原来的 12%降低到了 8%。过去多用抽筒清孔出渣，泥浆中细颗粒（粉粒）不易被清除。近年来由于技术的进步和工艺的进步，开始采用泵吸法出渣和用振动筛、施流器对泥浆进行处理。经过这样处理可以把泥浆中粒径大于 75μm 的颗粒全部清除，保证了清孔泥浆的质量，从而也保证了防渗墙混凝土的质量。

槽孔混凝土的浇筑速度是影响混凝土浇筑质量的另一重要因素。浇筑速度太低时会大大延长浇筑时间，而时间越长混凝土的坍落度损失也越大，也越容易造成堵管等各种事故。20 世纪 60 年代初，由于缺乏现代化的浇筑施工机械，浇筑速度一般仅为 0.35～1.5m/h。如密云水库为 1～1.5m/h，崇各庄水库为 0.35～1.0m/h。随着施工机械化程度的提高，自动化拌和大容量混凝土搅拌车的采用已使浇注速度提高到 4～5m/h，甚至更快。例如小浪底上游围堰防渗墙的浇筑速度一般为 6～7m/h，最高时可达 9m/h。无疑这对混凝土浇筑质量是大为有益的。

由于防渗墙混凝土是流态的，又是用导管在泥浆下浇筑，如果和易性不好，极易造成堵管。不少工程都曾发生过因堵管而影响墙体混凝土质量，甚至使整个槽孔报废。因此对混凝土坍落度、和易性的检查应当十分认真。

任务 2.3.5　防渗墙的仪器埋设与观测

工程背景： 小浪底水库工程防渗墙仪器埋设

在防渗墙中埋没了变形、渗透应力等三类内部观测仪器。

问题： 防渗墙中一般都需埋没哪些观测仪器？如何埋没？

学习目标：

能力目标：能正确埋设观测仪器。

2.3.5.1　观测内容及仪器的选择

用于防渗墙变形、渗透、应力三大类内部观测仪器，可分为机械式和电测式两大类。机械式仪器构造简单、作用可靠，常被选用。电测观测仪器系传感器型，在防渗墙观测中多用钢弦式和差动电阻式，钢弦式较为耐久可靠。土压力计都用钢弦式，而混凝土应变计和钢弦计则习惯采用差动电阻式。测斜式一般采用移动式 GK—601 型测斜仪，但也有采用国产出的固定式测斜仪进行墙体倾斜量测的，这种仪器可不必设观测廊道。除成本低等，还要求电测仪器的电缆及其接头也都应保证质量。

2.3.5.2　观测仪器埋设技术

我国在仪器埋设技术上已积累了丰富的经验，仪器埋设的可靠性和完好率大大提高，埋设技术日臻成熟。根据各种仪器的不同，埋设仪器大致可分为以下 4 种方法。

（1）混凝土应变计和无应力计的埋设。这两种仪器多用吊索法埋设。此法简单易行，只将仪器固定在垂直悬吊的钢绳上即可。为防止混凝土浇筑时由于混凝土的流动对仪器埋设位置的影响，现在已发展为钢构架法，即将所有仪器固定在预先焊制的一个钢构架上。此法定位准确，对于深墙的仪器埋设尤其适用。

（2）土压力计的埋设。常采用顶推法。该法系采用活塞式装置用水压或压压浆装在活塞顶部的土压力计顶推到紧靠槽壁面。但此法必须配以钢构架，虽施工较为复杂，但十分可靠。

(3) 测斜仪的埋设。如果采用移动式测斜仪，则需先在墙内预留孔或成墙后墙内钻孔，然后在孔内埋设塑料测斜管。

(4) 渗压计的埋设。渗压计一般埋设在墙底的基岩中或防渗墙前后的覆盖层中，施工较为复杂。若埋在墙底基岩中则需在墙体的相应位置处预留孔，成墙后再钻孔以埋设。若埋在覆盖层中，为防止影响渗压计周围土层的渗透性，则要求在覆盖层钻孔时不得用泥浆固壁，当孔较深时用下套管方法，造孔也十分困难，因此常采用潜锤钻进成孔。

我国已有20余座防渗墙工程埋设了观测仪器。一条重要经验是：在仪器埋设完成后，还应注意对电缆的保护。

项目2.4 高压喷射灌浆

项目背景： 二滩水电工程围堰地基高压喷射灌浆防渗板墙施工

二滩水电工程上下游围堰为黏土斜心墙堆石坝，高分别为56m和30m，河床覆盖自上而下分四层，第一层为砂卵石粒径3～5cm，第二层为粉质黏土层，渗透性弱，第三层为卵砾石类砂，粒径8～12 cm，充填有中细砂，顶部与底部分布有0.5～1.0m的大块石，结构密实，第四层为块碎石类砂卵石层，块石10～30cm，最大为1.0m，层间充填有中细砂，内部有架空现象，渗透性强，底部常见有直径1m以上的大孤石。

上游堰覆盖层厚15～30m，结构上只有第三、四层，下游围堰覆盖厚20～40m，具有典型的四层结构，且粉质黏土层较厚。

堰基防渗三排高压旋喷套接柱状孔组成一道防渗板墙，柱体孔直径为1.5m，孔距1.0m，排距0.75m，有效厚度约2.6m，上游围堰板墙下端嵌入基岩0.5～1.0m。

施工要点： 先上下游排，再中间排，每排孔以逐序加密法分三序进行，待一、二序旋喷柱达一定强度时再开始第三序孔的旋喷。由跟管式钻机、超高压灌浆泵、空压机、高喷钻台车、拌浆设备等构成高喷灌浆系统。边钻进边跟导管，钻孔完毕，导管也跟到孔底，采用双管法边喷浆边喷气，旋转提升。高喷效果检测，采用压水试验测得渗透系数。

问题： 由工程实测可以看出，采用双管法高压旋喷工艺在块石、碎石和砂砾为主并含有大量漂石与孤石的地层中成功建造了承受高水头的防渗板墙，那么这种方法是如何施工的？高压旋喷还有无其他形式？

学习目标：

(1) 知识目标。熟知高压旋喷的方法。

(2) 能力目标。能根据地层地质状况合理选择高压施喷方法，能进行高压施喷的现场组织和作业。

20世纪70年代初，日本将高压水射流技术应用于软弱地层的灌浆处理，成为一种新的地基处理方法——高压喷射灌浆法。它是利用钻机造孔，然后将带有特制合金喷嘴的灌浆管下到地层预定位置，以高压把浆液或水、气高速喷射到周围地层，对地层介质产生冲切、搅拌和挤压等作用，同时被浆液置换、充填和混合，待浆液凝固后，就在地层中形成一定形状的凝结体。

通过各孔凝结的连接，形成板式或墙式的结构，不仅可以提高基础的承载力，而且成为一种有效的防渗体。由于高压喷射灌浆具有对地层条件适用性广、浆液可控性好、施工简单等优点，近年来在国内外都得到了广泛的应用。我国已运用该技术处理了近百项防渗工程，所构筑的防渗墙百万平方米，在大颗粒地层、动水、淤泥地层和堆石堤（坝）等场合，应用高压喷射灌浆技术具有显著的技术经济效益。

任务2.4.1 高压喷射灌浆方案的确定

项目任务背景：二滩水电工程堰基高压喷射灌浆

采用双管法，三排先上下再中间逐序加密。

问题：在高压喷射灌浆中有无其他方法？如何选择？

学习目标：

(1) 知识目标。知道高压喷射灌浆的机理作用以及高压喷射防渗体的结构型式，能陈述高压喷射灌浆的几种方法和适应性。

(2) 能力目标。能针对地质状况合理确定高压喷射施工方法，并能进行现场旋喷作业。

2.4.1.1 高压喷射灌浆机理

从理论和工程实践分析，高喷的作用和机理主要有以下几个方面。

1. 冲切掺搅作用

高喷技术主要是借助于高压射流，通过冲击、切割和强烈扰动，使浆液在射流作用范围内扩散，充填周围地层，并与土石颗粒掺混搅合，硬化后形成凝结体，从而改变了原地层结构和组分，借以达到防渗或提高承载力的目的。

高喷凝结体是多种因素综合作用的结果，其中原地层结构和施工条件对其性能起关键作用。

高压射流对地层结构的影响范围，取决于比能 E 值的大小，其表达式为

$$E=PQ/(100v) \tag{2.10}$$

式中 E——每米施喷柱耗用的能量，MJ/m；

P——喷射灌浆压力，0.1MPa；

Q——射流浆量，L/min；

v——提升速度，cm/min。

比能 E 值大，旋喷柱的直径大，对同一地层、同一设计的柱径而言，一般有一最优比能值。通常选用40～70MJ/m，最终应通过现场高喷试验确定。

2. 升扬、置换作用

高喷施工时，水、气或浆、气由喷嘴中喷出，压缩空气除能对水或浆液构成外包气层，使水或浆液射流能透入地层较远距离，并维持较大压力破碎地层结构外，在能量释放过程中，类似“孔内空气扬水”原理，还可产生升扬作用，将经射流冲击切削后的土石碎屑和地层中细颗粒由孔壁及喷射杆的环状间隙中升扬带出孔外，空余部位由浆液替代，同时也起到了置换的作用。

3. 挤压、渗透作用

高喷射流强度随射流距离的增加而较快地衰减，至射流束末端，虽不能再冲切地层，

但对地层仍产生挤压作用。同时，喷射结束后，静压灌浆持续进行，对周围土体产生渗透作用，这样不仅可以促使凝结体与周围土体结合更加密实，还在凝结体外侧产生明显的渗透凝结层，具有较强的防渗性能，渗透凝结层厚度依地层性和颗粒级配情况而异，在渗透性较强的砂卵（砾）石地层可达 10～15cm 厚，在渗透性弱的地层，如细砂层或壤土层，厚度则很薄，甚至不产生渗透凝结层。

4. 位移握裹作用

地层中较小的块石，由于喷射能量大，辅以升、扬置换作用，最终浆液可以填满块石四周空隙并将其握裹。遇到大的块石或在块石集中区，应降低提升速度，提高比能值，在强大的冲击震动力作用下，块石会产生位移，浆液沿着块石四周空隙或块石间孔隙渗入，在高压喷射、挤压、余压渗透，以及浆气升串综合作用下，产生握裹凝结作用，形成连续和密实的凝结体。

2.4.1.2 高压喷射灌浆施工方法

1. 单管法

采用高压灌浆泵以大于 20MPa 的高压将浆液从喷嘴中喷出，冲击、切割周围地层，并充填和渗入地层的空隙，并和被强烈扰动后地层中的土石颗粒、碎屑掺混搅和，硬化后形成凝结体。该法施工简易，但有效范围较小，在防渗工程中很少采用。

2. 双管法

超高压和大流量是双管法主要特点：直接用浆、气喷射入地层，浆压高达 45～50MPa，浆量 150～200L/min，气压 1～1.5MPa，气量 8～12m^3/min。采用高性能的高喷设备，使射浆有足够的射流强度和比能，对地层进行切割掺混搅拌。由于浆液黏度较大，对地层内细小颗粒的升扬转换作用明显，相应地凝结体内水泥含量多，强度高，这种施工方法工效高，质量优，效果好，尤其适用于处理地下水丰富、含大粒径块石，孔隙率大的地层，有条件时宜优先选用该法。

3. 三管法

用水管、气管、浆管（三管可以并列，也可同轴布设）组成喷射杆，杆底部设置有喷嘴，气、水喷嘴在上，浆液喷嘴在下。高喷时，随着喷射杆的旋转和提升，先是高压水和气的射流冲击振动地层土体，呈翻滚松散状态；随后以低压注入浓浆掺混搅拌，硬化后形成凝结体。常用的工艺参数；水压 38～40MPa，气压 0.6～0.8MPa，浆压 0.3～0.5MPa。目前我国高喷施工尚多采用这种方法，施工设备价廉易购，高喷质量一般可满足设计要求。

4. 新三管法

首先用高压水和气冲击切割地层土体，然后再用高压浆对地层土体进行二次切割和喷入。气、水喷嘴和浆液喷嘴铅直间距约 0.5～0.6m，由于水的黏性小，易于进入较小空隙中产生水楔劈裂效应，对于冲切置换细颗粒有较好的作用。高压浆液射流对地层二次喷射不仅增大喷射半径，使浆液均匀注入被喷射地层，而且由于浆液喷嘴和气、水喷嘴间距较大，水对浆的稀释作用减少，使实际灌入的浆量增多，提高了凝结体的结石率和强度。该法高喷质量优于三管法，适用于含较多密实性充填物的大粒径地层，常用的工艺参数为：水压 40MPa，气压 1.0MPa，浆压 20～30MPa。

2.4.1.3 高压喷射凝结体的形状和性能

1. 凝结体的形状

单孔高喷形成凝结体的形状与喷射的形式有关。喷射形式一般有旋喷、摆喷和定喷三种。喷射时，若一面提升，一面旋转，则可以形成圆柱状体（又称旋喷桩）；一面提升，一面摆动，可以形成哑铃状体；一面提升，一面定向喷射，可以形成板状体。

2. 凝结体的性能

水工建筑物地基防渗采用高喷施工，要求凝结体应有很好的防渗性和渗流稳定性，而对抗压强度要求不高，$R_{28}=3\sim5$MPa 即可。凝结体的防渗性能主要取决于地层组成成分和颗粒级配、施工方法，施工工艺以及浆液材料等。在一般砂卵（砾）石层中使用水泥基质浆液进行高喷，单排孔凝结体的渗透系数在 $10^{-5}\sim10^{-7}$cm/s 范围内，防渗标准取值常小于 5×10^{-6}cm/s，工地测试渗压坡降可大于 80。又由于高喷凝结体周围除浆皮层外，一般还存在渗透结层，有着良好的复合防渗作用，从而进一步提高了凝结体的防渗性能。

以加固和提高力学强度为主要目的的高喷施工，要求凝结体具有较高的力学强度。这主要取决于地层中形成的高喷凝结体，抗压强度可达 5～15MPa，弹模达 10^{-3}MPa 量级；在含大粒径坚硬的砾石、漂石、块石地层中，抗压强度可达 10～30MPa 甚至更高；而在黏土中抗压强度仅约 3～5MPa。

高喷形成的凝结体并不很规则，但与地层结合紧密，凝结体的强度、弹横由内向外逐渐降低，直到边缘处与地层完全一致，这种特性对适应地基变形有利。

2.4.1.4 高压喷射凝结体结构布置形式

为保证高喷防渗板的连续和完整性，必须使各单孔凝结体在其有效喷射范围内相互可靠连接。为此应慎重地选用结构布置形式和孔距。

常用的几种结构布置形式如下，其中以第（5）、第（6）两种布置形式防渗效果较好。

（1）定喷折线结构，如图 2.28（a）所示。

（2）摆喷折线结构，如图 2.28（b）所示。

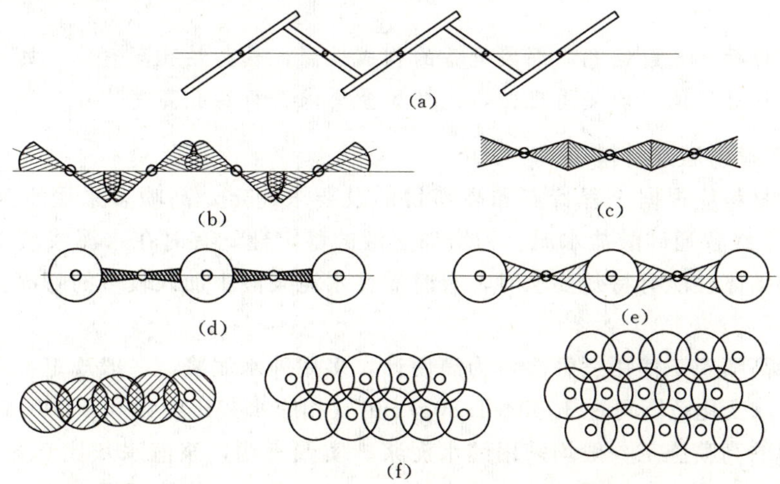

图 2.28　高喷凝结体的结构布置形式

(3) 摆喷对接结构，如图 2.28 (c) 所示。

(4) 柱定结构，如图 2.28 (d) 所示。

(5) 柱摆结构，如图 2.28 (e) 所示。

(6) 旋喷套接结构，有单排、双排、三排等几种形式，如图 2.28 (f) 所示。

在防渗工程中，孔距的选择至关重要，它不仅关系到凝结体能否可靠连接，而且也影响工程的进度和造价。孔距应根据地层的地质条件、对防渗性能的要求、高喷灌浆施工方法和工艺、结构布置形式、孔深以及其他一些因素综合考虑而定。重要工程应通过现场试验确定。

高喷若用于地基加固时，常采用旋喷桩，布置成连续或不连续的结构形式。

任务 2.4.2　造孔与高喷施工

项目任务背景： 二滩水电工程应用跟管钻进式钻机造孔和高喷施工

钻头后面带有可侧向伸缩的偏心扩孔器，能边钻进，边跟入套管，钻孔完毕，钻孔也跟到孔低。拔出套管之前先放入 PVC 塑料管，起护壁作用，直径约 105mm，管壁上匀布窄缝。PVC 管下到孔低后，将套管拔出。

高喷采用双管法，将喷射杆和喷枪下入 PVC 管底，从基岩内开始，一边喷浆、喷气，边旋转提升。采用超高压灌浆泵，最大压力 80MPa，浆液出泵压力为 45MPa，喷嘴浆压 42～43MPa；空压机气压 2.0MPa，喷嘴气压 0.8～1MPa，喷射杆提升速度 20cm/min，喷射杆旋转速度 25～30r/min。高喷台车为履带吊车式，架高 34m 装好的喷射杆每根长 26～30m，底部喷枪兼有钻孔功能。PVC 管在强大喷射压力下被切割粉碎，浆气射流喷入地层中。

先上下游排，再中间排，每排孔以逐序加密法分三序进行，待一、二序旋喷柱达一定强度时再开始第三序孔的旋喷。边排第一序孔可适当降低提升速度。

问题： 高压喷射灌浆需用哪样的机械设备来进行？在钻孔高喷中如何操作？有何要领？

学习目标：

(1) 知识目标。了解钻孔，灌浆设备的构成性能，熟悉钻孔高喷作业的技术要领。

(2) 能力目标。能正确使用机械，能按质量要求进行钻孔高喷作业。

2.4.2.1　高压喷射灌浆材料

选用高喷材料应根据工程特点和高喷目的及要求而定。高喷多采用水泥浆，水泥为 32.5 级或 42.5 级普通硅酸盐水泥。为增加浆液的稳定性，有时在水泥浆液中加入少量的膨润土。对凝结体性能有特殊要求时，有时需在水泥浆液中加入较多的膨润土或其他类掺合料。

地基防渗高喷施工使用三管法，为简便计，多用纯水泥浆，一般规定：进浆密度不小于 1.60g/cm^3，变化范围可在 1.60～1.80g/cm^3 (相应水灰比约为 0.8：1～0.5：1)。

地基加固的高喷施工一般均采用纯水泥浆。实践表明，浆液水灰比 0.8：1～1：1 范围内对凝结体抗压和抗折出强度的影响不很大，而影响凝结体抗压强度的主要因素是地层组成的成分和颗粒的强度及级配。

采用新三管法施工，由于先是气、水喷射，而后压灌浆液，灌浆易被先喷入的水稀释，故通常使用水灰比不大于1∶1的浓浆。采用双管法施工，因不用水喷射，无稀释作用，所以水泥浆的水灰比值相对来讲可以稍大些。

重要工程高喷材料和配合比应根据设计对防渗体提出要求通过室内和现场试验确定，以黄河小浪底和长江三峡工程为例说明。

(1) 小浪底上游围堰防渗，左岸一小区段采用高喷施工，布置为单排孔旋喷套接形式，使用双管法。对高喷防渗墙的要求：渗透系数 $K\leqslant 10^{-6}$ cm/s；$R_7=0.5\sim0.7$MPa，$R_{28}=1.5\sim2.2$MPa（固结不排水三轴试验）。通过试验，最终采用浆液的配合比为：水∶水泥∶膨润土＝849∶450∶22（1.89∶1∶0.05），析水率2h小于7%，密度1.3～1.4g/cm^3，马氏漏斗黏度35～40s。

(2) 三峡二期上游围堰左岸接头防渗有一小区采用高喷施工，为此进行了生产性高喷试验。要求高喷防渗板墙主要性能指标应与二期围堰塑性混凝土防渗墙的性能指标相匹配。具体要求为：抗压强度 $R_{28}=4\sim5$MPa，抗折强度 $T_{28}>1.5$MPa，初始切线模量 $E_0=500\sim700$MPa，渗透系数 $K=1\times10^{-5}\sim10^{-6}$ cm/s，渗压比降≥80。

通过试验，采用双管法施工，浆液的配合比为：水∶干料（水泥＋膨润土）＝0.9∶1～1∶1，膨润土掺入量为水泥重量的35%。采用新三管法施工，因施工顺序不同，采用了三种浆液，其配合比分别为水∶干料0.8∶1，膨润土掺入量5%；水∶干料＝0.9∶1，膨润土掺入量为35%；水∶干料0.9∶1，膨润土掺入量为20%。

2.4.2.2　高压喷射灌浆施工设备

三管法、新三管法、双管法所用的主要设备见表2.12。

表2.12　　高压喷射灌浆施工主要设备表

设备名称	设备规格	三管法	新三管法	双管法
台车	提升台车，起重2～6t，起升高度15m	√	√	
	履带吊车式高架喷台车，架高34m			√
钻机	钻孔深度100m钻机，适用于浅孔	√	√	√
	钻孔深度300m钻机，适用于较深的高喷孔	√	√	√
	跟管钻进钻机	√	√	√
高压水泵	最大压力为50MPa，流量75～100L/min	√	√	
灌浆泵	通用灌浆泵，压力1.0～3.0MPa，流是80～200L/min	√		
	高压灌浆泵，最大太力40MPa，流量70～110L/min		√	
	超高压灌浆泵，最大压力60～80MPa，流量150～200L/min			√
空气压缩机	气压0.7～0.87MPa，气量6m^3/min	√		
	气压1.0～1.5MPa，气量6m^3/min		√	
	高气压、大流量空压机、气压2.0MPa，气量20m^3/min			√

1. 钻机

高喷施工钻孔深度多不超过50m，遇一般砂卵（砾）石层，可使用钻孔深度100m或300m的钻机泥浆固壁钻孔。如果钻进效率或遇地质条件复杂，含大粒径块石地层使用泥浆固壁无效时，可改用跟管钻进钻机，边钻进，边跟入套管的方法，护住孔壁。

2. 高压水泵

仅在三管法和新三管法中采用高压水泵，压力和流量需满足高喷技术要求。

3. 灌浆泵和空压机

双管法高喷施工的特点就是超高压力、特大流量，所以要求浆泵的压力高，宜达60～80MPa，流量大，宜大于10m³/min。新三管法是1996年在长江三峡工地围堰生产性高喷试验首次试用的，由原三管法的低压灌浆改进为20～30MPa的高压灌乐，随之也要求适当提高气压，所以需采用相应的高压灌浆泵和气压稍高的空压机。三管法对灌浆泵和空压机无特殊要求。

4. 搅浆、制浆系统设备

搅浆、制浆系统设备能满足供浆（三管法100L/min，双管法150L/min）需要即可。

5. 测斜仪

要求备用高精度的测斜仪器，满足偏斜率不大于1%的要求。

6. 高喷自动检测系统

我国高喷自动检测系统仍处于研制和试用阶段，定型产品尚未问世，今后应继续研制，促其尽快实现。

2.4.2.3 高压喷射灌浆施工工艺

1. 钻孔

（1）泥浆固壁回转（或冲击）钻进。造孔过程中做好充填堵漏，使孔内泥浆泥保持正常循环，返出孔外，直至终孔。

（2）跟管钻进。边钻进，边跟入套管，直至终孔。

钻进时应注意保证钻机垂直，偏斜率宜不大于1%，对于深度大于30m的高喷钻孔，难度较大。例如，小浪底围堰高喷灌浆试验，总计29个孔，孔深32～40m，偏斜率最大1.12%，最小0.45%，平均0.89%，其中大于1%的9个孔，占31；小于1%的20个孔，占69%（其中小于0.5%的3个孔）。

2. 下入喷射杆

（1）泥浆固壁的钻孔，可以将喷射杆直接下入孔内，直到孔底。

（2）跟管钻进的钻孔，有以下两种情况。

1）拔管前在套管内注入密度大的塑性泥浆，注满后，起拔套管，边起拔，边注浆，使浆面长期保持与孔口齐平，直至套管全部拔出；而后再将喷射杆下入孔内直至孔底。

2）也可先在套管内下入管壁有窄缝的PVC塑料管，直至套管底部，起护壁作用，而后将套管全部拔出，再将喷射杆下入到塑料管底部。

3. 高喷施工

施工中所用技术参数因使用主喷的方法不同而异，所用的灌浆压力不同，提升速度也有差异。在同类地层中，双管法超高压灌浆的提升速度比三管法快。

对各类地层而言，若使用同一种施工方法，则水压、浆压、气压的变化不大，唯有提升速度变化比较大，是影响高喷质量的主要因素。一般情况下，确定提升速度应注意下列

几个问题。

(1) 因地层而异，在砂层中提升速度可稍快，砂卵（砾）石层中应放慢些，含有大粒径（40cm以上）块石或块石比较集中的地层应更慢。

(2) 因分序而异，先序孔提升速度可稍慢，后序孔相对来讲可略快。

(3) 高喷施工中发现孔内返浆量减少时宜放慢提升速度。

任务2.4.3 高压喷射灌浆质量检查

项目任务背景： 二滩水电工程用压水试验测定渗透系数

问题： 质量检查都进行检查哪些检查？如何进行？

学习目标：

(1) 知识目标。熟悉质量检查的内容和方法。

(2) 能力目标。能根据质量标准作出质量制价和评定，能进行相关检查的作业。

2.4.3.1 钻孔检查

当高喷凝结体具有必要强度后，进行钻孔检查。

(1) 钻取岩芯，观察浆液注入和胶结情况，测试岩芯密度、抗压和抗折强度、弹性模量等物理力学性能以及渗透系数、渗压比降等防渗性能。

(2) 在钻孔内进行注水或压水试验，实测高喷凝结体的渗透系数。

(3) 利用钻孔，对高喷凝结体进行贯入试验，测试高喷凝结体密实和程度。

2.4.3.2 对围井进行质量检查

在高喷防渗板墙一侧加喷几个孔，与原板墙形成三角形或四边形围井，底部用高喷或其他方法封闭，还可测高喷孔的偏斜率。

(1) 在井中心钻孔，进行注水或压水试验。

(2) 在井内井行开挖，直观高喷防渗板墙构筑情况，查看井壁有无较为集中的渗流，还可测试高喷孔的偏斜率。

(3) 开挖后，在井内做注入水或抽水试验，测试高喷防渗板墙体渗透系数。

2.4.3.3 整体效果检查

作为坝基防渗墙体，可在其上、下游钻孔进行水位观测或从下游孔中抽水，观测水位恢复情况。通过高喷前后的水位变化，分析防渗效果。

作为围堰防渗墙体，待基抗开挖后，测试基坑排水量，这是最直接检验防渗质量的方法，以此作为依据对高喷防渗墙质量做出整体评价。

2.4.3.4 其他检查方法

必要时还可以利用各种物探手段进行检测。

2.4.3.5 计算渗透系数常用的一些公式

(1) 根据达西公式计算。围井井内开挖后，在井内做注水（或抽水）试验时经常采用计算公式为

$$K=QB/AH \tag{2.11}$$

式中 K——渗透系数，m/d；

Q——单位时间内注入的水量，m^3/d；

A——围井侧面积，m^2；

B——估计高喷板墙的厚度，m；

H——试验水头，m。

（2）在钻孔内进行注（压）水试验时，可根据试验实际条件，选用相应的渗透系统计算。

模块3　混凝土工程与混凝土建筑物施工

大中型水利水电工程混凝土工程具有工程量大、质量要求高、施工季节性强、浇筑强度大等特点。如何提高混凝土工程与混凝土建筑物施工的综合机械化和管理水平，采用大型、高效、可靠的施工机械设备是保证混凝土质量、加快施工速度的重要方法。

水利水电工程混凝土建筑物施工主要包括混凝土坝施工，碾压混凝土坝施工，水电站厂房施工，水闸施工等项目。

项目3.1　混凝土坝施工

该项目的完成过程为工程技术人员需先对设计资料及地质情况进行分析，在此基础上进行骨料生产，模板的制作安装施工；钢筋加工和安装，混凝土生产施工，同时进行各项施工安全控制和检查施工质量。具体需通过以下工作任务的完成来实现，包括：骨料料场规划，骨料加工，模板制安，混凝土生产，运输，混凝土浇筑，混凝土养护方法和质量控制。

项目背景（案例项目）：丹江口水电站大坝加高混凝土施工

该工程施工设有砂石料加工系统与混凝土生产系统以及混凝土运输浇捣系统。

骨料系统组成：系统主要分为毛料堆场、成品加工、成品堆存等工艺单元和与之配套的供排水，废水处理和供配电、控制系统等。系统生产的成品砂石骨料，由装载机在堆场装车。

系统规模：满足混凝土生产最高月强度为4.2万m^3的浇筑需要。

毛料开采：水下料开采配置250m^3/h采砂船2艘，开采的毛料装入砂驳，以拖轮运至砂石转运码头，利用输砂趸船运至砂石系统受料坑。共需毛料开采量122万m^3。

骨料系统生产生产能力：高峰期月成品砂石骨料需生产量为13.86×10^4t/月。

加工工艺流程为：系统为闭路循环工艺流程。

混凝土生产系统按混凝土高峰浇筑强度3.83万～4.8万m^3进行设计。

混凝土拌和系统由1座HL120—3F1500型、1座JL12×1000型拌和楼及其他配套设施组成，系统设置了胶凝材料罐、气力输送装置、骨料仓、胶带输送机、外加剂车间、一、二次风冷车间及制冰系统及其他生产用房等。

混凝土在拌和站定点拌制，采用10t自卸汽车作为混凝土水平运输的主要施工机械。

问题：

（1）在大中小型工程中骨料如何获得？如何考虑？

（2）如何确定混凝土生产系统生产能力？相应设备如何选型？

(3) 如何完成混凝土运输?

(4) 混凝土浇筑如何进行?

学习目标:

(1) 知识目标。能陈述混凝土施工工艺及其各个环节中的技术方法。

(2) 能力目标。能初步制定混凝土施工方案,能组织混凝土现场施工。

任务3.1.1 砂石骨料生产

项目背景(案例项目): 丹江口水电站大坝加高工程砂石骨料生产系统系统设置

丹江口左岸土建施工及金属结构设备安装标混凝土总量约为:74.1万m^3。按级配分:四级配为30.62万m^3;三级配为39.38万m^3;二级配为4.1万m^3。

开采方式:配置250m^3/h采砂船2艘水下开采,开采的毛料装入砂驳,以拖轮运至砂石转运码头,利用输砂趸船运至砂石系统受料坑。

左岸各级骨料设计需用量计算结果见表3.1。

表3.1 各级骨料设计需用量表

混凝土种类	单位	工程量	配合比					合计
			120~80	80~40	40~20	20~5	<5	
四级配	m^3	364600	0.222	0.185	0.148	0.185	0.26	1
三级配	m^3	362200		0.28	0.21	0.21	0.3	1
二级配	m^3	47200			0.325	0.325	0.35	1
各级骨料设计净用量(m^3)			80941	168867	145363	158853	219976	774000
各级骨料计损后用量(m^3)			93892	195886	168621	184269	292568	935236

系统生产包括以下几个方面。

(1) 成品砂石料月需生产量。筛分系统高峰期月成品砂石骨料需生产量为

$$4.2\times10^4 m^3/月\times1.5\times2.2t/m^3=13.86\times10^4 t/月$$

(2) 设计作业制度。按每月工作25d,每天14h生产(二班制)。

(3) 成品砂石料小时生产能力。

混凝土骨料 $13.86\times10^4/(25\times14)=396t/h$

设计生产能力取400t/h。

(4) 毛料处理能力。混凝土骨料系统设计处理能力为500 t/h。

天然砂石系统按生产四级配混凝土骨料设计,生产的混凝土骨料为120~80mm、80~40mm、40~20mm、20~5mm四种粗骨料和5~0.15mm的细骨料。

工艺流程为:毛料经采砂船和码头胶带机运输至毛料堆场后,经预筛分车间分为120mm以上、120~80mm及80mm以下三种骨料,120mm以上及部分120~80mm骨料经粗碎成为80mm以下混和料并返回预筛分形成闭路循环;部分120~80mm骨料和预筛后80mm以下的骨料进入调节堆场,再进入主筛分车间,主筛分车间与圆锥细破机形成闭路循环;部分20~80mm、80~40mm及40~20mm进入细破车间,成为40mm以下混和料;部分120~80mm、80~40mm、40~20mm骨料及全部20~5mm骨料直接进入成

品骨料堆场，5mm以下骨料经洗砂机洗选后进入成品砂堆场。

问题：

(1) 砂石骨料加工系统规模如何确定?

(2) 砂石骨料生产的工艺流程及方法如何? 生产系统用到什么样的机械?

学习目标：

(1) 知识目标。熟悉砂石骨料加工系统的工艺流程和加工系统规模的确定方法。

(2) 能力目标。能根据工程条件和生产要求初步进行料源规划，设计砂石骨料系统工艺。

3.1.1.1 料源规划

3.1.1.1.1 砂石料料源规划的内容与方法

1. 料源规划内容

料源规划贯穿于整个工程的各个设计和施工阶段，料源规划是骨料生产系统设计的基础，是根据混凝土骨料的来源、混凝土浇筑手段、施工工期、施工机械装备、加工厂的设置与施工总体布置之间的协调关系，并结合施工组织设计，以满足工程混凝土对骨料数量、质量、级配及供应能力的要求为指导原则，随着设计阶段的深人和料场勘探精度的提高，组合出最佳的料源利用方案。最佳料源方案取决于料场的布局、开采条件、可利用料的储量、质量、天然级配、加工条件、弃料量、运输方式、运输距离及生产成本等因素，并结合工程实际进行综合技术经济分析论证。

2. 规划方法

料源规划基于工程施工组织设计和资源条件，来满足工程混凝土对砂石料数量、质量、级配及供料强度的需要为目标。根据以往工程实践经验确定有限的料源组合及砂石料料源的选择与规划，经过综合技术经济比较，选定最佳规划方案。这种规划方法可靠性较高，但比选方案有限，易受方案设计人员工程经验限制，且工作量大。对混凝土量十分庞大的工程，勘探提供料源规划的料场往往多达数十个，多个料源的组合具有不同的开采、运输、加工及系统设置方案。尤其是准备开工和开工后的工程，在进行料源规划和需要调整原料源规划方案时，采用传统方法在短时间内很难优选到最佳方案，容易对工程砂石料的生产、供应造成影响。运用系统工程的理论与方法，通过现代计算机技术手段进行数据处理，对砂石料综合规划进行动静态的优化设计，并引入专家系统寻求符合规定条件的最佳方案，快速准确地进行工程各阶段的料源规划与调整。采用现代系统工程理论与先进的计算机技术来优选方案和优化设计，是水利水电工程砂石料规划工作领域的发展方向与趋势。

3.1.1.1.2 砂石料料源的分类

水利水电工程砂石料料源有天然砂砾石骨料、人工骨料与工程开挖利用料。部分规模小、部位分散、距离长（如堤防工程、调水工程）的工程亦可结合当地商品砂石料生产情况直接采购成品骨料。一般情况下，各种料源均可生产粗细骨料，但根据料源骨料品质的不同，有的料源则只能用于生产粗骨料（或细骨料），采用何种骨料，一般决定于对料源的物理化学试验结果。

1. 天然砂砾石料场

按其产地、料层位置可分为陆上料场、河滩料场和河床水下料场等几类。天然骨料级配往往与工程要求有较大差距，需通过级配加工或外购骨料补充不足级配料来调整，以满足工程需要。采取何种工艺，需结合料场分布位置、开采条件、储量、料源品质等因素综合考虑。天然骨料开采、加工条件一般优于人工料场，应创造条件尽量利用。天然砂砾石料场的开采往往受水文条件影响，其开采与储备必须统筹计划。同时还必须处理好开采对通航、环保及对水资源的影响。

一般覆盖层较厚的陆上料场，杂质含量较高，但开采不受河水的影响。

大部分的天然砂石料场为河滩料场，一般在枯水期出露，在汛期淹没或部分淹没，绝大部分砂石料位于水下。

河床料场实际上就是指常年处于河水面以下的料场，这种料场常与河滩料场连成一片。

2. 人工料场

人工料场是作为人工骨料的原岩料场，也常称为采石场，其抗压强度在39.2MPa（400kgf/cm^2）以上的致密块状，厚层状岩石均可作人工骨料的原石，但粗骨料（碎石）细骨料（人工砂）对原岩的要求不尽相同。在确定料源是否满足技术要求时，除须进行勘探取样试验外，有条件和必要时应做破碎和制砂试验，以检验成品有害成分（如游离钙）含量、针片状含量是否符合要求，为系统设计提供设备处理能力、破碎产品粒度特性、可碎性和对加工机械设备磨蚀性等技术数据。

人工料场具有与施工干扰较少，受自然因素影响小等特点，可常年开采，加工出的成品骨料质量稳定，管理相对集中，有利于均衡生产，级配易于按需调整，减少堆料场地。

3. 工程开挖利用料

水利水电工程施工中，诸如导流隧洞、大坝基础、通航建筑物及电站厂房等主体工程的开挖，常有大量工程弃渣要外运弃置，其中有很大一部分可利用作为人工骨料的原材料。工程弃渣的利用大大降低砂石骨料的成本，能减少工程弃渣处置费用，有利于环保，应优先考虑，综合利用。

工程弃渣的利用应尽量使工程开挖施工进度与弃渣利用时间结合。工程弃渣的利用水平亦与工程管理密切相关。

统筹规划、协调管理是充分利用工程弃渣的关键，一般应遵循以下原则。

（1）应在石方开挖出渣前，规划建设好可利用料堆储料场地。

（2）石方开挖工程要选用合适的钻爆参数，以使可利用料的出渣块度适应加工厂粗碎设备的粒径要求。

（3）从施工总进度计划着手，在不影响控制进度的前提下，协调开挖和浇筑进度，以减少利用料堆储量，提高利用率。

（4）尽量创造条件，使利用料直接从开挖现场运至加工系统，减少二次挖运量，降低成本。

（5）避免有用料与无用料混杂，避免降低系统的加工能力。

3.1.1.1.3 *砂石料源规划的原则*

在进行砂石料场规划时，应遵循以下原则。

(1) 砂石料综合规划设计应严格按规范或以多个工程验证的成熟经验作为设计依据。

(2) 砂石料规模必须以相应深度的勘探资料为基础，有序进行。资料内容应包括料场质量、储量、级配组成、产状分布、剥采比和开采条件。砂石料规划一经审查确定，一般不宜作总体方案上的重大变动，除非经过全面论证工作，决策要慎重。

(3) 料源规划应与施工承包商普遍采用的施工设备和施工管理水平相适应。

(4) 分期施工的工程，应统筹考虑料源在各期的使用及其加工系统的延续性。

(5) 在进行料场选择时，先要了解工程的需要和河流梯级（或地区）的近期发展规划、料源状况，以便确定建立梯级共用或分区性的砂石生产基地，或建设专用的砂石系统。

(6) 根据工程混凝土工程量、级配资料，结合料源的实际情况，通过综合的技术经济比较确定。成品骨料的利用率，一般宜在90%以上，低于90%时，应采取级配调整措施，做到经济合理。

(7) 根据料源的分布、贮量、质量和采运条件，对采用天然或人工骨料作出初步的判定。只有确认天然或人工骨料有明显的优越性时，才采用一种骨料方案。如有相当数量的工程开挖利用料，应考虑利用开挖利用料的可能性。

(8) 对于人工采石场，要从岩性、夹层、埋藏状况来判断其开采和加工条件。一般地说，岩石的强度高，特别是冲击强度高，岩石的可碎性、可磨性差，对设备的磨蚀性大。这对破碎筛分设备及工艺流程的选择极其重要。

对于天然砂砾料场，须进行质量评价。对于不符合质量要求的砂砾料，要研究改善质量的可能性和经济价值。

(9) 根据各料场原料的储量、质量、级配和开采运输条件，拟定料场的组合使用方案在料场选择时，应优先考虑以下料场。

1) 可采储量为工程需要量50%以上的料场。

2) 与砂石料用户或现成铁路、码头距离在5～10km以内的料场。

3) 有用成分在80%以上的料场。

4) 平均剥采比：天然砂砾料场在0.2以下，采石场在0.4以下，覆盖层的厚度不超过12～15m的料场。

5) 有用料层的厚度：天然砂砾料场在3m以上，采石场在12～15m以上。

6) 料场的地形具备建立必要的作业面的条件。

7) 天然料场具备陆上开采条件的料场。

8) 采石场与周围建筑物、交通干线、施工场地有足够的安全距离（500m以上）。

9) 不占或少占农田，不拆迁或少拆迁现有生活、生产设施的料场。

(10) 通过综合的技术经济分析，选定料场规划方案。

在进行料场技术经济分析时，要以满足质量、数量为前提下，优先选用开采、运输、加工费用低的方案。

一般来讲，天然料的生产成本低于人工料，应优先考虑利用。但随着大型、高效、耐用的骨料加工设备的发展，以及工程管理水平的提高，人工骨料的成本接近甚至低于天然骨料。人工骨料比天然骨料具有许多优越性，如级配可按需要调整、质量稳定、管理集中、生产均衡、自然条件影响小、堆料场占地少等。工程弃渣是一种低廉的砂石料源，应充分利用其中的有用料。

采用天然料与人工料搭配生产混凝土时，要进行非常认真细致的工作。采用搭配方案通常是天然料储备非常丰富，料源质量指标满足要求，但料场天然级配的可调整性差，采用级配平衡料调整后，仍不能达到混凝土级配要求时，一般通过开采部分人工料进行解决。有时天然料中粗骨料含量特别低，而细骨料储量丰富，粗骨料的利用价值不高，天然料场只提供细骨料，粗骨料全部由人工料加工。陆水工程就采用天然砂和人工碎石作为混凝土骨料。总之，料源规划应因地制宜，就地取材，充分利用现有料源资源，做到经济、可行。

(11) 分期使用料源时前后期原料应统筹安排。

(12) 人工料场应制定工程完工后的植被恢复计划，以防止水土流失，保护环境。

料源规划是一项十分复杂的系统工程，在遵循以上基本原则的基础上，以往的工程建设经验对拟建工程的料源规划具有积极的参考价值。

对大中型水利水电工程砂石料的生产，宜采用规模化生产，而且应考虑大坝左右岸设置砂石加工系统的可行性和必要性。

砂石料料源的规划应与主体工程的施工布置、施工进度和施工方案的变化相适应。

对不同工程，在料源基本资料的基础上，料源规划不能离开主体工程的施工条件，这也是料源规划的一条重要原则。

3.1.1.1.4　砂石料毛料开采量的确定

砂石料毛料开采量是以主体工程混凝土量为计算依据，并考虑工程地质缺陷处理、超挖回填、临建工程、施工损耗等附加混凝土工程量。一般在规划设计时大中型工程可按5%～8%考虑；施工设计时需结合主体工程的坝型设计及坝址地质条件等因素综合分析确定。对水工混凝土而言，砂石料需要量应按各级配混凝土需要量，按比例分别计算。在初步估算时可按每立方米混凝土约需 1.5m^3 砂石净骨料（其中粗骨料约 1.067m^3，细骨料 0.433m^3）计算，折合成料场开采量需计入开采、加工、运输，储存等损耗系数。人工料和天然料各种系数有所差别，计算时应分别考虑。

1. 天然骨料

毛料开采量取决于混凝土中各种粒径的骨料需要量和天然砂砾料中各种粒径骨料的含量。混凝土通常都有几种标号，每种混凝土都有各自的配合比用量。设某工程共有 j 种标号混凝土，每一种混凝土的工程量 V_j，混凝土共有几个骨料粒径组，各粒径组的需要量 e_{ij}。则第 i 组骨料总需要量 q_i 为

$$q_i = (1 + K_c)\sum_j e_{ij} V_j \tag{3.1}$$

式中　K_c——混凝土出机后的损失系数，约为 0.01～0.02。

为满足第 i 组骨料（净料）的总需要量 q_i，则需要开采的砂砾料总量 Q_i（m^3 天然方计）

$$Q_i=(1+K)\frac{q_i}{K_p p_i} \tag{3.2}$$

式中 K——骨料生产过程的损耗系数，是各生产环节损耗系数的总和，包括开采、加工、运输、混凝土生产过程；

K_p——砂砾料的松散系数，取1.15～1.35；

p_i——天然砂砾料中第i组骨料的含量百分比。

由于天然级配与混凝土的设计级配难以吻合，总是存在一些粒径的骨料含量较一些粒径短缺。为了满足短缺粒径的需要而增大开采量，将导致其余各粒径的弃料增加，造成浪费，为避免上述现象，减少开采总量，可采取以下措施。

(1) 调整混凝土骨料的设计级配。在允许的情况下，减少短缺骨料的用量但随之可能会使水泥用量增加，引起水化热温升增高、温度控制困难等一系列问题，需要通过技术经济比较确定。

(2) 用加工破碎骨料补充短缺料。如果天然骨料中大石多于中小石，可将大石破碎一部分去满足短缺的中小石。采用这种措施，应利用破碎机的排矿特性，调整破碎机的排料口，使出料中短缺骨料达到最多，尽量减少二次破碎和新的弃料，以降低加工费用。总之，骨料设计方案，应使生产总费用最小为目标。

2. 人工骨料

如需要利用开采石料作为人工骨料料源，则石料开采量V_r为

$$V_r=(1+k)eV_o/\beta\gamma \tag{3.3}$$

式中 k——人工骨料损失系数，对碎石，加工损失为2%～4%，对人工砂，加工损失为10%～20%；运输储存损失为3%～6%；

e——每立方米混凝土的骨料用量；

V_o——混凝土的总需用量；

β——块石开采成品获得率，取80%～95%；

γ——块石容重。

在采用或部分采用人工骨料时，若有工程开挖料可供利用，应将利用部分扣除。

3.1.1.2 毛料开采

1. 河滩、河床天然料场的开采

河床和河滩料场的开采受水文条件影响大，规划时必须充分掌握和详细分析相关资料。对于水下开采的河床料场，开采作业主要受河水水位和流速的控制，应根据开采设备允许的作业流速和开采深度确定开采水位的上限，据此计算一年中的有效开采时间。在河床或河滩开采天然砂砾料，一般使用链斗式采砂船开采，配套砂驳作水上运输至岸边，然后用皮带机上岸，最后组织陆路运输至骨料加工厂毛料堆场。

天然料场受施工和自然因素影响较大，在料源规划时，必须充分考虑工程特点、采运设备技术性能、运输线季节性中断及料场的储量与质量间的相互关系。一般坝上游料场在截流或蓄水后往往淹没在水下，开采运输困难，应安排在截流或蓄水前使用，有的料场则因航运及开采设备自身条件限制，只能在丰水或枯水季节使用。

较大的天然砂砾料场，砂石的天然级配在深度和广度上往往有所变化，因此常需分层

分区进行开采，一般应遵循以下原则。

（1）分层分区应保证开采和运输线路的连续性。

（2）应将覆盖层薄、料层厚、易开采、运距近、交通方便的料区安排在工程的高峰施工时段（或年度）开采，以便提高生产效率，减少采运设备。

（3）对于陆基水下开采的河滩料场，应尽可能将洪水位（或汛期开采水位）以上的料层或料区留待汛期开采，枯水期则集中开采洪水位以下部位的料层或料区。

（4）河滩和河床料场的分区开采应注意避免汛期冲走有用料层，对某些料场，还可以创造条件，使开采后形成的料坑被洪水挟带的砂砾石重新淤积起来，枯水期重新加以利用。

（5）料区的开采计划应尽可能照顾各个时期的级配平衡。

2. 人工料场的开采

一般采用钻爆法松动岩体，然后沿作业面用正铲、反铲或装载机装碴，用自卸汽车、列车、皮带机等运至骨料加工厂毛料堆场。与一般土石方开挖作业不同，料场要求采用钻爆作业控制开采块石的粒径，一般采用微差挤压爆破法，控制爆破后的骨料粒径，尽量降低超过粗碎设备允许进料粒径的超径大块石的含量，同时避免过多石渣的产生。一般颚式和旋回破碎机的允许最大进料粒径为进料口尺寸的80％～85％。

3.1.1.3　骨料生产

天然河床料场、人工料场、工程开挖利用料的毛料都不能直接用于拌制混凝土，需要通过破碎、筛分、冲洗等加工过程，制成符合级配要求、除去杂质的各级粗、细骨料。把骨料破碎、筛分、冲洗、运输和堆放等一系列生产过程集中布置，成为骨料加工厂。当采用天然骨料时，加工的主要作业是筛分和冲洗；当采用人工骨料时，主要作业是破碎、筛分、冲洗和棒磨制砂。

3.1.1.3.1　骨料加工厂生产规模确定

骨料加工厂的设计处理能力应满足高峰时段的平均月需要量，即

$$Q_d = K_s(Q_cA + Q_0) \tag{3.4}$$

式中　Q_d——砂石厂的月处理能力，t；

Q_c——高峰时段的混凝土月平均浇筑强度，m^3；

Q_0——工程其他砂石的月需要量，t；

A——每立方米混凝土的砂石用量，t，一般可取2.15～2.20t；

K_s——考虑砂石加工、转运损耗及弃料在内的综合补偿系数，一般可取1.2～1.3，天然砂石料还应考虑级配不平衡引起的弃料补偿。

砂石厂的小时处理能力与作业制度关系很大，在高峰施工时段，一个月可以工作25d以上，一天也可3班作业。但是为了统计、分析和比较，生产或设计指标要有一个共同的基础，建议采用规范化的计算方法，一般可按每月25d，每天2班14h计算。按高峰月强度计算处理能力时，每天可按3班20h计算。

3.1.1.3.2　骨料加工厂厂址的选择

骨料加工厂的设置应综合考虑工程施工总体布置、料源情况、水文、地质、环境保护等因素，一般在砂石系统总体规划时，应与料场位置、骨料运输方案、工程分期、施工标

段等条件综合比较选定。

(1) 对于分期施工，多品种料源的加工厂设置应充分考虑，统一设置，互为补充，尽量减少工厂设置数量，以减少投资，方便管理。

(2) 多料场供料的天然砂石加工厂厂址，一般在主料场附近设厂，也可在距混凝土工厂较近的地段设厂，要根据方案进行技术经济比较后确定。

(3) 人工骨料料场离坝址较近，砂石加工厂宜设在距料场1～2km的范围内，以利提高汽车运输效率；也可设在混凝土工厂附近，以便与混凝土拌和系统共用净料堆场，以减少土建工程量，方便管理。如料场距坝址较远，可将粗碎车间布置在料场附近，以减少汽车运距，粗碎车间至加工厂间可用胶带机运输半成品料，加工厂的位置则根据当地条件，通过方案比较确定。

(4) 充分利用自然地形，尽量利用高差进行工艺布置组织料流，降低设施的土建和运转费用。

(5) 厂址应尽量选择靠近交通干线，水、电供应方便，有利排水条件的地段。

3.1.1.3.3 骨料加工生产流程及主要设备

1. 破碎

为了将开采的石料破碎到规定的粒径，往往需要经过几次破碎才能完成。因此，通常将骨料破碎过程分为粗碎（将原石料破碎到70～300mm）、中碎（破碎到20～70mm）和细碎（破碎到1～20mm）三种。

骨料用碎石机进行破碎。碎石机的类型有颚式碎石机、锥式碎石机、辊式碎石机和锤式碎石机等。

(1) 颚式碎石机。又称为夹板式碎石机，其构造如图3.1示。它的破碎槽由两块颚板（一块固定，另一块可以摆动）构成，颚板上装有可以更换的齿状钢板。工作时，由传动装置带动偏心轮作用使活动颚板左右摆动，破碎槽即可一开一合，将进入的石料轧碎，从下端出料口漏出。

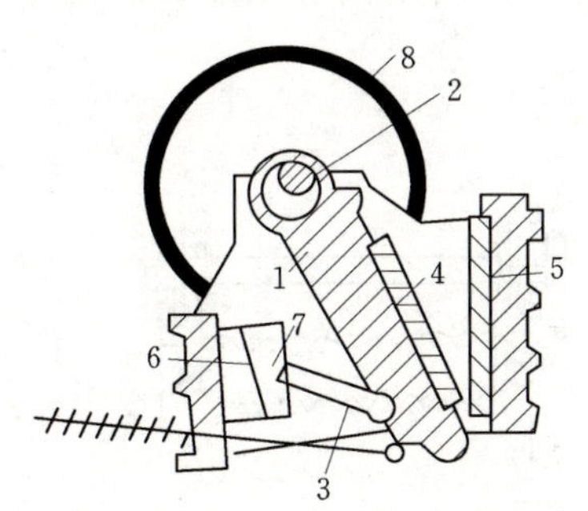

图3.1 颚式碎石机

1、4—活动颚板；2—偏心轴；3—撑板；5—固定颚板；6、7—调节用楔形机构；8—偏心轮

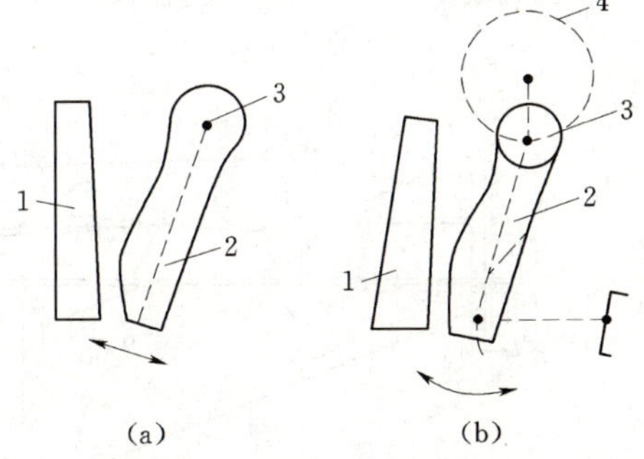

图3.2 颚式碎石机工作原理

(a) 简单摆动式；(b) 复杂摆动式

1—固定颚板；2—活动颚板；3—悬挂点；4—悬挂点轨迹

按照活动颚板的摆动方式，颚式碎石机又分为简单摆动式和复杂摆动式两种，其工作原理如图3.2所示，复杂摆动式的活动颚板上端直接挂在偏心轴上，其运动含左右摆动和

上下摆动两个方向，故破碎效果较好，产品粒径较均匀，生产率较高，但颚板的磨损较快。

颚式碎石机结构简单，工作可靠，维修方便，适用于对坚硬石料进行粗碎或中碎。但成品料中针片状含量较多，活动颚板需经常更换。

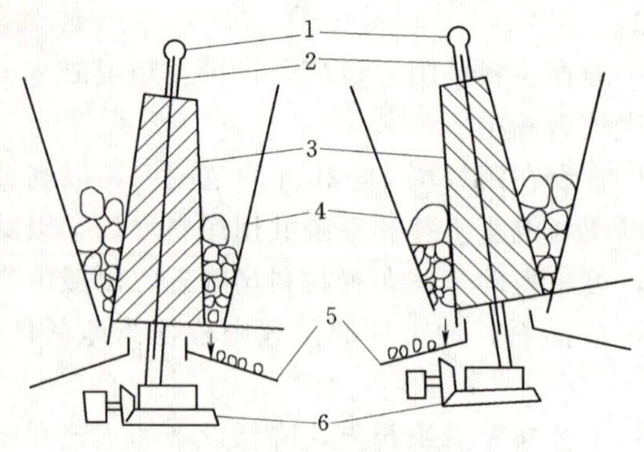

图 3.3 锥式碎石机

1—球形铰；2—偏心主轴；3—内锥体；4—外锥体；5—出料滑板；6—伞齿及传动装置

(2) 锥式碎石机。它的破碎室由内、外锥体之间的空隙构成。活动的内锥体装在偏心主轴上，外锥体固定在机架上，如图3.3所示。工作时，由传动装置带动主轴旋转，使内锥体作偏心转动，将石料碾压破碎并从破碎室下端出料槽滑出。

锥式碎石机是一种大型碎石机械，碎石效果好，破碎的石料较方正，生产率高，单位产品能耗低，适用于对坚硬石料进行中碎或细碎。但其结构复杂，体形和重量都较大，安装维修不方便。

(3) 辊式碎石机和锤式碎石机。辊式碎石机是用两个相对转动的滚轴轧碎石块，锤式碎石机是用带锤子的圆盘在回转时击碎石块。适用于破碎软的和脆的岩石，常担任骨料细碎任务。

2. 筛分与冲洗

筛分是将天然或人工的混合砂石料，按粒径大小进行分级。冲洗是在筛分过程中清除骨料中夹杂的泥土。骨料筛分作业的方法有机械和人工两种。大中型工程一般采用机械筛分。

(1) 偏心轴振动筛。又称为偏心筛，其构造如图3.4所示。它主要由固定机架、活动筛架、筛网、偏心轴及电动机等组成。筛网的振动，是利用偏心轴旋转时的惯性作用，

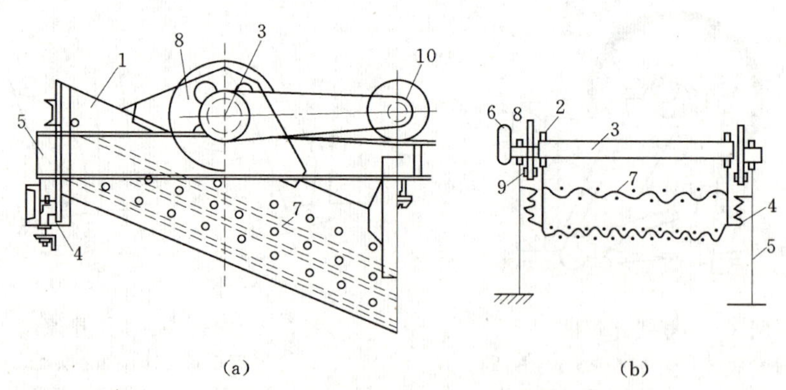

图 3.4

(a) 构造简图；(b) 工作原理

1—活动筛架；2—筛架上的轴承；3—偏心轴；4—弹簧；5—固定机架；6—皮带轮；7—筛网；8—平衡轮；9—平衡块；10—电动机

偏心轴安装在固定机架上的一对滚珠轴承中，由电动机通过皮带轮带动，可在轴承中旋转。活动筛架通过另一对滚珠轴承悬装在偏心轴上。筛架上装有两层不同筛孔的筛网，可筛分三级不同粒径的骨料。偏心筛适用于筛分粗、中颗粒，常担任第一道筛分任务。

（2）惯性振动筛。又称为惯性筛，其构造如图3.5所示。它的偏心轴（或带偏心块的旋转轴）安装在活动筛架上，筛架与固定机架之间用板簧相联。筛网振动靠的是筛架上偏心轴的惯性作用。

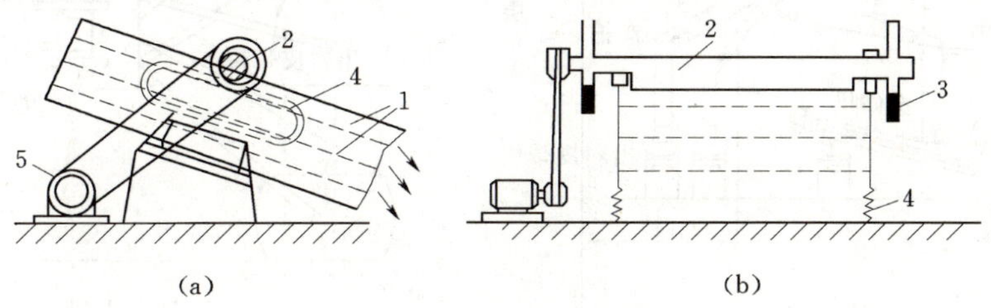

图3.5 惯性振动筛

（a）构造简图；（b）工作原理

1—筛网；2—筛架上的偏心轴；3—调整振幅用的配重盘；

4—消振板簧；5—电动机

惯性筛的特点是弹性振动，振幅小，随来料多少而变化，容易因来料过多而堵塞筛孔，故要求来料均匀。适用于中、细颗粒筛分。

（3）自定中心筛。是惯性筛上的一种改进形式。它在偏心轴上配偏心块，使之与轴偏心距方向相差180°，还在筛架上另设皮带轮工作轴（中心线）。工作时向上和向下的离心力保持动力平衡，工作轴位置基本不变。皮带轮只作回转运动，传给固定机架的振动力较小，皮带轮也不容易打滑和损坏。这种筛因皮带轮中心基本不变，故称为自定中心筛。

在筛分的同时，一般通过筛网上安装的几排带喷水孔的压力水管，不断对骨料进行冲洗，冲洗水压应大于0.2MPa。

在骨料筛分过程中，由于筛孔偏大，筛网磨损、破裂等因素，往往产生超径骨料，即下一级骨料中混入的上一级粒径的骨料。相反，由于筛孔偏小或堵塞、喂料过多、筛网倾角过大等因素，往往产生逊径骨料，即上一级骨料中混入的下一级粒径的骨料。超径和逊径骨料的百分率（按重量计）是筛分作业的质量控制指标。要求超径石不大于5%，逊径石不大于10%。

大中型工程常设置筛分楼，利用楼内安装的2～4套筛、洗机械，专门对骨料进行筛分和冲洗的联合作业，其设备布置和工艺流程如图3.6所示。

进入筛分楼的砂石混合料，首先经过预筛分，剔出粒径大于150mm（或120mm）的超径石。经过预筛分运来的砂石混合料，由皮带机输送至筛分楼，再经过两台筛分机筛分和冲洗，四层筛网（一台筛分机设有两层不同筛孔的筛网）筛出了五种粒径不同的骨料，即：特大石、大石、中石、小石、砂子，其中特大石在最上一层筛网上不能过筛，首先被筛分出，砂子、淤泥和冲洗水则通过最下一层筛网进入沉砂箱，砂子落入洗砂机中，经淘洗后可得到清洁的砂。

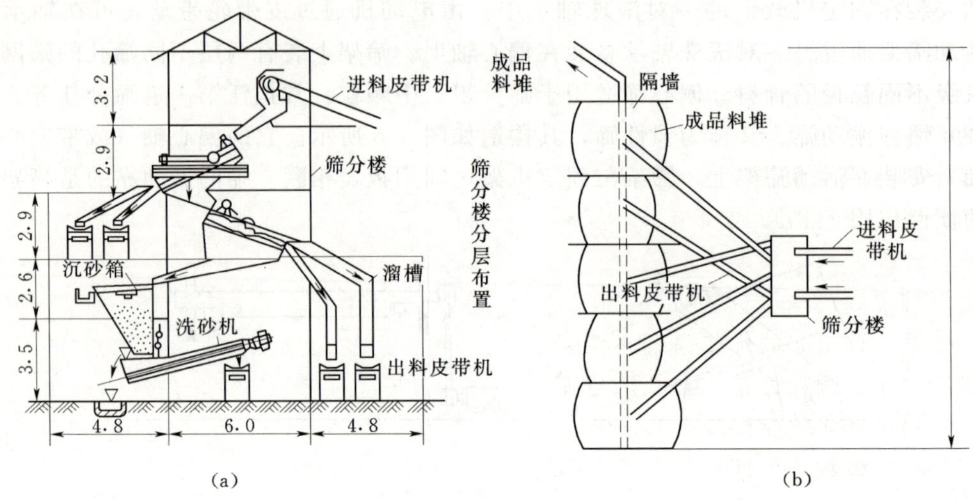

图 3.6 筛分楼设备布置和工艺流程（尺寸：m；料径：mm）

经过筛分的各级骨料，分别由皮带机运送到净料堆储存，以供混凝土制备的需要。

3.1.1.3.4 制砂

制砂工艺是砂石加工厂的关键技术，以前多以棒磨机为主要制砂设备。近年来随着冲击式破碎机、旋盘式破碎机、"石打石"立轴式破碎机等新机型的出现，制砂工艺由单一棒磨机制砂方式，发展到多种类型及联合型的制砂方式。如反击式破碎机制砂，"石打石"立式冲击破碎机制砂，以及上述机型与棒磨机、筛分石渣的联合式制砂工艺等。在联合式制砂工艺中，棒磨机往往起调整砂细度模数和补充产量的作用。单一方式制砂一般用于中小型或临时工程，联合型则适合大型或特大型工程。

1. 冲击破碎机制砂工艺

该工艺可适用于天然骨料或人工骨料制砂，工艺上常采用两层筛网的检查筛，将其产品分为大于5mm，3～5mm，小于3mm三级，其中大于5mm和部分3～5mm料返回制砂机，进行再破碎，其典型制砂工艺流程如图3.7所示。

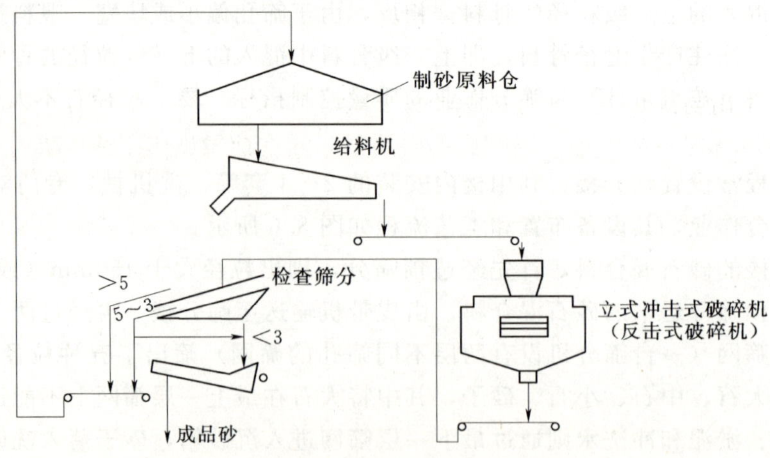

图 3.7 冲击式破碎机制砂工艺流程图

2. 旋盘式破碎机制砂工艺

以旋盘破碎机为制砂主机的典型人工砂工艺如图 3.8 所示。

生产流程为将 19～38mm 并有一定级配的碎石从料仓经给料机，胶带机送入带有布料器的旋盘式破碎机制砂，通过入筛分级，分料器形成闭路，来调整最优给料级配，获得预期的最优产品级配。由螺旋洗砂机洗选石粉后，将成品砂运到砂堆。该工艺的优点是生产能力大且稳定，成品颗粒方正，制砂机与筛分机，分料器形成闭路使给料级配、产品级配和细度模数均可调控。因其破碎腔形合理，故生产运行能耗低，衬板磨损周期长、钢耗低、维护简单，我国天生桥、二滩工程均成功采用了旋盘式破碎机为主机的制砂工艺。旋盘式破碎机对进骨料含水量要求严格，一般要求小于 1%，这是该设备的一大缺点。

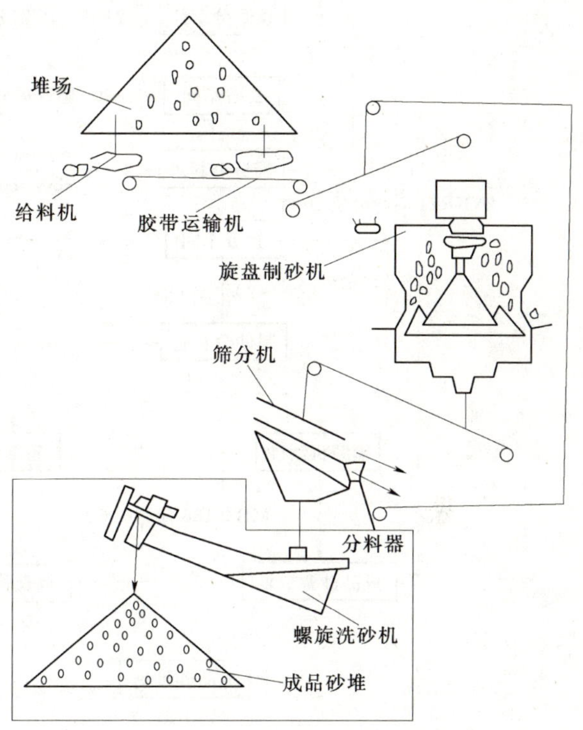

图 3.8 旋盘式破碎机制工艺流程

3. 干法制砂工艺

适用干法制砂的常用机械设备有惯性圆锥破碎机、旋盘制砂机、冲击式破碎机等。棒磨机更适宜湿法生产，日本曾采用小型棒磨机进行过干法生产试验与应用。干法制砂与湿法制砂比较具有以下特点。

(1) 可采用 40mm 以下较大尺寸碎石作原料。

(2) 采用大型超细破碎机粉碎，产生石粉易控制。

(3) 采用空气分离或机械设备分离石粉，不需螺旋洗砂机等大型设备。

(4) 初期投资费用少。

(5) 运行管理方便，运行费便宜。

(6) 能加工出与湿法生产相近的优质人工砂。

(7) 原料中含泥不易处理，影响成品砂质量，需在前段破碎工艺中进行处理和控制料场原料块径。

(8) 制砂原料要求干燥，含水量不大于 2%，否则影响空气或机械分离石粉效果。

干法制砂关键技术问题是砂中石粉含量的控制与多余石粉去除，一般是通过空气分级机来实现。

4. 联合式制砂及不同砂的混合工艺

在采用冲击式破碎机制砂时，成品砂一般属中偏粗砂，必须对这种砂进行级配调整。大型水利水电工程冲击碎机制砂工艺中，均设置棒磨机调整砂子级配的工艺。这类制砂工艺流程如图 3.9 所示。

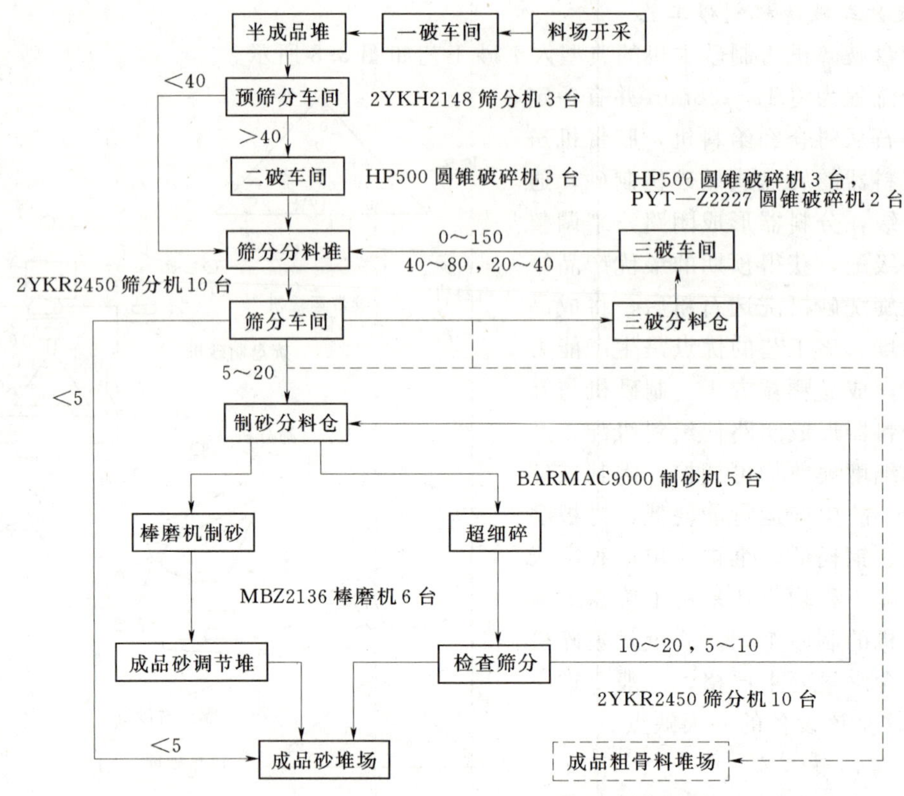

图 3.9 下岸溪人工砂加工系统工艺流程图（单位：mm）

对于人工砂应设置各种砂的专用堆场，并且采用机械强制脱水及定量混合等工艺，保证成品砂含水率和细度模数的稳定。

任务 3.1.2 常态混凝土拌和料生产

项目任务背景（案例项目）：丹江口水电站大坝加高工程混凝土拌和系统

系统规模及组成：系统主要配备 HL120—3F1500 拌和楼（$3\times1.5m^3$）1 座（厂家设计最大小时生产能力 $120m^3$），JL12×1000（2×1.0 型）拌和楼 1 座（厂家设计小时生产能力 $48\sim60m^3$），1000t 粉煤灰罐 1 个，1500t 水泥罐 3 个。混凝土系统设计月生产能力 5.95 万 m^3，设计生产能力常规混凝土 $170m^3/h$，制冷混凝土 $70\sim80m^3/h$，三班生产。

混凝土拌和系统平面布置：混凝土生产系统按混凝土高峰浇筑强度 3.8 万～4.8 万 m^3 进行设计，水泥输送系统布置有 3 个 1500t 水泥罐、3 个喷射泵以及输送管路等设施。水泥总储量能满足高峰期 7d 用量。可储存两种不同标号的水泥，其中临时用袋装水泥用汽化泵直接送到拌和站使用。

砂石骨料与混凝土系统距离约 3.0km。成品骨料根据系统场地的要求，共设有 4 个骨料仓和 2 个砂仓，成品骨料仓设有廊道，砂石骨料通过骨料仓下的胶带机分别输送到 2 座拌和楼的骨料仓，其中 3×1.5 拌和楼骨料仓为风冷料仓，JL12×1000 型（2×1）拌和楼骨料仓为中转料仓。再通过骨料仓为拌和楼供应砂石骨料。

粉煤灰输送系统布置有 1 个 1000t 煤灰罐及汽化喷射泵一台及管路输送系统。粉煤灰

总储量能满足高峰期10d用量。

骨料、水泥、外加剂、粉煤灰、水等先经拌和楼或拌和站衡量系统精确称量，然后通过漏斗进入搅拌机内充分拌和，最后由集中料斗卸入混凝土运输机械。

压气系统布置有5台L—20/8空压机、空压机房、供风管路等设施。

外加剂系统布置有搅拌池、储液池、耐酸泵、外加剂房，输送管路等设施。

对成品骨料仓隔墙进行加高，保证骨料有足够堆高，满足生产温控混凝土要求。

问题：

(1) 混凝土生产系统如何规划？

(2) 如何确定混凝土生产系统生产能力相应设备如何选型？

(3) 混凝土拌和楼（站）生产流程？

学习目标：

(1) 知识目标。能陈述混凝土生产系统的设置要求和混凝土生产的技术方法和要求。

(2) 能力目标。能进行混凝土生产的组织与操作。

以混凝土为主体的大、中型水利水电工程，混凝土工程量大，施工强度高，对混凝土质量、环境保护等都有严格要求，因此必须实行工厂化生产，积极采用新技术、新工艺、新设备，以保证工程施工的顺利进行。

随着现代水利水电施工技术的发展，大型混凝土拌和楼被广泛采用，混凝土粗骨料二次筛分技术、二次风冷和加冰拌和的混凝土制冷工艺日趋成熟，在混凝土骨料储运、配料自动化，以及混凝土拌和质量控制实现全程监控等新技术的运用方面积累了丰富的实践经验。

混凝土生产系统（又称混凝土工厂）一般由拌和楼（站）及与其配套的辅助设施组成，包括混凝土原材料储运、二次筛分和冷却（或加热）等设施。

3.1.2.1　混凝土生产系统的规划

3.1.2.1.1　混凝土生产系统生产能力的确定

混凝土生产系统生产能力应能满足供料对象各时段施工进度的要求。水利工程混凝土生产系统的生产能力一般以高峰月混凝土浇筑强度为依据来确定。混凝土有多个供料对象时，应根据总的施工进度计划，确定高峰月混凝土施工强度。根据施工组织要求，混凝土生产系统的生产能力可按混凝土主要浇筑设备生产能力，凝土施工强度来确定。

按高峰月混凝土浇筑强度计算，在工程施工阶段，混凝土生产系统生产能力一般根据施工组织安排的高峰月筑强度，计算混凝土生产系统小时生产能力

$$P=Q_m/(mnK_h) \tag{3.5}$$

式中　P——混凝土生产系统小时生产能力，m^3/h；

Q_m——高峰月混凝土浇筑强度，m^3/月；

m——月工作日数，一般取25d；

n——日工作小时数，一般取20h；

K_h——小时不均匀系数，一般取1.5。

按式（3.5）计算的小时生产能力，应按设计浇筑安排的最大仓面面积、混凝土初凝

时间、浇筑层厚度、浇筑方法等条件，校核所选拌和楼的小时生产能力，以及与拌和楼配备的辅助设备的生产能力等是否满足相应要求。

3.1.2.1.2　混凝土生产系统的组成

水利水电工程因河流、地形地貌、坝型、混凝土工程量等因素差别较大，因而混凝土生产系统车间组成不尽相同，应根据混凝土施工和质量控制要求，设置混凝土生产系统车间。通常混凝土生产系统由拌和楼（站）、骨料储运设施、胶凝材料储运设施、外加剂车间、冲洗筛分车间、预冷预热车间、空压站、试验室及其他辅助车间等组成。

1. 拌和楼

拌和楼是混凝土生产系统主要部分，也是影响混凝土生产系统布置的关键设备。一般根据混凝土质量要求、浇筑强度、混凝土骨料最大粒径、混凝土品种和混凝土运输等要求选择拌和楼。

2. 骨料储运设施

骨料储运设施包括骨料输送和储存设施，按拌和楼生产要求，向拌和楼供应各种满足质量要求的粗细骨料。拌和楼一般采用轮换上料，净骨料（包括细骨料）供料点至拌和楼的输送距离宜在300m以内，当大于300m时，应在混凝土生产系统设置骨料调节堆（仓）。若骨料采用汽车运输，骨料中转较困难时，粗骨料调节堆的活容积一般为混凝土生产系统生产高峰日平均需要量2～3d的用量，细骨料不宜小于3d需用量；若采用胶带机转运骨料，场地布置困难，粗骨料调节堆活容积为混凝土生产系统生产高峰日平均需要量1～2d的用量，细骨料为2～3d的用量。混凝土生产系统骨料调节堆可采用料堆堆料和料仓储料两种方式。对混凝土工程量较小，生产时间短的工程可采用料堆堆料，堆料高度5～8m；对混凝土工程量较大，生产时间长、生产环境要求高，混凝土月强度较高的工程，为减少骨料二次污染，宜采用料仓堆料。

3. 胶凝材料储运

混凝土生产系统胶凝材料储运设施一般包括水泥和粉煤灰两部分，距拌和楼距离不宜大于200m。目前，大、中型水利水电工程一般不采用袋装水泥，混凝土生产系统应设置一定数量的散装水泥罐。因大、中型水利水电工程施工时间较长，粉煤灰供应不确定因素多，粉煤灰源多而不稳定，质量差异较大，为利于混凝土质量控制，粉煤灰罐不宜少于2个。混凝土生产系统胶凝材料从料源到工地运输，必要时可设置胶凝材料中转库，中转库的布置地点，一般由施工总组织确定。混凝土生产系统内胶凝材料宜采用气力输送。

4. 二次冲洗筛分

粗骨料在长距离运输和多次转储过程中，常常发生破碎和二次污染，为了满足骨料质量要求，一般在混凝土生产系统设置二次冲洗筛分设施，控制骨料超逊径含量，排除石渣石屑。二次冲洗筛分有两种形式：一是地面冲洗二次筛分，冲洗筛分后骨料直接储存在一次风冷料仓，如三峡二期98.70m高程等五个混凝土生产系统；二是地面冲洗、楼顶二次筛分，筛分后的骨料直接进拌和楼料仓，如湖南五强溪96.00m高程混凝土生产系统。

5. 试验室

混凝土生产系统应设置混凝土试验室，承担混凝土材料、混凝土拌和质量控制和检验。混凝土生产系统试验室建筑面积可按混凝土工程量来计算，每1万m^3混凝土试验室

建筑面积不宜小于 $1m^2$（包括监理单位现场试验室），试验室建筑面积不宜小于 $250m^2$。

6. 外加剂车间

目前，水利水电工程外加剂成品一般以浓缩液或固体形状运到工地，再配成液剂使用。固体浓缩外加剂在工地一般设置拆包、溶解、稀释、匀化稳定和输送几道工序。外加剂溶解在不能自流时，用提升泵输送至拌和楼，拌和楼外加剂储液灌应设置回液管至外加剂车间。如三峡二期工程 90.00m 和 79.00m 高程混凝土生产系统。如采用液体外加剂在工地可不设置专用车间，随配随用。如水口水电站工程采用液体外加剂，在拌和楼下配制后，直接用泵输送上楼。

7. 其他辅助车间

根据工程需要，混凝土生产系统还设有汽车停车场（如使用铁路运输时还应设机车场和机车线）、冲洗间、修理间、仓库、油库、调度控制室、配电所等，承担系统辅助生产任务。

3.1.2.1.3 混凝土生产系统的布置要点

（1）拌和楼尽可能靠近浇筑点，我国大中型水电站混凝土生产系统到坝址的距离一般在 500m 左右，爆破安全距离不宜小于 300m，且厂址宜布置在浇筑部位同侧。

（2）混凝土出线应顺畅，混凝土运输距离应按混凝土出机到入仓的运输时间应不超过 60min 计算，夏季应不超过 30min。

（3）当采用汽车运输混凝土时，拌和楼位置和浇筑仓面运输距离不宜太大（一般小于 3km），高差不能过大，进仓道路弯道要少，道路坡度应控制在 5%～8%的范围内，以便尽量缩短运输时间和提高运输能力。

（4）厂址选择地质良好，地形比较平缓、布置紧凑，拌和楼要尽量布置在地基稳定的基岩上。在山区峡谷地带，混凝土生产系统尽量采用台阶布置，减少土建工程量。

（5）为避免水库蓄水后对混凝土生产系统的影响，混凝土生产系统一般布置在大坝下游，砂石料运输要方便。有的工程大坝上游有建筑物，或上下游需要同时浇筑，为加快施工进度，经方案研究，可选择在大坝的上游布置。

（6）混凝土生产系统车间工艺布置。在进行混凝土生产系统车间工艺布置时，应首先根据混凝土运输方式和线路布置选定拌和楼位置，其次布置混凝土生产系统其他车间。工艺布置时，应保证车间各物流、气流、车流、给水、排水、供配电顺畅，流程线路尽量缩短，且不宜交叉，不宜干扰主体工程布置与施工，同时各车间应按国家有关规定满足安全生产、劳动保护要求。

（7）厂区主要建筑物地面高程应高出当地 20 年一遇的洪水位；混凝土生产系统设在沟口时，要保证不受山洪或泥石流的威胁；受料坑、地弄等地下建筑物一般应在地下水位以上；厂区系由陡坡上开挖出来时，特别要注意高边坡的稳定和危石处理。

（8）厂区的位置和高程要满足混凝土运输和浇筑施工方案的要求。

3.1.2.2 混凝土生产与设备选型

3.1.2.2.1 混凝土配料

混凝土制备的过程包括储料、供料、配料和拌和。其中配料和拌和是主要生产环节，也是质量控制的关键，要求品种无误、配料准确、拌和充分。

混凝土配料是按设计要求，称量每次拌和混凝土的材料用量。配料的精度直接影响混凝土质量。混凝土配料要求采用重量配料法，即是将砂、石、水泥、掺合料按重量计量，水和外加剂溶液按重量折算成体积计量。施工规范对配料精度（按重量百分比计）的要求是：水泥、掺合料、水、外加剂溶液为±1%，砂石料为±2%。

设计配合比中的加水量根据水灰比计算确定，并以饱和面干状态的砂子为标准。由于水灰比对混凝土强度和耐久性影响极为重大，绝不能任意变更；施工采用的砂子，其含水量又往往较高，在配料时采用的加水量，应扣除砂子表面含水量及外加剂中的水量。

1. 给料设备

给料是将混凝土各组分从料仓按要求供到称料料斗。给料设备的工作机构常与称量设备相连，当需要给料时，控制电路开通，进行给料。当计量达到要求时，即断电停止给料。常用的给料设备见表3.2。

表3.2　　常用给料设备

序号	名　称	特　点	适宜给料对象
1	皮带给料机	运行稳定、无噪声、磨损小、使用寿命长、精度较高	砂
2	给料闸门	结构简单、操作方便、误差较大，可手控、气控、电磁控制	砂、石
3	电磁振动给料机	给料均匀，可调整给料量，误差较大、噪声较大	砂、石
4	叶轮给料机	运行稳定、无噪声、称料准确，可调给料量，满足粗、精称量要求	水泥、混合材料
5	螺旋给料机	运行稳定、给料距离灵活、工艺布置方便，但精度不高	水泥、混合材料

2. 配料称量设备

混凝土配料称量的设备，有简易称量（地磅）、电动磅称、自动配料杠杆秤、电子秤、配水箱及定量水表。

(1) 简易称量。当混凝土拌制量不大，可采用简易称量方式，如图3.10所示。磅称量是将地磅安装在地槽内，用手推车装运材料推到地磅上进行称量。这种方法最简便，但

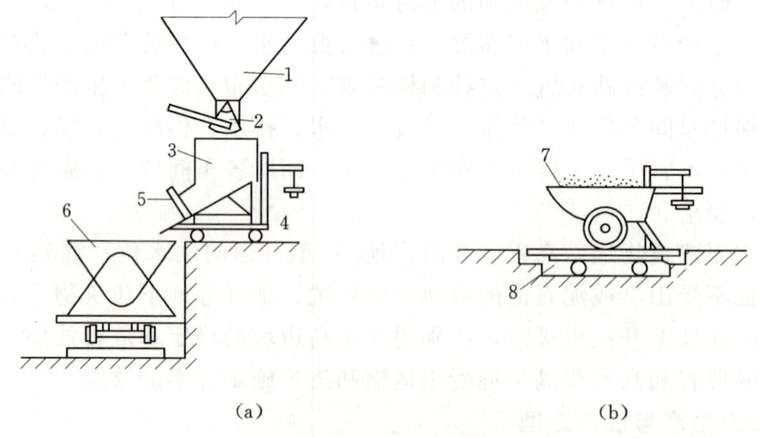

图3.10　简易称量设备

(a) 称料斗称料；(b) 地磅称料

1—储料斗；2—弧形门；3—称料斗；4—台秤；5—卸料门；6—斗车；7—手推车；8—地槽

称量速度较慢。台秤称量需配置称料斗、储料斗等辅助设备。称料斗安装在台秤上，骨料能由储料斗迅速落入，故称量时间较快，但储料斗承受骨料的重量大，结构较复杂。储料斗的进料可采用皮带机、卷扬机等提升设备。

(2) 电动磅秤。电动磅秤是简单的自控计量装置，每种材料用一台装置，如图3.11所示，给料设备下料至主称量料斗，达到要求重量后即断电停止供料，称量料斗内材料卸至皮带机送至集料斗。

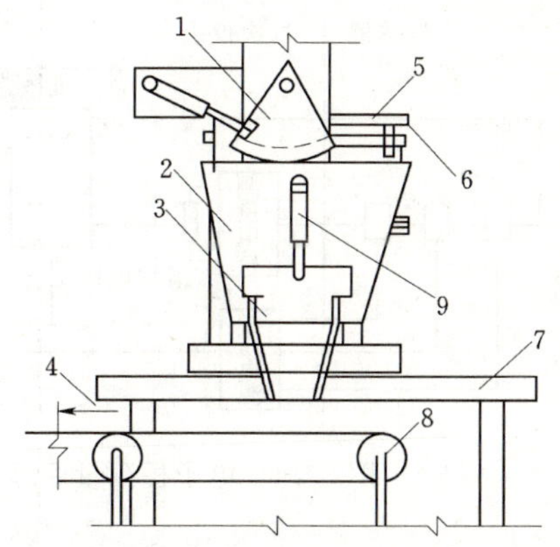

图3.11 电动磅秤

1—扇形给料器；2—称量斗；3—出料口；4—送至集料斗；5—磅秤；6—电源闭路按钮；7—支架；8—水平胶带；9—液压或气动开关

(3) 自动配料杠杆秤。自动配料杠杆秤带有配料装置和自动控制装置(图3.12)，自动化水平高，可进行砂、石的称量，精度较高。

(4) 电子秤。电子秤是通过传感器承受材料重力拉伸，输出电信号在标尺上指出荷重的大小，当指针与预先给定数据的电接触点接通时，即断电停止给料，同时继电器动作，称料斗斗门打开向集料斗供料，如图3.13和图3.14所示。

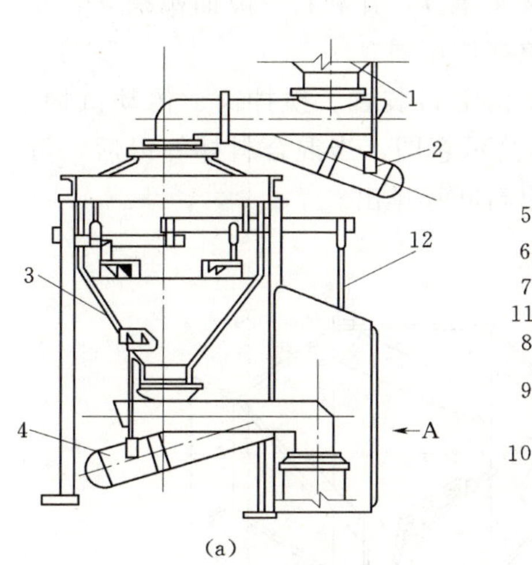

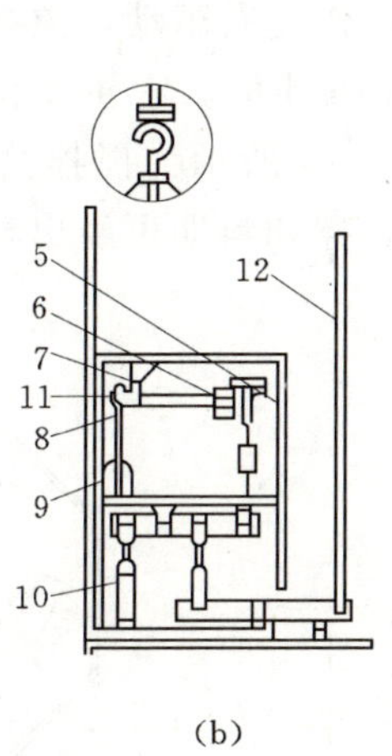

图3.12 自动配料杠杆秤

(a) 总图；(b) A向内视构造图

1—储料斗；2、4—电磁振动给料器；3—称量斗；5—调整游锤；6—游锤；7—接触棒；8—重锤托盘；9—附加重锤(构造如小圆图)；10—配重；11—标尺；12—传重拉杆

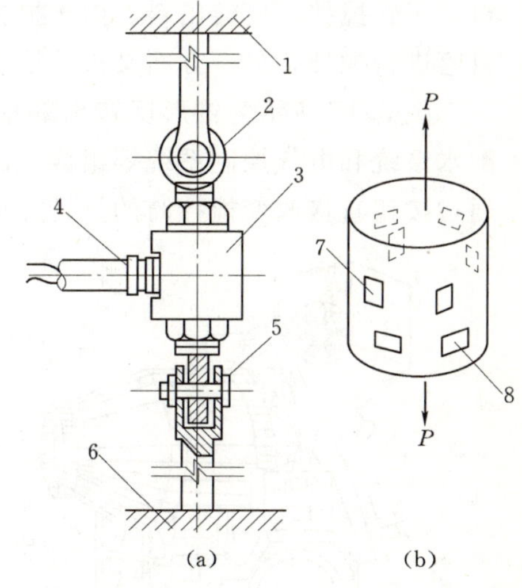

图3.13 电子配料杠杆秤

(a) 传感器安装示意；(b) 传感器内应变片黏贴示意

1—储料仓支架；2、5—球铰；3—传感器；4—电路线插头；6—称量斗；7—竖贴应变片；8—横贴应变片

(5) 配水箱及定量水表。水和外加剂溶液可用配水箱和定量水表计量。配水箱是搅拌机的附属设备，可利用配水箱的浮球刻度尺控制水或外加剂溶液的投放量。定量水表常用于大型搅拌楼，使用时将指针拨至每盘搅拌用水量刻度上，按电钮即可送水，指针也随进水量回移，至零位时电磁阀即断开停水。此后，指针能自动复位至设定的位置。

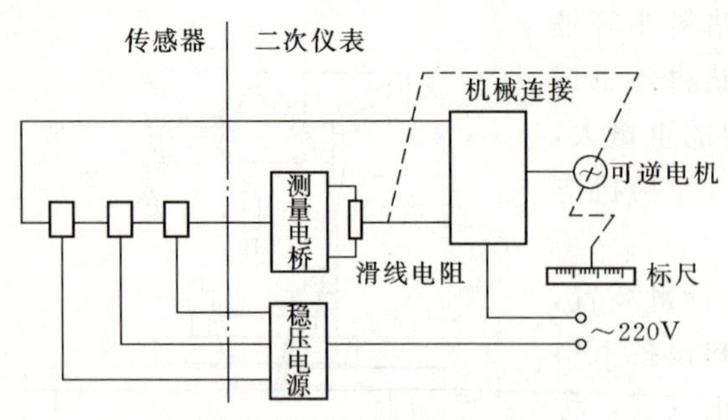

图 3.14 电子秤测量原理图

称量设备一般要求精度较高，而其所处的环境粉尘较大，因此应经常检查调整，及时清除粉尘。一般要求每班检查一次称量精度。

以上给料设备、称量设备、卸料装置一般通过继电器联锁动作，实行自动控制。

3.1.2.2.2 混凝土拌和

用拌和机拌和混凝土的方式运用较广泛，该方式能提高拌和质量和生产率。拌和机械有自落式和强制式两种。

1. 混凝土搅拌机

(1) 自落式混凝土搅拌机。自落式搅拌机是通过筒身旋转，带动搅拌叶片将物料提高，在重力作用下物料自由坠下，反复进行，互相穿插、翻拌、混合使混凝土各组分搅拌均匀的。

1) 锥形反转出料搅拌机。锥形反转出料搅拌机是中、小型建筑工程常用的一种搅拌机，正转搅拌，反转出料。由于搅拌叶片呈正、反向交叉布置，拌和料一方面被提升后靠自落进行搅拌，另一方面又被迫沿轴向作左右窜动，搅拌作用强。

图 3.15 所示为锥形反转出料搅拌机外形。它主要由上料装置、搅拌筒、传动机构、配水系统和电气控制系统等组成。图 3.16 所示为搅拌筒示意图，当混合料拌好以后，可通过按钮直接改变搅拌筒的旋转方向，拌和料即可经出料叶片排出。

图 3.15 锥形反转出料机外形图

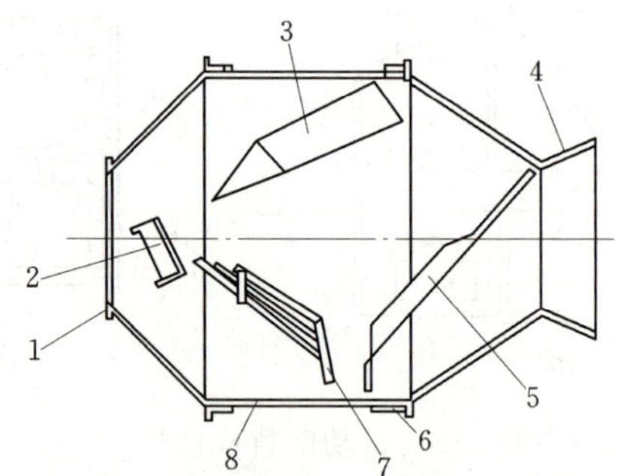

图 3.16 锥形反转出料搅拌机的搅拌桶

1—进料口；2—挡料叶片；3—主搅拌叶片；4—出料口；5—出料叶片；6—滚道；7—副叶片；8—搅拌筒筒身

2) 双锥形倾翻出料搅拌机。双锥形倾翻出料搅拌机进出料在同一口，出料时由气动倾翻装置使搅拌筒下旋 50°～60°，即可将物料卸出，如图 3.17 所示。双锥形倾翻出料搅拌机卸料迅速，拌筒容积利用系数高，拌和物的提升速度低，物料在拌筒内靠滚动自落而搅拌均匀，能耗低，磨损小，能搅拌大粒径骨料混凝土，主要用于大体积混凝土工程。

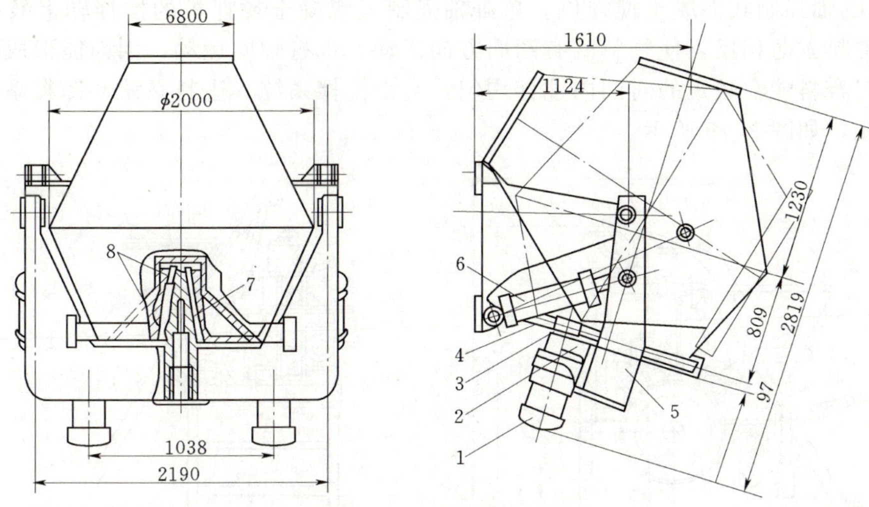

图3.17 双锥型搅拌机结构示意图（单位：mm）

1—电动机；2—行星摆线减速器；3—小齿轮；4—倾翻机架；5—竖向固定支架
6—倾翻气缸；7—锥行轴；8—单列圆锥滚珠轴承

(2) 强制式混凝土搅拌机。强制式混凝土搅拌机一般筒身固定，搅拌机片旋转，对物料施加剪切、挤压、翻滚、滑动、混合使混凝土各组分搅拌均匀。

1) 涡浆强制式搅拌机。涡浆强制式搅拌机是在圆盘搅拌筒中装一根回转轴，轴上装有拌和铲和刮板，随轴一同旋转，如图3.18所示。它用旋转着的叶片，将装在搅拌筒内的物料强行搅拌使之均匀。涡浆强制式搅拌机由动力传动系统、上料和卸料装置、搅拌系统、操纵机构和机架等组成。

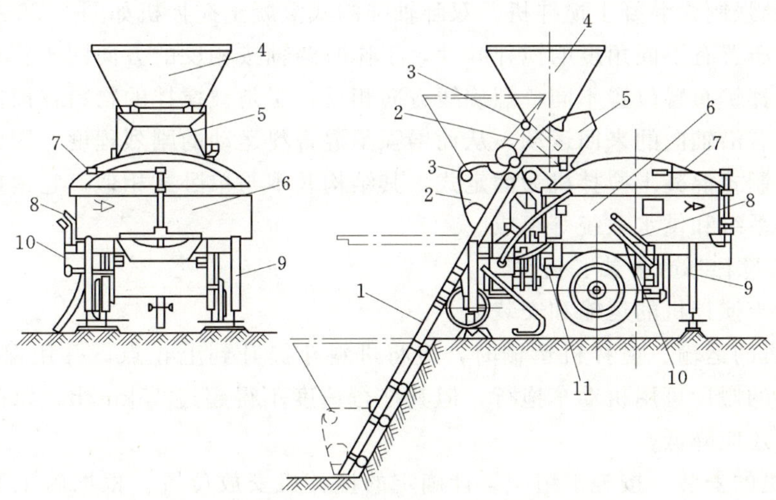

图3.18 涡浆强制式混凝土搅拌机

1—上料轨道；2—上料斗底座；3—铰链轴；4—上料斗；5—进料承口；6—搅拌筒；
7—卸料手柄；8—料斗下降手柄；9—撑脚；10—上料手柄；11—给水手柄

2）单卧轴强制式混凝土搅拌机。单卧轴强制式混凝土搅拌机的搅拌轴上装有两组叶片，两组推料方向相反，使物料既有圆周方向运动，也有轴向运动，因而能形成强烈的物料对流，混合料能在较短的时间内搅拌均匀。它由搅拌系统、进料系统、卸料系统和供水系统等组成，如图3.19所示。

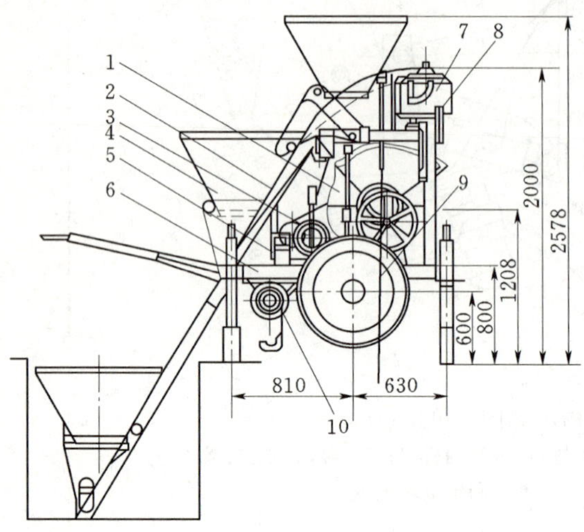

图3.19　单卧轴强制式搅拌机结构图（单位：mm）

1—搅拌装置；2—上料架；3—料斗操纵手柄；4—料斗；5—水泵；6—底盘；7—水箱；8—供水装置操纵手柄；9—车轮；10—传动装置

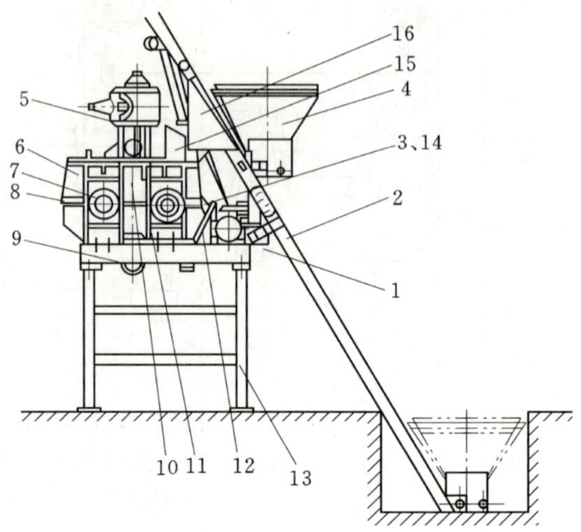

图3.20　双卧轴搅拌机

1—上料传动装置；2—上料架；3—搅拌驱动装置；4—料斗；5—水箱；6—搅拌筒；7—搅拌装置；8—供油器；9—卸料装置；10—三通阀；11—操纵杆；12—水泵；13—支撑架；14—罩盖；15—受料斗；16—电气箱

3）双卧轴强制式混凝土搅拌机。双卧轴强制式混凝土搅拌机如图3.20所示，有两根搅拌轴，轴上布置有不同角度的搅拌叶片，工作时两轴按相反的方向同步相对旋转。由于两根轴上的搅拌铲布置位置不同，螺旋线方向相反，于是被搅拌的物料在筒内既有上下翻滚的动作，也有沿轴向的来回运动，从而增强了混合料运动的剧烈程度，因此搅拌效果更好。双卧轴强制式混凝土搅拌机为固定式，其结构基本与单卧式相似。它由搅拌系统、进料系统、卸料系统和供水系统等组成。

2. 混凝土搅拌机的安装、使用

（1）混凝土搅拌机的运输和安装。

1）搅拌机的运输。搅拌机运输时，应将进料斗提升到上止点，并用保险铁链锁住。轮胎式搅拌机的搬运可用机动车拖行，但其拖行速度不得超过15km/h。如在不平的道路上行驶，速度还应降低。

2）搅拌机的安装。按施工组织设计确定的搅拌机安放位置，根据施工季节情况搭设搅拌机工作棚，棚外应挖有排除清洗搅拌机废水的排水沟，能保持操作场地的整洁。

固定式搅拌机，应安装在牢固的台座上。当长期使用时，应埋置地脚螺栓；如短期使用，可在机座下铺设木枕并找平放稳。

轮胎式搅拌机，应安装在坚实平整的地面上，全机重量应由四个撑脚负担而使轮胎不

受力，否则机架在长期荷载作用下会发生变形，造成连结件扭曲或传动件接触不良而缩短搅拌机使用寿命。当搅拌机长期使用时，为防止轮胎老化和腐蚀，应将轮胎卸下另行保管。机架应以枕木垫起支牢，进料口一端抬高 3～5cm，以适应上料时短时间内所造成的偏重。轮轴端部用油布包好，以防止灰土泥水侵蚀。

有些类型的搅拌机须在上料斗的最低点挖上料地坑，上料轨道应伸入坑内，斗口与地面齐平，斗底与地面之间加一层缓冲垫木，料斗上升时靠滚轮在轨道中运行，并由斗底向搅拌筒中卸料。

按搅拌机产品说明书的要求进行安装调试，检查机械部分、电气部分、气动控制部分等是否能正常工作。

（2）搅拌机的使用。

1）搅拌机使用前的检查。搅拌机使用前应按照“十字作业法”（清洁、润滑、调整、紧固、防腐）的要求检查离合器、制动器、钢丝绳等各个系统和部位，是否机件齐全、机构灵活、运转正常，并按规定位置加注润滑油脂。检查电源电压，电压升降幅度不得超过搅拌电气设备规定的5%。随后进行空转检查，检查搅拌机旋转方向是否与机身箭头一致，空车运转是否达到要求值。供水系统的水压、水量满足要求。在确认以上情况正常后，搅拌筒内加清水搅拌 3min 然后将水放出，再可投料搅拌。

2）开盘操作。在完成上述检查工作后，即可进行开盘搅拌，为不改变混凝土设计配合比，补偿黏附在筒壁、叶片上的砂浆，第一盘应减少石子约 30%，或多加水泥、砂各 15%。

3）正常运转。

（a）投料顺序。普通混凝土一般采用一次投料法或两次投料法。一次投料法是按砂（石子）—水泥—石子（砂）的次序投料，并在搅拌的同时加入全部拌和水进行搅拌；二次投料法是先将石子投入拌和筒并加入部分拌和用水进行搅拌，清除前一盘拌和料黏附在筒壁上的残余，然后再将砂、水泥及剩余的拌和用水投入搅拌筒内继续拌和。

表 3.3　混凝土搅拌的最短时间　　单位：s

混凝土坍落度（cm）	搅拌机机型	搅拌机容量（L）		
		<250	250～500	>500
≤3	强制式	60	90	120
	自落式	90	120	150
>3	强制式	60	60	90
	自落式	90	90	120

注　掺有外加剂时，搅拌时间应适当延长。

（b）搅拌时间。混凝土搅拌质量直接和搅拌时间有关，搅拌时间应满足表 3.3 的要求。

（c）操作要点。搅拌机操作要点见表 3.4。

表 3.4　搅拌机操作要点

序号	项目	操作要点
1	进料	（1）应防止砂、石落入运转机构。 （2）进料容量不得超载。 （3）进料时避免水泥先进，避免水泥黏结机体
2	运行	（1）注意声响，如有异常，应立即检查。 （2）运行中经常检查紧固件及搅拌叶，防止松动或变形

续表

序号	项目	操　作　要　点
3	安全	(1) 上料斗升降区严禁任何人通过或停留。检修或清理该场地时，用链条或锁闩将上料斗扣牢。 (2) 进料手柄在非工作时或工作人员暂时离开时，必须用保险环扣紧。 (3) 出浆时操作人员应手不离开操作手柄，防止手柄自动回弹伤人（强制式机更要重视）。 (4) 出浆后，上料前，应将出浆手柄用安全钩扣牢，方可上料搅拌。 (5) 停机下班，应将电源拉断，关好开关箱。 (6) 冬季施工下班，应将水箱、管道内的存水排清
4	停电或机械故障	(1) 快硬、早强、高强混凝土，及时将机内拌和物掏清。 (2) 普通混凝土，在停拌 45min 内将拌和物掏清。 (3) 缓凝混凝土，根据缓凝时间，在初凝前将拌和物掏清。 (4) 掏料时，应将电源拉断，防止突然来电

(d) 搅拌质量检查。混凝土拌和物的搅拌质量应经常检查，混凝土拌和物颜色均匀一致，无明显的砂粒、砂团及水泥团，石子完全被砂浆所包裹，说明其搅拌质量较好。

4）停机。每班作业后应对搅拌机进行全面清洗，并在搅拌筒内放入清水及石子运转10～15min 后放出，再用竹扫帚洗刷外壁。搅拌筒内不得有积水，以免筒壁及叶片生锈，如遇冰冻季节应放尽水箱及水泵中的存水，以防冻裂。

每天工作完毕后，搅拌机料斗应放至最低位置，不准悬于半空。电源必须切断，锁好电闸箱，保证各机构处于空位。

3.1.2.3　混凝土拌和楼（站）

3.1.2.3.1　混凝土拌和楼选择的一般原则

在水利水电工程混凝土生产系统设计中，应根据混凝土生产要求选择类型适宜、能力匹配的拌和楼。大型拌和楼生产能力大，自动化程度高，适应混凝土浇筑工程量大工期长的大中型水利水电工程。小型拌和楼安装简单，便于迁移，生产能力较低，一般适应于小型水电工程或大型工程初期临建工程。在选择拌和楼时，拌和楼搅拌机允许最大骨料粒径应满足混凝土最大骨料粒径的要求。混凝土有温控要求时，应选择与温控相适应的拌和楼型式，拌和楼应配置储冰库、冰块称量器，必要时骨料冷却需在拌和楼骨料仓上配置附壁式冷风机。

一个混凝土生产系统拌和楼不宜超过3座，也不宜超过2种楼型。过多的拌和楼会使混凝土生产系统工艺布置、生产管理和施工组织复杂化，混凝土各种材料供应、储存和运输干扰加大，胶带机上楼布置也困难。

3.1.2.3.2　拌和楼生产能力的选取

拌和楼的生产能力在不同程度上受到骨料冷却（或加热）、掺合料、混凝土坍落度、级配标号变换、机械电气设备的运行维修、控制系统等因素的影响，在确定拌和楼生产能力时，应按铭牌生产能力，根据使用条件进行核算，类比国内外相同楼型，相似使用条件下拌和楼实际达到的生产能力，最终确定所选拌和楼的生产能力。国内部分拌和楼生产能力参见表3.5。

表3.5 国内部分拌和楼生产能力统计表

拌和楼型号	铭牌生产能力 (m^3/h)	实际生产能力（常态）(m^3)			碾压混凝土 (m^3/月)	备 注
		小时	日	月		
2×1.0	48～60	50	800	16000		
3×1.0	72～90	75	1200	25000		
3×1.5	108～135	100	1600	34000	26000	
4×1.5	125	120	2000	40000	30000	
4×3.0	276	240	3800	75000	60000	
2×3.0	120	150		45000		
2×4.5	324	289	3800	76000	70000	强制式
4×4.5	360	300	4800	88000	75000	
2×6.0	200	180		50000		
4×6.0	360	260	4000	76000	60000	三峡二期
2×9.0	530	300				

3.1.2.3.3 拌和楼型式的选择

拌和楼从结构布置形式上可分为直立式、二阶式、移动式等三种型式，从搅拌机配置可分为自落式、强制式及涡流式等型式拌和楼。

1. 直立式拌和楼

直立式混凝土拌和楼是将骨料、胶凝材料、料仓、称量、拌和、混凝土出料等各工艺环节由上而下垂直布置在一座楼内，物料只作一次提升，这种楼型在国内外广泛采用，用于混凝土工程量大，使用周期长、施工场地狭小的水利水电工程。

2. 二阶式拌和楼

二阶式混凝土拌和楼是将直立式拌和楼分成两大部分：一部分是骨料进料、料仓及称量；另一部分是胶凝材料、拌和、混凝土出料和控制等。两部分中间一般用胶带，配好的骨料送入搅拌机，骨料分二次提升，两个部分一般布置在同一个高程上；地形高差布置在两个高程。这种结构布置形式拌和楼安装拆迁方便、机动灵活、时间短。小浪底工程混凝土生产系统 4×3m^3 拌和楼采用这种结构型式。

3. 移动式拌和楼

移动式混凝土拌和楼一般用于小型水利水电工程，混凝土骨料粒径在80mm以下混凝土。混凝土拌和船是建造在浮动船舶上的拌和站，主要用于石油、海湾港口码头、河防、桥梁工程等。

任务3.1.3 混凝土运输

项目背景（工程案例）：丹江口水电站大坝加高混凝土施工

混凝土在拌和站定点拌制，采用10t自卸汽车作为混凝土水平运输的主要施工机械。各部位的混凝土入仓方案如下：

(1) 左右岸挡水坝段。左右岸挡水坝段混凝土浇筑时，底板采用EX—210LC型长臂反铲入仓；底板以上采用MQ540/30B门机吊运2m^3卧罐入仓。

(2) 泄洪冲沙坝段。泄洪冲沙坝段底板采用长臂反铲入仓，底板以上采用MQ540/

30B门机吊运 $2m^3$ 卧罐入仓；下游护坦、海漫采用1台EX-210LC型长臂反铲入仓。

液压反铲入仓具有机动、灵活，施工效率高，能减小混凝土运输周转次数的特点，并能辅助混凝土施工的摊铺作业。反铲入仓时需保证下料高度不大于2m，以防止混凝土骨料产生分离现象。

问题：制定混凝土运输方案应考虑那些因素？混凝土运输方法有哪些？有何要求？

学习目标：

（1）知识目标。能陈述混凝土运输的方法与要求。

（2）能力目标。能初步制定混凝土运输方案。

3.1.3.1　混凝土运输方案选定

混凝土运输是整个混凝土施工中的一个重要环节，对工程质量和施工进度影响较大。由于混凝土料拌和后不能久存，而且在运输过程中对外界的影响敏感，运输方法不当或疏忽大意，都会降低混凝土质量，甚至造成废品。如供料不及时或混凝土品种错误，正在浇筑的施工部位将不能顺利进行。因此要解决好混凝土拌和、浇筑、水平运输和垂直运输之间的协调配合问题，还必须采取适当的措施，保证运输混凝土的质量。

（1）混凝土料在运输过程中应满足以下基本要求。

1）运输设备应不吸水、不漏浆，运输过程中不发生混凝土拌和物分离、严重泌水及过多降低坍落度。

2）同时运输两种以上强度等级的混凝土时，应在运输设备上设置标志，以免混淆。

3）尽量缩短运输时间、减少转运次数。运输时间不得超过表3.6的规定。因故停歇过久，混凝土产生初凝时，应作废料处理。在任何情况下，严禁中途加水后运入仓内。

表3.6　混凝土允许运输时间

气温（℃）	混凝土允许运输时间（min）
20～30	30
10～20	45
5～10	60

注　本表数值未考虑外加剂、混合料及其他特殊施工措施的影响。

4）运输道路基本平坦，避免拌和物振动、离析、分层。

5）混凝土运输工具及浇筑地点，必要时应有遮盖或保温设施，以避免因日晒、雨淋、受冻而影响混凝土的质量。

6）混凝土拌和物自由下落高度以不大于2m为宜，超过此界限时应采用缓降措施。

（2）混凝土运输包括两个运输过程：一是从拌和机前到浇筑仓前，主要是水平运输；二是从浇筑仓前到仓内，主要是垂直运输。混凝土运输方案的选用应保证混凝土质量，并根据混凝土浇筑方案、施工特点、地形条件及施工总布置，通过技术经济比较后确定。

（3）混凝土运输中为了保证混凝土的质量需要一些辅助设备，有吊罐、集料斗、溜槽、溜管等。用于混凝土装料、卸料和转运入仓，对于保证混凝土质量和运输工作顺利进行起着相当大的作用。

1）溜槽与振动溜槽。溜槽为钢制槽子（钢模），可从皮带机、自卸汽车、斗车等受料，将混凝土转送入仓。其坡度可由试验确定，常采用45°左右。当卸料高度过大时，可采用振动溜楷槽。振动溜槽装有振动器，单节长4～6m，拼装总长可达30m，其输送坡度由于振动器的作用可放缓至15～20°。采用溜槽时，应在溜槽末端加设1～2节溜管或挡

板（图 3.21），防止混凝土料在下滑过程中分离。利用溜槽转运入仓，是大型机械设备难以控制部位的有效入仓手段。

2）溜管与振动溜管。溜管（溜筒）由多节铁皮管串挂而成。每节长 0.8～1m，上大下小，相邻管节铰挂在一起，可以拖动，如图 3.22 所示。采用溜管卸料可起到缓冲消能作用，以防止混凝土料分离和破碎。

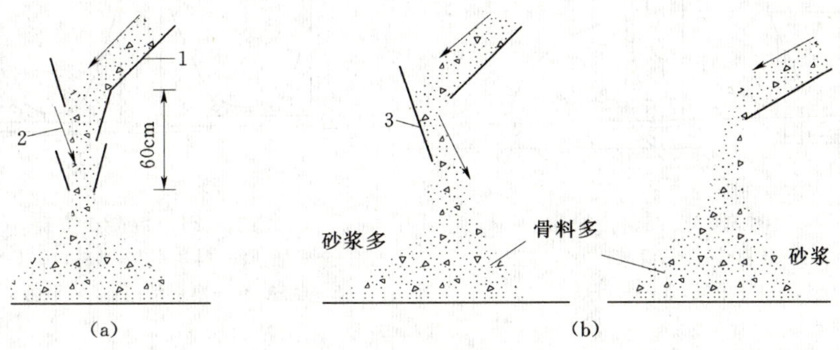

图 3.21　溜槽卸料

(a) 正确方法；(b) 不正确方法

1—溜槽；2—两节溜筒；3—挡板

溜管卸料时，其出口离浇筑面的高差应不大于 1.5m。并利用拉索拖动均匀卸料，但应使溜管出口段约 2m 长与浇筑面保持垂直，以避免混凝土料分离。随着混凝土浇筑面的上升，可逐节拆卸溜管下端的管节。

溜管卸料多用于断面小、钢筋密的浇筑部位，其卸料半径为 1～1.5m，卸料高度不大于 10m。

振动溜管与普通溜管相似，但每隔 4～8m 的距离装有一个振动器，以防止混凝土料中途堵塞，其卸料高度可达 10～20m。

3）吊罐。吊罐有卧罐和立罐之分。卧罐通过自卸汽车受料，立罐置于平台列车直接在搅拌楼出料口受料如图 3.23 和图 3.24 所示。

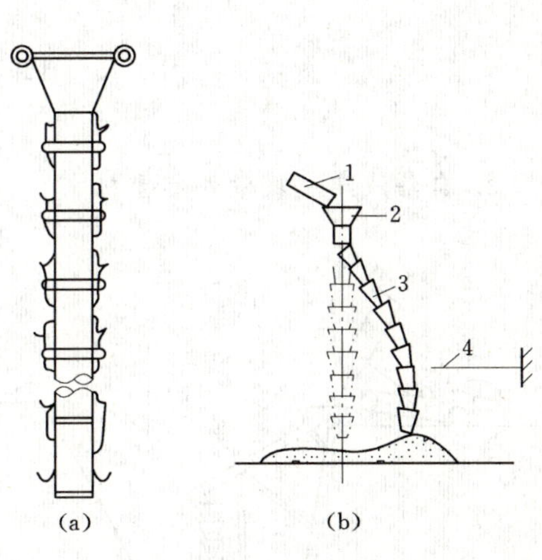

图 3.22　溜筒

(a) 垂直位置；(b) 拉向一侧卸料

1—运料工具；2—受料斗；3—溜管；4—拉索

3.1.3.2　混凝土水平运输

由于混凝土运输方量和运输强度非常大，需采用大型运输设备。水利水电工程中常用的混凝土水平运输方案有以下几种。

3.1.3.2.1　自卸汽车运输

1. 自卸汽车—栈桥—溜筒

如图 3.25 所示，组合钢筋柱或预制混凝土柱作立柱，用钢轨梁和面板作桥面构成栈桥，下挂溜筒，自卸汽车通过溜筒入仓。它要求坝体能比较均匀地上升，浇筑块之间高差不大。这种方式可从拌和楼一直运至栈桥卸料，生产率高。

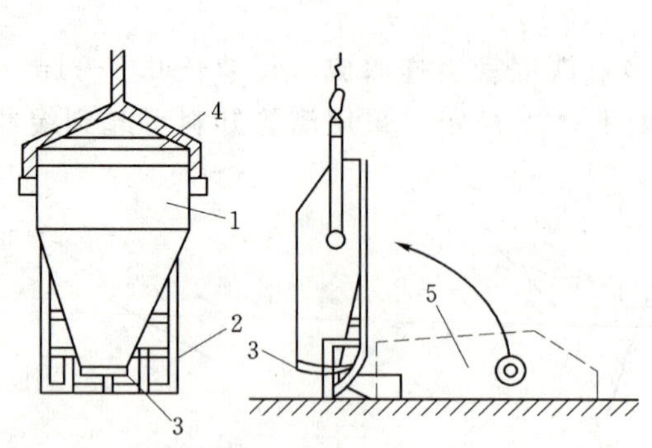

图 3.23　混凝土卧罐

1—装料斗；2—滑架；3—斗门；
4—吊梁；5—平卧状态

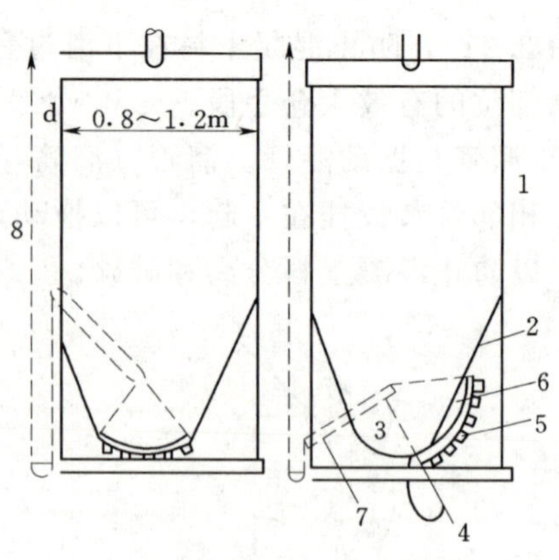

图 3.24　混凝土立罐

1—金属桶；2—料斗；3—出料口；4—橡皮垫；
5—辊轴；6—扇形活门；7—手柄；8—索

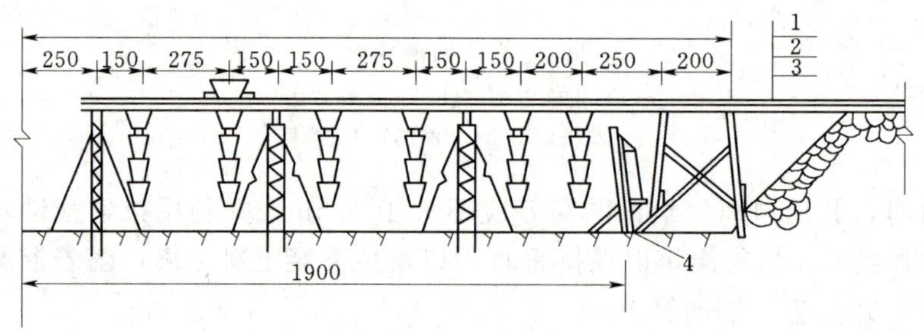

图 3.25　自卸汽车—栈桥入仓（单位：cm）

1—护轮木；2—木板；3—钢轨；4—模板

2. 自卸汽车—履带式起重机

自卸汽车自拌和楼受料后运至基坑后转至混凝土卧罐，再用履带式起重机吊运入仓。履带式起重机可利用土石方机械改装。

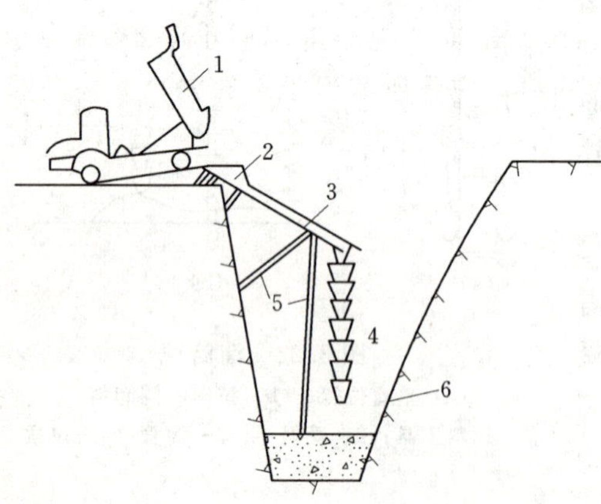

图 3.26　自卸汽车转溜槽、溜筒入仓

1—自卸汽车；2—储料斗；3—斜溜槽；4—溜筒（漏斗）；5—支撑；6—基岩面

3. 自卸汽车—溜槽（溜筒）

自卸汽车转溜槽（溜筒）入仓适用于狭窄、深塘混凝土回填。斜溜槽的坡度一般在1∶1左右，混凝土的坍落度一般为6cm左右。每道溜槽控制的浇筑宽度为5～6m，如图3.26所示。

4. 自卸汽车直接入仓

（1）端进法。端进法是在刚捣实的混凝土面上铺厚6～8mm的钢垫板，自卸汽车在其上驶入仓内卸料浇筑（图3.27），浇筑层厚度不超过1.5m。端进法要求混凝土坍落度小于 3～4cm，最好是干硬性混凝土。

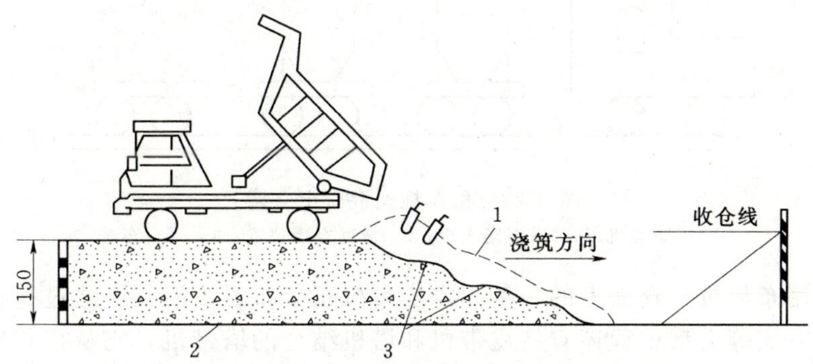

图 3.27 端进法示意图（单位：cm）

1—新入仓混凝土；2—老混凝土面；3—振捣后的台阶

(2) 端退法。自卸汽车在仓内已有一定强度的老混凝土面上行驶。汽车铺料与平仓振捣互不干扰，且因汽车卸料定点准确，平仓工作量也较小（图 3.28)，混凝土的龄期应根据施工条件通过试验确定。

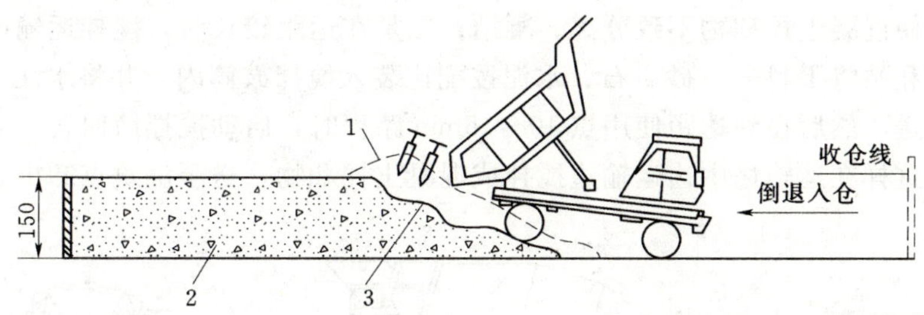

图 3.28 端退法示意图（单位：cm）

1—新入仓混凝土；2—老混凝土；3—振捣后的台阶

用汽车运输凝土时，应遵守下列技术规定：装载混凝土的厚度不应小于 40cm，车厢应严密平滑，砂浆损失应控制在 1%以内；每次卸料，应将所载混凝土卸净，并应及时清洗车厢，以免混凝土黏附；以汽车运输混凝土直接入仓时，应有确保混凝土质量的措施。

3.1.3.2.2 铁路运输

大型工程多采用铁路平台列车运输混凝土，以保证相当大的运输强度。

铁路运输常用机车拖挂数节平台列车，上放混凝土立式吊罐 2～4 个，直接到拌和楼装料。列车上预留 1 个罐的空位，以备转运时放置起重机吊回的空罐。这种运输方法，有利于提高机车和起重机的效率，缩短混凝土运输时间，如图 3.29 所示。

3.1.3.2.3 皮带机运输

皮带机运送混凝土有固定式和移动式两种。

固定式皮带机是用钢筋柱（或预制混凝土排架）支撑皮带机通过仓面，每台皮带机控制浇筑宽度 5～6m。这种布置方式每次浇筑高度约 10m。为使混凝土比较均匀地分料入仓，每台皮带机上每间隔 6m 装置一个固定式或移动式刮板，混凝土经溜槽或溜筒入仓。

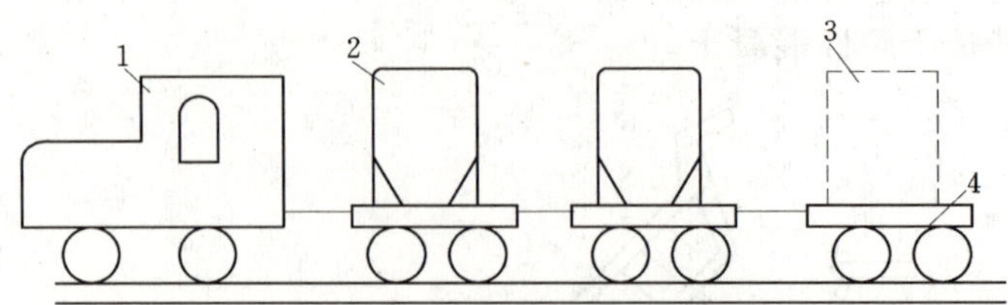

图 3.29 机车拖运混凝土立罐

1—柴油机车；2—混凝土罐；3—放回空罐位置；4—平台车

移动式皮带机用布料机与仓面上的一条固定皮带机正交布置，混凝土通过布料机接溜筒入仓。此外，在三峡等大型工程还有将皮带机和塔机结合的塔带机，它从拌和楼受料用皮带送至仓面附近再通过布料杆将混凝土直接送至浇筑仓面。

3.1.3.2.4 混凝土搅拌运输车

混凝土搅拌运输车如图 3.30 所示，是送混凝土的专用设备。它的特点是在运量大、运距远的情况下，能保证混凝土的质量均匀，一般用于混凝土制备点（商品混凝土站）与浇筑点距离较远时使用。它的运送方式有两种：一是在 10km 范围内作短距离运送时，只作运输工具使用，即将拌和好的混凝土接送至浇筑点，在运输途中为防止混凝土分离，让搅拌筒只作低速搅动，使混凝土拌和物不致分离、凝结；二是在运距较长时，搅拌运输两者兼用，即先在混凝土拌和站将干料——砂、石、水泥按配比装入搅拌鼓筒内，并将水注入配水箱，开始只作干料运送，然后在到达距使用点 10～15min 路程时，启动搅拌筒回转，并向搅拌筒注入定量的水，这样在运输途中边运输边搅拌成混凝土拌和物，送至浇筑点卸出。

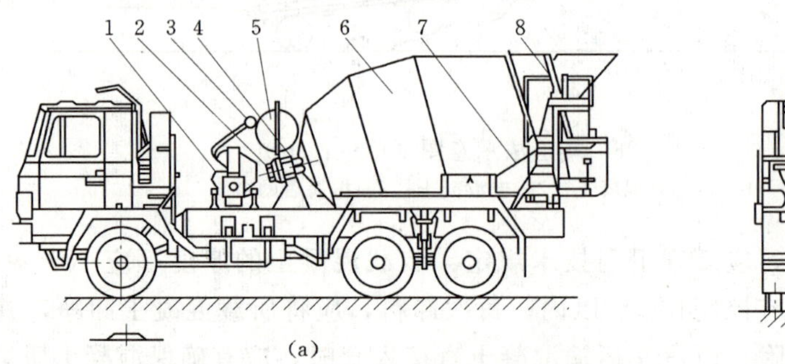

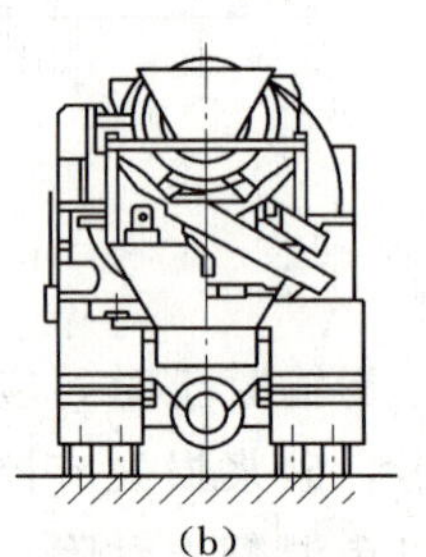

图 3.30 搅拌运输车外形图

(a) 侧视；(b) 后视

1—泵连接组件；2—减速机总成；3—液压系统；4—机架；5—供水系统；6—搅拌筒；7—操纵系统；8—进出料装置

3.1.3.3 混凝土垂直运输

3.1.3.3.1 履带式起重机

履带式起重机多由开挖石方的挖掘机改装而成，直接在地面上开行，无需轨道。它的提升高度不大，控制范围比门机小。但起重量大、转移灵活、适应工地狭窄的地形，在开工初期能及早投入使用，生产率高。该机适用于浇筑高程较低的部位。

3.1.3.3.2 门式起重机

门式起重机（门机）是一种大型移动式起重设备。它的下部为一钢结构门架，门架底

部装有车轮，可沿轨道移动。门架下有足够的净空，能并列通行2列运输混凝土的平台列车。门架上面的机身包括起重臂、回转工作台、滑轮组（或臂架连杆）、支架及平衡重等。整个机身可通过转盘的齿轮作用，水平回转360°。该机运行灵活、移动方便，起重臂能在负荷下水平转动，但不能在负荷下变幅。变幅是在非工作时，利用钢索滑轮组使起重臂改变倾角来完成，如图3.31所示为10t丰满门机。图3.32所示为10/30t高架门机，起重高度可达60～70m。

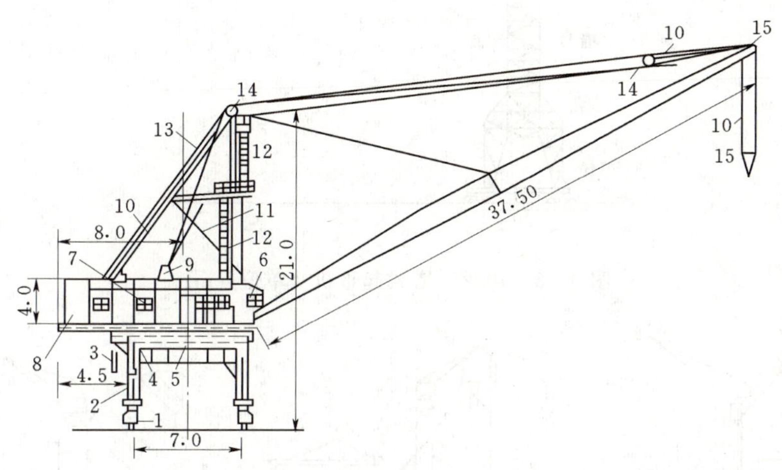

图3.31 丰满门机（单位：m）

1—车轮；2—门架；3—电缆卷筒；4—回转机构；5—转盘；6—操纵室；7—机器间；8—平衡重；9、14、15—滑轮；10—起重索；11—支架；12—梯；13—臂架升降索

3.1.3.3.3 塔式起重机

塔式起重机（简称塔机）是在门架上装置高达数十米的钢架塔身，用以增加起吊高度。其起重臂多是水平的，起重小车钩可沿起重臂水平移动，用以改变起重幅度，如图3.33所示。

为增加门、塔机的控制范围和增大浇筑高度，为起重凝土运输提供开行线路，使之与浇筑工作面分开，常需布置栈桥。大坝施工栈桥的布置方式如图3.34所示。

栈桥桥墩结构有混凝土墩、钢结构墩、预制混凝土墩块（用后拆除）等，如图3.35所示。

为节约材料，常把起重机安放在已浇筑的坝身混凝土上，即所谓“蹲块”来代替栈桥。随着坝体上升，分次倒换位置或预先浇好混凝土墩作为栈桥墩。

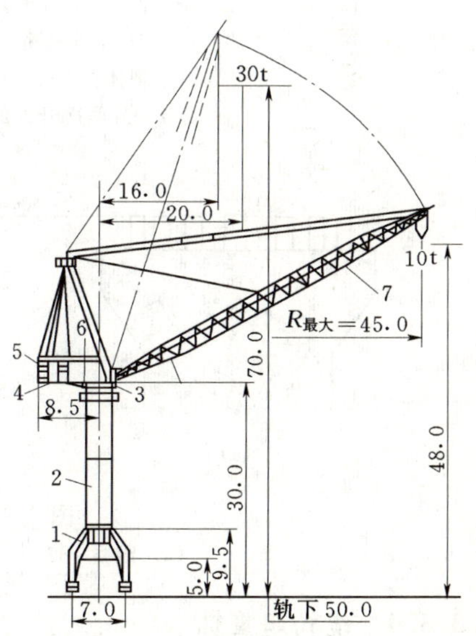

图3.32 10/30t高架门机（单位：m）

1—门架；2—圆筒形高架塔身；3—回转盘；4—机房；5—平衡重；6—操纵台；7—起重臂

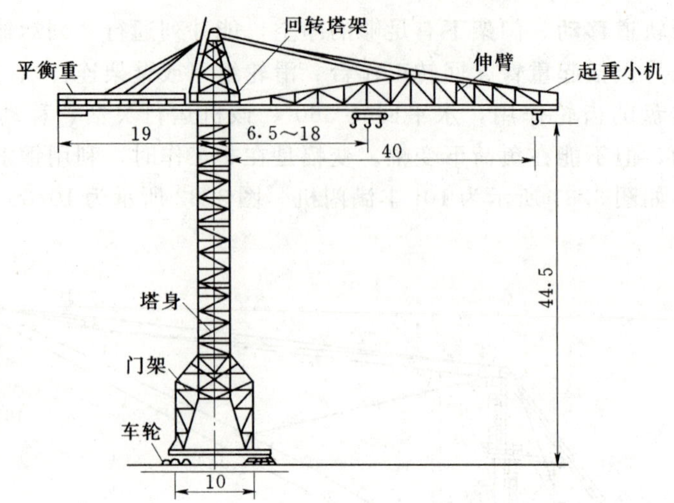

图 3.33　10/25t 塔式起重机（单位：m）

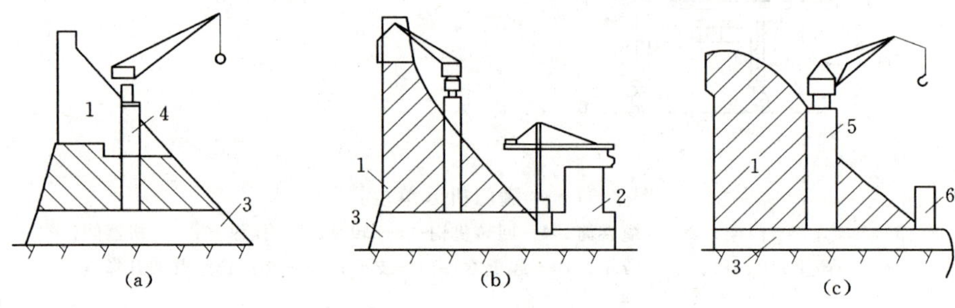

图 3.34　栈桥布置方式

(a) 单线栈桥；(b) 双线栈桥；(c) 主、辅栈桥

1—坝体；2—厂房；3—由辅助浇筑方案完成的部位；

4—分两次升高的栈桥；5—主栈桥；6—辅助线桥

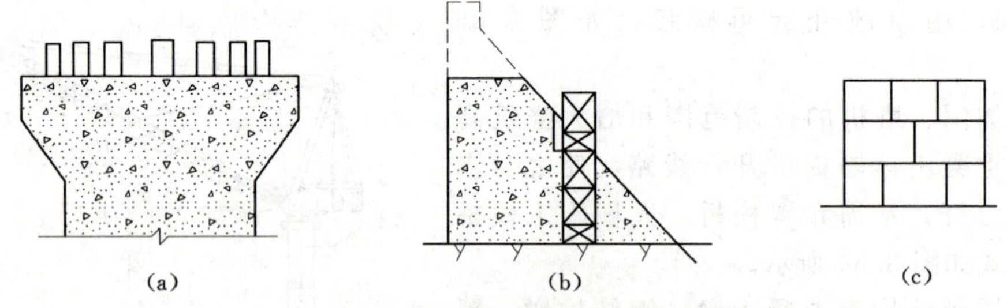

图 3.35　栈桥桥墩结构型式

(a) 混凝土墩；(b) 金属结构；(c) 预制混凝土墩块

3.1.3.3.4　缆式起重机

缆式起重机（简称缆机）由一套凌空架设的缆索系统、起重小车、主塔架、副塔架等组成（图 3.36），主塔内设有机房和操纵室，并用对讲机和工业电视与现场联系，以保证缆机的运行。

缆索系统为缆机的主要组成部分，它包括承重索、起重索、牵引索和各种辅助索。承重索两端系在主塔和副塔的顶部，承受很大的拉力，通常用高强钢丝束制成，是缆索系统中的主起重索，垂直方向设置升降起重钩，牵引起重小车沿承重索移动。塔架为三角形空间结构，分别布置在两岸缆机平台上。

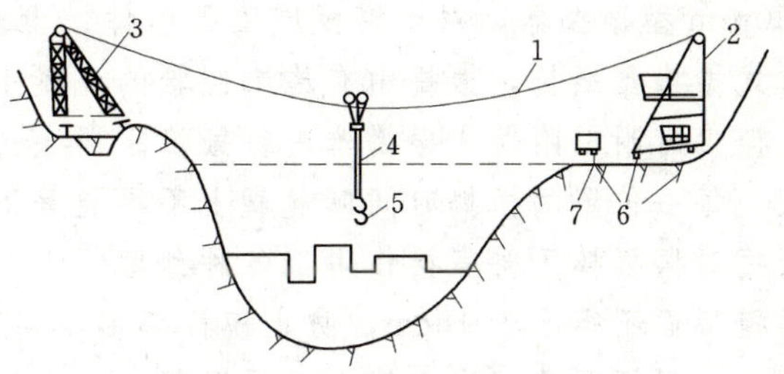

图3.36 缆式起重机简图

1—承重索；2—首塔；3—尾塔；4—起重索；5—吊钩；6—起重机轨道；7—混凝土列车

缆机的类型，一般按主、副塔的移动情况划分，有固定式、平移式和辐射式三种。

缆机适用于狭窄河床的混凝土坝浇筑，如图3.37所示，它不仅具有控制范围大、起重量大、生产率高的特点，而且能提前安装和使用，使用期长，不受河流水文条件和坝体升高的影响，对加快主体工程施工具有明显的作用。

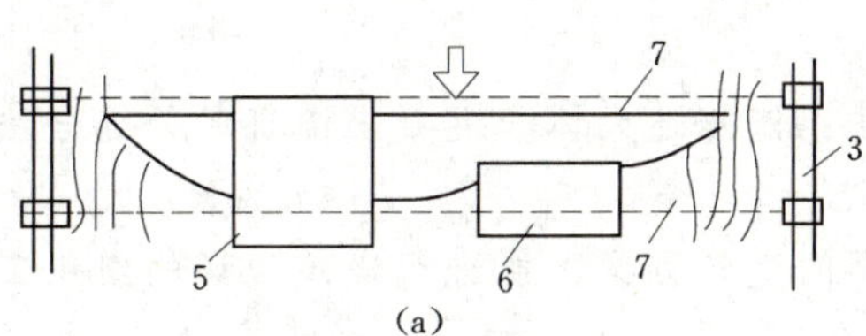

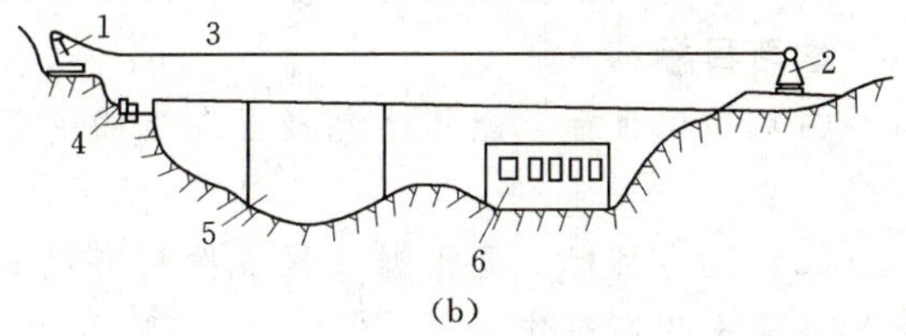

图3.37 平行式缆机用于浇筑重力坝

(a) 平面图；(b) 立视图

1—首塔；2—尾塔；3—轨道；4—混凝土列车；5—溢流坝；6—厂房；7—控制范围

任务3.1.4 混凝土浇筑

项目任务背景：三峡水利枢纽混凝土坝及水电站厂房分缝分块浇筑

三峡水利枢纽混凝土坝由泄洪坝段、左右岸厂房坝段、纵向围堰坝段、左导墙坝段及左右岸非溢流坝段组成，水电站厂房为坝后式，由左右岸电站厂房组成。其中：泄洪坝段横缝间距21m，坝块顺流向最大长度129.5m，设两条纵缝分三块浇筑；左岸厂房坝段分15个坝段（含标Ⅲ坝段），每台机组对应的坝段宽38.3m（14号坝段宽45.3m），每个坝段内设横缝将坝段分为25m宽的钢管坝段和13.3m宽的非钢管坝段（实体坝段）。

混凝土主要入仓方案：混凝土在拌和站定点拌制，采用10t自卸汽车作为混凝土水平运输的主要施工机械。各部位的混凝土入仓方案如下：

(1) 左右岸挡水坝段。左右岸挡水坝段混凝土浇筑时，底板采用EX—210LC型长臂反铲入仓；底板以上采用MQ540/30B门机上吊2m³卧罐入仓。

(2) 泄洪冲沙坝段。泄洪冲沙坝段底板采用长臂反铲入仓，底板以上采用MQ540/30B门机上吊2m³卧罐入仓；下游护坦、海漫采用1台EX—210LC型长臂反铲入仓。

混凝土平仓主要采用振捣器配合人工持铁锹进行平仓，靠近模板和钢筋较密的地方以及止水、预埋件附近位置采用人工送料填满。振捣采用电动高频插入式ϕ100mm和

ϕ50mm型振捣器，对于模板周围预埋件、止水等附近部位混凝土采用ϕ50mm电动软轴插入式振捣器振捣，振捣由有施工经验的混凝土工按规范操作，防止过振和漏振。局部混凝土振捣时附以附着式振捣器进行振捣。

每一位置的振捣时间以混凝土不再显著下沉、不冒气泡，并开始泛浆时为准。混凝土振捣时振捣棒不得直接作用于各种预埋件上，以防止预埋件移位。靠近模板边沿处振捣棒离模板面不得小于15cm，防止模板变形，对入仓的混凝土应及时振捣，防止混凝土出现重振、漏振现象。在振捣上一层混凝土时，振捣棒应插入下层混凝土5cm，保证两层混凝土结合良好。

混凝土在浇筑初凝后即进行混凝土洒水养护，以确保混凝土表面保持湿润状态，混凝土养护时间按照监理工程师的要求和有关规范执行，重要部位应适当延长养护时间。当气温低于5℃时，停止洒水。

问题：

(1) 混凝土坝的浇筑方法有哪些?

(2) 混凝土浇筑程序和入仓铺料的方法是什么?

(3) 陈述混凝土浇筑的准备工作内容和混凝土浇捣的要领。

学习目标：

(1) 知识目标。能陈述混凝土浇筑的一般方法：能陈述大体积混凝土浇筑时分缝分块方式。

(2) 能力目标。能根据工程条件制定混凝土坝的浇筑方案；能进行浇筑现场的组织工作和混凝土的浇筑作业。

3.1.4.1 混凝土浇筑前准备

混凝土施工准备工作的主要项目有基础处理、施工缝处理、设置卸料入仓的辅助设备、模板、钢筋的架设、预埋件及观测设备的埋设、施工人员的组织、浇筑设备及其辅助设施的布置、浇筑前的检查验收等。

3.1.4.1.1 基础处理

土基应先将开挖基础时预留下来的保护层挖除，并清除杂物，然后用碎石垫底，盖上湿砂，再进行压实，浇8～12cm厚素混凝土垫层。砂砾地基应清除杂物，整平基础面，并浇筑10～20cm厚素混凝土垫层。

对于岩基，一般要求清除到质地坚硬的新鲜岩面，然后进行整修。整修是用铁锹等工具去掉表面松软岩石、棱角和反坡，并用高压水冲洗，压缩空气吹扫。若岩面上有油污、灰浆及黏结的杂物，还应采用钢丝刷反复刷洗，直至岩面清洁为止。清洗后的岩基在混凝土浇筑前应保持洁净和湿润。

当有地下水时，要认真处理，否则会影响混凝土的质量。处理方法是：做截水墙，拦截渗水，引入集水井排出；对基岩进行必要的固结灌浆，以封堵裂缝，阻止渗水；沿周边打排水孔，导出地下水，在浇筑混凝土时埋管，用水泵抽出孔内积水，直至混凝土初凝，7d后灌浆封孔；将底层砂浆和混凝土的水灰比适当降低。

3.1.4.1.2 施工缝处理

施工缝是指浇筑块之间新老混凝土之间的结合面。为了保证建筑物的整体性，在新混

凝土浇筑前，必须将老混凝土表面的水泥膜（又称乳皮）清除干净，并使其表面新鲜整洁、有石子半露的麻面，以利于新老混凝土的紧密结合。但对于要进行接缝灌浆处理的纵缝面，可不凿毛，只需冲洗干净即可。施工缝的处理方法有以下几种。

（1）风砂枪喷毛。将经过筛选的粗砂和水装入密封的砂箱，并通入压缩空气。高压空气混合水砂，经喷砂喷出，把混凝土表面喷毛。一般在混凝土浇后24～48h开始喷毛，视气温和混凝土强度增长情况而定。如能在混凝土表层喷洒缓凝剂，则可减少喷毛的难度。

（2）高压水冲毛。在混凝土凝结后但尚未完全硬化以前，用高压水（压力0.1～0.25MPa）冲刷混凝土表面，形成毛面，对龄期稍长的可用压力更高的水（压力0.4～0.6MPa），有时配以钢丝刷刷毛。高压水冲毛关键是掌握冲毛时机，过早会使混凝土表面松散和冲去表面混凝土；过迟则混凝土变硬，不仅增加工作困难，而且不能保证质量。一般春秋季节，在浇筑完毕后10～16h开始；夏季掌握在6～10h；冬季则在18～24h后进行。如在新浇混凝土表面洒刷缓凝剂，则延长冲毛时间。

（3）刷毛机刷毛。在大而平坦的仓面上，可用刷毛机刷毛，它装有旋转的粗钢丝刷和吸收浮渣的装置，利用粗钢丝刷的旋转刷毛，并利用吸渣装置吸收浮渣。

喷毛、冲毛和刷毛适用于尚未完全凝固混凝土水平缝面的处理。全部处理完后，需用高压水清洗干净，要求缝面无尘无碴，然后再盖上麻袋或草袋进行养护。

（4）风镐凿毛或人工凿毛。已经凝固混凝土利用风镐凿毛或石工工具凿毛，凿深约1～2cm，然后用压力水冲净。凿毛多用于垂直缝。

仓面清扫应在即将浇筑前进行，以清除施工缝上的垃圾、浮渣和灰尘，并用压力水冲洗干净。

3.1.4.1.3 仓面准备

浇筑仓面的准备工作，包括机具设备、劳动组合、照明、风水电供应、所需混凝土原材料的准备等，应事先安排就绪，仓面施工的脚手架、工作平台、安全网、安全标识等应检查是否牢固，电源开关、动力线路是否符合安全规定。

仓位的浇筑高程、上升速度、特殊部位的浇筑方法和质量要求等技术问题，须事先进行技术交底。

地基或施工缝处理完毕并养护一定时间，已浇好的混凝土强度达到2.5MPa后，即可在仓面进行放线，安装模板、钢筋和预埋件，架设脚手架等作业。

3.1.4.1.4 模板、钢筋及预埋件检查

开仓浇筑前，必须按照设计图纸和施工规范的要求，对仓面安设的模板、钢筋及预埋件进行全面检查验收，签发合格证。

（1）模板检查。主要检查模板的架立位置与尺寸是否准确，模板及其支架是否牢固稳定，固定模板用的拉条是否弯曲等。模板板面要求洁净、密缝并涂刷脱模剂。

（2）钢筋检查。主要检查钢筋的数量、规格、间距、保护层、接头位置与搭接长度是否符合设计要求。要求焊接或绑扎接头必须牢固，安装后的钢筋网应有足够的刚度和稳定性，钢筋表面应清洁。

（3）预埋件检查。对预埋管道、止水片、止浆片、预埋铁件、冷却水管和预埋观测仪器等，主要检查其数量、安装位置和牢固程度。

3.1.4.2　混凝土浇筑方式确定

混凝土坝施工，由于受到温度应力与混凝土浇筑能力的限制，不可能使整个坝段连续不断地一次浇筑完毕。因此，需要用垂直于坝轴线的横缝和平行于坝轴线的纵缝以及水平缝，将坝体划分为许多浇筑块进行浇筑。

3.1.4.2.1　混凝土坝分缝分块原则

(1) 根据结构特点、形状及应力情况进行分层分块，避免在应力集中、结构薄弱部位分缝。

(2) 采用错缝分块时，必须采取措施防止竖直施工缝张开后向上向下继续延伸；

(3) 分层厚度应根据结构特点和温度控制要求确定。基础约束区一般为1～2m，约束区以上可适当加厚；墩墙侧面可散热，分层也可厚些。

(4) 应根据混凝土的浇筑能力和温度控制要求确定分块面积的大小。块体的长宽比不宜过大，一般以小于2.5∶1为宜。

(5) 分层分块均应考虑施工方便。

3.1.4.2.2　混凝土坝的分缝分块型式

混凝土坝的浇筑块是用垂直于坝轴线的横缝和平行于坝轴线的纵缝以及水平缝划分的。分缝方式有垂直纵缝法、错缝法、斜缝法、通仓浇筑法等，如图3.38和图3.39所示。

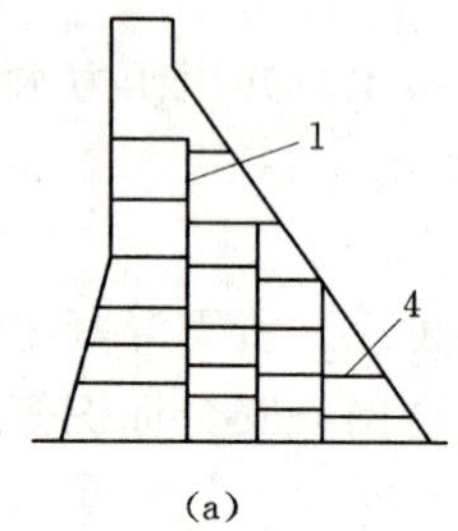

(a)

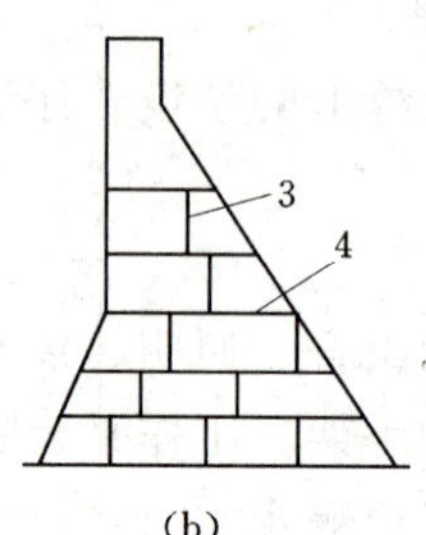

(b)

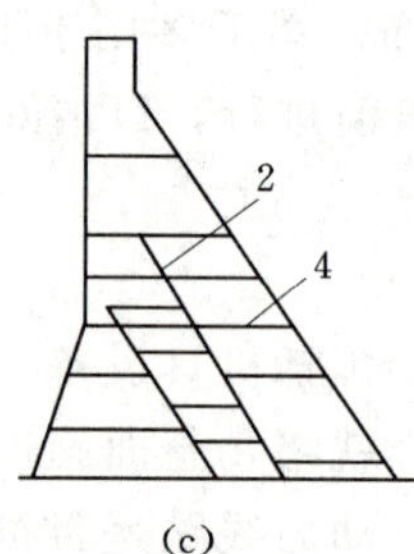

(c)

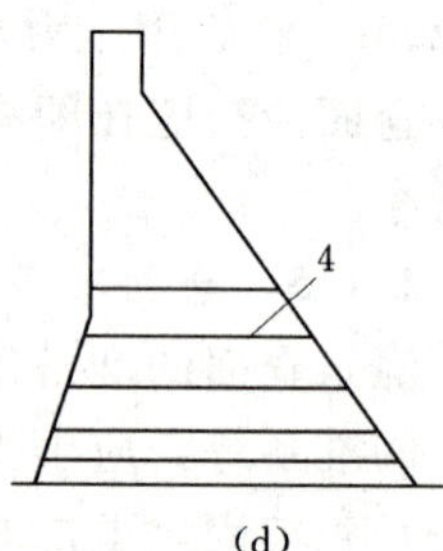

(d)

图3.38　混凝土坝的分缝型式

(a) 垂直纵缝法；(b) 错缝法；(c) 斜缝法；(d) 通仓浇筑法

1—纵缝；2—斜缝；3—错缝；4—水平缝

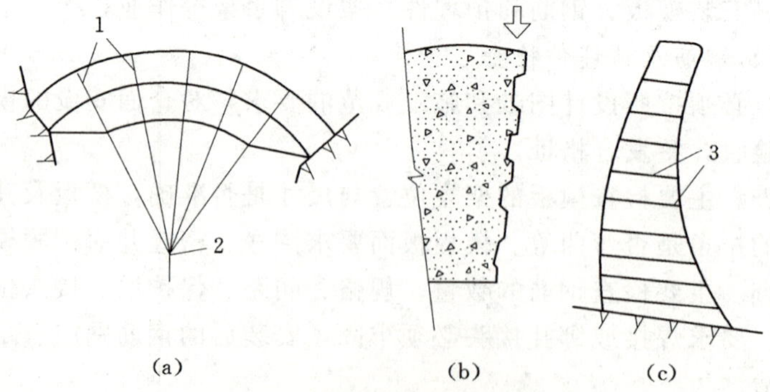

图3.39　拱坝浇筑分缝分块

(a) 临时横缝布置；(b) 临时横缝的梯形键槽；(c) 浇筑块

1—临时横缝；2—拱心；3—水平缝

1. 纵缝法

用垂直纵缝把坝段分成独立的柱状体，因此又叫柱状分块。它的优点是温度控制容易，混凝土浇筑工艺较简单，各柱状块可分别上升，彼此干扰小，施工安排灵活，但为保证坝体的整体性，必须进行接缝灌浆；模板工作量大，施工复杂。纵缝间距一般为20～40m，以便降温后接缝有一定的张开度，便于接缝灌浆。

为了传递剪应力的需要，在纵缝面上设置键槽，并需要在坝体到达稳定温度后进行接缝灌浆，以增加其传递剪应力的能力，提高坝体的整体性和刚度。

2. 错缝分块法

错缝法又称砌砖法。分块时将块间纵缝错开，互不贯通，故坝的整体性好，进行纵缝灌浆。但由于浇筑块相互搭接，施工干扰很大，施工进度较慢，同时在纵缝上下端因应力集中容易开裂。

3. 斜缝法

斜缝一般沿平行于坝体第二主应力方向设置，缝面剪应力很小，只要设置缝面键槽不必进行接缝灌浆，斜缝法往往是为了便于坝内埋管的安装，或利用斜缝形成临时挡洪面采用的。但斜缝法施工干扰大，斜缝顶并缝处容易产生应力集中，斜缝前后浇筑块的高差和温差需严格控制，否则会产生很大的温度应力。

4. 通缝法

通缝法即通仓浇筑法，它不设纵缝，混凝土浇筑按整个坝段分层进行；一般不需埋设冷却水管。同时由于浇筑仓面大，便于大规模机械化施工，简化了施工程序，特别是大量减少模板作业工作量，施工速度快，但因其浇筑块长度大，容易产生温度裂缝，所以温度控制要求比较严格。

3.1.4.3 入仓铺料

开始浇筑前，要在岩面或老混凝土面上，先铺一层2～3cm厚的水泥砂浆（接缝砂浆）以保证新混凝土与基岩或老混凝土结合良好。砂浆的水灰比应较混凝土水灰比减少0.03～0.05。混凝土的浇筑，应按一定厚度、次序、方向分层推进。

铺料厚度应根据拌和能力、运输距离、浇筑速度、气温及振捣器的性能等因素确定。

一般情况下，浇筑层的允许最大厚度不应超过表3.7规定的数值，如采用低流态混凝土及大型强力振捣设备时，其浇筑层厚度应根据试验确定。

表3.7 混凝土浇筑层的允许最大铺料厚度

项次	振捣器类别或结构类型		浇筑层的允许最大铺料厚度
1	插入式	电动硬轴振捣器	振捣器工作长度的0.8倍
		软轴振捣器	振捣器工作长度的1.25倍
2	表面式	在无筋或单层钢筋结构中	250mm
		在双层钢筋结构中	120mm

混凝土入仓时，应尽量使混凝土按先低后高进行，并注意分料不要过分集中，包括以下要求。

(1) 仓内有低塘或料面，应按先低后高进行卸料，以免泌水集中带走灰浆。

(2) 由迎水面至背水面把泌水赶至背水面部分，然后处理集中的泌水。

(3) 根据混凝土强度等级分区，先高强度后低强度进行下料，以减少高强度区的断面。

(4) 要适应结构物特点。如浇筑块内有廊道、钢管或埋件的仓位，卸料必须两侧平起，廊道、钢管两侧的混凝土高差不得超过铺料的层厚（一般30～50cm）。

常用的浇筑方法有以下三种。

3.1.4.3.1　平层浇筑法

平层浇筑法是混凝土按水平层连续地逐层铺填，第一层浇完后再浇第二层，依次类推直至达到设计高度，如图3.40 (a) 所示。

平层浇筑法，因浇筑层之间的接触面积大（等于整个仓面面积），应注意防止出现冷缝（即铺填上层混凝土时，下层混凝土已经初凝）。为了避免产生冷缝，仓面面积 A 和浇筑层厚度 h 必须满足

$$Ah \leqslant KQ(t_2 - t_1) \tag{3.6}$$

式中　A——浇筑仓面最大水平面积，m^2；

h——浇筑厚度，取决于振捣器的工作深度，一般为0.3～0.5m；

K——时间延误系数，可取0.8～0.85；

Q——混凝土浇筑的实际生产能力，m^3/h；

t_2——混凝土初凝时间，h；

t_1——混凝土运输、浇筑所占时间，h。

平层浇筑法实际应用较多，包括以下特点。

(1) 铺料的接头明显，混凝土便于振捣，不易漏振。

(2) 平层铺料法能较好地保持老混凝土面的清洁，保证新老混凝土之间的结合质量。

(3) 适用于不同坍落度的混凝土。

(4) 适用于有廊道、竖井、钢管等结构的混凝土。

3.1.4.3.2　斜层浇筑法

当浇筑仓面面积较大，而混凝土拌和、运输能力有限时，采用平层浇筑法容易产生冷缝时，可用斜层浇筑法和台阶浇筑法。

斜层浇筑法是在浇筑仓面，从一端向另一端推进，推进中及时覆盖，以免发生冷缝。斜层坡度不超过10°，否则在平仓振捣时易使砂浆流动，骨料分离，下层已捣实的混凝土也可能产生错动，如图3.42 (b) 所示。浇筑块高度一般限制在1.5m左右。当浇筑块较薄，且对混凝土采取预冷措施时，斜层浇筑法是较常见的方法，因浇筑过程中混凝土冷量损失较小。

3.1.4.3.3　台阶浇筑法

台阶浇筑法是从块体短边一端向另一端铺料，边前进、边加高，逐步向前推进并形成明显的台阶，直至把整个仓位浇到收仓高程。浇筑坝体迎水面仓位时，应顺坝轴线方向铺料，如图3.40 (c) 所示。

施工要求如下：

(1) 浇筑块的台阶层数以3～5层为宜，层数过多，易使下层混凝土错动，并使浇筑

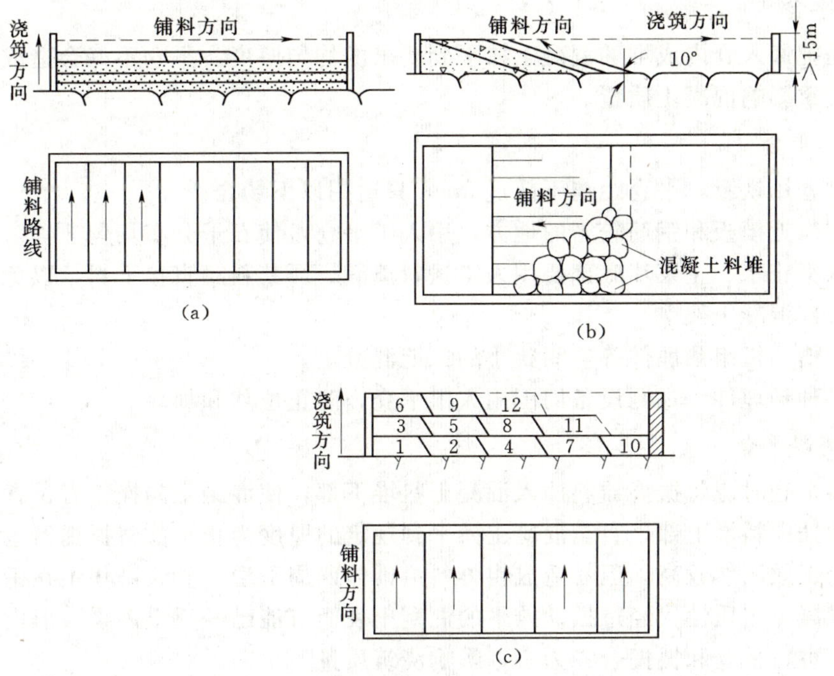

(a) (b) (c)

图 3.40 混凝土浇筑法

(a) 平层浇筑法；(b) 斜层浇筑法；(c) 台阶浇筑法

仓内平仓振捣机械上下频率调动，容易造成漏振。

(2) 浇筑过程中，要求台阶层次分明。铺料厚度一般为0.3～0.5m，台阶宽度应大于1.0m，长度应大于2～3m，坡度不大于1∶2。

(3) 水平施工缝只能逐步覆盖，必须注意保持老混凝土面的湿润和清洁。接缝砂浆在老混凝土面上边摊铺边浇混凝土。

(4) 平仓振捣时注意防止混凝土分离和漏振。

(5) 在浇筑中如因机械和停电等故障而中止工作时，要做好停仓准备，即必须在混凝土初凝前，把接头处混凝土振捣密实。

应该指出，不管采用上述何种铺筑方法，浇筑时相邻两层混凝土的间歇时间不允许超过混凝土铺料允许间隔时间。混凝土允许间隔时间是指自混凝土拌和机出料口到初凝前覆盖上层混凝土为止的这一段时间，它与气温、太阳辐射、风速、混凝土入仓温度、水泥品种、掺外加剂品种等条件有关，见表3.8。

表 3.8　混凝土浇筑允许间隔时间

混凝土浇筑时的气温（℃）	允许间隔时间（min）	
	普通硅酸盐水泥	矿渣硅酸盐水泥及火山灰质硅酸盐水泥
20～30	90	120
10～20	135	180
5～10	195	

注　本表数值未考虑外加剂、混合料及其他特殊施工措施的影响。

3.1.4.4　平仓

平仓是把卸入仓内成堆的混凝土摊平到要求的均匀厚度。平仓不好会造成离析，使骨料架空，严重影响混凝土质量。

1. 人工平仓

人工平仓用铁锹，平仓距离不超过3m，只适用以下场合。

(1) 在靠近模板和钢筋较密的地方，用人工平仓，使石子分布均匀。

(2) 水平止水、止浆片底部要用人工送料填满，严禁料罐直接下料，以免止水、止浆片卷曲和底部混凝土架空。

(3) 门槽、机组预埋件等空间狭小的二期混凝土。

(4) 各种预埋件、观测设备周围用人工平仓，防止位移和损坏。

2. 振捣器平仓

振捣器平仓时应将振捣器斜插入混凝土料堆下部，使混凝土向操作者位置移动，然后一次一次地插向料堆上部，直至混凝土摊平到规定的厚度为止。如将振捣器垂直插入料堆顶部，平仓工效固然较高，但易造成粗骨料沿锥体四周下滑，砂浆则集中在中间形成砂浆窝，影响混凝土匀质性。经过振动摊平的混凝土表面可能已经泛出砂浆，但内部并未完全捣实，切不可将平仓和振捣合二为一，影响浇筑质量。

3.1.4.5　振捣

振捣是振动捣实的简称，它是保证混凝土浇筑质量的关键工序。振捣的目的是尽可能减少混凝土中的空隙，以清除混凝土内部的孔洞，并使混凝土与模板、钢筋及埋件紧密结合，从而保证混凝土的最大密实度，提高混凝土质量。

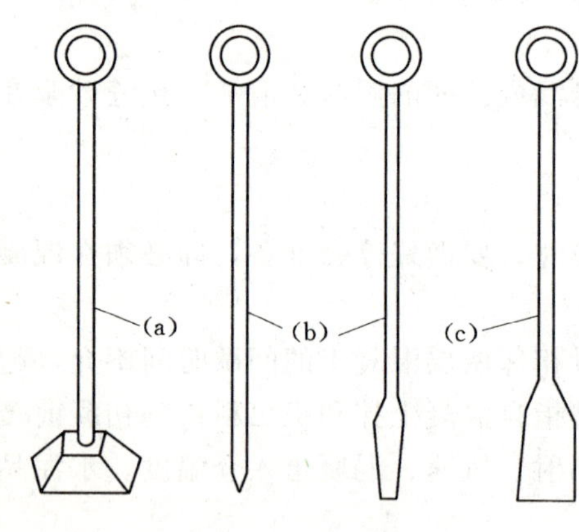

图3.41　人工捣固工具

(a) 捣固锤；(b) 捣固杆；(c) 捣固铲

当结构钢筋较密，振捣器难于施工，或混凝土内有预埋件、观测设备，周围混凝土振捣力不宜过大时采用人工振捣。人工振捣要求混凝土拌和物坍落度大于5cm，铺料层厚度小于20cm。人工振捣工具有捣固锤、捣固杆和捣固铲，如图3.41所示。捣固锤主要用来捣固混凝土的表面；捣固铲用于插边，使砂浆与模板靠紧，防止表面出现麻面；捣固杆用于钢筋稠密的混凝土中，以使钢筋被水泥砂浆包裹，增加混凝土与钢筋之间的握裹力。人工振捣工效低，混凝土质量不易保证。

混凝土振捣主要采用振捣器进行，振捣器产生小振幅、高频率的振动，使混凝土在其振动的作用下，内摩擦力和黏结力大大降低，使干稠的混凝土获得了流动性，在重力的作用下骨料互相滑动而紧密排列，空隙由砂浆所填满，空气被排出，从而使混凝土密实，并填满模板内部空间，且与钢筋紧密结合。

3.1.4.5.1 混凝土振捣器

混凝土振捣器的分类见表3.9、表3.10和图3.42。

表3.9　混凝土振捣器分类

序号	分类法	名称	说明
1	按振动频率分	低频振捣器	频率为2000～5000r/min
		中频振捣器	频率为5000～8000r/min
		高频振捣器	频率为8000～20000r/min
2	按动力来源分	电动式振捣器	
		风动式振捣器	
		内燃机式振捣器	适用于无电源工地
3	按传振方式分	插入式振捣器	又称内部振捣器
		外部振捣器	
		振动台	

表3.10　电动插入式振捣器

序号	名称	构造	适用范围
1	串激式振捣器	串激式电机拖动，直径18～50mm	小型构件
2	软轴振捣器	有偏心式、外滚道行星式、内滚道行星式振捣棒直径25～100mm	除薄板以外各种混凝土工程
3	硬轴振捣器	直联式，振捣棒直径80～133mm	大体积混凝土

1. 插入式振捣器

根据使用的动力不同，插入式振捣器有电动式、风动式和内燃机式三类。内燃机式仅用于无电源的场合。风动式因其能耗较大、不经济，同时风压和负载变化时会使振动频率显著改变，因而影响混凝土振捣密实质量，逐渐被淘汰。因此一般工程均采用电动式振捣器。电动插入式振捣器又分为三种，见表3.10。

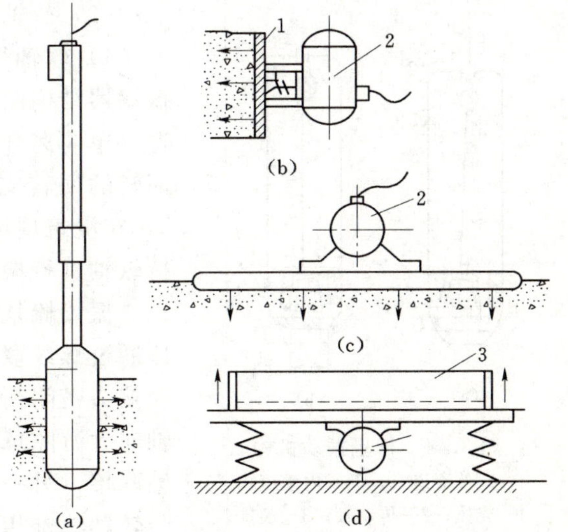

图3.42　混凝土振捣器

(a) 内部振捣器；(b) 外部振捣器；(c) 表面振捣器；(d) 振动台

1—模板；2—振捣器；3—振动台

(1) 插入式振捣器的工作原理。按振捣器的激振原理，插入式振捣器可分为偏心式和行星式两种。

偏心式的激振原理如图3.43 (a) 所示。利用装有偏心块的转轴（也有将偏心块与转轴做成一体的）作高速旋转时所产生的离心力迫使振捣棒产生剧烈振动。偏心块每转动一周，振捣棒随之振动一次。一般单相或三相异步电动机的转速受电源频率限制只能达到3000r/min，如插入式振捣器的振动频率要求达到5000r/min以上时，则当电机功率小于500W尚可采用串激式单相高速电机，而当功率为1kW甚至更大时，应由变频机组供电，即提供频率较大的电源。

行星式振捣器是一种高频振动器，振动频率在10000r/min以上，如图3.43（b）所示。行星振动机构又分为外滚道式和内滚道式，如图3.44所示。它的壳体1内，装入由传动轴带动旋转的滚锥3，滚锥沿固定的滚道4滚动而产生振动。当电机通过传动轴2带动滚锥轴5转动时，滚锥3除了本身自转外，还绕着轨道“公转”。当滚道与滚锥的直径越接近，这“公转”的次数也就越高，即振动频率越高，如图3.44、图3.45所示。由于公转是靠摩擦产生的，而滚锥与滚道之间会发生打滑，操作时启动振动器可能由于滚锥未接触滚道，所以不能产生公转，这时只需轻轻将振捣棒向坚硬物体上敲击一下，使两者接触，便可产生高速的公转。

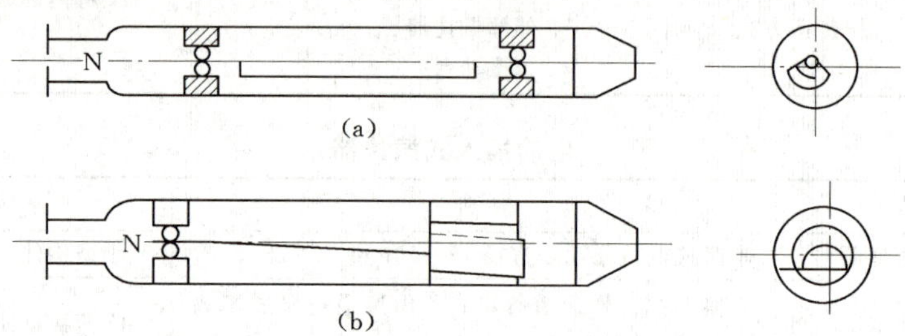

图3.43　振捣棒振动原理图
（a）偏心式；（b）行星式

（2）软轴插入式振捣器。

1）软轴行星式振捣器。图3.46所示为软轴行星式振捣器结构图，由可更换的振动棒头1、软轴2、防逆装置（单向离合器）3及电机4等组成。电机安装在可360°回转的回转支座7上，机壳上部装有电机开关6和把手5，在浇筑现场可单人携带，并可搁置在浇筑部位附近手持软轴进行振捣操作。

振捣棒是振捣器的工作装置，其外壳由棒头和棒壳体通过螺纹联成一体。壳体上部有内螺纹，与软轴的套管接头密闭衔接。带有滚轴的转轴的上端支承在专用的轴向大游隙球轴承或球面调心轴承中，端头以螺纹与软轴联接，另一端悬空。圆锥形滚道与棒壳紧配，压装在与转轴滚锥相对的部位。

图3.44　行星振动机构
（a）外滚道式；（b）内滚道式
1—壳体；2—传动轴；3—滚锥；
4—滚道；5—滚锥轴；6—柔性铰接；
D—滚道直径；d—滚锥直径

2）软轴偏心式振捣器。图3.47所示为软轴偏心式振捣器，由电机、增速器、软管、软轴和振捣棒等部件组成。软轴偏心式振捣器的电机定子、转子和增速器安装在铝合金机壳内，机壳装在回转底盘上，机体可随振动方向旋转。软轴偏心式振捣器一般配装一台两极交流异步电动机，转速只有2860r/min。为了提高振动机构内偏心振动子的振动频率，一般在电动机转子轴端至弹簧软轴连接处安装一个增速机构。

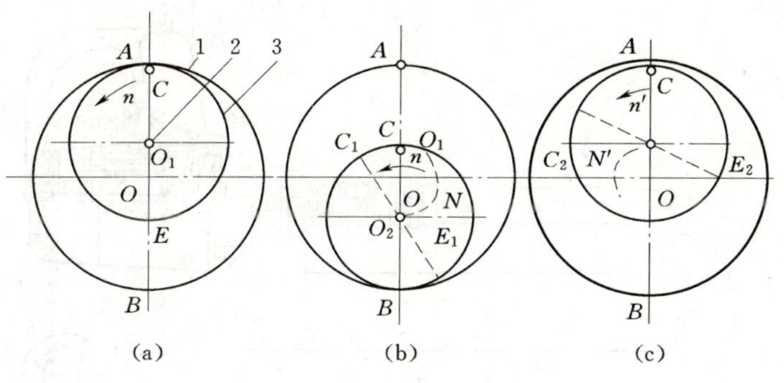

图 3.45 外滚道式行星振捣器振动原理图

(a) 开始；(b) 公转半周后；(c) 公转一周后

1—外滚道；2—滚锥轴；3—滚锥

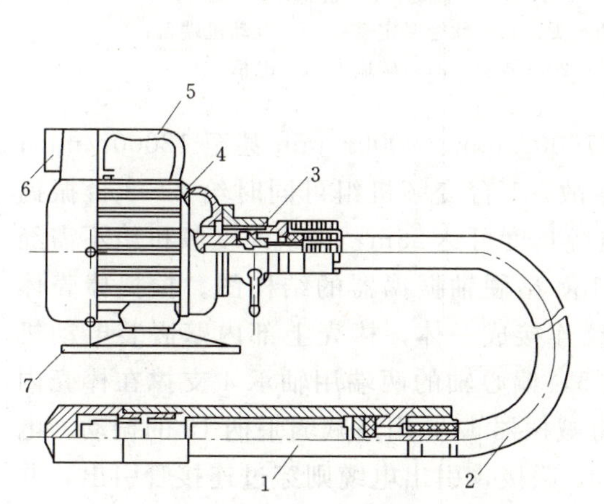

图 3.46 软轴行星式振捣器

1—振捣棒；2—软轴；3—防逆装置；4—电动机；

5—握手；6—电动机开关；7—电动机回转支座

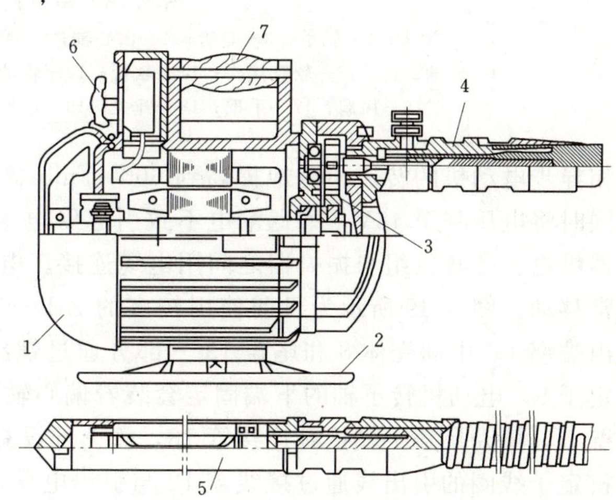

图 3.47 软轴偏心式振捣器

1—电动机；2—底盘；3—增速器；4—软轴；

5—振捣棒；6—电路开关；7—手柄

3）串激式软轴振捣器。串激式软轴振捣器是采用串激式电机为动力的高频偏心软轴插入式振捣器，其特点是交直流两用，体积小，重量轻，转速高，同时电机外形小巧并采用双重绝缘，使用安全可靠，无需单向离合器。它由电机、软轴软管组件、振捣棒等组成，如图 3.48 所示。电机通过短软轴直接与振捣棒的偏心式振动子相连。当电机旋转时，经软轴驱动偏心振动子高速旋转，使振捣棒产生高频振动。

(3) 硬轴插入式振捣器。硬轴插入式振捣器也称电动直联插入式振捣器，它将驱动电机与振捣棒联成一体，或将其直接装入振捣棒壳体内，使电机直接驱动振动子，振动子可以做成偏心式或行星式。硬轴插入式振捣器一般适用于大体积混凝土，因其骨料粒径较大，坍落度较小，需要的振动频率较低而振幅较大，所以一般多采用偏心式。

棒径 80mm 以上的硬轴振捣器，目前都采用变频机组供电，目的是把浇筑现场三相交流电源的频率由 50Hz，提高到 100Hz、125Hz、150Hz 甚至 200Hz，使振捣器内的三

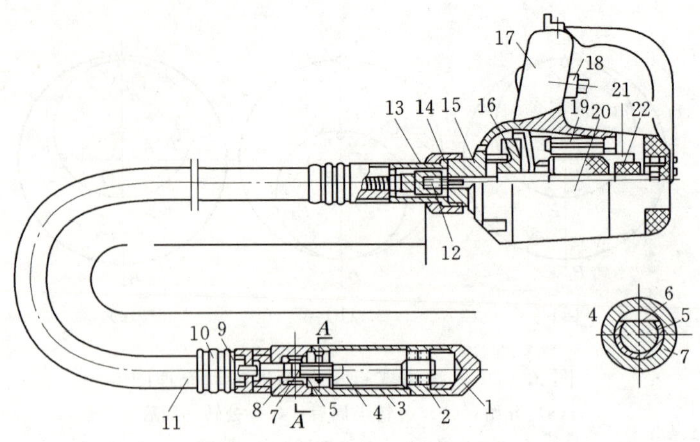

图 3.48　串激式软振捣器

1—尖头；2—轴承；3—套管；4—偏心轴；5—鸭舌销；6—半月键；7—紧套；8—接头；
9—软轴；10、13—软管接头；11—软管；12—软轴丝头；14—软管紧定套；15—电动机端盖；
16—风扇；17—手把；18—开关；19—定子；20—转子；21—碳刷；22—电枢

相异步电动机的转速相应地提高到6000r/min、7500r/min、9000r/min甚至12000r/min；同时将电压降至48V，如遇漏电不致引起触电事故。1台变频机组可同时给2～3台振捣器供电。变频机组与振捣器之间用电缆连接。电缆长度可达25m，浇筑时变频机组不需经常移动。图3.49所示为目前使用较多的Z_2D—130型硬轴振捣器的结构图。振捣棒壳体由端塞1、中间壳体8和尾盖13三部分通过螺纹连接成一体，棒壳上部内壁嵌装电动机定子9，电动机转子轴的下端固定套装着偏心轴5，偏心轴的两端用轴承4支撑在棒壳内壁上，棒壳尾盖上端接有连接管18，管上部设有减振器14，用来减弱手柄15的振动。电机定子线圈的引出线通过接线盖12与引出电缆16联接，引出电缆则穿过连接管引出，并与变频机组相接。

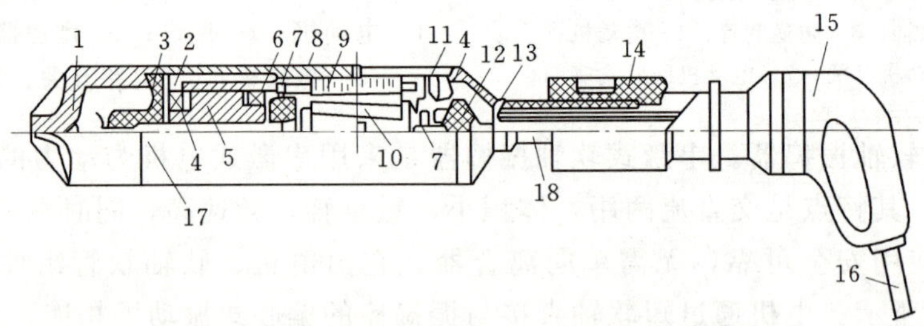

图 3.49　硬轴偏心式振捣器

1—端塞；2—吸油嘴；3—油盘；4—轴承；5—偏心轴；6—油封座；7—油封；
8—中间壳体；9—定了；10—转子；11—轴承座；12—接线盖；13—尾盖；
14—减振器；15—手柄；16—引出电缆；17—圆销孔；18—连接管

变频机组是硬轴插入式振捣器的电源设备。由安装在同一轴上的电动机和低压异步发电机组成。变频电源，一方面驱动电动机旋转，另一方面通过保险丝、电源线、碳刷及滑环接入发电机转子激磁，使发电机输出高频率的低压电源，供振捣器使用。

偏心式振捣器的偏心轴所产生的离心力，通过轴承传递给壳体。轴承所受荷载既大，转速又高，在振捣大粒径骨料混凝土时，还要承受大石子给予很大的反向冲击力，因此轴承的使用寿命很短（以净运转时间计算，一般只有50～100h），并成为振捣器的薄弱环节。而轴承一旦损坏，如未能及时发现并更换，还会引起电动机转子与定子内孔碰擦，线圈短路烧毁。因此硬轴振捣器应注意日常维护。

2. 外部式振捣

外部式振捣器包括附着式、平板（梁）式及振动台三种类型，见表3.11。

表3.11　外部振捣器

序号	名称	适用范围
1	平板式振捣器	混凝土表面及板面
2	梁式振捣器	混凝土路面

附着式振捣器和平板（梁）式振捣器的振捣作用都是由混凝土表面传入的，其区别仅在于附着式振捣器本身无振板，用螺栓或夹具固定在混凝土结构的模板上进行振捣，模板就是它的振板；而平板（梁）式振捣器则自带振板，可直接放置在混凝土表面进行振捣。

（1）附着式振捣器。附着式振捣器由电机、偏心块式振动子组合而成，外形如同一台电动机，如图3.50所示。壳一般采用铸铝或铸铁制成，有的为便于散热，在机壳上铸有环状或条状凸肋形散热翼。附着式振捣器是在一个三相二极电动机转子轴的两个伸出端上各装有一个圆盘形偏心块，振捣器的两端用端盖封闭。端盖与轴承座机壳用3只长螺栓紧固，以便维修。外壳上有4个地脚螺钉孔，使用时用地脚螺栓将振捣器固定在模板或平板上进行作业。

附着式振捣器的偏心振动子安装在电机转子轴的两端，由轴承支承。电机转动带动偏心振动子运动，由于偏心力矩作用，振捣器在运转中产生振动力进行振捣密实作业。

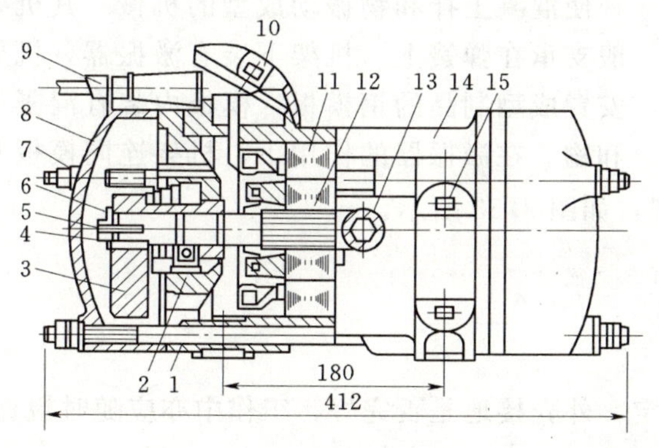

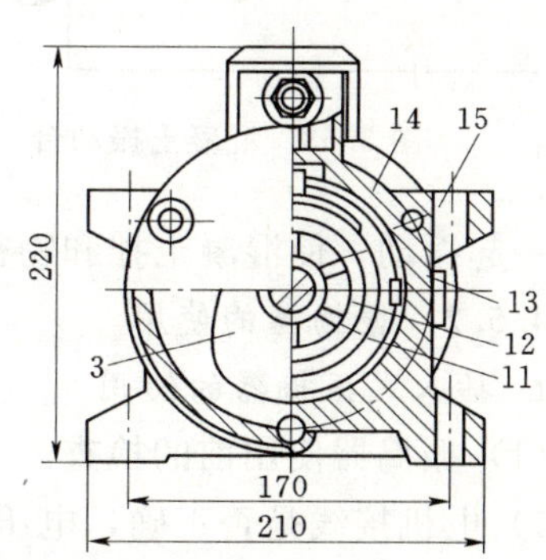

图3.50　附着式振捣器结构示意图（单位：mm）

1—轴承座；2—轴承；3—偏心轮；4—键；5—螺钉；6—转子轴；7—长螺栓；8—端盖；9—电源线；10—接线盒；11—定子；12—转子；13—定子紧固螺钉；14—外壳；15—地脚螺钉孔

（2）平板（梁）式振捣器。平板（梁）式振捣器有两种形式：一是在上述附着式振捣器底座上用螺栓紧固一块木板或钢板（梁），通过附着式振捣器所产生的激振力传递给振板，迫使振板振动而振实混凝土，如图3.51所示；另一类是定型的平板（梁）式振捣器，振板为钢制槽形（梁形）振板，上有把手，便于边振捣、边拖行，更适用于大面积的振捣作业，如图3.52所示。

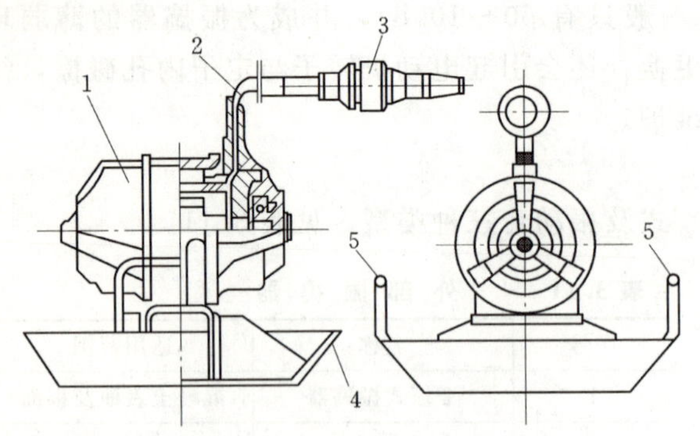

图3.51　槽形平板式振捣器

1—振动电动机；2—电缆；3—电缆接头；
4—钢制槽形振板；5—手柄

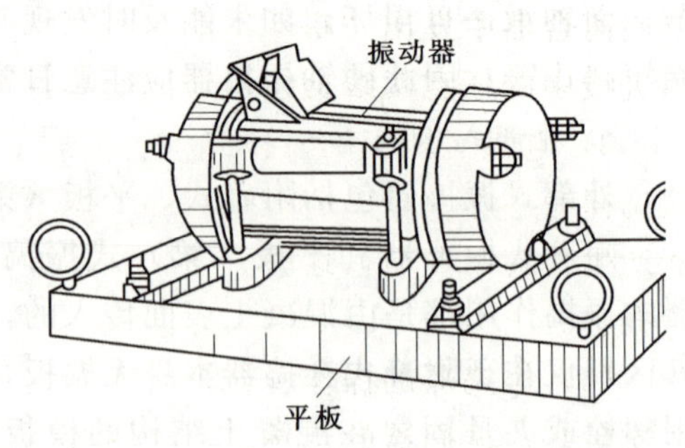

图3.52　简易平板式振捣器

上述外部式振捣器空载振动频率在2800～2850r/min之间，由于振捣频率低，混凝土拌和物中的气泡和水分不易逸出，振捣效果不佳。近年来已开始采用变频机组供电的附着式和平板式振捣器，振捣频率可达9000～12000r/min，振捣效果较好。

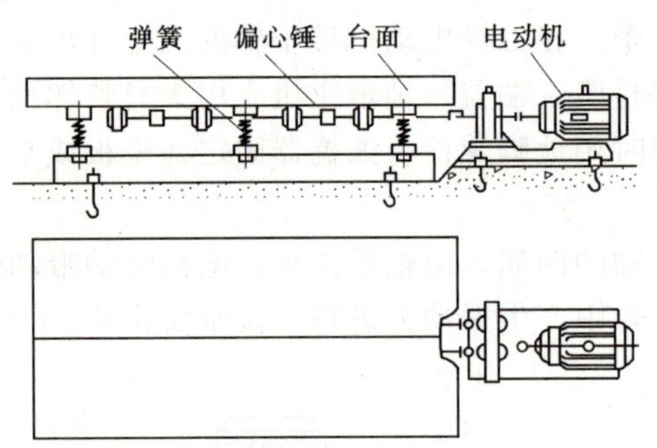

图3.53　混凝土振动台

3. 振动台

混凝土振动台，又称台式振捣器。它是一种使混凝土拌和物振动成型的机械。其机架一般支承在弹簧上，机架下装有激振器，机架上安置成型制品的钢模板，模板内装有混凝土拌和物。在激振器的作用下，机架连同模板及混合料一起振动，使混凝土拌和物密实成型，如图3.53所示。

3.1.4.5.2　振捣器的使用

1. 插入式振捣器的使用

（1）振捣器使用前的检查。

1）电机接线是否正确，电压是否稳定，外壳接地是否完好，工作中亦应随时检查。

2）电缆外皮有无破损或漏电现象。

3）振捣棒连接是否牢固和有无破损，传动部分两端及电机壳上的螺栓是否拧紧，软轴接头是否接好。

4）检查电机的绝缘是否良好，电机定子绕组绝缘不小于0.5MΩ。如绝缘电阻低于0.5MΩ，应进行干燥处理。有条件时，可采用红外线干燥炉、喷灯等进行烘烤，但烘烤温度不宜高于100℃；也可采用短路电流法，即将转子制动，在定子线圈内通入电压为额定值10%～15%的电源，使其线圈发热，慢慢干燥。

（2）接通电源，进行试运转。

1）电机的旋转方向应为顺时针方向（从风罩端看），并与机壳上的红色箭头标示方向一致。

2）当软轴传动与电机结合紧固后，电机启动时如发现软轴不转动或转动速度不稳定，单向离合器中发出“嗒嗒”响的声音，则说明电机旋转方向反了，应立即切断电源，将三相进线中的任意两线交换位置。

3）电机运转正确时振捣棒应发出“呜、呜、……”的叫声，振动稳定而有力。如果振捣棒有“哗、哗、……”声而不振动，这是由于启动振捣棒后滚锥未接触滚道，滚锥不能产生公转而振动，这时只需轻轻将振捣棒向坚硬物体上敲动一下，使两者接触，即可正常振动。

(3) 振捣器的操作。振捣在平仓之后立即进行，此时混凝土流动性好，振捣容易，捣实质量好。振捣器的选用，对于素混凝土或钢筋稀疏的部位，宜用大直径的振捣棒；坍落度小的干硬性混凝土，宜选用高频和振幅较大的振捣器。振捣作业路线保持一致，并顺序依次进行，以防漏振。振捣棒尽可能垂直地插入混凝土中。如振捣棒较长或把手位置较高，垂直插入感到操作不便时，也可略带倾斜，但与水平面夹角不宜小于45°，且每次倾斜方向应保持一致，否则下部混凝土将会发生漏振。这时作用轴线应平行，如不平行也会出现漏振点，如图3.54所示。

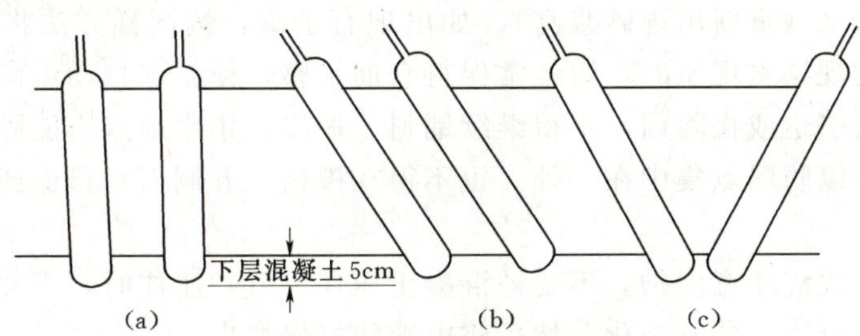

图3.54 插入式振捣器操作示意图

(a) 直插法；(b) 斜插法；(c) 错误方法

振捣棒应快插、慢拔。插入过慢，上部混凝土先捣实，就会阻止下部混凝土中的空气和多余的水分向上逸出；拔得过快，周围混凝土来不及填铺振捣棒留下的孔洞，将在每一层混凝土的上半部留下只有砂浆而无骨料的砂浆柱，影响混凝土的强度。为使上下层混凝土振捣密实均匀，可将振捣棒上下抽动，抽动幅度为5～10cm。振捣棒的插入深度，在振捣第一层混凝土时，以振捣器头部不碰到基岩或老混凝土面，但相距不超过5cm为宜；振捣上层混凝土时，则应插入下层混凝土5cm左右，使上下两层结合良好。在斜坡上浇筑混凝土时，振捣棒仍应垂直插入，并且应先振低处，再振高处，否则在振捣低处的混凝土时，已捣实的高处混凝土会自行向下流动，致使密实性受到破坏。软轴振捣棒插入深度为棒长的3/4，过深软轴和振捣棒结合处容易损坏。

振捣棒在每一孔位的振捣时间，以混凝土不再显著下沉，水分和气泡不再逸出并开始泛浆为准。振捣时间和混凝土坍落度、石子类型及最大粒径、振捣器的性能等因素有关，一般为20～30s。振捣时间过长，不但降低工效，且使砂浆上浮过多，石子集中下部，混凝土产生离析，严重时，整个浇筑层呈“千层饼”状态。

振捣器的插入间距控制在振捣器有效作用半径的 1.5 倍以内，实际操作时也可根据振捣后在混凝土表面留下的圆形泛浆区域能否在正方形排列（直线行列移动）的 4 个振捣孔径的中点，如图 3.55 (a) 中的 A、B、C、D 点，或三角形排列（交错行列移动）的 3 个振捣孔位的中点，如图 3.55 (b) 中的 A、B、C、D、E、F 点相互衔接来判断。在模板边、预埋件周围、布置有钢筋的部位以及两罐（或两车）混凝土卸料的交界处，宜适当减少插入间距，以加强振捣，但不宜小于振捣棒有效作用半径的 1/2，并注意不能触及钢筋、模板及预埋件。

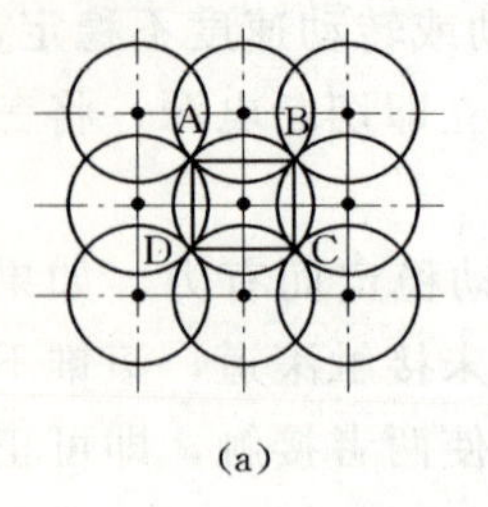

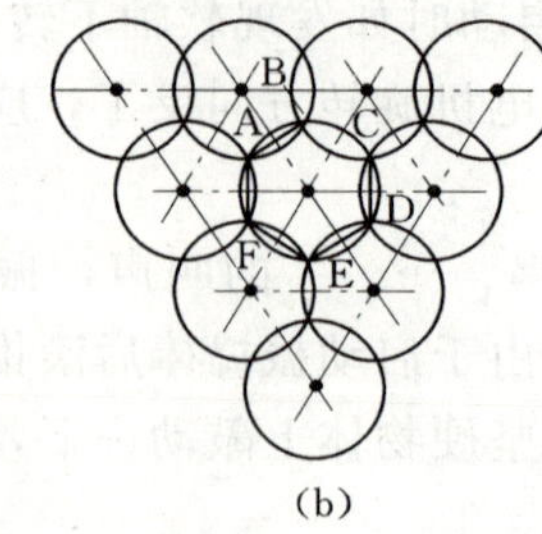

图 3.55　振捣孔位布置
(a) 正方形分布；(b) 三角形分布

为提高工效，振捣棒插入孔位尽可能呈三角形分布。据计算，三角形分布较正方形分布工效可提高 30%，此外，将几个振捣器排成一排，同时插入混凝土中进行振捣。这时两台振捣器之间的混凝土可同时接收到这两台振捣器传来的振动，振捣时间可因此缩短，振动作用半径也即加大。

振捣时出现砂浆窝时应将砂浆铲出，用脚或振捣棒从旁边将混凝土压送至该处填补，不可将别处石子移来（重新出现砂浆窝）。如出现石子窝，按同样方法将松散石子铲出同样填补。振捣中发现泌水现象时，应经常保持仓面平整，使泌水自动流向集水地点，并用人工掏除。泌水未引走或掏除前，不得继续铺料、振捣。集水地点不能固定在一处，应逐层变换淘水位置，以防弱点集中在一处。也不得在模板上开洞引水自流或将泌水表层砂浆排出仓外。

振捣器的电缆线应注意保护，不要被混凝土压住。万一压住时，不要硬拉，可用振捣棒振动其附近的混凝土，使其液化，然后将电缆线慢慢拔出。

软轴式振捣器的软轴不应弯曲过大，弯曲半径一般不宜小于 50cm，也不能多于两弯，电动直联偏心式振捣器因内装电动机，较易发热，主要依靠棒壳周围混凝土进行冷却，不要让它在空气中连续空载运转。

工作时，一旦发现有软轴保护套管橡胶开裂、电缆线表皮损伤、振捣棒声响不正常或频率下降等现象时，应立即停机处理或送修拆检。

2. 外部式振捣器的使用

(1) 外部式振捣器使用前的准备工作。

1) 振捣器安装时，底板的安装螺孔位置应正确，否则底脚螺栓将扭斜，并使机壳受到不正常的应力，影响使用寿命。底脚螺栓的螺帽必须紧固，防止松动，且要求 4 只螺栓的紧固程度保持一致。

2) 如插入式振捣器一样检查电机、电源等内容。

3) 在松软的平地上进行试运转，进一步检查电气部分和机械部分运转情况。

(2) 外部式振捣器的操作。

1) 操作人员应穿绝缘胶鞋、戴绝缘手套，以防触电。

2) 平板式振捣器要保持拉绳干燥和绝缘，移动和转向时，应蹬踏平板两端，不得蹬

踏电机。操作时可通过倒顺开关控制电机的旋转方向，使振捣器的电机旋转方向正转或反转从而使振捣器自动地向前或向后移动。沿铺料路线逐行进行振捣，两行之间要搭接 5cm 左右，以防漏振。

振捣时间仍以混凝土拌和物停止下沉、表面平整，往上返浆且已达到均匀状态并充满模壳时，表明已振实，可转移作业面，时间一般为 30s 左右。在转移作业面时，要注意电缆线不被模板、钢筋露头等挂住，防止拉断或造成触电事故。振捣混凝土时，一般横向和竖向各振捣一遍即可，第一遍主要是密实，第二遍是使表面平整，其中第二遍是在已振捣密实的混凝土面上快速拖行。

3）附着式振捣器安装时应保证转轴水平或垂直，如图 3.56 所示。在一个模板上安装多台附着式振捣器同时进行作业时，各振捣器频率必须保持一致，相对安装的振捣器的位置应错开。振捣器所装置的构件模板，要坚固牢靠，构件的面积应与振捣器的额定振动板面积相适应。

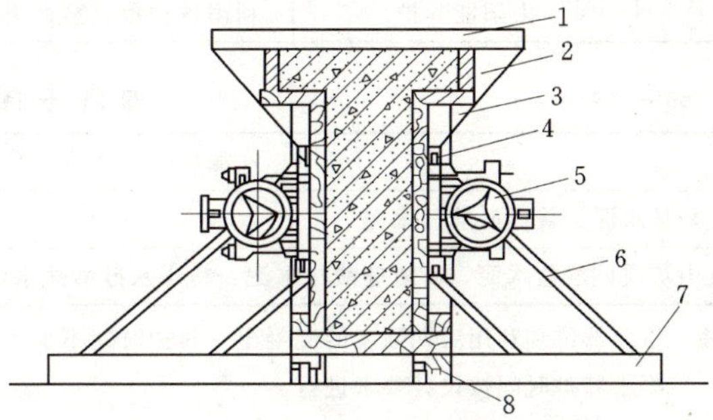

图 3.56　附着式振捣器的安装

1—模板面卡；2—模板；3—角撑；4—夹木枋；5—附着式振动器；6—斜撑；7—底横枋；8—纵向底枋

3. 混凝土振动台

它是一种强力振动成型机械装置，必须安装在牢固的基础上，地脚螺栓应有足够的强度并拧紧。在振捣作业中，必须安置牢固可靠的模板锁紧夹具，以保证模板和混凝土与台面一起振动。

3.1.4.6　混凝土养护

混凝土浇筑完毕后，在一个相当长的时间内，应保持其适当的温度和足够的湿度，以造成混凝土良好的硬化条件，这就是混凝土的养护工作。混凝土表面水分不断蒸发，如不设法防止水分损失，水化作用未能充分进行，混凝土的强度将受到影响，还可能产生干缩裂缝。因此混凝土养护的目的：一是创造有利条件，使水泥充分水化，加速混凝土的硬化；二是防止混凝土成型后因曝晒、风吹、干燥等自然因素影响，出现不正常的收缩、裂缝等现象。

混凝土的养护方法分为自然养护和热养护两类，见表 3.12。养护时间取决于当地气温、水泥品种和结构物的重要性，见表 3.13。

表 3.12　　混凝土的养护

类别	名　称	说　明
自然养护	洒水（喷雾）养护	在混凝土面不断洒水（喷雾），保持其表面湿润
	覆盖浇水养护	在混凝土面覆盖湿麻袋、草袋、湿砂、锯末等，不断洒水保持其表面湿润
	围水养护	四周围成土埂，将水蓄在混凝土表面
	铺膜养护	在混凝土表面铺上薄膜，阻止水分蒸发
	喷膜养护	在混凝土表面喷上薄膜，阻止水分蒸发

续表

类别	名　称	说　明
热养护	蒸汽养护	利用热蒸汽对混凝土进行湿热养护
	热水（热油）养护	将水或油加热，将构件搁置在其上养护
	电热养护	对模板加热或微波加热养护
	太阳能养护	利用各种罩、窑、集热箱等封闭装置对构件进行养护

表3.13　　混凝土养护时间

水泥种类	养护时间（d）
硅酸盐水泥、普通硅酸盐水泥	14
火山灰质硅酸盐水泥、矿渣硅酸盐水泥、粉煤灰硅酸盐水泥、硅酸盐大坝水泥	21

注　重要部位和利用后期强度的混凝土，养护时间不少于28d。夏季和冬季施工的混凝土，以及有温度控制要求混凝土养护时间按设计要求进行。

3.1.4.7　混凝土冬季施工

3.1.4.7.1　混凝土冬季施工的一般要求

现行施工规范规定：寒冷地区的日平均气温稳定在5℃以下或最低气温稳定在3℃以下时，温和地区的日平均气温稳定在3℃以下时，均属于低温季节，这就需要采取相应的防寒保温措施，避免混凝土受到冻害。

混凝土在低温条件下，水化凝固速度大为降低，强度增长受到阻碍。当气温在－2℃时，混凝土内部水分结冰，不仅水化作用完全停止，而且结冰后由于水的体积膨胀，使混凝土结构受到损害，当冰融化后，水化作用虽将恢复，混凝土强度也可继续增长，但最终强度必然降低。试验资料表明：混凝土受冻越早，最终强度降低越大。如在浇筑后3～6h受冻，最终强度至少降低50%以上；如在浇筑后2～3d受冻，最终强度降低只有15%～20%。如混凝土强度达到设计强度的50%以上（在常温下养护3～5d）时再受冻，最终强度则降低极小，甚至不受影响，因此，低温季节混凝土施工，首先要防止混凝土早期受冻。

3.1.4.7.2　冬季施工措施

低温季节混凝土施工可以采用人工加热、保温蓄热及加速凝固等措施，使混凝土入仓浇筑温度不低于5℃；同时保证混凝土浇筑后的正温养护条件，在未达到允许受冻临界强度以前不遭受冻结。

1. 调整配合比和掺外加剂

（1）对非大体积混凝土，采用发热量较高的快凝水泥。

（2）提高混凝土的配制强度。

（3）掺早强剂或早强剂减水剂。其中氯盐的掺量应按有关规定严格控制，并不适应于钢筋混凝土结构。

（4）采用较低的水灰比。

（5）掺加气剂可减缓混凝土冻结时在其内部水结冰时产生的静水压力，从而提高混凝土的早期抗冻性能。但含气量应限制在3%～5%。因为，混凝土中含气量每增加1%，会

使强度损失5%，为弥补由于加气剂招致的强度损失，最好与减水剂并用。

2. 原材料加热法

当日平均气温为-2～-5℃时，应加热水拌和；当气温再低时，可考虑加热骨料。水泥不能加热，但应保持正温。

水的加热温度不能超过80℃，并且要先将水和骨料拌和后，这时水不超过60℃，以免水泥产生假凝。所谓假凝是指后期强度降低的现象。

砂石加热的最高温度不能超过100℃，拌和水温超过60℃时，水泥颗粒表面将会形成一层薄的硬壳，使混凝土和易性变差，平均温度不宜超过65℃，并力求加热均匀。对大中型工程，常用蒸汽直接加热骨料，即直接将蒸汽通过需要加热的砂、石料堆中，料堆表面用帆布盖好，防止热量损失。

3. 蓄热法

蓄热法是将浇筑好的混凝土在养护期间用保温材料加以覆盖，尽可能把混凝土在浇筑时所包含的热量和凝固过程中产生的水化热蓄积起来，以延缓混凝土的冷却速度，使混凝土在达到抗冰冻强度以前，始终保证正温。

4. 加热养护法

当采用蓄热法不能满足要求时可以采用加热养护法，即利用外部热源对混凝土加热养护，包括暖棚法、蒸汽加热法和电热法等。大体积混凝土多采用暖棚法，蒸汽加热法多用于混凝土预制构件的养护。

(1) 暖棚法。即在混凝土结构周围用保温材料搭成暖棚，在棚内安设热风机、蒸汽排管、电炉或火炉进行采暖，使棚内温度保持在15～20℃以上，保证混凝土浇筑和养护处于正温条件下。暖棚法费用较高，但暖棚为混凝土硬化和施工人员的工作创造了良好的条件。此法适用于寒冷地区的混凝土施工。

(2) 蒸汽加热法。利用蒸汽加热养护混凝土，不仅使新浇混凝土得到较高的温度，而且还可以得到足够的湿度，促进水化凝固作用，使混凝土强度迅速增长。

(3) 电热法。是用钢筋或薄铁片作为电极，插入混凝土内部或贴附于混凝土表面，利用新浇混凝土的导电性和电阻大的特点，通以50～100V的低压电，直接对混凝土加热，使其尽快达到抗冻强度。由于耗电量大，大体积混凝土较少采用。

上述几种施工措施，在严寒地区往往是同时采用，并要求在拌和、运输、浇筑过程中，尽量减少热量损失。

3.1.4.7.3 冬季施工注意事项

冬季施工应注意以下几点。

(1) 砂石骨料宜在进入低温季节前筛洗完毕。成品料堆应有足够的储备和堆高，并进行覆盖，以防冰雪和冻结。

(2) 拌和混凝土前，应用热水或蒸汽冲洗搅拌机，并将水或冰排除。

(3) 混凝土的拌和时间应比常温季节适当延长。延长时间应通过试验确定。

(4) 在岩石基础或老混凝土面上浇筑混凝土前，应检查其温度。如为负温，应将其加热成正温。加热深度不小于10cm，并经验证合格方可浇筑混凝土。仓面清理宜采用喷洒温水配合热风枪，寒冷期间亦可采用蒸汽枪，不宜采用水枪或风水枪。在软基上浇筑第一层混凝土时，必须防止与地基接触的混凝土遭受冻害和地基受冻变形。

(5) 混凝土搅拌机应设在搅拌棚内并设有采暖设备，棚内温度应高于5℃。混凝土运输容器应有保温装置。

(6) 浇筑混凝土前和浇筑过程中，应注意清除钢筋、模板和浇筑设施上附着的冰雪和冻块，严禁将冻雪冻块带入仓内。

(7) 在低温季节施工的模板，一般在整个低温期间都不宜拆除。如果需要拆除，要求做到以下几点。

1) 混凝土强度必须大于允许受冻的临界强度。

2) 具体拆模时间及拆模后的要求，应满足温控防裂要求。当预计拆模后混凝土表面降温可能超过6～9℃时，应推迟拆模时间；如必须拆模时，应在拆模后采取保护措施。

(8) 低温季节施工期间，应特别注意温度检查。

3.1.4.8 混凝土雨季施工

(1) 混凝土工程在雨季施工时，应做好以下准备工作。

1) 砂石料场的排水设施应畅通无阻。

2) 浇筑仓面宜有防雨设施。

3) 运输工具应有防雨及防滑设施。

4) 加强骨料含水量的测定工作，注意调整拌和用水量。

(2) 混凝土在无防雨棚仓面小雨中进行浇筑时，应采取以下技术措施。

1) 减少混凝土拌和用水量。

2) 加强仓面积水的排除工作。

3) 做好新浇混凝土面的保持工作。

4) 防止周围雨水流入仓面。

无防雨棚的仓面，在浇筑过程中，如遇大雨、暴雨，应立即停止浇筑，并遮盖混凝土表面。雨后必须先行排除仓内积水，受雨水冲刷的部位应立即处理。如停止浇筑的混凝土尚未超出允许间歇时间或还能重塑时，应加砂浆继续浇筑，否则应按施工缝处理。

对抗冲、耐磨、需要抹面部位及其他高强度混凝土，不允许在雨下施工。

3.1.4.9 混凝土夏季施工

3.1.4.9.1 高温环境对新拌及刚成型混凝土的影响

(1) 拌制时，水泥容易出现假凝现象。

(2) 运输时，坍落度损失大，捣固或泵送困难。

(3) 成型后直接曝晒或干热风影响，混凝土面层急剧干燥，外硬内软，出现塑性裂缝。

(4) 昼夜温差较大，易出现温差裂缝。

3.1.4.9.2 夏季高温期混凝土施工的技术措施

1. 原材料

(1) 掺用外加剂（缓凝剂、减水剂）。

(2) 用水化热低的水泥。

(3) 供水管埋入水中，储水池加盖，避免太阳直接曝晒。

(4) 当天用的砂、石用防晒棚遮蔽。

(5) 用深井冷水或冰水拌和，但不能直接加入冰块。

2. 搅拌运输

(1) 送料装置及搅拌机不宜直接曝晒，应有荫棚。

(2) 搅拌系统尽量靠近浇筑地点。

(3) 运输设备要遮盖。

3. 模板

(1) 因干缩出现的模板裂缝，应及时填塞。

(2) 浇筑前充分将模板淋湿。

4. 浇筑

(1) 适当减小浇筑层厚度，从而减少内部温差。

(2) 浇筑后立即用薄膜覆盖，不使水分外逸。

(3) 露天预制场宜设置可移动荫棚，避免制品直接曝晒。

任务3.1.5 混凝土施工质量控制

项目背景：柳坪水库混凝土挡水坝施工质量控制

主要对混凝土拌和系统浇筑现场进行有关材料检验，振捣工序及成品的检查与检验。

问题：在混凝土浇筑施工现场都进行哪些方面的控制？采用什么样的方法和手段进行？

学习目标：

(1) 知识目标。能陈述混凝土浇筑施工质量控制的内容、方法和手段

(2) 能力目标。能按规范正确地进行混凝土施工现场质量检查

混凝土工程质量包括结构外观质量和内在质量。前者指结构的尺寸、位置、高程等；后者则指从混凝土原材料、设计配合比、配料、拌和、运输、浇捣等方面。

3.1.5.1 原材料的控制检查

1. 水泥

水泥是混凝土主要胶凝材料，水泥质量直接影响混凝土的强度及其性质的稳定性。运至工地的水泥应有生产厂家品质试验报告，工地试验室必须进行复验，必要时还要进行化学分析。进场水泥每200～500t同品种、同标号的水泥作一取样单位，如不足200t亦作为一取样单位。可采用机械连续取样，混合均匀后作为样品，其总量不少于10kg。检查的项目有水泥标号、凝结时间、体积安定性。必要时应增加稠度、细度、密度和水化热试验。

2. 粉煤灰

粉煤灰每天至少检查1次细度和需水量比。

3. 砂石骨料

(1) 在筛分场每班检查1次各级骨料超逊径、含泥量、砂子的细度模数。

(2) 在拌和厂检查砂子、小石的含水量、砂子的细度模数以及骨料的含泥量、超

逊径。

4. 外加剂

外加剂应有出厂合格证，并经试验认可。

5. 混凝土拌和物

拌制混凝土时，必须严格遵守试验室签发的配料单进行称量配料，严禁擅自更改。控制检查的项目包括以下几部分。

(1) 衡器的准确性。各种称量设备应经常检查，确保称量准确。

(2) 拌和时间。每班至少抽查2次拌和时间，保证混凝土充分拌和，拌和时间符合要求。

(3) 拌和物的均匀性。混凝土拌和物应均匀，经常检查其均匀性。

(4) 坍落度。现场混凝土坍落度每班在出机口应检查4次。

(5) 取样检查。按规定在现场取混凝土试样作抗压试验，检查混凝土的强度。

3.1.5.2　混凝土浇捣质量的控制检查

3.1.5.2.1　混凝土质量检查内容

混凝土外观质量主要检查表面平整度（有表面平整要求的部位）、麻面、蜂窝、空洞、露筋、碰损掉角、表面裂缝等。重要工程还要检查内部质量缺陷，如用回弹仪检查混凝土表面强度、用超声仪检查裂缝、钻孔取芯检查各项力学指标等。

3.1.5.2.2　混凝土质量缺陷及防治

1. 麻面

麻面是指混凝土表面呈现出无数绿豆大小的、无规则的小凹点。

(1) 混凝土麻面产生的原因有以下几点。

1) 模板表面粗糙、不平滑。

2) 浇筑前没有在模板上洒水湿润，湿润不足，浇筑时混凝土的水分被模板吸去。

3) 涂在钢模板上的油质脱模剂过厚，液体残留在模板上。

4) 使用旧模板，板面残浆未清理，或清理不彻底。

5) 新拌混凝土浇灌入模后，停留时间过长，振捣时已有部分凝结。

6) 混凝土振捣不足，气泡未完全排出，有部分留在模板表面。

7) 模板拼缝漏浆，构件表面浆少，或成为凹点，或成为若断若续的凹线。

(2) 混凝土麻面的预防措施有以下几点。

1) 模板表面应平滑。

2) 浇筑前，不论是哪种模型，均需浇水湿润。但不得积水。

3) 脱模剂涂擦要均匀，模板有凹陷时，注意将积水拭干。

4) 旧模板残浆必须清理干净。

5) 新拌混凝土必须按水泥或外加剂的性质，在初凝前振捣。

6) 尽量将气泡排出。

7) 浇筑前先检查模板拼缝，对可能漏浆的缝，设法封嵌。

(3) 混凝土麻面的修补。混凝土表面的麻点，如对结构无大影响，可不作处理。如需处理，方法包括以下几点。

1）用稀草酸溶液将该处脱模剂油点，或污点用毛刷洗净，于修补前用水湿透。

2）修补用的水泥品种必须与原混凝土一致，砂子为细砂，粒径最大不宜超过1mm。

3）水泥砂浆配合比为1：（2～2.5），由于数量不多，可用人工在小灰桶中拌匀，随拌随用。

4）按照漆工刮腻子的方法，将砂浆用刮刀大力压入麻点内，随即刮平。

5）修补完成后，即用草帘或草席进行保湿养护。

2. 蜂窝

蜂窝是指混凝土表面无水泥浆，形成蜂窝状的孔洞，形状不规则，分布不均匀，露出石子深度大于5mm，不露主筋，但有时可能露箍筋。

（1）混凝土蜂窝产生的原因有以下几点。

1）配合比不准确，砂浆少，石子多。

2）搅拌用水过少。

3）混凝土搅拌时间不足，新拌混凝土未拌匀。

4）运输工具漏浆。

5）使用干硬性混凝土，但振捣不足。

6）模板漏浆，加上振捣过度。

（2）混凝土蜂窝的预防方法包括以下内容。

1）砂率不宜过小。

2）计量器具应定期检查。

3）用水量如少于标准，应掺用减水剂。

4）计量器具应定期检查。

5）搅拌时间应足够。

6）注意运输工具的完好性，及时修理。

7）捣振工具的性能必须与混凝土的坍落度相适应。

8）浇筑前必须检查和嵌填模板拼缝，并浇水湿润。

9）浇筑过程中，有专人巡视模板。

（3）混凝土蜂窝修补。如系小蜂窝，可按麻面方法修补。如系较大蜂窝，按以下方法修补。

1）将修补部分的软弱部分凿去，用高压水及钢丝刷将基层冲洗干净。

2）修补用的水泥应与原混凝土的一致；砂子用中粗砂。

3）水泥砂浆的配合比为1：2～1：3，应搅拌均匀。

4）按照抹灰工的操作方法，用抹子大力将砂浆压入蜂窝内刮平；在棱角部位用靠尺将棱角取直。

5）修补完成后即用草帘或草席进行保湿养护。

3. 混凝土露筋、空洞

主筋没有被混凝土包裹而外露，或在混凝土孔洞中外露的缺陷称之为露筋。混凝土表面有超过保护层厚度，但不超过截面尺寸1/3的缺陷，称之为空洞。

（1）混凝土出现露筋、空洞的原因包括以下几点。

1）漏放保护层垫块或垫块位移。

2）浇灌混凝土时投料距离过高过远，又没有采取防止离析的有效措施。

3）搅拌机卸料入吊斗或小车时，或运输过程中有离析，运至现场又未重新搅拌。

4）钢筋较密集，粗骨料被卡在钢筋上，加上振捣不足或漏振。

5）采用干硬性混凝土而又振捣不足。

（2）露筋、空洞的预防措施包括以下几点。

1）浇筑混凝土前应检查垫块情况。

2）应采用合适的混凝土保护层垫块。

3）浇筑高度不宜超过2m。

4）浇筑前检查吊斗或小车内混凝土有无离析。

5）搅拌站要按配合比规定的规格使用粗骨料。

6）如为较大构件，振捣时专人在模板外用木槌敲打，协助振捣。

7）构件的节点、柱的牛腿、桩尖或桩顶、有抗剪筋的吊环等处钢筋的吊环等处钢筋较密，应特别注意捣实。

8）加强振捣。

9）模板四周，用人工协助捣实；如为预制构件，在钢模周边用抹子插捣。

（3）混凝土露筋、空洞的处理措施包括以下几点。

1）将修补部位的软弱部分及突出部分凿去，上部向外倾斜，下部水平。

2）用高压水及钢丝刷将基层冲洗干净。修补前用湿麻袋或湿棉纱头填满，使旧混凝土内表面充分湿润。

3）修补用的水泥品种应与原混凝土的一致，小石混凝土强度等级应比原设计高一级。

4）如条件许可，可用喷射混凝土修补。

5）安装模板浇筑。

6）混凝土可加微量膨胀剂。

7）浇筑时，外部应比修补部位稍高。

8）修补部分达到结构设计强度时，凿除外倾面。

4. 混凝土施工裂缝

（1）混凝土施工裂缝产生的原因包括以下几点。

1）曝晒或风大，水分蒸发过快，出现的塑性收缩裂缝。

2）混凝土塑性过大，成型后发生沉陷不均，出现的塑性沉陷裂缝。

3）配合比设计不当引起的干缩裂缝。

4）骨料级配不良，又未及时养护引起的干缩裂缝。

5）模板支撑刚度不足，或拆模工作不慎，外力撞击的裂缝。

（2）预防方法包括以下几点。

1）成型后立即进行覆盖养护，表面要求光滑，可采用架空措施进行覆盖养护。

2）配合比设计时，水灰比不宜过大；搅拌时，严格控制用水量。

3）水灰比不宜过大，水泥用量不宜过多，灰骨比不宜过大。

4）骨料级配中，细颗粒不宜偏多。

5）浇筑过程应有专人检查模板及支撑。

6）注意及时养护。

7）拆模时，尤其是使用吊车拆大模板时，必须按顺序进行，不能强拆。

（3）混凝土施工裂缝的修补。

1）混凝土微细裂缝修补。

（a）用注射器将环氧树脂溶液黏结剂或甲凝溶液黏结剂注入裂缝内。

（b）注射时宜在干燥、有阳光的时候进行；裂缝部位应干燥，可用喷灯或电风筒吹干；在缝内湿气逸出后进行。

（c）注射时，从裂缝的下端开始，针头应插入缝内，缓慢注入；使缝内空气向上逸出，黏结剂在缝内向上填充。

2）混凝土浅裂缝的修补。

（a）顺裂缝走向用小凿刀将裂缝外部扩凿成V形，宽约5～6mm，深度等于原裂缝。

（b）用毛刷将V形槽内颗粒及粉尘清除，用喷灯为或电风筒吹干。

（c）用漆工刮刀或抹灰工小抹刀将环氧树脂胶泥压填在V形槽上，反复搓动，务使紧密黏结。

（d）缝面按需要做成与结构面齐平，或稍微突出成弧形。

3）混凝土深裂缝的修补。做法是将微细缝和浅缝两种措施合并使用。

（a）先将裂缝面凿成V形或凹形槽。

（b）按上述办法进行清理、吹干。

（c）先用微细裂缝的修补方法向深缝内注入环氧或甲凝黏结剂，填补深裂缝。

（d）上部开凿的槽坑按浅裂缝修补方法压填环氧胶泥黏结剂。

5. 混凝土空鼓

混凝土空鼓常发生在预埋钢板下面。产生的原因是浇灌预埋钢板混凝土时，钢板底部未饱满或振捣不足。预防方法包括以下几点。

（1）如预埋钢板不大，浇灌时用钢棒将混凝土尽量压入钢板底部；浇筑后用敲击法检查。

（2）如预埋钢板较大，可在钢板上开几个小孔排除空气，亦可作观察孔。

混凝土空鼓的修补包括以下几点。

（1）在板外挖小槽坑，将混凝土压入，直至饱满，无空鼓声为止。

（2）如钢板较大或估计空鼓较严重，可在钢板上钻孔，用灌浆法将混凝土压入。

6. 混凝土强度不足

混凝土强度不足产生的原因包括以下几点。

（1）配合比计算错误。

（2）水泥出厂期过长，或受潮变质，或袋装重量不足。

（3）粗骨料针片状较多，粗、细骨料级配不良或含泥量较多。

（4）外加剂质量不稳定。

（5）搅拌机内残浆过多，或传动皮带打滑，影响转速。

(6) 搅拌时间不足。

(7) 用水量过大，或砂、石含水率未调整，或水箱计量装置失灵。

(8) 秤具或秤量斗损坏，不准确。

(9) 运输工具灌浆，或经过运输后严重离析。

(10) 振捣不够密实。

混凝土强度不足是质量上的大事故。处理方案由设计单位决定。通常处理方法包括以下几点。

(1) 强度相差不大时，先降级使用，待龄期增加，混凝土强度发展后，再按原标准使用。

(2) 强度相差较大时，经论证后采用水泥灌浆或化学灌浆补强。

(3) 强度相差较大而影响较大时，拆除返工。

任务3.1.6　温度控制

项目背景： 三峡工程混凝土施工温度控制

三峡工程因基岩弹性模量较大，水电站厂房底板等部位属薄板结构，基础容许温差较严，大坝及水电站厂房基础温差详见表3.14和表3.15。

表3.14　混凝土基础容许温差　单位：℃

离基岩面高度 H	浇筑块长边尺寸 L				
	17m以下	17～21 m	21～30 m	30～40m	40m至通仓
0～0.2L	26～24	24～22	22～19	19～16	16～14
0.2～0.4L	28～26	26～25	25～22	22～19	19～17

注　1. 混凝土28天龄期的极限拉伸值$\not<0.85\times10^{-4}$。

2. 混凝土施工质量均匀、良好，基岩与混凝土的弹性模量相近，短间歇均匀上升的浇筑块。

表3.15　三峡工程混凝土基础容许温差　单位：℃

部　位			浇筑块长边尺寸 (m)				
			≤20	21～30	31～40	41～50	通仓
大坝	基础强约束区		22	20～21	17～19	16	14
	基础弱约束区		25	23～24	20～22	19	17
	扩散段底板	基础强约束区	18				
	肘管段底板	基础强约束区	19				
		基础强约束区	19				
		基础弱约束区	22				
		基础强约束区	18				
		基础弱约束区	21				

注　1. 高度0～0.2L为基础强约束区，0.2～0.4L为基础弱约束区，L为块体长边尺寸。

2. 基岩与混凝土的弹性模量比为1.5。

3. 墩子基础约束范围自基岩面起计。

三峡工程对均匀上升浇筑块，其各季节坝体混凝土最高温度按表3.16控制。

表 3.16 三峡工程坝体混凝土最高温度控制标准 单位:℃

月份	12～2	3、11	4、10	5、9	6～8
R_{90}≤C20 号	23～24	26～27	31	33～34	35～38
R_{90}≥C25 号	24～26	28～29	31～33	34～35	37～39

问题：

(1) 混凝土施工的温度控制任务、方法措施有哪些？

(2) 如何制定混凝土的温度控制标准？

学习目标：

(1) 知识目标。能描述混凝土施工温度控制的意义；能陈述温控的方法措施。

(2) 能力目标。能正确合理选定温控标准；能选择合理的措施有效预防混凝土温度裂缝。

3.1.6.1 制定温度控制标准

一般把结构最小尺度大于 2m 的混凝土称为大体积混凝土。大体积混凝土要求控制水泥水化产生的热量及伴随发生的体积变化，尽量减少温度裂缝。

3.1.6.1.1 混凝土温度变化过程

水泥在凝结硬化过程中，会放出大量的水化热。水泥在开始凝结时放热较快，以后逐渐变慢，普通水泥最初 3d 放出的总热量占总水化热的 50%以上。水泥水化热与龄期的关系曲线如图 3.57 所示。图中 Q_0 为水泥的最终发热量 (J/kg)，其中 m 为系数，它与水泥品种及混凝土入仓温度有关。

混凝土的温度随水化热的逐渐释放而升高，当散热条件较好时，水化热造成的最高温度升高值并不大，也不致使混凝土产生较大裂缝。而当混凝土的浇筑块尺寸较大时，其散热条件较差，由于混凝土导热性能不良，水化热基本上都积蓄在浇筑块内，从而引起混凝土温度明显升高，有时混凝土块体中部温度可达 60～80℃。由于混凝土温度高于外界气温，随着时间的延续，热量慢慢向外界散发，块体内温度逐渐下降。这种自然散热过程甚为漫长，大约要经历几年以至几十年的时间水化热才能基本消失。此后，块体温度即趋近于稳定状态。在稳定期内，坝体内部温度基本稳定，而表层混凝土温度则随外界温度的变化而呈周期性波动。由此可见，大体积混凝土温度变化一般经历升温期、冷却期和稳定期 3 个时期（图 3.58）。

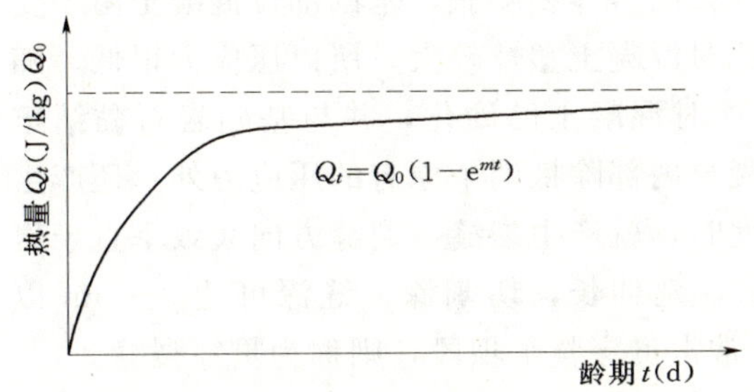

图 3.57 水泥水化热与龄期关系曲线

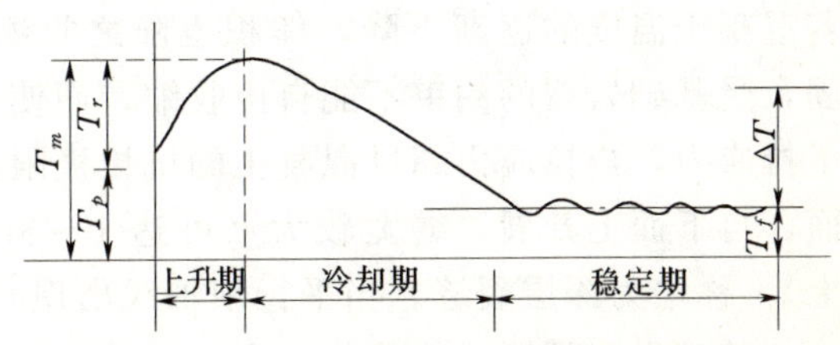

图 3.58 大体积混凝土温度变化过程

由图 3.58 可知：

$$\Delta T = T_m - T_f = T_p + T_r - T_f$$

由于稳定温度 T_f 值变化不大，所以要减少温差，就必须采取措施降低混凝土入仓温度 T_p 和混凝土的最大温升 T_r。

3.1.6.1.2　温度应力与温度裂缝

混凝土温度的变化会引起混凝土体积变化，即温度变形。而温度变形一旦受到约束不能自由伸缩时，就必然引起温度应力。若为压应力，通常无大的危害；若为拉应力，当超过混凝土抗拉强度极限时，就会产生温度裂缝，如图3.59所示。

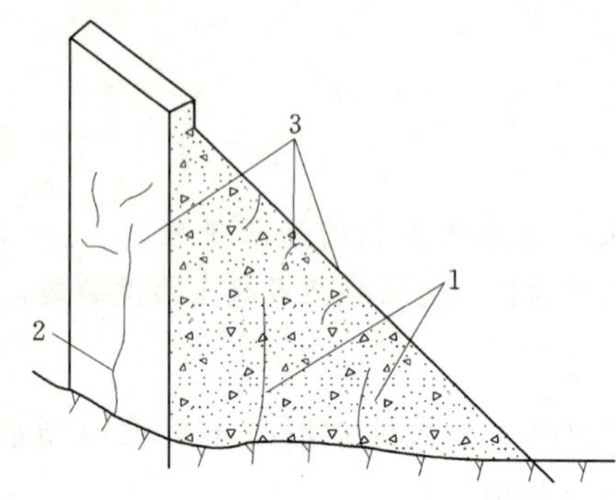

图3.59　混凝土坝裂缝型式
1—贯穿裂缝；2—深层裂缝；3—表面裂缝

1. 表面裂缝

大体积混凝土结构块体各部分由于散热条件不同，温度也不同，块体内部散热条件差，温度较高，持续时间也较长；而块体外表由于和大气接触，散热方便，冷却迅速。当表面混凝土冷却收缩时，就会受到内部尚未收缩的混凝土的约束产生表面温度拉应力，当它超过混凝土的抗拉极限强度时，就会产生裂缝。

一般表面裂缝方向不规则，数量较多，但短而浅，深度小于lm，缝宽小于0.5mm。有的后来还会随着坝体内部温度降低而自行闭合。因而对一般结构威胁较小。但在混凝土坝体上游面或其他有防渗要求的部位，表面裂缝形成了渗透途径，在渗水压力作用下，裂缝易于发展；在基础部位，表面裂缝还可能与其他裂缝相连，发展成为贯穿裂缝。这些对建筑物的安全运行都是不利的，因此必须采取一些措施，防止表面裂缝的产生和发展。

防止表面裂缝的产生，最根本的是把内外温差控制在一定范围内。防止表面裂缝还应注意防止混凝土表面温度骤降（冷击）。冷击主要是冷风寒潮袭击和低温下拆模引起的，这时会形成较大的内外温差，最容易发生表面裂缝。因此在冬季不要急于拆模，对新浇混凝土的表面，当温度骤降前应进行表面保护。表面保护措施可采用保温模板、挂保温泡沫板、喷水泥珍珠岩、挂双层草垫等。

2. 深层裂缝和贯穿裂缝

混凝土凝结硬化初期，水化热使混凝土温度升高，体积膨胀，基础部位混凝土由于受基岩的约束，不能自由变形而产生压应力，但此时混凝土塑性较大，所以压应力很低。随着混凝土温度的逐渐下降，体积也随之收缩，这时混凝土已硬化，并与基础岩石黏结牢固，受基础岩石的约束不能自由收缩，而使混凝土内部除抵消了原有的压应力外，还产生了拉应力，当拉应力超过混凝土的抗拉极限强度时，就产生裂缝。裂缝方向大致垂直于岩面，自下而上开展，缝宽较大（可达1～3mm），延伸长，切割深（缝深可达3～5m以上），称之为深层裂缝。当平行坝轴线出现时，常常贯穿整个坝段，则称为贯穿裂缝。

基础贯穿裂缝对建筑物安全运行是很危险的，因为这种裂缝发生后，就会把建筑物分割成独立的块体，使建筑物的整体性遭到破坏，坝内应力发生不利变化，特别对于大坝上游坝踵处将出现较大的拉应力，甚至危及大坝安全。

防止产生基础贯穿裂缝，关键是控制混凝土的温差，通常基础容许温差的控制范围可参考表3.35。

混凝土浇筑块经过长期停歇后，在长龄期老混凝土上浇筑新混凝土时，老混凝土也会对新混凝土起约束作用，产生温度应力，可能导致新混凝土产生裂缝，所以新老混凝土间的内部温差（即上下层温差），也必须进行控制，一般允许温差为15～20℃。

3.1.6.1.3 温差标准的拟定

1. 基础容许温差

基础温差指基础约束区内混凝土最高温度与稳定温度（或准稳定温度）之差。基础容许温差一般根据建筑物方块尺寸、混凝土力学性能、基岩弹性模量与混凝土弹性模量的比值和混凝土浇筑上升情况，参照规范及已建或在建工程施工经验确定，对于基岩面上薄层混凝土块及基岩弹性模量比混凝土弹性模量高出较多者，以及基础约束区内混凝土不能连续浇筑上升者，应核算基础约束区内混凝土温度应力，不能满足防裂要求时，应考虑减小分缝分块尺寸。DL 5108—1999《混凝土重力坝设计规范》对基础容许温差的规定值参见表3.35。陡坡和填塘部位混凝土基础允许温差应视所在部位结构要求及特征尺寸，参照平整基础温差标准适当加严，混凝土浇平相邻基岩面后，应停歇冷却至与周围基岩温度相近时，再继续上升。

2. 上下层温差

当下层混凝土龄期超过28d成为老混凝土时，其上层混凝土浇筑时应控制上、下层温差，对上层混凝土短间歇均匀上升的坝块且浇筑高度大于0.5L（L为浇筑块长边尺寸）时，允许新老混凝土面上下各$L/4$范围内，上层混凝土最高平均温度与新混凝土开始浇筑时下层实际平均温度之差不大于15～20℃；浇筑块侧面长期暴露时，或上层混凝土浇筑高度小于0.5L，或非连续上升时应加严上下层温差标准。

3. 防止表面裂缝温控标准

大量工程施工实践表明，混凝土坝温度裂缝中绝大多数为表面裂缝，且大多数表面裂缝是在混凝土浇筑初期遇气温骤降等原因引起的。少数表面裂缝是由于中后期受年变化气温或水温影响内外温差过大造成的。中后期深层裂缝和贯穿裂缝也往往由表面裂缝在一定条件下发展而成。因此，加强表面保护、控制内外温差或坝体混凝土最高温度是防止混凝土表面裂缝或深层裂缝的有效措施。

（1）表面保护标准。

1）初期气温骤降。气温骤降期间对混凝土表面进行保护是防止混凝土表面裂缝的有效措施。新浇混凝土遇日平均气温在2～3d内连续下降超过6～8℃时，强约束区和特殊部位龄期2～3d以上，一般部位龄期3～4d以上必须进行表面保护。保温层等效放热系数值可根据坝址气温骤降情况通过计算确定。

2）中后期气温年变化及气温骤降的综合影响。在气温年变化和气温骤降的同时作用下，在无保护条件下极可能使混凝土表面产生裂缝。所以，在施工期内除采取必要的表面保护措施外，应视不同浇筑季节和不同部位，对埋有冷却水管部位结合考虑后期通水情况，进行中期通水冷却，对未埋冷却水管部位应加强表面保护。

（2）坝体最高温度控制标准。由于坝体内外温差过大可能引起混凝土表面出现裂缝，必须控制坝体内外温差。在设计中为了便于掌握，一般将内外温差转化为控制坝体最高温度。任何部位，包括基础约束区及脱离基础约束区，其最高温度均不得超过坝体最高温度。坝体最高温度控制标准一般参照部分已建工程经验，兼顾内外温差要求和实际施工条件确定。

4. 坝体设计允许最高温度

确定坝体设计允许最高温度的原则为：对于基础约束区混凝土，按基础允许温差加上坝体稳定温度与坝体最高温度控制标准比较后取其低值；对于均匀上升的脱离基础约束区混凝土，仅按坝体最高温度控制标准确定；对于老混凝土约束区可参照上述基础约束区混凝土的原则来确定；填塘、陡坡部位混凝土温控原则上按基础强约束区允许最高温度执行，但夏季（5～9月）应增加1～2℃。

3.1.6.2　制定混凝土防裂的措施

3.1.6.2.1　减少混凝土发热量

1. 采用低热水泥

采用水化热较低的普通大坝水泥、矿渣大坝水泥及低热膨胀水泥。

2. 降低水泥用量

（1）掺混合材料。

（2）调整骨料级配，提高骨料最大粒径。

（3）采用低流态混凝土。

（4）掺外加剂（减水剂、加气剂）。

（5）其他措施。如采用埋石混凝土；坝体分区使用不同强度等级的混凝土；利用混凝土的后期强度。

3.1.6.2.2　降低混凝土的入仓温度

1. 料场措施

（1）加大骨料堆积高度。

（2）地弄取料。

（3）搭盖凉棚。

（4）喷水雾降温（石子）。

2. 冷水或加冰拌和

采用冷水或加冰拌和的方式，降低混凝土的入仓温度。

3. 预冷骨料

（1）水冷。如喷水冷却、浸水冷却。

（2）气冷。在供料廊道中通冷气。

3.1.6.2.3　散发浇筑块热量

1. 表面自然散热

采用薄层浇筑，浇筑层厚度采用3～5cm，在基础地面或老混凝土面上可以浇1～2m的薄层，上、下层间歇时间宜为5～10d。浇筑块的浇筑顺序应间隔进行，尽量延长两相邻块的间隔时间，以利侧面散热。

2. 人工强迫散热——埋冷却水管

利用预埋的冷却水管通低温水以散热降温。冷却水管的作用包括以下几点。

（1）一期冷却。混凝土浇后立即通水，以降低混凝土的最高温升。

（2）二期冷却。在接缝灌浆时将坝体温度降至灌浆温度，扩张缝隙以利灌浆。

任务3.1.7 接缝灌浆

问题：

（1）坝体接缝灌浆的作用是什么？

（2）接缝灌浆施工的程序和方法步骤如何？

（3）接缝灌浆的次序是什么？

学习目标：

（1）知识目标。能陈述坝体接缝灌浆的方法。

（2）能力目标。能正确安装接缝灌浆设备，能进行接缝灌浆作业。

混凝土坝用纵缝分块进行浇筑，有利于坝体温度控制和浇筑块分别上升，但为了坝的整体性，必须对纵缝进行接缝灌浆，纵缝属于临时施工缝。坝体横缝是否进行灌浆固坝型和设计要求而异。重力坝的横缝一般为永久温度沉陷缝；拱坝和重力拱坝的横缝属于临时施工缝。临时施工的横缝，要进行接缝灌浆。

3.1.7.1 接缝灌浆管路埋设

混凝土坝的接缝灌浆，需要在缝面上预埋灌浆系统。根据缝的面积大小，将缝面划分为若干灌浆区。每一灌浆区高约9～12m，面积200～300m^2，四周用止浆片封闭自成一套灌浆系统。灌浆时利用预埋在坝体内的进浆管、回浆管、支管及出浆盒向缝面压送水泥浆，迫使缝中空气（包括缝面上的部分水泥浆）从排气槽、排气管排出，直至缝面灌满设计稠度的水泥浆为止，图3.60（a）为接缝灌浆布置示意图。

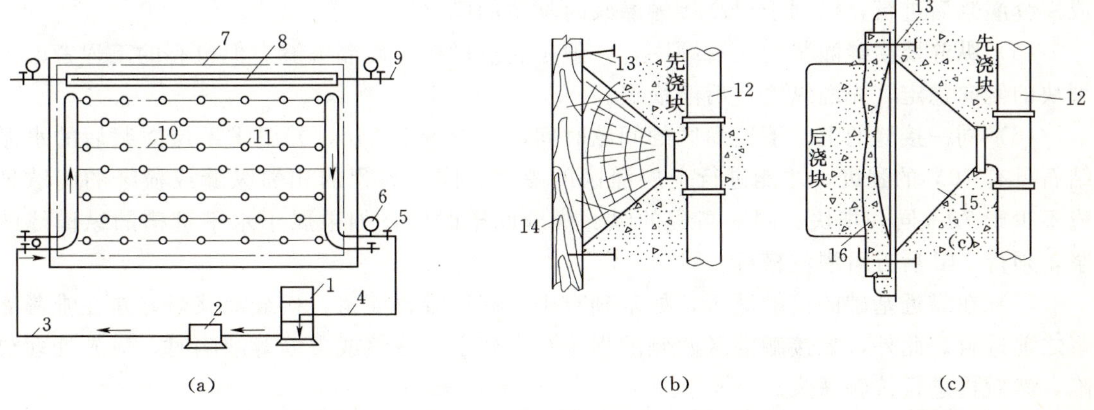

图3.60 接缝灌浆布置示意图及出浆盒构造图

（a）布置示意图；（b）先浇块浇筑时的构造；（c）后浇块浇筑时的构造

1—拌浆筒；2—灌浆机；3—进浆管；4—回浆管；5—阀门；6—压力表；7—止浆片；8—排气槽；9—排气管；10—支管；11—出浆盒；12—升浆管；13—铁钉；14—模板；15—出浆口；16—喇叭形出浆孔

接缝灌浆的设备有拌浆筒、灌浆机及压力表等，一般布置在灌浆廊道之内。预埋在坝内的灌浆系统如下：

（1）止浆片。沿每一灌浆区四周埋设，一般用镀锌铁皮或塑料止水片跨过接缝埋设在两侧混凝土中，防止浆液外溢。

(2) 灌浆管路。包括进浆管、回浆管、支管、出浆盒等。支管间距2m，支管上每1～3m有一孔洞，其上安装出浆盒。出浆盒由喇叭形出浆孔（采用木制圆锥或铁皮制成）、盒盖（采用预制砂浆盖板或铁皮制成）组成，分别位于缝面两侧浇筑块中，如图3.60(b)、(c) 所示，在进行后浇块施工时，盒盖要盖紧出浆孔，并在孔边钉上铁钉，以防止浇筑时堵塞。待以后接缝张开，盒盖也相应张开以保证出浆。

(3) 排气槽和排气管。排气槽断面为三角形，水平设于每一灌浆区的顶端，并通过排气管和灌浆廊道相通。其作用是：在灌浆过程中排出缝中气体，排出部分缝面浆液，判断接缝灌浆情况，保证灌浆质量。

3.1.7.2　接缝灌浆的次序

(1) 同一接缝的灌区，应自基础灌区开始，逐层向上灌注。上层灌区的灌浆，应待下层和下层相邻灌区灌好后才能进行。

(2) 为了避免各坝块沿一个方向灌注形成累加变形，影响后灌接缝的张开度，横缝灌浆应自河床中部向两岸进展，或自两岸向河床中部进展。纵缝灌浆宜自下游向上游推进，主要是考虑到接缝灌浆的附加应力与坝体蓄水后的应力叠加，不致造成下游坝趾出现较大的压应力，同时还可抵消一部分上游坝踵在蓄水后的拉应力。但有时也可先灌上游纵缝，然后再自上游向下游顺次灌注，预先改善上游坝踵应力状态。

(3) 当条件可能时，同一坝段、同一高程的纵缝，或相邻坝段同一高程的横缝最好同时进行灌注。此外，对已查明张开度较小的接缝，最好先行灌注。

(4) 在同一坝段或同一坝块中，如同时有接触灌浆、纵缝及横缝灌浆，应先进行接触灌浆。其好处是可以提高坝块的稳定性，对于陡峭岩坡的接触灌浆，则宜安排在相邻纵缝或横缝灌浆后进行，以利于提高接触灌浆时坝块的稳定性。

(5) 纵缝及横缝灌浆的先后顺序，一般是先灌横缝，后灌纵缝。但也有的工程考虑到坝块的侧向稳定，先灌纵缝，后灌横缝。

(6) 同一接缝的上、下层灌区的间歇时间，不应少于14d，并要求下层灌浆后的水泥结石具有70%的强度，才能进行上层灌区的灌浆。同一高程的相邻纵缝或横缝的间歇日应不少于7d。同一坝块、同一高程的纵、横缝间歇时间，如果属于水平键槽的纵横缝灌浆，须待14d后方可灌注横缝。

(7) 在靠近基础的接触灌区，如基础有中、高压帷幕灌浆，接缝灌浆最好是在帷幕灌浆之前进行。此外，如接触灌区两侧的坝块存在架空、冷缝或裂缝等缺陷时，应先处理缺陷，然后再进行接触灌浆。

3.1.7.3　接缝灌浆施工

3.1.7.3.1　通水检查

通水检查主要目的是查明灌浆管道及缝面的通畅情况，以及灌区是否外漏，从而为灌浆前的事故处理方法提供依据。其步骤及要求如下。

1. 单开式通水检查

分别从两进浆管进水，随即将其他管口关闭，依次有一个管口开放，在进水管口达设计压力的情况下，测定各个管口的单开出水率，其通畅标准是：进水量大于70L/min，开

出水率大于50L/min。若管口出水量大于50L/min，可结束单开式通水检查，若管口出水率小于50L/min，则应从该管口进水，测定其余管口出水量和关闭压力，以便查清管和缝面情况。

2. 封闭式通水检查

从一通畅进浆管口进水，其他管口关闭，待排水管口达到设计压力（或设计压力的70%），测定各项漏水量，并观察外漏部位，灌区封闭标准为稳定漏水量应小于15L/min（不是集中渗漏），串层漏水量及串块漏水量应分别小于5L/min。

3. 缝面充水浸泡及冲洗

每一接缝灌浆前应对缝面进行浸泡，浸泡时间一般不少于24h，然后用风、水轮换洗各管道及缝面，直至排气管回清水，当水质清洁无悬浮或沉淀物，方能灌浆。

4. 灌浆前预习性压水检查

采用灌浆压力压水检查，其目的是：选择与缝面排气管较为通畅的进浆管与回浆管环线路，核实接缝容积、各管口单开出水量与压力，以及漏水量等数值，同时检查灌浆运行可靠性。

3.1.7.3.2 接缝灌浆的程序和方法步骤

接缝灌浆的整个施工程序是，缝面冲洗、压水检查、灌浆区事故处理、灌浆、进浆结束。其中灌浆工序本身，是由稠度较稀的初始浆液（水灰比3：1）开灌，经中级浆液（水灰比1：1）变换为最终浆液（水灰比0.6：1），直到进浆结束。

初始浆液稠度较稀，主要是润湿管路及缝面，并排出缝中大部分空气；中级浆液主要起过渡作用，但也可以充填一些较细的裂缝；最终浆液用来最后充填接缝，保证设计要求的稠度。在灌浆过程中各级浆液的变换，可由排气管口控制。开灌时，最先灌入初始浆液，当排气管口出浆3～5min后，即可改换中级浆液；当排气管口出浆稠度与注入浆液稠度接近时，即可改换最终浆液。由此可知，排气管间断放浆是为了变换浆液的需要，即排出空气和稀浆，并保持缝面畅通。在此阶段，还应适当地采取沉淀措施，即暂时关闭进浆阀门，停止向缝内进浆5～30min，使缝内浆液变浓，并消除可能形成的气泡。这种沉淀措施，在施工中又称为间断进浆。

灌浆转入结束阶段的标准是，排气管出浆稠度达到最终浆液稠度，排气管口压力达到设计压力，缝面吸浆率小于0.4L/min。达到上述三项标准后，即可持续灌浆30min后结束（或关闭全部管口进行缝内进浆30min，或从排气管倒灌30min结束）。

接缝灌浆的压力必须慎重选择，过小不易保证灌浆质量，过大可能影响坝的安全。一般采用的控制标准是，进浆管压力（3.5～4.5）$\times 10^5$kPa，回浆管压力（2～2.5）$\times 10^5$kPa.

3.1.7.4 灌浆质量检查与灌区事故处理

3.1.7.4.1 质量检查

灌区的接缝灌浆质量，应以分析灌浆资料为主，结合钻孔取芯、槽检等质检成果，进行综合评定。主要评定项目包括以下内容。

（1）灌浆时坝块混凝土的温度。

（2）灌浆管路通畅、缝面通畅以及灌区密封情况。

(3) 灌浆施工情况。

(4) 灌浆结束时排气管的出浆密度和压力。

(5) 灌浆过程中有无中断、串浆、漏浆和管路堵塞等情况。

(6) 灌浆前、后接缝张开度的大小及变化。

(7) 灌浆材料的性能。

(8) 缝面注入水泥量。

(9) 钻孔取芯、缝面槽检和压水检查成果以及孔内探缝，孔内电视等测试的成果。

3.1.7.4.2 灌区事故处理

经过通水检查，可基本判明灌区事故部位及事故类型，灌区事故类型及处理方法分述如下。

1. 灌浆管道不通的处理

(1) 进回浆管道不通的处理。处理前，先将灌区充分浸泡7天左右，再用风和水轮换冲洗，风压限制为0.2MPa，水压不超过0.8MPa（逐级加压，每0.05MPa为一级），风和水轮换冲洗时，应将所有管口敞开，以免一旦疏通后缝面压力骤增。如堵塞部位距表面较近，可凿开混凝土，割除管道堵塞段，恢复进回浆管。当上述措施无效时，可视具体情况采用骑缝钻孔或斜穿钻孔代替进回浆管。

(2) 排气系统不通的处理。当排气管不互通，或排气管与进回浆管不互通时，可初步判断为排气系统不通（也存在缝面不通的可能性），如经疏通无效，一般采用风钻孔或机钻孔穿过灌区顶层，代替原管道，一侧排气管至少布置三个风钻孔或一个机钻孔，机钻孔单孔出水率大于50L/min，风钻孔单孔出水率大于25L/min时，可认为畅通。

2. 缝面不通的处理

当进回浆管互通，排气管本身也互通，但进回浆管与排气管之间不互通时，可判断为缝面不通。缝面不通的原因有三种可能：缝面被杂物堵塞、细缝或压缝。如系前者，可以用反复浸泡、风和水轮换冲洗的办法；如为压缝，则可打风钻孔或机钻孔代替出浆盒，用联孔形成新的灌浆系统；如为细缝，则只能采取细缝灌浆措施。

3. 止浆片失效引起外漏的处理

一般采用嵌缝堵漏的方法，根据外漏部位及漏量大小，可先沿外漏接缝凿槽，再用水泥砂浆、环氧砂浆或棉絮等材料嵌堵，能比较有效地阻止浆液外漏。

3.1.7.4.3 特殊情况的灌浆方法

1. 灌区与混凝土内部架空区串漏时的灌浆

当灌区与混凝土内部架空区互串时，由于漏量大，灌浆时间必然延续较长。若管道及缝面又不太通畅，则不宜采取降压沉淀的方法，否则，缝面由下至上泌水，阻力增大，最终可能导致梗塞。通常在变换至最终级浓浆，缝面起压正常后，保持50%～70%的设计压力灌注，当吸浆量急剧下降时，再升到设计压力灌注，直至达到正常标准时结束。

2. 止浆片失效引起外漏的灌浆

灌区由于止浆片失效而引起的外漏，一般先嵌缝堵漏，再进行灌浆。当灌浆过程中发现外漏严重时，如缝面处于充填初级浆液阶段可及时冲掉，嵌缝再灌。如缝面处于充填中

级或终级浆液时，可边嵌边灌，同时在灌浆工艺上采取间歇沉淀或降压循环的措施，迅速增大缝面浆液黏度，促使缝面尽早形成塑性状态，当吸浆率明显减少时，在设计压力下正常灌注至结束。

3. 止浆片失效引起相邻灌区串漏的灌浆

一般处理方法有两种：一种是先将表面外漏处嵌缝，然后多区同灌，每个灌区配一台灌浆机，可灌性差或漏量大的灌区先进浆，以利于各灌区同时达到在设计压力下灌注，当某一灌区先具备结束条件时，须待串漏区的吸浆率在设计压力下明显减小，才能先行并浆，互串区先后结束间隔时间，一般控制不超过 3h；另一种是，当不允许互串灌区同灌时，也可采取下层灌浆，上层通水平压防止下层浆液串入上层的措施，上层通水时的层底压力，应与下层灌浆的层顶压力相等。

4. 进回浆管道全部失效时的灌浆

布置条件许可，可作骑缝钻孔代替进回浆管（孔距一般 3m），风钻孔代替排气管，灌浆方法与正常条件下的灌浆方法基本相同。如无条件布置骑缝机钻孔时，可采用风钻斜穿孔，一般 3～6m^2 布置一孔，各孔均设内管（进浆管），孔口设回浆管，从灌区下层至上层将进、回浆管分别并联成若干孔组，并留出排气孔，灌浆时，下层孔组进浆，上层孔组回浆，中层孔组放浆，灌至达到结束条件时停止。

5. 细缝灌浆

细缝一般指冷却至灌浆温度后，张开度仅为 0.3～0.5mm 的灌区，在灌浆施工中，一般采取以下措施。

（1）用细度为通过 6400 孔/cm^2 的筛余量在 2%以下的 42.5 级硅酸盐磨细水泥。

（2）在灌浆初始阶段，提高进浆管口压力，尽快使排气管口升压，有利于细缝张开，其张开度应严格控制在 0.5mm 以内。

（3）采取四级水灰比，即 4∶1，2∶1，1∶1，0.6∶1 浆液灌注。先用 4∶1 浆液润滑管道与缝面，2∶1 浆液过渡，尽快以 1∶1 浆液灌注，尽可能按终级浆液结束，最后从排气管倒灌补填。浆液中可掺用塑化剂（掺量不超过水泥重量的 3‰为宜），以改善浆液流动性。

（4）灌浆过程中，当变浆后排气管放出稀浆时，即从两侧进浆管同时进浆，或与排气管同时进浆，以改善缝面浆压分布（因缝面出浆盒有时局部阻塞）。

（5）在经过论证的情况下，采用坝块超冷（即比灌浆温度低 2～4℃），力求改善缝面张开状况。

（6）化学灌浆（使用不多），必须谨慎选用化学灌浆材料和施工工艺。

项目 3.2 模 板 施 工

项目背景： 柳坪水电站工程模板施工

混凝土施工根据建筑物的结构体型要求，在尽可能采取先进工艺和确保混凝土外观质量的前提下，采用不同型式的模板。

(1) 如闸墩墩头定型圆弧模板。闸墩墩头定型圆弧模板高为1.2m，模板为钢结构，即型钢骨架、钢板面板。模板安装时用门机（上游）或8t汽车吊（下游）吊装，人工配合调正找直，并采用内拉内撑固定。浇筑前，墩头模板先在加工厂制作成型，再用5t平板运输车运至现场整体拼装，其模板结构如图3.61所示。

(2) 泄洪冲砂坝段牛腿模板。泄洪冲砂坝段牛腿模板采用定型P3015、P1015钢模板现场组拼，内拉内撑法加固的施工工艺，牛腿模板施工形式如图3.62所示。

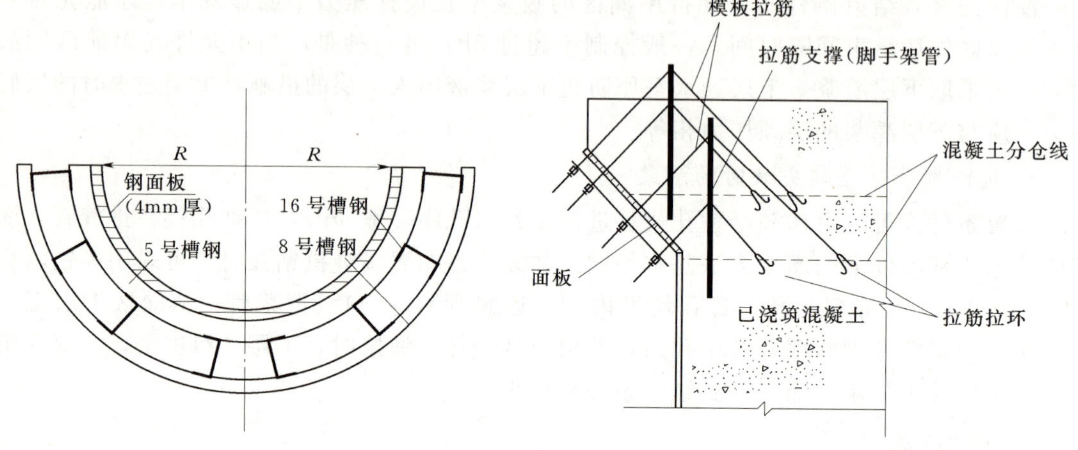

图3.61　闸墩墩头定型圆弧模板结构示意图　　图3.62　牛腿模板施工工艺示意图

问题：

(1) 模板在混凝土结构物的形成中有何的作用，对模板有何要求？模板系统的组成是怎样的？

(2) 模板如何施工？

学习目标：

(1) 知识目标。模板安装、模板隔离剂、模板拆除、脚手架的作用；脚手架的分类、扣件式钢管脚手架、模板施工安全技术。

(2) 能力目标。能进行模板设计，能进行悬臂自升模板和大块模板构成及安装拆除等施工作业与现场组织。

任务3.2.1　模板设计

工程背景：如图3.61、图3.62所示

问题：模板所受荷载有哪些？如何确定这些荷载？

学习目标：

(1) 知识目标。能陈述模板的基本要求与类型。

(2) 能力目标。能正确确定模板荷载。

3.2.1.1　对模板的基本要求

(1) 应保证混凝土结构和构件浇筑后的各部分形状和尺寸以及相互位置的准确性。

(2) 具有足够的稳定性、刚度及强度。

(3) 装拆方便，能够多次周转使用、形式要尽量做到标准化、系列化。

(4) 接缝应不易漏浆，表面要光洁平整。

(5) 所用材料受潮后不易变形。

(6) 注意节约木材。

3.2.1.2 模板设计

在施工前，施工企业应根据建筑物的实际情况、现场条件、混凝土结构施工与验收规范及有关的模板技术规范进行模板设计，模板设计包括模板面板、支承系统及连接配件的设计。

3.2.1.2.1 模板设计的步骤

根据工程实践经验，模板设计大致可分为以下3个环节。

(1) 配板设计并绘制配板图和支承系统布置图。

(2) 根据施工条件确定荷载并对模板及支承系统进行验算。

(3) 编制模板及配件的规格数量汇总表和周转计划，制定模板系统安装与拆除的程序与方法以及施工说明书等。

3.2.1.2.2 模板的受力及荷载组合

1. 设计荷载

设计荷载分基本荷载和特殊荷载两类。

(1) 基本荷载。

1) 模板及其支架自重。根据设计图确定，木材的：针叶类按600kg/m^{3}计；阔叶类按800kg/m^{3}计。

2) 新浇混凝土重量。按2.4～2.5t/m^{3}计。

3) 钢筋重量。根据设计图确定：对一般钢筋混凝土，钢筋重量可按100kg/m^{3}计。

4) 工作人员及浇筑设备、工具的荷载。计算模板及直接支撑模板的楞木（围囹）时，可按均布荷载2.5kPa及集中荷载2.5kN计算；计算支撑楞木的构件时，可按1.5kPa计算；计算支架立柱时，按1kPa计算。

5) 振捣混凝土时产生的荷载。可按照1kPa计。

6) 新浇混凝土的侧压力。这是侧面模板承受的主要荷载。侧压力的大小与混凝土浇筑速度、浇筑温度、坍落度、入仓振捣方式及模板变形性能等因素有关。在无实测资料的情况下，可参考SDJ 207—82《水工混凝土施工规范》附录中的有关规定选用。

(2) 特殊荷载。

1) 风荷载。根据现行GB 50009—2001《工业与民用建筑物荷载规范》确定。

2) 其他荷载。可按实际情况计算。如平仓机、非模板工程的脚手架、工作平台、超过规定堆放的材料重量等。

2. 设计荷载组合及稳定校核

(1) 荷载组合。在计算模板及支架的强度和向度时，根据承重模板和侧面模板（竖向模板）受力条件的不同，其荷载组合按表3.17进行。表3.17中列6项基本荷载，除侧压力为水平荷载之外，其余5项均为垂直荷载，表列之外的特殊荷载，按可能发生的情况计算，如在振捣混凝土的同时卸料入仓，则应计算卸料对模板的水平冲击力（kPa），可根据入仓工具的容量大小，按2～6kPa计。

表3.17　模板结构的基本荷载组合

项次	模板种类	基本荷载组合	
		计算强度用	计算刚度用
1	承重模板 （1）板、薄壳的模板及支架； （2）梁、其他混凝土结构（厚于0.4m）的底模支架	①+②+③+④ ①+②+③+④	①+②+③ ①+②+③
2	侧模板	⑥或⑤+⑥	⑥

注　表内①～⑥依次表示：模板及其支架自重；新浇混凝土重量；钢筋重量；工作人员及浇筑设备、工具的荷载；振捣混凝土时产生的荷载；新浇混凝土的侧压力。

（2）稳定校核。

1）在计算承重模板及支架的抗倾稳定性时，应分别计算下列三项荷载产生的倾覆力矩，并取其中最大值。三项荷载为：风荷载；实际可能发生的最大水平作用力；作用于承重模板边缘的1.5kN/m水平力。

模板及支架（包括同时安装的钢筋在内）自重产生的稳定力矩，则应乘以0.8的折减系数。

承重模板及支架的抗倾稳定系数应大于1.4。

2）竖向模板及内侧模板，必须设置内部支撑或外部拉杆，当其最低处高于地面10m时，应考虑各方向风荷载作用的抗倾稳定。

3.2.1.3　模板类型

3.2.1.3.1　模板的分类

（1）按模板形状分有平面模板和曲面模板。平面模板又称为侧面模板，主要用于结构物垂直面。曲面模板用于廊道、隧洞、溢流面和某些形状特殊的部位，如进水口扭曲面、蜗壳、尾水管等。

（2）按模板材料分有木模板、竹模板、钢模板、混凝土预制模板、塑料模板、橡胶模板等。

（3）按模板受力条件分有承重模板和侧面模板。承重模板主要承受混凝土重量和施工中的垂直荷载；侧面模板主要承受新浇混凝土的侧压力。侧面模板按其支承受力方式，又分为简支模板、悬臂模板和半悬臂模板。

（4）按模板使用特点分有固定式、拆移式、移动式和滑动式。固定式用于形状特殊的部位，不能重复使用。后三种模板都能重复使用，或连续使用在形状一致的部位。但其使用方式有所不同：拆移式模板需要拆散移动；移动式模板的车架装有行走轮，可沿专用轨道使模板整体移动（如隧洞施工中的钢模台车）；滑动式模板是以千斤顶或卷扬机为动力，可在混凝土连续浇筑的过程中，使模板面紧贴混凝土面滑动（如闸墩施工中的滑模）。

3.2.1.3.2　定型组合钢模板

定型组合钢模板系统包括钢模板、连接件、支承件三部分。其中，钢模板包括平面钢模板和拐角模板；连接件有 U 形卡、L 形插销、钩头螺栓、紧固螺栓、蝶形扣件等；支承件有圆钢管、薄壁矩形钢管、内卷边槽钢、单管伸缩支撑等。

1. 钢模板的规格和型号

钢模板包括平面模板、阳角模板、阴角模板和连接角模，如图 3.63 所示。单块钢模板由面板、边框和加劲肋焊接而成。面板厚 2.3mm 或 2.5mm，边框和加劲肋上面按一定距离（如 150mm）钻孔，可利用 U 形卡和 L 形插销等拼装成大块模板。

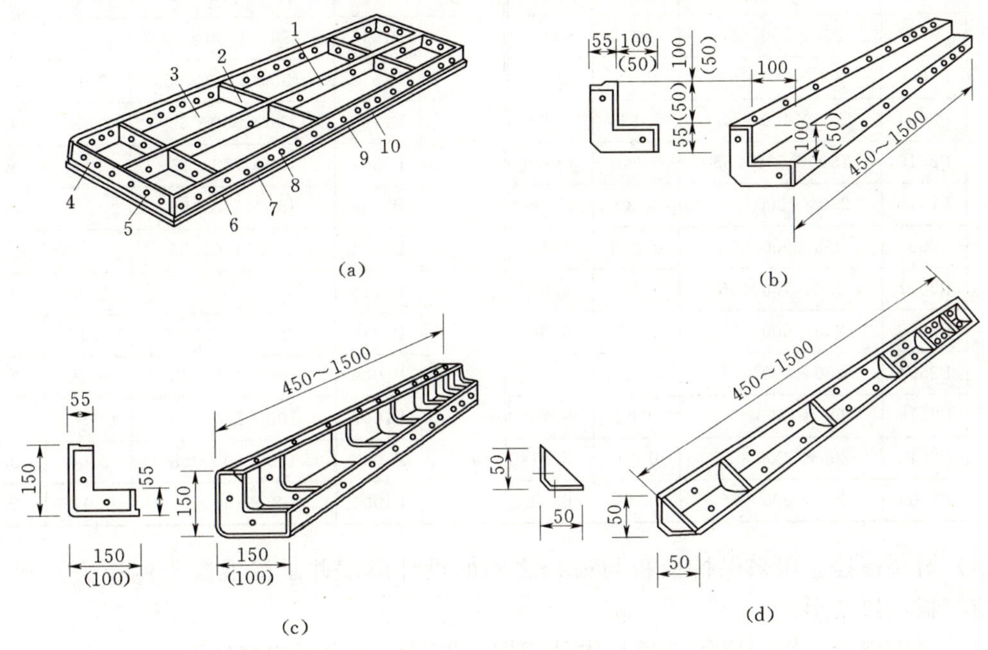

图 3.63 钢模板类型图

(a) 平面模板；(b) 阳角模板；(c) 阴角模板；(d) 连接角模

1—中纵肋；2—中横肋；3—面板；4—横肋；5—插销孔；

6—纵肋；7—凸棱；8—凸鼓；9—U 形卡孔；10—钉子孔

钢模板的宽度以 50mm 进级，长度以 150mm 进级，其规格和型号已做到标准化、系列化。如型号为 P3015 的钢模板，P 表示平面模板，3015 表示宽×长为 300mm×1500mm。又如型号为 Y1015 的钢模板，Y 表示阳角模板，1015 表示宽×长为 100mm×1500mm。如拼装时出现不足模数的空隙时，用镶嵌木条补缺，用钉子或螺栓将木条与板块边框上的孔洞连接。平面钢模板规格见表 3.18。

2. 连接件

(1) U 形卡。它用于钢模板之间的连接与锁定，使钢模板拼装密合。U 形卡安装间距一般不大于 300mm，即每隔一孔卡插一个，安装方向一顺一到相互交错，如图 3.63 所示。

(2) L 形插销。它插入模板两端边框的插销孔内，用于增强钢模板纵向拼接的刚度和保证接头处板面平整。

(3) 钩头螺栓。用于钢模板与内、外钢楞之间的连接固定，使之成为整体，安装间距一般不大于 600mm，长度应与采用的钢楞尺寸相适应。

表3.18　　平面钢模板规格表

宽度(mm)	代号	尺寸(mm×mm×mm)	每块面积(m^2)	每块重量(kg)	宽度(mm)	代号	尺寸(mm×mm×mm)	每块面积(m^2)	每块重量(kg)
300	P3015	300×1500×55	0.45	14.90	200	P2007	200×750×55	0.15	5.25
	P3012	300×1200×55	0.36	12.06		P2006	200×600×55	0.12	4.17
	P3009	300×900×55	0.27	9.21		P2004	200×450×55	0.09	3.34
	P3007	300×750×55	0.225	7.93	150	P1515	150×1500×55	0.225	9.01
	P3006	300×600×55	0.18	6.36		P1512	150×1200×55	0.18	6.47
	P3004	300×450×55	0.135	5.08		P1509	150×900×55	0.135	4.93
250	P2515	250×1500×55	0.375	13.19		P1507	150×750×55	0.113	4.23
	P2512	250×1200×55	0.30	10.66		P1506	150×600×55	0.09	3.40
	P2509	250×900×55	0.225	8.13		P1504	150×450×55	0.068	2.69
	P2507	250×750×55	0.188	6.98	100	P1015	100×1500×55	0.15	6.36
	P2506	250×600×55	0.15	5.60		P1012	100×1200×55	0.12	5.13
	P2504	250×450×55	0.133	4.45		P1009	100×900×55	0.09	3.90
200	P2015	200×1500×55	0.03	9.76		P1007	100×750×55	0.075	3.33
	P2012	200×1200×55	0.24	7.91		P1006	100×600×55	0.06	2.67
	P2009	200×900×55	0.18	6.03		P1004	100×450×55	0.045	2.11

(4) 对拉螺栓。用来保持模板与模板之间的设计厚度并承受混凝土侧压力及水平荷载，使模板不致变形。

(5) 紧固螺栓。用于紧固钢模板内外钢楞，增强组合模板的整体刚度，长度与采用的钢楞尺寸相适应。

(6) 扣件。用于将钢模板与钢楞紧固，与其他的配件一起将钢模板拼装成整体。按钢楞的不同形状尺寸，分别采用碟型扣件和3型扣件，其规格分为大小两种。

3. 支承件

配件的支承件包括钢楞、柱箍、梁卡具、圈梁卡、钢管架、斜撑、组合支柱、钢管脚手支架、平面可调桁架和曲面可调桁架等

任务3.2.2　模板施工

工程背景：如图3.61、图3.62所示。

问题：模板如何安装？模板拆除时间如何确定

学习目标：

(1) 知识目标。能陈述模板安装工序和偏差要求。

(2) 能力目标．能进行模板现场作业。

3.2.2.1　模板安装

安装模板之前，应事先熟悉设计图纸，掌握建筑物结构的形状尺寸，并根据现场条件，初步考虑好立模及支撑的程序，以及与钢筋绑扎、混凝土浇捣等工序的配合，尽量避

免各工种之间的相互干扰。

模板的安装包括放样、立模、支撑加固、吊正找平、尺寸校核、堵设缝隙及清仓去污等工序。在安装过程中，应注意以下事项。

(1) 模板竖立后，须切实校正位置和尺寸，垂直方向用垂球校对，水平长度用钢尺丈量两次以上，务使模板的尺寸合符设计标准。

(2) 模板各结合点与支撑必须坚固紧密，牢固可靠，尤其是采用振捣器捣固的结构部位，更应注意，以免在浇捣过程中发生裂缝、鼓肚等不良情况。但为了增加模板的周转次数，减少模板拆模损耗，模板结构的安装应力求简便，尽量少用圆钉，多用螺栓、木楔、拉条等进行加固联结。

(3) 凡属承重的梁板结构，跨度大于4m以上时，由于地基的沉陷和支撑结构的压缩变形，跨中应预留起拱高度，每米增高3mm，两边逐渐减少，至两端同原设计高程等高。

(4) 为避免拆模时建筑物受到冲击或震动，安装模板时，撑柱下端应设置硬木楔形垫块，所用支撑不得直接支承于地面，应安装在坚实的桩基或垫板上，使撑木有足够的支承面积，以免沉陷变形。

(5) 模板安装完毕，最好立即浇筑混凝土，以防日晒雨淋导致模板变形。为保证混凝土表面光滑和便于拆卸，宜在模板表面涂抹肥皂水或润滑油。夏季或在气候干燥情况下，为防止模板干缩裂缝漏浆，在浇筑混凝土之前，需洒水养护。如发现模板因干燥产生裂缝，应事先用木条或油灰填塞衬补。

(6) 安装边墙、柱、闸墩等模板时，在浇筑混凝土以前，应将模板内的木屑、刨片、泥块等杂物清除干净，并仔细检查各联结点及接头处的螺栓、拉条、楔木等有无松动滑脱现象。在浇筑混凝土过程中，木工、钢筋、混凝土、架子等工种均应有专人“看仓”，以便发现问题随时加固修理。

(7) 模板安装的偏差，应符合设计要求的规定，特别是对于通过高速水流，有金属结构及机电安装等部位，更不应超出规范的允许值。施工中安装模板的允许偏差，可参考表3.19中规定的数值。

表3.19　　大体积混凝土木模板安装的允许偏差　　单位：mm

项次	偏差项目		混凝土结构部位	
			外露表面	隐藏内面
1	模板平整度	相邻两面板高差	3	5
2		局部不平（用2m直尺检查）	5	10
3	结构物边线与设计边线		10	15
4	结构物水平截面内部尺寸		±20	
5	承重模板标高		±5	
6	预留孔、洞尺寸及位置		±10	

3.2.2.2 模板隔离剂

模板安装前或安装后，为防止模板与混凝土黏结在一起，便于拆模，应及时在模板的表面涂刷隔离剂。常用模板隔离剂见表3.20。

表3.20　常用模板隔离剂配比、配置及使用表

类别	材料及重量配合比	配制和使用方法	优缺点及使用
水质类隔离剂	肥皂液	用肥皂切片泡水，涂刷模板1～2遍	涂刷方便，易脱模，价廉；但冬雨季不能使用。适于木模，混凝土、砖胎模使用
	洗衣粉：滑石粉＝1：5	按比例用适量温水搅至浆状使用	优缺点同上，适于钢模、各种胎模
	松香：肥皂：柴油：水＝15：12：100：800	松香、肥皂、柴油按比例加好后，冲入水搅拌均匀使用	涂刷干后遇雨仍保持隔离效果，适于长线台座使用
	石灰水	将石灰膏加水拌成糊状，均匀图1～2遍	取材容易，涂刷方便，成本低，但较易脱落。适于土、混凝土脱模使用
	107胶：滑石粉：水＝1：1：1	将建筑胶与水调匀，再将滑石粉加入调匀，涂刷1～2遍	材料易得，操作方便，易于脱模。适于钢模板使用
油质类隔离剂	机油：滑石粉：汽油＝100：15：10	在容器中按配比搅拌均匀，涂刷1～2遍	便于涂刷，易脱模。适于混凝土胎模使用
	废机油（机油）：柴油＝1：1～4	将较稠废机油产柴油稀释搅匀，即可使用	便于涂刷，易脱模，干后下雨仍有效。适于钢、木模、各种胎模使用
	废机油：水泥(滑石粉)：水＝1：1.4（1.2）：0.4	将三种组分拌和至乳状，刷1～2遍	材料易得，便于涂刷，表面光滑；但钢筋和构件较易沾油
石蜡类隔离剂	石蜡	将石蜡均匀涂于模板面，用喷灯熔化，干布均匀涂擦，再均匀喷烤至深入木质内	易脱模，板面光滑；但成本较高，蒸汽养护时不能使用。适于木定型模板使用
	石蜡：煤油＝1：2	将石蜡与2份柴油混合用水浴加热溶化，再加入剩余柴油拌均	便于涂刷，易脱模，板面光滑；但成本稍高，蒸汽养护时不能使用。适于钢模板、混凝土台座使用
乳剂类隔离剂	乳化机油：水＝1：5	在容器中按配合比混合搅匀，涂刷1～2遍	有商品供应，使用方便，易脱模。适于木模使用
	高分子有机酸＋矿物油	即金属切削加工使用的润滑冷却剂	有商品供应，使用方便，易于脱模。适于钢模、混凝土胎模使用

3.2.2.3　模板拆除

3.2.2.3.1　拆模期限

（1）不承重的侧模板在混凝土强度能保证混凝土表面和棱角不因拆模而受损害时方可拆模。一般此时混凝土的强度应达到2.5MPa以上。

（2）承重模板应在混凝土达到下列强度以后方能拆除（按设计强度的百分率计）。

1）当梁、板、拱的跨度小于2m时，要求达到设计强度的50%；

2）跨度为2～5m时，要求达到设计强度的70%；

3）跨度为5m以上时，要求达到设计强度的100%；

4）悬臂板、梁跨度小于2m时为70%；跨度大于2m时为100%。

3.2.2.3.2　拆模注意事项

模板拆卸工作应注意以下事项。

（1）模板拆除工作应遵守一定的方法与步骤。拆模时要按照模板各结合点构造情况，逐块松卸。首先去掉扒钉、螺栓等连接铁件，然后用撬杠将模板松动或用木楔插入模板与混凝土接触面的缝隙中，以锤击木楔，使模板与混凝土面逐渐分离。拆模时，禁止用重锤直接敲击模板，以免使建筑物受到强烈震动或将模板毁坏。

（2）拆卸拱形模板时，应先将支柱下的木楔缓慢放松，使拱架徐徐下降，避免新拱因模板突然大幅度下沉而担负全部自重，并应从跨中点向两端同时对称拆卸。拆卸跨度较大的拱模时，则需从拱顶中部分段分期向两端对称拆卸。

（3）高空拆卸模板时，不得将模板自高处摔下，而应用绳索吊卸，以防砸坏模板或发生事故。

（4）当模板拆卸完毕后，应将附着在板面上的混凝土砂浆洗凿干净，损坏部分需加修整，板上的圆钉应及时拔除（部分可以回收使用），以免刺脚伤人。卸下的螺栓应与螺帽、垫圈等拧在一起，并加黄油防锈。扒钉、铁丝等物均应收捡归仓，不得丢失。所有模板应按规格分放，妥加保管，以备下次立模周转使用。

（5）对于大体积混凝土，为了防止拆模后混凝土表面温度骤然下降而产生表面裂缝，应考虑外界温度的变化而确定拆模时间，并应避免早、晚或夜间拆模。

任务3.2.3 脚手架施工

问题：脚手架有何作用？不同类型脚手架如何连接架立？

学习目标：

（1）知识目标。能说出脚手架的作用与类型。

（2）能力目标。能进行脚手架现场作业与检查。

3.2.3.1 脚手架的作用

脚手架是施工作业中不可缺少的手段和设备工具，是为施工现场工作人员生产和堆放部分建筑材料所提供的操作平台，它既要满足施工的需要，又要为保证工程质量和提高工作效率创造条件。其主要作用包括以下几点。

（1）要保证工程作业面的连续性施工。

（2）能满足施工操作所需要的运料和堆料要求，并方便操作。

（3）对高处作业人员能起到防护作用，以确保施工人员的人身安全。

（4）使操作不致影响工效和工程的质量。

（5）能满足多层作业、交叉作业、流水作业和多工种之间配合作业的要求。

3.2.3.2 脚手架的分类

脚手架的分类方法很多，通常按以下几种方式分类。

1. 按脚手架的用途划分

一般可分为以下四类。

（1）结构工程作业脚手架（简称为结构脚手架）。它是为满足结构施工作业需要而设置的脚手架，也称为砌筑脚手架。

（2）装修工程作业脚手架（简称为装修脚手架）。它是为满足装修施工作业而设置的脚手架。

（3）支撑和承重脚手架（简称为模板支撑架或承重脚手架）。它是为支撑模板及其荷载或为满足其他承重要求而设置的脚手架。

（4）防护脚手架。包括作业围护用墙式单排脚手架和通道防护棚等，是为施工安全设置的架子。

2. 按脚手架的设置状态划分

（1）落地式脚手架。脚手架荷载通过立杆传递给架设脚手架的地面、楼面、屋面或其他支持结构物。

（2）挑脚手架。从建筑物内伸出的或固定于工程结构外侧的悬挑梁或其他悬挑结构上向上搭设的脚手架。脚手架通过悬挑结构将荷载传递给工程结构承受。

（3）挂脚手架。使用预埋托挂件或挑出悬挂结构将定型作业架悬挂于建筑物的外墙面。

（4）吊脚手架。悬吊于屋面结构或屋面悬挑梁之下的脚手架。当脚手架为篮式构造时，就称为“吊篮”。

（5）桥式脚手架。由桥式工作台及其两端支柱（一般格构式）构成的脚手架。桥式工作台可自由提升和下降。

（6）移动式脚手架。自身具有稳定结构、可移动使用的脚手架。

3. 按脚手架的搭设位置划分

（1）外脚手架。它是沿建筑物外墙外侧周边搭设的一种脚手架，既可用于砌筑墙柱，又可用于外装修。

（2）里脚手架。它是用于建筑物内墙的砌筑、装修用的脚手架。在施工中，里脚手架搭设在各层楼板上，每层楼板只需搭设两三步。

4. 按脚手架杆件、配件材料和连接方式划分

（1）木、竹脚手架。

（2）扣件式钢管脚手架。

（3）碗扣式钢管脚手架。

（4）门式钢管脚手架。

（5）其他连接形式钢脚手架。

3.2.3.3　扣件式钢管脚手架

扣件式钢管脚手架是由钢管和扣件组成，它搭拆方便、灵活，能适应建筑物中平立面的变化，强度高，坚固耐用。扣件式钢管脚手架还可以格成井字架、栈桥和上料台架等，应用较多。

3.2.3.3.1　材料要求

1. 杆件用料要求

扣件式钢管脚手架的主要杆件有立杆、顺水杆（大横杆）、排木杆（小横杆）、十字盖（剪刀撑）、压柱子（抛撑、斜撑）、底座、扣件等。

钢管：采用外径48～51mm，壁厚为3～3.5mm的钢管，长度以4～6.5m和2.1～2.3m为宜。

2. 底座

扣件式钢管脚手架的底座，是由套管和底板焊成。套管一般用外径 57mm，壁厚 3.5mm 的钢管（或用外径为 60mm，壁厚 3～4mm 的钢管），长为 150mm。底板一般用边长（或直径）150mm，厚为 5mm 的钢板，如图 3.64 所示。

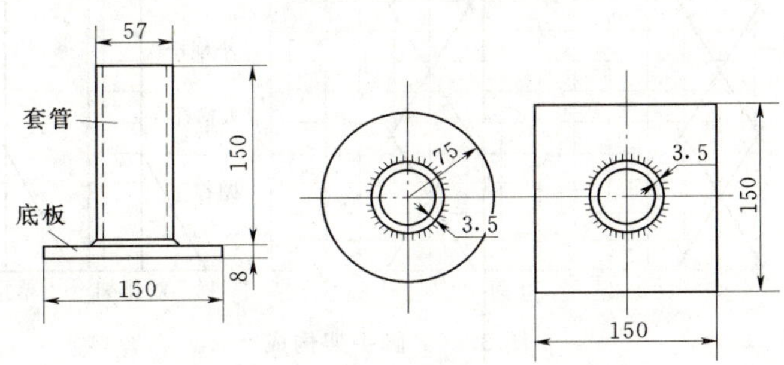

图 3.64 底座

3. 扣件

扣件是用铸铁锻制而成，螺栓用 Q235 钢制成，其形式有 3 种，如图 3.65 所示。

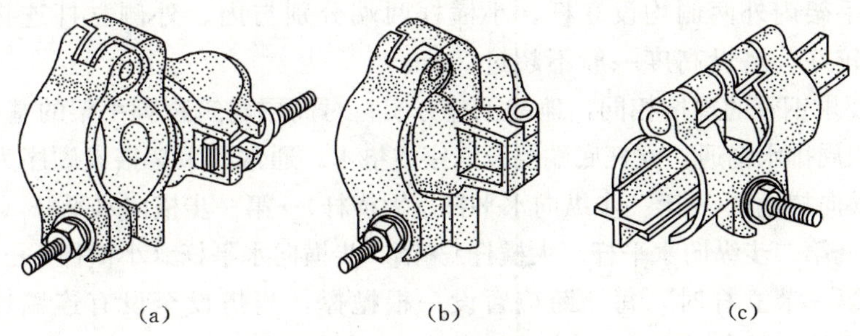

图 3.65 扣件形式

(a) 回转扣件；(b) 直角扣件；(c) 对接扣件

(1) 回转扣件。回转扣件用于连接扣紧呈任意角度相交的杆件，如立杆与十字盖的连接。

(2) 直角扣件。直角扣件又称十字扣件，用于连接扣紧两根垂直相交的杆件，如立杆与顺水杆、排木的连接。

(3) 对接扣件。对接扣件又称一字扣件，用于两根杆件的对接接长，如立杆、顺水杆的接长。

3.2.3.3.2 扣件式钢管脚手架的搭设

脚手架的搭设方式通常有单排外脚手架和双排外脚手架，如图 3.66 所示。单排外脚手架外侧只有一排立杆，小横杆一端与立杆或大横杆连接，另一端搁置在建筑物上。

脚手架搭设的注意事项包括以下几点。

(1) 由于单排外脚手架稳定性差，搭设高度一般不得超过 20m。

(2) 小横杆在墙上的搁置宽度不宜小于 240mm。

(3) 立杆埋设深度一般不小于 0.5m。也可直接立于地面，但应加设垫板，并用扫地杆帮助稳定。

(4) 立杆的间距以 1.5m 左右为宜，最大不能超过 2m。横杆的距离一般为 1～1.2m，

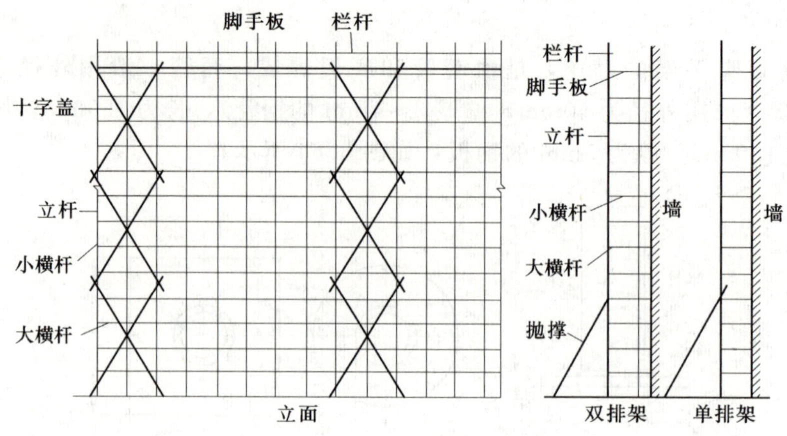

图 3.66　脚手架构成

最大不得超过 1.5m。

（5）十字盖之间的间距：一般每隔 6 根立杆设一档十字盖，十字盖占两个立杆档，从下到上绑扎，要撑到地面，并与地面的夹角为 60°。

双排外脚手架内外两侧均设立杆，小横杆两端分别与内、外侧立杆连接的外脚手架。它的稳定性比较好，搭设高度一般不超过 30m。

架的搭设要求钢管的规格相同，地基平整夯实；对高层建筑物脚手架的基础要进行验算，脚手架地基的四周排水畅通，立杆底端要设底座或垫木。通常脚手架搭设顺序为：放置纵向扫地杆→立杆→横向扫地杆→第一步纵向水平杆（大横杆）→第一步横向水平杆（小横杆）→连墙件（或加抛撑）→第二步纵向水平杆（大横杆）→第二步横向水平杆（小横杆）→……

开始搭设第一节立杆时，每 6 跨应暂设一根抛撑，当搭设至设有连墙件的构造层时，应立即设置连墙件与墙体连接，当装设两道墙件后，抛撑便可拆除。双排脚手架的小横杆靠墙一端应离开墙体装饰面至少 100mm，杆件相交的伸出端长度不小于 100mm，以防止杆件滑脱；扣件规格必须与钢管外径相一致，扣件螺栓拧紧。除操作层的脚手板外，宜每隔 1.2m 高满铺一层脚手板，在脚手架全高或高层脚手架的每个高度区段内，铺板不多于 6 层，作业不超过 3 层，或者根据设计搭设。

3.2.3.3.3　扣件式脚手架的拆除

扣件式脚手架的拆除按由上而下，后搭者先拆，先搭者后拆的顺序进行，严禁上下同时拆除，以及先将整层连墙件或数层连墙件拆除后再拆其余杆件。如果采用分段拆除，其高差不应大于 2 步架，当拆除至最后一节立杆时，应先加临时抛撑，后拆除连墙件，拆下的材料应及时分类集中运至地面，严禁抛扔。

项目 3.3　钢筋工程施工

项目背景：柳坪水电站挡水坝钢筋施工

经检验合格的钢筋由钢筋加工厂清除表面油污、铁锈，并将弯曲部分调直，然后按施工图纸所示钢筋型号、型式、长度及 SDJ 202—82《水工钢筋混凝土施工规范》对钢筋加工的

要求进行加工，加工好后用5t平板车运至施工现场，并按其类别与型号卸车、摆放。以设计图纸及测量放线为依据进行搭架、分距、摆放、绑扎和焊接。钢筋焊接采用手工电弧焊，钢筋接头满足设计图纸和GB 50204—92《混凝土结构工程及验收规范》的要求。安装好的钢筋保证钢筋数量、型式、位置与图纸要求一致，钢筋保护层厚度符合施工图纸要求。同时对钢筋要采用足够的架立筋，保证钢筋网的稳固，避免浇筑混凝土时钢筋网的变形。

问题：钢筋加工按什么工序进行？用到哪些加工机械？如何确保加工质量？

学习目标：

(1) 知识目标。能陈述钢筋验收方法、钢筋加工的工序和加工方法与要求。

(2) 能力目标。能进行钢筋的验收工作，依据钢筋结构图进行钢筋配料单的编制，能进行钢筋的加工作业。

任务3.3.1 钢筋材料验收检验储存与配料

问题：

(1) 钢筋验收内容及方法是什么？

(2) 如何计算钢筋下料长度和编制钢筋配料单？

学习目标：

(1) 知识目标。能陈述钢筋的类型与性能质量指标内容，熟知钢筋下料的计算方法与调整值。

(2) 能力目标。能辨识钢筋，能正确取样做钢筋试验，熟读检验报告单，对钢筋质量作出评价；能编制钢筋配料单。

3.3.1.1 钢筋的验收与储存

3.3.1.1.1 钢筋的验收

钢筋进场应具有出厂证明书或试验报告单，每捆（盘）钢筋应有标牌，同时应按有关标准和规定进行外观检查和分批做力学性能试验。钢筋在使用时，如发现脆断、焊接性能不良或机械性能显著不正常等，则应进行钢筋化学成分检验。

1. 外观检查

外观检查应满足表3.21要求。

表3.21 钢筋外观检查要求

钢筋种类	外观要求
热轧钢筋	表面不得有裂纹、结疤和折叠，如有凸块不得超过横肋的高度，其他缺陷的高度和深度不得大于所在部位尺寸的允许偏差，钢筋外形尺寸等应符合国家标准
热处理钢筋	表面不得有裂纹、结疤和折叠，如局部凸块不得超过横肋的高度。钢筋外形尺寸应符合国家标准
冷拉钢筋	表面不得有裂纹和局部缩颈
冷拔低碳钢丝	表面不得有裂纹和机械损伤
碳素钢丝	表面不得有裂纹、小刺、机械损伤、锈皮和油漆
刻痕钢丝	表面不得有裂纹、分层、锈皮、结疤
钢绞线	不得有折断、横裂和相互交叉的钢丝，表面不得有润滑剂、油渍

2. 验收要求

钢筋、钢丝、钢绞线应作成批验收，作力学性能试验时其抽样方法，应按相应标准所规定的规则抽取，见表3.22。

表3.22　钢筋、钢丝、钢绞线验收要求和方法

钢筋种类		验收批钢筋组成	每批数量（t）	取样方法
热轧钢筋		同一牌号、规格和同一炉罐号； 同钢号的混合批，不超过6个炉罐号	≤60	在每批钢筋中任取2根钢筋，每根钢筋取1个拉力试样和1个冷弯试样
热处理钢筋		同一处截面尺寸，同一热处理制度和炉罐号； 同钢号的混合批，不超过10个炉罐号	≤60	取10%盘数（不少于25盘），每盘1个拉力试样
冷拉钢筋		同级别、同直径	≤20	任取2根钢筋，每根钢筋取1个拉力试样和1个冷弯试样
冷拔低碳钢丝	甲级		逐盘检查	每盘取1个拉力试样和1个弯曲试样
	乙级	用相同材料的钢筋冷拔成同直径的钢丝	5	任取3盘，每盘取1个拉力试样和1个弯曲试样
碳素钢丝 刻痕钢丝		同一钢号、同一形状尺寸、同一交货状态		取5%盘数（不少于3盘），优质钢丝取10%盘数（不少于3盘），每盘取1个拉力试样和1个冷弯试样
钢绞线		同一钢号、同一形状尺寸、同一生产工艺	≤60	任取3盘，每盘取1个拉力试样

注　拉力试验包括屈服点、抗拉强度和伸长率3个指标。

检验要求，如有一个试样一项试验指标不合格，则另取双倍数量的试样进行复检，如仍有一个试样不合格，则该批钢筋不予验收。

3.3.1.1.2　钢筋的储存

钢筋进场后，必须严格按批分等级、牌号、直径、长度挂牌存放，不得混淆。钢筋应尽量堆入仓库或料棚内。条件不具备时，应选择地势较高，土质坚硬的场地存放。堆放时，钢筋下部应垫高，离地至少20cm高，以防钢筋锈蚀。在堆场周围应挖排水沟，以利泄水。

3.3.1.2　钢筋的配料

钢筋的配料是指识读工程图纸、计算钢筋下料长度和编制配筋表。

3.3.1.2.1　钢筋下料长度

1. 钢筋长度

施工图（钢筋图）中所指的钢筋长度是钢筋外缘至外缘之间的长度，即外包尺寸。

2. 混凝土保护层厚度

混凝土保护层厚度是指受力钢筋外缘至混凝土表面的距离，其作用是保护钢筋在混凝土中不被锈蚀。

3. 钢筋接头增加值

由于钢筋直条的供货长度一般为6～10m，而有的钢筋混凝土结构的尺寸很大，需要对钢筋进行接长。钢筋接头增加值见表3.23、表3.24和表3.25。

表 3.23 钢筋绑扎接头的最小搭接长度

钢筋级别	Ⅰ级钢筋	Ⅱ级钢筋	Ⅲ级钢筋	5 号钢筋
受拉区	$30d$	$35d$	$40d$	$30d$
受压区	$20d$	$25d$	$30d$	$20d$

注 d 为钢筋直径。

表 3.24 钢筋对焊长度损失值 单位：mm

钢筋直径	<16	16～25	>25
损失值	20	25	30

表 3.25 钢筋搭接焊最小搭接长度

焊接类型	Ⅰ级钢筋	Ⅱ、Ⅲ级及 5 号钢筋
双面焊	$4d$	$5d$
单面焊	$8d$	$10d$

4. 钢筋弯曲调整长度

钢筋有弯曲时，在弯曲处的内侧发生收缩，而外皮却出现延伸，而中心线则保持原有尺寸。一般量取钢筋尺寸时，对于架立筋和受力筋量外皮、箍筋量内皮、下料则量中心线。这样，对于弯曲钢筋计算长度和下料长度均存在差异。

(1) 弯钩增加长度。根据规定，Ⅰ级钢筋两端做 180°弯钩，其弯曲直径 $D=2.5d$，平直部分为 $3d$（手工弯钩为 $1.75d$），如图 3.67 所示。量度方法以外包尺寸度量，其每个弯钩的增加长度为

$$EF=ABC+EC-AF=1/2\pi(D+d)+3d-(1/2D+d)$$
$$=0.5\pi(2.5d+d)+3d-(0.5\times2.5d+d)$$
$$=6.25d$$

同理可得 135°斜弯钩每个弯钩的增加长度为 $5d$。

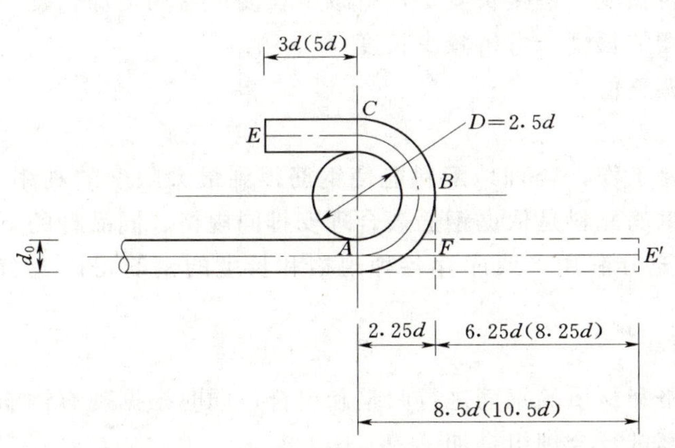

图 3.67 钢筋弯曲 180°尺寸图

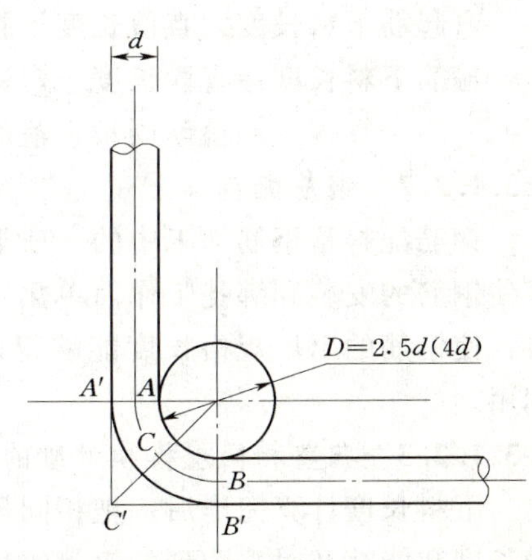

图 3.68 钢筋弯曲 90°尺寸图

(2) 弯折减少长度。90°弯折时按施工规范有两种情况：Ⅰ级钢筋弯曲直径 $D=2.5d$，Ⅱ级钢筋弯曲直径 $D=4d$，如图 3.68 所示。其每个弯曲的减少长度为：

$$ABC-A'C'-C'B'=1/4\pi(D+d)-2(0.5D+d)$$
$$=-(0.215D+1.215d)$$

当弯曲直径 $D=2.5d$ 时，其值为 $-1.75d$。

当弯曲直径 $D=4d$ 时，其值为 $-2.07d$。

为计算方便，两者都取其近似值 $-2d$。

同理可得45°、60°、135°弯折的减少长度分别为 $-0.5d$、$-0.85d$、$-2.5d$。将上述结果整理成表3.26。

表3.26　钢筋弯曲调整长度

弯曲类型	弯钩			弯折				
	180°	135°	90°	30°	45°	60°	90°	135°
调整长度	$6.25d$	$5d$	$3.2d$	$-0.35d$	$-0.5d$	$-0.85d$	$-2d$	$-2.5d$

为了箍筋计算方便，一般将箍筋的弯钩增加长度、弯折减少长度两项合并成一箍筋调整值，见表3.27。计算时将箍筋外包尺寸或内皮尺寸加上箍筋调整值即为箍筋下料长度。

表3.27　箍筋调整值　单位：mm

箍筋量度方法	箍筋直径			
	4～5	6	8	10～12
量外包尺寸	40	50	60	70
量内皮尺寸	80	100	120	150～170

5. 钢筋下料长度计算

直筋下料长度＝构件长度＋搭接长度－保护层厚度＋弯钩增加长度

弯起筋下料长度＝直段长度＋斜段长度＋搭接长度－弯折减少长度＋弯钩增加长度

箍筋下料长度＝直段长度＋弯钩增加长度－弯折减少长度

＝箍筋周长＋箍筋调整值

3.3.1.2.2　钢筋配料

钢筋配料是钢筋加工中的一项重要工作，合理地配料能使钢筋得到最大限度的利用，并使钢筋的安装和绑扎工作简单化。钢筋配料是依据钢筋表合理安排同规格、同品种的下料，使钢筋的出厂规格长度能够得以充分利用，或库存各种规格和长度的钢筋得以充分利用。

3.3.1.2.3　归整相同规格和材质的钢筋

下料长度计算完毕后，把相同规格和材质的钢筋进行归整和组合，同时根据现有钢筋的长度和能够及时采购到的钢筋的长度进行合理组合加工。

3.3.1.2.4　合理利用钢筋的接头位置

对有接头的配料，在满足构件中接头的对焊或搭接长度，接头错开的前提下，必须根据钢筋原材料的长度来考虑接头的布置。要充分考虑原材料被截下来的一段长度的合理使用，如果能够使一根钢筋正好分成几段钢筋的下料长度，则是最佳方案，但往往难以做到，所以在配料时，要尽量地使用被截下的一段能够长一些，这样才不致使余料成为废料，使钢筋能得到充分利用。

3.3.1.2.5 钢筋配料应注意的事项

(1) 配料计算时，要考虑钢筋的形状和尺寸在满足设计要求的前提下，要有利于加工安装。

(2) 配料时，要考虑施工需要的附加钢筋。如板双层钢筋中保证上层钢筋位置的撑脚、墩墙双层钢筋中固定钢筋间距的撑铁、柱钢筋骨架增加四面斜撑等。

根据钢筋下料长度计算结果和配料选择后，汇总编制钢筋配料单。在钢筋配料单中必须反映出工程部位、构件名称、钢筋编号、钢筋简图及尺寸、钢筋直径、钢号、数量、下料长度、钢筋重量等。

列入加工计划的配料单，将每一编号的钢筋制作一块料牌作为钢筋加工的依据，并在安装中作为区别各工程部位、构件和各种编号钢筋的标志，如图3.69所示。

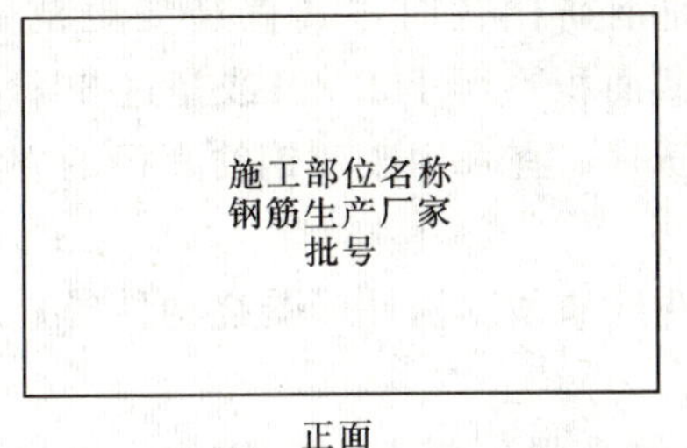

正面

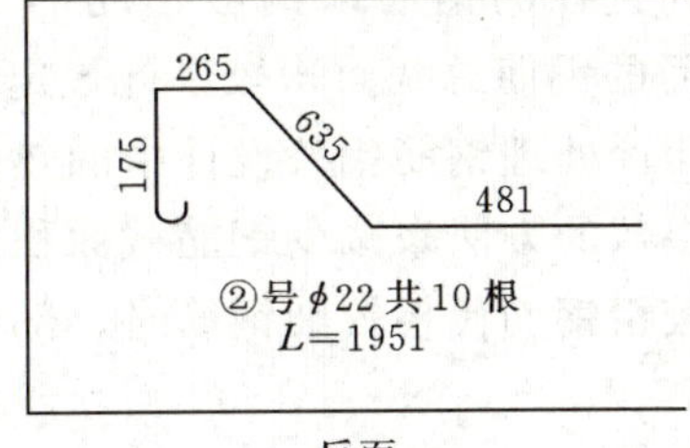

反面

图3.69 钢筋料牌

钢筋配料单和料牌，应严格校核，必须准确无误，以免返工浪费。

3.3.1.3 钢筋代换

钢筋加工时，由于工地现有钢筋的种类、钢号和直径与设计不符，应根据不影响使用条件下进行代换，但代换必须征得工程监理的同意。

3.3.1.3.1 钢筋代换的基本原则

(1) 等强度代换。不同种类的钢筋代换，按抗拉设计值相等的原则进行代换。

(2) 等截面代换。相同种类和级别的钢筋代换，按截面相等的原则进行代换。

3.3.1.3.2 钢筋代换方法

1. 等强度代换

如施工图中所用的钢筋设计强度为 f_{y1}，钢筋总面积为 A_{s1}，代换后的钢筋设计强度为 f_{y2}，钢筋总面积为 A_{s2}，则应使

$$A_{s1}f_{y1}\leqslant A_{s2}f_{y2}$$

即

$$\frac{n_1\pi d_1^2 f_{y1}}{4}\leqslant\frac{n_2\pi d_2^2 f_{y2}}{4}$$

$$n_2\geqslant\frac{n_1 d_1^2 f_{y1}}{d_2^2 f_{f2}}$$

式中 n_1——施工图钢筋根数；

n_2——代换钢筋根数；

d_1——施工图钢筋直径；

d_2——代换钢筋直径。

2. 等截面代换

如代换后的钢筋与设计钢筋级别相同，则应使

$$A_{s1} \leqslant A_{s2}$$

则

$$n_2 \geqslant \frac{n_1 d_1^2}{d_2^2}$$

式中符号意义同上。

3.3.1.3.3　钢筋代换注意事项

在水利水电工程施工中进行钢筋代换时，应注意以下事项。

(1) 以一种钢号钢筋代替施工图中规定钢号的钢筋时，应按设计所用钢筋计算强度和实际使用的钢筋计算强度经计算后，对截面面积作相应的改变。

(2) 某种直径的钢筋以钢号相同的另一种钢筋代替时，其直径变更范围不宜超过4mm，变更后的钢筋总截面积较设计规定的总截面积不得小于2%或超过3%。

(3) 如用冷处理钢筋代替设计中的热轧钢筋时，宜采用改变钢筋直径的方法而不宜采用改变钢筋根数的方法来减少钢筋截面积。

(4) 以较粗钢筋代替较细钢筋时，部分构件（如预制构件、受挠构件等）应校核钢筋握裹力。

(5) 要遵守钢筋代换的基本原则：①当构件受强度控制时，钢筋可按等强度代换；②当构件按最小配筋率配筋时，钢筋可按等截面代换；③当构件受裂缝宽度或挠度控制时，代换后应进行裂缝宽度或挠度验算。

(6) 对一些重要构件，凡不宜用Ⅰ级光面钢筋代替其他钢筋的，不得轻易代用，以免受拉部位的裂缝展开过大。

(7) 在钢筋代换中不允许改变构件的有效高度，否则就会降低构件的承载能力。

(8) 对于在施工图中明确不能以其他钢筋进行代换的构件和结构的某些部位，均不得擅自进行代换。

(9) 钢筋代换后，应满足钢筋构造要求，如钢筋的根数、间距、直径、锚固长度。

任务3.3.2　钢筋加工与安装绑扎

问题：

(1) 如何绘制钢筋加工流程图？

(2) 钢筋加工机械有哪些？机械工作特点？

学习目标：

(1) 知识目标。能陈述钢筋加工工艺方法与安全要求。

(2) 能力目标。能正确安全应用钢筋加工机械进行钢筋的加工与安装绑扎，能进行钢筋质量检查验收。

3.3.2.1　钢筋的除锈

钢筋由于保管不善或存放时间过久，就会受潮生锈。在生锈初期，钢筋表面呈黄褐色，称水锈或色锈，这种水锈除在焊点附近必须清除外，一般可不处理；但是当钢筋锈蚀进一步发展，钢筋表面已形成一层锈皮，受锤击或碰撞可见其剥落，这种铁锈不能很好地

和混凝土黏结，影响钢筋和混凝土的握裹力，并且在混凝土中继续发展，需要清除。

钢筋除锈方式有三种：一是手工除锈，如钢丝刷、砂堆、麻袋砂包、砂盘等擦锈；二是除锈机械除锈；三是在钢筋的其他加工工序的同时除锈，如在冷拉、调直过程中除锈。

3.3.2.1.1 手工除锈

1. 钢丝刷擦锈

将锈钢筋并排放在工作台或木垫板上，分面轮换用钢丝刷擦锈。

2. 砂堆擦锈

将带锈钢筋放在砂堆上往返推拉，直至擦净为止。

3. 麻袋砂包擦锈

用麻袋包砂，将钢筋包裹在砂袋中，来回推拉擦锈。

4. 砂盘擦锈

在砂盘里装入掺20%碎石的干粗砂，把锈蚀的钢筋穿进砂盘两端的半圆形槽里来回冲擦，可除去铁锈。

3.3.2.1.2 机械除锈

除锈机由小功率电动机作为动力，带动圆盘钢丝刷的转动来清除钢筋上的铁锈。钢丝刷可单向或双向旋转。除锈机有固定式和移动式两种型式。

如图3.70所示为固定式除锈机，分为封闭式和敞开式两种类型。它主要由小功率电动机和圆盘钢丝刷组成。圆盘钢丝刷有厂家供应成品，也可自行用钢丝绳废头拆开取丝编制，直径为25～35cm，厚度为5～15cm，所用转速一般为1000r/min。封闭式除锈机另加装一个封闭式的排尘罩和排尘管道。

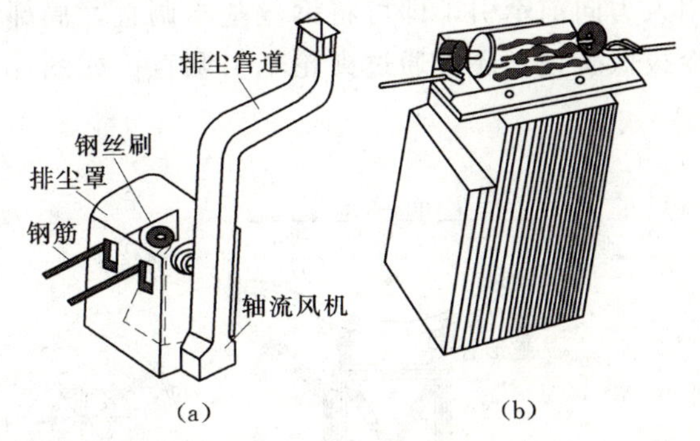

图3.70 固定式除锈机

(a) 封闭式；(b) 敞开式

操作除锈机时应注意以下几点。

(1) 操作人员起动除锈机，将钢筋放平握紧，侧身送料，禁止在除锈机的正前方站人。钢筋与钢丝刷的松紧度要适当，过紧会使钢丝刷损坏，过松则影响除锈效果。

(2) 钢丝刷转动时不可在附近清扫锈屑。

(3) 严禁将已弯曲成型的钢筋在除锈机上除锈，弯度大的钢筋宜在基本调直后再进行除锈。在整根长的钢筋除锈时，一般要由两人进行操作。两人要紧密配合，互相呼应。

(4) 对于有起层锈片的钢筋，应先用小锤敲击，使锈片剥落干净，再除锈。如钢筋表面的麻坑、斑点以及锈皮已损伤钢筋的截面，则在使用前应鉴定是否降级使用或另作其他处理。

(5) 使用前应特别注意检查电气设备的绝缘及接地是否良好，确保操作安全。

(6) 应经常检查钢丝刷的固定螺丝有无松动，转动部分的润滑情况是否良好。

(7) 检查封闭式防尘罩装置及排尘设备是否处于良好和有效状态，并按规定清扫防护罩中的锈尘。

3.3.2.2　钢筋调直

钢筋在使用前必须经过调直，否则会影响钢筋受力，甚至会使混凝土提前产生裂缝，如未调直直接下料，会影响钢筋的下料长度，并影响后续工序的质量。

钢筋调直应符合以下要求。

（1）钢筋的表面应洁净，使用前应无表面油渍、漆皮、锈皮等。

（2）钢筋应平直，无局部弯曲，钢筋中心线同直线的偏差不超过其全长的1%。成盘的钢筋或弯曲的钢筋均应调直后才允许使用。

（3）钢筋调直后其表面伤痕不得使钢筋截面积减少5%以上。

3.3.2.2.1　人工调直

1. 钢丝的人工调直

冷拔低碳钢丝经冷拔加工后塑性下降，硬度增高，用一般人工平直方法调直较困难，因此一般采用机械调直的方法。但在工程量小、缺乏设备的情况下，可以采用蛇形管或夹轮牵引调直。

蛇形管是用长40～50cm、外径2cm的厚壁钢管（或用外径2.5cm钢管内衬弹簧圈）弯曲成蛇形，钢管内径稍大于钢丝直径，蛇形管四周钻小孔，钢丝拉拔时可使锈粉从小孔中排出。管两端连接喇叭进出口，将蛇形管固定在支架上，需要调直的钢丝穿过蛇形管，用人力向前牵引，即可将钢丝基本调直，局部弯曲处可用小锤加以平直，如图3.71所示。冷拔低碳钢丝还可通过夹轮牵引调直，如图3.72所示。

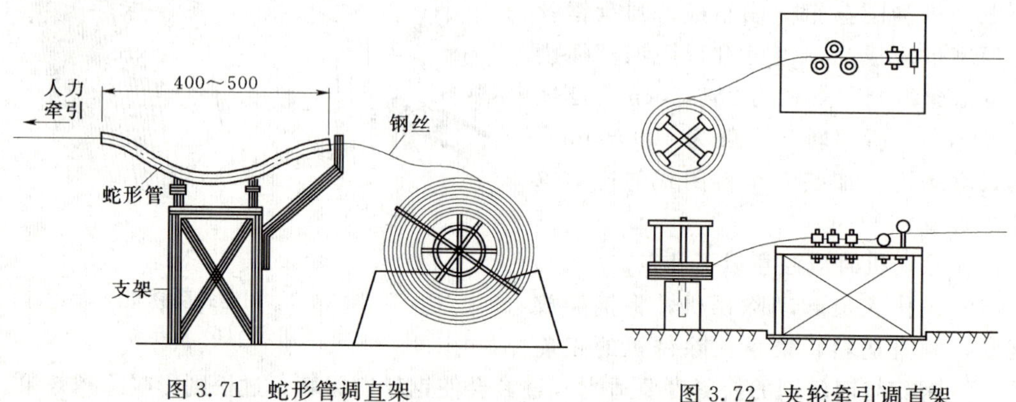

图3.71　蛇形管调直架　　图3.72　夹轮牵引调直架

2. 盘圆钢筋人工调直

直径10mm以下的盘圆钢筋可用绞磨拉直，如图3.73所示，先将盘圆钢筋搁在放圈架上，人工将钢筋拉到一定长度切断，分别将钢筋两端夹在地锚和绞磨的夹具上，推动绞

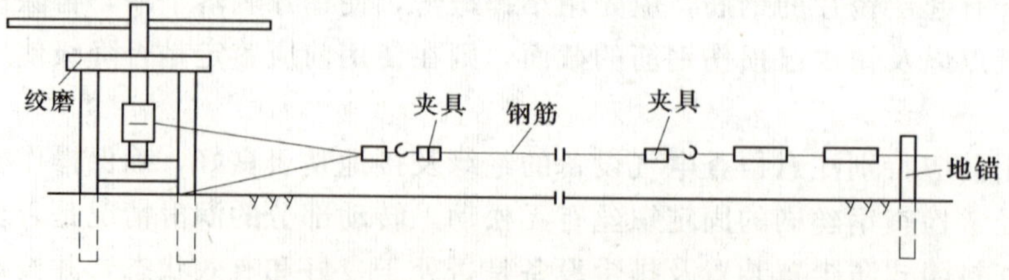

图3.73　绞磨拉直钢筋装置

磨，即可将钢筋拉直。

3. 粗钢筋人工调直

直径 10mm 以上的粗钢筋是直条状，在运输和堆放过程中易造成弯曲，其调直方法是：根据具体弯曲情况将钢筋弯曲部位置于工作台的扳柱间，就势利用手工扳子将钢筋弯曲基本矫直，如图 3.74 所示。也可手持直段钢筋处作为力臂，直接将钢筋弯曲处放在扳柱间扳直，然后将基本矫直的钢筋放在铁砧上，用大锤敲直，如图 3.75 所示。

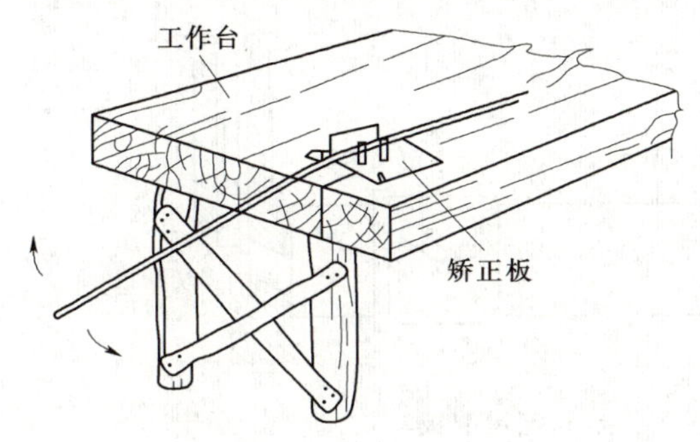

图 3.74 人工矫直粗钢筋

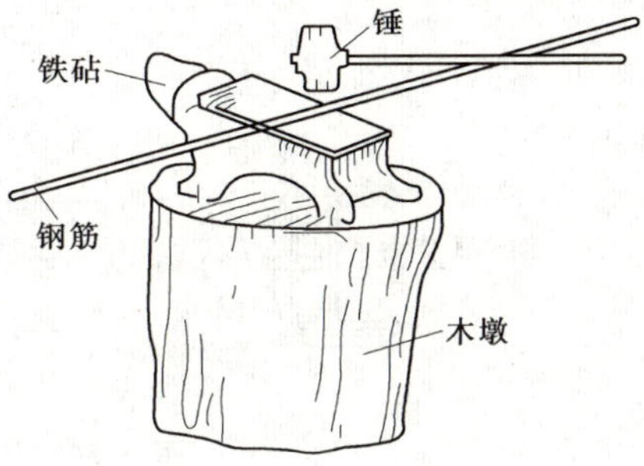

铁砧
锤
钢筋
木墩

图 3.75 人工敲直钢筋

3.3.2.2.2 机械调直

钢筋的机械调直可用钢筋调直机、弯筋机、卷扬机等调直。钢筋调直机用于圆钢筋的调直和切断，并可清除其表面的氧化皮和污迹。目前常用的钢筋调直机有 GT16/4、GT3/8、GT6/12、GT10/16。此外还有一种数控钢筋调直切断机，利用光电管进行调直、输送、切断、除锈等功能的自动控制。

操作钢筋调直切断机应注意以下几点。

(1) 按所需调直钢筋的直径选用适当的调直模、送料、牵引轮槽及速度，调直模的孔径应比钢筋直径大 2～5mm，调直模的大口应面向钢筋进入的方向。

(2) 必须注意调整调直模。调直筒内一般设有 5 个调直模，第 1 和第 5 个调直模须放在中心线上，中间 3 个可偏离中心线。先使钢筋偏移 3mm 左右的偏移量，经过试调直，如钢筋仍有宏观弯曲，可逐渐加大偏移量；如钢筋存在微观弯曲，应逐渐减少偏移量，直到调直为止。

(3) 切断 3～4 根钢筋后，停机检查其长度是否合适。如有偏差，可调整限位开关或定尺板。

(4) 导向套前部，应安装一根长度为 1m 左右的钢管。需调直的钢筋应先穿过该钢管，然后穿入导向套和调直筒，以防止每盘钢筋接近调直完毕时其端头弹出伤人。

(5) 在调直过程中不应任意调整传送压辊的水平装置，如调整不当，阻力增大，会造成机内断筋，损坏设备。

(6) 盘条放在放盘架上要平稳。放盘架与调直机之间应架设环形导向装置，避免断筋、乱筋时出现意外。

(7) 已调直的钢筋应按级别、直径、长短、根数分别堆放。

3.3.2.3 钢筋切断

钢筋切断前应作好以下准备工作。

(1) 汇总当班所要切断的钢筋料牌，将同规格（同级别、同直径）的钢筋分别统计，按不同长度进行长短搭配，一般情况下先断长料，后断短料，以尽量减少短头，减少损耗。

(2) 检查测量长度所用工具或标志的准确性，在工作台上有量尺刻度线的，应事先检查定尺卡板如图3.76所示的牢固和可靠性。在断料时应避免用短尺量长料，防止在量料中产生累计误差。

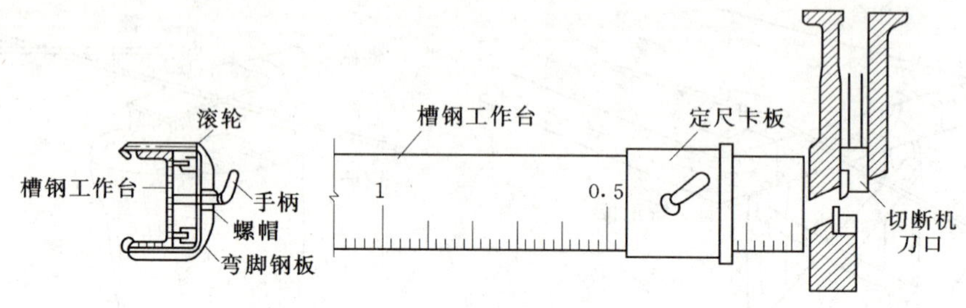

图3.76 切断机工作台和定尺卡板

(3) 对根数较多的批量切断任务，在正式操作前应试切2～3根，以检验长度的准确。

钢筋切断有人工剪断、机械切断、氧气切割3种方法。直径大于40mm的钢筋一般用氧气切割。

3.3.2.3.1 手工切断

手工切断的工具包括：

(1) 断线钳。断线钳是定型产品，如图3.77所示，按其外形长度可分为450mm、600mm、750mm、900mm、1050mm五种，最常用的是600mm。断线钳用于切断5mm以下的钢丝。

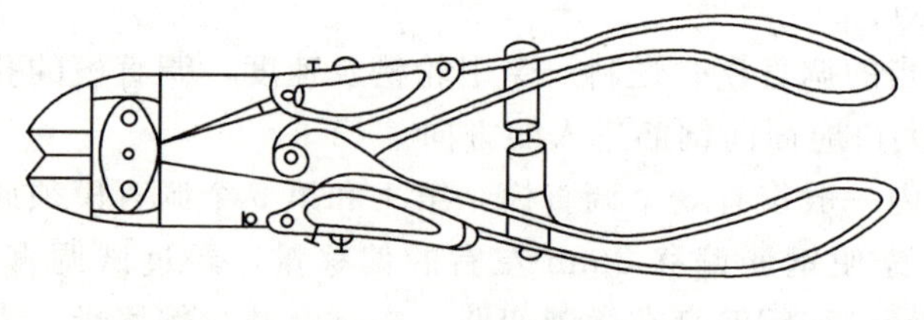

图3.77 断线钳

(2) 手动液压钢筋切断机。手动液压钢筋切断机构造如图3.78所示。它由滑轨、刀片、压杆、柱塞、活塞、储油筒、回位弹簧及缸体等组成，能切断直径为16mm以下的钢筋、直径25mm以下的钢绞线。这种机器具有体积小、重量轻、操作简单、便于携带的特点。

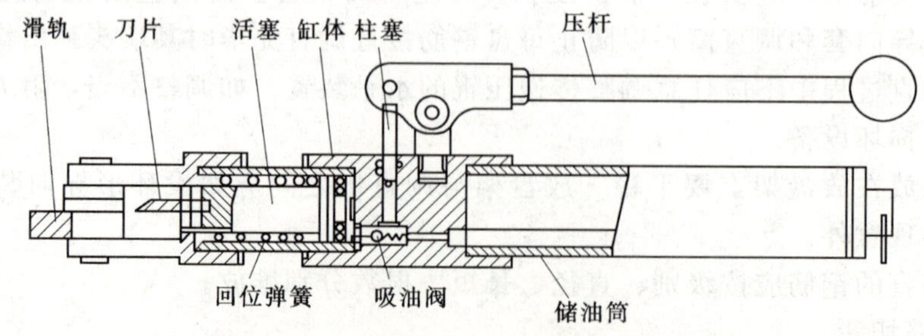

图3.78 GJ5Y—16型液压切断机

(3) 手压切断器。手压切断器用于切断直径16mm以下的I级钢筋，如图3.79所示。手压切断器由固定刀片、活动刀片、底座、手柄等组成，固定刀片连接在底座上，活动刀片通过几个轴（或齿轮）以杠杆原理加力来切断钢筋，当钢筋直径较大时可适当加长手柄。

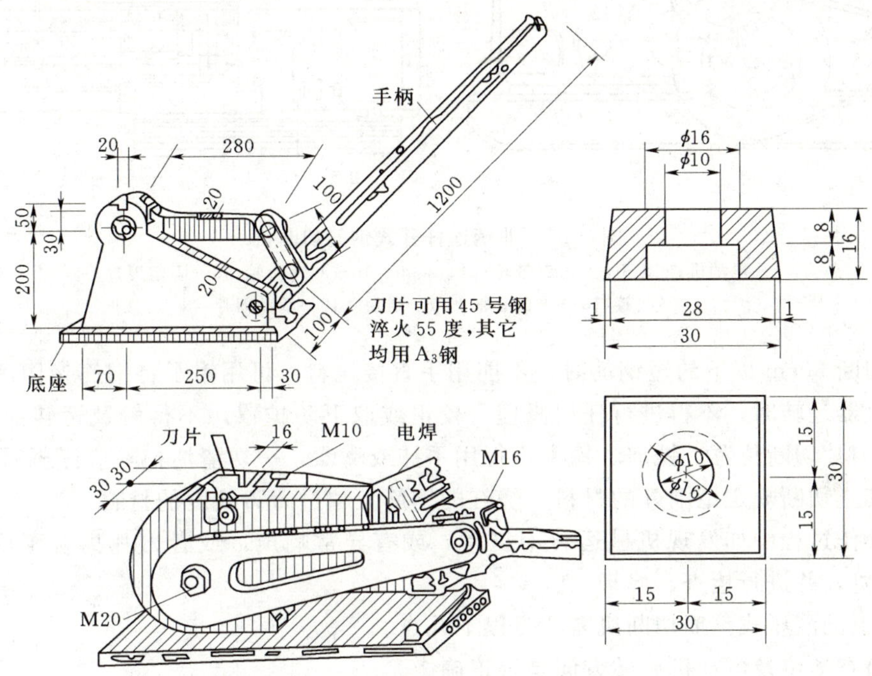

图3.79　手压切断器（单位：mm）

3.3.2.3.2　机械切断

钢筋切断机是用来把钢筋原材料或已调直的钢筋切断，其主要类型有机械式、液压式和手持式钢筋切断机。机械式钢筋切断机有偏心轴立式、凸轮式和曲柄连杆式等型式，如图3.80、图3.81所示。

操作钢筋切断机应注意以下几点。

(1) 被切钢筋应先调直后才能切断。

(2) 在断短料时，不用手扶的一端应用1m以上长度的钢管套压。

(3) 切断钢筋时，操作者的手只准握在靠边一端的钢筋上，禁止使用两手分别握在钢筋的两端剪切。

(4) 向切断机送料时，要注意以下几点。

1) 钢筋要摆直，不要将钢筋弯成弧形。

2) 操作者要将钢筋握紧。

3) 应在冲切刀片向后退时送进钢筋，如来不及送料，宁可等下一次退刀时再送料。否则，可能发生人身安全或设备事故。

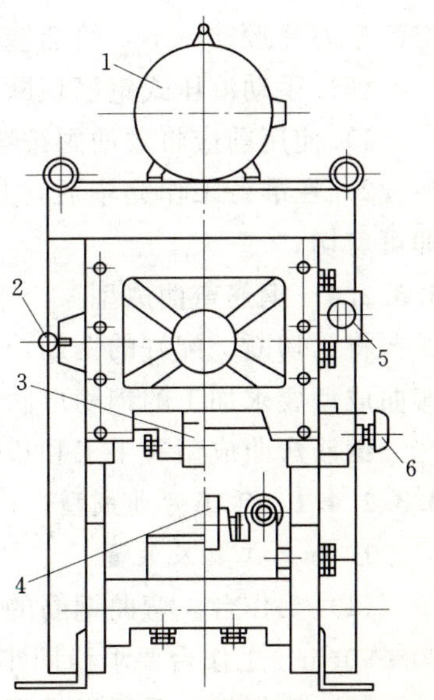

图3.80　偏心轴立式钢筋切断机
1—电动机；2—离合器操纵杆；3—动刀片；4—定刀片；5—电气开关；6—压料机构

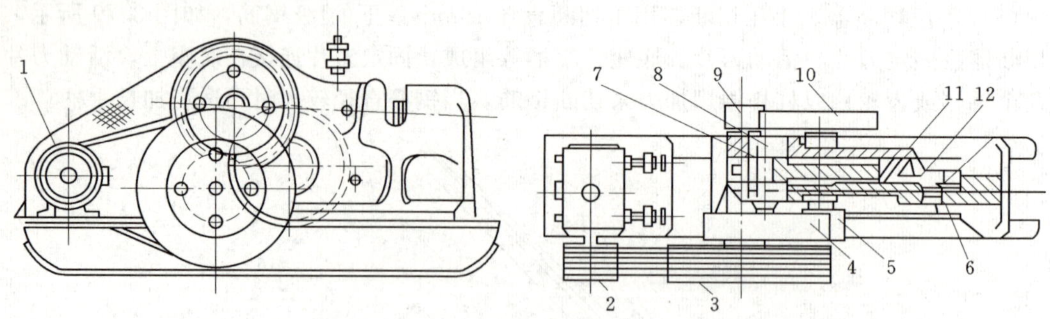

图 3.81　曲柄连杆开式钢筋切断机

1—电动机；2、3—三角皮带轮；4、5、9、10—减速齿轮；6—固定刀片；7—连杆；8—偏心轴；11—滑块；12—活动刀片

4）切断 30cm 以下的短钢筋时，不能用手直接送料。可用钳子将钢筋夹住送料。

5）机器运转时，不得进行任何修理、校正或取下防护罩，不得触及运转部位，严禁将手放在刀片切断位置，铁屑、铁末不得用手抹或嘴吹，一切清洁扫除应停机后进行。

6）禁止切断规定范围外的材料、烧红的钢筋及超过刀刃硬度的材料。

7）操作过程中如发现机械运转不正常，或有异常响声，或者刀片离合不好等情况，要立即停机，并进行检查、修理。

（5）电动液压式钢筋切断机需注意以下几点。

1）检查油位及电动机旋转方向是否正确。

2）先松开放油阀，空载运转 2min，排掉缸体内空气，然后拧紧。手握钢筋稍微用力将活塞刀片拔动一下，给活塞以压力，即可进行剪切工作。

（6）手动液压式钢筋切断机需注意以下几点。

1）使用前应将放油阀按顺时针方向旋紧；切断完毕后，立即按逆时针方向旋开。

2）在准备工作完毕后，拔出柱销，拉开滑轨，将钢筋放在滑轨圆槽中，合上滑轨，即可剪切。

3.3.2.4　钢筋弯曲成型

将已切断、配好的钢筋，弯曲成所规定的形状尺寸是钢筋加工的一道主要工序。钢筋弯曲成型要求加工的钢筋形状正确，平面上没有翘曲不平的现象，便于绑扎安装。

钢筋弯曲成型有手工和机械弯曲成型两种方法。

3.3.2.4.1　手工弯曲成型

1. 加工工具及装置

（1）工作台。弯曲钢筋的工作台，台面尺寸约为 600cm×80cm（长×宽），高度约为 80～90cm。工作台要求稳固牢靠，避免在工作时发生晃动。

（2）手摇板。手摇板是弯曲盘圆钢筋的主要工具，如图 3.82 所示。手摇板甲是用来弯制 12mm 以下的单根钢筋；手摇板乙可弯制 8mm 以下的多根钢筋，一次可弯制 4～8 根，主要适宜弯制箍筋。

手摇板为自制，它由一块钢板底盘和扳柱、扳手组成。扳手长度 30～50cm，可根据

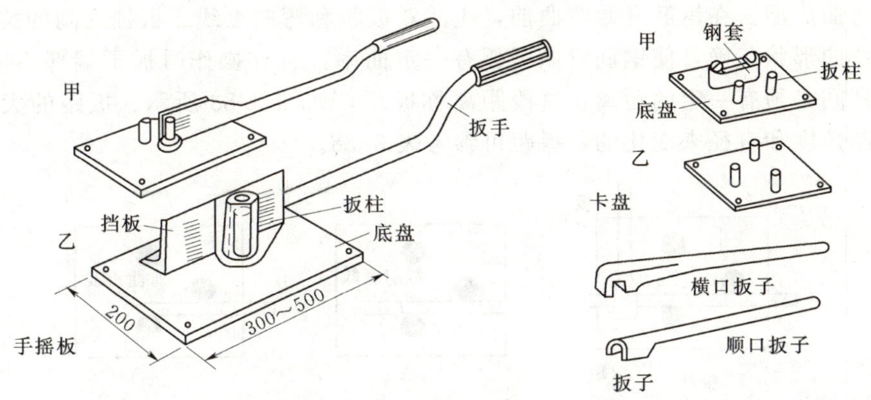

图 3.82 手工弯曲钢筋的工具

弯制钢筋直径适当调节，扳手用 14～18mm 钢筋制成；扳柱直径为 16～18mm；钢板底盘厚 4～6mm。操作时将底盘固定在工作台上，底盘面与台面相平。

如果使用钢制工作台，挡板、扳柱可直接固定在台面上。

(3) 卡盘。卡盘是弯粗钢筋的主要工具之一，它由一块钢板底盘和扳柱组成。底盘约厚 12mm，固定在工作台上；扳柱直径应根据所弯制钢筋来选择，一般为 20～25mm。

卡盘有两种形式：一种是在一块钢板上焊四个扳柱（图 3.83 中卡盘甲），水平方向净距为 100mm，垂直方向净距为 34mm，可弯制 32mm 以下的钢筋，但在弯制 28mm 以下的钢筋时，在后面两个扳柱上要加不同厚度的钢套；另一种是在一块钢板上焊三个扳柱图(3.83 中卡盘乙)，扳柱的两条斜边净距为 100mm，底边净距为 80mm，这种卡盘不需配备不同厚度的钢套。

(4) 钢筋扳子。钢筋扳子有横口扳子和顺口扳子两种，它主要和卡盘配合使用。横口扳子又有平头和弯头两种，弯头横口扳子仅在绑扎钢筋时纠正某些钢筋形状或位置时使用，常用的是平头横口扳子。当弯制直径较粗钢筋时，可在扳子柄上接上钢管，加长力臂省力。

钢筋扳子的扳口尺寸要比弯制钢筋大 2mm 较为合适，过大会影响弯制形状的正确。

2. 手工弯制作业

(1) 准备工作。熟悉要进行弯曲加工钢筋的规格、形状和各部分尺寸，确定弯曲操作的步骤和工具。确定弯曲顺序，避免在弯曲时将钢筋反复调转，影响工效。

(2) 划线。一般划线方法是在划弯曲钢筋分段尺寸时，将不同角度的长度调整值在弯曲操作方向相反的一侧长度内扣除，划上分段尺寸线，这条线称为弯曲点线，根据这条线并按规定方法弯曲后，钢筋的形状和尺寸与图纸要求的基本相符。当形状比较简单或同一形状根数较多的钢筋进行弯曲时，可以不划线，而在工作台上按各段尺寸要求固定若干标志，按标志操作。

(3) 试弯。在成批钢筋弯曲操作之前，各种类型的弯曲钢筋都要试弯一根，然后检查其弯曲形状、尺寸是否和设计要求相符；并校对钢筋的弯曲顺序、划线、所定的弯曲标志、扳距等是否合适。经过调整后，再进行批量生产。

（4）弯曲成型。在钢筋开始弯曲前，应注意扳距和弯曲点线、扳柱之间的关系。为了保证钢筋弯曲形状正确，使钢筋弯曲圆弧有一定曲率，且在操作时扳子端部不碰到扳柱，扳子和扳柱间必须有一定的距离，这段距离称扳距，如图 3.83 所示。扳距的大小是根据钢筋的弯制角度和直径来变化的，扳距可参考表 3.28。

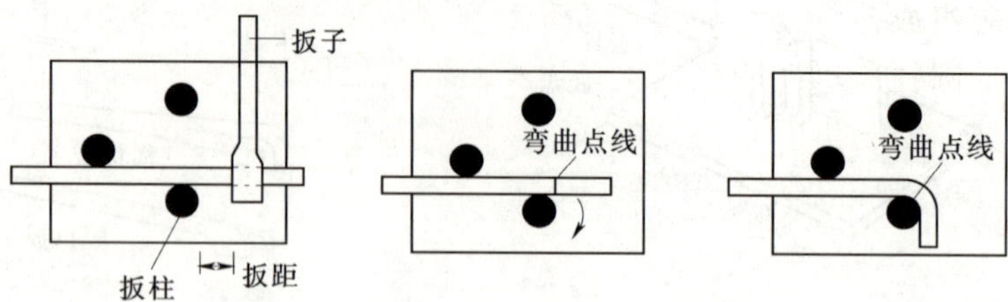

图 3.83　扳距、弯曲点和扳柱的关系

表 3.28　弯曲角度与扳距关系表

弯曲角度	45°	90°	135°	180°
扳距	（1.5～2）d	（2.5～3）d	（3～3.5）d	（3.5～4）d

进行弯曲钢筋操作时，钢筋弯曲点线在扳柱钢板上的位置，要配合划线的操作方向，使弯曲点线与扳柱外边缘相平。

3.3.2.4.2　机械弯曲

钢筋弯曲机有机械钢筋弯曲机、液压钢筋弯曲机和钢筋弯箍机等几种型式。机械式钢筋弯曲机按工作原理分为齿轮式及蜗轮蜗杆式钢筋弯曲机两种。蜗轮蜗杆式钢筋弯曲机由电动机、工作盘、插入座、蜗轮、蜗杆、皮带轮、齿轮及滚轴等组成，也可在底部装设行走轮，便于移动，其构造如图 3.84 所示。弯曲钢筋在工作盘上进行，工作盘的底面与蜗轮轴连在一起，盘面上有 9 个轴孔，中心的一个孔插中心轴，周围的 8 个孔插成型轴或轴套。工作盘外的插入孔上插有挡铁轴。它由电动机带动三角皮带轮旋转，皮带轮通过齿轮传动蜗轮蜗杆，再带动工作盘旋转。当工作盘旋转时，中心轴和成型轴都在转动，由于中心轴在圆心上，圆盘虽在转动，但中心轴位置并没有移动；而成型轴却围绕着中心轴作圆弧转动。如果钢筋一端被挡铁轴阻止自由活动，那么钢筋就被成型轴绕着中心轴进行弯曲。通过调整成型轴

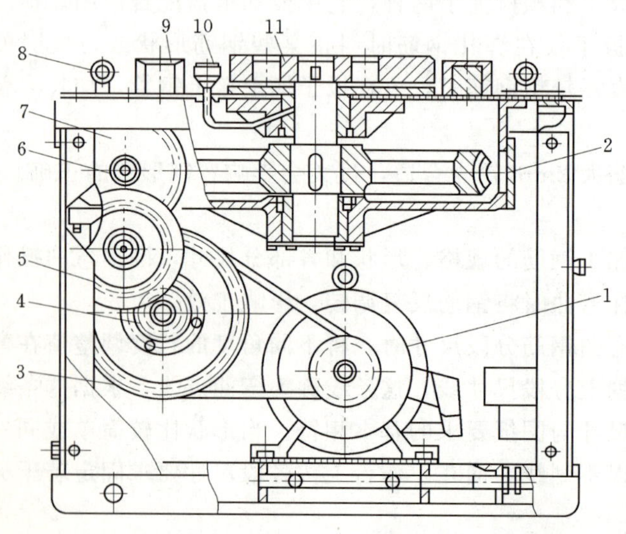

图 3.84　蜗轮蜗杆式钢筋弯曲机

1—电动机；2—蜗轮；3—皮带轮；4、5、7—齿轮；6—蜗杆；8—滚轴；9—插入座；10—油杯；11—工作盘

的位置，可将钢筋弯曲成所需要的形状。改变中心轴的直径（16mm、20mm、25mm、35mm、45mm、60mm、75mm、85mm、100mm），可保证不同直径的钢筋所需的不同的弯曲半径。

齿轮式钢筋弯曲机主要由电动机、齿轮减速箱、皮带轮、工作盘、滚轴、夹持器、转轴及控制配电箱等组成，其构造如图3.85所示。齿轮式钢筋弯曲机，由电动机通过三角皮带轮或直接驱动圆柱齿轮减速，带动工作盘旋转。工作盘左、右两个插入座可通过调节手轮进行无级调节，并与不同直径的成型轴及挡料轴配合，把钢筋弯曲成各种不同规格。当钢筋被弯曲到预先确定的角度时，限位销触到行程开关，电动机自动停机、反转、回位。

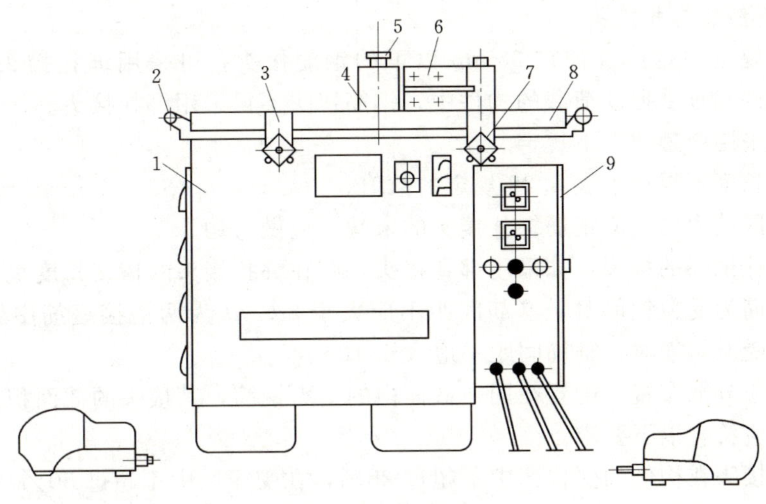

图3.85 齿轮式钢筋弯曲机

1—机架；2—滚轴；3、7—调节手轮；4—转轴；5—紧固手柄；6—夹持器；8—工作台；9—控制配电箱

操作钢筋弯曲机应注意以下几点。

(1) 钢筋弯曲机要安装在坚实的地面上，放置要平稳，铁轮前后要用三角对称楔紧，设备周围要有足够的场地。非操作者不要进入工作区域，以免扳动钢筋时被碰伤。

(2) 操作前要对机械各部件进行全面检查以及试运转，并检查齿轮、轴套等备件是否齐全。

(3) 要熟悉倒顺开关的使用方法以及所控制的工作盘的旋转方向，钢筋放置要和成型轴、工作盘旋转方向相配合，不要放反。变换工作盘旋转方向时，要按正转—停—倒转操作，不要直接按正—倒转或倒—正转操作。

(4) 钢筋弯曲时，其圆弧直径是由中心轴直径决定的，因此要根据钢筋粗细和所要求的圆弧弯曲直径大小随时更换中心轴或轴套。

(5) 严禁在机械运转过程中更换中心轴、成型轴、挡铁轴，或进行清扫、加油。如果需要更换，必须切断电源，当机器停止转动后才能更换。

(6) 弯曲钢筋时，应使钢筋挡架上的挡板贴紧钢筋，以保证弯曲质量。

（7）弯曲较长的钢筋时，要有专人扶持钢筋。扶持人员应按操作人员的指挥进行工作，不能任意推拉。

（8）在运转过程中如发现卡盘、颤动、电动机温升超过规定值，均应停机检修。

（9）不直的钢筋，禁止在弯曲机上弯曲。

3.3.2.5　钢筋绑扎安装

建基面终验清理完毕或施工缝处理完毕养护一定时间，混凝土强度达到2.5MPa后，即进行钢筋的绑扎与安装作业。

钢筋的安设方法有两种：一种是将钢筋骨架在加工厂制好，再运到现场安装，叫整装法；另一种是将加工好的散钢筋运到现场，再逐根安装，叫散装法。

3.3.2.5.1　钢筋的绑扎接头

根据施工规范规定：直径在25mm以下的钢筋接头，可采用绑扎接头。轴心受压、小偏心受拉构件和承受振动荷载的构件中，钢筋接头不得采用绑扎接头。

钢筋绑扎采用应遵守以下规定。

（1）搭接长度不得小于表3.28规定的数值。

（2）受拉区域内的光面钢筋绑扎接头的末端，应做弯钩。

（3）梁、柱钢筋的接头，如采用绑扎接头，则在绑扎接头的搭接长度范围内应加密钢箍。当搭接钢筋为受拉钢筋时，箍筋间距不应大于$5d$（d为两搭接钢筋中较小的直径）；当搭接钢筋为受压钢筋时，箍筋间距不应大于$10d$。

钢筋接头应分散布置，配置在同一截面内的受力钢筋，其接头的截面积占受力钢筋总截面积的比例应符合以下要求。

（1）绑扎接头在构件的受拉区中不超过25%，在受压区中不超过50%。

（2）焊接与绑扎接头距钢筋弯起点不小于$10d$，也不位于最大弯矩处。

（3）在施工中如分辨不清受拉、受压区时，其接头设置应按受拉区的规定。

（4）两根钢筋相距在$30d$或50cm以内，两绑扎接头的中距在绑扎搭接长度以内，均作为同一截面对待。

直径不大于12mm的受压Ⅰ级钢筋的末端，以及轴心受压构件中任意直径的受力钢筋的末端，可不做弯钩，但搭接长度不应小于$30d$。

3.3.2.5.2　钢筋绑扎准备工作

1. 熟悉施工图纸

通过熟悉图纸，一方面校核钢筋加工中是否有遗漏或误差；另一方面也可以检查图纸中是否存在与实际情况不符的地方，以便及时改正。

2. 核对钢筋加工配料单和料牌

在熟悉施工图纸的过程中，应核对钢筋加工配料单和料牌，并检查已加工成型的成品的规格、形状、数量、间距是否和图纸一致。

3. 确定安装顺序

钢筋绑扎与安装的主要工作内容包括放样划线、排筋绑扎、垫撑铁和保护层垫块、检查校正及固定预埋件等。为保证工程顺利进行，在熟悉图纸的基础上，要考虑钢筋绑扎安装顺序。板类构件排筋顺序一般先排受力钢筋后排分布钢筋；梁类构件一般先摆纵筋（摆

放有焊接接头和绑扎接头的钢筋应符合规定），再排箍筋，最后固定。

4. 做好材料、机具的准备

钢筋绑扎与安装的主要材料、机具包括钢筋钩、吊线垂球、木水平尺、麻线、长钢尺、钢卷尺、扎丝、垫保护层用的砂浆垫块或塑料卡、撬杆、绑扎架等。对于结构较大或形状较复杂的构件，为了固定钢筋还需一些钢筋支架、钢筋支撑。

扎丝一般采用18～22号铁丝或镀锌铁丝，见表3.29。扎丝长度一般以钢筋钩拧2～3圈后，铁丝出头长度为20cm左右。

表3.29　绑扎用扎丝

钢筋直径（cm）	<12	12～25	>25
铁丝型号（号）	22	20	18

混凝土保护层厚度，必须严格按设计要求控制。控制其厚度可用水泥砂浆垫块或塑料卡。水泥砂浆垫块的厚度应等于保护层厚度；平面尺寸当保护层厚度不大于20mm时为30mm×30mm、大于20mm时为50mm×50mm。在垂直方向使用垫块，应在垫块中埋入两根20号或22号铁丝，用铁丝将垫块绑在钢筋上。

5. 放线

放线要从中心点开始向两边量距放点，定出纵向钢筋的位置。水平筋的放线可放在纵向钢筋或模板上。

3.3.2.5.3　钢筋的绑扎

钢筋的绑扎应顺直均匀、位置正确。钢筋绑扎的操作方法有一面顺扣法、十字花扣法、反十字扣法、兜扣法、缠扣法、兜扣加缠法、套扣法等，较常用的是一面顺扣法，如图3.86所示。

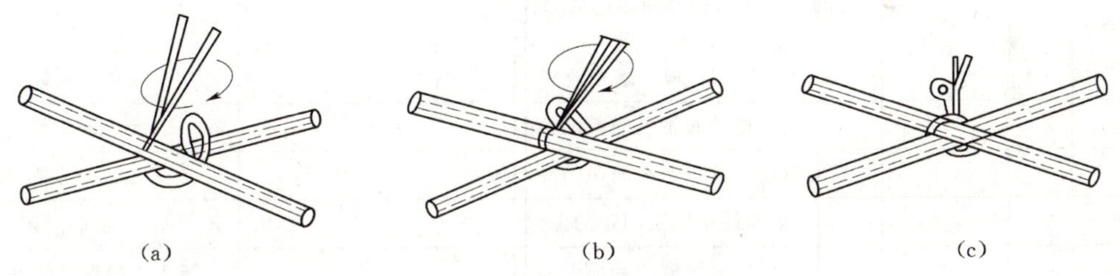

图3.86　钢筋一面顺扣绑扎法

一面扣法的操作步骤是：首先将已切断的扎丝在中间折合成180°弯，然后将扎丝清理整齐。绑扎时，执在左手的扎丝应靠近钢筋绑扎点的底部，右手拿住钢筋钩，食指压在钩前部，用钩尖端钩住扎丝底扣处，并紧靠扎丝开口端，绕扎丝拧转两圈套半，在绑扎时扎丝扣伸出钢筋底部要短，并用钩尖将铁丝扣紧。为使绑扎后的钢筋骨架不变形，每个绑扎点进扎丝扣的方向要求交替变换90°。

任务3.3.3　钢筋施工质量控制

问题：钢筋施工中质量控制内容是什么？用什么样的方法进行质量测定？

学习目标：

（1）知识目标。能陈述钢筋质量检查的内容。

(2) 能力目标。能正确应用检验设备仪器工具对加工安装的钢筋进行质量的检测。

按现行施工规范，水工钢筋混凝土工程中的钢筋安装，其质量应符合以下规定。

(1) 钢筋的安装位置、间距、保护层厚度及各部分钢筋的大小尺寸，均应符合设计要求，其偏差不得超过表3.30的规定。

表3.30　　钢筋安装的允许偏差

项次	项目			允许偏差（mm）
1	点焊及电弧焊	帮条对焊接头中心的纵向偏移		0.5d
2		接头处钢筋轴线的曲折		4°
3		焊缝	长度	−0.5d
			高度	−0.5d
			宽度	−0.1d
			咬边深度	0.05d，但不大于1
			表面气孔夹渣： （1）在2d长度上； （2）气孔、夹渣直径	 不多于2个 不大于3
4	对焊及熔槽焊	焊接接头根部未焊透深度： （1）25～40mm钢筋； （2）40～70mm钢筋		 0.15d 0.10d
5		接头处钢筋中心线的位移		0.1d，不大于2
6		焊缝表面（长为2d）和焊缝截面上蜂窝、气孔排、金属杂质		不大于1.5mm直径3个
7	钢筋长度方向的偏差			±1/2净保护层厚度
8	同一排受力钢筋间距的局部偏差： （1）柱及梁中； （2）板、墙中			 ±0.5d ±0.1间距
9	同一排分布钢筋间距的偏差			±0.1间距
10	双排钢筋，其排与排间距的局部偏差			±0.1排距
11	梁与柱中钢箍间距的偏差			0.1箍筋间距
12	保护层厚度的局部偏差			±1/4净保护层厚度

检查时先进行宏观检查，没发现有明显不合格处，即可进行抽样检查，对梁、板、柱等小型构件，总检测点数不少于30个，其余总检测点数一般不少于50个。

(2) 现场焊接或绑扎的钢筋网，其钢筋交叉的连接应按设计规定进行。如设计未作规定，且直径在25mm以下时，则除楼板和墙内靠近外围两行钢筋之交点应逐根扎牢外，其余按50%的交叉点进行绑扎。

(3) 钢筋安装中交叉点的绑扎，对于Ⅰ级、Ⅱ级钢筋，直径在16mm以上且不损伤钢筋截面时，可用手工电弧焊进行点焊来代替，但必须采用细焊条、小电流进行焊接，并严加外观检查，钢筋不应有明显的咬边和裂纹出现。

(4) 板内双向受力钢筋网，应将钢筋全部交叉点全部扎牢。柱与梁的钢筋中，主筋与箍筋的交叉点在拐角处应全部扎牢，其中间部分可每隔一个交叉点扎一点。

(5) 安装后的钢筋应有足够的刚性和稳定性。整装的钢筋网可安钢筋骨架，在运输和安装过程中应采取措施，以免变形、开焊及松脱。安装后的钢筋应避免错动和变形。

(6) 在混凝土浇筑施工中，严禁为方便浇筑擅自移动或割除钢筋。

项目 3.4　碾压混凝土坝施工

项目背景：龙滩坝碾压混凝土工程施工

施工工艺：为加快施工进度，减少层面处理工作量，碾压混凝土施工方法采取 RCC 工艺，即大仓面薄层铺料、碾压（层厚为 0.3m），连续上升的施工方法。碾压混凝土采取 0.3m 薄层连续上升 5～10 层（1.5～3m，夏季按平层法浇筑时连续上升 4～5 层）后进行层间间歇，在连续上升时每层（0.3m）的允许浇筑时间，要求必须在混凝土初凝时间内完成，夏季允许浇筑时间 2～4h（斜层铺料方式取小值）、其他季节按 6h 控制；层间上升高度及间歇时间，一般根据温控要求确定，在基础约束区（0～0.4L，L 为浇筑块长度），升层高度拟为 1.5m，层间间歇时间 3～5d，脱离基础约束后升层高度可为 3m，层间间歇时间 7d 左右，碾压混凝土一般按 3 班制施工，夏季高温季节（5～9 月）当采用平层浇筑时，按早晚 2 班制施工。

施工工法：坝面施工工法主要针对三种入仓方式进行研究，第一种为塔式布料机接履带式布料机直接入仓；第二种为塔式布料机直接（或转自卸汽车）入仓；第三种则为综合入仓方式即塔式布料机＋自卸汽车入仓，坝体分缝分仓、分层浇筑坝体施工不设纵缝，只设横缝，横缝间距依据水工结构布置和大坝温控防裂要求确定，溢流坝段 20m、挡水坝段 22m、底孔坝段 30m，进水口坝段 25m.

问题：

(1) 碾压混凝土材料的组成特点是什么？

(2) 碾压混凝土施工程序如何？

(3) 如何正确制定碾压混凝土施工方案？

学习目标：

(1) 知识目标。能陈述碾压混凝土坝施工的工艺流程，能说出各施工环节的技术方法与技术措施。

(2) 能力目标。能正确制定碾压混凝土的施工方案，能进行现场碾压的组织。

碾压混凝土采用干硬性混凝土，施工方法接近于碾压式土石坝的填筑方法，采用通仓薄层浇筑、振动碾压实。碾压混凝土筑坝可减少水泥用量、充分利用施工机械、提高作业效率、缩短工期。

3.4.1　碾压混凝土原材料及配合比

3.4.1.1　胶凝材料

碾压混凝土一般采用硅酸盐水泥或矿渣硅酸盐水泥，掺 30%～65%粉煤灰，胶凝材料；用量一般 120～160kg/m^3，SL 53—94《水工碾压混凝土施工规范》中规定大体积建筑物内部碾压混凝土的胶凝材料用量不宜低于 130kg/m^3，其中水泥熟料不宜低于

45kg/m³。

3.4.1.2　骨料

与常态混凝土一样，可采用天然骨料或人工骨料，骨料最大粒径一般为80mm，迎水面用碾压混凝土自身作为防渗体时，一般在一定宽度范围内采用二级配碾压混凝土。碾压混凝土砂率一般比常态混凝土高，对砂子含水率的控制要求比常态混凝土严格，沙子含水量不稳定时，碾压混凝土施工层面易出现局部集中泌水现象。

3.4.1.3　外加剂

一般应掺用缓凝减水剂，并掺用引气剂，增强碾压混凝土抗冻性。

3.4.1.4　碾压混凝土配合比

碾压混凝土配合比应满足工程设计的各项指标及施工工艺要求，包括以下几点。

（1）混凝土质量均匀，施工过程中粗骨料不易发生分离。

（2）工作度适当，拌和物较易碾压密实，混凝土容重较大。

（3）拌和物初凝时间较长，易于保证碾压混凝土施工层面的良好黏结，层面物理力学性能好。

（4）混凝土的力学强度、抗渗性能等满足设计要求，具有较高的拉伸应变能力。

（5）对于外部碾压混凝土，要求具有适应建筑物环境条件的耐久性。

（6）碾压混凝土配合比经现场试验后调整确定。

3.4.2　碾压混凝土施工

3.4.2.1　碾压混凝土上升方式的确定

以美国和日本为代表，形成两种不同的碾压混凝土浇筑上升方式。采用美国式的碾压混凝土施工时，一般不分纵横缝（必要时可设少量横缝），采用大仓面通仓浇筑，压实层厚一般30cm。对于水平接缝的处理，许多坝以成熟度（气温与层面停歇时间的乘积）作为判断标准，在成熟度超过200～260℃·h时，对层面采取刷毛、铺砂浆等措施处理，否则仅对层面稍作清理。实际上，层面一般只需要清除松散物，在碾压混凝土尚处于塑性状态时浇筑上一层碾压混凝土，因而施工速度快，造价低，也利于层面结合。日本式的碾压混凝土坝施工，用振动切缝机切出与常态混凝土坝相同的横缝，碾压混凝土压实层厚50～75cm，甚至达到100cm，每层混凝土分几次薄层平仓，平仓层厚为15～25cm，一次碾压。每层混凝土浇筑后停歇3～5d，层面冲洗刷毛铺砂浆，因而混凝土水平施工缝面质量良好，但施工速度较慢。我国在吸收美日施工经验的基础上，既有沿用两种方法修筑的碾压混凝土坝，也采用了改进的施工方法，如辽宁观音阁碾压混凝土坝完全采用日本的施工方法，广西岩滩碾压混凝土围堰等则完全采用美国的施工方法。我国大多数碾压混凝土坝则采用自创的碾压混凝土RCC施工方法，即碾压混凝土在一个升程内（一般2～3m高）采用大面积薄层连续浇筑上升，压实层厚为30cm，一个升程混凝土浇筑完毕后，对层面冲洗刷毛，在下一升程浇筑前铺砂浆。三峡碾压混凝土纵向围堰及二期厂坝导墙即采用该法施工。

对于施工仓面较大，碾压混凝土施工强度受施工设备限制难以满足连续浇筑上升层面允许间歇时间要求时，可采用斜层铺筑法浇筑，该法首先在湖南江垭工程碾压混凝土施工中采用，施工时碾压层向上游或沿坝轴线方向倾斜，坡度根据混凝土施工强度确定，一般

为1∶20～1∶40，以满足连续浇筑上升层间允许间歇时间要求为准。该法可缩短连续浇筑上升时层间间歇时间，有利于提高层间胶结强度，其施工类似于RCCI法，升程高度一般为3m。在碾压混凝土施工速度及施工强度上，其最大日浇筑量接近2万m^3，日上升速度达1.2m。

3.4.2.2 碾压混凝土浇筑时间的确定

碾压混凝土采用一定升程内通仓薄层连续浇筑上升，连续浇筑层层面间歇6～8h，高温季节浇筑碾压混凝土时预冷碾压混凝土在仓面的温度回升大；另一方面，碾压混凝土用水量少，拌制预冷混凝土时加冰量少，高温季节出机口温度难以达到7℃，因而高温季节对碾压混凝土进行预冷的效果不如常态混凝土。经计算分析，高温季节浇筑基础约束区混凝土温度将较大超过坝体设计允许最高温度，因而可能产生危害性裂缝。另外，高温季节浇筑碾压混凝土时，混凝土初凝时间短，表层混凝土水分蒸发量大，压实困难，层面胶结差，从而使本为碾压混凝土薄弱环节的层面结合更难保证施工质量。斜层铺筑法虽然可改善混凝土层面胶结，但难以解决混凝土温度控制等问题。

综上所述，为确保大坝碾压混凝土质量，高温季节不宜浇筑碾压混凝土，根据已建工程施工经验，在日均气温超过25℃时不宜浇筑碾压混凝土，三峡工程在技术设计阶段，研究大坝采用碾压混凝土的可行性时，确定碾压混凝土仅在低温季节浇筑下部大体积混凝土时采用，气温较高时改用常态混凝土浇筑。左导墙碾压混凝土浇筑也规定在10月下旬至次年4月上旬进行，其余时间停浇。

3.4.2.3 碾压混凝土拌和及运输

碾压混凝土一般可用强制式或自落式搅拌机拌和，也可采用连续式搅拌机拌和，其拌和时间一般比常态混凝土延长30s左右，故而生产碾压混凝土时拌和楼生产率比常态混凝土低10%左右。碾压混凝土运输一般采用自卸汽车、皮带机、真空溜槽等方式，也有采用坝头斜坡道转运混凝土。选取运输机具时，应注意防止或减少碾压混凝土骨料分离。

3.4.2.4 平仓及碾压

碾压混凝土浇筑时一般按条带摊铺，铺料条带宽根据施工强度确定，一般为4～12m，铺料厚度为35cm，压实后为30cm，铺料后常用平仓机或平履带的大型推土机平仓。为解决一次摊铺产生骨料分离的问题，可采用二次摊铺，即先摊铺下半层，然后在其上卸料，最后摊铺成35cm的层厚。采用二次摊铺后，对料堆之间及周边集中的骨料经平仓机反复推刮后，能有效分散，再辅以人工分散处理，可改善自卸汽车铺料引起的骨料分离问题。一条带平仓完成后立即开始碾压，振动碾一般选用自重大于10t的大型双滚筒自行式振动碾，作业时行走速度为1～1.5km/h，碾压遍数通过现场试碾确定，一般为无振2遍有振6～8遍。碾压条带间搭接宽度大于20cm，端头部位搭接宽度大于100～150cm。条带从铺筑到碾压完成宜控制在2h左右。边角部位采用小型振动碾压实。碾压作业完成后，用核子密度仪检测其容重，达到设计要求后进行下一层碾压作业；若未达到设计要求，立即重碾，直到满足设计要求为止。模板周边无法碾压部位一般可加注与碾压混凝土相同水灰比的水泥浓浆后用插入式振捣器振捣密实。仓面碾压混凝土的VC值（维勃稠度，表示干硬混凝土和易性）控制在5～10s，并尽可能地加快混凝土的运输速度，缩短仓面作业时间，做到在下一层混凝土初凝前铺筑完上一层碾压混凝土。

当采用金包银法（指周边外围常态混凝土与内部碾压混凝土同步浇筑）施工时，周边常态混凝土与内部碾压混凝土结合面尤要注意做好接头质量。

3.4.2.5 防渗层常态混凝土浇筑

"金包银"结构的外部防渗层常态混凝土铺筑层厚一般与碾压混凝土相同，为30cm，可采取先浇常态混凝土，在常态混凝土初凝前铺筑RCC，或先浇碾压混凝土，再浇筑常态混凝土，结合部位采用振动碾压实，大型振动碾无法碾压的部位，用小型振动碾碾压。

3.4.2.6 造缝

碾压混凝土一般采取几个坝段形成的大仓面通仓连续浇筑上升，坝段之间的横缝，一般可采取切缝机切缝（缝内填设金属片或其他材料）、埋设隔板或钻孔填砂形成，或采用其他方式设置诱导缝。切缝机切缝时，可采取先切后碾或先碾后切，成缝面积不少于设计缝面的60%。埋设隔板造缝时，相邻隔板间隔不大于10cm，隔板高度宜比压实层面低2～3cm。钻孔填砂造缝则是待碾压混凝土浇筑完一个升程后沿分缝线用手风钻造诱导孔。

3.4.2.7 施工缝面处理

正常施工缝一般在混凝土收仓后10h左右用压力水冲毛，清除混凝土表面的浮浆，以露出粗砂粒和小石为准。施工过程中因故中止或其他原因造成层面间歇时间超过设计允许间歇时间，视间歇时间的长短采取不同的处理方法，对于间歇时间较短，碾压混凝土未终凝的施工缝面，可采取将层面松散物和积水清除干净，铺一层2～3cm厚的砂浆后，继续进行下一层碾压混凝土摊铺、碾压作业；对于已经终凝的碾压混凝土施工缝，一般按正常工作缝处理。第一层碾压混凝土摊铺前，砂浆铺设随碾压混凝土铺料进行，不得超前，保证在砂浆初凝前完成碾压混凝土的铺筑。碾压混凝土层面铺设的砂浆应有一定坍落度。

3.4.2.8 模板

规则表面采用组合钢模板，不规则面一般采用木模板或散装钢模板。为便于碾压混凝土压实，模板一般用悬臂模板可用水平拉条固定。对于连续浇筑上升的坝体，应特别注意水平拉条的牢固性。廊道等孔洞宜采用混凝土预制模板。碾压混凝土坝下游面为方便碾压混凝土施工，可做成台阶，并可用混凝土预制模板形成。

3.4.3 碾压混凝土温度控制

3.4.3.1 分缝分块

碾压混凝土施工一般采取通仓薄层连续浇筑，对于仓面很大而施工机械生产率不能满足层面间歇期要求时，对整个仓面分设几个浇筑区进行施工。为适应碾压混凝土施工的特点，碾压混凝土坝或围堰不设纵缝，横缝间距一般也比常态混凝土间距大，采用立模、锯缝或在表面设置诱导缝。例如三峡纵向围堰坝身段下部高程84.5m以下采用了碾压混凝土施工，该坝段顺流向长度为115m，横缝间距为36m和32m，不分纵缝通仓施工，最大仓面面积4140m^2，三峡厂坝导墙采用碾压混凝土，导墙分块长度30～34m，采用2～3块为一碾压仓，人工造缝形成设计分块缝。对于碾压混凝土围堰或小型碾压混凝土坝，也有不设横缝的通仓施工，例如隔河岩上游横向围堰及岩滩上下游横向围堰均未设横缝。对于大中型碾压混凝土坝如不设横缝，难免会出现裂缝，美国早期修建的几座未设横缝的大中

型碾压混凝土坝均出现较大裂缝而不得不进行修补。

3.4.3.2　碾压混凝土温度控制标准

由于碾压混凝土胶凝材料用量少，极限拉伸值一般比常态混凝土小，其自身抗裂能力比常态混凝土差，因此其温差标准比常态混凝土严，DL 5108—1999《混凝土重力坝设计规范》中规定，当碾压混凝土28d极限拉伸值不低于0.70×10^4时，碾压混凝土坝基础容许温差见表3.31。对于外部无常态混凝土或侧面施工期暴露的碾压混凝土浇筑块，其内外温差控制标准一般在常态混凝土基础上加2～3℃。

表3.31　碾压混凝土基础容许温差　单位：℃

距基础面高度	浇筑块长边长度 L		
	30m以下	30～70m	70m以上
0～0.2L	8～15.5	14.58～12	12～10
0.2～0.4L	19～17	16.5～14.5	14.5～12

3.4.3.3　碾压混凝土温度计算

由于碾压混凝土采用通仓薄层连续浇筑上升，混凝土内部最高温度一般采用差分法或有限元法进行仿真计算。计算时每一碾压层内竖直方向设置3层计算点，水平方向则根据计算机容量设置不同数量计算点。

3.4.3.4　冷却水管埋设

碾压混凝土一般采取通仓浇筑，且为保证层间胶结质量，一般安排在低温季节浇筑，不需要进行初、中、后期通水冷却，从而不需要埋设冷却水管。但对于设有横缝且需进行接缝灌浆，或气温较高，混凝土最高温度不能满足要求时，也可埋设水管进行初、中、后期通水冷却。三峡工程在碾压混凝土纵向围堰及纵堰坝身段下部碾压混凝土中均埋设了冷却水管。施工时冷却水管一般布设在混凝土面上，水管间距为2m，开始采用挖槽埋设，此法费工、费时，效果亦不佳。之后改在施工缝面上直接铺设，用钢筋或铁丝固定间距，开仓时用砂浆包裹，推土机入仓时先用混凝土作垫层，避免履带压坏水管。一般在收仓后24h开始进行初期通水冷却，通水流量18～20L/min，通水时间不少于7d，一般可降低混凝土最高温度3～5℃。

3.4.3.5　温控措施

碾压混凝土主要温控措施与常态混凝土基本相同，仅混凝土铺筑季节受到较大限制，由于碾压混凝土属干硬性混凝土，用水量少，高温季节施工时表面水分散发后易干燥而影响层间胶结质量，故而一般要求在低温季节浇筑。

项目3.5　水电站厂房施工

问题：

（1）水电站厂房施工程序方法是什么？

（2）如何制定水电站厂房施工方案？

学习目标：

（1）知识目标。能陈述水电站主要部位施工的技术要点，能说出相应的施工方案。

（2）能力目标。能初步制定水电站施工方案，能进行主要部位凝土浇筑施工作业。

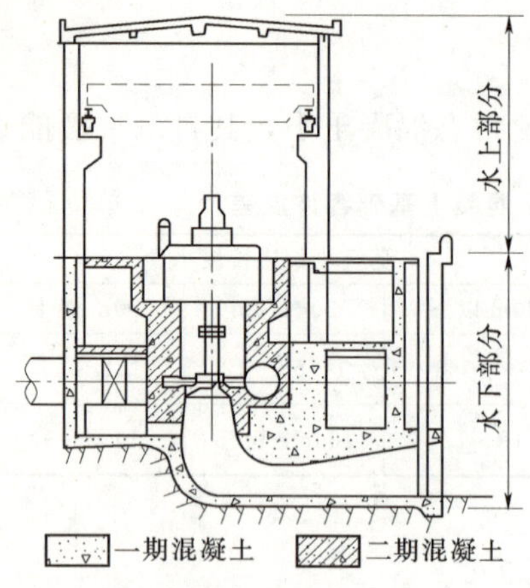

图 3.87 厂房混凝土施工各部分组成

水电站厂房通常以发电机层为界，分为下部结构和上部结构。下部结构一般为大体积混凝土，包括尾水管、锥管、蜗壳等大的孔洞结构；上部结构一般为钢筋混凝土柱、梁、板等结构组成，如图3.87所示。

3.5.1 下部混凝土结构施工

水电站厂房下部结构尺寸大、孔洞多，受力复杂，必须分层分块进行浇筑，如图3.88所示。合理的分层分块是削减温度应力、防止或减少混凝土裂缝、保证混凝土施工质量和结构的整体性的重要措施。

3.5.1.1 下部混凝土浇筑（通仓浇筑、错缝浇筑、预留宽槽浇筑）

厂房下部结构分层分块可采用通仓、错缝、预留宽槽、封闭块和灌浆缝等形式。

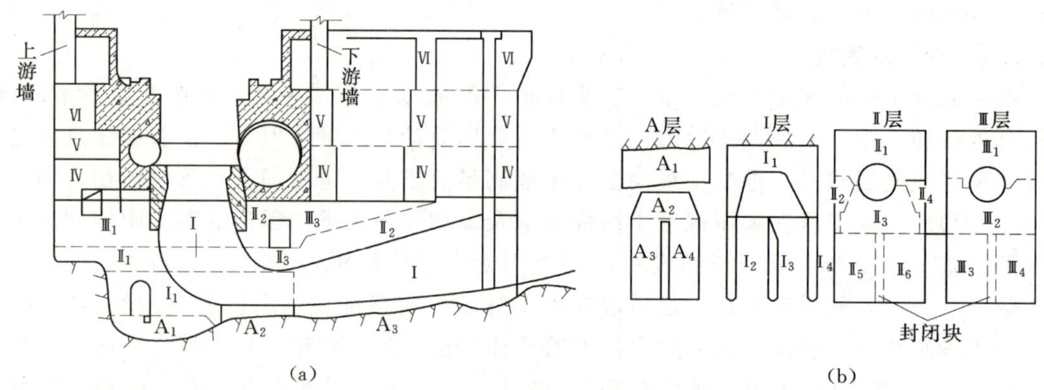

图 3.88 厂房下部结构分层分块图
(a) 机组中心剖面图；(b) A层及Ⅰ、Ⅱ、Ⅲ层平面图

1. 通仓浇筑法

通仓浇筑法施工可加快进度，有利于结构的整体性。当厂房尺寸小，又可安排在低温季节浇筑时，采用分层通仓浇筑最为有利。对于中型厂房，其顺水流方向的尺寸在25m以下，低温季节虽不能浇筑完毕，但有一定的温控手段时，也可采用这种形式。

2. 错缝浇筑法

大型水电站厂房下部结构尺寸较大，多采用错缝浇筑法。错缝搭接范围内的水平施工缝允许有一定的变形，以解除或减少两端的约束而减少块体的温度应力，如图3.89所示。

3. 预留宽槽浇筑法

对大型厂房，为加快施工进度，减少施工干扰，可在某些部位设置宽槽。槽的宽度一般为1m左右。由于设置宽槽，可减少约束区高度，同时增加散热面，从而减少温度应力。

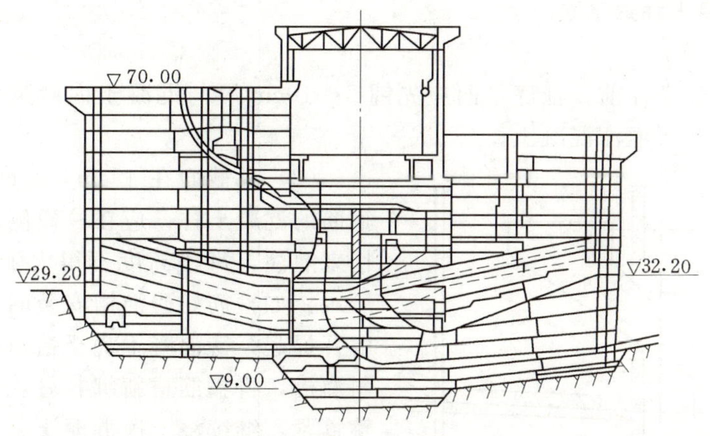

图 3.89　某水电站厂房分层、错缝示意图（单位：m）

对预留宽槽，回填应在低温季节施工，届时其周边老混凝土要求冷却到设计要求温度。回填混凝土应选用收缩性较小的材料。

3.5.1.2　混凝土入仓方案（满堂脚手架、活动桥、门塔机）

1. 满堂脚手架方案

满堂脚手架是在基坑中满布脚手架，用自卸汽车（机动翻斗车、斗车）和溜筒、溜槽入仓。

2. 活动桥方案

当厂房宽度较小、机组较多时，可采用如图 3.90 所示的活动桥浇筑混凝土。

3. 门塔机方案

大型厂房一般采用门塔机浇筑混凝土，如图 3.91 所示。

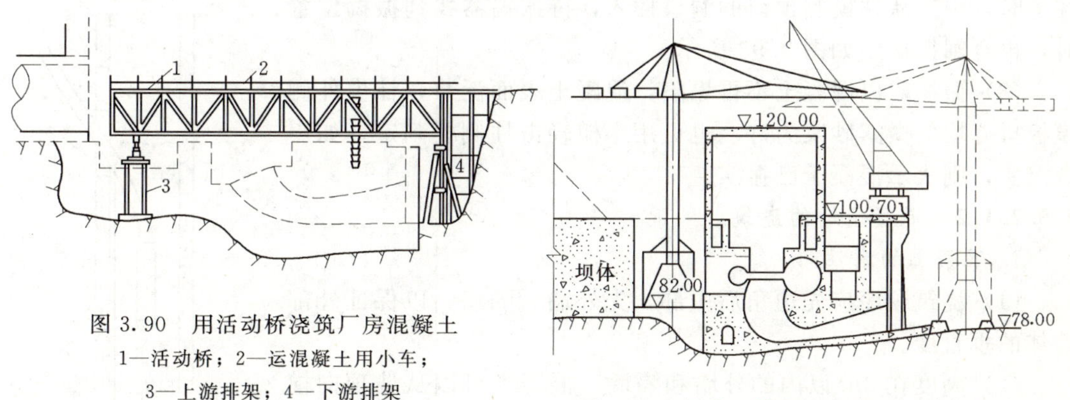

图 3.90　用活动桥浇筑厂房混凝土

1—活动桥；2—运混凝土用小车；3—上游排架；4—下游排架

图 3.91　门机、塔机施工布置（单位：m）

3.5.2　上部结构施工

3.5.2.1　结构混凝土施工

厂房混凝土结构施工有现场直接浇筑、预制装配及部分现浇、部分预制等形式。浇筑时先浇筑竖向结构，后浇梁、板。

3.5.2.1.1　混凝土柱的浇筑

1. 混凝土的灌注

(1) 混凝土柱灌注前，柱底基面应先铺 5～10cm 厚与混凝土内砂浆成分相同的水泥砂浆，后再分段分层灌注混凝土。

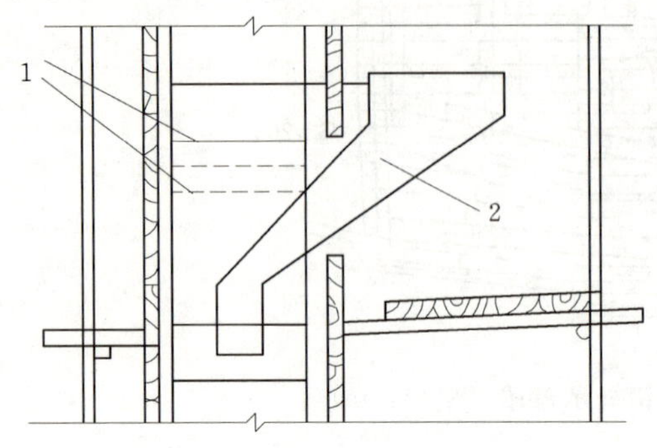

图 3.92　小截面柱侧开窗口浇筑
1—钢筋（虚线钢箍暂时向上移）；
2—带垂直料筒的下料溜槽

(2) 凡截面在 40cm×40cm 以内或有交叉箍筋的混凝土柱，应在柱模侧面开口装上斜溜槽来灌注，每段高度不得大于 2m，如图 3.92 所示。如箍筋妨碍溜槽安装时，可将箍筋一端解开提起，待混凝土浇至窗口的下口时，卸掉斜溜槽，将箍筋重新绑扎好，用模板封口，柱箍箍紧，继续浇上段混凝土。采用斜溜槽下料时，可将其轻轻晃动，加快下料速度。采用溜筒下料时，柱混凝土的灌注高度可不受限制。

(3) 当柱高不超过 3.5m、截面大于 40cm×40cm 且无交叉钢筋时，混凝土可由柱模顶直接倒入。当柱高超过 3.5m 时，必须分段灌注混凝土，每段高度不得超过 3.5m。

2. 混凝土的振捣

(1) 混凝土的振捣一般需 3～4 人协同操作，其中 2 人负责下料，1 人负责振捣，另 1 人负责开关振捣器。

(2) 混凝土的振捣尽量使用插入式振捣器。当振捣器的软轴比柱长 0.5～1.0m 时，待下料至分层厚度后，将振捣器从柱顶伸入混凝土内进行振捣。当用振捣器振捣比较高的柱子时，则应从柱模侧预留的洞口插入，待振捣器找到振捣位置时，再合闸振捣，如图 3.93 所示。

(3) 振捣时以混凝土不再塌陷，混凝土表面泛浆，柱模外侧模板拼缝均匀微露砂浆为好。也可用木槌轻击柱侧模判定，如声音沉实，则表示混凝土已振实。

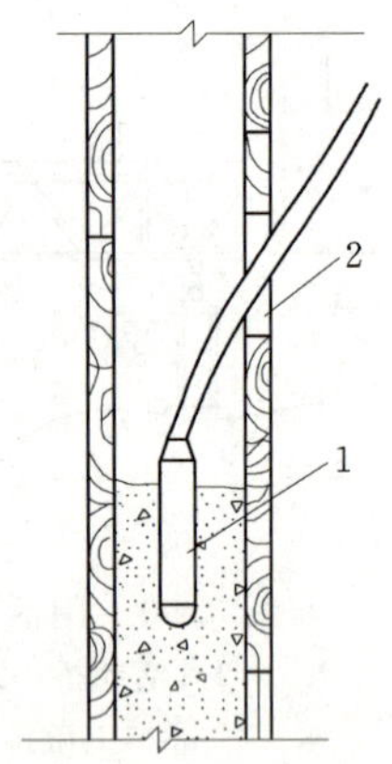

图 3.93　插入式振动器从浇灌洞口插入振捣
1—振捣棒；2—浇灌洞口

3.5.2.1.2　混凝土墙的浇筑

1. 混凝土的灌注

(1) 浇筑顺序应先边角后中部，先外墙后隔墙，以保证外部墙体的垂直度。

(2) 高度在 3m 以内的外墙和隔墙，混凝土可以从墙顶向模板内卸料，卸料时须在墙顶安装料斗缓冲，以防混凝土发生离析。高度大于 3m 的任何截面墙体，均应每隔 2m 开洞口，装斜溜槽进料。

(3) 墙体上有门窗洞口时，应从两侧同时对称进料，以防将门窗洞口模板挤偏。

(4) 墙体混凝土浇筑前，应先铺 5～10cm 与混凝土内成分相同的水泥砂浆。

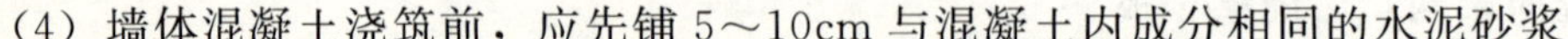

2. 混凝土的振捣

(1) 对于截面尺寸较大的墙体，可用插入式振捣器振捣，其方法同柱的振捣。对较窄或钢筋密集的混凝土墙，宜采用在模板外侧悬挂附着式振捣器振捣，其振捣深度约为25cm。

(2) 遇有门窗洞口时应在两边同时对称振捣，不得用振捣棒棒头敲击预留孔洞模板、预埋件等。

(3) 当顶板与墙体整体现浇时，楼顶板端头部分的混凝土应单独浇筑，保证墙体的整体性。

3.5.2.1.3 梁、板混凝土的浇筑

1. 混凝土的灌注

(1) 肋形楼板混凝土的浇筑应顺次梁方向，主次梁同时浇筑。在保证主梁浇筑的前提下，将施工缝留在次梁跨中1/3的范围内。

(2) 梁、板混凝土宜同时浇筑。当梁高大于1m时，可先浇筑主次梁，后浇筑板。其水平施工缝应布置在板底以下2～3cm处，如图3.94 (a) 所示。凡截面高大于0.4m、小于1m的梁，应先分层浇筑梁混凝土，待混凝土平楼板底面后，梁、板混凝土同时浇筑，如图3.94 (b) 所示。操作时先将梁的混凝土分层浇筑成阶梯形，并向前赶。当起始点的混凝土到达板底位置时，与板的混凝土一起浇筑。随着阶梯的不断延长，板的浇筑也不断向前推移。

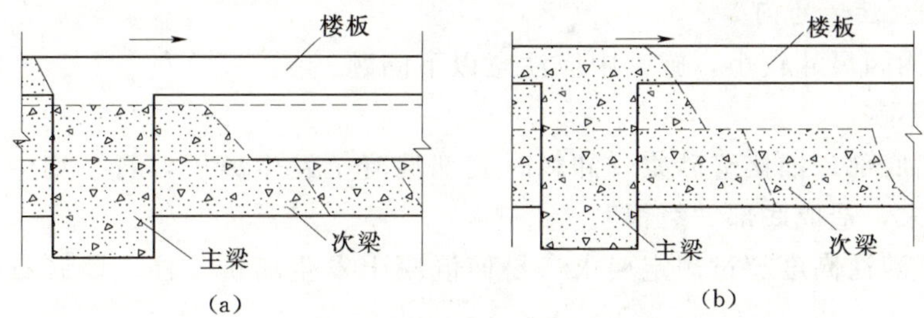

图3.94 梁板混凝土同时浇筑

(a) 主梁高大于1m的梁；(b) 主梁高小于1m，高于0.4m的梁

(3) 采用小车或料罐运料时，应将混凝土料先卸在拌盘上，再用铁锹往梁里浇灌混凝土。在梁的同一位置上，模板两边下料应均衡。浇筑楼板时，可将混凝土料直接卸在楼板上，但应注意不可集中卸在楼板边角或上层钢筋处。楼板混凝土的虚铺高度可高于楼板设计厚度的2～3cm。楼板厚度标志工具如图3.95所示。

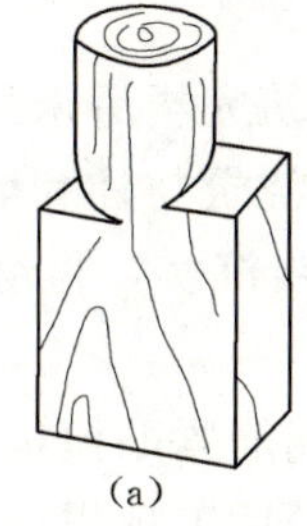

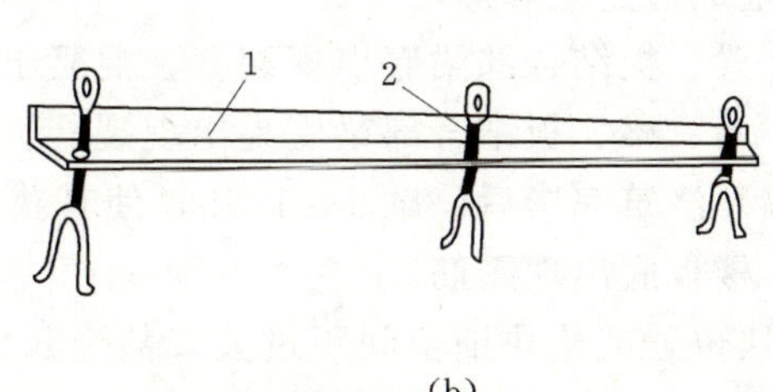

(a)　　(b)

图3.95 楼板厚度标志工具

(a) 木橛头；(b) 角钢平尺

1—角钢；2—可调螺栓脚架

2. 混凝土的振捣

(1) 混凝土梁应采用插入式振捣器振捣，从梁的一端开始，先在起头的一小段内浇一层与混凝土成分相同的水泥砂浆，再分层浇筑混凝土。浇筑时两人配合；一人在前面用插入式振捣器振捣混凝土，使砂浆先流到前面和底部，让砂浆包裹石子；另一人在后面用捣钎靠着侧板及底部往回勾石子，以免石子阻碍砂浆往前流。待浇筑至一定距离后，再回头浇第二层，直至浇捣至梁的另一端。

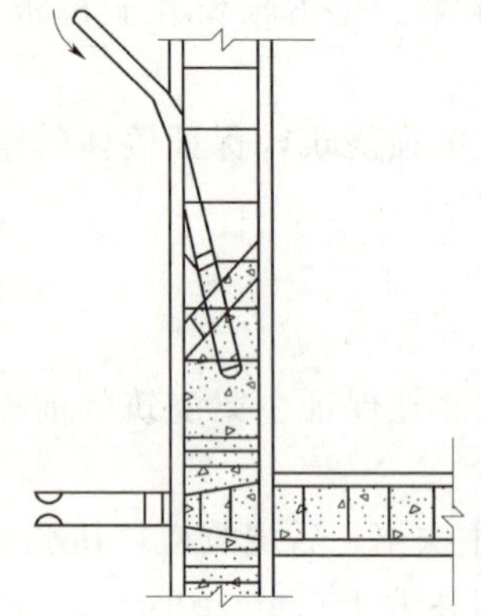
图3.96　钢筋密集处的振捣

(2) 浇筑梁柱或主次梁结合部位时，由于梁上部的钢筋较密集，普通振捣器无法直接插振捣，此时可用振捣棒从钢筋空档插入振捣，或将振动棒从弯起钢筋斜段间隙中斜向插入振捣（图3.96）。

(3) 楼板混凝土的捣固宜采用平板振捣器振捣。当混凝土虚铺有一定的工作面后，用平板振捣器来振捣。振捣方向应与浇筑方向垂直。由于楼板的厚度一般在10cm以下，振捣一遍即可密实。但通常为使混凝土板面更平整，可将平板振捣器再快速拖拉一遍，拖拉方向与第一遍的振捣方向相垂直。

3. 施工中应注意的问题

混凝土结构因尺寸较小，施工中应注意以下问题。

(1) 振捣不实。

1) 柱、墙底部未铺接缝砂浆，卸料时底部混凝土发生离析，石子集中于柱、墙底而无法振捣出浆来，造成底部"烂根"。

2) 混凝土灌注高度超过规定要求，易使混凝土发生离析，柱、墙底石子集中而缺少砂浆呈蜂窝状。

3) 振捣时间过长，使混凝土内石子下沉集中。

4) 分层浇筑时一次投料过多，振捣器不能伸入底部，造成漏振。

5) 楼地面不平整，柱墙模板安装时与楼地面裂隙过大，造成混凝土严重漏浆。

(2) 柱边角严重蜂窝。

1) 模板边角拼装缝隙过大，严重跑角造成边角蜂窝。因此，模板配制时，边角处宜采用阶梯缝搭缝。如果用直缝，模板缝隙应填塞。

2) 局部漏浆造成边角处蜂窝。

(3) 柱、墙、梁、板结合部梁底出现裂缝。混凝土柱浇筑完毕后未经沉实而继续浇筑混凝土梁，在柱、墙、梁、板结合部梁底易出现裂缝。一般浇筑与柱和墙连成整体的梁和板时，应在柱（墙）浇筑完毕后停歇1～1.5h，使其获得初步沉实，再继续浇筑。

(4) 拆模后，楼板底出现露筋。

1) 保护层垫块位置或垫块铺垫间距过大，甚至漏垫，钢筋紧贴模板，造成露筋。

2) 浇筑过程中，操作人员踩踏钢筋，使钢筋变形，拆模后出现露筋。

3) 模板缝隙过大、漏浆严重或下料时部分混凝土石多浆少造成露筋。因此下料时混凝土料应搭配均匀，避免局部石多浆少，模板的缝隙应填塞，防止漏浆。

3.5.2.2　屋面防水施工

屋面防水分为柔性防水（如卷材防水、涂膜防水）和刚性防水两类。

3.5.2.2.1　柔性防水施工

柔性防水结构布置如图3.97所示。

柔性防水结构有普通屋面防水［图3.97（a）］和倒置式屋面防水［图3.97（b）］，倒置式屋面防水保温结构比普通屋面防水保温结构省去了隔气层和保温层之上的一道找平层。

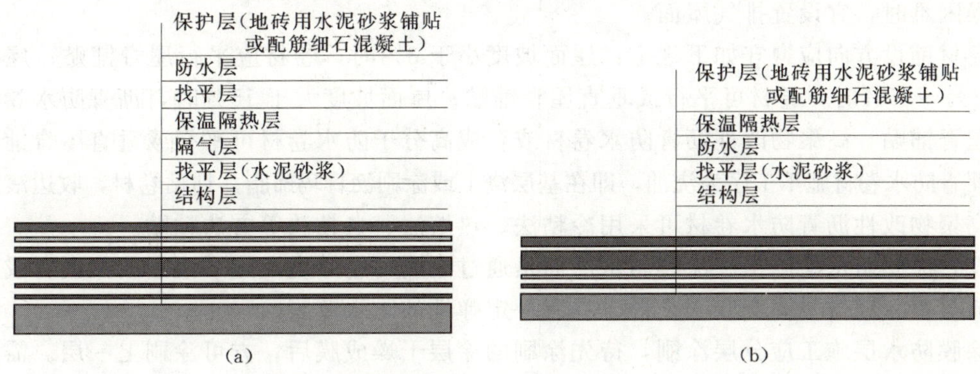

图3.97　柔性防水结构布置

（a）普通屋面防水保温结构；（b）倒置式屋面防水保温结构

1. 结构层施工

屋面结构要求表面清理干净。平屋面的排水坡度：结构找坡宜为3%、材料找坡宜为2%。天沟、檐沟纵向坡度不应小于1%，天沟内排水口周围应做成圆弧低洼坑，沟底水落差不得超过200mm。

2. 找平层施工

找平层是在结构层与保温隔热层之上，为保证隔气层及防水层铺设质量而设置的一个过渡层。找平层可用水泥砂浆、小石混凝土。找平层应留设分格缝，缝间距约4～6m，缝宽宜为20mm，并嵌填密封材料（一般有改性沥青或高分子材料）。找平层表面应压实平整，排水坡度符合设计要求，如图3.98所示。

3. 隔气层施工

隔气层铺设前，基层必须保持干燥、干净，隔气层应整体连续施工。隔气层材料可采用防水卷材或涂膜材料。

倒置式屋面无隔气层。

4. 保温层施工

保温材料有松散材料和板状材料两类。目前一般采用挤塑泡沫板作为保温层，其上采用活动式块料保护层，检修维护非常方便。

松散保温材料一般采用膨胀珍珠岩，施工应分层铺设，并适当压实，每层虚铺厚度宜大于150mm，压实程度与铺料厚度经试验确定。压实后不得直接在保温层上行车或堆放重物，施工人员应穿软底鞋。保温层施工完后，应及时进行下道工序，尽快完成上部防水层的施工。在雨季施工应采取防雨措施。此外膨胀珍珠岩也可用水泥或沥青拌和现浇为整体。

板状保温材料有泡沫塑料板、微孔混凝土板、纤维板等，干铺的板状保温材料应紧靠在需保温的基层表面上，并应铺平垫稳。分层铺设的板块上下层接缝应相互错开，板间缝应用同类材料嵌填密实。泡沫塑料板可在基层上直接平铺。

5. 防水层施工

(1) 防水卷材施工。铺设屋面防水层前，基层必须干净、干燥。当屋面保温层和找平层干燥困难时，宜设置排气屋面。

卷材铺设方向应遵守如下规定：屋面坡度小于3%时，卷材应平行屋脊铺贴；屋面坡度为3%～15%时，卷材可平行或垂直屋脊铺贴；屋面坡度大于15%时，沥青防水卷材应平行屋脊铺贴，高聚物改性沥青防水卷材或合成高分子防水卷材可平行或垂直屋脊铺贴。

沥青防水卷材施工工序为浇油，即在基层浇上或涂刷沥青玛琋脂，粘贴卷材，收边滚压。

高聚物改性沥青防水卷材可采用冷粘法、热熔法、自粘法等方法粘贴。

(2) 涂膜防水层施工。涂膜防水屋面是通过涂刷一定厚度无定形液态改性沥青或高分子合成材料，经过常温交联固化形成具有一定弹性的防水薄膜。

涂膜防水层施工应分层涂刷，待先涂刷的涂层干燥成膜后，方可涂刷上一层。需铺胎体增强材料（玻璃纤维布、合成纤维薄毡、玻璃丝布、聚酯纤维无纺布等）时，屋面坡度小于15%时，可平行屋脊铺贴；屋面坡度大于15%时，应垂直于屋脊铺贴，并由屋面最低处向上铺贴。涂膜材料为多组分时，配料应准确，并搅拌均匀。涂膜应由两层以上涂层组成，每遍涂刷的推进方向宜与前一遍垂直，其总厚度应满足设计要求，涂层应厚薄均匀，表面平整。涂层中间夹铺胎体增强材料时，宜边涂刷边铺胎体，胎体应刮平并排除气泡，胎体与涂料应黏结良好，在胎体上涂刷时，应使涂料浸透胎体，覆盖完全。

6. 保护层施工

防水材料如直接外露极易老化，一般需设保护层。保护层根据防水材料的不同，有很多类型，如绿豆砂、水泥砂浆、小石混凝土或块料保护层等，其施工方法应根据设计要求选择。

3.5.2.2.2　刚性防水

刚性防水屋面是指用小石混凝土、块体材料或补偿收缩混凝土等材料做防水层，主要依靠混凝土自身的密实性，并采取一定的构造措施以达到防水目的，其构造如图3.99所示。

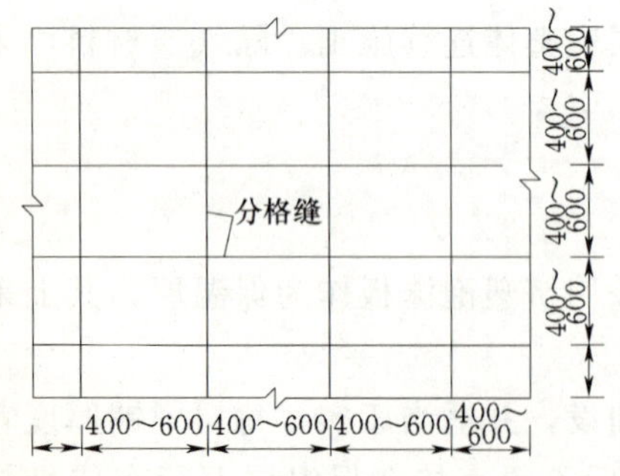

图3.98　找平层平面图（单位：cm）

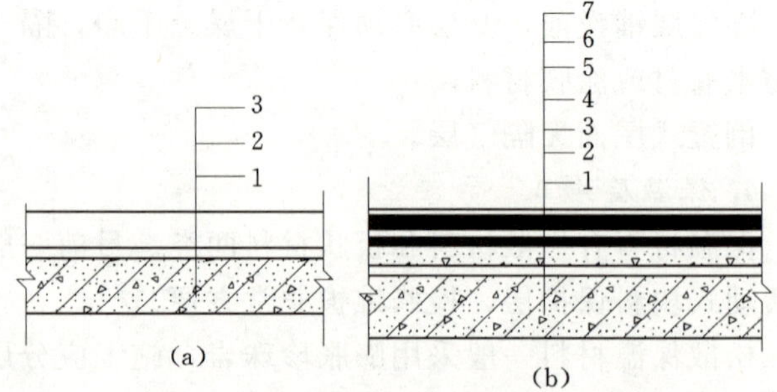

图3.99　刚性防水屋面构造示意图

1—结构层；2—隔离层；3—刚性防水层；4—基层处理剂；5—黏结层；6—卷材防水层；7—保护层

刚性防水屋面的结构层宜为整体现浇的钢筋混凝土，屋面坡度宜为2%～3%，并应采用结构找坡。

在结构层与防水层之间设置隔离层，一般采用低强度水泥砂浆、纸筋灰、麻筋灰、干铺卷材、塑料薄膜等，其作用是使结构层与防水层的变形互不制约，以减少防水层产生拉应力而导致刚性防水层产生裂缝。

刚性防水层应设分隔缝，缝内用嵌填密封材料。小石混凝土防水层中的钢筋网应设置在混凝土内的上部，混凝土材料中应掺减水剂或防水剂，每个分格板块内混凝土必须一次浇筑完成；抹压时严禁表面洒水、加水泥浆或撒干水泥粉。混凝土收浆后应进行二次压光。

块体刚性防水层施工时，应用1∶3水泥砂浆铺砌，块体之间的缝宽应为12～15mm，座浆厚度不应小于25mm，面层用1∶2的水泥砂浆，厚度不小于12mm，水泥砂浆中应掺防水剂。面层施工时，块料之间的缝隙应用水泥砂浆满灌实，面层水泥砂浆应二次压光，做到抹平压实。

3.5.3 二期混凝土浇筑

水电站厂房施工特点之一，是土建施工与机电安装需同时进行，施工干扰性大。为了保证整个厂房施工的顺利进行，加快工程进度，必须合理组织土建施工与机电安装的平行交叉作业。通常将机电埋件周围的混凝土划为二期混凝土，紧密配合安装工作进行。为了满足安装上的要求并便于立模扎筋，二期混凝土也是分层浇筑，有些部位还需留待第三期浇筑。图3.100所示为一种大型机组二期混凝土分层图，它共分五层进行浇筑：第Ⅰ层是尾水管圆锥段外围混凝土，座环与钢蜗壳的支墩；第Ⅱ、Ⅲ层是蜗壳外围混凝土；第Ⅳ层是发电机机墩部分，包括制动闸支墩、发电机定子支墩及通风槽等；第Ⅴ层是发电机风罩墙及与其相连的板梁。机组二期混凝土施工特点是，要求与机电埋件安装紧密配合，工作面狭小，互干扰尤为突出；某些特殊部位，如钢蜗壳与座环相连的阴角处、机墩顶部以及定子螺栓孔等部位回填的混凝土，承受荷载大，质量要求高，但这些部位仓面小、钢筋密、进料和振捣都比较困难。现就主要部位的施工措施介绍如下。

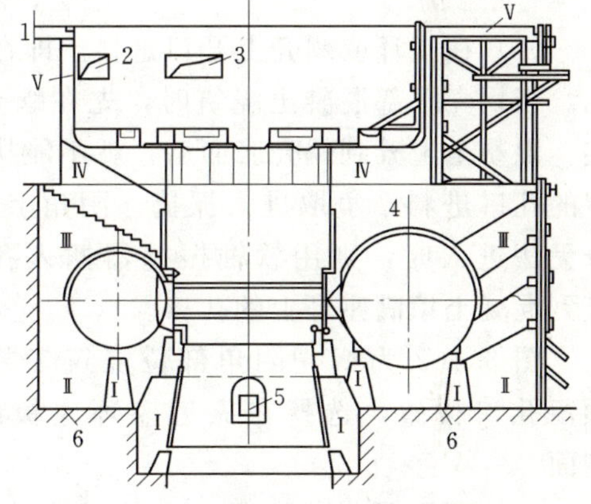

图3.100 大型机组二期混凝土分层图

1—通风孔；2—发电机中性点电流互感器；3—发电机主引出线电流互感器孔；4—钢蜗壳弹性垫层；5—尾水管进人孔；6—一期混凝土

3.5.3.1 圆锥段里衬二期混凝土

尾水管圆锥段用钢板里衬作为二期混凝土内侧模板，根据混凝土侧压力的大小，校核里衬刚度是否满足要求。必要时，可在里衬内侧布置桁架加强，或在仓内增设拉条、支撑加固。

圆锥段里衬底部与一期混凝土之间，一般留有20cm左右的垂直间隙，以保证里衬安装的精度。二期混凝土施工时，再用韧性材料作间隙部位的模板，使里衬与一期混凝土衔接平整。

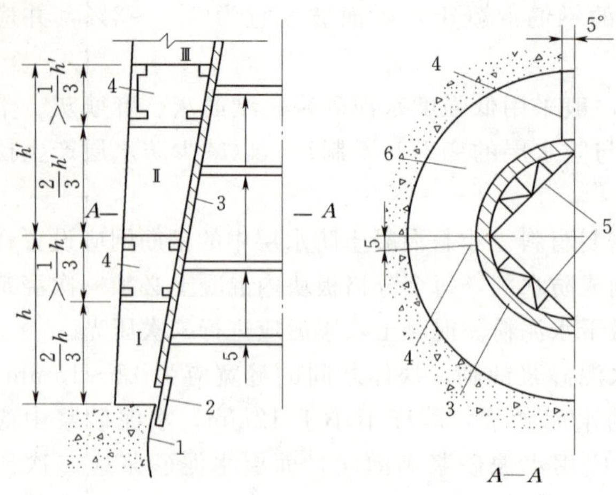

图 3.101　圆锥里衬二期混凝土与引缝片示意图
1—弯管段；2—韧性接头模板；3—钢板里衬；
4—引缝钢板；5—桁架；6—二期混凝土

里衬二期混凝土回填，因仓位狭长，为避免产生不规则裂缝，在里衬安装完毕后，还需要在其径向设置2～4条引缝片。引缝片采用2～3mm厚的薄钢板垂直布置，其高度约为浇筑层厚的1/3，两端焊结在里衬及一期混凝土壁埋件上。上、下浇筑层设置的引缝片，还应错开5mm。左右，如图3.101所示。

3.5.3.2　钢蜗壳下半部二期混凝土

这部分位于钢蜗壳中心线以下，其中施工难度最大的是埚壳与座环相连处的阴角部位。该部位空间狭窄，进料困难，而且很难振捣密实。为了保证质量，施工时常采取以下专门措施。

(1) 在座环或蜗壳上开口进料。即在水轮机厂制造时，在座环或蜗壳上预留若干进料孔。当蜗壳下部混凝土浇筑时，先在蜗壳外边卸料，用铁铲向蜗壳底部送料，并振捣密实。混凝土上升到蜗壳底面后，就不能从底部向阴角部位进料，而只能在蜗壳或座环上预留的孔口进料，争取进人振捣。阴角上的尖角部分无法进人时，则用软轴振捣器插入孔中振捣，直到混凝土填满座环上的孔口。

图3.102为蜗壳阴角部位浇筑工艺布置图，预留孔口位置，选择在靠近座环底板的钢蜗壳侧面。

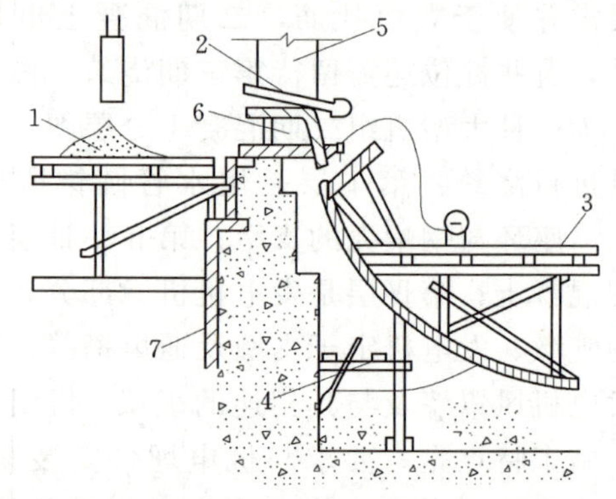

图 3.102　蜗壳阴角部位浇筑工艺布置图
1—转料平台；2—转料工具；3—操作平台；
4—操作跳板；5—导叶；6—座环底板；
7—钢板里衬

(2) 预埋骨料或混凝土砌块灌浆施工法。即在阴角部位浇筑前，预先用骨料填塞或混凝土砌块砌筑，骨料或砌块可用钢筋托住，并在角部分安装回填灌浆管路。灌浆管可采用直径25mm左右的钢管，沿机组径向间隔2m布置一根，一端管口朝上并用水泥纸包裹，另一端管口比较集中地引至水轮机层楼面，编号保管。当机组二期混凝土全部浇完15d后，采用压力为303.9kPa（即3个大气压）的水泥砂浆灌注，直到阴角空隙处灌满为止。进浆管也可以直接预留在座环顶部，但会对座环板造成缺陷。

3.5.3.3　钢蜗壳上半部二期混凝土

这部分施工时，应注意搞好钢蜗壳上半部弹性垫层的施工及水轮机井钢衬与钢蜗壳之间凹槽部位的浇筑。为了使钢蜗壳与上部混凝土分开，保证钢蜗壳不承受上部混凝土结构传来的荷载，常在蜗壳上半圆表面铺设5～6cm厚的弹性垫层。弹性垫层由两层油毛毡夹一层沥青软木构成。施工时，先在蜗壳上刷一层热沥青（温度不低于140℃），趁热将预制的沥青

软木块铺上，再铺二毡三油即成。预制的软木块，可采用较小尺寸，以便与蜗壳弧度相吻合。此外，在浇混凝土时，还应防止水泥砂浆浸入垫层，而使垫层失去弹性作用。机井钢衬与蜗壳之间的凹槽部位，由于钢筋较密，施工时应采用细石混凝土，并注意捣实。同时注意蜗壳内外侧混凝土的浇筑速度，应大致按相同高程上升，以免接头处产生陡坡或冷缝。

钢蜗壳外围混凝土浇筑，无论是上半部或下半部，还必须考虑蜗壳承受外压时的稳定性。一般在蜗壳内设置临时支架支撑，以抵抗混凝土侧压力。

3.5.3.4 发电机机墩及风罩二期混凝土

机墩是发电机支承结构，多采用圆筒形。圆筒厚度在1.5m左右，圆筒顶部预留有通风槽和定子地脚螺栓孔，是二期混凝土施工中结构复杂、钢筋和预埋件较多的部位。施工时，机墩内外侧模板采用一次或二次架立，并需要考虑模板的整体稳定性。通风槽模板由于底面积大，应考虑浇筑时的上浮力。定子地脚螺栓孔模板应严格控制安装位置，便于拆除和清渣。机墩内的钢筋网和预埋件，宜适当增加焊固点，埋件露出面应牢固地固定在模板上。混凝土浇筑时，宜采用溜管或溜槽入仓，进行薄层浇筑，并减小混凝土骨料粒径，加大坍落度。遇有凹腔部位模板时，模板四周要均匀卸料，以防模板向一侧倾斜。浇筑结束时，应严格控制墩顶浇筑高程。机墩顶部的定子地脚螺栓孔，立模、拆模、出渣和混凝土回填都比较困难。地脚螺栓安装后，由于孔口有定子基础板盖住，振捣器不能插入时，回填的混凝土可利用预先放入孔内的骨料。

为了方便施工，某大型电站预先用钢板做成铁盒子，代替振动器、钢筋、振动环定子地脚螺栓木模板，不需要拆模。但在浇筑前须用砂子临时将盒子填满，孔口也用钢板临时封闭，以防止浇筑时盒子变形和砂浆渗入盒内。地脚螺栓安装后，再用细石混凝土回填。机组经多年运转，未发现异常现象。发电机风罩墙与机墩相连，墙厚仅30～50cm，且有双层钢筋网，常用软轴插入式振捣器振捣。浇筑时应控制混凝土骨料级配、坍落度和整个风罩墙均匀上升速度，并可适当延长振捣时间，以保证振捣密实，其余施工方法与机墩施工相同。

项目3.6　混凝土水闸施工

问题：

（1）水闸施工主要内容有哪些？

（2）底板和闸墩如何施工？

学习目标：

（1）知识目标。能说出水闸施工的主要内容；能陈述水闸施工的主要施工方法。

（2）能力目标。能进行水闸施工的组织；能制定水闸施工的方案。

一般水闸工程的施工内容有导流工程、基坑开挖、基础处理、混凝土工程、砌石工程、回填土工程、闸门与启闭机安装、围堰拆除等。这里重点介绍闸室工程的施工。

水闸混凝土工程的施工应以闸室为中心，按照"先深后浅，先重后轻、先高后低、先主后次"的原则进行。水闸混凝土工程量大部分在闸身，其上部结构大都采用预制构件，故主要讲述底板、闸墩及止水设施的施工。

闸室混凝土施工是根据沉陷缝、温度缝和施工缝分块分层进行的。

3.6.1　底板施工

闸室地基处理后，对于软基应铺素混凝土垫层 8～10cm，以保护地基，找平基面。垫层养护 7d 后即在其上放出底板的样线。

3.6.1.1　底板钢筋、模板施工

进行扎筋和立模。距样线间隔一混凝土保护层的厚度放置样筋，在样筋上分别画出分布筋和受力筋的位置并用粉笔标记，然后依次摆上设计要求的钢筋，检查无误后用丝扎扎好，最后垫上事先预制好的保护层垫块以控制保护层厚度。上层钢筋是通过绑扎好的下层钢筋上焊上三角架后固定的，齿墙部位弯曲钢筋是在下层钢筋绑扎好后焊在下层钢筋上的，在上层钢筋固定好后再焊在上层钢筋上。立模作业可与扎筋同时进行，底板模板一般采用组合钢模，模板上口应高出混凝土面 10～20cm，模板固定应稳定可靠。模板立好后标出混凝土面的位置，便于浇筑时控制浇筑高程。

一般中小型水闸采用手推车或机动翻斗车等运输工具运送混凝土入仓，须在仓面设脚手架，如图 3.103 所示。

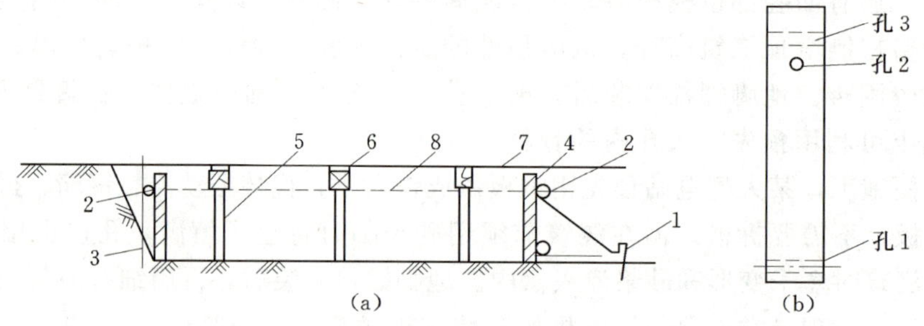

图 3.103　底板仓面布置

(a) 仓面剖面图；(b) 预制撑柱

1—地龙；2—围令；3—支杆（钢管）；4—模板；5—撑柱；6—撑木；7—钢管脚手；8—混凝土面

脚手架由预制混凝土撑柱、钢管、脚手板等构成。支柱断面一般为 15cm×15cm，配 4 根直径 6mm 架立筋，高度略低于底板厚度，其上预留 3 个孔，其中孔 1 内插短钢筋头和底层钢筋焊在一起，孔 2 内插短钢筋头和上层钢筋焊在一起增加稳定性，孔 3 内穿铁丝绑扎在其上的脚手钢管上。撑柱间的纵横间距应根据底板厚度、脚手架布置和钢筋架立等因素通过计算确定。撑柱的混凝土强度等级应与浇筑部位相同，在达到设计强度后使用；断裂、残缺者不得使用；柱表面应凿毛并冲洗干净。

3.6.1.2　底板混凝土浇筑

入仓方式、铺料方法：底板仓面的面积较大，采用平层浇筑法易产生冷缝，一般采用斜层浇筑法，这时应控制混凝土坍落度在 4cm 以下。为避免进料口的上层钢筋被砸变形，一般开始浇筑混凝土时，该处上层钢筋可暂不绑扎，待混凝土浇筑面将要到达上层钢筋位置时，再进行绑扎，以免因校正钢筋变形而延误浇筑时间。

为方便施工，一般穿插安排底板与消力池的混凝土浇筑。由于闸室部分重量大，沉陷量也大，而相邻的消力池重量较轻，沉陷量也小。如两者同时浇筑，较大的不均匀沉陷会

将止水片撕裂，为此一般在消力池靠近底板处留一道施工缝，将消力池分成大小两部分，如图3.104所示。当闸室已有足够沉陷后即浇筑消力池二期混凝土，在浇筑消力池二期混凝土前，施工缝应注意进行凿毛冲洗等处理。

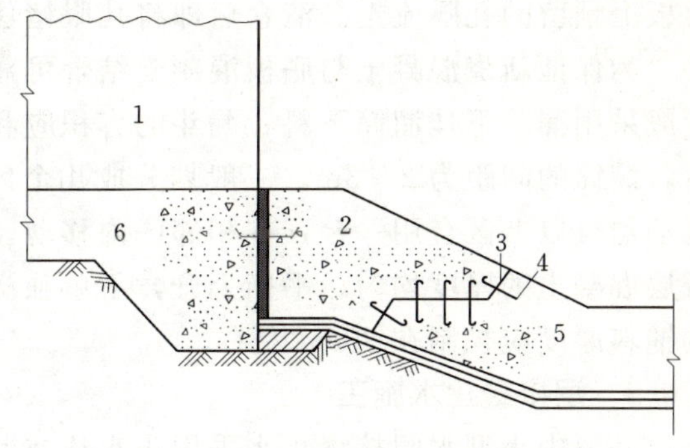

图3.104 消力池的分缝

1—闸墩；2—二期混凝土；3—施工缝；4—插筋；5—一期混凝土；6—底板

3.6.2 闸墩施工

水闸闸墩的特点是高度大、厚度薄、模板安装困难，工程面狭窄，施工不便，在门槽部位、钢筋密、预埋件多，干扰大。当采用整浇底板时，两沉陷缝之间的闸墩应对称同时浇筑，以免产生不均匀沉陷。

3.6.2.1 闸墩模板安装

立模时，先立闸墩一侧平面模板，然后按设计图纸安装绑扎钢筋，再立另一侧的模板，最后再立前后的圆头模板。

闸墩立模要求保证闸墩的厚度和垂直度。闸墩平面部分一般采用组合钢模，通过纵横围令、木枋和对拉螺栓固定，内撑竹管保证浇筑厚度，如图3.105所示。

对拉螺栓一般用直径16～20mm的光面钢筋两头套丝制成，木枋断面尺寸为15cm×15cm，长度2m左右，两头钻孔便于穿对拉螺栓。安装顺序是先用纵向横钢管围令固定好钢模后，调整模板垂直度，然后用斜撑加固保证横向稳定，最后自下而上加对拉螺栓和木枋加固。注意脚手钢管与模板围令或支撑钢管不能用扣件连接起来，以免脚手架的振动影响模板。

闸墩圆头模板的构造和架立，如图3.106所示。

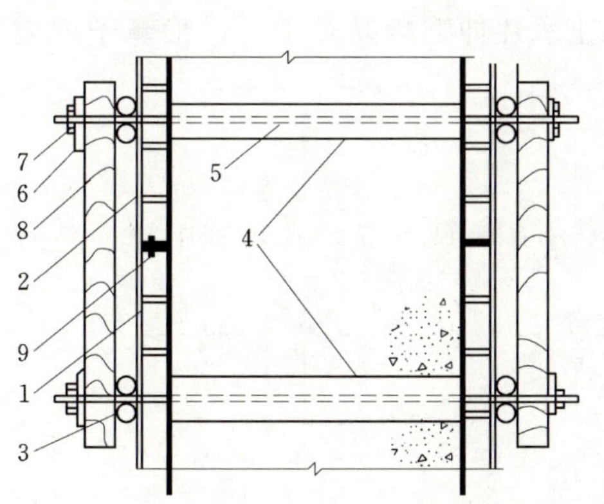

图3.105 闸墩侧模固定示意图

1—组合钢模；2—纵向围令（两根）；3—横向围令（两根）；4—竹撑杆；5—对拉钢筋；6—铁板；7—螺栓；8—木枋；9—U形卡

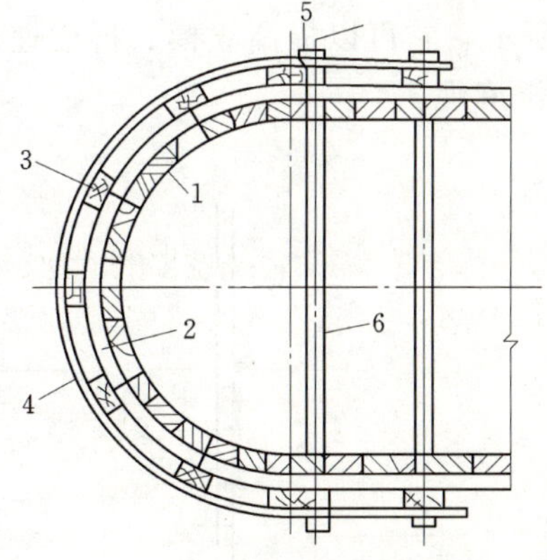

图3.106 闸墩圆头模板

1—模板；2—板带；3—垂直围令；4—钢环；5—螺栓；6—撑管

3.6.2.2 墩混凝土入仓浇筑

闸墩模板立好后，即开始清仓工作。用水冲洗模板内侧和闸墩底面，冲洗污水由底层模板上预留的孔眼流走。清仓后即将孔眼堵住，经隐蔽工程验收合格后即可浇筑混凝土。

为保证新浇混凝土与底板混凝土结合可靠，首先应浇 2～3cm 厚的水泥砂浆。混凝土一般采用漏斗下挂溜筒下料，漏斗的容积应和运输工具的容积相匹配，避免在仓面二次转运，溜筒的间距为 2～3m。一般划分成几个区段，每区内固定浇捣工人，不要往来走动，振动器可以二区合用一台，在相邻区内移动。混凝土入仓时，应注意平均分配给各区，使每层混凝土的厚度均匀、平衡上升，不单独浇高，以使整个浇筑面大致水平。每层混凝土的铺料厚度应控制在 30cm 左右。

3.6.3　闸接缝止水施工

一般中小型水闸接缝止水采用止水片或沥青井止水，缝内充填填料。止水片可用紫铜片、镀锌铁片或塑料止水带。紫铜止水片常用的形状有两种，如图 3.107 所示。其中铜片厚度为 1.2～1.55mm，鼻高 30～40mm。U 形止水片下料宽度 500mm，计算宽度 400mm；V 形下料宽度 460mm，计算宽度 300mm。

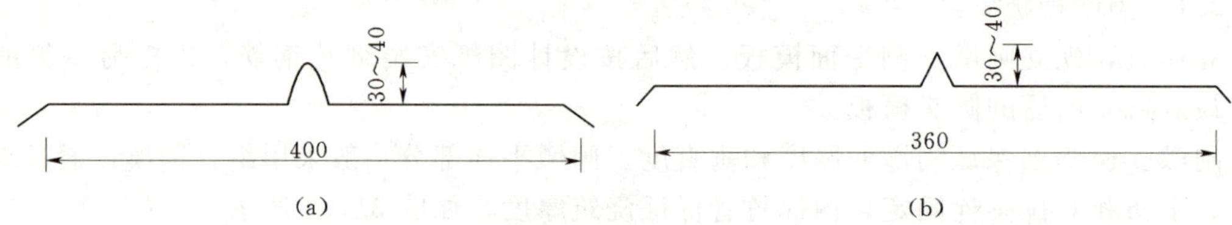

图 3.107　紫铜止水片形状（单位：mm）

(a) U形；(b) V形

紫铜片使用前应进行退火处理，以增加其延伸率，便于加工和焊接。一般用柴火退火，空气自然冷却。退火后其延伸率可从 10%提高至 41.7%。接头按规范要求用搭接或折叠咬接双面焊，搭焊长度大于 20mm。止水片安装一般采用两次成型就位法，如图 3.108 所示，它可以提高立模、拆模速度，止水片伸缩段易对中。U 形鼻子内应填塞沥青膏或油浸麻绳。

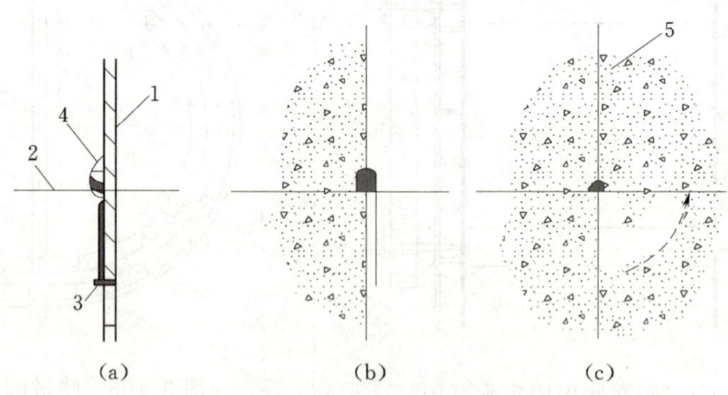

图 3.108　止水片两次成型示意图

(a) 浇筑前；(b) 拆模后；(c) 全部浇入

1—止水片；2—模板；3—铁钉；4—贴角木条；5—接缝填料

沥青井一般用于垂直止水，如图 3.109 所示。

沥青井缝内 2～3mm 的空隙一般采用沥青油毡、沥青杉木板、沥青砂板及塑料泡沫

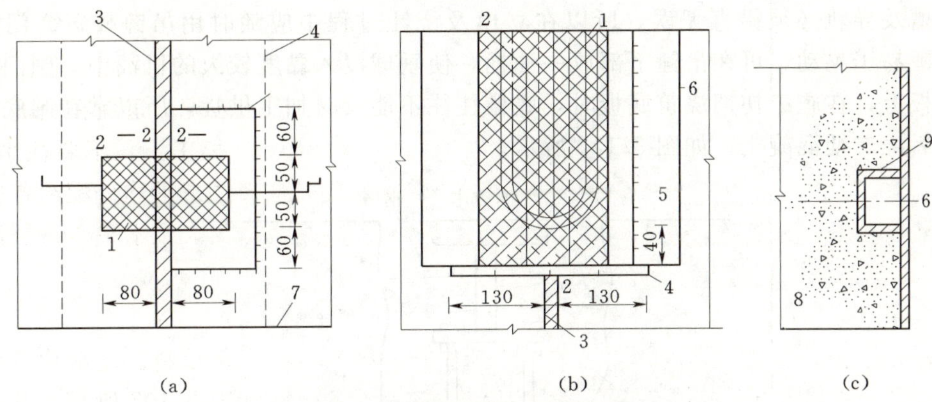

图3.109 沥青井构造及施工示意图（单位：mm）

(a) 平面图；(b) 剖面图；(c) 先浇块的止水施工方法

1—ϕ25蒸气管；2—沥青井；3—伸缩缝；4—水平塑料止水带；5—凿毛顶制混凝土块；6—垂直止水铝片；7—翼墙；8—岸墙；9—模板

板作填料填充。沥青砂板是将粗砂和小石炒热后浇入热沥青而成的，在一侧混凝土拆模后用钢钉或树脂胶将填料板材固定在其上，再浇另一侧混凝土即可。

3.6.4 门槽及埋件施工

中、小型水闸闸门槽施工可采用预埋一次成型法或先留槽后浇二期混凝土两种方法。一次成型法是将导轨事先钻孔，然后预埋在门槽模板的内侧，如图3.110所示。闸墩浇筑时，导轨即浇入混凝土中。二期混凝土法是在浇第一期混凝土时，在门槽位置留出一个较门槽为宽的槽位，在槽内预埋一些开脚螺栓或锚筋，作为安装导轨时的固定点；待一期混凝土达到一定强度后，用螺栓或电焊将导轨位置固定，调整无误后，再用二期混凝土回填预留槽，如图3.111所示。

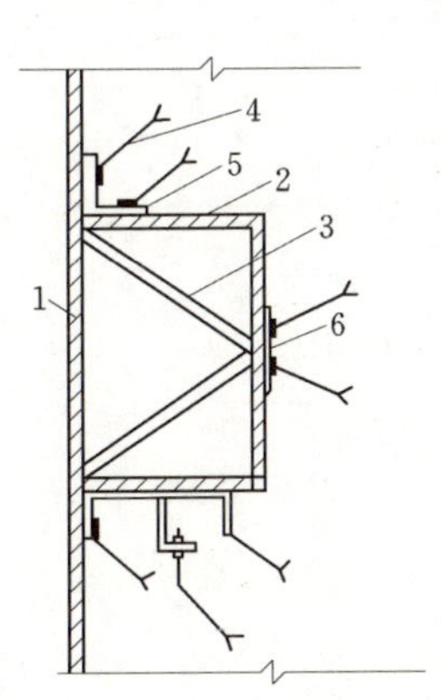

图3.110 闸门槽一次成型法

1—闸墩模板；2—门槽模板；3—撑头；4—开脚螺栓；5—门槽角铁；6—侧导轨

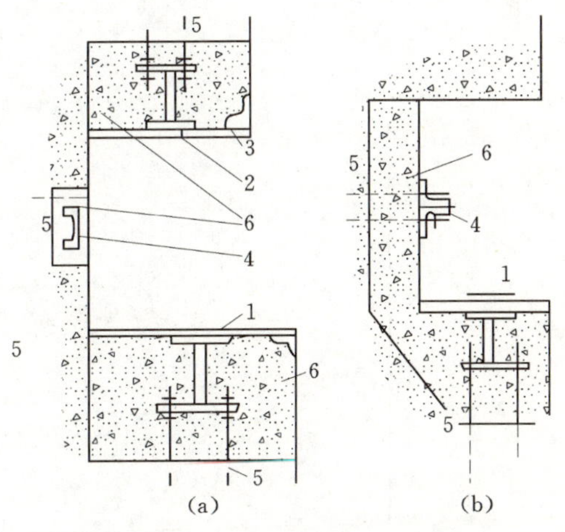

图3.111 平面闸门槽的二期混凝土

(a) 平面滚轮闸门的门槽；(b) 平面滑动闸门的门槽

1—主轮（滑轮）导轨；2—反轨导轨；3—侧水封座；4—侧导轮；5—预埋基脚螺栓；6—二期混凝土

门槽及导轨必须铅直无误，所以在立模及浇注过程中应随时用吊锤校正。门槽较高时，吊锤易于晃动，可在吊锤下部放一油桶，使垂球浸入黏度较大的机油中。闸门底槛设在闸底板上，在施工初期浇筑底板时，底槛往往不能及时加工供货，所以常在闸底板上留槽，以后浇二期混凝土，如图3.112所示。

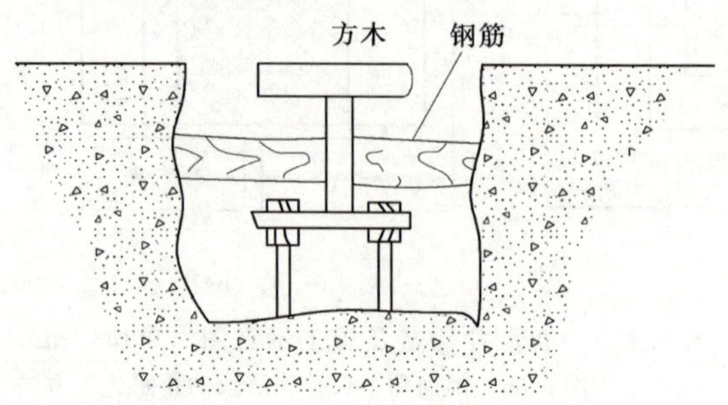

图3.112　底槛安装示意图

模块4　土方工程与土石坝施工

项目4.1　坑（渠）槽土方挖运

项目背景：西安团结水库城市排污箱涵渠

槽宽20m深12m，某项目部承担150m长的渠槽开挖工程任务。渠段为均质黄土层，含水较少，要求开挖土方堆在槽口以外10m处。施工要点：最初3m深度用推土机挖运至指定位置，3m以下采用$2m^3$反铲挖掘机分层挖土，8t自卸汽车装车运出槽坑外指定位置。每台挖掘机配3辆自卸车。

问题：该工程为何采用这种开挖方式？在土方开挖中还有无其他开挖方法？

学习目标：

(1) 知识目标。熟悉土石工程性质，熟悉土石方开挖的方法及相关施工机械的构成、性能，熟悉机械配置的一般方法。

(2) 能力目标。能正确辨识土料工程类型；能进行土石方挖运机械的配置。

坑（渠）槽土方挖运是工程中最为常见的项目，其项目的施工涉及到土料的工程类型辨别、土方开挖、土方运输以及挖运机械的配置等工作任务。

任务4.1.1　土料工程类型的辨识

工程背景：西安团结水库城市排污箱涵渠槽段

土质为含水较少的均质黄土，开挖时边坡为1∶0.2。

问题：土石料的工程类型与土方挖运施工有什么关系？

学习目标：

(1) 知识目标。了解土料的基本指标，熟悉土料工程性质、土料的分类。

(2) 能力目标。能正确进行土料分类。

4.1.1.1　土料物理性质指标

4.1.1.1.1　土的密度

按孔隙中充水程度不同，有天然密度，干密度，饱和密度之分。

1. 天然密度（湿密度）

天然状态下土的密度称天然密度，以式（4.1）表示：

$$\rho=\frac{m}{V}=\frac{m_s+m_w}{V_s+V_v}\quad (g/cm^3) \tag{4.1}$$

式中　ρ——土的天然密度（工程计可取1 g/cm^3）；

m——土的质量，g；

v——土的体积，cm^3；

m_s——干固体颗粒的质量，g；

m_w——土中所含水的质量，g；

V_S——土固体颗粒的体积，cm^3；

V_v——土中孔隙部分的体积，cm^3。

土的密度取决于土粒的密度、孔隙体积的大小和孔隙中水的质量多少，它综合反映了土的物质组成和结构特征。

砂土一般是1.4g/cm^3，土的密度可在室内及野外现场直接测定。室内一般采用“环刀法”测定，称得环刀内土样质量，求得环刀容积，两者比值即为土的密度。

2. 干密度

土的孔隙中完全不含水时的密度，称干密度，是指土单位体积中土粒的重量，即固体颗粒的质量与土的总体积之比值。

$$\rho_d=\frac{m_s}{V}\quad(g/cm^3)\tag{4.2}$$

土的干密度一般常在1.4～1.7 g/cm^3。在工程上常把干密度作为评定土体密实程度的标准，以控制填土工程的施工质量。

3. 饱和密度

土的孔隙完全被水充满时的密度称为饱和密度。即土的孔隙中全部充满液态水时的单位体积质量，可用式（4.3）表示

$$\rho_{sat}=\frac{m_s+V_v\rho_w}{V}\quad(g/cm^3)\tag{4.3}$$

式中　ρ_w——水的密度（工程计算中可取1g/cm^3）。

土的饱和密度的常见值为1.8～2.3g/cm^3。

4.1.1.1.2　含水率（含水量）

土的含水率定义为天然土中水的质量与土粒质量之比，以百分数表示，即

$$w=\frac{m_w}{m_s}\times100\%=\frac{m-m_s}{m_s}\times100\%\tag{4.4}$$

土的含水率也可用土的密度与干密度计算得到

$$w=\frac{\rho-\rho_d}{\rho_d}\times100\%\tag{4.5}$$

室内测定：一般用“烘干法”，先称小块原状土样的湿土质量，然后置于烘箱内维持100～105℃烘至恒重，再称干土质量，湿、干土质量之差与干土质量的比值就是土的含水量。

天然状态下土的含水率称土的天然含水率。一般砂土天然含水率都不超过40%，以10%～30%最为常见，一般黏土大多在10%～80%之间，常见值为20%～50%。

4.1.1.1.3　孔隙率与孔隙比

孔隙率（n）是土的孔隙体积与土体积之比，或单位体积土中孔隙的体积，以百分数表示，即

$$n=\frac{V_v}{V}\times100\%\tag{4.6}$$

孔隙比为土中孔隙体积与土粒体积之比，以小数表示，即：

$$e=\frac{V_v}{V_s} \tag{4.7}$$

孔隙比和孔隙率都是用以表示孔隙体积含量的概念，两者有如下关系

$$n=\frac{e}{1+e} \quad 或 \quad e=\frac{n}{1-n} \tag{4.8}$$

土的孔隙比或孔隙率都可用来表示同一种土的松密程度。它随土形成过程中所受的压力、粒径级配和颗粒排列的状况而变化。一般来说，粗粒土的孔隙率小，细粒土的孔隙率大。

4.1.1.1.4 可松性

自然状态下的土经开挖后，内部组织破坏，其体积因松散而增加，以后虽经压实仍不能恢复原来的体积，土的这种性质称为土的可松性。

$$K_s=\frac{V_2}{V_1} \tag{4.9}$$

$$K_s'=\frac{V_3}{V_1} \tag{4.10}$$

式中 K_s——松土的可松性系数；

K_s'——压实土的可松性系数；

V_1——自然状态下的体积，m^3；

V_2——松散状态下的体积，m^3；

V_3——压实土的体积，m^3。

4.1.1.1.5 相对密度

砂土的密实度常用相对密度来反映，见式（4.11）：

$$D=\frac{e_{max}-e}{e_{max}-e_{min}} \tag{4.11}$$

式中 D——砂土的相对密度；

e——砂土在天然状态或某种控制状态时的孔隙比；

e_{max}——砂土在最松散状态时的孔隙比，即最大孔隙比；

e_{min}——砂土在最密实状态时的孔隙比，即最小孔隙比。

4.1.1.2 土料的工程分类与鉴识

水利水电工程施工中常用土的工程分类，依开挖难易程度等分4类，开挖方法上，用铁锹或略加脚踩开挖的土为Ⅰ类；用铁锹且需用脚踩开挖的土为Ⅱ类；用镐、三齿耙开挖或用锹需用力加脚踩开挖的土为Ⅲ类；用镐、三齿耙等开挖的土为Ⅳ类，见表4.1。

表4.1 土的工程分类

土质的级别	土质名称	自然湿密度（kg/m^3）	外观及其组成特性	开挖方法
Ⅰ	砂土、种植土	1650～1750	疏松、黏着力差或易进水，略有黏性	用铁锹或略加脚踩开挖
Ⅱ	壤土、淤泥、含根种植土	1750～1850	开挖时能成块，并易打碎	用铁锹，需用脚踩开挖
Ⅲ	黏土、干燥黄土、干淤泥、含少量碎石的黏土	1800～1950	黏手、看不见砂粒，或干硬	用镐、三齿耙等开挖或用锹需用力加脚踩开挖
Ⅳ	坚硬黏土、砾质黏土	1900～2100	结构坚硬，分裂后成块状，或含黏粒、砾石较多	用镐、三齿耙等开挖

任务 4.1.2　土石料的开挖与运输

项目背景： 西安团结水库城市排污箱涵渠槽

槽上部 3m 深度用推土机挖运至指定位置，3m 以下采用 $2m^3$ 反铲挖掘机分层挖土，8t 自卸汽车装车运出槽坑外指定位置。每台挖掘机配 3 辆自卸车。

问题： 土石料怎么开挖？怎么运输？

学习目标：

(1) 知识目标。土料开挖、运输的机械，开挖、运输的方法。

(2) 能力目标。能掌握各种土料开挖、运输机械的特性，合理选用施工机械；掌握土料开挖、运输的施工方法。

4.1.2.1　土方开挖的边坡确定

对于重要的土方开挖边坡，应专门进行边坡稳定设计，对于中小型临时边坡，坡度可根据经验确定或参考表 4.2 选用。

表 4.2　中小型土质边坡允许坡度值

土料种类	土料性质		允许坡度值	
			坡高＜5m	坡高 5～10m
碎石土	密实		1∶0.35～1∶0.50	1∶0.50～1∶0.75
	中密		1∶0.50～1∶0.75	1∶0.75～1∶1.00
	稍密		1∶0.75～1∶1.00	1∶1.00～1∶1.25
黏土	饱和度 S_r＜0.5		1∶1.00～1∶1.25	1∶1.25～1∶1.50
黏性土	坚硬		1∶0.75～1∶1.00	1∶1.00～1∶1.25
	硬塑		1∶1.00～1∶1.25	1∶1.25～1∶1.50
黄土	按地质年代分为	次生黄土	1∶0.50～1∶0.75	1∶0.75～1∶1.00
		马兰黄土	1∶0.30～1∶0.50	1∶0.50～1∶0.75
		离石黄土	1∶0.20～1∶0.30	1∶0.30～1∶0.50
		午城黄土	1∶0.10～1∶0.20	1∶0.20～1∶0.30

4.1.2.2　挖运施工机械

4.1.2.2.1　挖掘机械

挖掘机械的种类繁多。就其构造及工作特点，有循环单斗式和连续多斗式之分。就其传号动系统又有索式、链式和液压传动式之分。液压传动具有突出的优点，现代工程机械多采用液压传动。

1. 单斗式挖掘机

以正向铲挖掘机为代表的单斗式挖掘机，有柴油或电力驱动两类，后者又称电铲。

挖掘机有回转、行驶和挖掘 3 个装置。图 4.1 所示为液压正向铲挖掘机。

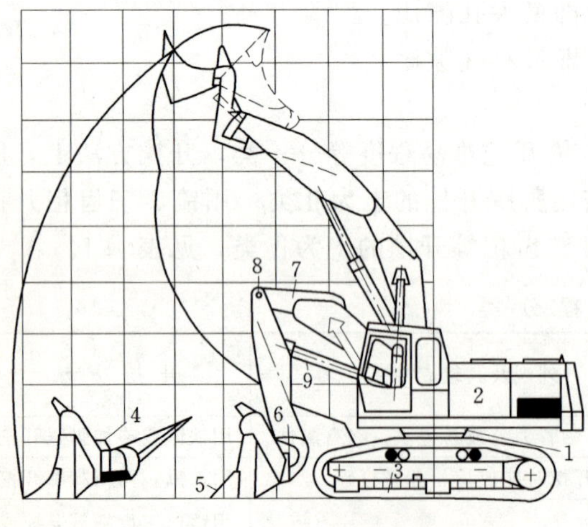

图 4.1　液压正向铲挖掘机

1—底座齿轮；2—发动机；3—履带行驶机构；4—挖斗；5—斗齿；6—斗柄；7—动臂；8—铰；9—斗柄液压缸

机身回转装置由固定在下机架与供旋

转使用的底座齿轮 1 相啮合的回转轴承组成。回转轴由安装在回转台上的发动机 2 驱动，由它带动使整个机身回转。

行驶装置有在轨道上行驶的，也有无轨气胎式的，但最普遍的是灵活机动、对地面压强最小的履带行驶机构。

挖掘装置主要有挖斗，斗沿有切土的斗齿，挖斗和斗柄相连，而斗柄与动臂通过铰 8 和斗柄液压缸相连。

正向铲挖掘机有强力的推力装置，能挖掘Ⅰ～Ⅳ级土和破碎后的岩石。机型常根据挖斗容量来区分。

这种挖掘机主要挖掘停机地面以上的土石方，也可以挖掘停机地面以下不深的地方，但不能用于水下开挖。挖掘停机地面以下，可用由它改装的土斗向内、向下挖掘的反向铲，如图 4.2 所示。

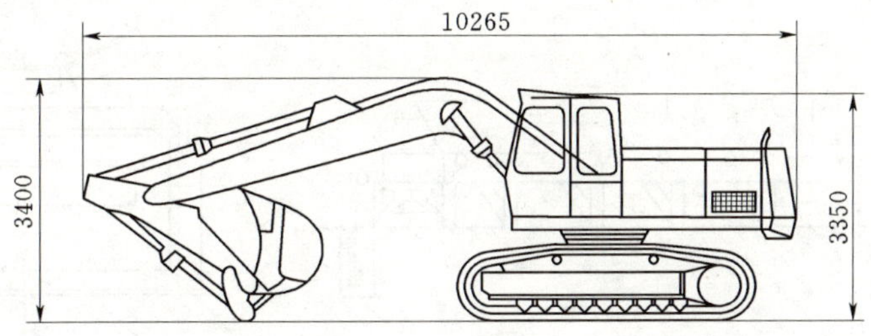

图 4.2　液压反向铲挖掘机（单位：mm）

若要挖掘停机地面以下深处和进行水下开挖，还可将正向铲挖掘机的工作机构改装成用索具操作铲斗的索铲和合瓣式抓斗的抓铲。

2. 多斗式挖掘机

斗轮式挖掘机是陆上使用较普遍的一种多斗连续式挖掘机，如图 4.3 所示。它的生产

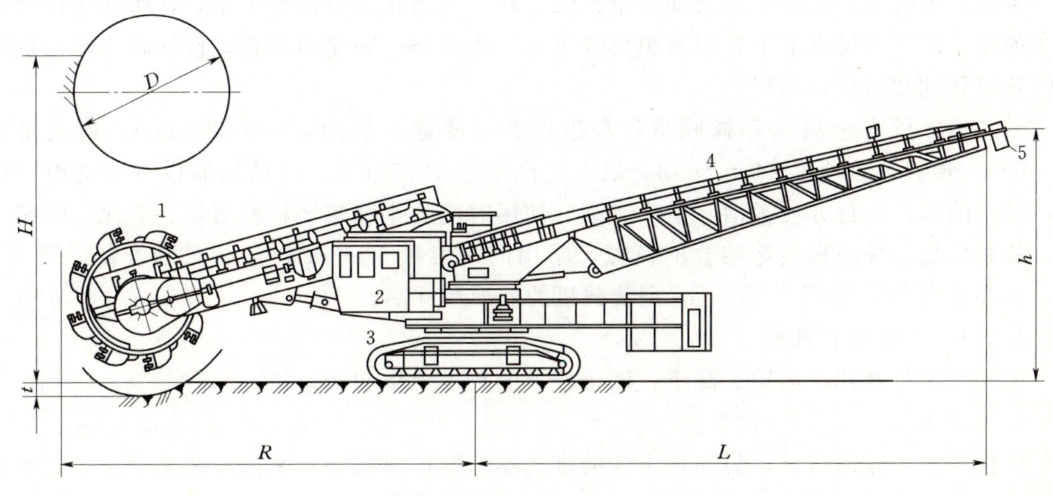

图 4.3　斗轮式挖掘机

1—斗轮；2—机房；3—履带行驶机构；4—臂式带式运输机；5—卸料装置

率很高。美国在建造圣路易·沃洛维尔高土坝时，仅用了一台斗轮式挖掘机承担了该工程66%的采料任务，其小时生产率达 $2300m^3/h$。该机装有多个挖斗，开挖料先卸入输送皮带，再卸入卸料皮带导向卸料口装车。我国陕西石头河水库工程施工，也采用了这种设备，取得了很好的效果。

4.1.2.2.2　运输机械

运输机械有循环式和连续式两种。前者包括有轨机车和机动灵活的汽车，一般工程自卸汽车的吨位是10～35t，汽车吨位大小应根据需要并结合路面条件来考虑。最常用的连续运输机械是带式运输机，根据有无行驶装置，分为移动式和固定式两种：前者多用于短距离运输和散体材料的装卸堆存，后者多用于长距离运输，美国沃洛维尔土坝采用带式运输机运距长达19.7km。固定式常采用分段布置，每段一般在200m以内，图4.4为固定式带式运输机的构造图。

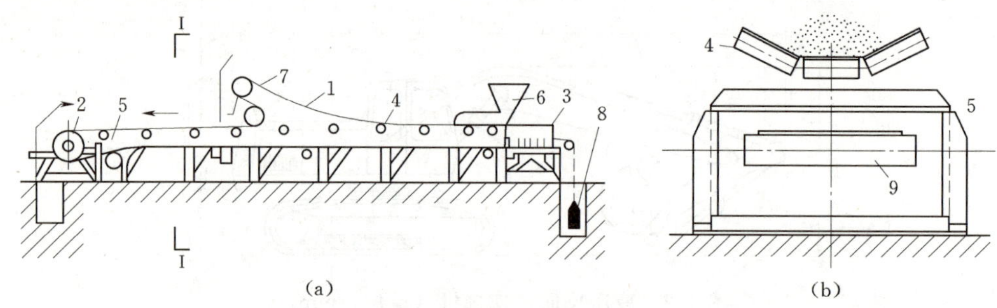

图4.4　固定带式运输机构造图
(a) 纵剖面图；(b) 横剖面图
1—皮带；2—驱动鼓轮；3—张紧鼓轮；4—上托辊：5—机架；6—喂料器；
7—卸料小车；8—张紧重锤；9—下托辊

带式运输机运行时驱动轮带动皮带连续运转。为防止皮带松弛下垂，在机架端部设有张紧鼓轮，沿机架设有上下托辊避免皮带下垂。为保证运输途中卸料，设卸料小车沿机架上的轨道移到卸料位置卸料。

带式运输机有金属带和橡胶带，常用后者。带宽一般为800～1200mm，最大带宽1800mm，最大运行速度240m/min，最大生产率达12000t/h。这种运输设备不受地形限制，结构简单，运行方便灵活，生产率高。使用时应防止和减轻带的磨损、老化、断裂。

装载机是一种短程装运结合的机械，常用的斗容量 $1～3m^3$，运行灵活方便。图4.5所示为斗容量 $2m^3$ 的国产ZL—40型装载机的外形尺寸图。

4.1.2.2.3　挖运组合机械

能同时担负开挖、运输、卸土、铺土任务的有推土机和铲运机。

1. 推土机

以拖拉机为原动机械，另加切土片的推土器，既可薄层切土又能短距离推运。它按推土器在平面能否转动分为固定式和万能式，前者结构简单而牢固，应用普遍，多用液压操作。图4.6为国产移山—120型推土机的外形。

若长距离推土，土料从推土器两侧散失较多，有效推土量大为减少。推土机的经济运

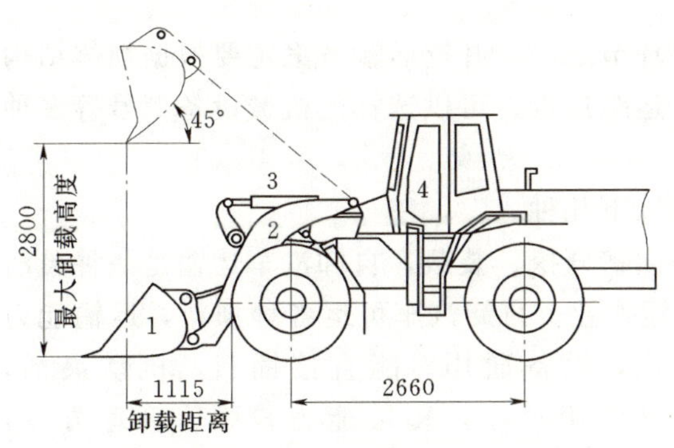

图 4.5　ZL—40 型装载机外形尺寸图
（单位：mm）
1—装载斗；2—活动臂；3—臂杆油缸；4—操作台

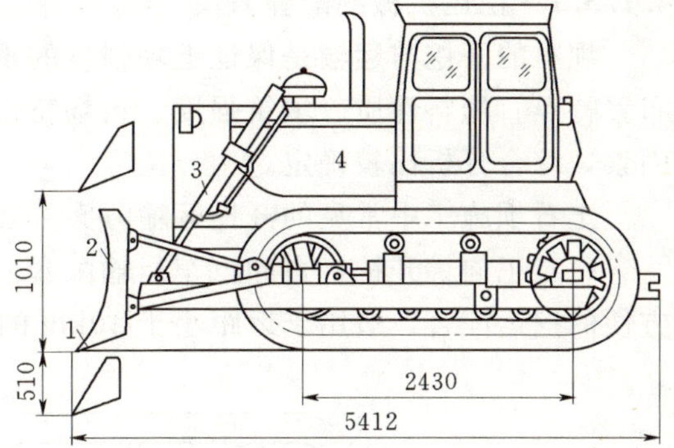

图 4.6　国产移山—1 20（马力）型推土机
（单位：mm）
1—刀片；2—推土器；3—切土液压装置；4—拖拉机

距为 60～100m，堆高 3m。为了减少推土过程中土料的散失，可在推土器两侧加挡板，或先推成槽，然后在槽中推土，或多台并列推土。

2. 铲运机

按行驶方式，铲运机分为牵引式和自行式。前者用拖拉机牵引铲斗，后者自身有行驶动力装置。目前多用自行式，因其结构简便，可带较大的铲斗，行驶速度高，多用低压轮胎，有较好的越野性能。图 4.7 所示为铲斗容量为 $7m^3$ 的国产 CL7 型自行式铲运机。

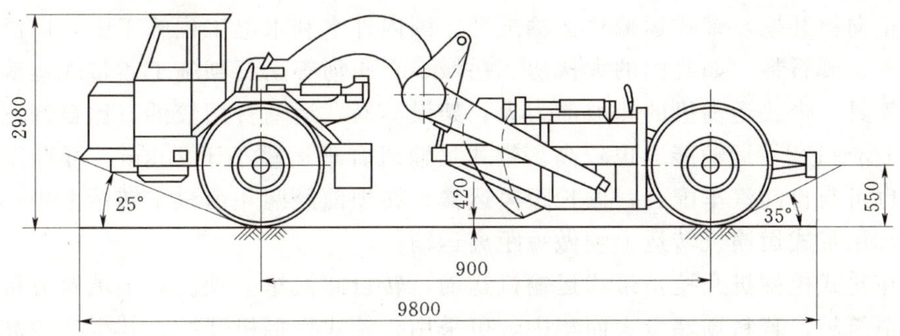

图 4.7　CL7 型自行式铲运机（单位：mm）

国产铲运机的铲斗容量一般为 6～$7m^3$。国外大容量铲运机多用底卸式，其斗容量高达 $57.5m^3$。铲运机的经济运距与铲斗容量有关，一般在几百米至几公里以内。大容量的铲运机要求牵引力大，运行的灵活性降低。

任务 4.1.3　挖运机械化方案的确定

项目背景： 西安团结水库城市排污箱涵渠槽开挖中每台挖掘机配 3 辆自卸车。

问题： 土石料挖运机械数量怎么确定？

学习目标：

（1）知识目标。熟悉土料开挖、运输的机械生产效率计算方法和配套方案的选择。

（2）能力目标。能进行各种土料开挖、运输机械生产效率计算，并确定配套方案。

4.1.3.1　挖运机械的配套方案

坝料的开挖与运输是保证上坝强度的重要环节之一。开挖运输方案主要根据坝体结构布置特点、坝料性质、填筑强度、料场特性、运距远近、可供选择的机械设备型号等多种因素，综合分析比较确定。

土石坝施工中常见的开挖运输方案主要有以下几种。

(1) 正向铲开挖，自卸汽车运输配套。正向铲开挖、装载，自卸汽车运输是一种灵活方便的挖运配合，适用于运距小于 10km 的挖运作业。自卸汽车可运各种坝料，运输能力高，设备通用，能直接铺料，机动灵活，转弯半径小，爬坡能力较强，管理方便，设备易于获得，在国内外的高土石坝施工中，获得了广泛的应用，且挖运机械朝着大斗容量、大吨位方向发展。

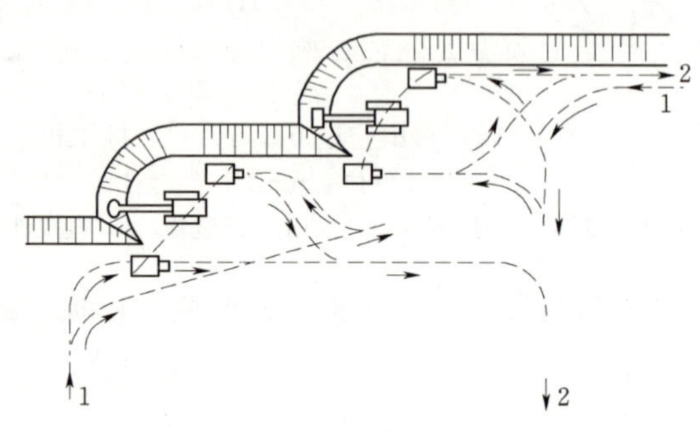

图 4.8　汽车在正向铲机侧、机后装料平面布置
1—空车线路；2—重车线路

在施工布置上，正向铲一般都采用立面开挖，汽车运输道路可布置成循环路线，装料时停在挖掘机一侧的同一平面上，即汽车鱼贯式地装料与行驶，如图 4.8 所示。这种布置形式，可避免或减少汽车的倒车时间，正向铲采用 60°～90°的转角侧向卸料，回转角度小，生产率高，能充分发挥正向铲与汽车的效率。

(2) 正向铲开挖，带式运输机运输配套。国内外水利水电工程施工中，广泛采用了胶带机运输土、砂石料。如我国的大伙房、岳城、石头河等土石坝施工，带式运输机均为主要的运输工具。带式运输机的爬坡能力大，架设简易，运输费用较低，比自卸汽车可降低运输费用 1/3～1/2，运输能力也较高。带式运输机合理运距小于 10km，可直接从料场运输上坝；也可与自卸汽车配合，做长距离运输，在坝前经漏斗由汽车转运上坝；或与有轨机车配合，用带式运输机转运上坝做短距离运输。

(3) 斗轮式挖掘机开挖，带式运输机运输，转自卸汽车上坝。对于填筑方量大、填筑强度高的填筑坝，若料场储量大而集中，可采用斗轮式挖掘机开挖，其生产率高，具有连续挖掘、装料的特点。斗轮式挖掘机将料转入移动式带式运输机，其后接长距离的固定式带式运输机至坝面或坝面附近经自卸汽车运至填筑面。这种方案可使挖、装、运连续进行，简化了施工工艺，提高了机械化水平和生产率。石头河土石坝采用 DW—200 型斗轮式挖掘机开采土料，用宽 1000mm、长 1200 余 m、带速 150m/min 带式运输机上坝，经双翼卸料机于坝面用 12t 自卸汽车转运卸料，日强度平均达 4000～5000m^3，最高达 10000m^3（压实方）。

美国圣路易土石坝施工中，采用特大型斗轮式挖掘机。开采的土料经两个卸料口轮流直接装入 100t 的底卸式汽车运输，21 个工作小时装车 1000 车，取土高度 12m，前沿开挖宽度 18.3m。

(4) 采砂船开挖，有轨机车运输，转带式运输机（或自卸汽车）上坝。国内一些大中型水利水电工程施工中，广泛采用采砂船开采水下的砂石料，配合有轨机车运输。在我国

大型载重汽车尚不能满足要求的情况下，有轨机车仍是一种效率较高的运输工具，它具有机械结构简单、修配容易的优点。当料场集中、运输量大、运距较远（大于10km）时，可用有轨机车进行水平运输。有轨机车运输的临建工程量大，设备投资较高，对线路坡度、转弯半径等的要求也较高。有轨机车不能直接上坝，可在坝脚经卸料装置卸至带式运输机或自卸汽车转运上坝。

坝料的开挖运输方案很多，但无论采用何种方案，都应结合工程施工的具体条件，组织好挖、装、运、卸的机械化联合作业，提高机械利用率，减少坝料的转运次数；各种坝料铺筑方法及设备应尽量一致，减少辅助设施；充分利用地形条件，进行统筹规划和布置。此外，运输道路的质量标准，对提高工效，降低车辆设备损耗，具有重要作用。

4.1.3.2 挖运机械生产效率、数量计算

要确定挖运机械设备的数量，应掌握土石坝施工高峰时段的施工强度，确定选用设备的生产能力。后者可以根据有关机械产品手册确定，也可以结合实际施工条件，选定参数计算复核。

4.1.3.2.1 挖掘机械

循环式单斗挖掘机和连续式多斗挖掘机的实际小时生产率 P（m^3/h）可按式（4.12）确定：

$$P=60qnK_HK'_PK_BK_t \tag{4.12}$$

式中 q——土斗的几何容积，m^3；

n——对于单斗挖掘机系指每分钟循环工作次数，$n=60/T$；T 为挖掘机一个工作循环时间，s；对于多斗挖掘机系指每分钟倾倒的土斗数量；

K_H——土斗的充盈系数，表示实际装料容积与土斗几何容积的比值，对于正向铲可取1；对于索铲可取0.9；

K'_P——土的松散影响系数，指挖土前的实土与挖后松土体积的比值，其大小与土料的等级有关，对于Ⅰ级土约为0.913～0.83，Ⅱ级土约为0.88～0.78，Ⅲ级土约为0.81～0.71，Ⅳ级土约为0.79～0.73；

K_B——时间利用系数，表示挖掘机工作时间利用程度，可取0.8～0.9；

K_t——联合作业延误系数，考虑运输工具影响挖掘的工作时间，有运输工具配合时，可取0.9，无运输工具配合时，可取1。

式（4.12）是挖掘机的实际小时生产率。不计入对生产率的实际影响因素，即 K_H、K'_P、K_B、K_t 为1时的生产率称为理论生产率。由式（4.12）可见，若要提高挖掘机械的实际生产率，必须提高循环式挖掘机的循环次数，即缩短每一循环的工作时间，如加长土斗的中间斗齿以减少切土阻力和切土时间，减少挖卸之间的转角等。此外，当挖掘松散土料时，可更换较大的土斗以增大土斗容积；加强机械的现场维修，合理布置掌子面，协调并改善回车和错车场地，改善挖运设备的配合等，都将有利于提高挖掘机械的实际生产率。

挖掘机械数量 n 为

$$n=\frac{Q_{c\max}}{P} \tag{4.13}$$

式中　Q_{cmax}——施工期间最大挖掘强度。

4.1.3.2.2　运输机械

运输机械分为循环式运输机械和连续式运输机械，其生产能力计算分别介绍如下：

1. 循环式运输机械数量 n 的确定

运输机械数量 n 为：

$$n=\frac{Q_T}{qm}=\frac{Q_T t}{q(T_1-T_2)} \tag{4.14}$$

式中　Q_T——运输强度（一昼夜或一班运载的总方量）；

q——运输工具装载的有效方量；

T_1——昼夜或一班的时间，min；

T_2——昼夜或一班内运输工具的非工作时间，min；

m——运输机械每昼夜或每班运输循环次数；

t——运输工具周转一次的循环时间，min。

运输机械每昼夜或每班运输循环次数 m 为

$$m=\frac{T_1-T_2}{t} \tag{4.15}$$

对于工地常用的汽车、拖拉机，t 值为

$$t=t_1+t_2+\frac{2L}{v}\times 60 \tag{4.16}$$

式中　t_1——装车时间，min；

t_2——卸车时间，min；

L——运距，km；

v——平均行驶速度，km/h，拖拉机取3.5～5km/h，在一般工地道路上开行的汽车取15～20km/h，在经改善路面后的道路上开行的汽车可取25～35km/h。

于是，生产能力 P_T 为

$$P_T=\frac{q(T_1-T_2)}{t} \tag{4.17}$$

2. 连续带式运输机

带式运输机的生产率，取决于带宽、带速及带上物料的装满程度。然而，带的装满程度与带的形状、所装物料性质和运输机布置的倾角有关。若以实方计，带式运输机的实际小时生产率 P_T(m^3/h) 可按式（4.18）计算

$$P_T=KB^2vK_BK_HK'_pK_dK_a \tag{4.18}$$

式中　K——带形系数，对于平面带，$K=200$，对于槽形带，$K=400$；

B——带宽，m；

v——带的运行速度，m/s，通常可取1～2m/s；

K_B——时间利用系数，可取0.75～0.8；

K_H——充盈系数，与装料特性和运载情况有关，砂土取0.85，岩石取0.70；

K'_p——土的松散影响系数，参见式（4.11）说明；

K_d——土石粒径系数，粒径为0.1～0.3倍带宽，$K_d=0.75$；粒径为0.05～0.09倍

带宽者，$K_d=0.9$；对细粒径材料，$K_d=1$；

K_a——倾角影响系数，当 a=11°～1 5°时；$K_a=0.95$；当 a=16°～18°时，$K_a=0.90$；当 a=19°～22°时，$K_a=0.85$。

项目 4.2　填筑体土石料的压实

项目背景： 长沙市靳江河白莱湖段综合整治工程

此工程共分三个标段，主要有新建防洪大堤 743.81m、隔堤 250m、整修加固洋湖垸大堤 456m、大堤护坡等。本工程土方填筑 190714.63m^3，砂卵石回填 18068.43m^3，堤身土方填筑中少量利用建筑物开挖料，大部分从料场取土，均采用挖掘机配自卸汽车运土，进占法卸料，结合部位采用后退法卸料，推土机铺土，辅以人工摊铺边角，振动碾碾压，边角或结合部位采用蛙式打夯机夯实或人工进行夯实。

问题： 土料压实有哪些方法、压实机械有哪些？压实质量怎么控制？

学习目标：

(1) 知识目标。正确理解土石料压实原理；熟悉压实方法、压实机械的性能及压实质量控制的方法与措施。

(2) 能力目标。能合理选用压实机械，压实方法；能做土石料压实实验，控制压实质量。

任务 4.2.1　压实机械的选择

工程背景： 长沙市靳江河白莱湖段综合整治工程

填筑土方采用振动碾碾压，边角或结合部位采用蛙式打夯机夯实或人工进行夯实。

问题： 土料压实的方法、压实的机械有哪些？

学习目标：

(1) 知识目标。正确理解土石料压实原理，熟悉压实方法及压实机械的类型与性能。

(2) 能力目标。能合理选用压实机械和压实方法。

4.2.1.1　土料压实理论

填筑于土坝或土堤上的土方，通过对其压实，可以达到以下目的：提高土体密度，提高土方承载能力加大土坝或土堤坡角，减小填方断面面积，减少工程量，从而减少工程投资，加快工程进度；提高土方防渗性能，提高土坝或土堤的渗透稳定性。土坝或土堤填方的稳定性主要取决于土料的内摩擦力和凝聚力。土料的内摩擦力、凝聚力和防渗性能都随填土的密实程度的增大而提高。例如，某种砂壤土的干密度为 1.4g/cm^3 压实提高到 1.7g/cm^3，其抗压强度可提高 4 倍，渗透系数将降低为原来的 l/2000。

土体是三相体，即由固相的土粒、液相的水和气相的空气所组成。通常土粒和水是不会被压缩的，土料压实的实质是将水包裹的土粒挤压填充到土粒间的空隙里，排走空气占有的空间，使土料的空隙率减少，密实度提高。所以，土料压实的过程实际上就是在外力作用下土料的三相重新组合的过程。

试验表明，黏性土的主要压实阻力是土体内的凝聚力。在铺土厚度不变的条件下，黏性土的压实效果（即于密度）随含水量的增大而增大，当含水量增大到某一临界值时，干密度达到最大，此时如进一步增加土体含水量，干密度反而减小，此临界含水量值称为土体的最优含水量，即相同压实功能时压实效果最大的含水量。当土料中的含水量超过最优含水量后，土体中的空隙体积逐步被水填充，此时作用在土体上的外荷，有一部分作用在水上，因此即使压实功能增加，但由于水的反作用抵消了一部分外荷，被压实土体的体积变化却很小，而呈此伏彼起的状态，土体的压实效果反而降低。

对于非黏性土，压实的主要阻力是颗粒间的摩擦力。由于土料颗粒较粗，单位土体的表面积比黏性土小得多，土体的空隙率小，可压缩性小，土体含水量对压实效果的影响也小，在外力及自重的作用下能迅速排水固结。黏性土颗粒细，孔隙率大，可压缩性也大，由于其透水性较差，所以排水固结速度慢，难以迅速压实。此外，土体颗粒级配的均匀性对压实效果也有影响。颗粒级配不均匀的砂砾料，较级配均匀的砂土易于压实。

4.2.1.2　压实方法及压实机械

众所周知，土料不同其物理力学性质也不同，因此使之密实的作用外力也不同。黏性土料黏结力是主要的，要求压实作用外力能克服黏结力；非黏性土料（砂性土料、石渣料、砾石料）内摩擦力是主要的，要求压实作用外力能克服颗粒间的内摩擦力。不同的压实机械产生的压实作用外力不同，大体可分为碾压、夯击和震动 3 种基本类型，如图 4.9 所示。

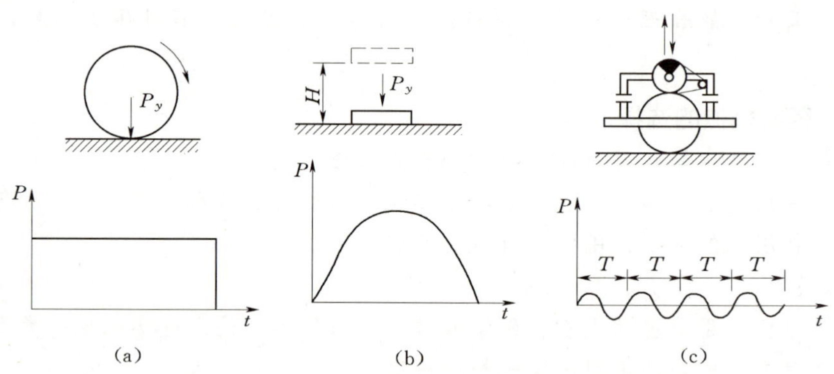

图 4.9　土料压实作用外力示意图

(a) 碾压；(b) 夯击；(c) 震动

碾压的作用力是静压力，其大小不随作用时间变化，如图 4.9 (a) 所示。

夯击的作用力为瞬时动力，有瞬时脉冲作用，其大小随时间和落高而变化，如图 4.9 (b) 所示。

振动的作用力为周期性的重复动力，其大小随时间呈周期性变化，振动周期的长短，随振动频率的大小而变化，如图 4.9 (c) 所示。

根据压实作用力来划分。通常有碾压、夯击、振动压实 3 种机具。随着工程机械的发展，又有振动和碾压同时作用的振动碾，产生振动和夯击作用的振动夯等。常用的压实机具有以下几种。

1. 羊脚碾

羊脚碾的外形如图 4.10 所示，它适于黏性土料的压实。它与平碾不同，在碾压滚筒

表面设有交错排列的截头圆锥体，状如羊脚。钢铁空心滚筒侧面设有加载孔，加载大小根据设计需要确定。加载物料有铸铁块和砂砾石等。碾滚的轴由框架支承，与牵引的拖拉机用杠辕相连。羊脚的长度随碾滚的重量增加而增加，一般为碾滚直径的 1/6～1/7。羊脚过长，其表面面积过大，压实阻力增加，羊脚端部的接触应力减小，影响压实效果。重型羊脚碾碾重可达 30t，羊脚相应长 40cm，拖拉机的牵引力随碾重增加而增加。

羊脚碾的羊脚插入土中，不仅使羊脚端部的土料受到压实，而且使侧向土料受到挤压，从而达到均匀压实的效果，如图 4.11 所示。在压实过程中，羊脚对表层土有翻松作用，无需刨毛就能保证土料良好的层间结合。

图 4.10　羊脚碾外形图

1—羊脚；2—加载孔；3—碾滚筒；4—杠辕框架

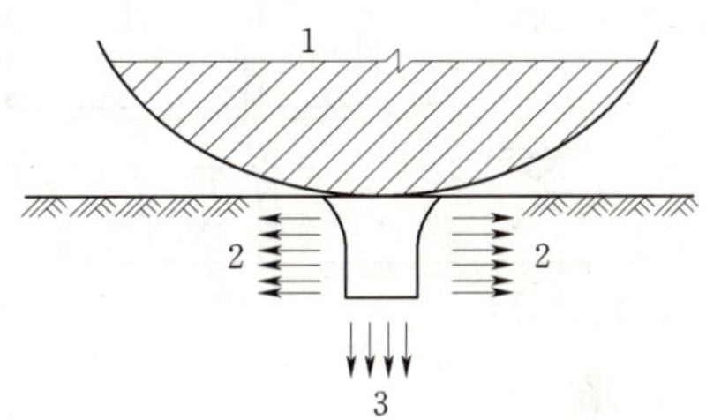

图 4.11　羊脚对土料的正压力和侧压力

1—碾滚；2—侧压力；3—正压力

2. 振动碾

这是一种振动和碾压相结合的压实机械，如图 4.12 所示。

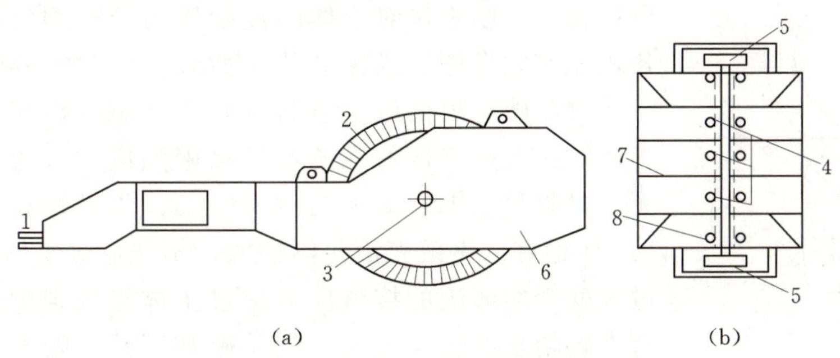

图 4.12　SD—80—13.5 振动碾示意图

(a) 外形图；(b) 滚碾构造图

1—牵引挂钩；2—滚碾；3—轴；4—偏心块；5—皮带轮；6—车架侧壁；7—隔板；8—弹簧悬架

它是由柴油机带动与机身相连的附有偏心块的轴旋转，迫使碾滚产生高频振动。振动功能以压力波的形式传到土体内。非黏性土料在振动作用下，土粒间的内摩擦力迅速降低，同时由于颗粒大小不均匀，质量有差异，导致惯性力存在差异，从而产生相对位移，使细颗粒填入粗颗粒间的空隙而达到密实。然而，黏性土颗粒间的黏结力是主要的，且土粒相对比较均匀，在振动作用下，不能取得像非黏性土那样的压实效果。由于振动作用，振动碾的压实影响深度比一般碾压机械大 1～3 倍，可达 1m 以上。它的碾压面积比振动夯、振动器压实面积大，生产率很高。国产 SD—80—13.5 型振动碾，全机重 13.5t，振动频率 1500～1800 次/min，生产率高达 $600m^3/h$。振动碾压实效果好，使非黏性土料的相对密度大为提高，坝体的沉陷量大幅度降低，稳定性明显增强，使土工建筑物的抗震性能大为改善。故抗震规范明确规定，对有防震要求的土工建筑物必须用振动碾压实。振动碾结构简单，制作方便，成本低廉，生产率高，是压实非黏性土石料的高效压实机械。

3. 气胎碾

气胎碾有单轴和双轴之分。单轴的主要构造是由装载荷重的金属车厢和装在轴上的4～6个气胎组成。碾压时在金属车厢内加载，并同时将气胎充气至设计压力。为防止气胎损坏，停工时用千斤顶将金属箱支托起来，并把胎内的气放掉，如图 4.13 所示。

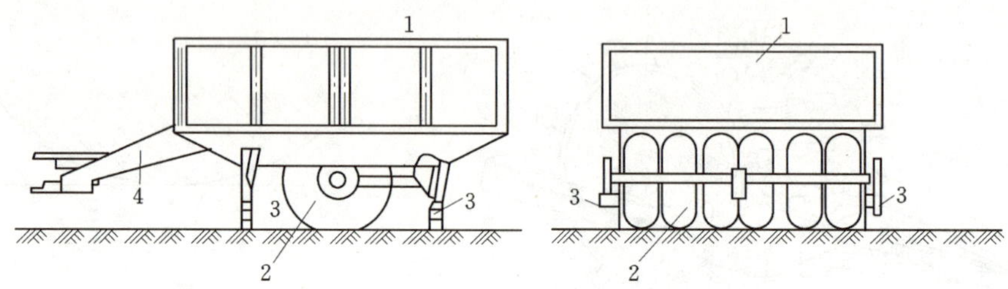

图 4.13 拖行单轴式气胎碾

1—金属车厢；2—充气轮胎；3—千斤顶；4—牵挂杠辕

气胎碾在碾压土料时，气胎随土体的变形而变形。随着土体压实密度的增加，气胎的变形也相应增加，从而使气胎与土体的接触面积随之增大，始终能保持较为均匀的压实效果，如图 4.14 所示。它与刚性碾比较，气胎不仅对土体的接触压力分布均匀而且作用时间长，压实效果好，压实土料厚度大，生产效率高。

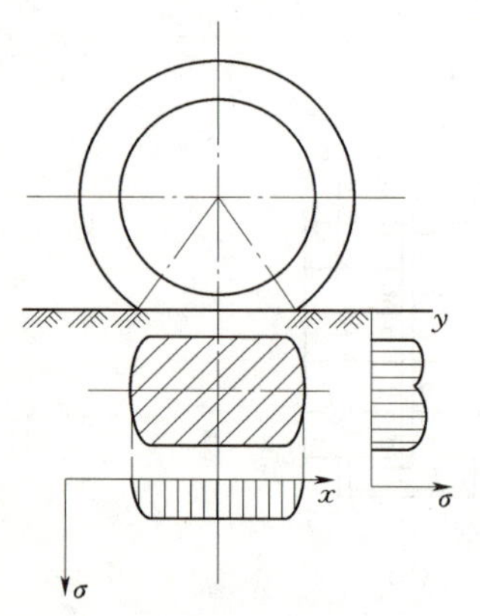

图 4.14 气胎碾压实应力分布图

气胎碾可根据压实土料的特性调整其内压力，使气胎对土体的压力始终保持在土料的极限强度内。通常气胎的内压力，对黏性土以 $(5\sim6)\times10^5$ Pa、非黏性土以 $(2\sim4)\times10^5$ Pa 最好。平碾碾滚是刚性的，不能适应土体的变形，荷载过大就会使碾滚的接触应力超过土体极限强度，这就限制了这类碾朝重型方向发展。气胎碾却不然，随着荷载的增加气胎与土体的接触面增大，接触应力仍不致超过土体的极限强度。所以只要牵引力能满足要求，就不妨碍气胎碾朝重型高效方向发展。早在 20 世纪 60 年代，美国就生产了重 200t 的超重型气胎碾。由于气胎碾既适宜于压实黏性土料，又适宜于压实非黏性土料，能做到一机多用，有利于防渗土料与坝壳土料平起同时上升，用途广泛，很有发展前途。

4. 夯板

夯板可以吊装在去掉土斗的挖掘机臂杆上，借助卷扬机操纵绳索系统使夯板上升。夯击土料时将索具放松，使夯板自由下落。夯实土料，其压实铺土厚度可达 1m，生产效率较高。对于大颗粒填料可用夯板夯实，其破碎率比用碾压机械压实大得多。为了提高夯实效果，适应夯实土料特性，在夯击黏性土料或略受冰冻的土料时，尚可将夯板装上羊脚，

即成羊脚夯。

夯板的尺寸与铺土厚度密切相关。在夯击作用下．土层沿垂直方向应力的分布随夯板短边 b 的尺寸而变化。当 $b=h$ 时，底层应力与表层应力之比为0.965；当 $b=h/2$ 时，底层应力与表层应力比为0.473。若夯板尺寸不变，表层和底层的应力差值，随铺土厚度增加而增加。差值越大，压实后的土层竖向密度越不均匀。故选择夯板尺寸时，尽可能使夯板的短边尺寸接近或略大于铺土厚度。

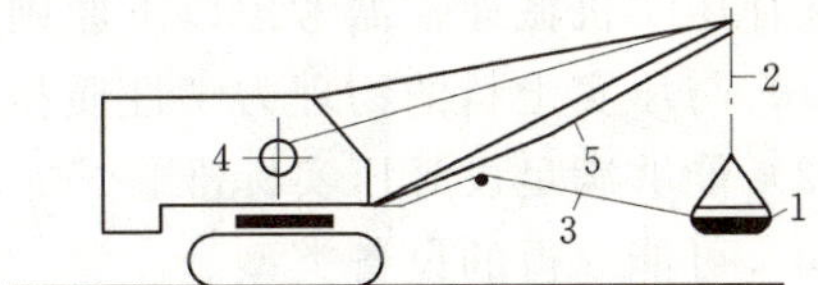

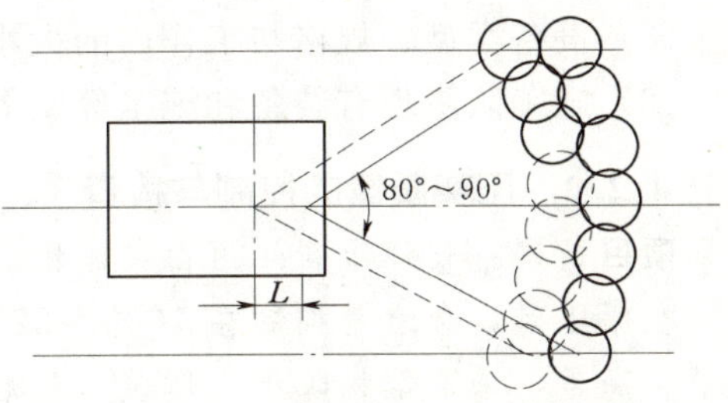

图4.15　夯板及其工作示意图
1—夯板；2—提升索；3—操纵索；4—机房；5—支杆

夯板工作时，机身在压实地段中部后退移动，随夯板臂杆的回转，土料被夯实的夯迹呈扇形。为避免漏夯，夯迹与夯迹之间要套夯，其重叠宽度为10～15cm，夯迹排与排之间也要搭接相同的宽度。为充分发挥夯板的工作效率，避免前后排套压过多，夯板的工作转角以不大于80°～90°为宜，如图4.15所示。

4.2.1.3　压实机械的选择

1. 各种压实机械的适用情况

根据碾压设备情况，宜用50t气胎碾碾压黏性土、砾质土，压实含水量略高于最优含水量（或塑限）的土料。用9.0～16.4t的双联羊脚碾压实黏性土，重型羊脚碾宜用于含水量低于最优含水量的重黏性土，对于含水量较高、压实标准较低的轻黏性土也可用肋型碾和平碾压实。堆石与含有大于500mm特大粒径的砂卵石多用10～25t的自行式振动碾压实。用直径110cm重2.5t的夯板夯实砂砾料和狭窄地带的填土，对与刚性建筑物、岸坡等的接触带，边角、拐角等部位可用轻便夯夯实，例如采用HW—01型蛙式夯。

各种碾压机械的适应性可归纳见表4.3。

表4.3　各种碾压机械的适应情况

土料种类 / 碾压设备	堆石	砂、砂砾料		砾质土	黏性土	黏土		软弱风化土石混合料
		优良级配	均匀级配			低中强度黏土	高强度黏土	
5～10t振动平碾	△	○	○	○	△	△	△	
5～10t振动平碾	○	○	○	○	△	△	△	
振动凸块碾			△	△	○	○	△	
振动羊脚碾				△	△	○	△	
气胎碾		○	○	○	○	○	○	
羊脚碾				△	○	○	○	
夯板		○	○	○	○	△	△	
尖齿碾								○

注　○表不适用，△表不可用。

2. 选择压实机械的原则

选择压实机械通常需考虑以下原则。

(1) 与压实土料的物理力学性质相适应。

(2) 能够满足设计压实标准。

(3) 可能取得的设备类型。

(4) 满足施工强度要求。

(5) 设备类型、规格与工作面的大小、压实部位相适应。

(6) 施工队伍现有装备和施工经验等。

任务 4.2.2　压实质量的控制与检查

项目背景： 长沙市靳江河白莱湖段综合整治工程

在碾压时，含水量控制在16%～22%之间；含水量较低时，采取预先洒水润湿，含水量较高量，采取翻松晾干。填筑一层后，采用核子密实仪进行检测，压实层不出现漏压和虚浮层、平松料、弹簧料和光面等不良现象，合格后进行下层填筑。

问题： 土石料压实标准如何？压实质量怎么控制？

学习目标：

(1) 知识目标。熟悉土石料压实质量控制方法。

(2) 能力目标。能做土石料压实实验控制压实质量。

土石料的压实，是保证土石坝施工质量的关键。维持土石坝自身稳定的土料内部阻力(黏结力和摩擦力)、土料的防渗性能等。都随土料密实度的增加而提高。

4.2.2.1　土石料的压实特性

土石料压实特性与土石料本身的性质、颗粒组成情况、级配特点、含水量大小以及压实功能等有关。黏性土料与非黏性土料的压实有着显著的差别。

(1) 一般黏性土料的黏结力较大，摩擦力较小，具有较大的压缩性。但由于其透水性小，排水困难，压缩过程慢，所以很难达到固结压实。而非黏性土料黏结力小，摩擦力大，具有较小的压缩性，但由于透水性大，排水容易，压缩过程快，能很快达到密实。

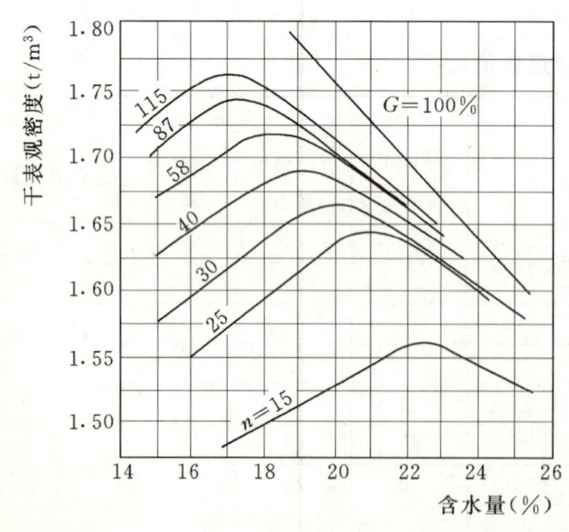

图 4.16　某工程粉质黏土的击实曲线

(2) 土料颗粒粗细组成也影响压实效果。颗粒愈细，孔隙比就愈大，所含矿物分散度愈高，就愈不容易压实。所以黏性土的压实干表观密度低于非黏性土的压实干表观密度。颗粒不均匀的砂砾料，比颗粒均匀的砂砾料可能达到的干表观密度大一些。

(3) 土料的含水量是影响压实效果的重要因素之一。用击实仪(原南京水利实验处提出，简称南实仪)对黏性土的击实试验，得到一组击实次数、干表观密度与含水量的关系曲线，如图 4.16 所示，图中 n 为击实

次数，G 为饱和度。

在某一击实次数下，干表观密度达到最大值时的含水量为最优含水量；对每一种土料，在一定的压实功能下，只有在最优含水量范围内，才能获得最大的干表观密度，且压实也较经济。非黏性土料的透水性大，排水容易，压缩过程快，能够很快达到压实，不存在最优含水量，含水量不作专门控制。这是非黏性土料与黏性土料压实特性的根本区别。

(4) 压实功能的大小，也影响着土料干表观密度的大小，从图 4.15 可以看出，击实次数增加，干表观密度也随之增大，而最优含水量则随之减小。说明同一种土料的最优含水量和最大干表观密度并不是一个恒定值，而是随压实功能的不同而异。

一般说来，增加压实功能可增加干表观密度，这种特性，对于含水量较低（小于最优含水量）的土料比对于含水量较高（大于最优含水量）的土料更为显著。

4.2.2.2　土石料的压实标准

土石料压实得越好，物理力学性能指标就越高，坝体填筑质量就越有保证，但土石料的过分压实，不仅提高了压实费用，而且会产生剪切破坏，反而达不到应有的技术经济效果。土石料的压实标准是根据水工设计要求和土料的物理力学特性提出来的。

黏性土的压实标准，主要以压实干表观密度 γ_d 和施工含水量这两个指标来控制。

判断非黏性土密实度最简便的方法是根据孔隙比的大小来进行，但这种方法有其不足之处，因为颗粒的形成和级配对孔隙比的影响很大，故孔隙比不能表明某一土地松密，只有拿相同的土处于最松与最密实状态的孔隙比，来和所碾压的土料孔隙比作比较，才能判断非黏性土的松密，因此，非黏性土料（如砂土及砂砾石）以相对密度 D 来控制。

石渣或堆石体则可用孔隙率作为压实指标。根据国内外的经验，碾压堆石坝体压实后孔隙率应小于 32%，为了防止过大的沉陷，一般规定为 22%～28%。

在现场用相对密度来控制施工质量不太方便。通常将相对密度转换成对应的干表观密度来控制，其大小按非黏性土不同砾石含量，分别确定不同标准，其换算公式为

$$\gamma_d=\frac{\gamma_1\gamma_2}{\gamma_2(1-D)+\gamma_1 D} \tag{4.19}$$

式中　γ_1、γ_2——土料极松散和极紧密时的干表观密度，t/m^3。

4.2.2.3　压实质量检查

填筑体填筑时，应对铺土厚度、填土块度、含水量大小、压实后的干表观密度等进行检查，并提出质量控制措施。对黏性土，含水量的检测是关键。简单办法是“手检”，即手握土料能成团，手指撮可成碎块，则含水量合适。手试法靠经验估计，不十分可靠；工地多用取样烘干法，如酒精灯燃烧法、红外线烘干法、高频电炉烘干法、微波含水量测定仪等；采用核子水分密度仪能够迅速准确地测定压实土料的含水量及表观密度。

压实表观密度的测定：黏性土一般可用体积为 200～500cm^3 的环刀测定；砂可用体积为 500cm^3 的环刀测定；砾质土、砂砾料、反滤料用灌水法或灌砂法测定；堆石因其空隙大，一般用灌水法测定。当砂砾料因缺乏细料而架空时，也用灌水法测定。

灌砂法试验时在试验地铲平一块 40cm×40cm 地面，找出试坑口轮廓线，向下挖至要求深度，将试坑内的试样装入塑料袋内称重，并测量试样含水量（%）。

容砂瓶装满砂后，称出瓶和砂的重量，将容砂瓶的砂子倒入试坑内，直到砂子灌满试

坑，称剩下砂子和容砂瓶的重量，计算出注满试坑所用砂子的重量。则试样干密度见式(4.20)

$$\rho_0=\frac{m_p\rho_\sigma}{m_s}\quad \rho_d=\frac{\rho_0}{1+w} \tag{4.20}$$

式中　m_p——试坑内的试样质量，g；

m_s——注满试坑所有标准砂质量，g；

ρ_0——试样密度，g/cm^3；

ρ_σ——标准砂的密度，g/cm^3；

ρ_d——试样干密度，g/cm^3；

w——试样含水量，%。

项目4.3　碾压土石坝施工

项目背景：福州市八一水库碾压土石坝工程

福州市八一水库位于福州市北郊新店镇赤桥村，新店溪干流赤桥支流下游。水库坝顶长度500m，坝型为均匀黏土心墙土质坝。

开挖土料除表土弃于弃料场外，可利用部分土料均用于土方回填。

土方开挖自上而下进行，由挖掘机进行集料装车，运输到填筑面或弃料场。

土方填筑采用分段流水作业方式分层填筑，基本保持均衡上升。施工时采用$1m^3$的反铲挖掘机挖土、装车，5t自卸汽车运输、卸料，推土机摊平，自行式凸块振动碾压实的方式进行。振动碾碾压为顺堤方向进行，每层土料的厚度不大于30cm，相邻作业面的搭接碾压为平行堤轴线方向不小于0.5m，垂直堤轴线方向不小于0.3m。凸块碾压不到的部位，采用蛙式打夯机或人工夯实。

问题：碾压土石坝施工包括哪些工序？具体怎样作业？

学习目标：

(1) 知识目标。熟悉碾压土石坝施工过程、施工技术、施工组织。

(2) 能力目标。能合理制定土石坝施工方案，掌握施工操作技术，控制施工质量方法。

碾压式土石坝的施工，包括准备作业、基本作业、辅助作业和附加作业。

准备作业包括：平整场地、通车、通水、通电，架设通信线路，以及修建生产、生活、行政办公用房以及排水清基等项工作。

基本作业包括：料场土石料开采，挖、装、运、卸以及坝面铺平、压实、质检等项作。

辅助作业是保证准备及基本作业顺利进行，创造良好工作条件的作业。包括清除施工场地及料场的覆盖，从上坝土料中剔除超径石块、杂物，坝面排水，层间刨毛和加水等。

附加作业是保证坝体长期安全运行的防护及修整工作。包括坝坡修整，铺砌护坡块石及铺植草皮等。

任务 4.3.1　料场规划

项目背景： 福州市八一水库坝体砂石料

选用天然河砂，在坝的左右岸各有一个料场。

问题： 土石坝料场怎样规划?

学习目标：

(1) 知识目标。正确理解土石料场规划的原则。

(2) 能力目标。能合理规划土石坝料场。

4.3.1.1　土石坝筑坝材料及其要求

1. 防渗料

作为防渗的土料最基本的要求是防渗性，渗透系数不大于 1×10^{-5} cm/s 时，一般即可满足要求。同时，还希望具有一定的抗剪强度，有较好的渗流稳定性，有适应坝体变形的塑性，有良好的施工性、低压缩性，不存在影响坝体稳定的膨胀性或收缩性，无过量的可溶盐（5%）和有机物（2%）含量等。一般要求土料的天然含水量在最优含水量附近，无影响压实的超径材料，压实后的坝面有较高的承载力，以便于施工机械正常作业。只要渗透系数满足要求，做好反滤保护，无塑性的粉质砂土也可以作为高坝的防渗材料。严格反滤、放宽材料，是现代心墙用料的工程趋向。

渗流稳定性指防渗料的抗管涌能力与抗冲蚀能力。一般认为塑性大的细粒土抗管涌能力强；砾类土抗冲蚀能力强，可以使心墙裂缝自愈。心墙土石坝设计与施工当中，强调反滤料对心墙的保护以及设置接触黏土，以防止心墙与基础面的接触冲蚀，起到改善心墙应力的作用。

细粒土是我国采用最多的防渗材料，在 20 世纪 80 年代以前开工建设的高土石坝的心墙都采用纯细粒土，其最大粒径不超过 5mm。黄河小浪底斜心墙堆石坝（坝高 154m）也采用细粒土作为心墙料。只要坝址附近有数量足够、天然含水量适中的细粒土，采用细粒土作为防渗料经常是较好的选择。

采用风化料作高土石坝的防渗材料，国外开始于 20 世纪 50 年代，70 年代以来日臻成熟。我国用风化料作 100m 以上的土石坝的防渗体，开始于 20 世纪 80 年代初。云南黄泥河鲁布革心墙堆石坝（坝高 104m）即采用了风化料作防渗心墙料。

砾质土有很高的承载力，可以采用中型机械进行碾压，在良好级配情况下，亦可作为防渗材料。如设计中的大渡河瀑布沟心墙堆石坝（坝高 186m）即采用砾质土作防渗料。

采用黏土与砂砾石掺合料作防渗材料，可以改善防渗体的施工性，减小其压缩性，并增强其抗冲蚀能力。如我国援外项目阿尔巴尼亚的菲尔泽垂直心墙坝（坝高 165.5m）即采用掺合料作防渗料。

2. 坝壳料

工程实践中，堆石、砂砾石及风化料等均可作为坝壳料。

堆石按施工方式可分为抛填、分层碾压、手工干砌石、机械干砌石等；按其材料及来源可分为采石场玄武岩、变质安山岩、砂岩、砾岩及采石场花岗岩、片麻岩、石灰岩、冲积的漂卵石、石渣料等。堆石是最好的筑坝材料，现广泛用作高土石坝的坝壳料。

我国已建的土石坝坝壳采用砂砾石的很多，如大伙房、密云、石头河、碧口等。混凝土面板堆石坝中，不少也以砂砾石为筑坝材料，如小干沟、两岔河、吉林台一级等。碾压砂砾石压缩性低，抗剪强度高，但往往细粒含量大，易冲蚀，易管涌，因此需加强渗流控制措施。

风化料属于抗压强度小于30MPa的软岩类，往往存在湿陷问题。因此，用作坝壳料。其填筑含水量必须大于湿陷含水量，压实到最大密度，以改善其工程性质。

3. 反滤料

反滤料一般要满足坚固度要求，要求级配严格，一般采用混凝土砂石料生产系统生产，但不要求冲洗。也可采用天然冲积层砂砾石经筛分生产。

4.3.1.2　料场规划的原则与优化

4.3.1.2.1　料场规划的原则

土石坝用料量很大，料场的合理规划与使用，是土石坝施工中的关键问题之一，它不仅关系到坝体的施工质量、工期和工程投资，而且还会影响到工程的生态环境和国民经济其他部门。在选坝阶段需对土石料场全面调查，施工前配合施工组织设计，对料场作深入勘测，并从空间、时间、质与量等方面进行全面规划。

所谓空间规划，系指对料场位置、高程的恰当选择，合理布置。土石料的上坝运距尽可能短些，高程上有利于重车下坡，减少运输机械功率的消耗。近料场不应因取料影响坝的防渗、稳定和上坝运输；也不应使道路坡度过陡引起运输事故。坝的上下游、左右岸最好都选有料场，这样有利于上下游、左右岸同时供料，减少施工干扰，保证坝体均衡上升。用料时原则上应低料低用，高料高用，当高料场储量有富余时，亦可高料低用。同时，料场的位置应有利于布置开采设备、交通及排水通畅。对石料场尚应考虑与重要建筑物、构筑物、机械设备等保持足够的防爆、防震安全距离。

所谓时间规划，就是要考虑施工强度和坝体填筑部位的变化。随着季节及坝前蓄水情况的变化，料场的工作条件也在变化。在用料规划上应力求做到上坝强度高时用近料场，低时用较远的料场，使运输任务比较均衡。对近料和上游易淹的料场应先用，远料和下游不易淹的料场后用；含水量高的料场旱季用，含水量低的料场雨季用。在料场使用规划中，还应保留一部分近料场供合龙段填筑和拦洪度汛高峰强度时使用。此外，还应对时间和空间进行统筹规划，否则会产生事与愿违的后果。例如甘肃碧口土坝，施工初期由于料源不足，规划不落实，导流后第一年度汛时就将4.5km以内的砂砾料场基本用完，而以后逐年度汛用料量更大，不得不用4.5km以外的远料场，不仅增加了不必要的运输任务，而且也给后期各年度汛增加了困难。

料场质与量的规划，是料场规划最基本的要求，也是决定料场取舍的重要因素。在选择和规划使用料场时，应对料场的地质成因、产状、埋深、储量以及各种物理力学指标进行全面勘探和试验。勘探精度应随设计深度加深而提高。在施工组织设计中，进行用料规划，不仅应使料场的总储量满足坝体总方量的要求，而且应满足施工各个阶段最大上坝强度的要求。料尽其用，充分利用永久和临时建筑物开挖渣料是土石坝料场规划的又一重要原则。为此应增加必要的施工技术组织措施，确保渣料的充分利用。例如，若导流建筑物

和溢洪道等建筑物开挖时间与上坝时间不一致时，则可调整开挖和填筑进度，或增设堆料场储备渣料，供填筑时使用。为了紧缩坝体设计断面和充分利用渣料，采用人工筛分控制填料的级配越来越普遍。美国园峰坝有70%上坝料经过筛分，沃洛维尔坝在开挖心墙料时将大于7.5cm的料筛选出来作为坝壳填料。中国碧口土石坝利用混凝土骨料筛分后的超径料作为坝壳填料。这类利用料的数量、规格都应纳入料场规划中去。

料场规划还应对主要料场和备用料场分别加以考虑。前者要求质好、量大、运距近，且有利于常年开采；后者通常在淹没区外，当前者被淹没或因库区水位抬高，土料含水量过大或其他原因中断使用时，则用备用料场保证坝体填筑不致中断。

在规划料场实际可开采总量时，应考虑料场勘查的精度、料场天然密度与坝体压实密度的差异，以及开挖运输、坝面清理、返工削坡等损失。实际可开采总量与坝体填筑量之比一般为：土料2～2.5，砂砾料1.5～2，水下砂砾料2～3，石料1.5～2；反滤料应根据筛后有效方量确定，一般不宜小于3。另外，料场选择还应与施工总布置结合考虑，应根据运输方式、强度来研究运输线路的规划和装料面的布置。料场内装料面应保持合理的间距，间距太小会使道路变化频繁，影响工效；间距太大影响开采强度，通常装料面间距取100m为宜。整个场地规划还应排水通畅，全面考虑出料、堆料、弃料的位置，力求避免干扰以加快采运速度。

4.3.1.2.2 料场优化的基本方法

土石坝工程，既有大量的土石方开挖，又有大量的土石方填筑。土石料的优化主要包括开挖可用料的充分利用，废弃料的妥善处理，补充料场的选择与开采数量的确定。备用料场的选择，以及物料的储存、调度是土石坝施工组织设计的重要内容，对保证工程质量，加快施工进度，降低工程造价，节约用地和保护环境具有重要意义。

土石方平衡的原则是充分而合理地利用建筑物开挖料。根据建筑物开挖料和料场开采料的料种与品质，安排采、供、弃规划，优料优用，劣料劣用，保证工程质量，便于管理，便于施工。充分考虑挖填进度要求，物料储存条件，且留有余地，妥善安排弃料，做到保护环境。

1. 填挖料平衡计算

根据建筑物设计填筑工程量统计各料种填筑方量。根据建筑物设计开挖工程量、地质资料、建筑物开挖料可用与不可用分选标准，并进行经济比较，确定并计算可用料和不可用料数量；根据施工进度计划和渣料存储规划，确定可用料的直接上坝数量和需要存储的数量；根据折方系数、损耗系数，计算各建筑物开挖料的设计使用数量（含直接上坝数量和堆存数量）、舍弃数量和由料场开采料的数量，进行挖、填、堆、弃综合平衡。

2. 土石方调度优化

土石方调度优化的目的，是找出总运输量最小的调度方案，从而达到运输费用最低，降低工程造价。土石方调度是一个物资调动问题，可用线性规划等方法进行优化处理。对于大型土石坝，可进行土石方平衡及坝体填筑施工动态仿真，优化土石方调配，论证调度方案的经济性、合理性和可行性。

任务 4.3.2 清基与坝基处理

项目背景：福州市八一水库工程坝基处理

1. 植被清理

(1) 清除开挖工程区域内的全部树木、树桩、树根、杂草、废渣以及工程师认为的其他有碍物，并应注意尽最大可能保护清理区域范围外的天然植被。

(2) 砍伐的成材木和有商业价值的材料归业主所有，并按工程师的通知将其运至规定的材料堆放场堆放。

(3) 表土开挖，根据工程师的指示的开挖深度开挖表土，并运至指定的地点堆放。完成堆放后的表土属业主所有。

(4) 场内清理完成后，应全面进行填筑碾压，使其密实度达到规定的要求。

2. 拆除与挖掘

(1) 范围内的砌体和其他障碍物等拆除。

(2) 如其整个或部分处于新建结构的界限之内时，则应拆除到使新结构物施工不受影响的范围。

(3) 拆除原有结构物或障碍物需要进行爆破或其他作业有可能损伤新结构物时，必须在新工程动工之前完成。

(4) 所有指定为可利用的材料，都应避免不必要的损失。为了便于运输，可分段或分片按监理人指定的地点存放；对于废弃料，应堆放在弃料场。

(5) 应将所有因拆除施工造成的坑穴回填并压实。拆除施工造成其他建筑物、设施等的损坏时就负责修复或赔偿。

问题：为什么要清基和坝基处理？怎么样清基？怎样处理？

学习目标：

(1) 知识目标。熟悉清基与坝基处理的方法。

(2) 能力目标。能正确应用清基与坝基处理的方法。

清基就是把坝基范围内的所有草皮、树木、坟墓、乱石、淤泥、有机质含量大于2%的表土、自然干密度小于1.48g/cm的细沙和极细砂清除掉，清除深度一般为0.3～0.8m。对勘探坑，应把坑内积水与杂物全部清除，并用筑坝土料分层回填夯实。土坝坝体与两岸岸坡的结合部位是土坝施工的薄弱环节，处理不好会引起绕坝渗流和坝体裂缝。因此，岸坡与塑性心墙、斜墙或均质土坝的结合部位均应清至不透水层。对于岩石岸坡，清理坡度不应陡于1∶0.75，并应挖成坡面，不得削成台阶和反坡，也不能有突出的变坡点；在回填前应涂3～5mm厚的黏土浆，以利结合。如有局部反坡而削坡方量又较大时，可采用混凝土或砌石补坡处理。对于黏土或湿陷性黄土岸坡，清理坡度不应陡于1∶1.5。岸坡与坝体的非防渗体的结合部位，清理坡度不得陡于岸坡土在饱水状态下的稳定坡度，并不得有反坡。

对于河床基础，当覆盖层较浅时，一般采用截水墙（槽）处理。截水墙（槽）施工受地下水的影响较大，因此必须注意解决不同施工深度的排水问题，特别注意防止软弱地基的边坡受地下水影响引起的塌坡。对于施工区内的裂隙水或泉眼，在回填前必须认真处理。

对于截水墙（槽），施工前必须对其建基面进行处理，清除基面上已松动的岩块、石渣等，并用水冲洗干净。坝体土方回填工作应在地基处理和混凝土截水墙浇筑完毕并达到一定强度后进行，回填时只能用小型机具。截水墙两侧的填土，应保持均衡上升，避免因受力不均而引起截水墙断裂。只有当回填土高出截水墙顶部0.5m后，才允许用羊脚碾压实。

任务4.3.3 土石料开采与加工

项目背景：福州市八一水库挡水坝工程施工

土料采用开挖的可利用料及外部开采料，开采较易。土料开采前，须清除表面的树木、树桩、树根、杂草、垃圾等杂物，并将表层土剥离10～30cm，并堆放在弃渣场内。

填筑土料含水量的控制：在取料场设置临时或长期性排水沟，将地表水排走，使场内不积水；开采时先进行抽槽开挖，降低土料场开采区的地下水位；填筑料含水量偏高，进行必要的翻晒，如偏低，在填筑面对土料洒水，洒水量要通过试验确定。

土料开采：采用$1m^3$的反铲挖掘机和装载机自上而下，分层开挖。

问题：土石料开采方法有哪些？为什么要对土石料进行加工？怎样加工？

学习目标：

(1) 知识目标。熟悉土料开采的方法，土料加工方法。

(2) 能力目标。能合理制定开采方案，能进行土料开采加工。

4.3.3.1 坝料开采

1. 坝料开采前准备工作

(1) 划定料场范围。

(2) 设置排水系统。

(3) 按照施工组织设计要求修建施工道路。

(4) 分区清理覆盖层。

(5) 修建辅助设施。包括风、水、电系统以及坝料加工、堆（弃）料场、装料站台等。

2. 土石料开采

土料开采主要分为立面开采及平面开采，其施工特点及适用条件见表4.4。

表4.4 土料开采方式比较

开采方式	立面开采	平面开采
料场条件	土层较厚，料层分布不均	地形平坦，适应薄层开挖
含水率	损失小	损失大，适用有降低含水率要求的土料
冬季施工	土温散失小	土温易散失；不宜在负温下施工
雨季施工	不利因素影响小	不利因素影响大
适用机械	正铲，反铲，装载机	推土机，铲运机或推土机配合装载机

3. 砂砾料开采

砂砾料（含反滤料）开采施工特点及适用条件，见表4.5。

表4.5　砂砾料开采方式比较

开采方式	水上开采	水下开采（含混合开采）
料场条件	阶地或水上砂砾料	水下砂砾料无坚硬胶结或太大漂石
适用机型	正铲，反铲，推土机	采砂船，索铲，反铲
冬季施工	不影响	若结冰，不宜施工
雨季施工	一般不影响	要有安全措施，汛期一般停产

4.3.3.2　坝料加工

1. 调整土料含水率

降低土料含水量的方法有挖装运卸中的自然蒸发、翻晒、掺料、烘烤等方法。提高土料含水量的方法有在料场加水，料堆加水，在开挖、装料、运输过程中加水。

2. 防渗掺合料加工

防渗掺合料最好是级配良好的砂砾料，也可用风化岩石，建筑物开挖石渣，其最大粒径不大于碾压层厚的2/3（最大粒径可达120～150mm）。

试验表明，当掺料（$d>5$mm）含量在40%以下时，土料能充分包裹粗粒掺料，这时掺料尚未形成骨架，掺合料的物理力学性质与原土相近，当掺料含量大于60%时，掺料形成骨架，土料成为充填物，渗透系数将随掺量的增加而显著变大，一般认为防渗体的掺料以40%～50%为宜。

掺料方法一般采用水平层铺料——立面（斜面）开采掺合法。土料和掺料逐层相间铺料，各层料的铺层厚度一般以40～70cm为宜，立面或斜面开挖取料。

3. 超径料（颗粒）处理

砾质土中超径石含量不多时，常用装耙的推土机先在料场中初步清除，然后在坝体填筑面上进行填筑平整时再作进一步清除；当超径石的含量较多时，可用料斗加设蓖条筛（格筛）或其他简单筛分装置加以筛除，还可采用从高坡下料，造成粗细分离的方法清除粗粒料。

4. 反滤料加工

在进行反滤料、垫层料、过渡料等小区料的开采和加工时，若级配合适，可用砂砾石料直接开采上坝或经简易破碎筛分后上坝。若无砂砾石料可供使用，则可用开采碎石加工制备。对于粗粒径较大的过渡料宜直接采用控制爆破技术开采，对于较细且质量要求高的反滤料、垫层料，则可用破碎、筛分、掺合工艺加工。

如果其级配接近混凝土骨料级配，可考虑与混凝土骨料共同使用一个加工系统，必要时亦可单独设置破碎筛分系统。

4.3.3.3　土石料挖运机械配套

1. 挖运强度的确定

土石坝施工的挖运强度取决于土石坝的上坝强度，上坝强度又取决于施工中的气象水文条件、施工导流方式、施工分期、工作面的大小、劳动力、机械设备、燃料动力供应情况等因素。对于大中型工程，平均日上坝强度通常为1万～3万m^3，高的达到10万m^3左右。在施工组织设计中，一般根据施工进度计划各个阶段要求完成的坝体方量来确定上

坝和挖运强度。合理的施工组织管理应有利于实现均衡生产，避免生产大起大落，使人力、机械设备不能充分利用，造成不必要的浪费。

（1）上坝强度 Q_D（m^3/d）按式（4.21）计算：

$$Q_D=\frac{V'K_a}{TK_1}K \tag{4.21}$$

式中　V'——分期完成的坝体设计方量，以压实方计，m^3；

K_a——坝体沉陷影响系数，可取1.03～1.05；

K——施工不均衡系数，可取1.2～1.3；

K_1——坝面作业土料损失系数，可取0.90～0.95；

T——施工分期时段的有效工作日数，等于该时段的总日数扣除法定节假日和因雨停工日数，d。

（2）运输强度 Q_T（m^3/d）根据上坝强度 Q_D 确定：

$$Q_T=\frac{Q_D}{K_2}K_c \tag{4.22}$$

$$K_c=\frac{r_0}{r_T}$$

式中　K_c——压实影响系数；

r_0——坝体设计干表观密度；

r_T——土料运输的松散表观密度；

K_2——运输损失系数，可取0.95～0.99，因土料性质及运输方式而异。

（3）开挖强度 Q_c（m^3/d）仍根据上坝强度 Q_D 确定：

$$Q_c=\frac{Q_D}{K_2K_3}K_c' \tag{4.23}$$

式中　K_c'——压实系数，为坝体设计干表观密度 r_0 与料场土料天然表观密度 r_c 的比值；

K_3——土料开挖损失系数，随土料特性和开挖方式而异，一般取0.92～0.97。

2. 挖运机械数量的确定

国内外土石坝工程施工中，采用正向铲与自卸汽车配合是最普遍的挖运方案。挖掘机的斗容量与自卸汽车的载重量为满足工艺要求有个合理匹配关系，应通过计算，复核所选挖掘机的装车斗数 m。

$$m=\frac{Q}{r_c q K_H K_p'} \tag{4.24}$$

式中　Q——自卸汽车的载重量，t；

q——所选挖掘机的斗容量，m^3；

r_c——料场土的天然表观密度，t/m^3；

K_H——挖掘机的挖斗充盈系数；

K_p'——土料的松散影响系数。

按工艺要求，挖掘机装一车所需斗数要适当。若过大，说明所选挖掘机的斗容量偏小，要求挖掘机的数量太多，汽车装车时间过长，影响汽车运输能力的发挥，也影响挖掘机作用的发挥，这时宜增大挖掘机的斗容量；反之，若过小，说明汽车的载重量偏小，需要汽车的数量过多，由于换车频繁，候车时间过长，既影响挖掘机也影响汽车运输能力的发挥，这时应适当增大汽车的载重量。m 合适的范围为 3～5。另外，挖掘机和汽车之间的数量匹配关系，可以通过排队论分析，进行优化组合。

通常应使一台挖掘机所需的汽车数所对应的生产能力略大于此挖掘机的生产率，以充分发挥挖掘机的生产潜力，故有

$$P_a \geqslant \frac{P_c}{n} \tag{4.25}$$

式中　P_a——一辆汽车的生产率，m^3/h；

P_c——每台挖掘机的生产率，m^3/h。

满足高峰施工期上坝强度的挖掘机的数量应为

$$N_c = \frac{Q_{c\max}}{P_a} \tag{4.26}$$

满足高峰施工期上坝强度的汽车总数应为

$$N_a = \frac{Q_{T\max}}{P_a} \tag{4.27}$$

上式中　$Q_{c\max}$、$Q_{T\max}$——高峰施工期开挖及运输土料的最大小时强度，m^3/h。

任务 4.3.4　压实试验

项目背景： 福州市八一水库挡水坝施工质量检测

1. 填方材料的试验

在填筑前，填方材料应要求取样，按规定的方法进行颗粒分析、含水量与密实度、液限和塑限、有机质含量、承载比（CBR）试验和击实试验。

2. 填方试验

在开工前 28d，进行填方试验，并将试验结果报监理人审批。

现场试验应进行到能使该种填料达到规定的压实度为止。试验时应记录：压实设备的类型、最佳组合方式；碾压遍数及碾压速度、工序；每层材料的松铺厚度、材料的含水量等，试验结果报经监理人批准后，即可作为该种填料施工控制依据。试验结束时，试验若达到质量检验标准，可作为填方的一部分，否则，应予挖除，重新进行试验。

用于填方（包括回填）的每种类型的材料，都应进行现场压实试验。试验段所有的填料和机具与施工所用材料和机具相同。

问题： 为什么要做压实试验？怎么样进行压实试验？

学习目标：

（1）知识目标。熟悉压实试验的方法步骤。

（2）能力目标。能做压实试验，确定压实参数。

现场的压实试验是土石坝施工中的一项技术措施，通过压实试验核实坝料设计填筑指标的合理性，作为选择施工参数的依据。

土料的压实试验，是根据已选定的压实机械来确定铺土厚度、压实遍数及相应的含水量，试验土料应选择有代表性料场的土料，当所选料场土性差异较大时，应分别进行碾压试验。

压实试验前，先通过理论计算并参照已建类似工程的经验，初选几种碾压机械和拟定

几组碾压参数，采用逐步收敛法进行试验，也称淘汰法。先以室内试验确定的最优含水量进行现场试验。所谓逐步收敛法系指固定其他参数，变动一个参数，通过试验得到该参数的最优值。将优选的此参数和其他参数固定，再变动另一个参数，用试验确定其最优值。以此类推，得到每个参数的最优值。最后将这组最优参数再进行一次复核试验。若试验结果满足设计、施工要求，便可作为现场使用的施工碾压参数。试验中，碾压参数组合可参照表4.6确定。

表4.6　现场碾压试验设备及碾压参数组合

压实参数 \ 碾压机械	平　碾	羊脚碾	气胎碾	夯　板	振动碾
机械参数	选择三种单宽压力或碾重	选择三种羊脚接触压力或碾重	气胎的内压力和碾重各选择三种	夯板的自重和直径各选择三种	对确定的一种机械碾重为定值
施工参数	1. 选三种铺土厚度 2. 选三种碾压遍数 3. 选三种含水量	1. 选三种铺土厚度 2. 选三种碾压遍数 选三种含水量	1. 选三种铺土厚度 2. 选三种碾压遍数 3. 选三种含水量	1. 选三种铺土厚度 2. 选三种夯实遍数 3. 选三种夯板落距 4. 选三种含水量	1. 选三种铺土厚度 2. 选三种碾压遍数 3. 充分洒水①
复核试验参数	按最优参数试验	按最优参数试验	按最优参数试验	按最优参数试验	按最优参数试验
全部试验组数	13	13	16	19 (16)	10 (7)
每个参数试验场地大小 (m^2)	3×10	6×10	6×10	8×8	10×20

① 堆石的洒水量约为其体积的30%～50%，砂砾料约为20%～40%。

试验场地一般布置成60m×6m的条带形，然后将此条带分为4段，每段长15m，各段土料压实含水量可取$W_1=W_p+2\%$；$W_2=W_p$；$W_3=W_p-2\%$；$W_3=W_p-4\%$四种进行试验。W_p为土料的塑限。再将每段沿长边等分为4小段，段内碾压遍数依次为n_1、n_2、n_3、n_4。

试验的铺土厚度和碾压遍数应根据所选用的碾压设备型号确定，可参照表4.7确定。

表4.7　试验取用压实遍数和铺土厚度

序　号	压实机械名称	铺松土厚度 h (cm)	碾压遍数 黏性土	碾压遍数 非黏性土
1	80型履带拖拉机	10—13—16	6—8—10—12	4—6—8—10
2	10t平碾	16—20—24	4—6—8—10	2—4—6—8
3	5t双联羊脚碾	19—23—27	8—11—14—18	
4	30t双联羊脚碾	50—25—65	4—6—8—10	
5	13.5t振动平碾	50—75—100—150		2—4—6—8
6	25t气胎碾	28—34—40	4—6—8—10	2—4—6—8
7	50t气胎碾	40—50—60	4—6—8—10	2—4—6—8
8	2～3t夯板	80—100—150	2—4—6	2—3—4

试验测定相应的含水量和干表观密度，作出对应的关系曲线如图4.17所示。

根据上述关系，再作出铺土厚度、压实遍数与最大干表观密度、最优含水量关系曲线，如图4.18所示。

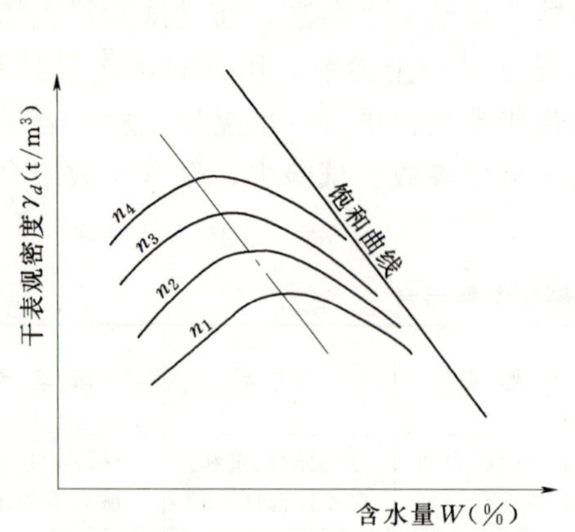

图 4.17　不同铺土厚度、不同压实遍数土料含水量和干表观密度的关系曲线

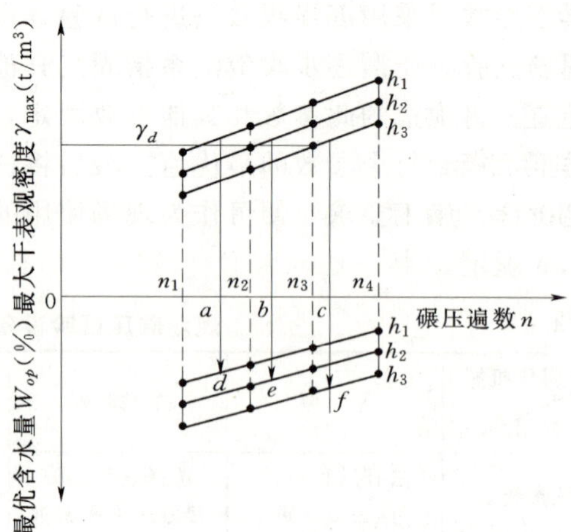

图 4.18　铺土厚度、压实遍数、最优含水量和最大干表观密度的关系曲线

从图 4.18 的曲线中，根据设计干表观密度 γ_d，可分别查出不同铺土厚度所需的碾压遍数 a、b、c 及相应的最优含水量 d、e、f。然后再以单位压实遍数的压实厚度进行比较，即比较$\frac{h_1}{a}$、$\frac{h_2}{b}$、$\frac{h_3}{c}$，其中单位压实遍数的压实厚度最大者为最经济合理。

选定经济压实厚度和压实遍数后．应首先核对是否满足压实标准的含水量要求，将选定的含水量控制范围与天然含水量比较，看是否便于施工控制。如果施工控制很困难，可适当改变含水量或其他参数。此外，在施工过程中如果压实干表观密度的合格率不满足设计标准要求，也可适当调整碾压遍数。有时对同一种土料采用两种机械进行组合压实时，可能获得最好的效果。

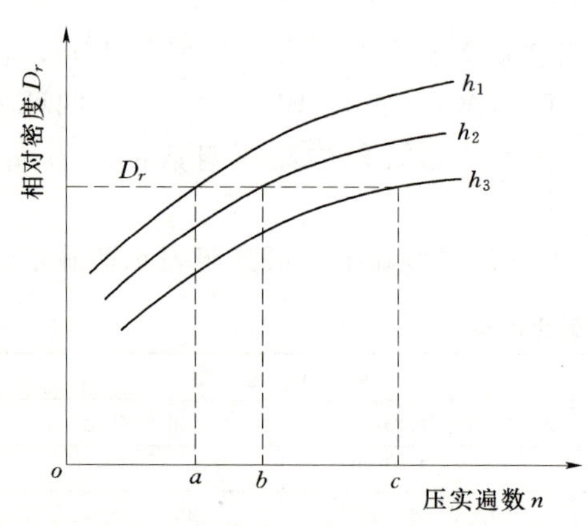

图 4.19　非黏性土的不同铺土厚度、相对密度与压实遍数关系曲线

非黏性土料含水量的影响不如黏性土显著，试验中可充分洒水，只作铺土厚度、相对密度（或干表观密度）与压实遍数的关系曲线，如图 4.19 所示。

根据设计要求的相对密度 D，求出不同铺土厚度的压实遍数 a、b、c，然后比较$\frac{h_1}{a}$、$\frac{h_2}{b}$、$\frac{h_3}{c}$，其最大值即为经济的铺土厚度和压实遍数。最后再结合施工情况，综合分析选定铺土厚度和压实遍数。

任务 4.3.5　坝体填筑

项目背景：福州市八一水库土方填筑施工

采用分段流水作业方式分层填筑，基本保持均衡上升。施工时采用 1m³ 的反铲挖掘机挖土、装车，5t 自卸汽车运输、卸料，推土机摊平，自行式凸块振动碾压实的方式进

行。为保证斜坡面碾压质量，每层考虑超填50cm左右，每上升1～2m，高程进行削坡，削坡采用人工配合挖掘机进行。

问题： 坝体怎样填筑？不同部位填筑有什么特点？

学习目标：

(1) 知识目标。熟悉坝面填筑采取的施工方法、施工工序以及不同部位施工的方法。

(2) 能力目标。能合理制定坝体填筑施工方案；能按坝体填筑的技术操作要求进行坝体填筑的指导工作。

4.3.5.1 施工准备

1. 组织准备

建立工程项目的领导机构，设立现场项目部，组织精干的施工队伍，按照工程需要，组织劳动力分批进场，建立健全各项管理制度。

2. 技术准备

(1) 在开工前及时收集各种技术资料，包括建筑红线图、地上、地下管线图、施工图、编制施工组织设计、施工预算、材料工本分析表和成本分析表等。

(2) 组织施工人员熟悉施工图纸，进行施工图会审及技术交底工作，讨论施工方案及施工布置，安排出分段分期的施工计划目标和措施。

(3) 与监理工程师进行交接工作，并作好交接记录。

3. 现场准备

(1) 施工现场测量。及时对监理工程师提供的桩点进行复核，并将复核结果上报监理工程师，经监理工程师批复后使用。组织测量人员进行导线点和水准点的加密和保护工作。保证相邻导线点互相通视，做好桩点记录，并将测量结果上报监理工程师批复，合格后使用。利用已知桩点进行原地面测量，并绘制成纵、横断面图，将测量结果上报监理工程师批复，并作为以后工程计量支付的依据。

(2) “三通一平”准备。按照施工总体布置的要求，做好路通、水通、电通和场地平整。

(3) 临时设施的准备。临时设施包括现场施工人员的办公、生活用的临时房屋建筑和施工生产辅助企业及各类仓库。临时设施应按施工总布置的位置定位建造。

4. 材料准备

根据材料需用量计划，确定材料来源，与砂料场、水泥等材料供应商签定材料供应合同，同时进场后应尽快修建各类材料堆场，组织部分材料进场，做好材料前期储备工作。

5. 机械设备准备

施工机械设备是保证施工进度的关键所在，应根据机械设备计划，提前准备，配套落实，按计划进场，确保施工的连续性。进场前要检验设备的性能状态，进场后及时进行查对和试运转，并加强保养维护。

6. 劳动力准备

(1) 组建具有同类工程施工经验的专业队伍。根据施工进度计划和工程量情况编制劳动力计划，落实施工队伍，分级签订劳务合同。

(2) 对施工人员进行施工技术、安全、文明施工和环境保护等方面的教育。组织技术交底，落实生产技术责任制，建立健全岗位责任制。

(3) 贯彻“持证上岗”制度，对施工中所需的特殊工种和新技术工种，按计划组织岗前培训，合格后上岗。

7. 物资准备

材料、制品、施工机具和设备是保证施工顺利进行的物资基础。这些物资的准备工作必须在开工之前完成，根据各种物资的需用量计划，分别落实货源，提前订货，安排运输和储备，以满足连续施工的需要。

4.3.5.2　坝面作业

土石坝坝面作业施工工序包括卸料、铺料、洒水、压实、质量检查等。坝面作业工作面狭窄、工种多、工序多、机械设备多，施工时需有妥善的施工组织规划。

为避免坝面施工中的干扰，延误施工进度，土石坝坝面作业宜采用分段流水作业施工。流水作业施工组织应先按施工工序数目对坝面分段，然后组织相应专业施工队依次进入各工段施工。对同一工段而言，各专业队按工序依次连续施工；对各专业施工队而言，依次连续在各工段完成固定的专业作业。其结果是实现了施工专业化，有利于工人劳动熟练程度的提高，有利于提高劳动效率和工程施工质量。同时，各工段都有专业队固定的施工机具，从而保证施工过程中人、机、地三不闲．避免施工干扰，有利于坝面作业多、快、好、省、安全地进行。

卸料和铺料有3种方法，即进占法、后退法和综合法。一般采用进占法，厚层填筑也可采用混合法铺料，以减小铺料工作量。进占法铺料层厚易控制，表面容易平整，压实设备工作条件较好。一般采用推土机进行铺料作业。铺料应保证随卸随铺，确保设计的铺料厚度。按设计厚度铺料平料是保证压实质量的关键。采用带式运输机或自卸汽车上坝，卸料集中。为保证铺料均匀，需用推土机或平土机散料平料。国内不少工地采用“算方上料、定点卸料、随卸随平、定机定人、铺平把关、插杆检查”的措施，使平料工作取得良好的效果。铺填中不应使坝面起伏不平，避免降雨积水。

在坝面各料区的边界处，铺料会越界，通常规定其他材料不准进入防渗区边界线的内侧。边界外侧铺土距边界线的距离不能超过50cm。

为配合碾压施工，防渗体土料铺筑应平行于坝轴线方向进行。坝体压实是填筑的最关键工序，压实设备应根据砂石土料性质选择。碾压遍数和碾压速度应根据碾压试验确定。碾压方法应便于施工，便于质量控制，避免或减少欠压和超压，一般采用进退错距法和圈转套压法，如图4.20所示。对因汽车上坝或压实机具压实后的土料表层形成的光面，必须进行刨毛处理，一般要求刨毛深度为4～5cm。

进退错距法操作简便，碾压、铺土和质检等工序协调，便于分段流水作业，压实质量容易保证，其开行方式如图4.20（b）所示；圈转套压法要求开行的工作面较大，适合于多碾滚组合碾压。其优点是生产效率较高，但碾压中转弯套压交接处重压过多，易于超压。当转弯半径小时，容易引起土层扭曲，产生剪力破坏。在转弯的四角容易漏压，质量难以保证，其开行方式如图4.20（b）所示。国内多采用进退错距法，用这种开行方式，为避免漏压，可在碾压带的两侧先往复压够遍数后再进行错距碾压。错距宽度b（m）按式（4.28）计算：

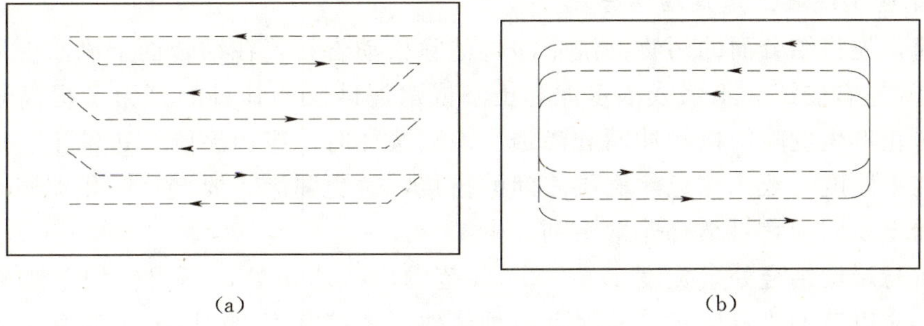

(a)　　(b)

图 4.20 碾压机械开行方式

(a) 进退错距法；(b) 圈转套压法

$$b=\frac{B}{n} \tag{4.28}$$

式中 B——碾滚净宽，m；

n——设计碾压遍数。

在错距时，为便于施工人员控制，也可前进后退仅错距一次，则错距宽度可增加一倍。对于碾压起始和结束的部位，按正常错距法无法压到要求的遍数，可采用前进后退不错距的方法，压到要求的碾压遍数，或辅以其他方法达到设计密度的要求。坝体分期分块填筑时，会形成横向或纵向接缝。由于接缝处坡面临空，压实机械有一定安全距离，坡面上有一定厚度不密实层，另外铺料不可避免的溜滑，也增加了不密实层厚度，这部分在相邻块段填筑时必须处理，一般采用留台法或削坡法。

4.3.5.3 结合部位的施工

土石坝施工中，坝体的防渗土料不可避免地要与地基、岸坡、周围其他建筑的边界相结合；由于施工导流、施工方法、分期分段分层填筑等的要求，还必须设置纵横向的接坡、接缝。所有这些结合部位，都是影响坝体整体性和质量的关键部位，也是施工中的薄弱环节，质量不易控制。接坡、接缝过多，还会影响到坝体填筑速度，特别是影响机械化施工。

对结合部位的施工，必须采取可靠的技术措施，加强质量控制和管理，确保坝体的填筑质量满足设计要求。

1. 坝基结合面

对于基础部位的填土，一般用薄层、轻碾的方法，不允许用重型碾或重型夯，以免破坏基础，造成渗漏。对黏性土、砾质土坝基，应将其表层含水量调节至施工含水量上限范围，用与防渗体土料相同的碾压参数压实，然后刨毛深 3～5cm，再铺土压实。

非黏性土地基应先压实，再铺第一层土料，含水量为施工含水量的上限。采用轻型机械压实，压实干表观密度可略低于设计要求。

与岩基接触面，应首先把局部凹凸不平的岩石修理平整，封闭岩基表面节理、裂隙，防止渗水冲蚀防渗体。若岩基干燥可适当洒水，并使用含水量略高的土料，以便容易与岩基或混凝土紧密结合。碾压前，对岩基凹陷处，应用人工填土夯实。不论何种坝基，当填筑厚度达到 2m 以后，才可使用重型压实机械。

2. 与岸坡及混凝土建筑物结合

填土前，先将结合面的污物冲洗干净，清除松动岩石，在结合面上洒水湿润，涂刷一层厚约5mm左右的浓黏土浆或浓水泥黏土浆或水泥砂浆，其目的是为了提高浆体凝固后的强度，防止产生危险的接触冲刷和渗透。涂刷浆体时，应边涂刷、边铺土、边碾压，涂刷高度与铺土厚度一致，注意涂刷层之间的搭接，避免漏涂。要严格防止泥浆干固（或凝固）后再铺土，因为它对结合非常不利。

防渗体与岸坡结合处，宽度1.5～2.0m范围内或边角处，不得使用羊脚碾、夯板等重型机具，应以轻型机具压实，并保证与坝体碾压搭接宽度1m以上。混凝土齿墙或坝下埋管两侧及顶部0.5m范围内填土，必须用小型机具压实，其两侧填土应保持均衡上升。

岸坡、混凝土建筑物与砾质土、掺合土结合处，应填筑1～2m宽塑性较高而透水性低的土料，避免直接与粗料接触。

3. 坝体纵横向接坡及接缝

土石坝施工中，坝体接坡具有高差较大、停歇时间长、要求坡身稳定的特点。对于允许接合坡度大小及高差大小有争论，尤其对防渗心墙与斜墙是否可设置纵横向接坡的争论更大。土石坝施工的实践经验证明，几乎在任何部位都可以适当设置纵横向接坡，关键在于有无必要和采取什么样的施工措施。一般情况下，填筑面应力争平起，斜墙及窄心墙不应留有纵向接缝，如临时度汛需要设置时，应进行技术论证。防渗体及均质坝的横向接坡不应陡于1∶3。高差不超过15m。均质坝（不包括高压缩性地基上的土坝）的纵向接缝，宜采用不同高度的斜坡和平台相间形式，坡度及平台宽度根据施工要求确定，并满足稳定要求，平台高差不大于15m。坝体接坡面可用推土机自上而下削坡，适当留有保护层，配合填筑上升。逐层清至合格层，接合面削坡合格后，要控制其含水量为施工含水量范围的上限。

坝体施工临时设置的接缝相对接坡来讲，其高差较小，停置时间短，没有稳定问题，通常高差以不超过铺土厚度的1～2倍为宜，分缝在高程上应适当错开。

4.3.5.4 反滤料垫层料过渡料的施工

反滤料、垫层料、过渡料一般方量不大，但其要求较高，铺料不能分离，一般与防渗体和一定宽度的大体积坝壳石料平起上升，压实标准高，分区线的误差有一定的控制范围。当铺填料宽度较宽时，铺料可采用装载机辅以人工进行。

填筑方法有削坡法、挡板法及土、砂松坡接触平起法3类。土、砂松坡接触平起法能适应机械化施工，填筑强度高，可以做到防渗体、反滤层与坝壳料平起填筑，均衡施工，是被广泛应用的施工方法。根据防渗体土料和反滤层填筑的次序、搭接形式的不同，又可分成先土后砂法和先砂后土法。

先土后砂法如图4.21（a）所示，先填2～3层土料，压实时边缘留30～50cm宽松土带，一次铺反滤料与黏土齐平，压实反滤料，并用气胎碾压实土砂接缝带。此法容易排除坝面积水；因填土料时无侧面限制，施工中有超坡，且接缝处土料不便压实。当反滤料上坝强度赶不上土料填筑时，可采用此法。

先砂后土法如图4.21（b）所示，先在反滤料设计线内用反滤料筑一小堤，再填筑2～3层土料与反滤料齐平，然后压实反滤料及土料接缝带。此法填土料时有反滤料作侧

限，便于控制防渗土体边线，接缝处土料便于压实，宜优先采用此法。

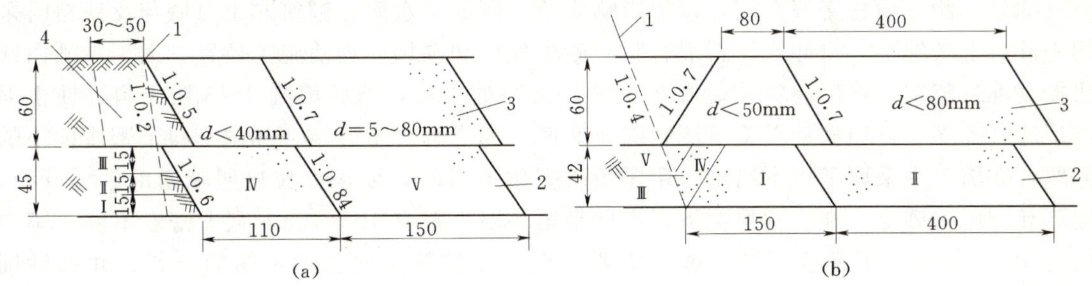

图4.21　土、砂平起施工示意图（单位：cm）

(a) 先土后砂法（碧口坝）；(b) 先砂后土法（石头河坝）

1—心墙设计线；2—已压实层；3—未压实层；4—松土带

Ⅰ、Ⅱ、Ⅲ、Ⅳ、Ⅴ—填料次序

反滤料的压实，应包括接触带土料与反滤料的压实。当防渗体土料用气胎碾碾压时，反滤料铺土厚度可与黏土铺土厚度相同，并同时用气胎碾碾压，这是施工中压实接触带最好的方法。若防渗体土料采用羊脚碾碾压时，对于土压砂的情况，两者应同时平起，羊脚碾压到距土砂结合边0.3～0.5m为止，以免羊脚碾将土下之砂翻出来。然后用气胎碾碾压反滤层，其碾迹与羊脚碾碾迹至少应重叠0.5m以上，如图4.22（a）所示。若砂压土时，土、砂亦同时平起，同样先用羊脚碾压土料，且羊脚碾压到反滤料上至少0.5m宽，以便把反滤料之下的土料压实，然后用气胎碾碾压反滤料，并压实到土料上的宽度至少为0.5m，如图4.22（b）所示。

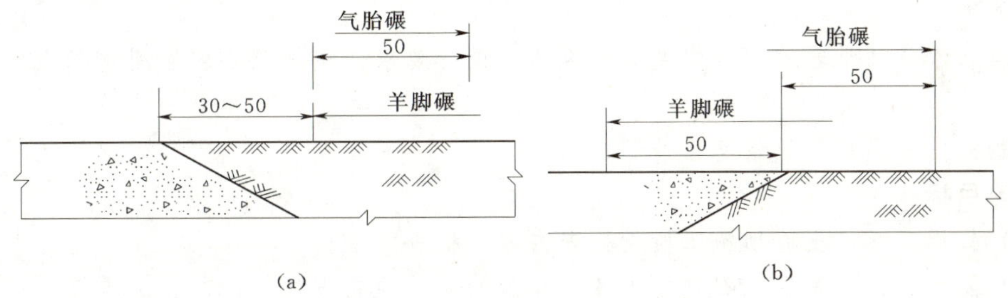

图4.22　土、砂结合带的压实（单位：cm）

(a) 土压砂；(b) 砂压土

无论是先土后砂法或是先砂后土法，土砂之间必然出现犬牙交错的现象。反滤料的设计厚度，不应将犬牙厚度计算在内，不允许过多削弱防渗体的有效断面，反滤料一般不应伸入心墙内，犬牙大小由各种材料的休止角所决定，且犬牙交错带宽不得大于其每层铺土厚度的1.5～2.0倍。

当铺料宽度较宽时，采用自卸汽车运输，推土机平料，压实机械根据不同的填筑材料和施工方法有所不同。一般用振动碾碾压，边角不能达到的部位辅以夯击或平板振动器压实。当料物较细时，应严格控制加水量，避免出现橡皮土现象。

无论是先砂后土法还是先土后砂法，土料边沿仍有一定宽度未压实合格，所以需要每填筑三层土料后用夯实机具夯实一次土砂的结合部位，夯实时宜先夯土边一侧，合格后再夯反滤料一侧，切忌交替夯实，以免影响质量。例如某水库，铺筑黏土心墙与反滤料时采用先砂后土法施工。自卸汽车将混合料和砂子先后卸在坝面当前施工位置，人工（洒白灰线控制堆筑范围）将反滤料整理成0.5～0.6m高的小堤，然后填筑2～3层土料，使土料与反滤料齐平，再用振动碾将反滤料碾压8遍。为了解决土砂结合部位土料干密度偏小的问题，在施工中采取了以下措施：用羊角碾碾压土料时，要求拖拉机履带紧沿砂堤开行，但不允许压上砂堤；在正常情况下，靠砂带第一层土料有10～15cm宽干密度不够，第二层有10～25cm宽干密度不够，施工中要求用人工挖除这些密度不够的土料，并移砂铺填；碾压反滤料时应超过砂界至少0.5m宽，取得了较好的效果。

在塑性心墙坝施工时，应注意心墙与坝壳的均衡上升，如心墙上升太快，易干裂而影响质量；若坝壳上升太快，则会造成施工困难。塑性斜墙坝施工，应待坝壳填筑到一定高度甚至达到设计高度后，再填筑斜墙土料，尽量使坝壳沉陷在防渗体施工前发生，从而避免防渗体在施工后出现裂缝。对于已筑好的斜墙，应立即在上游面铺好保护层，以防干裂。

当黏性土含水量偏低或偏高时，可进行洒水或晾晒。洒水或晾晒工作主要在料场进行。如必须在坝面洒水，为使水分能尽快分布到填筑土层中，可在铺土前洒1/3的水，其余2/3在铺好后再洒。洒水后应停歇一段时间，使水分在土层中均匀分布后再进行碾压。

任务4.3.6　压实质量控制

项目背景：福州市八一水库工程土方填筑

在施工前，先进行土料碾压试验，以确定铺土厚度、碾压遍数、行进速度等参数。

随时检查碾压情况，判断有无层间光面、弹簧土、漏压或欠压、裂缝等并采取有效措施及时处理。

检查含水量、干容重、压实度等是否达到设计要求。按规范要求检测频率不少于1次/400m^2。

问题：土石坝施工质量怎么控制？

学习目标：

(1) 知识目标。土石坝施工质量检查内容，检查方法。

(2) 能力目标。掌握土石坝施工各个环节的质量检查方法，控制施工质量。

施工质量的检查与控制是土石坝安全的重要保证，它贯穿于土石坝施工的各个环节和施工全过程。

4.3.6.1　料场的质量检查和控制

对土料场应经常检查所取土料的土质情况、土块大小、杂质含量和含水量是否符合规范规定。其中含水量的检查和控制尤为重要。

若土料的含水量偏高，一方面应改善料场的排水条件和采取防雨措施，另一方面需将含水量偏高的土料进行翻晒处理，或采取轮换掌子面的办法，使土料含水量降低到规定范围再开挖。若以上方法仍难满足要求，可以采用机械烘干法烘干。

当土料含水量不均匀时，应考虑堆筑“土牛”（大土堆），使含水量均匀后再外运。当含水量偏低时，对于黏性土料应考虑在料场加水，料场加水量Q_0，可按式（4.29）计算：

$$Q_0 = \frac{Q_D}{K_p}\gamma_e\ (W_0 + W - W_e) \tag{4.29}$$

式中　Q_D——土料上坝强度；:

K_p——土料的可松性系数；

γ_e——料场的土料表观密度；

W_0、W、W_e——坝面碾压要求的含水量、装车和运输过程中含水量的蒸发损失以及料场土料的天然含水量，W 值通常取 0.02～0.03，最好在现场测定。

料场加水的有效方法是采用分块筑畦埂。灌水浸渍，轮换取土。地形高差大也可采用喷灌机喷洒，此法易于掌握，节约用水。无论哪种加水方式，均应进行现场试验。对非黏性土料可用洒水车在坝面喷洒加水，避免运输时从料场至坝上的水量损失。

对石料场应经常检查石质、风化程度、爆落块料大小、形状及级配等是否满足上坝要求。如发现不合要求，应查明原因，及时处理。

4.3.6.2　坝面的质量检查与控制

在坝面作业中，应对铺土厚度、填土块度、含水量大小、压实后的干表观密度等进行检查，并提出质量控制措施。对黏性土、含水量的检测是关键。

对于Ⅰ、Ⅱ级坝的心、斜墙，测定土料干表观密度的合格率应不小于90%；Ⅲ、Ⅳ级坝的心、斜墙或Ⅰ、Ⅱ级均质坝应达到80%～90%。不合格干表观密度不得低于设计干表观密度的98%，且不合格样不得集中。

根据地形、地质、坝料特性等因素，在施工特征部位和防渗体中，选定一些固定取样断面。沿坝高5～10m，取代表性试样（总数不宜少于30个）进行室内物理力学性能试验，作为核对设计及工程管理之依据。此外，还须对坝面、坝基、削坡、坝肩接合部、与刚性建筑物连接处以及各种土料的过渡带进行检查。对土层层间结合处是否出现光面和剪力破坏应引起足够重视，认真检查。对施工中发现的可疑问题，如上坝土料的土质、含水量不合要求，漏压或碾压遍数不够，超压或碾压遍数过多，铺土厚度不均匀及坑洼部位等应进行重点抽查，不合格者返工。

对于反滤层、过渡层、坝壳等非黏性土的填筑，主要应控制压实参数，如不符合要求，施工人员应及时纠正。在填筑排水反滤层过程中，每层在25m×25m的面积内取样1～2个；对条形反滤层，每隔50m设一取样断面，每个取样断面每层取样不得少于4个，均匀分布在断面的不同部位，且层间取样位置应彼此对应。对于反滤层铺填的厚度、是否混有杂物、填料的质量及颗粒级配等应全面检查。通过颗粒分析，查明反滤层的层间系数（D_{50}/d_{50}。）和每层的颗粒不均匀系数（d_{60}/d_{10}）是否符合设计要求。如不符合要求，应重新筛选，重新铺填。

土坝的堆石棱体与堆石体的质量检查大体相同，主要应检查上坝石料的质量、风化程度、石块的重量、尺寸、形状、堆筑过程有无离析架空现象发生等。对于堆石的级配、孔隙率大小，应分层分段取样，检查是否符合规范要求。随坝体的填筑应分层埋设沉降管，对施工过程中坝体的沉陷进行定期观测。并作出沉陷随时间的变化过程线。

对于填筑土料、反滤料、堆石等的质量检查记录，应及时整理，分别编号存档，编制数据库，既作为施工过程全面质量管理的依据，也作为坝体运行后进行长期观测和事故分析的佐证。

近年来，我国已研制成功一种装设在振动碾上的压实计，能向在碾压中的堆石层发射和接收其反射的震动波，可在仪器上显示出堆石体在碾压过程中的变形模量。这种装置使用方便，可随时获得所需资料，但其精度较低，只能作为量测变形模量的辅助措施。

任务4.3.7　土石坝的冬雨季施工

项目背景：福州市八一水库工程施工

严格按照施工技术规范进行施工，有关雨天停工标准要求或项目监理工程师指示。填筑面向外倾斜，以利排除积水。下雨前用油布覆盖，雨后填筑面适当晾晒后再进行土层处理。下雨和雨后不允许践踏工作面，禁止车辆通行。

问题：冬雨季对土石坝的施工质量有什么影响?

学习目标：

(1) 知识目标。能正确说明土石坝冬雨季施工的特殊措施。

(2) 能力目标。能采取一定措施保证冬雨季施工质量。

土石坝施工特点之一，是大面积的露天作业，直接受外界气候环境的影响，尤其是对防渗土料影响更大。降雨会增大土料的含水量，冬季土料又会冻结成块，都会影响施工质量。因此，土石坝的冬雨季施工，常成为土石坝施工的障碍，它使施工的有效工作日大为减少，造成施工强度的不均匀，增加施工过程拦洪度汛的难度，甚至延误工期。为了保证坝体的施工进度，降低工程造价，必须解决好雨季和冬季的施工措施问题。

4.3.7.1　土石坝的冬季施工

寒冬土料冻结会给施工造成极大困难，因此．当日平均气温低于0℃时，黏性土料应按低温季节施工；当日平均气温低于－10℃时，一般不宜填筑土料，否则应进行技术论证。

我国北方地区，冬季时间长。如不能施工将给工程进度带来影响。因此。土石坝冬季施工也就成为北方地区需要解决的一个重要问题。

冬季施工的主要问题在于：土的冻结使强度增高，不易压实；而冻土的融化却使土体的强度和土坡的稳定性降低，处理不好，将使土体产生渗漏或塑流滑动。

外界气温降低时，土料中水分开始结冰的温度低于0℃，即所谓过冷现象。土料的过冷温度和过冷持续时间，与土料种类、含水量大小和冷却强度有关。当负温不是太低时，土料中的水分能长期处于过冷状态而不结冰。含水量低于塑限的土料及含水量低于4%～5%的砂砾料，由于水分子与颗粒的相互作用，土的过冷现象极为明显。土的过冷现象表明，当负气温不太低时，用具有正温的土料在露天填筑，只要控制好含水量，有可能在土料未冻结之前，争取填筑完毕。

因此，土石坝冬季施工，只要采取适当的技术措施，防止土料冻结，降低土料含水量和减少冻融影响，仍可保证施工质量，加快施工进度。

1. 负温下的土料填筑

负温下填筑要求黏性土含水量略低于塑限，防渗体土料含水量不应大于塑限的90%。不得加水和夹有冰雪，在未冻结的黏土中，允许含有少量小于5cm冻块，但需均匀分布，其允许含量与土温、土料性质、压实机具和压实标准有关，需通过试验确定。

铺料、碾压、取样等应快速作业，压实土料温度必须在－1℃以上，土料填筑应加大压实功能，宜采用重型碾压机械。

严禁在坝体分段结合处有冻土层、冰块存在，应将已填好的土层按规定削成斜坡相接，接坡处应做成梳齿形样槽，用不含冻土的暖料填筑。

2. 负温下的砂砾料填筑

砂砾料的含水量应小于4%，不得加水，最好采用地下水位以上或较高气温季节堆存的砂砾料填筑，填筑时应基本上保持正温，冻料含量应在10%以下，冻块粒径不超过10cm，且分布均匀。

利用重型振动碾和夯板压实，采用夯板时，每层铺料厚度可减薄1/4左右；采用重型振动碾，一般可不减薄。

3. 暖棚法施工

当日最低气温低于－10℃时，多采用简易结构暖棚和保温材料，将需要填筑的坝面临时封闭起来，在暖棚内采取蒸汽或火炉等升温措施，使之在正温条件下施工，暖棚法施工费用较高，如大伙房心墙坝冬季暖棚法与正温露天作业相比，其黏性土填筑增加费用41.8%，砂砾料则增加费用102%。

负温下土石坝施工，对料场也应采取防冻保温措施。如在料场可采取覆盖隔热材料或积雪、冰层保温，也可用松土保温等。一般说来，只要采料温度不低于5～10℃，碾压时温度不低于2℃，就能保证土料的压实效果。

4.3.7.2　土石坝的雨季施工

土石坝防渗体土料在雨季施工，总的原则是“避开、适应和防护”。一般情况下应尽量避免在雨季进行土料施工；选择对含水量不敏感的非黏性土料以适应雨季施工，争取小雨天施工，以增加施工天数；在雨天不太多，降雨强度大，花费不大的情况下，采取一般性的防护措施也常能奏效。

例如，某黏土心墙坝，采用如图4.23（a）所示的施工程序：在雨季中的晴天，心墙两侧仅填筑部分足以维持心墙稳定的护坡坝壳，其外坡一般不陡于1∶1.5～1∶2.0，当下雨不能填土时，则集中力量填筑坝壳部分。对于斜墙坝，也应在晴天抢填土料，雨天或雨后填筑坝壳部分，彼此减少干扰，施工程序协调，如图4.23（b）所示。

雨季施工中，还应采取以下有效的施工技术及防护措施。

快速压实表层松土，防止松土被小雨渗入，这是雨季施工中最有效的措施，具有省工、省费用、施工方便等优点。

坝面填筑力争平起，保持填筑面平整，使填筑面微向上下游倾斜约2%左右的坡度，以利排水。对于砂砾料坝壳，需注意防止暴雨冲刷坝坡，可在距坝坡2～3m处，用砂砾料筑起临时小埂，不使坝面雨水沿坡面下流，而使雨水下渗。

雨前将施工机械撤出填筑面，停放在坝壳区，做好填土面的保护。下雨或雨后，尽量不要踩踏坝面，禁止机械通行，防止坝面形成稀泥。

在坝面设防雨棚，用苫布、油布或简易防雨设备，覆盖坝面，避免雨水渗入，缩短雨后停工时间，争取填筑工期。

在雨季还应加强土料场的排水措施，及时排除雨水，土料场停工或下雨时，原则上不

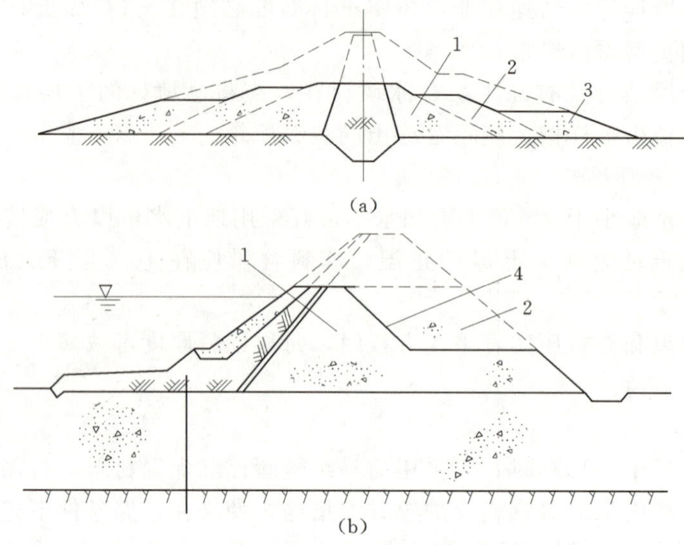

图4.23　心、斜墙与坝壳雨季施工平衡上升图
(a) 心墙与坝壳雨季填筑平衡上升；(b) 斜墙坝临时拦洪断面
1—心、斜墙及坝壳平衡上升部分；2—第二次填筑坝壳部分；
3—最后填筑坝壳部分；4—临时拦洪断面

得留有松土。如必须储存一部分松土时，可堆成“土牛”并加以覆盖，四周作好排水。

运输道路也是雨季施工的关键之一。一般的泥结碎石路面，当遇雨水浸泡时，路面容易破坏，即使天晴坝面可复工，但因道路影响了运输而不能及时复工，不少工程有过此教训。所以应加强雨季路面维护和排水措施，在多雨地区的主要运输道路，可考虑采用混凝土路面。

项目4.4　混凝土面板堆石坝施工

项目背景：新疆察汗乌苏水电站工程施工

察汗乌苏水电站是一混凝土面板堆石坝。混凝土面板砂砾石坝坝高110m（覆盖层深46m），坝顶长337.6m，坝底最大宽度约400m。主体建筑物混凝土面板砂砾石坝布置及主要技术指标简述如下：

上游坝面设30～62cm的变厚混凝土面板，河床部位通过宽趾板（10m宽）与混凝土防渗墙连接；两岸趾板建基在岸坡基岩上；面板下设水平宽度为3m的垫层料，后接顶宽为3m的变厚过渡料；坝体主堆石为砂砾石区，约占坝体断面的2/3；下游坝体为下游堆石区（约占坝体断面的1/4），主要采用建筑物开挖料；在坝体上游主堆区上游布置垂直砾石排水体，宽3m，与河床水平排水条带（条带为5条，宽10m，间距15m，厚4m）相连；在排水条带四周包裹一层0.5～1.0m厚的反滤料；下游护坡采用0.5m厚干砌块石护坡。坝面上游1580.00m以下设顶宽5m、上游坡比1∶1.75、下游紧贴面板和趾板的粉土防渗；黏土上游设顶宽5.0m、外坡坡比为1∶2.1的石渣护坡。

施工要点：

1. 主砂砾石料、下游堆石料填筑

(1) 施工中计划主砂砾石料场分3个工作面，堆石料场分2个工作面，采用EX750液压正铲、H95液压正铲及PC400液压反铲挖装，20t自卸汽车运输，320HP推土机平料，20t振动碾碾压，按试验确定的施工参数进行填筑作业，拉料车辆过磅加水。

(2) 坝体堆石料尽量采取大面积铺筑，以减少接缝。当分块填筑时，将对块间接坡处的虚坡带采取专门的处理措施。坝料碾压应平行于坝轴线作业，靠岸边处可顺岸坡方向进行压实。振动平碾难于碾及的地方，将采用液压振动夯板压边角。

(3) 对于上游坡比为1∶1.0的主砂砾石区与竖向排水反滤区以及下游坡比为1∶1.0的主砂砾区与堆石区的填筑，施工中将遵循粗料不占细料的原则。

2. 垫层（垫层小区）料、过渡料填筑

(1) 垫层（垫层小区）料取自位于坝址下游4.5km处的C3料加工场，过渡料取自位于坝址下游1.5km处的4号倒渣场，不足时在其下游0.3km处的6号倒渣场作为备用料场补充。砂石加工厂成品料采用20t自卸汽车直接运输上坝，倒渣场过渡料采用CAT330液压反铲挖装，20t自卸汽车运输，人工配合220HP推土机平料，18t振动碾碾压，按试验确定的施工参数进行填筑作业，拉料车辆从1号桥后河边经过时过磅加水。

(2) 过渡料与垫层料采用后退法卸料，铺料时应避免分离，交界处避免大石集中。首先清除主砂砾石界面上的大石后再填筑过渡层，清除过渡料界面上的大石后再填筑垫层料。

(3) 分段铺筑时做好接缝间的处理连接，将斜面的横向接缝收成缓于1∶2的斜坡，防止产生层间错动或断层现象，避免大石架空夹层。

(4) 垫层小区将采用人工配合机械按试验确定的参数进行薄层摊铺，厚度不超过25cm，采用轻型碾或平板振动器压实。

3. 排水料、反滤料填筑

(1) 排水料、反滤料取自位于坝址下游4.5km处的C3料加工厂，20t自卸汽车直接运输上坝。反滤料采用人工配合$2m^3$装载机铺料，排水料采用220HP推土机铺料，18t振动碾碾压，按试验确定的施工参数进行填筑作业，上坝前过磅加水，并确保掺水均匀。

(2) 竖向排水、反滤区的填筑与一定宽度的主砂砾石平起施工，均衡上升。排水料、反滤料与主砂砾石连接时，先填主砂砾石料，其次是排水料，再填反滤料，最后填前区砂砾石料。

(3) 河床坝基水平排水条带填筑，应首先清理砂卵砾石坝基并用25t振动碾碾压，经监理工程师验收合格后方可进行主砂砾石及排水条带的施工。在河床建基面上侧放条带线，并用白灰撒线标示，先铺填两层反滤料，每层厚50cm，再铺填排水料及主砂砾石料，各种填筑料之间用插板隔离，避免料物界线混淆。一层主砂砾石料、二层反滤料和排水料平起作业。

问题：面板堆石坝如何分区？各区土石料铺筑碾压有何不同要求？面板堆石坝施工工程序是怎样的？垫层区如何压实施工？挤压边墙是如何进行？如何进行面板混凝土浇筑？

学习目标：

（1）知识目标。能陈述面板堆石坝的施工程序；能垫层料压实的有效途径与方法；能陈述混凝土面板施工的一般方法。

（2）能力目标。能组织面板坝的施工，控制其施工质量。

混凝土面板坝的防渗系统由基础防渗工程、趾板、面板组成。其特点是：堆石坝体能直接挡水或过水，简化了施工导流与度汛，枢纽布置紧凑，充分利用当地材料。面板坝可以分期施工，便于机械化施工，施工受气候条件的影响较小。

面板堆石坝上游面有薄层面板，面板可以是刚性钢筋混凝土的，也可以是柔性沥青混凝土的，坝身主要是堆石结构。良好的堆石材料，尽量减少堆石体的变形，为面板正常工作创造条件，是坝体安全运行的基础。

坝体部位不同，受力状况不同，对填筑材料的要求也不同，所以应对坝体进行分区，如图 4.24 所示。

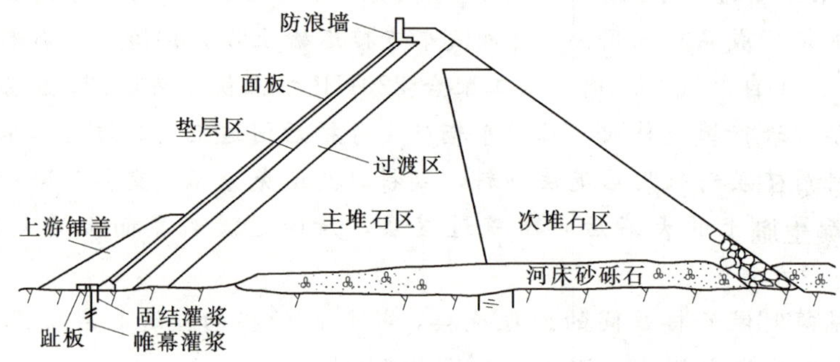

图 4.24　混凝土面板堆石坝的坝体分区剖面图

面板下垫层区的主要作用在于为面板提供平整、密实的基础，将面板承受的水压力均匀传递给主堆石体。过渡区位于垫层区与主堆石区之间，其主要作用是保护垫层区在高水头作用下不产生破坏，其粒径、级配要求符合垫层料与主堆石料间的反滤要求。主堆石区是坝体维持稳定的主体，其石质好坏、密度、沉降量大小，直接影响面板的安危。下游堆石区起保护主堆石体及下游边坡稳定的作用，要求采用较大石料填筑，由于该区的沉降变形对面板已影响甚微，故对石质及密度要求有所放宽。

一般面板坝的施工程序为：岸坡坝基开挖清理，趾板基础及坝基开挖，趾板混凝土浇筑，基础灌浆，分期分块填筑主堆石料，垫层料必须与部分主堆石料平起上升，填至分期高度时用滑模浇筑面板，同时填筑下期坝体，再浇混凝土面板，直到坝顶。

堆石坝填筑的施工设备、工艺和压实参数的确定，和常规土石坝非黏性土料施工没有本质区别。

4.4.1　填筑施工方案制定

堆石坝施工前要进行坝体填筑方案规划，主要内容包括以下几点。

（1）根据合同要求的总工期目标，导流度汛方式及其设计标准确定施工分期方案，施工进度和施工方法。

（2）根据施工分期方案确定各阶段的坝体填筑断面及各坝区料的工程量。

(3) 确定填筑料的来源，选定填筑料的生产、加工及运输方式。

(4) 根据施工进度各阶段坝体填筑的起止时间，计算施工强度。

(5) 根据碾压试验确定坝体填筑的压实机械、压实方法、压实参数，如铺层厚度、碾压遍数、加水量等。

(6) 根据施工强度计算所需施工机械设备和人员数量及组合。

(7) 确定坝区施工道路的布置。

道路布置应考虑地形条件、枢纽布置、工程量大小、填筑强度、运输车辆规格型号等因素。

按路面宽度不同，主要有双车道和环形单车道两种线路。双车道特点：路面较宽，错车频繁，在转弯处不安全；进出各料场，坝区时，车辆穿插干扰较大，影响继续效率。环形单车道特点：施工期间，随着坝体上升，可在坝坡或坝体内部灵活地设置“之”字形上坝道路，以便最大限度地减少坝体外的上坝道路，对岸坡陡峭修建道路困难的地方意义更大。堆石体内部的上坝道路需根据填筑施工的需要随时变换。

如料场布置在坝址上游，筑坝道路要跨过趾板，必须对趾板，止水设施及垫层进行保护。保护方式可以在趾板上堆渣，也可以用临时钢梁架桥跨越。在岸坡陡峭的峡谷内，沿岸坡修路困难，工程量大，还涉及高边坡问题。有的工程根据地形条件，用交通洞通向坝区或竖井卸料连接不同高程的道路，也有较好效果。

4.4.2　趾板混凝土施工

河床段趾板应在基岩开挖完毕后立即进行浇筑，在大坝填筑之前浇筑完毕。岸坡部位的趾板必须在填筑之前一个月内完成。为减少工序干扰和加快施工进度，可随趾板基岩开挖出一段之后，立即由顶部自上而下分段进行施工。如工期和工序不受约束，也可在趾板基岩全部开挖完以后，再进行趾板施工。

4.4.2.1　施工工艺流程

趾板及高趾墙混凝土浇筑施工工艺流程为：基础清理→测量放线→钻锚筋孔→安装锚筋→钢筋制安→止水安装→模板安装→灌浆预埋件布设→仓面验收→浇筑混凝土→拆模、混凝土养护→止水设施保护。

4.4.2.2　仓面准备

1. 基础找平

趾板混凝土浇筑前均应对基础找平（采用与趾板同标号的混凝土回填）。对砂砾石基础先开挖到设计高程，并用大功率碾压设备进行碾压，碾压后的基础若存在局部不平整，应选择同质量、同级配的砂砾料填平并重新碾压，然后浇筑趾板。

2. 锚筋施工

在开挖结束的基岩面或回填混凝土面上，用手风钻凿锚筋孔，孔位，孔深，孔向应符合要求，钻孔验收合格后采用先注浆后插筋的施工工艺安装锚筋。

3. 模板设计与安装

趾板混凝土厚度薄，侧压力小，侧模板结构简单。常规浇筑方法侧向模板选用标准钢模板或木模板拼装而成。滑模浇筑方法应选用能承受滑模架运行的钢模板。模板安装必须定位准确，支撑牢固，接缝紧密，确保浇筑时不变形，不位移，不露浆。

4.4.2.3　趾板混凝土浇筑

趾板因坝高，地形条件不同，混凝土入仓有多种方式。岸坡较缓，坝高较低，道路通畅时采用溜槽入仓；局部较陡峻，溜槽入仓不便的部位采用吊灌入仓；如果两种方法都不能满足要求的地形条件采用泵送入仓。

4.4.3　堆石填筑及垫层料施工

4.4.3.1　施工准备填筑料生产

4.4.3.1.1　料场规划

1. 堆石材料的质量要求

(1) 主要部位的石料抗压强度不低于78MPa，次要部位石料抗压强度应在50～60MPa之间。

(2) 石料硬度不应低于莫氏硬度表中的第三级，其韧性不应低于$2kg \cdot m/cm^2$。

(3) 石料的天然密度不应低于$2.29g/cm^3$。

(4) 石料应具有抗风化能力，其软化系数水上不低于0.8，水下不低于0.85。

2. 面板堆石坝的坝体分区

根据面板堆石坝不同部位的受力情况，将坝体进行分区。

(1) 垫层区。其垫层区主要作用是为面板提供平整、密实的基础，将面板承受的水压力均匀传递给主堆石体。要求用石质新鲜、级配良好的碎石料填筑。

(2) 过渡区。其过渡区主要作用是保护垫层区在高水头作用下不产生破坏。其粒径、级配要求符合垫层料与主堆石料间的反滤要求。一般最大粒径不超过350～400mm。

(3) 主堆石区。主堆石区主要作用是维持坝体稳定。要求石质坚硬，级配良好，允许存在少量分散的风化料，该区粒径一般为600～800mm。

(4) 次堆石区。次堆石区主要作用是保护主堆石体和下游边坡的稳定。要求采用较大石料填筑，允许有少量分散的风化石料，粒径一般为1000～1200mm。由于该区的沉陷对面板的影响很小，故对填筑石料的要求可放宽一些。

为保证料源的质量和储量，施工单位在进入现场后，应对设计给工程提出的料场进行复查，确定料场的质量和储量是否满足施工要求；并在料场复查和设计资料的基础上。依据工程施工总进度的安排，做好料场开采规划：如料场开采顺序，梯段开采高度、掌子面分块分段长度，堆、弃料场地，风、水、电设施、火工材料库、运输道路、排水系统的布置，以及钻爆、挖、运设备的配备等。

4.4.3.1.2　坝料开采与加工

面板坝主堆石料及过渡料，由于粒径较大，常由石场直接开采，为获得较好级配坝料及较大的开采强度，绝大部分已建和在建面板坝工程，采用了深孔梯段开采及微差挤压爆破技术，采用100型钻，梯段高度约为12～15m。

垫层料颗粒设计较粗时，如经爆破试验可以满足垫层料设计级配要求，可以由采石场直接开采，可以使造价大幅度降低。

砂砾石料场，大都分布在河床附近，施工受河水及地下水影响较大。对寒冷地区，冬季冻深较大，而冻结后的砂砾石料会使机械开采困难。因此，为保证冬季正常施工，必须储备足够的坝料，以降低砂砾石的含水量，供冬季坝体填筑使用。

料场开采结束后，对于不稳定的边坡和危岩，若不处理，可能成为事故的隐患。料场的开采，破坏了周围的农田和植被，因此，为保护周围环境，防止水土流失，也应采取一些环保措施予以处理；即使在库内淹没线以下的料场，进行适当处理，也将有利于养殖业生产。

4.4.3.1.3　道路与运输

在现代土石坝施工中，自卸汽车运输占主导地位，国内 90%以上的土石坝施工，均采用了正铲装车、自卸汽车运输的方式。堆石料以采用较大吨位自卸汽车为宜；砂砾石料则可用自卸汽车，也可用皮带运输机，但宜经过技术经济比较后选定。

布置运输线路应重视以下问题：优先考虑单向循环线路，使轻型、重型汽车互不干扰；同时，还需合理确定路面等级，尽量降低纵坡坡率，以提高行车速度。

面板坝坝址常位于河流的中上游，由于山谷狭窄，公路大都顺河流走向修建，如把防洪标准定得过高，势必抬高路面、加大桥涵，使筑路费用加大，另外，临时公路即使遭到损坏，恢复也较容易，因此，防洪标准可以较低。根据国内外建坝经验，其防洪标准以不低于 5 年一遇为宜。

一般山区公路的标准较低，大都不能满足大型施工运输机械的运行要求，因此，施工队伍进场后，应对可利用的永久公路路段，进行安全复校。

在面板坝施工中，运输线路难免跨越趾板和垫层区。需要采取保护措施，有的采用钢栈桥跨越，但大多数工程是采取在趾板上垫以一定厚度的石渣来保护的。位于垫层区或其他部位的坝内道路，要求按坝体规定的料物填筑，并进行压实，不允许以浮渣筑路。

4.4.3.2　坝体填筑

1. 坝体填筑技术要求

(1) 为保证堆石坝体的填筑质量，保证坝基、坝头岸坡处理以及趾板浇筑的质量，避免大坝填筑和趾板施工交叉进行，尽力在堆石填筑开始之前完成全部趾板施工，以利施工安全。交叉施工，在西北口工程已有教训。当时左岸坝基处理未结束，河床段趾板正施工，而大坝填筑已进行，为了留出邻近趾板的填筑工作面，大坝填筑不得已采用了先填主堆石区，后填过渡层、垫层区的做法，结果形成了大坝上游低，下游高的“梯田式”填筑，梯田台阶层次最多达 6 层，大大影响了填筑质量与施工效率。

然而，当坝底较宽、较长，或有专门施工安排时，经过周密规划、组织，也允许坝体填筑在相应部位的趾板完成后提前进行。此种安排，有时也是保证安全度汛或缩短工期所必须的。

(2) 堆石的填筑与碾压是控制施工质量的关键工序，也是加快工程进度的重要环节。由于每一工程的规模、坝体设计要求、填筑坝料的性质、施工单位的技术装备和技术水平等各不相同，填筑与压实的参数也有差别，因此，在堆石坝填筑开始之前，对坝料进行碾压试验。其目的在于根据工地具体条件，对设计提出的压实标准进行复核，选择合适的施工机械和确定合理的施工参数（铺料厚度、碾压遍数、加水量等），并提出完善的施工工艺和措施。

对于大型、重要或特殊情况（如高地震区等）的工程，都应进行碾压试验；而对于中小型工程或坝不高的情况，则可根据压实机械、工程经验采用类比法选定压实参数，并结

合施工在坝的下游部位进行检验性试验。

(3) 坝体填筑应做到平起、均衡上升，是一般土石坝施工的总要求，对于面板堆石坝来说，垫层、过渡层与相邻主堆石区的填筑尤应如此。坝面的平起、均衡填筑指有计划的，各分区、各部位相互呼应的连续填筑，并非一定是全断面的平起填筑，特别是在坝的底部或坝较高、断面较大时。在后一情况下，除抢筑临时断面的安排外，允许在下游部位预先填筑堆石以争取进度。但是，绝不能形成“梯田式”或“鱼背式”的填筑坝面。按照国外经验，面板下游30m以内的坝面，应保证连续平起、均衡上升。垫层、过渡层、主堆石区之间的填筑面高差，规定层差不超过一层。其目的在于保证各分区之间的良好结合，以及面板下游一定范围内的堆石体达到较高的密实度。

(4) 观测仪器、设施的埋设是坝体施工的一个组成部分，特别需要注意观测设施的施工保护。

(5) 垫层料、过渡料、主堆石料，其各个颗粒间只有单纯的接触连系，因而不同粒径与质量的颗粒，在卸料、铺筑、推平过程中，由于重力的作用，会产生不同程度的颗粒分离。这是迄今面板堆石坝施工中普遍存在的问题。然而，对于垫层与过渡层而言，由于其相对于面板的变形以至渗流性质的需要，不允许其在填筑过程中产生严重的颗粒分离。

为了减少颗粒分离现象，一般有两个途径可循，即改善材料的级配与采取相应的有效施工方法。级配改善主要是增加细颗粒的成分，使其起一种包裹、挟持的作用，以阻滞较大颗粒的分选、集中。根据J. 谢拉德（J. Sherard）1985年的研究成果，当小于5mm的颗粒含量少于20%时，施工时不可能避免分离，但如增加到40%或更多，则有可能避免分离。

从施工角度说，为了减少颗粒分离可采用以下方法：

1）跳堆法，即在已压实的坝面上，按铺筑一层料需要的数量，跳隔一定距离卸料，然后推平成连续层的方法。

2）润湿坝料法，即使材料在运输车内润湿，以增加颗粒之间的团聚力，阻滞颗粒彼此分离。

3）掺混法，即对已分离集中的大颗粒区掺混较细坝料的方法。国外曾用此法。

(6) 为保证碾压后的上游坡面满足设计要求。坝体填筑时要有一定的超填宽度，关于超填宽度，在巴坦艾（Batang Ai）坝为10cm，在特劳湖（Terror Lake）坝为15cm。国外较多的工程，规定碾压前的坡面不平整度为0～15cm或5～15cm。结合国内情况，取其较大值。

(7) 堆石坝填筑时要加水，目的在于使材料浸湿，软化细粒并降低粗粒的抗压强度，以提高压实密度和效率，减少竣工后的后期沉降。加水的作用效果与堆石母岩的岩性与岩质、堆石的粒径与形状等因素有关。一般来说，新鲜、坚质、浑圆形的堆石、砂卵石，加水对其压实的效果不明显。这方面已有不少实例和试验资料，如奥罗维尔（Oroville）、首取川、横山坝等。但对于湿单轴抗压强度显著降低的岩石、砂粒和细粒含量较高的堆石，其加水效果较好。

堆石的加水量，是以其填筑堆石的体积比表示，一般依堆石料的类型、性质、填筑部位、坝的高度等条件并经试验确定。

(8) 面板堆石坝主要的设计原则是控制堆石坝体的变形，尽量使堆石坝料碾压密实，根据规定坝料必须采用振动碾碾压，因为只有振动压实才能保证堆石的高密度。

(9) 由于堆石填筑包括卸料、铺料、洒水、压实等多道工序，在垫层坡面上还需要进行修整、斜坡碾压和堆石保护。由于工序较多，为避免混乱和出现安全事故，坝面填筑应分区分段进行，宜适当划分工作面，在各填筑块上依次完成各道工序。

(10) 振动碾的减振轮胎压力、振动轮的转数等，随振动碾的工作而逐渐降低或衰减，从而影响其工作功能与效率，因而必须定时检查，及时调整、处理。为了确保压实质量，应保持振动碾的规定工作参数。

2. 垫层坡面碾压与防护技术

垫层为堆石体坡面最上游部分．可用人工碎石料或级配良好的砂砾料填筑。为减少面板混凝土超浇量，改善面板的应力条件．对上游垫层坡面必须修整和压实。一般水平填筑时向外超填 15～30cm，斜坡长度达到 10～15m 时修整、压实一次。在多雨地区，尤其当垫层料为砂卵石时，尚应缩短这一填筑与防护的周期。

修整可采用人工或激光制导反铲（天生桥一级采用）进行。修整后的坡面不平整度，国内尚无资料，国外一些工程的规定则不甚相同。在塞沙那（Cethana）、下比曼（Pieman）为 5～15cm，在高兰（Khao Laem）为 0±15cm，在温尼克（Winneke）为 0＋15cm。参照这些规定，结合我国的施工情况，从偏严的方面考虑，高于设计线 5～10cm。

当垫层材料为砂卵（砾）石时，由于此种材料较易受雨水冲蚀，应采用较薄的填筑层，以便及时进行坡面碾压与防护。对于较重要的工程或雨水较大时，也可采用加设细铁丝网表层防护法。即随垫层填筑，随时在其坡面铺设细铁丝网进行防护。

坡面碾压，是由于已压实合格的垫层，其上游邻坡边缘带（含超填部分）无法进行平面碾压，为使混凝土面板有一个坚实的支撑面，而在垫层上游坡面上进行的专门碾压。这也是面板堆石坝特有的碾压工序。在坡面修整后即进行斜坡碾压。一般可利用为填筑坝顶布置的索吊牵引振动碾上下往返运行，也可使用平板式振动压实器进行斜坡压实。

未浇筑面板之前的上游坡面，尽管经斜坡碾压后具有较高的密实度．但其抗冲蚀和抗人为因素破坏的性能很差，一般须进行垫层坡面的防护处理。垫层坡面的防护，是在面板浇筑之前的临时措施。防护的作用有三点：防止雨水冲刷垫层坡面；为面板混凝土施工提供良好的工作面；利用堆石坝体挡水或过水时，垫层护面可起临时防渗和保护作用。一般采用喷洒乳化沥青保护，喷射混凝土或摊铺和碾压水泥砂浆防护。混凝土面板或面板浇筑前的垫层料，施工期不允许承受反向水压力。

防护层的敷设，调整、补偿了垫层坡面的表面不平整度与材料分布的不均一程度。但防护层的表面仍然不可能十分平整，因而从施工上讲，仍需有不平整度的规定。对于水泥砂浆层，在 5m 范围内的起伏差不应高于设计线 5cm，低于设计线 8cm；对于喷射混凝土层，与设计线偏差不大于 5cm。对于阳离子乳化沥青层，由于层厚很薄，可通过试验确定。

3. 混凝土挤压墙

垫层面处理近年来也采用混凝土挤压墙的方法。挤压式混凝土边墙位于大坝上游过渡层与混凝土面板之间，如图 4.25，是某混凝土挤压墙施工示意图。

面板堆石坝在每填筑一层过渡料之前，用挤压式边墙机制作出一个半透水的混凝土墙（挤压墙施工根据混凝土运料车所走路线从左岸往右岸施工），然后在其内侧按设计铺填坝料，碾压合格后再制作上层边墙，重复以上工序。

混凝土挤压式边墙护坡技术是混凝土面板堆石坝上游坡面施工的新方法，相对于其他施工方法来说，有以下优点。

（1）简化了垫层料的施工工序；保证和提高了垫层的施工质量；降低了施工成本。

（2）施工简单方便，各工序衔接比较紧密，加快了施工进度，确保了坝体的安全度汛。

（3）避免了填筑过程中上游边坡滚石和斜坡碾压高边坡作业，提高了施工安全性。

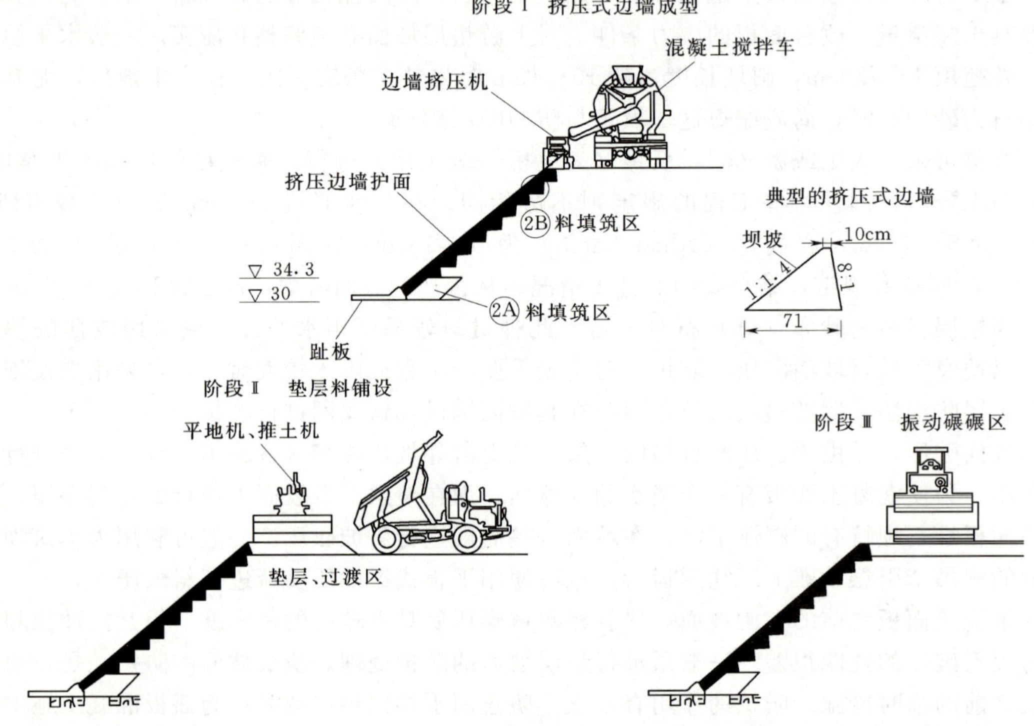

图4.25　某混凝土挤压墙施工示意图

4.4.4　混凝土面板施工

钢筋混凝土面板是刚性面板堆石坝的主要防渗结构，厚度薄、面积大，在满足抗渗性和耐久性条件下，要求具有一定的柔性，以适应堆石体的变形。

面板浇筑一般在堆石坝体填筑完成或至某一高度后，气温适当的季节内集中进行，由于汛期限制，工期往往很紧。面板由起始板及主面板组成，起始板可以采用固定模板或翻转模板浇筑，也可用滑模浇筑。当起始板不采用滑模浇筑时，应尽量在坝体填筑时创造条件提前浇筑。中等高度以下的坝，面板混凝土不宜设置水平缝；高坝和要求施工期蓄水的坝，面板可以设1～2条水平工作缝，分期浇筑。垂直缝分缝宽度应根据滑模结构，以易于操作、便于仓面组织等原则确定，一般为12～16m。

钢筋混凝土面板一般采用滑模法施工，滑模分有轨滑模和无轨滑模两种。滑模利用两侧的轨道、侧模或已浇完的面板来支撑、导向和控制混凝土面板的浇注厚度。在浇注过程中，混凝土的浮拖力由模板自重和附加配重来克服。振捣密实的混凝土由滑动模板或抹面平台压抹成形。无轨滑模是近几年来在面板坝施工实践中提出来的，它克服了有轨滑模的缺点，减轻了滑动模板自身重量，提高了工效，节约了投资，在国内广泛使用。滑模上升速度一般 1～2.5m/h，最高可达 6m/h。

混凝土场外运输主要采用混凝土搅拌运输车、自卸汽车等。坝面输送主要采用溜槽和混凝土泵。

钢筋的架设一般采用现场绑扎和焊接或预制钢筋网片和现场拼接的方法，用人工或钢筋台车将钢筋送至坡面，高坝宜采用钢筋台车运送钢筋，以节省人工。台车由坝顶卷扬机牵引。

金属止水片的成型主要有冷挤压成型、热加工成型或手工成型。一般成型后应进行退火处理。现场拼接方式有搭接、咬接、对接；对接一般用在止水接头异型处，应在加工厂内施焊，以保证质量。

混凝土施工时，由于侧模不仅要承担混凝土的侧压力，而且又要作为滑模的支承和滑移轨道，因此，侧模的设计、安装必须牢固、安全且能保证所浇筑的混凝土外形几何尺寸符合设计要求。

滑模牵引设备一般采用卷扬机牵引提升滑模，卷扬机的锚固采用预埋地锚的方法，当坝体填筑接近坝顶面时，将地锚埋入坝体内。

模块5 砌筑工程与浆砌石坝施工

项目5.1 砖砌墙体施工

问题：*砖砌墙体是如何砌筑的？有何要求？*

学习目标：

(1) 知识目标。了解砖材的规格类型，熟悉砖墙砌筑的工作内容及方法。

(2) 能力目标。能有效地组织实施一般砖结构墙体的砌筑施工。

(3) 技能目标。能对一般砖砌体进行砌筑作业。

砌筑墙体的工作任务通常包括一般准备工作、砖基础施工、墙体砌筑、砌体质量检查等内容。

5.1.1 施工准备工作

5.1.1.1 砖的准备

在常温下施工时，砌砖前一天应将砖浇水湿润，以免砌筑时因干砖吸收砂浆中大量的水分，使砂浆的流动性降低，砌筑困难，并影响砂浆的黏结力和强度。但也要注意不能将砖浇得过湿而使其不能吸收砂浆中的多余水分，影响砂浆的密实性、强度和黏结力，同时过湿还会产生灰和砖块滑动现象，使墙面不洁净，灰缝不平整，墙面不平直。施工中可将砖砍断，检查吸水深度，如吸水深达到10～20mm，即为合格。

砖不能放在脚手架上浇水。砖砌砂浆的稠度应符合规定，拌制砂浆应保证其的配合比和稠度，运输中不漏浆、不离析，以保证施工质量。

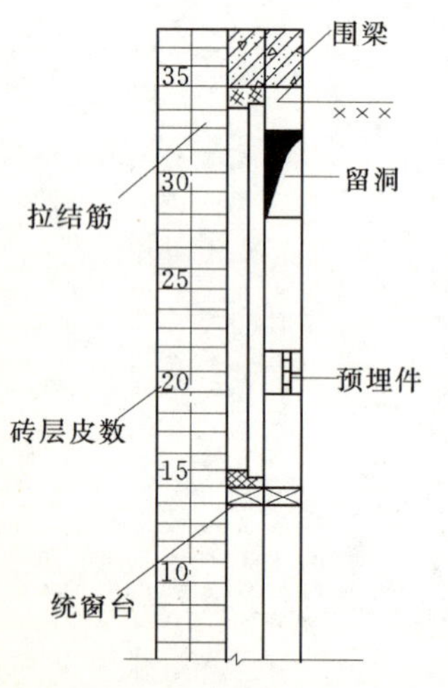

图5.1 皮数杆

5.1.1.2 施工工具的准备

砌筑工具主要有以下几种。

(1) 大铲。用于铲灰、铺灰与刮灰。大铲分为桃形、长方形、长三角形三种。

(2) 瓦刀（泥刀）。用于打砖、打灰条（披灰缝）、披缝口灰及铺瓦。

(3) 刨锛。用于破砖。

(4) 靠尺（托线板）和线锤。用于检查墙面垂直度。常用托线板的长度为1.2～1.5m。

(5) 皮数杆。砌筑时用于标志砖层、门窗、过梁、开洞及埋件，是标志的工具，如图5.1所示。

此外还应准备麻线、米尺、水平尺和小喷壶等。

5.1.2 砖基础的砌筑

5.1.2.1 基础结构

砖基础的大放脚通常采用等高式或间隔式两种，如图5.2所示。

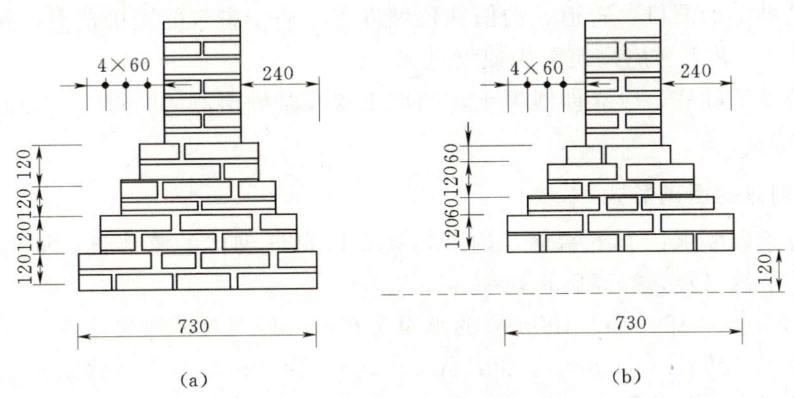

图5.2 砖基础（单位：mm）

(a) 等高式；(b) 间隔式

等高式是两皮一收，每次收进1/4砖长，即高为120mm，与60mm，如图5.2（a）所示。间隔式一皮与两皮间隔收进，也是每次收进1/4砖长，如图5.2（b）。

5.1.2.2 砖基础的砌筑

1. 找平弹线

弹线前，应首先检查基础垫层的施工质量及标高。当垫层低于设计标高20mm以上时，应用C10小石混凝土找平。当垫层高于设计标高，但在规范许可范围内时，对于灰土垫层高出部位铲平。对于三合土垫层，则应在砌筑时逐皮压小灰缝予以调整。

垫层找平后，依据基础四周龙板或控制板，弹出轴线，再弹出墙基础轴线。轴线弹完后，根据大放脚剖面弹出大放脚最下一皮的宽度线。

2. 砖基础砌筑要点

（1）砖基础砌筑前，应先检查垫层施工是否符合质量要求，然后清扫垫层表面，将浮土及垃圾清除干净。

（2）从两端龙门板轴线处拉上麻线，从麻线上挂下线锤，在垫层上锤尖处打上小钉引出墙身轴线，而后向两边放出大放脚的底边线。

（3）在垫层转角、交接及高低踏步处预先立好基础皮数杆。基础皮数杆上应标明皮数退后情况及防潮层位置等。

（4）砌基础时可依皮数杆先砌几层转角及交接处部分的砖，然后在其间拉准线砌中间部分。内、外墙砖基础应同时砌起，如因其他情况不能同时砌起时，应留置斜槎，斜槎的长度不得小于高度的2/3。

（5）大放脚一般采用一顺一丁砌法。竖缝要错开，要注意十字及丁字接头处砌块的拼接，在这些交接处，纵横墙要隔皮砌通。大放脚的最下一皮及每层的上面一皮应以丁砌为主。

（6）若砌基础不在同一深度，则应先由下往上砌筑。在砌筑高低台阶接头处，下台阶要砌一定长度（一般不小于 50cm）实砌体，砌到上面后和上面的砌一起退后。

（7）大放脚到最后一层时，应从龙门板上麻线将墙身轴线引下，以保证最后一位置正确。

（8）砖基础中的洞口、管道、沟槽和预埋件等，应于砌筑的正确留出或预埋，宽度超过 50cm 的洞口，其上方应砌筑平拱或设过梁。

（9）砌完砖基础后，应立即回填土，回填土要在基础两侧同时进行，并分层夯实。

5.1.3　砖墙砌筑

5.1.3.1　砖砌体的组砌形式

砖砌体有组砌要求：上下错缝，内外搭接，以保证砌体的整体性；同时组砌要有规律，少砍砖，节约材料，提高砌筑效率。

规格为 190mm×190mm×190mm 的承重多孔砖一般是整砖顺砌［图 5.3（a)］，上下竖缝相互错开 1/2 砖长（100mm）。90mm×190mm×190mm 多孔砖砌筑形式有半砖规格的，也可采用每皮中整砖与半砖相隔的梅花丁组砌形式［图 5.3（b)］。

规格为 240mm×115mm×90mm 的承重多孔砖一般采用一顺一丁或梅花丁组砌形式（图 5.4）。

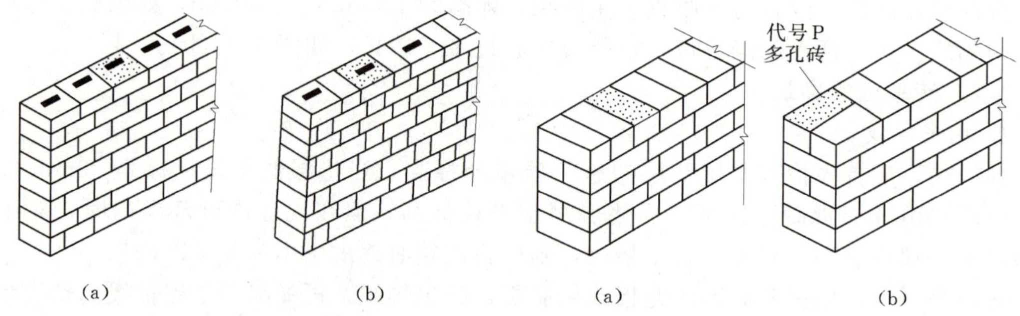

图 5.3　190mm×190mm×190mm 与 90mm×190mm×190mm 多孔砖砌筑形式
（a）整砖顺砌；（b）梅花丁砌

图 5.4　240mm×115mm×90mm 多孔砖砌筑形式
（a）一顺一丁；（b）梅花丁

规格为 240mm×180mm×115mm 的承重多孔砖的组砌与 240mm×115mm×90mm 的组砌类似，也采用一顺一丁或梅花丁的组砌形式。

非承重空心一般是侧砌的上下皮竖缝相互错开 1/2 砖长（图 5.5）。

多孔砖墙的转角及丁字交接处，应加砌半砖，使灰缝错开。转角处半砖砌在外角上，丁字交接处半砌在横墙端头（图 5.6）。

5.1.3.2　砖砌体砌筑工艺

砖砌体的砌筑过程包括：找平、放线、摆砖、立皮数和砌砖、清理等工序。

1. 找平

砌墙前应在基础防潮层或楼层上定出各层标高，并用 M7.5 水泥砂浆或 C10 细石混凝土找平，使各段砖墙底部标高符合设计要求。找平时，需使上下层外墙之间不至出现明显的接缝。

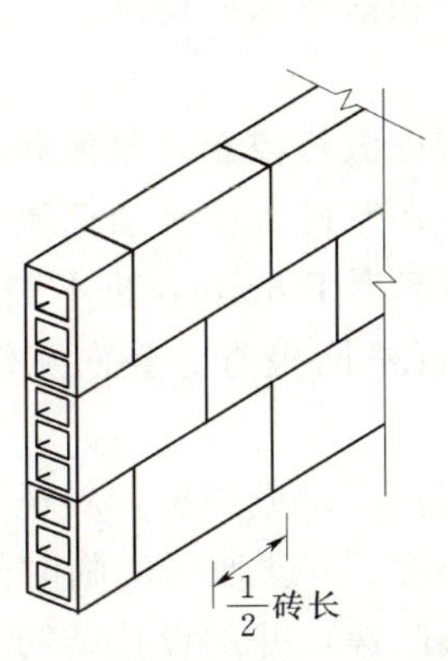

图 5.5 空心砖砌筑形式

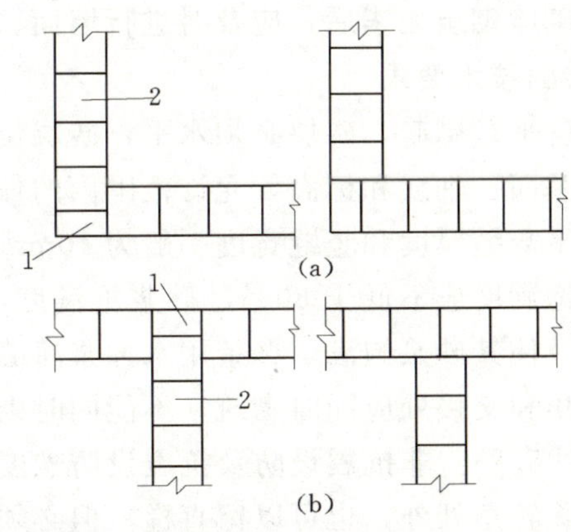

图 5.6 多孔砖墙转角及丁字交接

(a) 转角；(b) 丁字接

1—半砖；2—整砖

2. 放线

根据龙门板上给定的轴线及图样上标注的墙体尺寸，在基础顶面上用墨线弹出墙的轴线和墙的宽度线，并分出门洞位置线。二楼以上墙的轴线可以用经纬仪和垂球浆轴线引上，并弹出各墙的宽度线，画出门洞位置线。

3. 摆砖

摆砖是指在放线的基面上按选定的组砌方式用干砖试摆。一般在房屋外纵墙方向摆顺砖，在山墙方向摆丁砖，摆砖由一大角摆到另一个大角，砖与砖应留 100mm 缝隙。摆砖的目的是为了校对所放出的墨线在门窗洞口、附墙垛等处是否符合砖的模数，以尽可能的减少砍砖，并使砌体灰缝均匀，组砌得当。

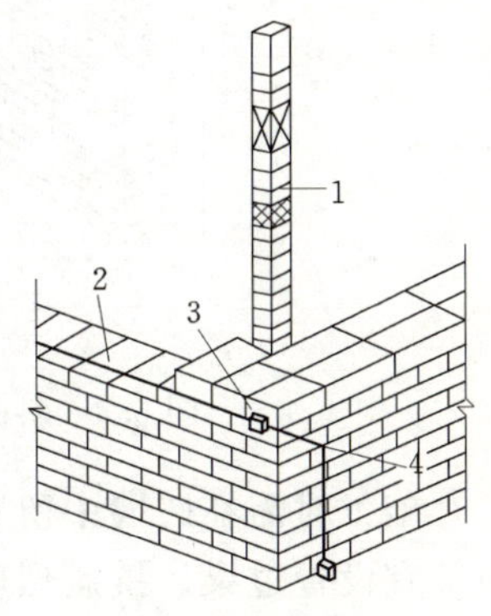

图 5.7 皮数杆示意图

1—皮数杆；2—准线；3—竹片；4—圆铁钉

4. 立皮数杆和砌砖

皮数杆是指在其上划有每皮砖和砖缝厚度，以及门窗洞口、过梁、楼板、梁底、预埋件等标高位置的一种木制标杆(图 5.7)。它是砌筑时控制砌体竖向尺寸的标志，同时还可以保证砌体的垂直度。皮数杆一般立于房屋的四大角、内外墙交接处、楼梯间及洞口等地方，大约每隔 10～15m 立一根。皮数杆的设立，应由两个方向斜撑或用锚钉加以固定，以保证其牢固和垂直。一般每次开始砌砖前应检查一遍皮数杆的垂直度和牢固程度。

砖砌时，先挂上通线，按所排的干砖位置把砖砌好，然后盘角，在盘角过程中应随时检查托线是否垂直平整，砖层灰缝是否符合皮数杆标志，然后在端墙角安装皮数杆，即可挂线砌第二皮以上的砖。

多孔砖和空心砖竖缝宜采用刮浆法，竖缝应先挂砂浆后再砌筑。

5. 清理

当该层砖砌体砌筑完毕后，应及时进行墙面、柱面和落地灰的清理。

5.1.3.3　砌砖的技术要求

全部砖墙应平行砌起，砖层必须水平，砖层位置用皮数杆控制，基面和每楼层砌完后必须校对一次基面、轴线和标高，允许范围内的偏差值在基础或楼板顶面调整。

砖墙的水平灰缝厚度和竖缝宽度一般为10mm，但不小于8mm，也不大于12mm。水平灰缝的砂浆饱满度应不低于80%，砂浆饱满度需用百格网检查。竖向灰缝宜用挤浆或加浆方法砌筑，使其砂浆饱满，严禁用水冲浆灌缝。

砖缝的转角和交接处应同时砌筑，不能同时砌筑处，应砌成斜槎，斜槎长充不应小于高度的2/3（图5.8）。非抗震设防及抗震设防烈度为6度、7度地区的临时间断处、留斜槎有困难时，除转角处外，也可以留直槎，但必须做成凸槎，并加设拉结筋。拉结筋的数量为120mm墙厚度设置1ϕ6mm的钢筋（120mm厚墙放置2ϕ6拉结钢筋），间距沿墙高不得超过500mm；埋入长度从墙的留槎处算起，每边均不应小于500mm，对抗震设防烈度为6度、7度的地区，不应小于100mm；末端应有90°弯钩（图5.9）。

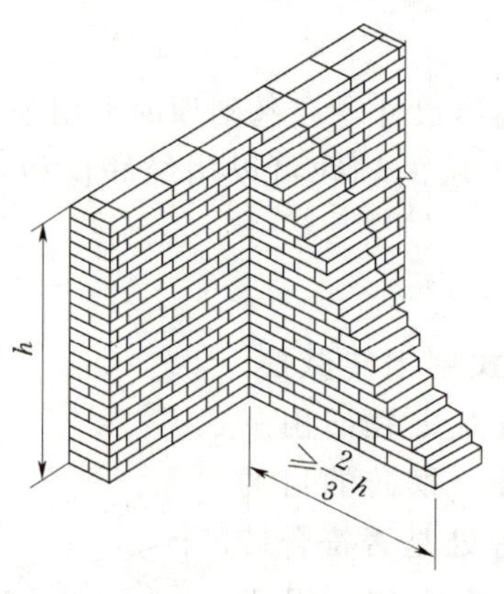

图5.8　斜槎（单位：mm）

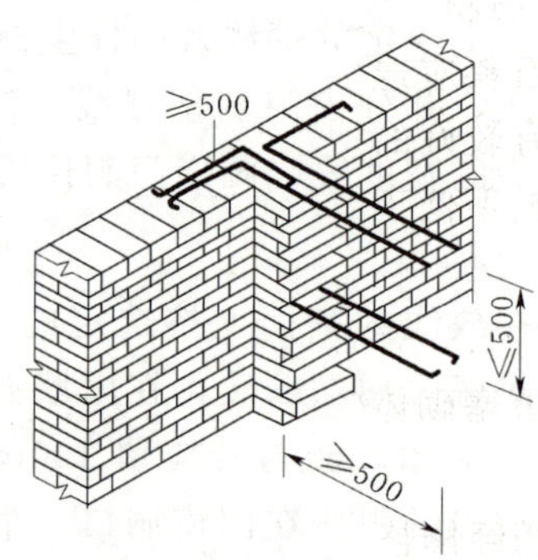

图5.9　直槎（单位：mm）

施工时需在砖墙中留置的临时洞口，其侧边离交接处的墙面不应小于500mm；洞口顶部宜设置过梁。抗震烈度为9度的建筑物，临时洞口的留置应会同设计单位研究决定。

每层承重墙的最上皮砖、梁和梁垫下面的砖，应用丁砖砌筑；隔墙与填充墙的顶面与上层结构的接触处，待填充墙砌筑完并至少间隔7d后，再用侧砖或立砖斜砌挤紧。

砖墙每天砌筑高度以不超过1.8m为宜，雨天施工时，每天砌筑高度不宜超过1.2m。

砖砌体相邻工作段的高度差，不得超过一个楼层的高度，也不宜大于4m。工作段的分段位置应设在伸缩缝、沉降缝、防震缝和门窗洞口处。砌体临时间断处的高度差不得超过一步脚手架的高度。

尚未安装楼板或屋面的墙和柱，应根据墙、柱厚度、风载大小、墙体净长等条件确定其允许自由高度。如超过一定限值，可能被大风吹倒时必须采用临时支撑和有效措施，以保证墙和柱在施工中的稳定性。

多孔和空心砖墙砌筑前应试摆，在不够整砖处，如无半砖规格，可用普通黏土补砌。

多孔砖的孔洞应呈垂直方向砌筑，且长圆孔应顺墙方向。空心砖的孔洞应呈水平方向砌筑。空心砖墙的底部至少砌三皮实心砖，在门洞两侧一砖长范围内，也应用实心砖砌筑。

项目5.2 砌石护坡施工

项目背景：陕西渭河某段河堤施工

为土料填筑，堤高7m，内坡1∶3，外坡1∶1.25，河堤迎水面护坡水位以上为干砌石，厚度0.4m，水位以下为浆砌石，厚度0.5m。砌石底下垫级配砂卵石垫层。

施工要点：河堤水位以上干砌石采用花缝砌筑，水位以下采用座浆砌筑。

问题：护坡砌石工程都有哪些施工方法？

学习目标：

(1) 知识目标。知道石料规格形式，能熟练叙述干砌石与浆砌石的施工工艺和质量控制方法。

(2) 能力目标。能进行护坡砌石施工。

5.2.1 干砌石护坡

5.2.1.1 工程石材

砌体用的石料应选用未风化的坚硬石块，石质均匀、表面清洁、强度大、吸水率小、比重大、并且有较好的抗蚀性。常用的岩石有：花岗岩、片麻岩、砾岩和大理岩等。石料的抗压强度一般不低于2.94×10^4kPa。水利工程常用的石料有以下几种。

1. 片石

片石亦称毛石，是开采石料时的副产品，体积较小，而且不规则，常用于护岸和护底工程，或用来填塞砌体的缝隙。

2. 块石

块石一般稍经修整，形状大致方正，大小约为0.25～0.3m见方，并有两个大致平行的面，每块重量以不小于30kg为宜。块石除用于一般防护工程外，还可用于涵洞的筑砌。

3. 粗料石

粗料石为四角方正的长方体，宽、厚均不小于0.25m。除背面外，其他五个面应加工凿平，表面凸凹深度不大于10mm。粗料石常用于闸墩、桥墩台和直墙的砌筑。

4. 细料石

细料石要经过细致的比较加工，其外形方正规则，表面凸凹深度不大于2mm，宽、厚不小于200mm，且不小于其长度的1/3。细料石常用于有美观的建筑物表面。

5. 样石

样石是按设计图样、尺寸加工凿成的细料石。多用于拱石外脸、闸墩圆头及墩墙帽石等。

5.2.1.2 干砌石

1. 砌石前的准备工作

(1) 削平或平整底面。砌石前，应先将土坡或底面铲至规定的标准，坡面或底面必须平整，以利铺砂或砌石工作，必要时须将坡面或底面夯实后才能进行铺砌。

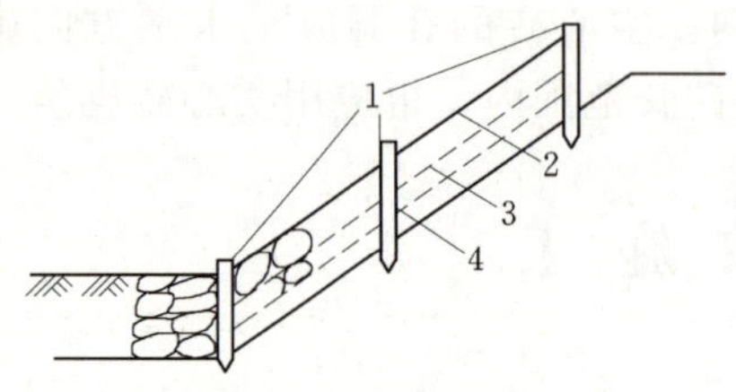

图5.10　护坡砌石放样示意图
1—样桩；2—砌石线；3—铺砾石线；4—铺砂线

(2) 放样。土坡削平后，沿建筑物轴线方向每隔5m钉立坡脚、坡中和坡顶木桩各一排，测出高程，在木桩上划出铺反滤料和砌石线，顺排桩方向，拴竖向细铅丝一根，再在两竖向铅丝之间，用活结栓横向铅丝一根，便于此横向铅丝能随砌筑高度向上平行移动。铺砂砌石即时此线为准（图5.10）。

(3) 铺设反滤层。为了防止地下渗水逸出时把基础的土粒带走，在干砌石下面应铺设反滤。在斜坡铺设反滤料时，应与砌石密切配合，自下而上，随铺随砌。分段铺设反滤料时，必须作好接头处各层间的连接工作，以防发生混淆现象。

2. 干砌石施工

干砌石施工工序为选石、试放、修凿和安砌。砌石方法有花缝砌石与平缝砌石两种。

(1) 花缝砌石。这种砌筑方法多用于干砌片石。砌筑时，依石块原有形状，使尖对拐、拐对尖，相互联系砌成。砌石不分层，一般大面向上（图5.11）。这种砌筑方法的缺点是底部空虚，容易被水流淘刷发生变形，稳定性较差；优点是表面比较平整。故用于流速不大或不承受风浪淘刷的渠道护坡工程。

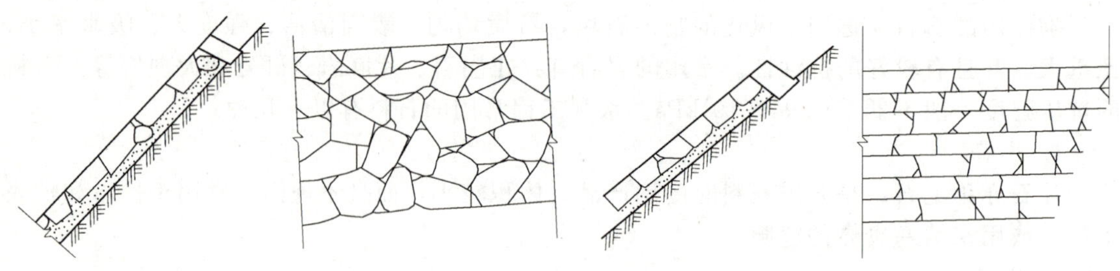

图5.11　花缝砌石　　　　图5.12　平缝砌石

(2) 平缝砌石。平缝砌石多用于干砌块石。砌筑时使块石的宽面与坡面横向平行（图5.12），在砌筑前应先行试放，不合适处用锤加以修凿，修凿程度以石缝能够紧密接触为准，砌石拐角处如有空隙，可用小片石塞紧。砌石表同应与样线齐平，横向有通缝，但竖向直缝必须错开。砌筑底部如有空隙，均要用合适的片石塞紧，一定要作到底实上紧，以免底砂砾由缝隙中间冲出，而造成塌陷事故。

干砌块石是依靠石块之间挤紧的力量维持稳定的。若砌体发生局部移动或变形，将导致整体破坏。边口部位是最易损坏的，均须用较大的块石封边。图5.13 (a)，(b)，为坡面封边的两种形式。洪水位以上的坡顶边口如图5.13 (c) 所示，多为人行道，可采用较大的方正的石块砌成整齐坚固的封边，从而使砌成的边口不易损坏。块石封边以外所留的空隙，应用黏土回填夯实，以加强边口的稳定。

3. 质量控制与要求

干砌石的质量一般要求是，缝宽不大于1cm；底部严禁架空；人在砌石上行走无松动感觉；砌体上任何块石即使是砌缝的小片石，用手扒也不松动。此外坡面一定要平整，砌缝内尽量少用片石填塞，并严禁使用过薄的片石填塞砌缝。严禁出现缝口不紧、底部空

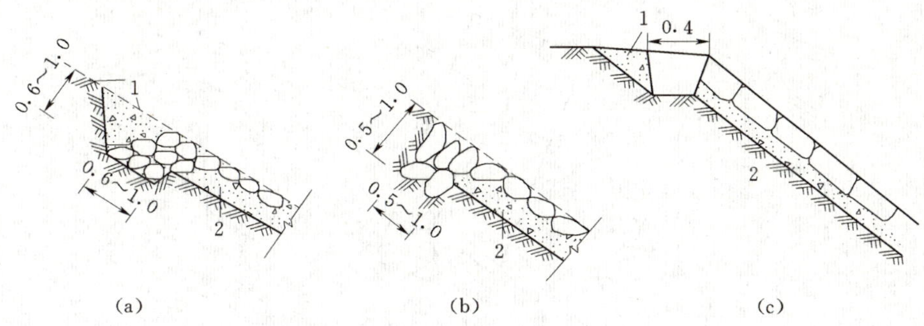

图5.13　干砌块石封边（单位：m）
(a)、(b) 坡面封边；(c) 坡顶封边
1—黏土夯实；2—反滤料

虚、鼓肚凹腰、蜂窝石等缺陷。

5.2.2　浆砌护坡

5.2.2.1　施工程序

浆砌护坡面的砌筑施工程序包括底面整平，石料准备，放样挂线，砂浆拌制，摊铺砂浆垫层，选择铺置石料，勾缝，养护。

5.2.2.2　浆砌石护施工

1. *砌筑方法*

浆砌石常采用座浆砌筑的方法，对于土质坡面，先将砌筑前座浆坡面拍打夯实，并在坡面上铺一层3～5cm厚的稠砂浆，然后再安放石块。砌筑用的石块表面必须干净，砌筑前应洒水湿润，以便砂浆黏结。由于护坡砌筑结构厚度较薄边坡坡度倾斜较缓，砌筑时应由侧边向中部，先底面后表面，由下向上逐层进行。砌筑时，要先试放石料，对不规整的石料应先做修凿，再铺砂浆，铺筑砂浆时先铺基面砂浆，再推铺石块之间砂浆，最后翻石座砌，并使灰浆挤紧。

一般应交错砌筑，灰缝不规则、外观要求整齐的坡面，其外皮石材可做适当加工。在坡底第一皮石应选用较大且平整的毛石砌筑，第一皮大面向下，以后各皮上下错缝，内外搭接，砌体中不应采用铲口石，也不能出现全部对合石中间填心的砌筑方法，如图5.14所示。

2. *勾缝*

浆砌石的外露面应进行勾缝。勾缝就是在砌体砂浆凝固前，先将缝内深度不大于2cm的疏松砂浆刮去，用水将缝内冲洗干净，待砌体达到一定强度后，再用强度等级较高而且较稠的砂浆填充进行勾缝。勾缝宽度一般不大于3cm。勾缝形式有凸缝和平缝两种。在水工建筑物中，一般采用平缝。砌体后面与土壤接触面，通常不勾缝。如果为了防止渗水，则可用砂交抹面。

3. *养护*

砌体完成后，须用麻袋或草袋覆盖，并应常洒水养护，保持表面潮湿。养护时间一般

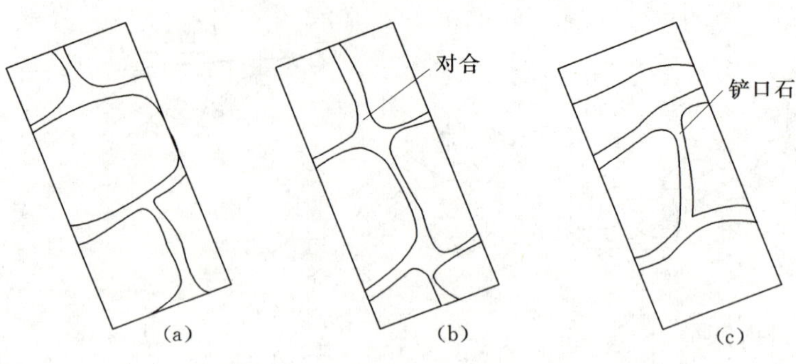

图 5.14　毛石砌筑
(a) 正确；(b) 不正确；(c) 不正确

不小于 5～7d，在砌体未达到要求的强度之前，不得在其上任意堆放重物或修凿石块，以免砌体受震动而破坏。砌完后，一般经过 28d，方可进行回填，最早不得小于 12～14d。

项目 5.3　小跨径拱涵浆砌石施工

项目背景： 某水库坝下砌石涵洞施工

其涵洞尺寸如图 5.15 所示。

施工要点： 采用人工座浆法石料砌筑。

问题： 侧挡土墙（或支墩）是如何砌筑的？顶拱是如何砌筑的？

学习目标：

(1) 知识目标。能陈述当土墙浆砌石的基本方法。能说出小跨拱砌筑的常用方法。

(2) 能力目标。能进行小拱结构和挡土墙结构的砌筑施工。

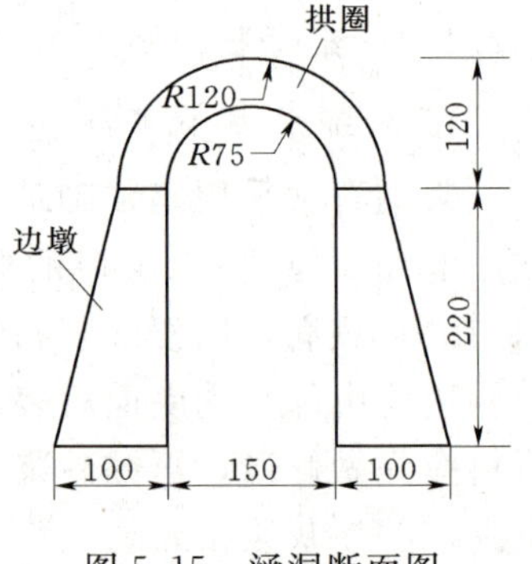

图 5.15　涵洞断面图

5.3.1　墩台（挡土墙）施工

在水利工程及其他类型的工程中，砌石拱结构是比较常见的类型实施，其构成一般为基础墩台和拱圈，不同部位其施工方法有所不同。

5.3.1.1　挡土墙的砌筑方法

挡土墙的砌筑方法有座浆砌筑和灌浆法两种。

1. 座浆法

当基面为土质时，砌筑前应先夯实土基，并在基面上铺一层 3～5cm 厚的稠砂浆，然后再安放石块；当为岩石基面时，铺浆前应将基础表面泥土、杂物洗净，洒水湿润。砌筑用的石块表面必须冲洗干净，砌筑前也应洒水湿润，以便与砂浆黏结。每个墙段砌筑的程序一般为先砌“角石”，再砌“面石”，最后砌“腹石”，如图 5.16 所示。角石用以确定建筑物的位置和形状，在选石与砌筑时须加注意，要选择比较方正的大石块，先行试放，必要时须稍加修凿，然后铺灰安砌。角石的位置必须准确，角石砌好后，就可把样线移挂到

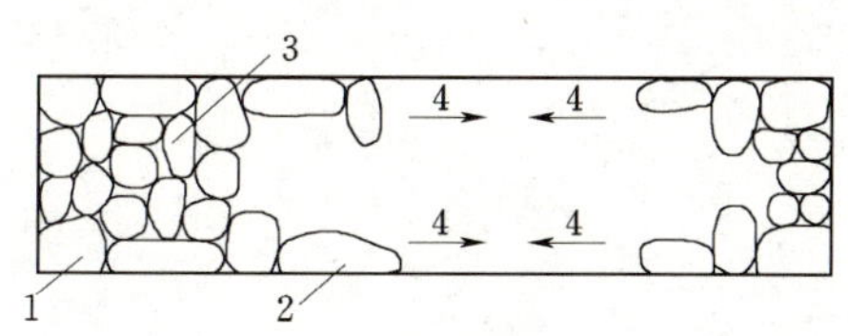

图 5.16 浆砌石程序

1—角石；2—面石；3—腹石；4—砌石方向

角石上。面石可选用长短不等的石块，以便与腹石交错衔接。面石的外露面应比较平整，厚度略同角石。砌筑面应先行试放和修凿，然后铺好砂浆，将石翻回座砌，并使灰浆挤紧。腹石可用较小的石块分层填筑，填筑前先铺座浆。放填第一层腹石时，须大面向下放稳，尽量使石缝间隙最小，再用灰浆填满空隙的 1/3～1/2，并放入合适的石片，用锤轻轻敲击使石块挤入灰缝。

2. 灌浆法

即铺一层腹石，灌一次浆，先稀后稠，灌饱灌实。此法简单易行，但施工质量不如座浆法好。

5.3.1.2 砌筑形式及要求

砌石的施工要领是“平、稳、满、错”。

“平”：同一层的石块应大致砌平，相邻石块高差不宜过大，以利于上下层水平缝座浆结合密实，亦有利于丁、顺石的交错安砌。

“稳”：单块石料的安砌务求自身稳定，要求大面向下放置，切忌轻重倒置或依赖支撑稳定。上下两面应稍加平整，四角应无尖角突出。无论块石、料石均不得有扭曲、楔形等异形石。

“满”：砌体的上下左右砌缝中的胶结料必须饱满密实，使各单块石料能互相胶结紧密。水平砌缝应防止被石瘤或小石架空，如需要垫片石者，应在砌缝灌满水泥砂浆后填塞，不允许先塞片石后灌砂浆。竖缝和水平缝吃浆不饱，将影响砌体的强度和密实度。

“错”：同一砌筑层内，石块应互相错缝砌筑。上下相邻砌筑层的石块也应当错缝搭接，避免形成竖向通缝。应力求做到同一层径向错缝，上下层竖向错缝。砌体中灰缝的类型有水平缝、径向和轴向缝。这些灰缝常常不能做到全部错缝，通常只能做到两向错缝，个别有特殊要求者，可做到三向错缝。当分层砌筑时，水平可形成通缝。

挡土墙砌筑用的毛石中部厚度不宜小于 200mm；每砌 3～4 皮毛石为一个分层高度，每个分层高度应找平一次，外露面的灰缝厚度不得大于 40mm，两个分层高度间的错缝不得小于 80mm（图 5.17）。每砌三层左右大致找平一次，各段交界处应留成台阶，以便相互结合，以保证建筑物的整体性。在砌石工作中断时，应在中断前将砌石层间的空隙用灰浆或小石子混凝土填满捣实，但表面上不抹灰浆，并用覆盖物予以遮盖。续砌时应将表面清扫干净并洒水湿润。料石挡土墙宜采用同皮内丁顺相间的砌筑形式。当中间部分采用毛石填砌时，丁砌料石伸入毛石部分的长度不应小于 200mm。

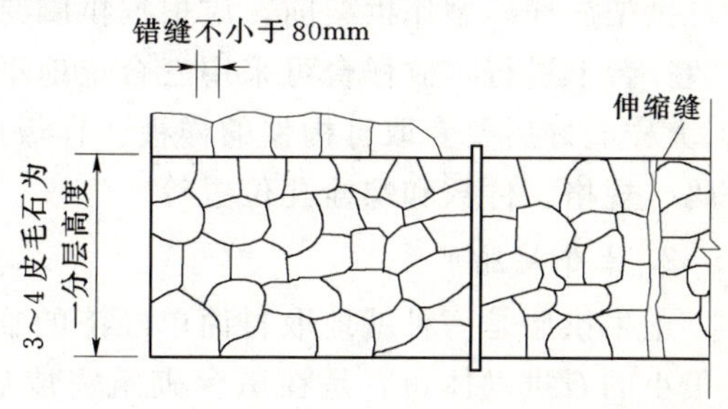

图 5.17 毛石挡土墙立面图

5.3.1.3　勾缝与养护施工方法

同护坡是一样的养护方法。

5.3.2　拱圈砌筑

5.3.2.1　拱座砌筑

拱座按设计要求表面常有一定坡度，所以在砌筑过程中，应根据已立好的样架经常挂线校对，尤其应特别注意跨度方向尺寸的准确。当拱座砌至接近最后几层时，要注意控制高程。起拱线的标高应用水准仪进行检查，并用钢尺检查水平尺寸。由于拱脚是倾斜的，而且此处受力最大，一般是在拱座尚未砌至起拱线之前，先将石块逐渐砌成倾斜形状，使之在起拱线处符合设计的坡度。或当拱座至起拱线以下 20～30cm 时，即安砌起拱石，以控制拱脚倾斜度。严禁用石块按水平层次砌成阶梯形，然后用小石块填补三角形缺口，而做成斜面的做法，如图 5.18 所示。若图 5.18 中的拱座系用料石砌筑，则起拱石按设计要求作成样石。

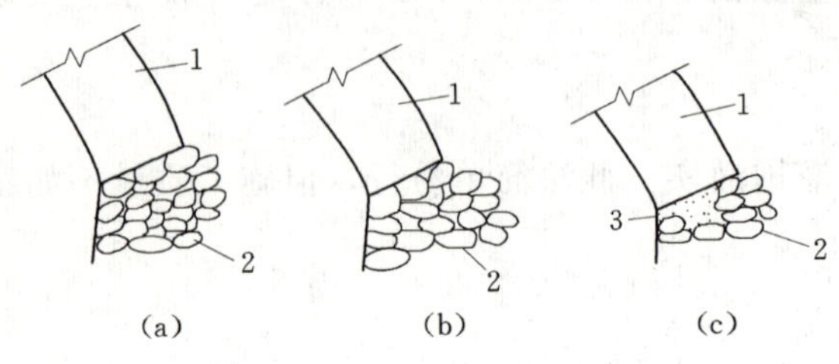

图 5.18　拱座砌筑方法

(a)、(b) 正确；(c) 不正确

1—拱圈；2—墩台；3—小片石及灰缝

5.3.2.2　拱架

拱架（拱抬）是石拱在施工期间用来支撑拱圈，保证拱圈能符合设计形状的临时结构物。拱圈砌筑时，拱架将产生变形，如果变形过大，拱圈就可能产生裂缝。因此拱架应满足施工期间的稳定性和强度的要求，当拱圈砌筑完成并达到一定强度后方可拆除拱架，常用的拱架有木拱架和土牛拱胎等。

1. 木拱架

木拱架由拱架和支架两部分组成。拱架多采用扇形，其结构视拱圈的形状和跨度大小而定。支架分有中间支撑式［图 5.19 (a)］和无中间支撑式［图 5.19 (b)］两种。

拱架放样。制作拱架前，应根据拱圈跨度大小及轴线的线型，放出大样。放样工作应在放样台上进行，放样台可采用三合土地平，水泥浆地面或厚木板铺成，放样比例为 1∶1。大样放好后要套取可构件的样板。样板用 2cm 厚杉木刨光板制作，在样板上注明构件号码、规格、件数和螺栓孔位置等。

2. 土牛拱胎

土牛拱胎是一种就地取材简单经济的临时结构，一般多用于高度较低，河床无水或水量很小的石拱砌体，它是在墩台砌筑完成后，临时在孔桥两端各砌一道厚 40～50mm 的拱形石墙，上面用砂浆抹平，作为拱模，供砌拱时挂线之用，然后在涵孔中间用土（砂）分层填筑夯实，表面也作成拱形。

挡拱圈具备卸架条件时，即可进行拱胎挖除，挖除时从上下游的拱顶起，向拱的两端同时均匀对称地开挖，禁止挖洞掏土，以防土牛突然倒坍，导致拱圈急剧下降，造成事故。

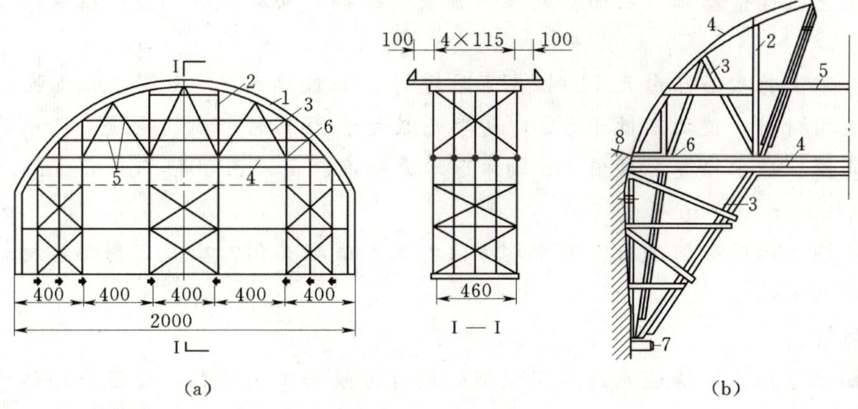

图 5.19 木拱架（单位：cm）

(a) 有中间支撑式；(b) 无中间支撑式

1—梳形木（弧形杆）；2—主柱；3—斜撑；4—拉杆；5—夹木；6—卸落设备；7—牛腿；8—起拱石

5.3.2.3 拱圈砌筑

对于拱圈跨度小于10m时，可以从两端拱脚向拱顶对称地将拱圈按整个宽度和整个厚度同时砌筑。

项目5.4 浆砌石坝施工

项目背景：卡房水库挡水浆砌石重力拱坝施工

最大坝高76m，最大底宽32.5m，顶宽5m，顶长310.62m，大坝由右向左分为11个坝段，其中溢流坝段共三段。总砌石206683m^3。

施工要点：

运料：2.5t自卸车运料砌面，局部用QTZ型号的塔机一台，吊斗运砌石材料。

砌筑方法：采用铺浆法分块砌筑，即先铺浆，后摆放石料，一次连续砌筑3层（约1m）高设一水平施工缝，分块分层连续砌筑，如图5.20所示。坝前及左右坝缝周边料采用丁石铺缝砌筑，坝后料石错缝砌筑，并与相邻1.5～2m宽度的块石同时砌筑。

砌筑程序：料石块石分开砌筑，先砌筑坝前、左右坝缝及坝内建筑物周边的料石，后砌块石，再砌坝后料石。

材料：料石长50cm，宽25cm，厚30cm，用砂浆砌筑块石厚大于20cm，单块重30～150kg，用细石混凝土砌筑。

块石砌筑：按20～30m^{2}的分块砌筑混凝土初凝前完成块内砌石。

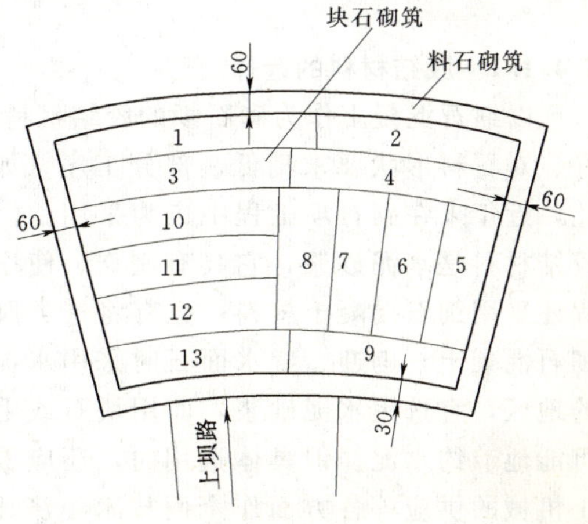

图 5.20 坝体分块砌筑示意图（单位：cm）

砌筑工艺流程：基础（层面）处理—铺浆—振捣—安放石料—竖缝灌浆—振捣—养护—质量检查。

温控：零下时砌石在白天11时～17时进行。加盖草帘2～3层，加热胶结材料，保温堆放和运输材料，使之不低于5℃，夏季气温大于28℃时，夜间砌筑，洒水养护。

砌石质量：压水检查，坝前5m砌体透水率标准：$w \leqslant 0.001$L/mim·m·m。其余部分$w \leqslant 0.003$L/mim·m·m。

问题：坝体砌筑如何进行？有哪些方法？工艺流程如何？砌筑还用哪些材料？不同坝型的砌筑有何不同？

学习目标：

(1) 知识目标。能陈述熟悉不同坝型的砌筑方法和工艺流程，能说出坝体砌筑的组织方法。

(2) 能力目标。针对不同坝型，不同砌筑材料的情况，能组织和正确选择不同坝体的砌筑方法，能进行坝体砌筑的作业和质量控制与检验（查）的实际工作。

任务5.4.1　坝体砌筑施工

工程背景：卡房水库浆砌石重力拱坝施工砌筑

方法：采用铺浆法分块砌筑，即先铺浆，后摆放石料，一次连续砌筑3层（约1m）高设一水平不施工缝，分块分层连续砌筑如图5.20所示。坝前及左右坝缝周边料采用丁石铺缝砌筑，坝后料石错缝砌筑并与相邻1.5～2m宽度的块石同时砌筑。

砌筑程序：料石块石分开砌筑，先砌筑坝前和左右坝缝及坝内建筑物周边的料石，后砌块石，最后再砌坝后料石。

问题：拱坝、重力坝砌筑都有哪些方法？各部位施工有何要求？为保证质量如何进行砌筑操作？

学习目标：

(1) 知识目标。能陈述砌石坝施工方法和操作要领。

(2) 能力目标。能针对坝型条件正确选择砌筑方法，能进行砌石坝作业与组织工作。

5.4.1.1　胶结材料的选择

以细石混凝土作为砌石坝的胶结材料，其砌体具有表观密度大、整体性强、抗渗性好、对石料形状要求稍低、部分工序（如拌和、振捣等）可采用机械施工等优点，因此，近年来在砌石坝工程中广为采用。但在我国目前砌石坝的建设实践中，最常见的胶结材料是水泥砂浆，它具有制作、使用灵便，适用于各种石料砌筑的优点。也有工程还采用细石混凝土材料，也有将这类胶结材料同时并用，如在砌筑坝体腹石时采用细石混凝土，砌迎、背水面石时采用水泥砂浆。一般情况下，规则条、块石易于开采的地区，宜选用水泥砂浆，而用块石或毛石砌筑坝体时，则宜选用细石混凝土，以尽可能地节约水泥。但具体选用时，还应根据就地取材的原则，对各种材料的生产、施工机械的供应等各方面作全面技术经济比较，然后作正确的选择。胶结材料可采用砂浆搅拌机或混凝土搅拌机拌制。

5.4.1.2 坝体砌筑方法

5.4.1.2.1 拱坝砌筑方法

1. 全拱逐层砌筑平衡上升法

面石的砌筑一般应与腹石同步上升，如图5.21所示。对于浆砌条石拱坝，其条石的摆放方式有一层顺石，一层丁石（图5.22），或是一层顺石，多层丁石（图5.23）之分（条石长边与拱坝径向一致称为丁石，与坝轴线方向一致者称为顺石——下同）。其中一层顺一层丁石的砌筑方法，可做到径向错缝，上下层竖向错缝，从而增强坝体的整体性，提高防渗效果，但丁、顺相间的砌筑方法，因顺料过多（占50%），从拱坝的结构特性考虑，力学条件较差。采用一层顺多层丁（如一层顺二层丁、一层顺三层丁、一层顺五层丁等）的砌筑方法，既可加强坝的整体性，又可改善条石的受力条件。但这种砌筑方法，要注意上下层条石间的错缝搭接，一般较适用于小跨度高坝。

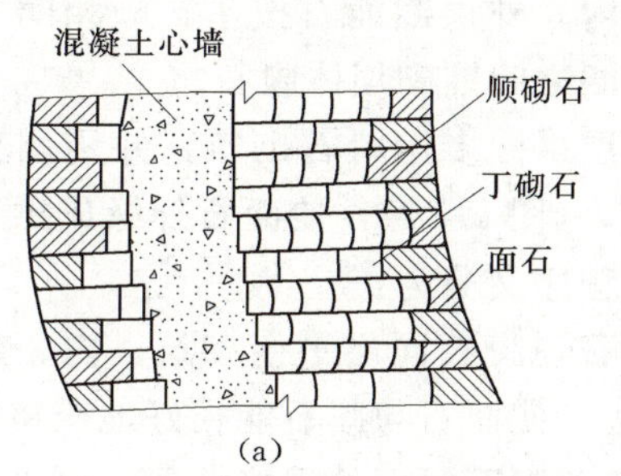

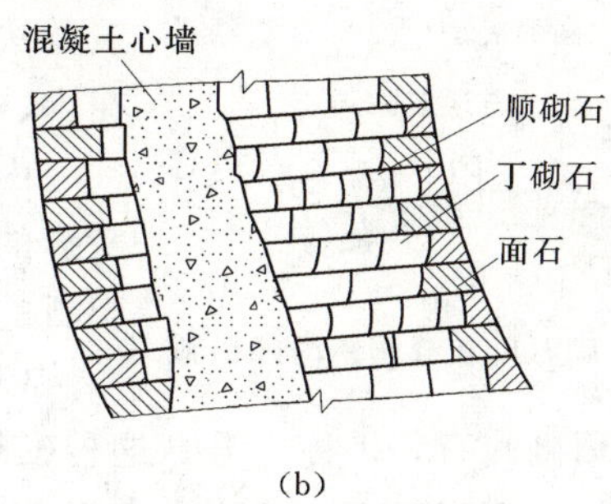

图5.21 全拱逐层整体上升砌筑

(a) 丁顺砌筑法；(b) 多丁一顺砌筑法

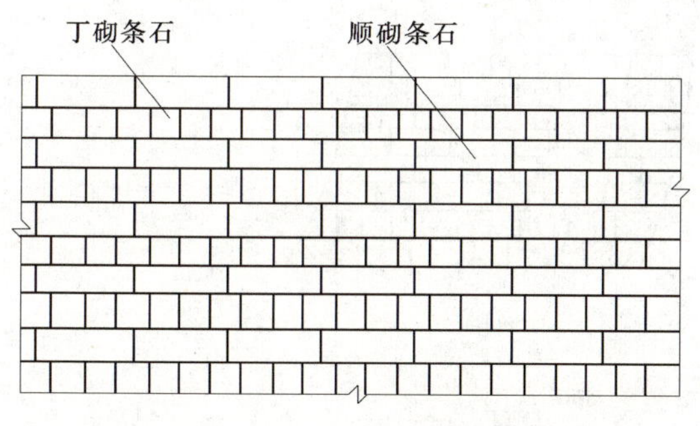

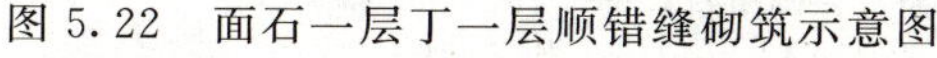

图5.22 面石一层丁一层顺错缝砌筑示意图

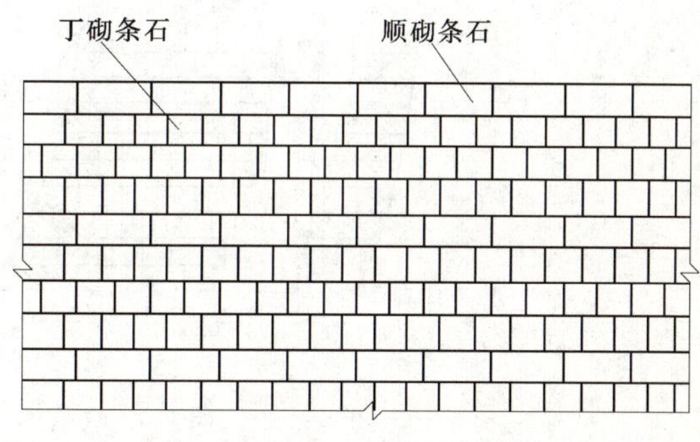

图5.23 多层丁一层顺面石砌筑示意图

一般认为，一层丁砌、一层顺砌的方法虽然上下层竖向能做到错缝，整体性较好，但因顺料过多，对于拱坝受力较为不利。同一层平面采用一丁多顺的方法砌筑，外露面较为美观，砌筑工效也高，但要求丁石面积不要小于砌筑总表面积的1/5，对于拱坝，则不应小于1/3，否则将影响砌体的整体性和坝体受力的合理性。多层丁，一层顺或同一层块丁、一块顺的砌筑方法，既可满足搭接错缝的要求，亦易于与腹石结合成整体，较多采用。

砌筑坝体腹石前，砌筑的水平面应按常规施工缝处理。腹石砌筑，一般应做到错缝搭接、缝紧浆饱、每层石料大致等厚、层面保持向上游大致呈 1∶10～1∶20 的倾斜坡，即迎水面略低于背水面。

在砌筑中应注意处理好施工缝。尽量做到砌筑面均衡上升，同层砌筑一次完成。但在实践中常由于砌筑进度、原材料供应、气温过高或过低等原因而停止砌筑，势必形成一些施工缝。最常见、最大量的是砌体水平施工缝，其次是砌块之间高差造成的竖向施工缝，对于水平施工缝，在恢复砌筑时，必须进行凿毛、冲洗处理，并应在砌体胶结材料强度达 1.2MPa 以上时进行，在砌体胶结材料强度达 2.5MPa 以上时，才许继续往前砌筑。

2. 拱圈全断面按内、外拱与腹石分开砌筑

可先砌面石，使之超前 1～2 层，然后填砌腹石。

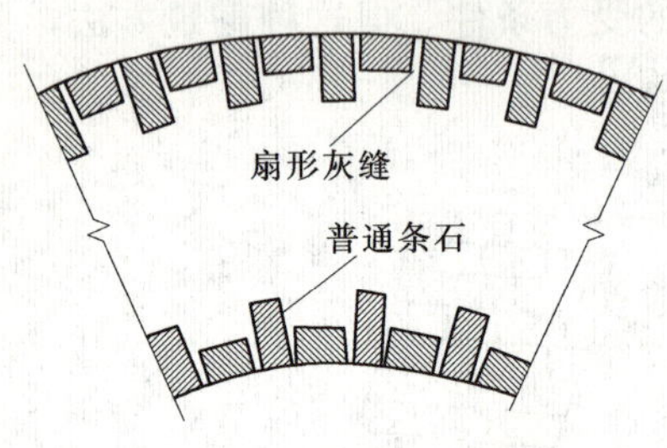

图 5.24　浆砌石以灰缝调整内外拱弧

对于拱坝较高，拱圈横断面较大，坝体砌筑工程量较多，而又不易开采条石的地区，则多采用这种砌筑方法（即内、外拱圈面石按丁、顺相间安砌，然后在内、外拱圈之间铺砌坝体腹石）。

内外面层拱圈多用料石砌筑，并用调整垂直扇形灰缝的方法，（图 5.24），使面石外缘成拱形。面石与腹石的砌筑程序又分为：

（1）面石与腹石同层平衡砌筑。内、外拱圈面石砌成，随即填砌腹石，平衡上升。这种砌筑方法，使面石与腹石能很好地交错搭接，砌体的整体性较好，面层料石一般应用水泥砂浆砌筑，腹石视石的规格情况，可采用水泥或细石混凝土砌筑［图 5.25（a）］

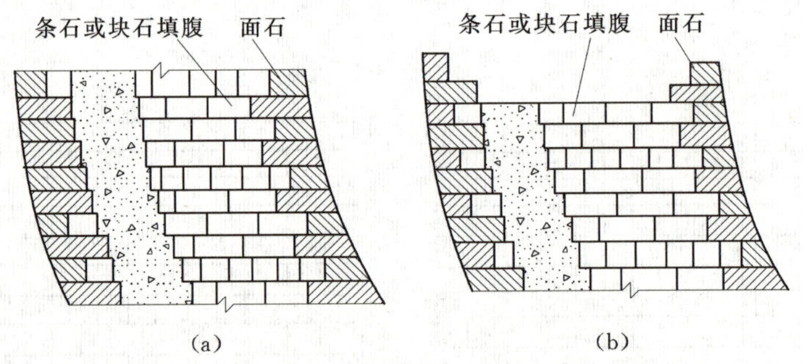

图 5.25　拱坝坝体砌筑剖面示意图

(a) 面石腹石平齐上升；(b) 面石先砌腹石后砌

（2）内外拱圈超前砌筑，随后填砌腹石。内外拱圈先超前砌筑 1～2 层，待胶结材料达到一定强度（2.5MPa）后，再分层砌筑腹石。砌筑时，应注意内外拱圈面石和腹石的交错搭接。当采用胶结材料不同（砌缝尺寸不一致），而不易做到逐层交错结合时，应对腹石稍加调整，力求做到相隔 1～2 层能有交错搭接［图 5.25（b）］。当面石与腹石不是同步砌筑时，其接合面应作竖向施工缝处理。

3. 全拱径向分厢安砌

有些条石拱坝采用这种砌筑方法，即将拱圈断面顺径向分成若干厢块进行安砌，每一

厢砌体犹如一块大拱石，随着坝身的升高，拱弧增长，分厢的块数亦相应增加。每厢宽度沿拱坝外弧长约3m。安砌程序是先与条石砌筑厢块的四周，每厢两侧边线与拱圈径线吻合，然后在厢内用水泥砂浆砌条石或细石混凝土砌块石。坝体全拱圈由几块或数十块拱形厢块组成。上下层的分厢线应错位，错位间距不小于15～20cm。这种分厢安砌的方法，便于劳力组合安排，对拱跨较大的工程虽可加快砌筑进度，但增加了径向施工通缝（图5.26）。

4. 浆砌条石框边、埋石混凝土填厢砌筑

在开采条石比较困难的地区，可采用水泥砂浆砌条石框边与埋石混凝土填厢相结合的方法来砌筑拱坝（图5.27）。具体砌筑方法是先用条石丁砌厚1～2m、高2～3m的内外拱圈墙，然后在内外拱圈墙之间沿径向用条石或石砌若干框边墙，将全拱分隔成若干厢块，在厢块中浇筑埋石混凝土。分厢框边墙的一端与背水面拱圈砌石相接，另一端与迎立面拱圈砌石内缘之间预留1.0～1.5m间距，以便使厢内浇筑的埋石在迎水面拱圈石之后形成一个连续的混凝土防渗体。厢全混凝土采取跳块浇筑方式，相邻厢块之间存在的竖缝应按施工缝处理。砌筑迎、背水面拱圈时，拱端不要直接砌至两岸基岩上，一般应预留1.5～2.5m的空隙用以浇筑混凝土，使之形成拱坝的垫底。

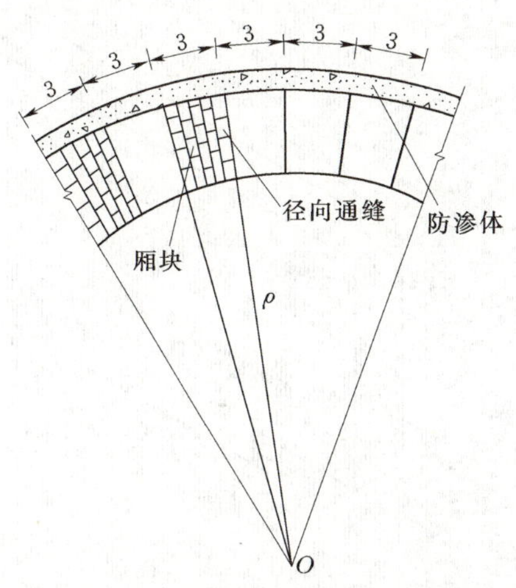

图5.26 条石径向分厢安砌示意图（单位：m）

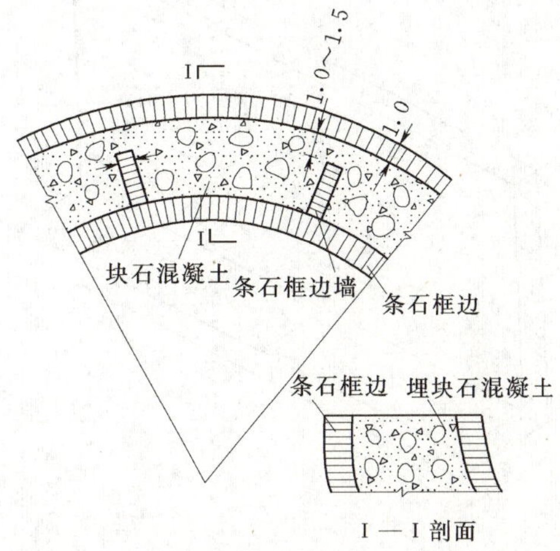

图5.27 浆砌石条石框边埋块石混凝土坝体（单位：m）

厢块长度的划分应根据混凝土的浇筑能力及是否有利于混凝土散热而定，每期厢框可砌高2～3m。厢内埋石混凝土跳块浇筑，每段一次浇筑成拱。每层厢块砌筑完成后，按常规进行养护。这种砌筑方法，可节省一些砌筑劳力，并且减少大量的砌缝，对增强坝体的整体性及防渗性能有利。这种坝体构造比纯浆砌条石坝增加了水泥用量，但有时工程投资增加并不多。

5. 预制混凝土板框、细石混凝土砌块填厢

在不具备开采条石的地方，并以块石砌筑双曲拱坝的倒悬坡部分又比较困难时，可采用预制混凝土板框边、细石混凝土砌块石填厢的方法来建造（图5.28）。其方法是沿上下游坝面位置安放预制的L形混凝土板，每一L形预制板成T形连接。连接处用$\phi12$水平

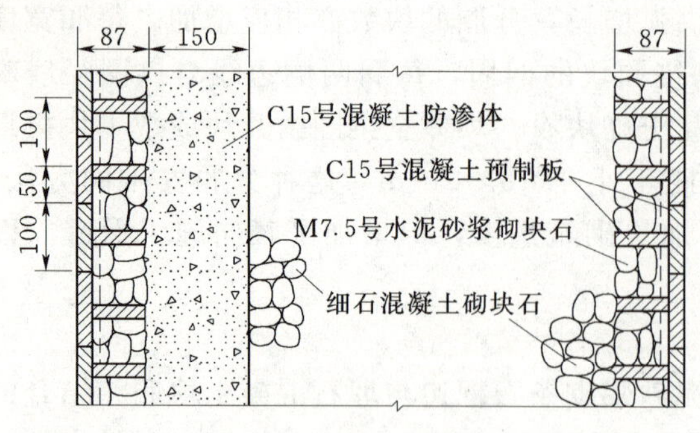

图 5.28　预制混凝土板框边细石混凝土块石填厢坝体砌筑平面图

预埋筋焊接，$\phi 12$ 竖向预埋筋套入 L 形预制板预留孔中，连接点及接触竖缝用 M20 水泥砂浆填塞 L 形边框板及间隔板均用 C15 号素混凝土预制而成，一般厚度分别为 5cm 及 10cm，L 形板长边为 50cm，短边为 22cm，板长为 100cm。间隔板高度与 L 形板长边相同，长约 80cm（图 5.29），间隔板间回填 M7.5 水泥砂浆砌石，使其起拖板的作用。预制板的尺寸视施工条件可作适当调整。所有预制板的接缝均用 M20 号水泥砂浆填塞。待每层框边的预制板（或每一层的某一砌筑段）拼装、砌牢，其接缝的砂浆达到 60%的设计强度后，即可进行框内的坝体填厢砌筑。为保证每层预制板的防渗能力，应在边框填厢与坝体腹石之间

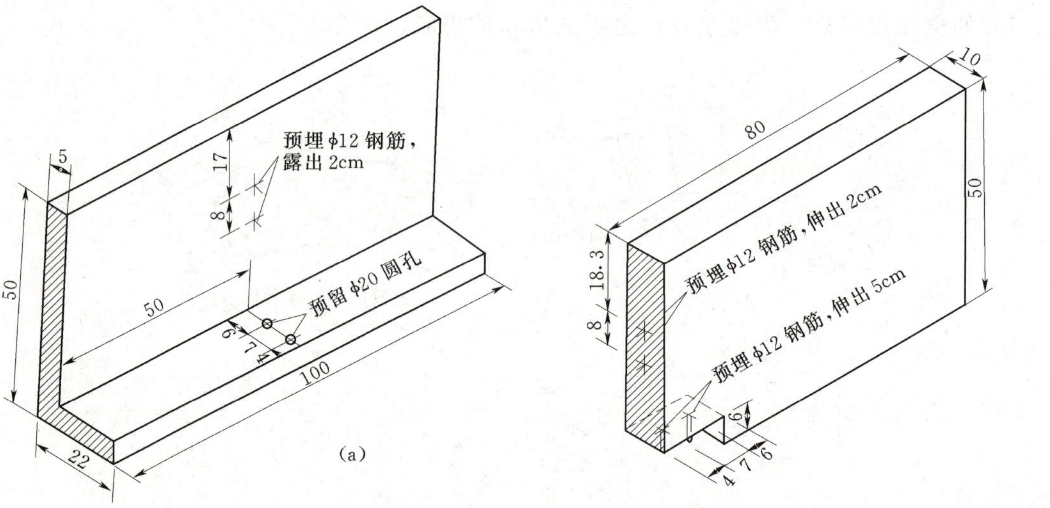

(a)

(b)

(c)

图 5.29　预制板边框图（单位：cm）

(a) L 形预制板；(b) 预制板间隔板；(c) 预制板组合连接示意图

预留1.5m间距，每砌筑两层的边框填框砌体后，在预留间隔中浇筑C15号混凝土防渗体，每期务必一次成拱（如拱圈过长，可进行适当分缝），以保证其整体性。除边框预制拼接按上述步骤逐层进行外，其余的砌筑方法以及有关停工后的施工缝处理等均与其他拱坝砌筑方法相同。

5.4.1.2.2 其他坝型

1. 重力坝的砌筑

在中小型砌石坝工程中，通常采用逐层整体砌筑上升的方式，有一些大中型砌石工程，考虑到因季节温度变化发生的伸缩变形和地基的不均匀沉陷引起坝体裂缝，常设有永久性构造缝（沿坝轴方向把坝体分成若干各自独立的砌筑段）。坝体分段铺砌施工时，应尽量使同一施工坝段均匀砌筑上升，如因各种原因无法做到同时均匀上升时，则相邻两砌筑工作面的高差不应超过1.5m，并应使两砌筑体之间持平。缓的倾斜面（或收坡成阶梯形）相接，倾斜坡控制在1∶2～1∶3左右为宜，整个坝段的砌筑面按1∶10～1∶20的坡度向上游倾斜。

大中型砌石重力坝多根据应力分区选用坝体材料强度等级，其迎、背水面常用条石，并以M7.5～M10号水泥砂浆丁、顺相间砌筑，坝体腹石可视坝高及砌筑部分而选用较低强度等级的胶结材料砌筑，以降低工程造价。在分层砌筑的重力坝工程施工中，若以条石作为砌坝石料，多采用一层丁砌、一层顺砌的铺砌方式；若以条石块石作为砌坝石料，则可采用一层条石，一层块石铺砌或在同一层条采用块石相间铺砌，以增强坝体的整体性。铺砌工艺要求做到上下层石料应错缝搭接，同一层石面稍有参差（相邻两石高差3～5cm）捣实后砌缝中的胶结材料应略低于石面，以利于上下层砌石的结合。

用细石混凝土作为胶结材料砌筑坝体腹石时，混凝土骨料一般用一级配（最大粒径2cm）或二级配（最大粒径为4cm），砌缝宽度一般为8～10cm（视振捣器棒头直径、石料种类及骨料最大粒径而定），采用插入式振捣器振捣。座浆所用胶结材料宜采用一级配细石混凝土或水泥砂浆，如采用二级配细石混凝土，则应防止缝间被混凝土的大骨料架空。座浆厚度应以比规定的缝厚大1/3为宜，使石料安放后稍有下沉，保证砌缝中的胶结料密实饱满。当以块石砌筑时，由于砌筑面不平整，铺座浆时应基本将外露石盖平再摆石灌缝，以保证水平砌缝的饱满。

2. 空腹重力坝砌筑

空腹腹腔的形头有圆顶形、抛物线及组合圆腹腔三种类型。圆顶形空腹腔平持砌筑，一般是将坝体前后腿砌至起拱面，再搭设模架，以料石或拱石砌筑拱圈。待空腹拱圈的砌体达到一定强度时（抗压强度在于2.5MPa或在常温20℃左右养护7d），再砌筑腔外坝体腹石，砌筑石料应注意拱的加载程序，以避免拱腔受力不均匀。同时，不得使已砌好的腹腔拱圈遭受剧烈震动。抛物线腹腔及组合圆腹腔一般多采用钢筋混凝土结构，此时需立模进行浇筑。砌筑石料及浇筑混凝土时须注意倒悬坡部位的施工工艺。抛物线腹腔砌筑完成并达到一定强度后，经过凿毛冲洗处理，再砌筑拱腔外坝体，砌筑前在腹腔拱圈外铺一层M15厚2cm左右的水泥砂浆，砌筑时务必使空腹拱圈均匀受力，即应按设计要求均匀同步上升（图5.30、图5.31）并使砌石部分与混凝土拱圈紧密结合，如砌石与混凝土拱圈结合不良，将使空腹的边缘应力由腔外砌体承担，从而导致坝踵前后腿的应力条件改变，故施工时应予注意。

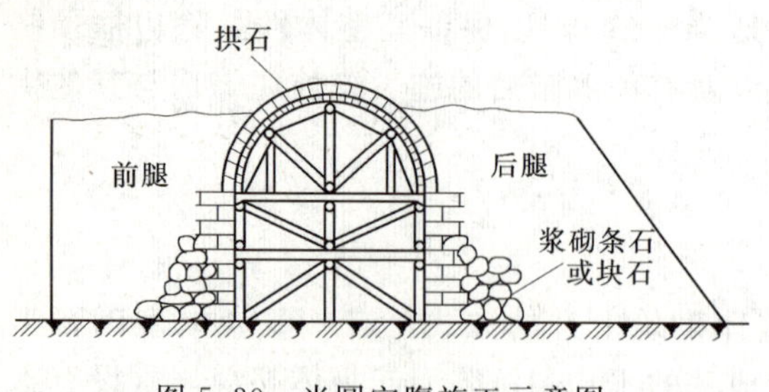

图5.30　半圆空腹施工示意图

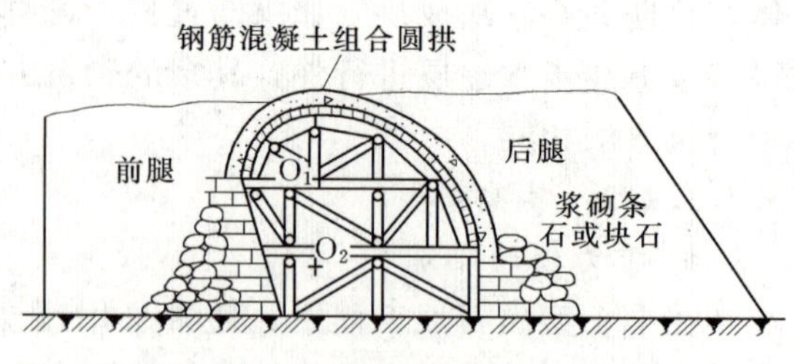

图5.31　组合圆拱空腹施工示意图

5.4.1.3　坝内特殊部位的砌筑

5.4.1.3.1　坝基部位的砌筑

砌石体与基岩结合处理的好坏，直接关系到大坝的安全，因此在施工操作上，对结合面的处理必须认真细致地做好，使之达到设计要求。通常在砌筑之前，应先对砌筑基面进行检查验收，符合要求时才允许在其上砌筑。砌筑时先铺一层厚3～5cm M10以上的水泥砂浆，然后浇筑厚度宜在0.3m以上，强度等级为C10—C15的混凝土垫层，以改善基础的受力状态和砌体与基岩之间的结合，有的工程在垫层混凝土初凝以前立即铺砌一层石料，以加强砌石垫层混凝土面的结合，多数工程则待垫层混凝土达到一定强度后再进行坝体的砌筑，在开砌前将垫层混凝土面按施工缝进行处理。岸坡部位，一般是先进行坝体砌石，在坝体砌石与基岩之间留下混凝土垫层厚度的空隙（0.5～1.5m），每砌石1～2层高度后，进行一次混凝土垫层的浇筑而毋需立模（图5.32）。

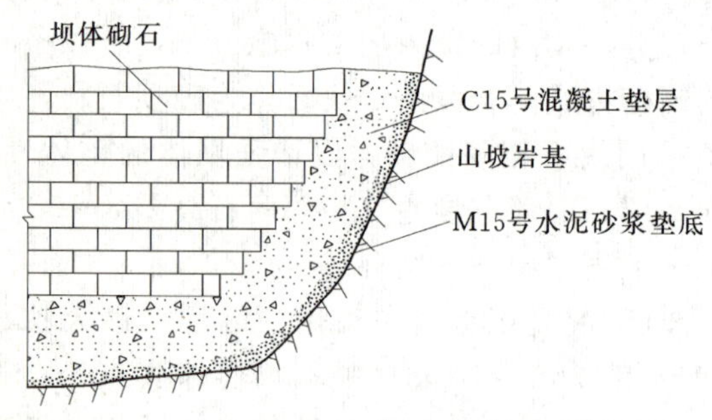

图5.32　基岩与坝体结合示意图

有些拱坝，为加强拱座与基岩的整体性，常布设构造钢筋和锚筋，砌筑时应注意锚筋设。

5.4.1.3.2　拱坝倒悬坡的砌筑

1. *砌石双曲拱坝倒悬坡的方法*

（1）水平安砌法：倒悬坡的面石，其外露面按坝体不同高程的不同倒悬度逐块加工并编号，以便对号安砌。要求外露面凹凸不得大于1.5cm。由于石料表面加工成倒悬坡面，故石料均可水平安砌，且与腹石能直接结合，不需搭设脚手架，坝体外美观，勾缝方便［图5.33（a）］，但是料加工成本高，这种水平安砌法多用于未设防渗面板的中型砌石拱坝工程。

（2）倒阶梯逐层挑出安砌法：为节省石料加工费用，有的工程采取逐层按倒悬度挑出成阶梯形的方法砌筑，施工方便。挑出的倒阶梯三角部分应在设计线以外，以保证坝体满足设计断面尺寸［图5.33（b）］，但要求每层挑出尺寸不得超过该条石长度的1/5～1/4。这种安砌方法的缺点是坝面勾缝不便，质量不易保证。

（3）面石倾斜安砌法：宜挑选加工成斜面的料石或稍加修整的粗料石，按设计倒悬度

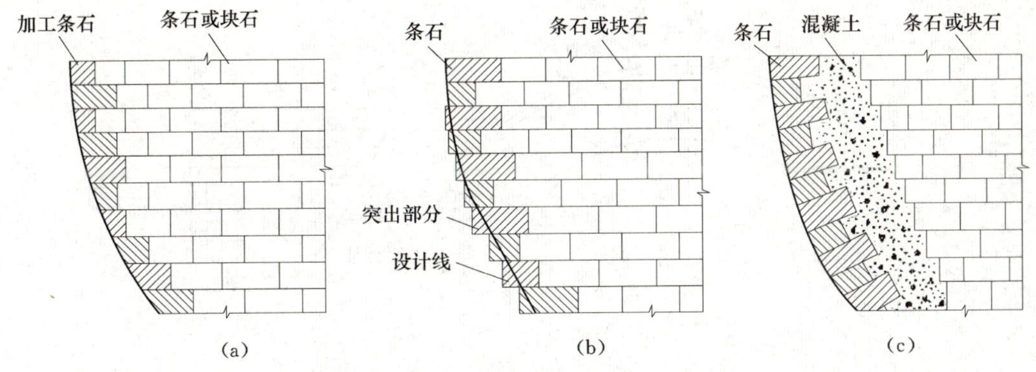

图 5.33 拱坝倒悬破砌筑方法示意图

倾斜安砌［图 5.33（c）］。这种砌法对于倒悬度小于 0.3 的拱坝倒悬坡尚为方便，但需及时在倾斜石的背后用细石混凝土砌筑腹石或浇筑混凝土，使之连接成整体。安砌上一皮倾斜时，要求下一皮倾斜石的胶结料强度达到 2.5MPa 以上，以防倒塌。倒悬度大于 0.3 时，应注意搭高临时支撑，以策施工安全。

2. 倒悬坡砌筑度的控制

（1）倒悬坡度尺：为一三角形木制尺（图 5.34），三角尺 AB 长 100cm，BC 长 40cm，$AB \perp BC$，A 点为铰结，C 点为活动点。在 AC 边上安装垂直水准泡，其下预留一个椭圆长孔（长孔宽略大于插销螺栓的直径）。在 BC 边 C 端每隔 1cm 钻一孔，再摆动角尺，使 AC 边上垂直水准泡居中，使 AC 垂直，则此时的 AB 边坡度即为倒悬坡。用此法检查逐层砌筑的倒悬坡极为方便。实践中，坝体每砌高 2～3m，则需要仪器检查放样一次，以便相互验证。

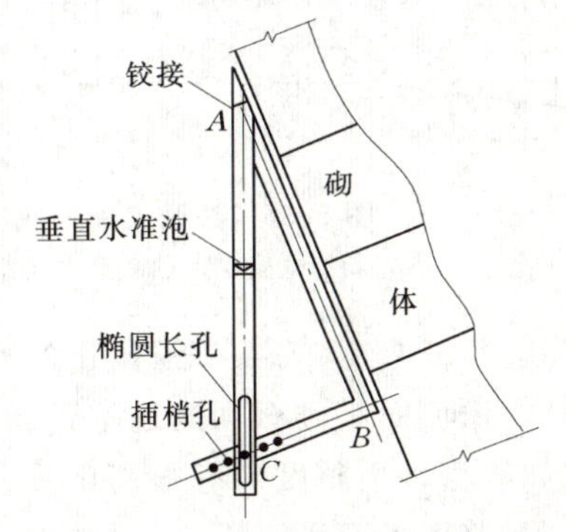

图 5.34 倒悬坡度示意图

（2）用预埋标钎控制倒悬坡度：沿拱圈弧长方向，每 2～3m 埋标钎一支，标钎一端埋入坝砌体，另一端水平外悬，将埋置标钎层以上的倒悬坡相应高程的水平距离标志在外伸端的标钎上（按每一砌筑层高标出一个点）。砌筑时，在面石上部外边缘吊垂球，用撬棍调整面石，对准标钎上相应的标点，即为该层面石的倒悬度，而相邻两支标钎之上同高程面石在标志点连线即为两标点间欲砌面石的外轮廓线（图 5.35）。用这种方法控制砌筑倒悬坡时，坝体每砌高 2～3m，还须用仪器检查放样一次，以检验倒悬坡的精度。内拱弧倒悬坡的放样控制亦可采用上述方法。

5.4.1.3.3 边墩、拱座的砌筑

砌石拱坝若设有边墩时，一般多做成重力或斜撑式（传力墩亦可做成矩形的）。斜撑式边墩由直墙与多排斜撑砌石连成整体。直墙部分用条石或块石安砌，斜撑部分用条石安砌（图 5.36）。为保证拱圈巨大轴向推力的传递，要特别注意拱端坝肩石料的安砌。当条件许可时，应将坝肩基础开凿成拱圈径向面，砌筑前先在基岩上抹一薄层强度等级较高的水泥砂浆（以略厚于基岩凹凸面为准），然后安砌坝肩拱座。如地形地质条件不可能开凿

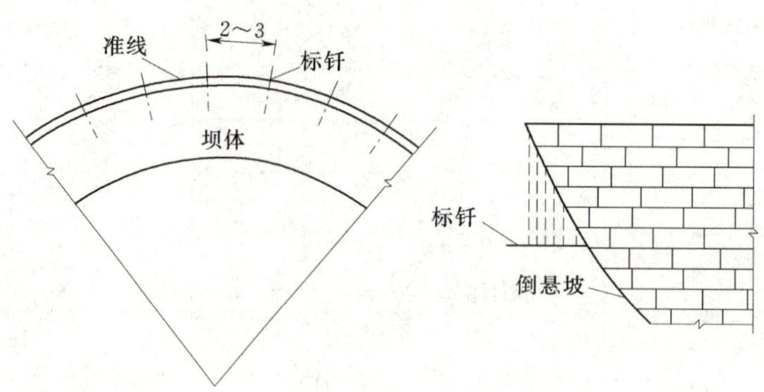

图 5.35　埋标钎控制倒悬坡施工示意图（单位：m）

成径向面，可在清基的基础上用大于 C15 的混凝土填筑，人工改造为径向面或半径向面，然后再安砌坝肩拱座（图 5.37）

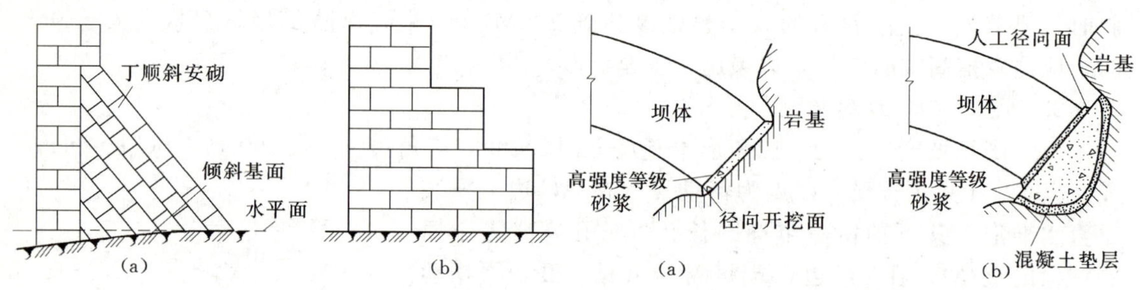

图 5.36　边墩安砌形式

（a）斜撑式安砌；（b）重力式安砌

图 5.37　拱坝坝肩与基岩结合示意图

（a）拱肩与径向面基岩结合；（b）拱肩与非径向面基岩结合

5.4.1.3.4　浆砌条石溢流面的砌筑

溢流面是砌石坝的过水部分，经常遭受高速水流的冲刷与磨蚀，故对溢流面的施工（如线型、平整度）有很高的质量要求。目前国内砌石坝溢流面基本上有两种构造型式：一是浆砌条石溢流面，二是钢筋混凝土溢流面，后者将在任务 5.4.4 中叙述。为使浆砌条石溢流面有足以抵御负压力及水流冲刷的能力，必须对石料及胶结料进行严格的选择。一般选用料石砌筑的溢流面，其石料标号应不小于 80MPa，砂浆强度等级应不低于 M15 号。砌筑方法有两种：一是与坝体同层整体砌筑，即溢流面石先安砌就位，再砌坝体；二是先砌筑坝体，预留出溢流面砌石部分（其垂直厚度不小于 1m），待溢流段坝体砌筑完成后，再砌筑溢流面面石。后一砌筑方法，要求坝体砌筑时以台阶收坡，从而有利于和溢流面石的整体结合（图 5.38）。

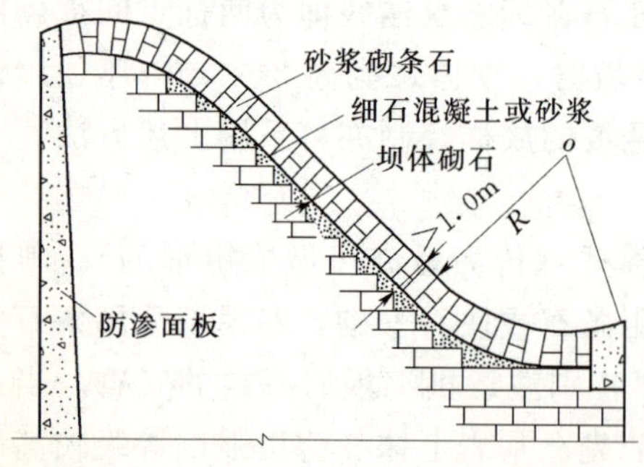

图 5.38　溢流段面石与坝体结合示意图

溢流面应以条石全部丁砌或丁顺相间安砌。条石长度为其厚度的两倍（但最小长度不小于 60cm），经过选择的条石，外露面须进行细加工，石料表面和相邻石料间的凹凸不平整度不能大于

0.5cm，严禁用不合格的石料砌筑溢流面。砌筑时应做到顺水流向及垂直水流向均错缝搭缝接，与坝体结合缝必须密实满浆，不能留有空洞。每砌筑一定高度（一般为3m）后，宜采用不低于20MPa的水泥砂浆进行勾缝，勾缝砂浆的稠度控制在2cm左右。缝深不小于6cm，只允许勾平缝。

5.4.1.4 操作工艺

5.4.1.4.1 铺砌工艺流程

按我国砌石施工实践，铺砌工艺流程一般为：

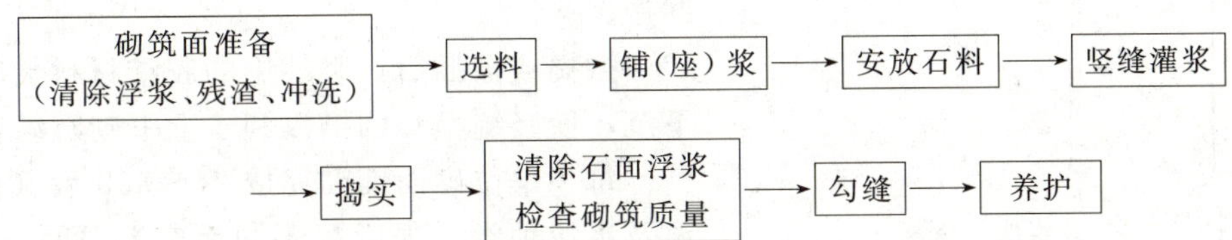

5.4.1.4.2 砌筑作业

1. 铺浆（座浆）

采用水泥砂浆作为胶结材料，铺浆厚度应为设计灰缝厚度的1.5倍，使石料安砌后有一定的下沉余地，有利于灰缝座实。对于毛石砌体，由于砌筑面参差不齐，则必须逐块座浆，逐块安砌，在操作时还须认真调整，务必使座浆密实，以免形成空洞。胶结料的铺设应与砌筑操作相配合，一般只宜比砌石超前0.5～1.0m左右。

以细石混凝土或小石子砂浆作为胶结材料，座浆铺料厚度应比设计砌缝宽度再加厚1/3为宜，铺浆后须经人工稍加平整，并剔除超径突出的骨料，然后摆放石料。对于毛石砌体，座浆厚度约8cm，以盖住凹凸不平的层面为度。胶结料的超前铺设不宜超过1.0m。胶结料铺设后，石料的安砌应在座浆初凝时间以内完成。

2. 摆放石料

在已座浆的砌筑面上，摆放洗净湿润（或饱和面干）的石料，并用铁锤敲击石面，以座浆开始溢出为度。石料之间的砌缝宽度应严格控制。采用水泥砂浆砌筑时，一般为2～4cm；采用细石混凝土砌筑时，一般为所有骨料最大粒径向的2～2.5倍，对于砌筑面不平整的坝面，一般座浆铺设稍厚，用细石混凝土座浆时，应注意不能产生细石架空现象，有时在安放石料调整竖缝时，须采用ϕ20mm钢筋加工的撬棍，在撬动石料过程中亦可使砌缝座浆挤压饱满。

3. 竖缝灌浆

石料摆放就位后，应及时进行竖缝灌浆，并振（插）捣密实。采用水泥砂浆灌竖缝时，多数工程用捣插棒捣实。当砌筑层高30cm以下，可一次灌浆与石面齐平后进行捣插，以保证竖缝砂浆密实。以细石混凝土灌竖缝时，多以插入振捣，若砌筑层高在40cm以下，竖缝可一次灌平后进行振捣，如振实后缝面略有下沉，可待上层平缝铺浆时一并填满。

4. 振捣

(1) 水泥砂浆的捣实。由于水泥砂浆缝宽度较小，目前大多数工程采用人工捣插方法，常用的捣插工具有钢筋插棒或竹片捣插棒。有的工程特制一种简单的捣插钢板（图5.39)，使和效果良好。

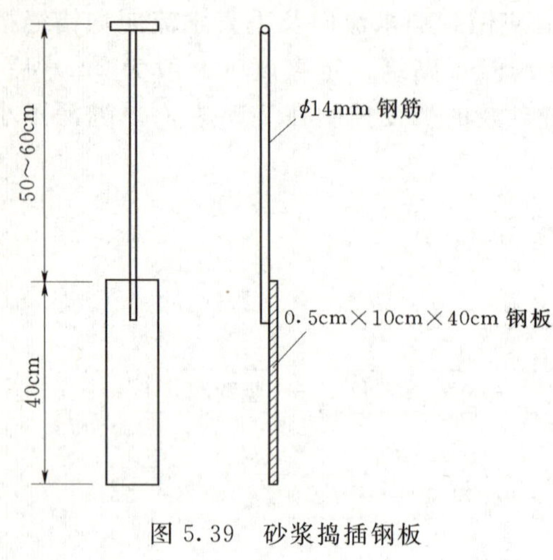

图 5.39　砂浆捣插钢板

（2）细石混凝土的振捣。一般采用 1.1kW 的插入振动器振捣竖缝、振捣的时间随振动器的振动频率及混凝土的坍落度而定，一般控制在 20～30s 左右，以混凝土不冒气泡并开始泛浆为适度，相邻两振点的间距不应大于振捣作用半径的 1.5 倍，一般为 25cm 左右。尤其应注意对角缝的振捣，防止重振或漏振。

振捣或振插后，竖缝中的胶结材料会略有下沉，使竖缝呈一凹槽以利于上下砌石结合。

每一单位砌面铺彻完成 24～36h 后（视气温及水泥种类、强度等不同而定），即可进行清理冲洗，准备上一层的铺砌。

5.4.1.4.3　砌筑质量要求

砌石坝坝体砌筑的施工要领同前所述也是“平、稳、满、错”。

应注意的是在错缝中不允许存在顺流向的通缝。当坝体分层砌筑时，水平通缝最为常见，一般沿坝轴线的轴向通缝及垂直于坝轴线的纵向通缝是不允许出现的（永久性的构造缝及伸缩缝除外）。故在砌筑中要强调错缝搭接，对错缝的搭接长度推荐如下经验数据，可供参考。

水泥砂浆砌石或块石：搭接长度为 2～3 倍缝宽。

细石混凝土砌条石或块石：搭接长度为 1～1.5 倍缝宽。

5.4.1.5　安全施工

砌石坝施工多系高空作业，并以人工操作为主，所以安全施工方在须特别注意，以避免发生工伤事故。

1. 运输及提升设备的安全检查

对现场各种运输及提升设备必须进行经常性的安全检查，尤其对垂直提升设备及空中索道用的钢丝绳、导轨、导轮等易磨损的部件，更应注意维护检修。

2. 砌筑安全保护

大坝砌筑及坝上石料短距离搬运，多系高空作业，应有安全保护措施。一般是在坝体上下游侧结合坝面勾缝架设安全脚手架。安全脚手架系角铁制成的三角架，沿坝长方向每 2m 布置一榀，其上铺板、设钢筋杆并挂安全网。三角架通过预埋插筋挂钩与坝体连接固定，通常坝体每砌高 2m 左右，再翻高一次。也有些工程，坝面缝是砌一皮勾一皮，此时坝面应设简易安全栏杆，即通过预埋插筋沿坝长方向固定一些立柱（角铁代号杉木杆），立柱上再设置二排水平栏杆（钢或毛竹）。

任务 5.4.2　砌体温度及裂缝的控制

工程背景：零下温度时砌石施工

施工在白天 11 时至 17 时进行。加盖草帘 2～3 层，加热胶结材料。保温堆放和运输材料，使之不低于 5℃，夏季气温大于 28℃时，应夜间砌筑，洒水养护。

问题： 浆砌石坝体如何进行温度控制？有何措施？

学习目标：

(1) 知识目标。能说出温度作用的机理和温控的方法与措施。

(2) 能力目标。能初步进行砌筑坝体温度控制工作。

在同类型坝型中，砌石坝的水泥用量虽较混凝土坝少，而且又是分层砌筑，散热条件亦好，水化热问题不及混凝土坝那样突出，然而在一些气温较高及变幅较大的地区，坝体砌筑仍要采取一定的温控措施以确保工程质量。

5.4.2.1 夏季施工温度控制

当夏季气温高于30℃时，一般不宜再进行坝体砌筑，否则易使砌体产生温度裂缝。如果必须在夏季进行砌筑时，则应采取砂、石料预冷及其他降温措施。若采取将砂石料堆放在荫蔽凉棚内，材料温度可比室外降低8～9℃；若在拌和前用河水冲洗砂石料，还可进一步降低材料温度10℃。石料的降温亦可参照上述办法处理。

夏季施工，最简易的温控方法是避开高温时段砌筑坝体，如选择在9时前、16时后进行砌筑施工。砌筑后应覆盖草袋，避免阳光直接照身，并及早进行洒水养护。

提前封孔蓄水，抬高坝前水位，在夏季也能适当降低坝体温度，并能对坝面施工提供良好的用水条件。

5.4.2.2 冬季施工的保温措施

当冬季日平均气温低于3～5℃，或最低气温稳定在－3℃以下时，一般不宜进行坝体砌筑。当气温不低于0℃而且必须进行砌筑时，施工中所使用的胶结材料的强度等级应予适当提高并保持熟料的砌筑温度不低于5℃。砌石坝中混凝土工程施工，则应按《水工混凝土施工规范》有关规定执行。冬季施工低温砌筑时，为防冻害，应采取相应保温措施。

冬季施工时切忌使胶结材料受冻，新砌体须经常检查，如因冻害而产生的裂缝等质量问题，应及时处理。砌筑面的积水，积雪应及时清除，防止结冰。冬季水泥的水化反应较慢，初凝时间延长，砌体一般不宜采用洒水养护。

5.4.2.3 砌体的施工分缝

5.4.2.3.1 拱坝的施工分缝

拱坝的施工分缝系指气温较高季节砌筑坝体临时的施工缝，其目的是避免低温时因坝体收缩而引起开裂，导致拱坝整体性的破坏。缝位一般沿拱圈左右对称设置且与拱圈半径方向一致，缝距15～30m，缝宽0.8～1.0m，一般多以混凝土封缝回镇。图5.40所示为一拱坝预留施工缝。

5.4.2.3.2 重力坝施工分缝

重力坝往往由于坝较长，断面尺寸较大，有时由于地形和地质情况较复杂，因而在设计上一般设有永久性的构造缝而将坝体分若干坝段，又基于每个坝段的砌筑工作量较大，顺水流向又将坝体分成若干块进行砌筑，因此，在重力坝体中有永久性构缝和临时性施工之分。

1. 永久性构造缝的施工

构造缝主要是因温度而引起坝体伸缩或地基导致坝体不均匀沉陷而专设的。设有构造

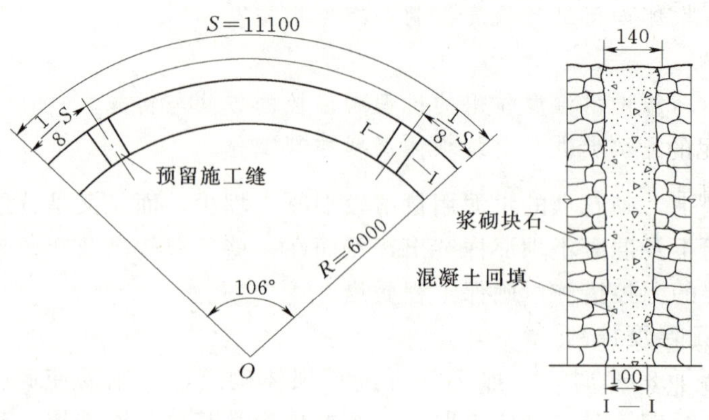

图5.40 某水库双曲拱坝预留施工缝示意图（单位：cm）

缝的重力坝，将按缝位分段砌筑，分缝处竖向砌筑面的石料应砌成齐头通缝，缝面通常用条、块石或混凝土预制块砌筑成平面，缝宽1～2cm。填缝材料有“二毡三油”沥青油毡，有嵌塞浸油杉木板（用沥青煮沸浸透杉木板），沥青木屑板或预制沥青油毡板等。预制的沥青油毡板施工较为方便，嵌缝时将其依扶在高砌筑块的缝面上，用一块较规则的石料抵住，然后即可安砌低砌筑块的坝体，即自然形成缝面。

2. 施工缝的处理

施工中因坝体分块砌筑，或坝面安设施工机具，或坝体因汛期过水需要而预留的缺口，都会形成临时施工缝。坝体正常砌筑时预留的施工缝缝面应成缓坡式或台阶式，以避免形成竖向通缝。继续砌筑时应先将施工缝凿毛冲洗，铺砌时应注意新旧砌体的结合。对于因施工要求而预留的垂直缺口需要堵砌时，可在新旧砌体间预留50cm左右宽缝，在分层砌筑时逐层用细骨料混凝土填塞捣固，以加强新旧砌体的结合。

任务5.4.3 砌体养护

项目背景： 砌体工程施工后的养护

问题： 浆砌筑坝体砌体的养护如何进行？

学习目标：

(1) 知识目标。能熟练说出浆砌筑坝体的养护方法。

(2) 能力目标。能进行有效地养护施工。

为保证水泥得到充分反应，提高胶结材料的早期强度，并防止胶结料的干缩裂缝，当砌体中的胶结材料终凝后，即应对砌体及时进行洒水养护，养护期一般为14～21d，最少不得少于7d。在夏季或冬季，养护时宜辅以降温或保温措施。

5.4.3.1 冬季养护

冬季施工时一般可在砌体覆盖麻袋、草袋、草帘、塑料膜等，以及利用砌体中水泥水化热升温来满足养护的需要。气温降至0℃以下时，应增加覆盖厚度以加强保温效果，有条件的地方可在砌体上搭设临时简易棚，在棚内燃烧木炭或木柴升温，以保护砌体免受冻害。严寒地区封冻，一般凝固时间延缓，胶结材料早期强度很低，因此冬季施工时应特别注意保护砌体，不使其受到剧烈的冲击或震动（如不应在砌体上堆放重物或架设重型施工

机具），以免砌体遭受震破坏。

5.4.3.2 夏季养护

夏季日照长、气温高，主要应加强对砌体的降温、保湿养护，防止胶结材料中水分蒸发过快，影响水泥的水化反应，从而降低胶结料的强度，产生干缩裂缝破坏砌体的整体性。日平均气温高于25℃，须经常洒水，保持砌体表面湿润。一般可用浸湿的草袋、草帘覆盖在砌体表面，使其免受阳光直接照射。为保持砌体外露经常处于湿润状态，一般要求白天洒水7～10次，晚上洒水5～7次以满足养护需要。

任务5.4.4 砌石坝混凝土溢流面的施工

工程背景：河北朱庄水库、河南青天葫芦口水库等工程的施工均采用滑动模板进行溢流面混凝土施工

问题：溢流面滑模如何浇筑混凝土?

学习目标：

(1) 知识目标。能说出溢流面滑模的构成和设计方法以及滑模作业过程。

(2) 能力目标。能进行溢流面的滑板施工作业。

砌石坝溢流面的施工程序是：先行完成砌石坝内部坝体的砌筑，然后再浇筑溢流面混凝土。溢流面混凝土下部的坝体砌石要按设计要求以台阶收坡，坡面距混凝土溢流面的垂距一般控制在1～1.2m。砌体与溢流面混凝土之间一般需要预埋插筋，特别是鼻坎反弧段部位。中小砌石坝工程常用$\phi16$钢筋作为预埋插筋，边砌边埋设，一般每$2m^2$预埋一根，以利坝砌体与溢流面混凝土牢固结合。

实践证明，采用滑动模板施工，能提高溢流面混凝土浇筑质量，体型准确，表面光滑平顺，能达到设计要求的平整度，能节省大量的木材和劳力，施工进度也较快，是实现机械化施工的良好途径。

5.4.4.1 溢流面滑模的组成

溢流面的滑模与一般垂直滑升建筑物的滑模相比，前者的结构形式虽较后者简单些，但对滑升质量的要求却更高，这是因为溢流混凝土通常有高强、抗冲、耐磨、抗冻以及必须符合设计溢流线型等要求。

溢流面滑动模板是由模板系统、牵引系统和辅助系统三部分组成。

5.4.4.1.1 模板系统

模板系统是由滑动模板（实际上是一个带有面板和行走轮的钢结构桁架）、导轨等组成。其主要作用是：按建筑物所设计的外形要求成型混凝土。在溢流面上滑动的模板要承受流态混凝土的侧压力，为平衡此力，当前使用的滑动模板有两种结构型式：

1. 重力式滑动模板

这种模板主要依靠自重加配重来平衡混凝土侧压力。模板结构简单，但笨重，最好用于缓坡溢流面滑升。这是因为混凝土侧压力是随溢流面坡度的变化而改变，在坡度较陡、混凝土侧压力较大情况下，用来平衡垂直于模板混凝土侧压力的重力分力是很有限的。因此，在溢流坡面较陡的情况下，使用重力式模板是不经济的，既多用了钢材又加大了牵引系统不必要的负荷。

2. 轻型滑动模板

其结构型式基本上与重力式模板相同，不同之处是在模板行走轮的下方增设一对卡轮（装在行走轨道工字钢上翼缘的底面），使混凝土侧压力能通过卡轮和固定在坝面上的行走轨道传递到基础上去。这种滑动模板虽然结构复杂些，对强度、刚度要求较高，但自重轻，不需要配重，可以适应混凝土侧压力在滑模行中的变化，施工方便，节省材料，牵引负荷也相应的降低，一般用于坡度较陡的溢流线型的混凝土滑模施工中。

5.4.4.1.2　牵引系统

牵引系统是提升滑模的动力系统一般有两种：卷扬机和滚珠式液压千斤顶。

如图5.41所示为一工程滑模布置情况，卷扬机作为牵引动力安装在溢流顶部，每台卷扬机均通过2个10t3门滑子滑模桁架两端的吊点连接卷扬机。

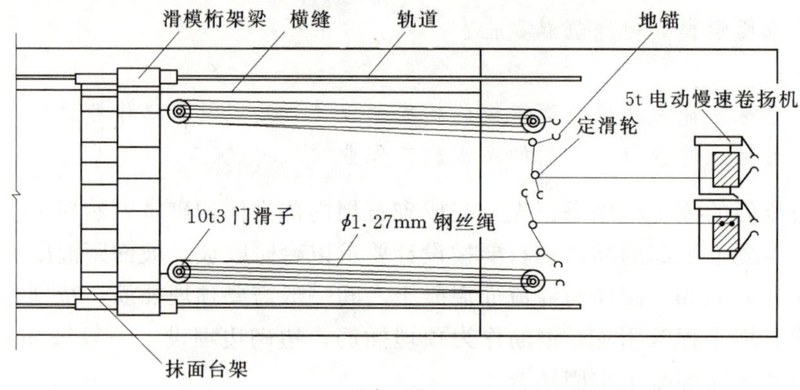

图5.41　卷扬机牵引滑模布置示意图

滚珠式液压力千斤顶，目前常用规格有GYD—35（上海建筑机构厂制造，起重力为3.5t）和仿GYD—35型。与液压千斤顶配套使用的机具有ϕ25mm、ϕ30mm钢筋爬杆和YDK—36型液压操作柜等。在可能的情况下，滑模牵引系统应尽量选用液压牵引系统，其优点是结构紧凑，同步性好，施工较为方便。将千斤顶布置在溢流坝上部的支承架上，支承架用型钢制作，固定在坝面上，千斤顶可以绕支承架上固定它的轴，作上下转动，钢筋爬杆的下端与滑模桁架铰接，因此使滑升模板装置在上移的过程中能更好地适应溢流线型的变化。

辅助系统主要包括抹面操作平台，混凝土养护装置，导轨支架千斤顶的金属支架等。

5.4.4.2　滑动模板的设计

5.4.4.2.1　滑动模板平面尺寸的选定

滑动模板的宽度（水流方向）与被滑出的溢流线型有着密切的关系，一般不能太大，根据已建工程的使用经验，溢流面滑模的宽度多定为1m，1m宽的滑模不仅可以滑出一般溢流面所要求的线型，而且也能保证浇筑2～3层混凝土，有利于滑模施工。

滑模的长度视坝体溢流面横向分缝的大小来确定。一般溢流面的横向分缝多为温度缝，或与坝体结构缝相结合，间距12～16m的居多，滑模桁架梁的总长度要比横缝间距大，以便在梁的两端搁置点布置滚轮，使模板沿轨道滑行，搁置点处梁高比镶有钢面板部位梁高低些。滑模的钢面板与两端侧模之间应预留3cm的施工间缝，如图5.42所示。

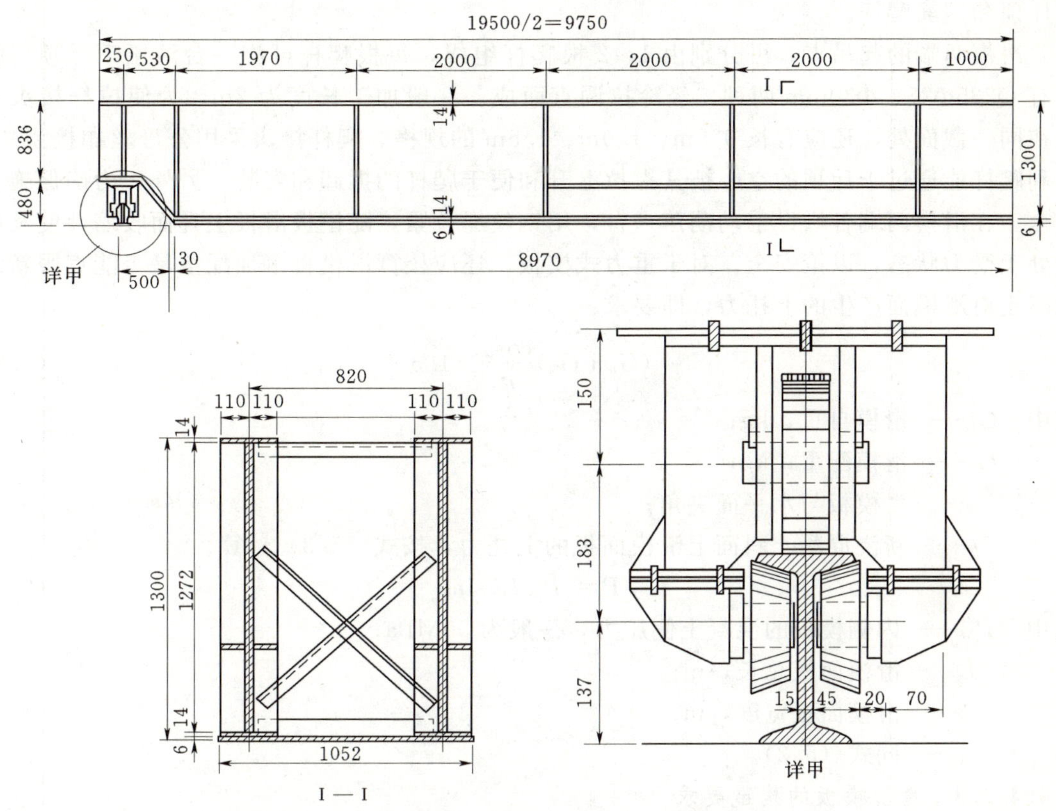

图 5.42 轻型钢板滑动模板构造简图（单位：mm）

滑模桁架的高度由滑模桁架梁的结构设计来确定，即根据强度、挠度要求，通过计算确定梁高。现行的滑模桁架梁的高度多为 0.8～1.0m，超过 1m 的也有，结构设计的荷载主要考虑滑模桁架的自重（包括配重）、施工荷载（包括施工人员、临时堆放材料、工器具等）和混凝土侧压力等。国内混凝土溢流面滑模设计选用的混凝土侧压力多为 50MPa，有的工程也选用 100～120MPa。桁架梁的结构计算见有关结构力学专著。

5.4.4.2.2 滑模牵引力的计算

滑模牵引力的大小与滑模自重、钢面板及新浇混凝土的黏结力等有关，一般按式（5.1）计算

$$T=(G\sin\alpha+G\cos\alpha f+\tau F)k \tag{5.1}$$

式中 T——滑模总牵引力；

G——滑模自重加配重；

τ——钢板面与新浇混凝土之间的黏结力 20MPa；

f——滚动摩擦系数，可取 0.05；

α——斜坡面与水平面夹角；

F——滑模与新浇混凝土接触的表面积；

k——安全系数，可取 1.5～2.0。

计算出总牵引力后，可据此选配提升设备。对于液压提升系统来说，主要是选配液压

千斤顶和钢筋爬杆。

滑模两端的起吊点，可分别由1～2根爬杆组成，每根爬杆可配一台液压千斤顶，爬杆有Q235Φ25、Φ30mm两种，经冷拉调直而成。一般加工长度为2m，为使拉杆接头不处在同一截面处，还应有长0.5m、1.0m、1.5m的规格。爬杆接头采用公母丝扣接型式，以利爬杆能通过千斤顶的空心被其提拉上升和便于爬杆的拆卸和安装。另外，为确保施工安全，在滑模两端各增设手动葫芦一台，用钢丝绳拉紧，随模板滑板上升而收缩，使其始终处于受力状态，以策安全。对于重力式模板，还应核算滑模自重加配重是否能克服新浇混凝土对滑模面产生的上托力，即要求：

$$(G_1+G_2)\frac{\cos\alpha}{p}>1.5 \tag{5.2}$$

式中　G_1——滑模自重，kg；

G_2——滑模配重，kg；

α——滑模板与水平面夹角；

p——新浇混凝土斜面上滑模面板的上托力，按式（5.3）计算。

$$P=P_M Lb\sin\alpha \tag{5.3}$$

式中　P_M——内侧模板的混凝土侧压力，一般为50MPa；

L——滑模面板总长，m；

b——滑模面板宽度，m；

α——同式（5.2）。

5.4.4.2.3　滑动模板的构造要求

轻型滑动模板的构造，如图5.43所示。因为千斤顶布置在滑模桁架的端部，故滑模梁构造较一般重力式滑模简单些。轻型滑模不加配重就能支承溢流面上变化着的混凝土侧压力，主要是靠图中所示行走轮的特殊构造来满足。滑行中，要求模板有足够的刚度，所以常把滑模桁架制成钢板梁的型式。

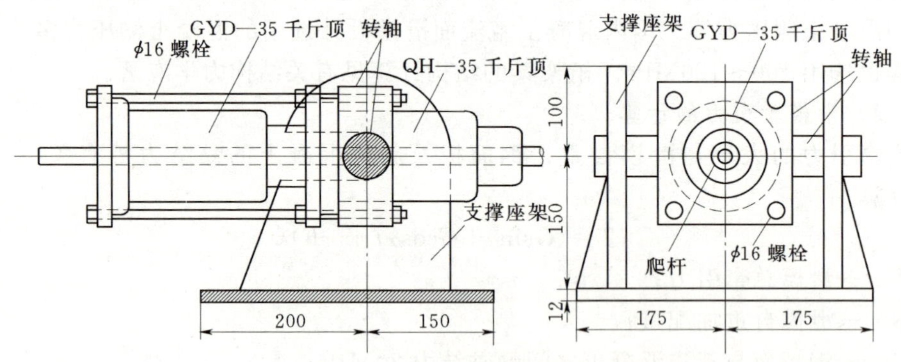

图5.43　千斤顶支座构造图（单位：mm）

导轨是用来支承滑模并使滑模按溢流线型滑升，以及起到传递混凝土侧压力至基础的作用，故要求导轨变形小，曲线准确，制作安装要方便。对于重力式滑模多选用12～18kg轻轨；对于轻型滑模，以选用20号工字钢为好。

辅助装置对溢流面的施工质量关系很大，也要精心设计和施工。抹面平台为一型钢三

角架，悬吊在滑模桁架梁上，外敷安全网，随滑模一起滑升。三角架上铺木板，为保证工作平台呈水平状态，用花篮螺栓调幅，以适应溢流坡面的变化，保证抹面工人在平台板上正常工作。为了给滑出的溢流面创造良好的养护条件，在三角工作架的背后吊装一字型多孔（微孔）喷水管。爬杆与滑模桁模架梁和千斤顶支座的连接，要能适应滑模在圆弧段、非圆曲线段滑行时牵引力主向的不断改变，因此要求把千斤顶固定在特制的转轴支架上（图 5.43）爬杆与滑模桁架的连接通过铰环来传力（爬杆与铰环用内丝扣平接）。侧支承架是支承导轨用的构架，要求其有足够的稳定性，而且便于拆装。一般的支承架多用型钢制成三角形或框形的构架，通过预埋的地脚螺栓与基础连接，与导轨连接则通过焊接在构架顶端、导轨下翼缘底部的二块钢板以螺栓来实现。

5.4.4.3 溢流面混凝土滑模施工

滑动模板是借助卷扬机或液压千斤顶通过钢丝绳（包括复式滑轮组）或钢筋爬杆，带动模板沿着导轨滑升，实现一次立模连续浇筑的技术要求。现以液压滑模施工为例，简述其施工要点。

5.4.4.3.1 滑模的安装

滑模安装以前，要完成滑模金属结构的制作、预制件的制作与埋设、液压设备的购买与配套、混凝土的浇筑准备以及其他一些机具材料准备等。

滑模制作完成后，先在工厂内试组装，质量符合要求后，再拆运到施工现场。现场滑模安装程序：支撑架→导轨→钢结构滑模→液压系统→爬杆→抹面平台→混凝土养护喷水管。

1. 支撑架的安装

当新浇块的邻块混凝土尚未浇筑时，或只浇筑一边时，均需安装导轨支撑架。支撑架的安装要与测量放样密切配合，严格控制安装高程。支撑架通过其底板与预埋的地脚螺栓连接固定。

2. 导轨的安装

导轨通过压板和螺栓固定在支架顶板上或相邻已浇坝体的混凝土面上。前者的连接构造比较简单，后者要通过预埋在溢流面混凝土中的套筒螺栓来连接，如图 5.44 所示。套筒预埋间距（亦即导轨压板间距）一般为 50～70cm。套筒预埋时，先把套筒焊接在溢流面的钢筋网上，其上口距溢流面约 2cm，套筒内塞入纸卷并做好标志，待滑模通过后，重新找出并随时取出纸卷拧上压板螺栓，以备浇邻混凝土时供固定导轨用。用毕，拧出螺栓，孔内填塞环氧砂浆即可，导轨安装结束后，测量人员检查，

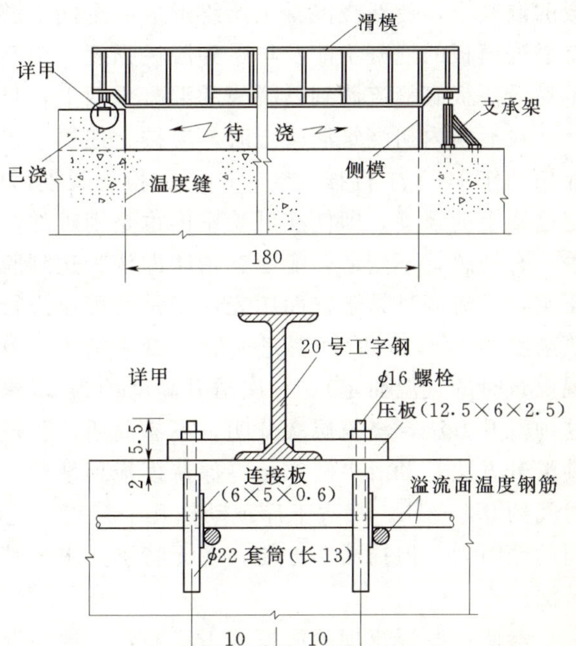

图 5.44 导轨与溢流面混凝土连接构造图（单位：cm）

若高程有误差可用增减垫片的方法来调整。合格后，即将组装好的滑模吊至预定的轨道位置上。

3. 千斤顶的安装

千斤顶安装之前要检查是否漏油，待导轨安装完成后，将其固定在带转轴的金属支架上，并试其上下转动是否灵活。钢筋爬杆的安装和油路的连接工作可同时进行。油路连接主要指液压千斤顶同液压箱操作之间的高压胶管连接，总管ϕ10mm，支管ϕ8mm，连接的油管不允许拉紧，且不应有90°弯头，以利油路畅通。千斤顶带负荷启动前，应做一次空载试验，以检验提升系统各部件的工作情况，如发现千斤顶油路、阀门等漏油或失灵，应及时予以调换。

在安装爬杆的同进，在滑模桁架的两端各系一手动葫芦，通过钢丝与坝顶固定点连接，以防千斤顶失灵或爬杆意外断裂造成事故。

安装侧向挡头模板时，其顶部高出溢流面3～5cm，并要求与溢流线型一致，并禁止侧模的支撑顶在导轨金属支架上。

5.4.4.3.2　模板的滑升

混凝土入仓，可以通过门机、吊罐，或用手推车将混凝土卸入储料槽，再经溜筒或滑槽直接入仓，也可用皮带机配溜筒入仓。

混凝土浇筑应严格掌握分层浇筑程序，每层浇筑厚度为25～30cm，卸料时在靠近模板1～2m范围内应先卸到坝段中部，然后向左右方向均匀推进，或先卸入左右两端，再向中部推进，总之要达到使模板受力均衡的目的。在坝段的上、下游方向，先浇筑靠近模板的混凝土，使新浇混凝土始终形成一个向上游倾斜的缓坡。这样的做法有两点好处：一是靠近模板的混凝土能及早达到脱模强度，提高滑升速度；二是浇筑过程中混凝土的泌水不易沿模板底缝流淌到已脱模的混凝土面上，且利于集中排除。

在滑模内初浇筑混凝土时，应按上述要求连续浇筑2～3层后，方可进行试滑（使千斤顶动作1～2个行程约3～6cm）。检查脱模后的混凝土强度，经验是0.1～0.3MPa，测定这样小的强度，即使在试验室内也是困难的，故一般能只能凭现场的直观感觉，如不粘手，有硬感，不变形，能留有指印即认为达到脱膜强度要求。此时已脱膜的混凝土能支承压重，不流淌且易于抹面压光，于是就可以进行第一次滑升，滑升高度约为第一次连续浇筑高度的1/3。以后每浇完一层混凝土滑升一次（浇一层混凝土的时间控制在2h左右，视浇筑时的气温而定），一次滑升高度约为25～30cm，不要超过一层混凝土的浇筑高度。这种滑升方法，浇筑层次分明，不易混淆，脱模强度易于控制，有利于抹面压光。还有一种滑升方法是勤滑少滑，始终保持模板顶部留一定高度，便于混凝土继续浇筑，滑升间隔时间约0.5～1h，每次千斤顶动作几个行程。这种滑升方式，虽然有利于减少混凝土模板间的摩阻力，但抹面不方便，在无特别要求的情况下，常采用第一种滑升方式，即集中滑升法。

参照一些溢流坝的滑模施工经验，一般情况下，混凝土的水灰比为0.5左右，坍落度控制在5～7cm。

抹面压光，也是滑模施工中较为重要的一道工序。对出模后的混凝土面要用铁板反复涂抹压光，对漏震缺浆处应及时用不低于溢流面强度等级的砂浆嵌补、抹平、压光。

滑模在溢流面上的工作情况，如图5.45所示。

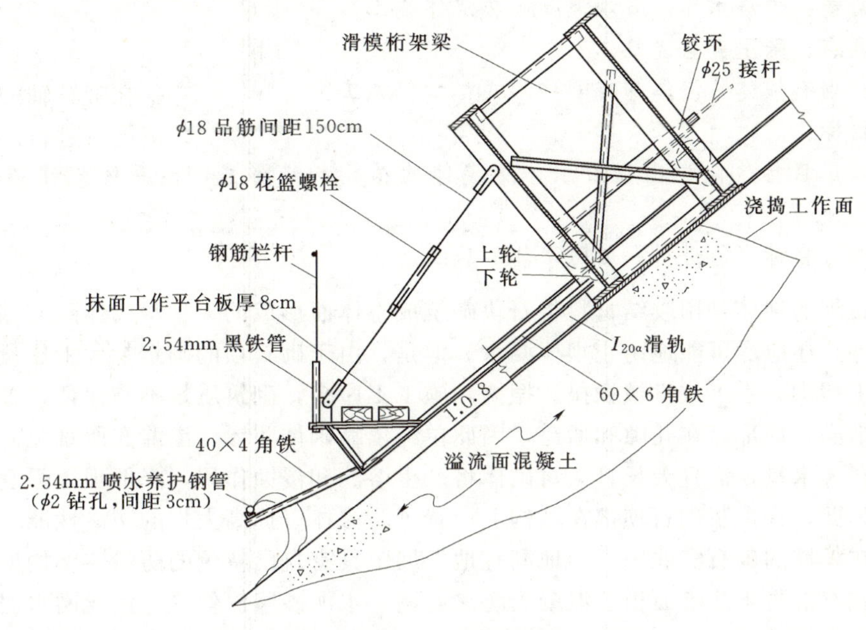

图5.45　滑模施工示意图（单位：mm）

滑模在滑升过程中，如果长时间不来料，或中途因故停工，则要求自停滑时间起，每隔0.5h左右，液压千斤顶动作1～2个行程，以减少混凝土与模板间的黏结力。炎热夏季施工，在混凝土中掺入木质素碳酸钙或糖蜜等缓凝剂，能起到较好的缓凝作用。

模板在滑升过程中，要经常清理粘在模板表面的混凝土，以防结块，影响溢流面的光滑和平整；在正常滑升过程中，两次滑升的中间，最好使千斤顶动作1～2个行程，以减少滑升阻力，注意观测左右的千斤顶是否同步，可在滑模两侧导轨上标出每次滑升的长度，以便对照检查。

滑模的滑升与混凝土的脱模时间有关。可参考混凝土终凝时间与滑模提升速度之间的关系（表5.1）。

表5.1　混凝土凝结时间与滑模提升速度关系表

编　号	混凝土凝结时间(h)	预期滑模提升速度(cm/h)	编　号	混凝土凝结时间(h)	预期滑模提升速度(cm/h)
1	5	46	4	10	17～23
2	6	35～43	5	14	12～15
3	8	25～30	6	18	7～10

对于溢流面反弧的滑升，若设计要求反弧段最低点不允许留有施工缝，考虑到反弧段的起点和终点高程均较高，用一套滑模一次从起点经过反弧的最低点滑升到终点是不可能的，因为滑模只适应由低向高滑升，为解决这一问题，可用两套滑模装置，均从反弧段最低点为起点反向起滑。

任务 5.4.5 砌石坝体防渗体施工

工程背景：卡房水库砌石坝混凝土防渗体施工

施工要点：采用有仓浇筑。

问题：砌石坝体防渗体都有哪些形式？如何施工？

学习目标：

(1) 知识目标。能说出砌石坝体防渗体的结构构造形式，能熟练陈述防渗体施工方法。

(2) 能力目标。能进行一般防渗体的施工。

浆砌石坝的坝体是用胶结材料将石块砌筑成整体而形成的。坝身砌体除应满足一定的强度要求外，还应尽可能地防止坝体漏水。但是，由于砌石坝的砌筑是大工作量、大面积施工、人工摆砌，手工或机械插捣、振捣，施工工序多，砌筑质量不易保证，缝隙中浆体难以十分饱满，局部存在孔隙和通道，因此单纯依靠砌体防渗、渗漏在所难免。若严重渗漏，不仅损失水量，而且天长日久对砌体将产生溶滤和侵蚀作用，降低坝体强度，危及大坝安全。因此，许多浆砌石坝都在结构上设置了防渗体以提高大坝的防渗性能。

我国在长期的砌石实践中，因地制宜地发展了具有自已特色的防渗体结构型式。目前常用的型式有混凝土防渗面板、混凝土防渗心墙、水泥砂浆深勾缝、钢丝网水泥砂浆喷浆防渗护面等。

5.4.5.1 混凝土防渗面板的施工

混凝土防渗面板是大中型砌石坝工程采用比较广泛的一种结构型式，同混凝土心墙相比，它具有外形美观、出现裂缝易于修补、防渗性能比较可靠等优点，但是施工较复杂，对温度的影响比较敏感，需要多用一些钢材和木材。

5.4.5.1.1 防渗面板的一般构造与技术要求

混凝土防渗面板的面底部厚度，一般为上游最大的水头的1/30～1/20，个别的采用1/50，随水头的递减，面板逐渐减薄。为方便施工，坝顶部位面板厚度以不小于30cm为宜。防渗面板的厚度变化，以变截面面阶梯方式过渡为多（即面板背部与砌体接触处呈阶梯状），这样会更利于面板与砌石的结合。在两岸山坡处，防渗面板的基础应嵌入较新鲜基岩1～1.5m，河床部位应与坝基混凝土截水墙连成整体。

防渗面板的混凝土强度等级应满足坝体抗渗要求，我国已建的一批砌石坝工程一般多用C15强度等级混凝土，相应的抗渗等级可达P_4～P_6。

为了防止产生温度裂缝，混凝土防渗面板宜采取分缝、跳块浇捣的方式。与砌石坝体永久性横缝结合贯通的混凝土防渗面板缝称为主缝。主缝之间的面板分缝称为副缝。有的砌石坝体不设主缝，仅有副缝。副缝间距一般为10～20m，近年来考虑面板处不利的约束条件，多采用小间距分缝。对较高的坝主缝设三道止水，如图5.46所示，在两道止水片之间设沥青井止水，横缝间涂贴约1cm厚的沥青毡（二毡三油）或填塞预制沥青油毡板、或热浸沥青板等。对小型砌石坝工程，在需要设置主缝的情况下，常用一道沥青井止水或设1～2道止水片止水，填缝要求同前。副缝的缝间没有填缝要求，缝面亦不必进行特殊处理，一般工程多用1～2道止水片止水。对于砌石拱坝混凝土防渗面板的施工，分块浇捣的竖缝应按副缝的缝面要求处理。同时应预埋止浆片、预留进出浆孔、排气孔、做好封

缝灌浆准备、或做成 0.8～1.0m 的宽缝，待冬季低温时回填混凝土。

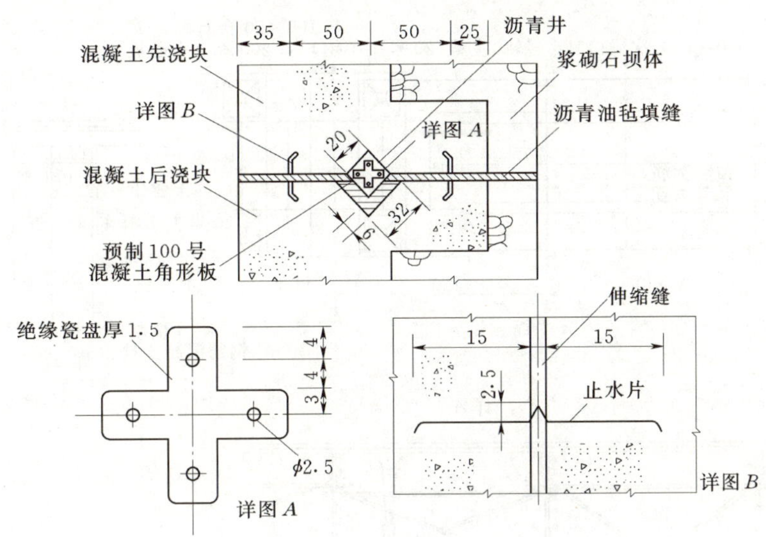

图 5.46 主缝止水构造（单位：cm）

混凝土防渗面板在一般情况下都配置温度钢筋。工程常用 ϕ10～12mm 钢筋，其纵横间距控制在 20～30cm。但是也有些工程混凝土防渗面板不予配筋。

5.4.5.1.2 混凝土防渗面板浇筑方法

防渗面板浇筑包括两种方式，有仓面浇筑和无仓面浇筑

1. 有仓面浇筑方法

这种施工方法就是在靠近坝体下游或上游处，搭设栈桥或直接用垂直吊装设备运料入仓。栈桥一次搭设高度可达 9.5m，桥顶面宽 4m，中间 2m 为手推车跑道，两侧挂溜筒，一侧为浇筑混凝土防渗面板供料，另一侧为坝体砌石供料（细石混凝土）。这种布置的优点是：防渗面板混凝土浇捣和坝体砌石工作可同时进行，可满足防渗面板混凝土一次连续浇高 3m 左右的要求，混凝土水平运输是用斗容为 0.1m^3 的手推车在栈桥上推运，并通过跑道两侧的溜筒分别向混凝土防渗面板仓内和砌石工作面供料。这种方法，坝面上块石的水运输和摆砌是在栈桥下面进行，与前者互不干扰，施工方便，可以加快砌石坝坝体的施工速度。

简易栈桥的构造，如图 5.47 所示。栈桥搭建前，先测量放样，定出柱位及其高程，并根据已知高程推算出所需钢筋混凝土预制柱的长度。预制柱可通过简易独脚扒开杆或吊装设备起吊架立的。栈桥的主梁是 20 号工字钢，布置于预制混凝土柱顶部的夹板中间，两侧间隙用木塞块塞紧，主梁顶面用铅丝固定一 4cm 厚的木条，在木条上搁置次梁（11kg 轻轨），并以 ϕ6 小道钉与之固定，2.5cm 厚的预制木仓面板就直接摆放在轻轨上。200cm×150（100）cm×80cm 的两种仓面板是用 4cm×6cm 的小方木作肋拼钉而成，安设时可使两边肋正好卡在两根次梁之间。为了使栈桥在空间形成一个稳定的整体，预制混凝土柱间用 ϕ15 对剖圆木作为水平撑和刀撑。水平撑通过 ϕ12mm U 形抱箍与预制混凝土柱连接，剪刀撑一律通过“扒钉”与水平撑连接，随着坝体升高，预制混凝土柱逐步被埋

入其中，对剖圆木撑则逐层拆除以备再用。

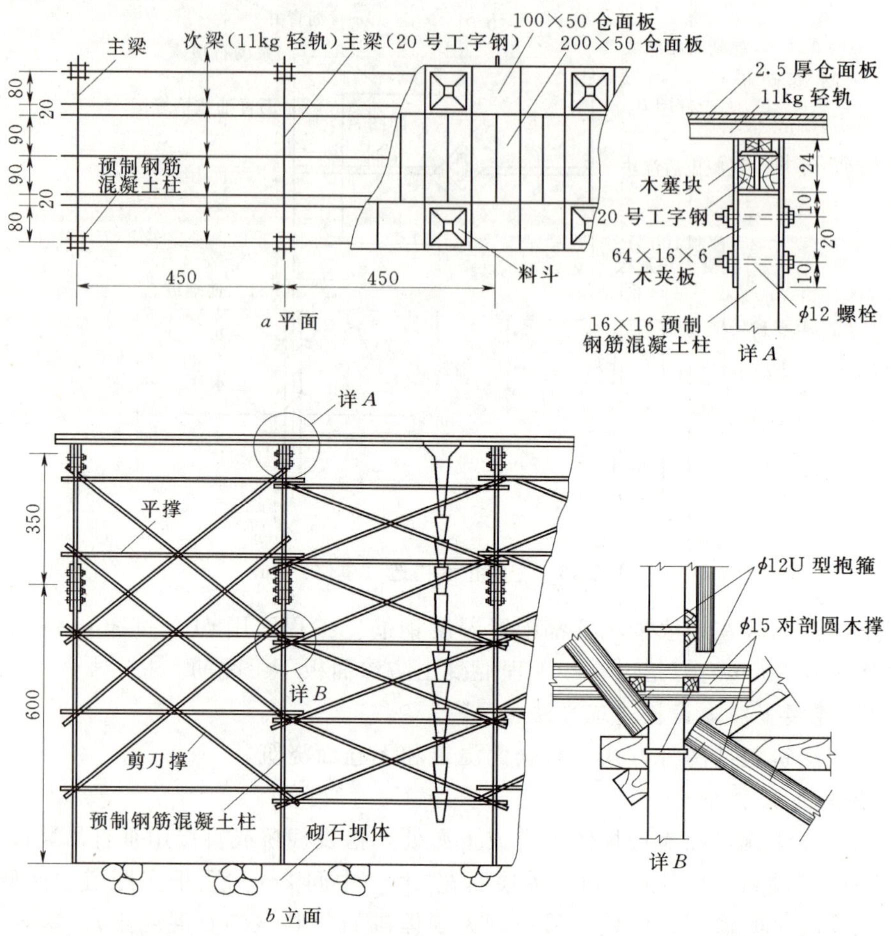

图5.47　简易栈桥全面构造图（单位：cm）

2. *无仓面浇筑方法*

这种施工方法是直接在砌石坝体上用手推车或人工挑抬径直卸料入仓。这一施工方法的特点是混凝土防渗面板浇筑与坝体砌石升高交替进行。一般是当坝基混凝土底板浇筑完成后，全坝砌石体先行砌高2～4m，而后集中力量分缝跳块浇筑混凝土防渗面板。

5.4.5.1.3　防渗面板混凝土浇捣的一般技术要求

混凝土防渗面板的浇捣应按SDJ 207—82《水工建筑物混凝土钢筋混凝土工程施工技术规范》要求进行施工，此外，在施工中还要满足下几点。

(1) 混凝土入仓应避免在浇筑面以上大于2m的高度上直接下料，若超过2m时，应设滑槽流桶泄料，以免混凝土产生离析现象。

(2) 面板混凝土应强调分层分块浇捣，竖向分缝宽度趋向缩短，避免高温浇捣，重视养护工作，以尽可能防止混凝土产生温度裂缝。

(3) 混凝土水平施工缝对防渗至关重要，要认真地进行凿毛、冲洗、清除污物和排除表面积水，然后在湿润的缝面上（岩基面或老混凝土面），先铺一层厚约2～3cm的

水泥砂浆，水灰比不得高于所浇混凝土。水泥砂浆要摊均匀，以利于岩基或先期浇的混凝土充分结合，然后再浇筑混凝土。此外，混凝土水平施工缝要始终保持低于砌筑面10～20cm。

5.4.5.1.4 防渗面板的立模技术

混凝土防渗面板是一个薄壁结构，一面临空，一面与砌石坝体紧贴。同大体积混凝土坝的立模技术相比，其主要特点是简易、轻型、施工方便，没有起重设备也可以架立安装。目前国内砌石工程常用的模板和模板支撑结构型式，有一般的内拉模式模板、拆移式内拉模板、简易内拉模板、拉杆支撑式预制混凝土模板、无拉杆预制混凝土井字形模板和无拉杆条的Ⅱ混凝土预制板模板。

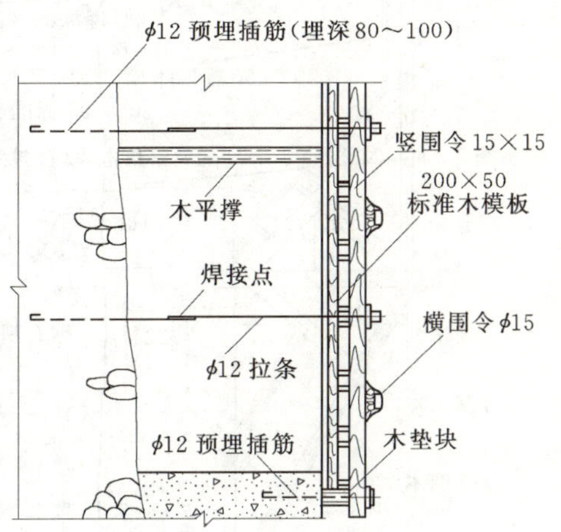

图5.48 一般内拉式模板构造图（单位：cm）

1. 一般的内拉式模板

这种内拉式模板如图5.48所示。可适用于一般砌石重力坝和拱坝的混凝土防渗面板施工。此种立模方式的特点是混凝土防渗面板一次连续浇筑高度可大一些，除有特殊要求外，一般不小于3m，施工较为方便。

这种内拉模板可采用200cm×50cm的标准木模板，重量较轻，一个人即可搬动，拆立方便，一般周转次数可在8次左右，其构造如图5.49所示。也可采用一般组合钢模板或大块模板。

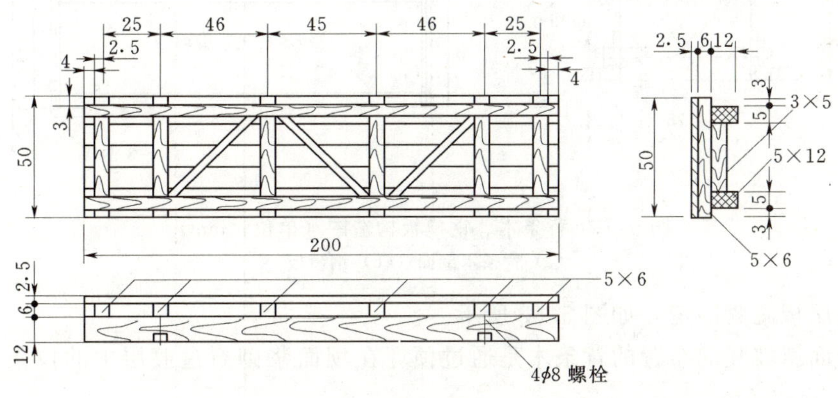

图5.49 标准模板结构图（单位：cm）

立模程序：先架立围囹木。方木竖围囹间距2m，圆木横围囹间距1.5m，组装情况如图5.48所示。将竖围囹木下端穿入φ10mm预埋螺栓，围囹木与老混凝土面之间用木垫块预留安放的间隙，旋紧螺栓，放置模板，模板与围囹方木间用扒钉联系固定。模板拉条为φ12mm钢筋，穿过竖围囹木的钻孔与预埋在砌石坝体中的插筋焊接，并临时旋紧拉条螺栓。拉条的垂直间距一般为1.5m，水平间距2m。模板上部与砌石坝体间用临时平撑木撑住，待用垂球调整好模板的坡度后，再撑好平撑木收紧拉条螺栓。拉条的固定型式，视面

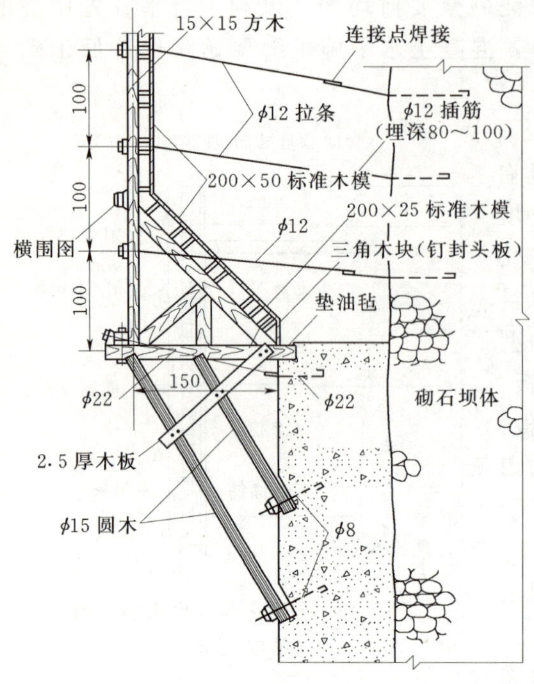

图 5.50 防渗面板溢流顶悬臂立模图（单位：cm）

板混凝土的厚度情况，可以与预埋在砌体中的插筋连接水平布置，也可以与预埋在已浇的面板混凝土中的插筋连接作 45°角的倾斜布置。

砌石坝溢流坝段的混凝土防渗面板到坝顶处往往有倒悬的溢流顶，此时的立模方式如图 5.50 所示。悬壁支撑采用三角木桁架斜支撑的结构形式。由于外力重心偏向坝面，实际上最外边一根斜撑受力较小，近似验算斜撑内力时可忽略不计，仅验算与桁架中间节点相对应的斜支撑力，从而简化了计算。如果外荷载重心偏向坝面方向不明显，两根斜撑内力均需验算，此时可按一次超静定问题分析。

2. 陡斜坡上的拆移式内拉模板

模板采用钢模，钢面板厚 2～3mm，周边焊上 50mm×50mm×5mm 小角铁作边肋加劲，尺寸如图 5.51 所示。

模板两端搁置在背条木两侧的角铁边

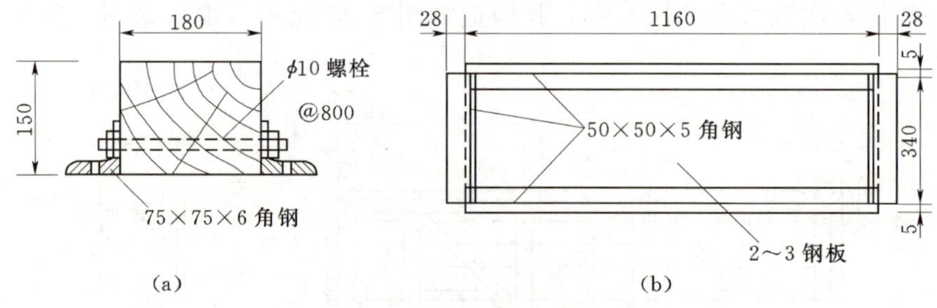

图 5.51 背条木、钢模板构造图（单位：mm）

(a) 背条木剖面；(b) 钢模板

沿上，通过压板旋紧固定，如图 5.52 所示。

沿着坝面斜坡竖向布置的背条木是通过预埋在坝面浆砌石过渡层中的拉条螺栓固定，拉条间距 1.5～2.0m。

立模时先用特制的可以在斜坡面上移动的台车将坝面埋螺栓接长成拉条，再从施工中的坝顶面用绞车将背条木放下，固定在坝面预埋的拉条上，并用临时木撑使其与坝面保持防渗面板浇筑的厚度，然后在仓内绑扎钢筋、浇混凝土。

模板的安装，一般是当混凝土浇至第一块钢模上缘时，再装上第二块钢模。当气温高于 25℃时，装上第五块钢模后，浇筑高度约 2m 时，最下边一块钢模就可以拆除移装到上面去。背条木沿坝轴方向间距 1.5m，其间安装的钢模只需要 5 块就可轮换交替上升坝顶。

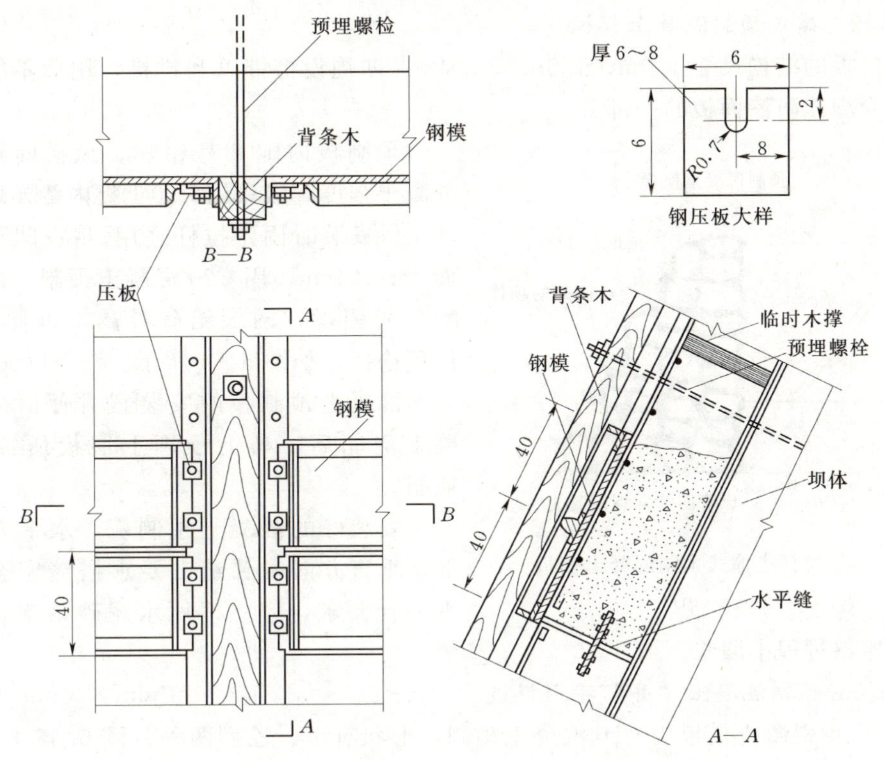

图 5.52 钢模板组装示图（单位：cm）

3. 简易内拉式模板

大坝坝体浆砌条石每砌筑四皮（高约 1.5～1.7m）浇一次防渗面板混凝土。在砌筑过程中，每砌一皮条石，即在每一层水平缝的浆体中预埋 8～10 号铅丝（水平间距 40cm），铅丝一端弯成直角钩，钩形呈圆状，并埋入上皮条端竖缝的砂浆中，一般经 48h 后，就可以用其固定楠竹围囹。模板用 200cm×40cm 的简易木模。楠竹围囹简易内拉式模板构造如图 5.53 所示。

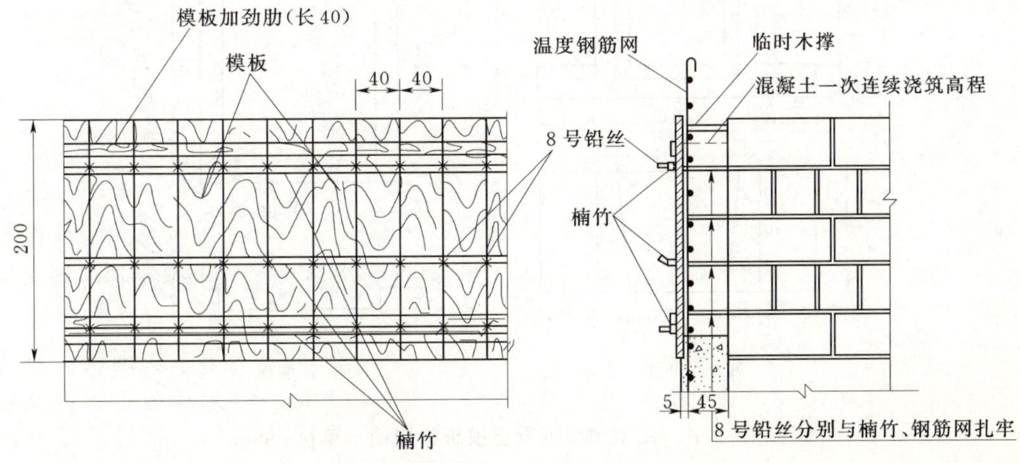

图 5.53 楠竹围囹简易内拉式模板构造图（单位：cm）

4. 拉杆支撑式预制混凝土模板

这种模板的结构尺寸 1.0m×1.0m×0.04m，四周设搭榫以利拼接，用后不能回收周转，而作为坝体防渗面板的一部分。

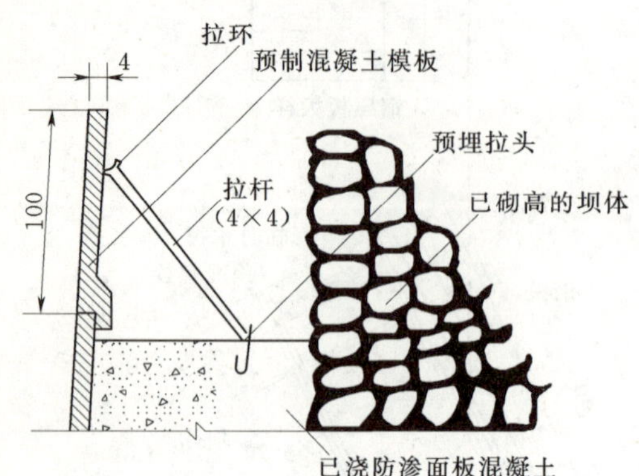

图 5.54　拉杆支撑式预制混凝土模板
(单位：cm)

预制板内配 8 号铅丝，纵横间距 30cm，混凝土强度等级采用 C20，板内侧预埋两只拉环，供安装时固定拉杆之用。拉杆长 1m，断面 4cm×4cm，用 C20 混凝土预制，内配两面根 8 号铅丝，两端铅丝外露，以便与插筋、拉环连接，如图 5.54 所示。

混凝土预制板的安装很方便，在下层混凝土浇完后，马上预埋上层模所需的拉头插筋。

安装好的混凝土预制板，水平方向呈通缝，垂直方向呈错缝。要求搭缝密合，如发现不合要求，应立即用水泥砂浆填补，以防混凝土在振捣过程中漏浆。

5. 无拉杆预制混凝土"井"字形模板

"井"字形混凝土模板用 C20 混凝土预制，形状有甲、乙型两种（图 5.55）。甲型断面是井形空格式，长 70cm，厚 40cm，高 30cm；乙型是平板式，长 50cm，厚 10cm，高 60cm。这种断面型式，在立模安装时按设计要求搭配使用。

无拉条混凝土预制模板是靠自身的重力稳定，使用时采用甲、乙型预制混凝土模板相间排放，使预制块相互间形成整体，增加重量，提高墙体自身的稳定性。甲、乙型预型混凝土模板安砌情况如图 5.56 所示。

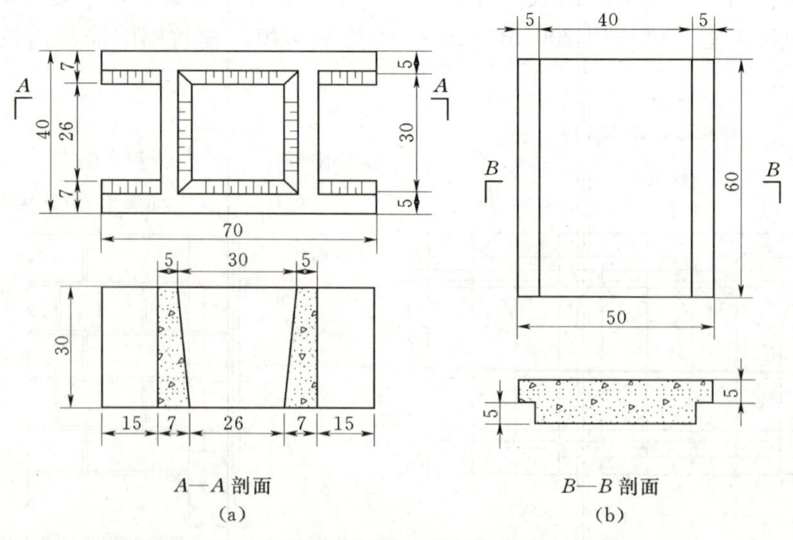

图 5.55　甲、乙型预型混凝土模板构造图（单位：cm）

(a) 甲型模板；(b) 甲型模板

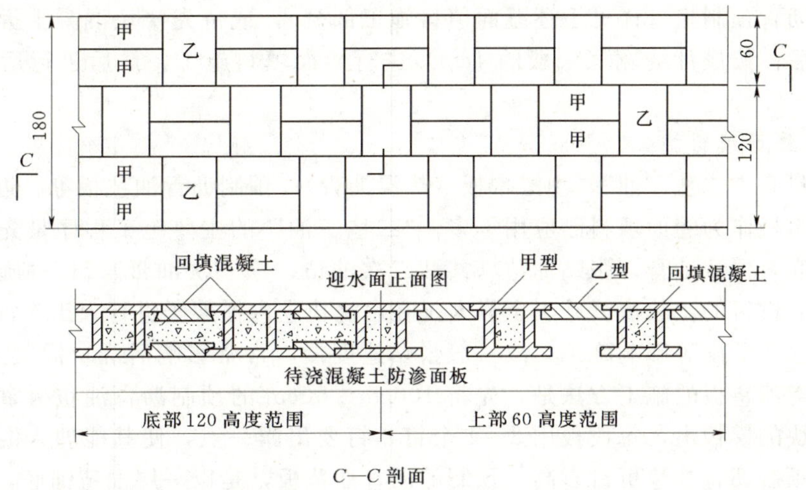

图 5.56 甲、乙型预型混凝土预制模板安装示意图（单位：cm）

6. 无拉条的“Π”形混凝土预制模板

Π形板系用C15号混凝土预制，其结构尺寸如图5.57所示，面板和腹壁各厚10cm，腹壁长40cm。用砂浆安砌勾缝，竖缝宽度控制不大于1cm，上下层竖缝要求对中错开，以使上下板腿能较好衔接在一起。竖缝不必着意勾缝，采取对接挤浆，局部缺浆处随时填塞砂浆用人工抹平。从施工过程中坝的横断面上，混凝土顶面低于“Π”形板的顶面低于坝体的砌石面，这样做的目的是为了避免水平施工通缝对坝体渗漏产生的不利影响。预制板安砌完毕后，用喷壶喷水养护，常温下养护半日之后即可浇筑面板的混凝土。

用这种立模方式浇筑防渗面板混凝土，是在坝体每升高0.5m，即每砌一皮块石时（二级配细石混凝土砌石），浇筑一层混凝土，并保持混凝土面低于“Π”板顶面3cm，低于砌石约23cm。

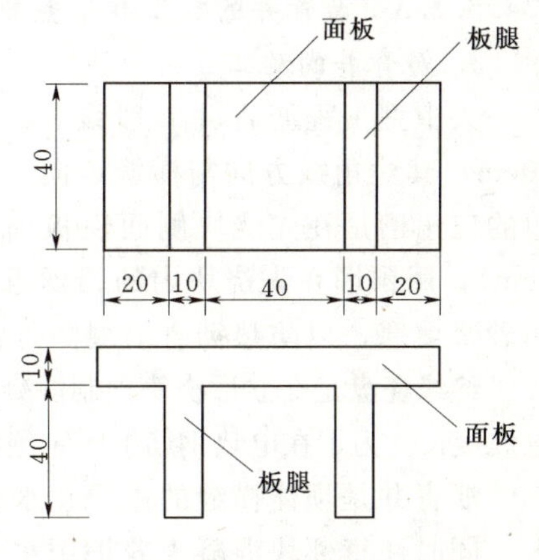

图 5.57 “Π”形混凝土预制板（单位：cm）

5.4.5.2 止水施工

5.4.5.2.1 止水片的施工

止水片的材料有金属（紫铜、铝、白铁皮）的、橡皮的和塑料的。金属止水片多用紫铜或铝制做，白铁皮止水片仅在临时工程施工缝的止水上使用。近些年来，不少工程常采用橡皮或塑料止水带，但在严寒地区由于使用塑料止水带存在低温化问题，所以多选用橡皮止水带止水。

一般金属止水片的中部做成V形，以适应横缝的伸缩变形。止水片的两端伸入混凝土内15～20cm，底部嵌入基岩30cm。施工时，在混凝土先浇块的侧面模板上，按止水片的设计位置预留竖缝，将止水片的一翼夹住，另一翼包括止水片的“V”形凹槽用麻布料包裹并用夹杆固定保护为不影响止水片伸缩，可在“V”形槽内塞条形废水泥袋纸，再在模板上拼钉沥青预制板（详见下述缝面填料施工部分），或待先浇块混凝土拆模并继续养护一定时期后，按设计缝宽（一般约 1cm）进行缝面填料施工，最后进行后浇块混凝土浇捣。

5.4.5.2.2　缝面填料施工

缝面填料有“二毡三油”，油浸木板（热浸沥青），预制沥青油毡板等。近年来由于木材紧缺油浸木板作为缝面填料已应用不多。“二毡三油”的主要施工程序是先清理缝面进行稀沥青打底，再涂油膏，张贴油毡（共贴二次油毡，涂三次油膏）。这种施工方法是在先浇块完成后进行的，故填缝施工全靠人工在后浇块仓内搭架子进行人工涂油操作。因缝面常有养护水及下雨等影响施工，故一般张贴速度慢，常常影响后浇块混凝土浇筑升高。采用预制沥青油毡板的施工方法是，先将 100cm×50cm 的预制沥青油毡板拿到施工现场拼钉在先浇块的模板上，每块板用 3～4 个钉，钉要出露一点，使其能埋入混凝土中，模板升多高，预制沥青油毡可钉多高。预制的沥青油毡板，是以一层油毡铺底，其上摊铺加有石棉等掺和料的石油沥青，最好在其表面上涂薄层细砂，以有利于预制板的叠放、运输和使用。预制尺寸只有一种规格（100cm×500cm），在施工现场可以分割成小块，以适应缝面边角部位施工的需要。

5.4.5.2.3　沥青井的施工和电热措施

1. 沥青井的施工

大中型工程沥青井一般设在二道止水的中间，截面呈正方形，尺寸大致为 20cm×20cm，其对角线方向与横缝走向一致，故在横缝两面边的混凝土中形成两个三角槽。一边的三角槽是在先浇块侧面模板面上贴立预制的三角形混凝土角形板（长 1～1.5m，厚 6cm），用预埋在先浇块内的铅丝系紧。浇灌热沥青前，应将角形板的水平缝、竖缝用水泥砂浆填塞，以防热沥青沿缝隙外溢。

绝缘瓷盘是在立后浇块预制混凝土角形板之前固定在电热钢筋上的，电热钢筋可采用搭接电焊接长。为了在电热钢筋上固定绝缘瓷盘，一般在其上加焊一个短钢筋头或一只废螺母。

沥青井是坝体横缝的主要止水构造，应精心施工，保证质量，严禁扒钉等金属物件坠入，同时注意邻块混凝土养护用水不要流入井内。防止沥青井无法通电加热而报废，避免大坝竣工后沥青通电加热时间的延长（电热沥青沸腾合沥青柱中的夹层水气化排除）。

2. 沥青井的加热措施

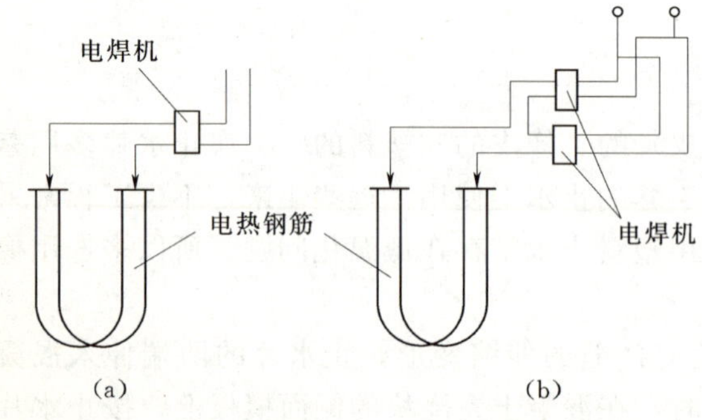

图 5.58　电热钢筋加热示意图

(a) 用一台电焊机接线图；(b) 用二台电焊机接线图

电热钢筋的直径一般为 12mm，通过 90A 电流约经 10h 能使沥青达到 70℃（软化点），经 27h 能达到 170℃

(1) 使用的设备和工器具包括：BS-330 型电焊机 2 台，钳式电流表 1 只，交流电压表 1 只，300℃的水银温度计 1～2 只。

(2) 接线简图如图 5.58 所示。先调整电焊机的空载电压为 60V 左右，对于直径 8mm 电热钢筋，以一台电焊机投入

运行，此时电流约50A左右，经4h后沥青缓慢地升温，再将二台电焊机串联投入运行，此时电热钢筋通过的电流约90A左右。

（3）电热钢筋通电加热沥青的步骤：

1）测量电热钢筋通路，并按接线图要求接线。

2）测量电热钢筋对地绝缘是否良好，电热钢筋两极是否有金属性短路，绝缘度一般要求不小于0.1迈格。

3）测量电焊机空载电压是否符合电源要求。

4）接通电焊机与电热钢筋两极进行通电。

5）开始时每隔半小时测量温度及电流一次，以后每隔一小时测量一次，直到沥青完全熔化为止。

3. 结束标准

每个沥青井通电加热的结束时间不尽相同，一般凭经验决定，即沥青全部熔融呈沸腾状；原沥青柱中断续积存的夹层水汽化排出；沥青已充满井体空隙；添加沥青后，沥青面稳定不下沉等，常以此作为结束的标准。

5.4.5.3 混凝土防渗心墙的施工方法

混凝土防渗心墙的最大优点是，可以利用利墙两侧的砌石体的砌石代替模板，还可不必设置表面温度钢筋及施工用的钢筋拉条和插筋等，所以能节省大量的木材和钢材。此外防渗心墙受外界气温变化的影响小，施工分缝间距可以适当加大。但也在存在出现裂缝不易检查，补救十分困难等方面的缺点，总的来说，这种防渗结构型式较适合群众性施工，在中小砌石坝工程中应用较广。

5.4.5.3.1 防渗心墙的一般构造要求

混凝土防渗墙的底部厚度为上游最大水头的1/30～1/20，也有用1/50；心墙顶部厚度不小于30cm，但有些砌石坝工程为方便施工，有时也采用上下等厚断面。心墙基础要嵌入崖坡基岩1～1.5m，要与河床部位坝体的防渗齿槽连成整体。

防渗心墙的混凝土要满足抗渗要求，其强度等级与抗渗指标的选择与混凝土防渗面板相同。

我国已建的砌石坝混凝土防渗心墙多不配温度钢筋，心墙混凝土浇捣，以上下游的砌体替代模板。上游板的砌体厚度，应根据砌体龄期，心墙混凝土浇筑层高度、振捣方式而选定，通常为1m左右，最薄的约0.35m。

心墙混凝土的浇筑，有的通仓浇筑，有的采用跳块浇捣，缝距为10～20m或更大些，这与心墙混凝土有施工温控和浇捣方法有关。分缝的心墙，其分缝与砌石坝体永久横缝相结合的，按结构缝处理。有的砌石坝体不设横缝，此时心墙竖向分缝间距可较大，一般为25～35m，该缝与其上游面砌石体贯通，并按结构缝处理，其止水构造如图5.59所示。一般因施工温控

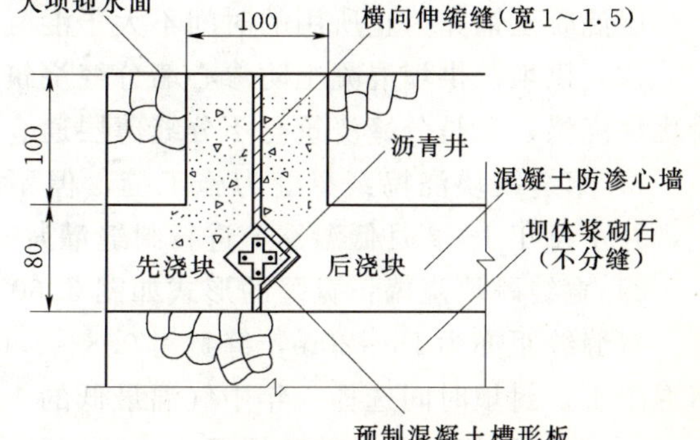

图5.59 防渗墙横向缝止水构造图（单位：cm）

和跳块浇捣需要而形成的竖缝，对于重力坝缝面可不作任何处理，只加一道止水片止水，或按施工缝处理（预制竖向键槽），对于拱坝则多预留 0.8～1.0m 宽缝，在次年 1～2 月低温季节混凝土予以回填。

心墙混凝土与上下游面砌石体的结合，是依靠混凝土与砌石体的黏结力，故要求与混凝土结合的砌石面要尽可能的粗糙，一般不要求在心墙两侧砌石体中预埋插筋。

5.4.5.3.2　心墙混凝土浇筑的一般技术要求

根据国内中小砌石坝的施工经验，防渗心墙混凝土一次连续浇筑高度多为 1.5～2m 为多。心墙施工时，先砌心墙两侧的砌石坝体，使之成为一个连续的其深度与混凝土一次连续高相适应的贯通石槽。为了使上游面砌体在浇筑混凝土过程中能保持自身的稳定，可用料石砌筑，此时，上游侧槽壁的厚度可以减少到 35～40cm，心墙混凝土通过坝体砌筑面采用人挑或手拉车推运入仓。

心墙混凝土的水平施工缝应低于坝体砌筑面 10～20cm，以避免与砌石坝体的水平施工缝相连形成通缝。

心墙混凝土浇捣之前，对深入坝基的槽底面和两侧面要凿毛、冲洗，用水泥砂浆堵塞上游槽壁漏孔道，然后在基槽底摊铺 2～3cm 厚的水泥砂浆，即可浇筑心墙混凝土。在砌石坝的混凝土防渗心墙中，一般不允许埋石，特别是在薄心墙的施工中尤应如此。

5.4.5.3.3　心墙混凝土施工的几种方法

目前国内砌石坝混凝土防渗心墙的浇筑方法可归纳以下几种。

1. 防渗心墙混凝土分缝跳块浇捣

（1）砌石重力坝。不设永久横缝的砌石重力坝，防渗心墙也不设永久横缝，一般采用竖向施工缝分仓跳块浇筑心墙混凝土，缝距多为 9～12m，缝面不凿毛，设 1～2 道铝质止水片止水。有些坝心墙设缝，并与上游侧砌体缝贯通，缝距较大，一般为 25m、30m、35m 等，此时的竖缝按结构缝处理，即缝间填塞沥青油毡，并设置沥青井或橡胶止水带止水。

对于坝体设结构缝的砌石重力坝，心墙竖缝应与砌石坝体结构缝结合在一起，缝间填塞油毡，二道铝片止水之间还有一道沥青井止水。

选择心墙混凝土施工缝距的原则，一般应根据混凝土拌和机的拌和能力、运输距离、浇筑速度等情况来决定，即根据选定缝距后的仓面浇捣面积，能满足混凝土出料、运输到上一层混凝土铺完为止所用的时间不大于混凝土的初凝时间。

（2）拱坝。拱坝混凝土防渗心墙分缝浇筑的形式有三种：一是窄缝跳块浇捣；二是宽缝跳块浇捣；三是分缝浇筑与不分缝薄层通仓浇捣相结合的方法。

1）窄缝跳块浇捣：窄缝为施工缝，但不凿毛，按缝距 15～20m 跳块浇筑心墙混凝土，并于每年 1～2 月低温季节进行封缝灌浆。

2）宽缝跳块浇捣：宽缝的形式如图 5.60 所示，也有的做成锯齿形，也有利于坝体抗剪。宽缝缝距亦为 15～20m，缝宽为 0.8～1.0m，以适应人工能在宽缝内凿毛、冲洗、浇灌混凝土。封填时间选择一年中气温最低的 1～2 月进行。

3）分缝浇捣与不分缝薄层通仓浇捣相结合，这种方式是每年 5～12 月（其间高温季节停止坝体砌筑和心墙混凝土浇捣）坝体预留宽缝，翌年 1 月低温季节对宽缝进行封拱回

填；唯每年 2～4 月心墙混凝土浇捣和坝体砌筑通仓进行，不留缝。这样就使混凝土防渗心墙的施工出现分缝浇捣与通仓浇捣相结合的两种情况，但不论是哪种情况，坝体砌石和混凝土防渗心墙施工都是一皮砌石一皮混凝土心墙这样交替上升的。坝体每全面升高 2.5m 高后，即间歇 7d（组织劳力备料），使坝体具有一定强度时再处理层面（凿毛、冲洗、铺座浆），继续进行坝体砌石和心墙混凝土浇捣。

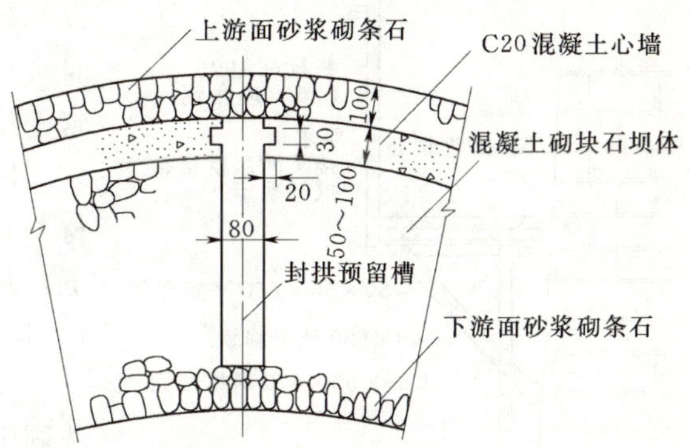

图 5.60 拱坝预留宽缝结构示意图（单位：cm）

2. 防渗心墙混凝土不分缝统仓浇捣

(1) 通仓薄层浇捣。这种施工方法是防渗心墙混凝土与砌石交替进行，即先砌上下游面料石，再砌坝体腹石，最后浇一皮心墙混凝土。

心墙混凝土的这种浇捣方法，相当于大体积混凝土通仓薄层浇捣法，对混凝土温控十分有利。只要注意施工缝的施工质量，心墙混凝土的防渗要求是可以得到满足的。

(2) 通仓厚层浇捣。这种方法常用于拱坝心墙混凝土浇捣，一般不分缝，不跳块，而采用阶梯斜坡式循序近占的浇捣方法，避免了仓位面积大而产生上层混凝土浇捣时下层混凝土已初凝形成水平冷缝的现象。采用这种施工方法心墙槽混凝土一次连续浇捣的推进高度不易过大，一些工程经验 1.2～1.5m。

5.4.5.4 水泥砂浆勾缝的施工

水泥砂浆深勾缝防渗是在浆砌石坝的迎水面，将砌石的外露缝隙，修凿成缝深为 3～5cm 凹槽，用 M10～M15 水泥砂浆填塞压实勒紧，以防止库水沿灰缝通道向下游渗漏。

采用砂浆勾缝防渗，这不仅是辅助心墙防渗和外形美观的需要，也是心墙混凝土浇捣施工的需要。一般的坝体下游坡面的镶面料石也需要进行相应的勾缝处理。

坝面勾缝的施工方法大致可以归纳以下两种形式：一是坝体砌完一级（约 2m 左右），进行一次勾缝；二是随砌随勾缝。

5.4.5.4.1 分级勾缝

一般的施工顺序是开缝、冲洗、勾缝和养护共四道工序。

(1) 开缝。将坝本表面的灰缝用小錾子开凿成矩形或梯形槽缝，缝宽 2～4cm，深 3～5cm，要求全缝呈现新鲜錾路。

(2) 冲洗。开好的缝必须用水冲洗干净，不得有残留的灰渣和积水。

(3) 勾缝。一般多采用水灰比约 0.3～0.4、灰砂比 1∶1.5～1∶1.2 的水泥砂浆进行勾缝，先将洗刷干净的缝腔填满、压实，再用小抿子在缝口灰浆面来回拖压两三次，使其密实光滑。一般多勾成平缝，如设计上有美观要求时，可勾成凸缝或凹缝。

(4) 养护。勾缝完毕 3h 后进行喷水养护 21d，以提高灰缝强度。

一般每砌一级进行一次勾缝。勾缝时，为人工操作的安全，需要搭设勾缝安全脚手架，如图 5.61 所示。

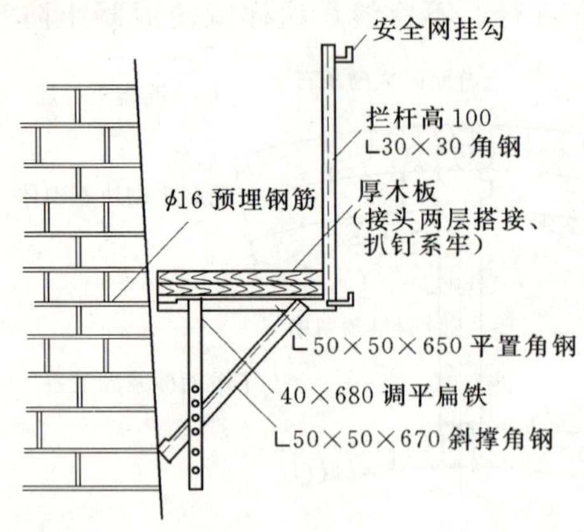

图 5.61　坝面勾缝安全脚手架（单位：cm）

5.4.5.4.2　随砌随勾缝

勾缝的时间选择在石料砌缝中胶结材料初凝时进行，有利于勾缝砂浆与砌体缝隙中胶结材料紧密结合。

嵌缝用砂浆强度等级一般高于坝体砌体胶结材料的强度等级，砂料粒径控制在 0.25mm 以下，灰水比一般为 1：0.3～1：0.4，灰砂比 1：1.5～1：2。

勾缝前对缝隙进行凿毛，除去石屑、砂浆、洗刷干净，保持湿润即可进行勾缝。为加强深勾缝防渗效果，有的工程在上游面石的背后也进行砂浆嵌缝。

边砌石边勾缝，施工简单，不用脚用架，故常为一些中小砌石工程采用。

任务 5.4.6　砌体的质量检查

项目背景：卡房水库砌石坝施工质量检查

采用的是钻孔灌水法和干密度量测相结合的方法。

问题：砌体的质量检查有哪些方法？如何进行？

学习目标：

（1）知识目标。能说出砌体的质量检查方法。

（2）能力目标。能正确应用检查方法和工具进行砌体质量检查工作。

砌石坝在施工过程中，要对砌体进行定期的抽样检查检查。检查方法的繁简及其精度要求，视坝型及工程规模等具体条件而定，常规的检查项目及检查方法有下列几种。

5.4.6.1　砌体表观密度的测定

开挖试坑检查砌筑质量，测定砌体容重及砌体各组成材料间的比例关系，是取样检查的重要方法。采用上述方法测定的数据一般能反映出施工实际，且具有检查直观的优点，故多为施工部门所采用。试坑法的具体做法细节如下：

5.4.6.1.1　取样部位

根据工程实际情况及工作需要，每砌筑一定坝高可挖坑取样一次。取样位置的确定，应使样品具有一定的代表性。对于有特殊要求的质量检查，则可视具体情况确定取样部位。

5.4.6.1.2　试坑尺寸

试坑宜开挖正方形、长方形等规则的几何形状，边长可为 1.5～2.0m，深度以能挖出 2～3 皮砌石为宜，但最小深度应大于 1.0m，以保证采集的试样有足够的代表性。

5.4.6.1.3　试坑开挖及取样

试坑位置确定以后，用红漆标出周界，距周界外 15～20cm 用水泥砂浆沿四周做一小围埂，并准确校正围埂顶部水平。待砂浆围埂具有一定强度后，即可用灌砂法测得围埂与其内凸凹不平的砌石面所围成的体积 $V_{顶}$，以备最后计算试坑体积之用。然后用风钻打

孔，孔距10cm，孔深略大于试坑深度，并量取钻孔总长度。再以人工将周界范围以内的石料与胶结料（混凝土或砂浆）凿出，分别集中后分批称重（尽量减少分批次数），并做好记录。对试坑四壁及底部的砌筑质量，包括石质、砌缝夹层空洞、蜂窝以及胶结材料的分布情况等一一作出描述，并绘成展视图（图5.62）。

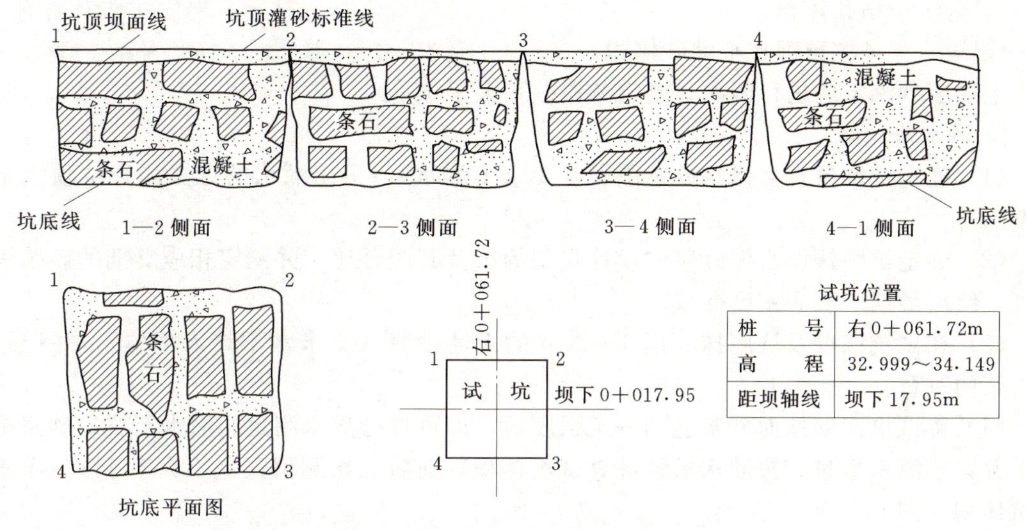

桩号	右0+061.72m
高程	32.999～34.149
距坝轴线	坝下17.95m

图5.62 试坑法测定砌体表观密度试坑展示图（单位：m）

5.4.6.1.4 试坑体积的测定

1. 灌砂法

（1）标准砂的制备：选择质地洁净、粒径为0.3～2.5mm的纯黄砂约4000kg，晒干或烘干，在室内测出标准砂的单位重与落距的关系，并绘制落距—单位重曲线。

（2）为减少灌砂用量，在试坑底面用标准砂找平之后，在坑内放置一只或若干只封闭的方整木箱（已知每只箱所占空间体积）。

（3）称取一定重量的标准砂，按一定落距徐徐灌入坑内，填满试坑周边与木箱之间的竖向缝隙，直到与坑口的砂浆围埂齐平为止。并找平灌砂表面，记录所灌标准砂的重量。根据灌砂重量及相应的标准砂单位重，计算出试坑体积（图5.63）。

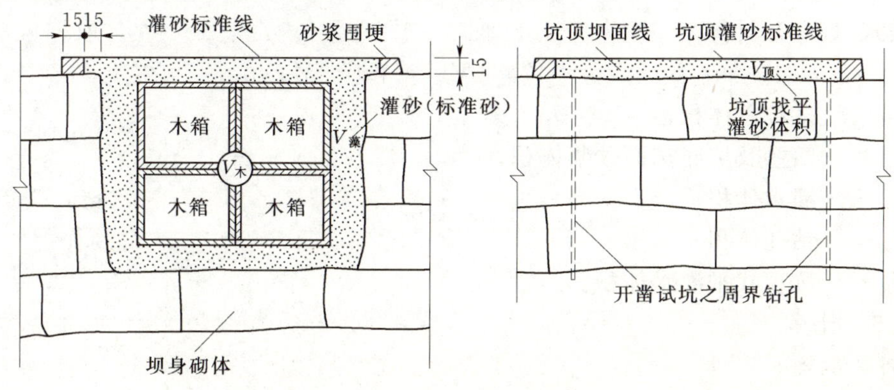

图5.63 灌砂法试坑体积测定示意图（单位：cm）

$$V_{试}=V_{灌}+V_{木}-V_{钻}-V_{顶} \tag{5.4}$$

式中　$V_{试}$——试坑体积；

$V_{灌}$——灌砂体积；

$V_{木}$——木箱体积；

$V_{钻}$——钻孔体积；

$V_{顶}$——试坑顶部找平灌砂体积。

上述灌砂测定应进行两次，测定的误差不大于1%。

2. 灌水法

(1) 确定试坑位置并修筑砂浆围埂（要求不漏水），采用灌水的方法测得坑顶灌水体积$V_{顶}$。

(2) 确定坑壁抹面水泥砂浆的设计强度等级及其配合比，并测定相应龄期的砂浆表观密度，绘出龄期—表观密度曲线。

(3) 在试坑四壁及坑底抹一层1～2cm的上述砂浆（要求水不渗入坝体），并记录所用砂浆的重量。

(4) 待试坑四壁抹面砂浆达到一定强度后，即可进行灌水测定。灌水至坑口砂浆围埂齐平并记录灌水重量。按灌水重量计算试坑体积，前后二次测值误差不大于1%，灌水法试坑体积（图5.64）。

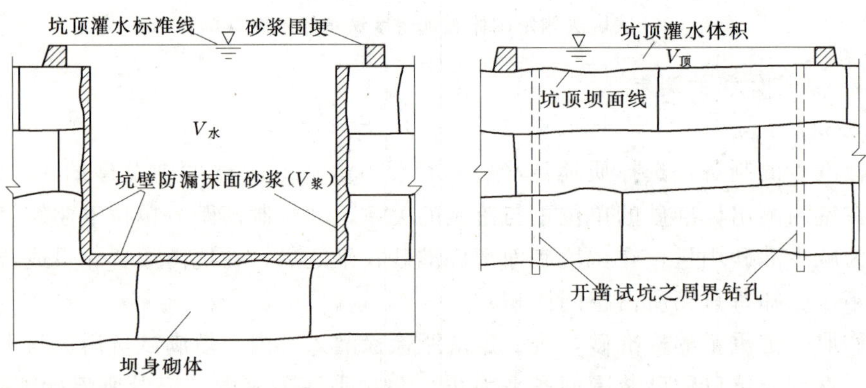

图5.64　灌水法试坑体积测定示意图

可按式（5.5）计算。

$$V_{试}=V_{水}+V_{浆}-V_{钻}-V_{顶} \tag{5.5}$$

式中　$V_{试}$——试坑总体积；

$V_{浆}$——四壁及坑底抹面砂浆体积；

$V_{水}$——灌水体积；

$V_{钻}$——钻孔体积；

$V_{顶}$——坑顶找平灌水体积。

5.4.6.1.5　计算

1. 测定参数

按材料试验规程规定的方法，分别测出石料的自然表观密度、视密度及含水率等，并

用下列符号表示：

$\gamma_{石}$——石料自然堆积密度，t/m³；

$\gamma_{胶}$——胶结材料自然表观，t/m³；

$\gamma_{石比}$——石料视密度，t/m³；

$\gamma_{胶比}$——胶结材料视密度，t/m³；

$W_{石}$——石料含水率,%；

$W_{胶}$——胶结材料含水率,%。

2. 计算公式

$$\gamma_{砌}=(G_{石}+G_{胶})/V_{试} \tag{5.6}$$

$$\gamma_{砌干}=(G_{石干}+G_{胶干})/V_{试} \tag{5.7}$$

5.4.6.1.6 操作注意事项

(1) 试坑顶部开凿前，沿坑面周界砂浆小围埂（距周界外缘15～20cm，围埂高约10～15cm），围埂顶面要校正水平，然后灌砂（或灌水）并找平，以此测算出坑顶面灌砂（或灌水）的体积。

(2) 试验人员必须随时将石工开凿出的试样，分别剔出石料和胶结材料，集中一定数量后分别称重（尽量减少称重次数）。每次均应取代表性试样，测定其含水量。

(3) 试坑位置应搭设帐篷，以避免测试过程中被日晒雨淋，致使试样的含水率急剧变化，影响测试的精度。

(4) 全部测试成果应列表记录，并注明试坑位置的高程、桩号等。同时按比例绘出试坑展视图备查。

5.4.6.2 砌体密实度检查

砌体的密度是反映砌体砌缝紧密与饱满的程度，是衡量坝体砌筑质量优劣的另一重要指标。大中型砌石坝工程检查密实度的办法通常是在几个具有代表性的坝段上钻孔进行压水试验，测定坝体的单位吸水率 W 值［L/（min·m·m)］。随着新技术应用的日益普遍，也可采用孔内电视摄像法或声波探测法来检验坝砌体的密实度。

5.4.6.2.1 钻孔位置的确定

选择代表性坝段钻孔，孔距10～15m，钻孔距坝边缘不宜小于3～5m。若在施工过程中进行压水试验，一般可控制每砌高6～10m钻孔检查一次。钻孔设备以采用钻机为好。

5.4.6.2.2 压水方法

钻孔完成后，可用灌浆机进行压水试验，压力一般在0.1～0.3MPa。小型工程亦可利用山涧泉水，用管道引至钻孔，实测管道水头并折算为压力值。管道太长或过于曲折，折算时应考虑水头损失值。

压水试验采取自下而上进行。为较准确地分别测定不同深度的单位吸水率 W 值，自下而上分段长度不宜太长，一般为2～5m。每段顶部用止水栓塞塞紧，目前国内常用的栓塞有双管循环式、单管顶压及单管水压式三种，可根据各自具体情况选用。把压力表压力调到规定数值并保持稳定后，每10min读一次压力流量，直至持续30min压入流量稳定不变为止，记录该稳定压入流量 Q。把压力表读数折算为水柱高 S_B，测出自压力表中心至压力计算零线的铅直距离（即压力表中至钻孔测试段的平均水头）S_z，则该测试段压水

试验的全压力为

$$S = S_B + S_z \quad (\mathrm{m}) \tag{5.8}$$

根据记录压入稳定流量 Q 及测试试段长度 L，可按式（5.9）计算出钻孔测试段的单位吸水率 ω 值。

$$\omega = Q/(SL) \tag{5.9}$$

5.4.6.2.3　密实度鉴定

坝砌体的密实度一般可从以下两个方面来进行鉴定。

（1）通过压水试验和实测坝体表观密度。视其单位吸水率 ω 值砌体容重 γ 值是否能达到设计所提出的要求。

（2）压水试验钻孔中取出的"岩芯"分析砌体密实程度。记录"岩芯"累计长度，计算"岩芯"获取率。又分别记录石料及胶结料的"岩芯"长度并计算其占总进尺的百分比。详细检查"岩芯"的胶结状况并作出直观描述。若"岩芯"中石料与胶结料胶结牢固、无空隙以及无饼状"岩芯"者，密实度就较好。

5.4.6.3　砌筑质量的简易检查

1. 钢钎插孔注水检查

竖向砌缝中的胶结材料初凝后终凝前，以钢钎沿竖缝插孔，待孔眼成型稳定后往孔中注入清水，观察5～10min，如水面无明显变化说明砌缝饱满密实；若注入的清水迅速漏失则表明砌缝不密。这种简易检查方法可在砌筑过程中经常进行，但须注意孔壁不应被钢钎人为压实而影响检查的真实性。除此，也可以结合挖坑取样试验，在试坑中注入清水，从观察水面有无变化来判断砌体的密实度。

2. 砌筑时抽样翻撬检查

在砌筑操作过程中，对已砌筑好的石料抽样翻起，检查砌体是否符合砌筑工艺要求，如有问题应及时返工处理。

任务5.4.7　常见的质量事故处理

问题：砌石坝在施工中通常会出现那些质量事故？如何处理？

学习目标：

（1）知识目标。能说出砌石坝在施工中通常会出现质量事故的现象和造成的原因。

（2）能力目标。能针对质量事故现象正确分析原因，并能提出有效处理的方法与措施进行处理。

砌石坝常见的质量事故，此处系指施工期及大坝产生裂缝或发现坝体表观密度未达到设计要求等诸方面的问题。目前常用以下几种处理方法。

5.4.7.1　坝体钻孔灌浆

当坝体不够密实，表观密度达不到设计要求，或大坝裂缝较多，降低了坝的整体性，从而导致大坝出现低强和漏水问题时，可采用坝体钻孔灌浆进行处理，是一种简单且行之有效的方法。

5.4.7.1.1　施工机具

施工机具主要有钻机、活塞式灌浆机、灰浆泵、搅拌桶，配钻杆、合金钻头、高压胶管以及各种专用工具、专用管材等。

5.4.7.1.2 布孔与造孔

坝顶靠近上游防渗面板布置单孔，根据坝体各部位漏水情况，孔距一般定为3～6m，孔深以达到基岩以下兼能满足坝基接触灌浆为宜。

5.4.7.1.3 灌浆

1. 灌浆方法

采用自上而下分段灌浆法。灌浆段长度一段为5m，最长为8m。灌浆前段进行冲洗、压水。下一段的钻灌应在上段灌浆结束24～36h后进行。灌浆时，灌浆塞要置于已灌段之内，以防止返浆封死灌浆塞。此外，射浆管口距孔底0.3～0.5m为宜，一般不应超过1m，以确保浆液在孔内有良好的流动性。灌浆压力选用0.5～0.7MPa，灌浆质量较好。

2. 灌浆材料

灌浆用水泥一般采用32.5普通硅酸盐水泥，当吃浆量较大时，可加入粉细砂作为掺和料.

3. 浆液配比

浆液采用多种水灰比，始灌时用稀浆，随后逐级加浓，遇特殊情况可加大起点稠度。

4. 灌浆结束标准

要求灌浆孔段吸浆量每分钟小于0.2～0.4L，并持续30～60min，即可宣告结束。

5.4.7.1.4 冒浆和串浆的处理

灌浆时若遇坝坡、廊道漏浆时可以用破布、旧棉花进行堵塞；孔口或地表冒浆，可就地做水泥砂浆盖板，或降低灌浆压力，或采用稠浆。如上述措施无效，则可采用间歇灌浆法，即灌0.5～1.0h，停0.5h或更长些时间，然后再灌，如此反复处理，一般可以奏效。

5.4.7.2 坝面勾缝、勾缝与灌浆相结合

一些中小型砌石坝工程，产生干缩裂缝时，在迎水面的裂缝部位凿槽进行深勾缝处理。可在裂缝的顶面沿裂缝方向布设ϕ16mm封缝筋网，纵横间距30cm，并浇一层与一皮砌石等厚的封缝混凝土。另将上下游缝面开槽，然后用1∶1～1∶1.5的水泥砂浆嵌缝，起防渗和止浆作用。最后钻骑缝浅孔，待勾缝砂浆具有一定强度后再进行水泥灌浆。施灌前段冲洗裂缝面，并检查进浆管和排气管是否畅通，然后关闭排气孔，再检查止浆效果，最后进行灌浆。灌浆压力一般采用0.3～0.6MPa。

5.4.7.3 混凝土防渗面板裂缝的处理

混凝土防渗面板出现裂缝，其原因是多方面的，如横向分缝间距过大；浇筑时混凝土温控没有做好；混凝土施工质量欠佳；水平施工缝处理不当及基础沉陷等都可能造成裂缝。这些裂缝有竖向的，也可能是水平的。其处理方法主要有以下几种：

1. 水泥砂浆嵌缝

沿裂缝走向凿槽，然后用1∶1～1∶1.5水泥砂浆嵌缝堵漏。槽的形状有V形∪形△形三种，槽深为4～6cm，槽缝的外口宽依次为6～9cm、9～16cm、2～6cm，内宽除V形槽不予考虑外，其余二种依次为4～6cm和10～15cm。嵌缝前，槽缝两侧的混凝土要修理平整并清刷干净，同时要使缝面保持湿润。然后即可将拌制好的水泥砂浆嵌入凿缝中，经反复压实抹光后，应按普通混凝土的要求进行养护。

2. 聚氯乙烯胶烯胶泥嵌缝

近几年已有一些砌石工程因其混凝土防渗面板裂缝而开始采用聚氯乙烯胶泥嵌补，其主要特点是这种材料不仅有良好的防水性、弹塑性、耐热性、抗冻性及与混凝土有良好黏结性，而且原料和成品来源有保证（市场有供应）、价格低、施工简便、修补后不易再在原处开裂和渗漏。

使用这种材料修补裂缝时，一般多开凿V形，槽缝外口宽4～5cm、深5～6cm，外口的两侧再分别凿宽8～10cm，深2cm的打毛面。待缝槽冲洗干净和干燥后，用煤焦油与二甲苯（粗笨）的混合液（配比为1∶4～1∶5）打底，风干后即可嵌填聚氯乙烯胶泥齐平至打毛面，最后在胶泥面涂一层面为1～2mm的纯水泥浆，再用1∶1～1∶2的水泥砂浆在混凝土的打毛面上粉平压光，作为保护层。

3. 环氧砂浆涂面

环氧砂浆的配方可按表5.2选用。涂抹前，首先沿裂缝凿浅槽，槽深0.5～1.0cm，宽5～10cm，槽底面要尽量平整。开槽后可用硬刷将缝槽刷洗干净，待干燥后用丙酮打底，此时要防止灰尘、油污沾染，然后在丙酮面上涂一层环氧基液薄膜，厚0.5～1.0mm，不能使其流淌堆积，最后即可涂抹环氧砂浆，使其与原混凝土面齐平，并将加热后的铁板压实抹光，再用模板顶撑加压。

表5.2　　达式环氧砂浆配比表

材料名称		环氧树脂			固化剂		增韧剂		稀释剂			填料			
		637	634	6101	间苯二胺	乙二胺	304	邻苯二甲酸二丁酯	690	甲苯	丙酮	水泥	石英粉	砂	石棉
环氧砂浆	1	100			12			10		15			600	800	
	2			100	15～17		30		20				500	850	
	3		100		18			20	15				150	450	
	4			100	14		30						125	375	
	5		100			6		15		5				1040	
	6			100		10		10			20	300			100
环氧浆液			100	16		30		20							

4. 环氧树脂掺煤焦油涂抹

当砌石坝的防渗面板有较多干缩裂缝或混凝土面板的抗渗指标达不到设计要求时，可采用此类材料涂抹2～3次，防渗效果也较显著。

模块6 地下洞室施工

隧洞断面结构及所穿越的地带围岩性质不同，其施工方法也不同，通常有钻爆法、TBM掘进机法和盾构法等项目类型。

项目6.1 岩石平洞工程钻爆法施工

项目背景：黑河引水枢纽工程

其导流洞长度680m，衬砌断面为城门洞型，断面尺寸宽10m，高13m，开挖断面13.5m宽，16.5m高。洞身围岩以云母石英岩为主，间有部分绿泥石片岩和少量钙质石英岩，大部分岩体破碎，风化强烈，裂隙发育，属Ⅲ、Ⅳ、Ⅴ类岩。

施工要点：设置2个支洞开创工作面，采用钻爆法，上导洞半洞阶式跟进开挖，如图6.1中，Ⅰ断面与Ⅱ断面实行跟进开挖，下半部分层开挖，应用预裂爆破和光面爆破进行周边控制，采用喷锚支护方案，应用台车进行钢筋绑扎，混凝土浇筑。

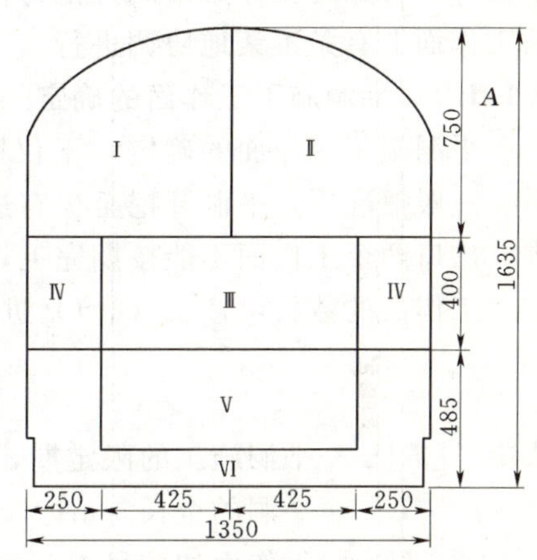

图6.1 导流洞横断面开挖顺序图
（单位：cm）

问题：隧洞开挖都有哪些方法？如何安全地进行隧洞掘进作业？如何进行隧洞施工作业组织？如何进行隧洞混凝土的衬砌？

学习目标：

（1）知识目标。能熟练说出隧洞掘进方法和施工的作业组织方法，能陈述衬砌与灌浆的方法及质量控制的要领。

（2）能力目标。能依据地质与设计要求，初步进行隧洞施工方案制定，能初步进行钻爆设计和施工作业的组织工作，能安全地进行隧洞施工。

采用钻爆开挖时，通常涉及施工方案的确定、钻爆设计、钻爆施工、喷锚支护、施工监测，混凝土衬砌等工作任务。

任务6.1.1 施工方案的确定

工程背景：黑河水库工程施工导流洞的施工方案

开挖方式应用新奥法钻爆开凿，上半洞阶式跟进开挖，下半洞预裂挖槽，光面爆破控制边壁，采用非电起爆网路；混凝土衬砌是在全洞贯通后采用钢模台车浇筑混凝土，泵送入仓，机械振捣，其程序是先底板再侧墙和顶拱一次进行，衬砌分段流水作业，最后进行围岩灌浆。

问题：平洞钻爆施工有哪些开挖方式？如何施工？隧洞衬砌有哪些方法？在施工过程中如何选用这些方法？

学习目标：

(1) 知识目标。能说出隧洞施工方法及适用性。

(2) 能力目标。能根据设计资料与地质资料正确选择合理的施工方法，制定方案。

平洞施工方案就是施工方法、施工程序和施工组织统一协调的综合。施工方案的确定就是对施工方法、施工程序和施工组织的合理选择与安排。

施工程序问题涉及整个隧洞施工的全过程，要求在总体规划的基础上，安排各工程部位施工的先后顺序，以保证均衡、连续、有节奏地完成各项作业。

施工方法就是指完成隧洞施工任务的技术途径（或办法）和措施。

开挖和衬砌（支护）是平洞施工两个主要的施工过程。平洞施工程序和方法的选择主要取决于地质条件、断面尺寸、平洞轴线长短以及施工机械化水平等因素，同时要处理好平洞开挖与临时支撑，平洞开挖与衬砌（或支护）的关系，以便使各项工作能在相对狭小的工作面上有条不紊地协调进行。

6.1.1.1　平洞施工工作面的确定

平洞施工工作面的确定，不仅影响到施工进度的安排，而且与施工布置也有密切关系。一般情况下，平洞开挖至少有进、出口两个工作面，如果洞线较长，工期紧迫，仅靠进、出口两个工作面不能按期完工，则应考虑开挖施工支洞或竖井等方式来增加工作面。

工作面的数目可按式（6.1）进行估算

$$\left(\frac{L}{NV}+\frac{L_{max}}{v}\right)\leqslant[T] \tag{6.1}$$

式中　$[T]$——平洞施工的限定期，月；

L——平洞的全长，m；

N——工作面的数目；

V——平洞施工的综合进度指标，m/月；

L_{max}——施工支洞（或竖井）的最大长度，m；

v——施工支洞（或竖井）的综合指标，m/月。

在确定工作面的数目和位置时，还应结合平洞沿线的地形地质条件，洞内外运输道路和施工场地布置，支洞或竖井的工程量和造价，通过技术经济比较来选择。如果有永久性支洞或竖井，如交通洞、通风洞、调压井可以利用时应优先考虑，以节省临时工程的费用，至于临时性的支洞与竖井应尽量选择在施工运行比较方便的位置。

6.1.1.2　平洞开挖的方法及选择原则

水工隧洞的施工方法有矿山法和掘进机法。

矿山法因最早应用于矿石开采而得名，它包括传统方法和新奥法。由于这种施工方法多数情况下都需要采用钻眼爆破进行开挖，故又称为钻爆法。

掘进机法包括隧洞掘进机（Tunnel Boring Machine，简写为 TBM）法和盾构掘进机

法。前者应用于岩石地层，后者则主要应用于土质围岩，尤其适用于软土、流沙等特殊地层。

选择施工方法时要考虑的基本因素大体上可归纳为以下几点。

（1）施工条件。实践证实，施工条件是决定施工方法的最基本因素，它包括一个施工队伍所具有的施工能力、素质以及管理水平。

（2）围岩条件。其中包括围岩级别、地下水及不良地质现象等。围岩级别是对围岩工程性质的综合判定（表 6.1），对施工方法的选择起着重要的甚至决定性的作用。

表 6.1　　围岩基本分级

围岩级别	岩体特征	土体	围岩弹性纵坡速度（km/s）
Ⅰ	极硬岩，岩体完整		>4.5
Ⅱ	极硬岩，岩体较完整； 硬岩，岩体完整		3.5～4.5
Ⅲ	极硬岩，岩体较破碎； 硬岩或软硬岩互层，岩体较完整； 较软岩，岩体完整		2.5～4.0
Ⅳ	极硬岩，岩体破碎； 硬岩，岩体较破碎或破碎； 较软岩或软硬岩互层，且以软岩为主； 岩体较完整或较破碎； 软岩，岩体完整或较完整	具压密或成岩作用的黏性土、粉土及砂类土、一般钙质、铁质胶结的碎（卵）石土、大块石土，黄土（Q_1、Q_2）	1.5～3.0
Ⅴ	软岩，岩体破碎至极破碎； 全部极软岩及全部极破碎岩（包括受构造影响严重的破碎带）	一般第四系坚硬、硬塑黏性土，稍密及以上、稍湿、潮湿的碎（卵）石土、圆砾土、角砾土、粉土及黄土（Q_3、Q_4）	1.0～2.0
Ⅵ	受构造影响很严重呈碎石、角砾及粉末、泥土状的断层带	软塑状黏性土、饱和的粉土、砂类土等	<1.0（饱和状态的土<1.5）

注　表中 Q_1、Q_2、Q_3 为第四纪更新世，Q_4 为第四纪全新世。

（3）隧洞断面面积。隧道的尺寸和形状对施工方法选择也有一定的影响。

（4）埋深。隧洞埋深与围岩的初始应力场及多种因素有关，在同样地质条件下，由于埋深的不同，施工方法也将有很大的差异。

（5）工期。作为设计条件之一的施工工期，在一定程度上会影响基本施工方法的选择。因为工期决定了在均衡生产条件下，对开挖、运输等综合生产能力的基本要求，即对施工均衡速度、机械化水平和管理模式的要求。

（6）环境条件。当隧洞施工对周围环境产生如爆破震动、地表下沉、噪声、地下水条件的变化等不良影响时，环境条件也应成为选择隧洞施工方法的重要因素之一。隧洞施工过程和方法是多种多样的，施工方法必须符合快速、安全、高效、优质及对环境的要求。

6.1.1.3　新奥法隧洞开挖

1963 年，由奥地利学者 L. 拉布西维兹教授命名的“新奥地利隧道施工法（New Austrian Tunnelling Method）”，简称“新奥法（NATM）”正式出台。它是以控制爆破或机械开挖为主要掘进手段，以锚杆、喷射混凝土为主要支护方法，把理论、量测和经验相结合的一种施工方法。其核心是及时支护，充分利用围岩的自稳能力提高围岩与支护的共同作用。

应用新奥法施工必须遵循的基本原则包括以下内容。

(1) 围岩是隧洞的主要承载单元，要在施工中充分保护和爱护围岩。

(2) 容许围岩有可控制的变形，充分发挥围岩的结构作用。

(3) 变形的控制主要是通过支护阻力（即各种支护结构）的效应达到的。

(4) 在施工中，必须进行实地量测监控，及时提出可靠的、足够数量的量测信息，以指导施工和设计。

(5) 在选择支护手段时，一般应选择能大面积牢固地与围岩紧密接触的、能及时施设和应变能力强的支护手段。

(6) 要特别注意，隧洞施工过程是围岩力学状态不断变化的过程。

(7) 在任何情况下，使隧洞断面能在较短时间内闭合是极为重要的。在岩石隧洞中，因围岩的结构作用，开挖面能够“自封闭”。而在软弱围岩中，则必须改变“重视上部，忽视底部”的观点，应尽量采用能先修筑仰拱（或临时仰拱）或底板的施工方法，使断面及早封闭。

(8) 在隧洞施工过程中，必须建立设计—施工检验—地质预测—量测反馈—修正设计的一体化的施工管理系统，以不断提高和完善隧洞施工技术。

以上隧洞施工的基本原则可扼要地概括为：“少扰动、早喷锚、勤量测、紧封闭”。新奥法的施工工序可用图 6.2 表示。

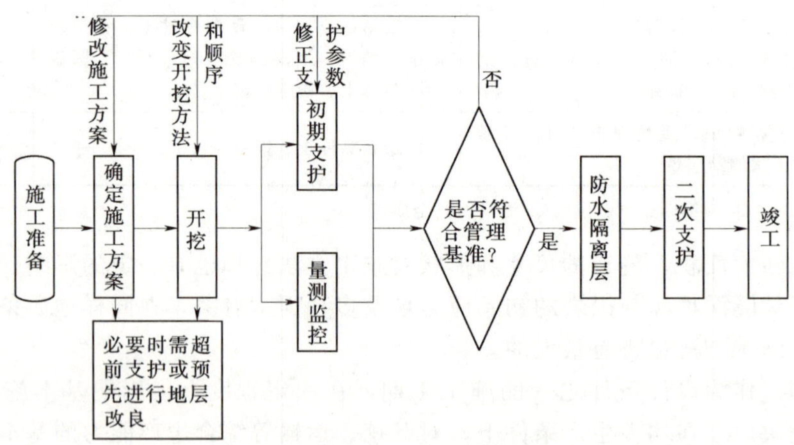

图 6.2 新奥法施工工序框图

隧洞施工中，开挖方法是影响围岩稳定的重要因素之一，因此，在选择开挖方法时，应对隧洞断面大小及形状、围岩的工程地质条件、支护条件、工期要求、施工区段长度、机械配备能力、经济性等相关因素进行综合分析，采用恰当的开挖方法，尤其应与支护条件相适应。隧洞开挖方法实际上是指开挖成形方法，按开挖隧洞的横断面分部情况来分，开挖方法可分为全断面开挖法、台阶开挖法、分部开挖法。

6.1.1.3.1 全断面开挖法

全断面开挖法是按设计开挖断面一次开挖成型（图 6.3）

1. 全断面法施工的顺序

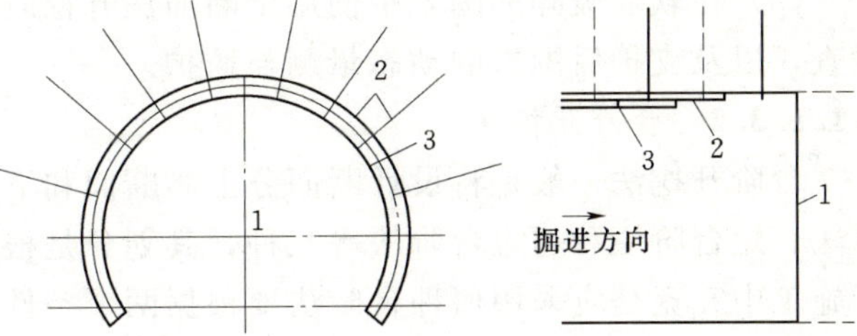

图 6.3 全断面法开挖形式
1—全断面法开挖的工作面；2—锚喷支护；3—模筑混凝土衬砌

(1) 施工准备完成后，用钻孔台车钻眼，然后装药，连接起爆网路。

(2) 退出钻孔台车，引爆炸药，开挖出整个隧洞断面。

(3) 进行通风、洒水、排烟、降尘。

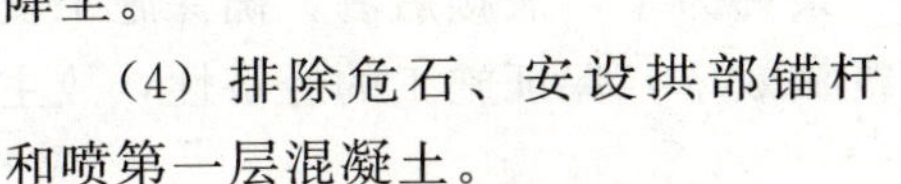

(4) 排除危石、安设拱部锚杆和喷第一层混凝土。

(5) 用装渣机将石渣装入矿车或运输机运出洞外。

(6) 安设洞壁锚杆和喷混凝土。

(7) 必要时可喷拱部第二层混凝土和隧洞底部混凝土。

(8) 开始下一轮循环。

(9) 在初次支护变形稳定后，或按施工组织中规定日期浇筑内层衬砌。

根据围岩稳定程度及施工设计也可以不设锚杆或设短锚杆。也可先出渣，然后再施作初次支护，但一般仍先进行拱部初次支护，以防止局部应力集中而造成围岩松动剥落。

2. 适用条件

全断面法适用于岩层条件简单、岩质较均匀的硬岩石中，同时也必须具备大型施工机械。隧洞长度或施工区段长度不宜太短，否则采用大型机械化施工的经济性就差。根据经验，这个长度不应小于 1km。

3. 全断面开挖法的优缺点

(1) 全断面开挖有较大的工作空间，适用于大型配套机械化施工，施工速度较快，且因单工作面作业，便于施工组织和管理。有较大的断面进尺比（即开挖断面面积与掘进进尺之比），可获得较好的爆破效果，同时爆破对围岩的震动次数相对较少，有利于围岩的稳定。一般应尽量采用全断面开挖法。

(2) 采用全断面开挖，每次爆破震动强度较大，因此要求进行分段装药，严格控制爆破设计，尤其是对于稳定性较差的围岩。因开挖面大，围岩相对稳定性降低，且每个循环工作量相对较大，因此要求具有较强的开挖、出渣能力和相应的支护能力。

4. 采用全断面法开挖时的注意事项

(1) 摸清开挖面前方的地质情况，随时准备好应急措施（包括改变施工方法），以确保施工安全。尤其应注意突然发生的地质条件恶化，如大量涌水、地下泥石流等。

对于有地下水涌出的可能施工地段，必须坚持“有疑必探，先探后掘”的原则，对于岩层性质变化较大的区域，必须进行地层资料的收集整理工作，及早提出相应的施工措施。

（2）各工序使用的机械设备与人力资源务必配套，以充分发挥机械设备的使用效率，在保证隧洞稳定安全的条件下，提高施工速度。

（3）在软弱破碎的围岩中使用全断面法开挖时，应加强对辅助施工方法的设计和作业检查，以及支护后围岩的动态量测与监护。

6.1.1.3.2　台阶开挖法

台阶开挖法一般是将设计断面分上半断面和下半断面两次开挖成型。台阶法包括长台阶法、短台阶法和超短台阶法等三种，其划分是根据台阶长度决定的，如图6.4所示。至于施工中究竟是应采用何种台阶法要根据两个条件来决定：一是初次支护形成闭合断面的时间要求。围岩越差，闭合时间要求越短；二是上断面施工所用的开挖、支护、出渣等机械设备以及施工场地大小的要求。在软围岩中应以前一条件为主，兼顾后者，确保施工安全。在围岩条件较好时，主要考虑是如何更好地发挥机械效率，保证施工的经济性，故主要考虑后一条件。现将各种台阶法叙述如下：

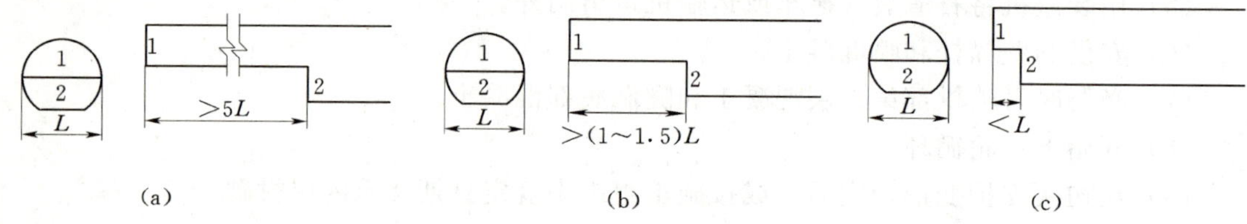

图6.4　台阶法施工形式

（a）长台阶法；（b）短台阶法；（c）超短台阶法

1. 长台阶法（导洞法）

上下断面相距较远，一般上台阶超前50m以上或大于5倍洞跨，施工时上下部可配置同类机械进行平行作业，当机械不足时也可用一套机械设备交替作业，即在上半断面开挖一个进尺，然后再在下半断面开挖一个进尺。当隧洞长度较短时，亦可先将上半断面全部挖通后，再进行下半断面施工，即为半断面法。

（1）长台阶法的作业顺序。

1）上半断面开挖。

a. 用两臂钻孔台车钻眼，装药爆破，地层较软时亦可用挖掘机或人工开挖。

b. 安设锚杆和钢筋网，必要时可加设钢支撑、喷射混凝土。

c. 用推铲机将石渣推运到台阶下，再由装载机装入车内运至洞外。

d. 根据支护结构形成闭合断面的时间要求，必要时在开挖上半断面后，可建筑临时底拱，形成上半断面的临时闭合结构，然后在开挖下半断面时再将临时底拱挖掉。但从经济观点和施工效率来看，最好不这样做，而改用短台阶法。

2）下半断面开挖。

a. 用两臂钻孔台车钻眼、装眼爆破，装渣直接运至洞外。

b. 安设边墙锚杆（必要时）和喷混凝土。

c. 用反铲挖掘机开挖水沟，喷底部混凝土，浇筑水沟。

长台阶法的纵向工序布置和机械配置如图6.5所示。

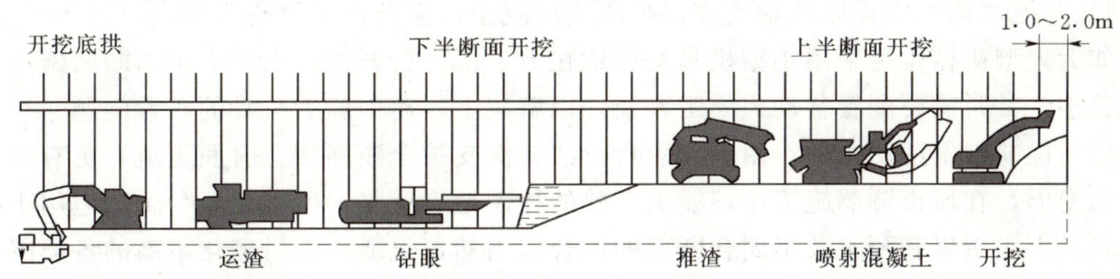

图 6.5 长台法施工形式

(2) 优缺点及适用条件。有足够的工作空间和相当的施工速度，上部开挖支护后，下部作业就较为安全，但上、下部作业有一定的干扰。相对于全断面法来说，长台阶法一次开挖的断面和高度都比较小，只需配备中型钻孔台车即可施工，而且，对维持开挖面的稳定也十分有利，所以它的适用范围较全断面法广泛，凡是在全断面法中开挖不能自稳，但围岩坚硬不需用底拱封闭断面的情况，都可采用长台阶法。

2. 短台阶法

台阶长度小于 5 倍但大于 1～1.5 倍洞跨。上下断面采用平行作业。

短台阶法的作业顺序和长台阶相同。

优缺点及适用条件：由于短台阶法可缩短支护结构闭合的时间，改善初次支护的受力条件，有利于控制隧洞收敛速度和量值，所以适用范围很广，Ⅰ～Ⅴ级围岩都能采用，尤其适用于Ⅳ、Ⅴ级围岩，是新奥法施工中经常采用的方法。缺点是上台阶出渣时对下半断面施工的干扰较大，不能全部平行作业。为解决这种干扰可采用长皮带机运输上台阶的石渣，或设置由上半断面过渡到下半断面的坡道，将上台阶的石渣直接装车运出。过渡坡道的位置设在中间，也可交替地设在两侧。过渡坡道法通用于断面较大的隧洞中。

3. 超短台阶法

台阶仅超前 3～5m，只能采用上下部交替作业。

(1) 超短台阶法施工作业顺序（图 6.6）。

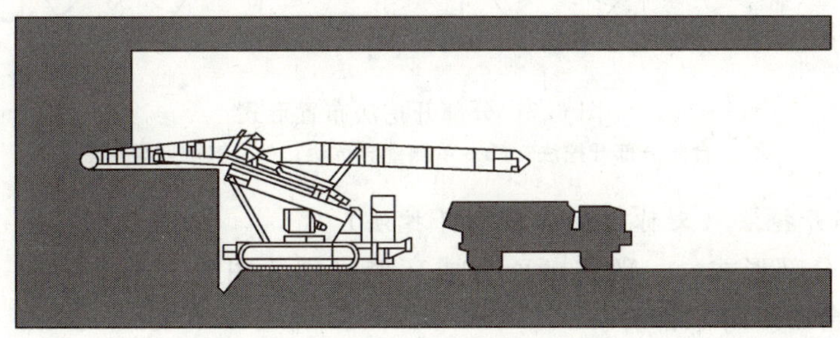

图 6.6 超短台阶法施工形式

1）用一台停在台阶下的长臂挖掘机或单臂掘进机开挖上半断面至一个进尺。

2）安设拱部锚杆、钢筋网或钢支撑，喷拱部混凝土。

3）用同一台机械开挖下半断面至一个进尺。安设边墙锚杆、钢筋网或接长钢支撑，喷边墙混凝土（必要时加喷拱部混凝土）。

4）开挖水沟、安设底部钢支撑，喷底拱混凝土，灌筑内层衬砌。

如无大型机械也可采用小型机具交替地在上下部进行开挖，由于上半部断面施工作业场地狭小，常常需要配置移动式施工台架，以解决上半断面施工机具的布置问题。

（2）优缺点及适用条件：由于超短台阶法初次支护全断面闭合时间更短，更有利于控制围岩变形，在城市隧洞施工中，能更有效的控制地表沉陷，所以超短台阶法适用于膨胀性围岩、土质围岩和要求及早闭合断面的场合。当然，也适用于机械化不高的各类围岩地段。缺点是上下断面相距较近，机械设备集中，作业时相互干扰较大，生产效率较低，施工速度较慢。在软弱围岩中施工时，应特别注意开挖工作面的稳定性，必要时可对开挖面进行预加固或预支护。

（3）在所有台阶法施工中，开挖下半断面时要求做到以下几点：

1）下半断面的开挖（又称落底）和封闭应在上半断面初次支护基本稳定后进行，或采取其他有效措施确保初次支护体系的稳定性，例如扩大拱脚、打拱脚锚杆、加强纵向连接等，使上部初次支护与围岩形成完整体系，若围岩稳定性好，则可以分段顺序开挖；若围岩稳定性较差，则应缩短下部掘进循环进尺；或稳定性更差，则可采用单侧落底或双侧交错落底，避免上部初次支护两侧拱脚同时悬空；或先拉中槽后再挖边帮。又如，视围岩状况严格控制落底长度，一般采用1～3m，并不得大于6m.

2）下部边墙开挖后必须立即喷射混凝土，并按规定做初次支护。

3）量测工作必须及时，以观察拱顶、拱脚和边墙中部位移值，当发现变形速率增大时，立即进行底（仰）拱封闭。

6.1.1.3.3 分部开挖法

分部开挖法是开挖软弱岩层或土层隧洞时采用的一种施工方法，它将隧洞断面分部开挖逐步成型，且一般将某部超前开挖，故也可称为导坑超前开挖法。分部开挖法可分为：台阶分部开挖法、单侧壁导坑法、双侧壁导坑法，如图6.7所示。

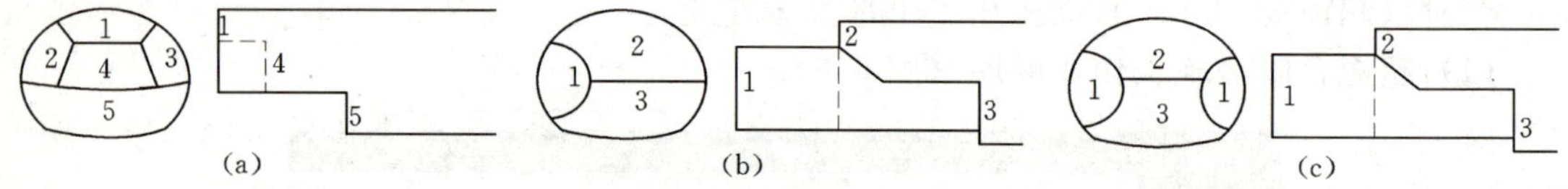

图6.7 分部开挖法布置形式

（a）台阶分部开挖法；（b）单侧壁导坑法；（c）双侧壁导坑法

1. 台阶分部开挖法（又称留核心环形开挖法）

（1）开挖面分部形式：一般将断面分成环形拱部［图6.7（a）中的1、2、3］、上部核心体4、下部台阶5等三部分。

（2）施工作业顺序。

1）用人工或单臂掘进机开挖环形拱部。根据断面的大小，环形拱部又可分成几块交替开挖。

2）安设拱部锚杆、钢筋网或钢支撑、喷混凝土。

3）在拱部初次支护保护下，用挖掘机或单臂掘进机开挖核心土和下台阶，随时接长钢支撑和喷混凝土封底。

4）根据初次支护变形情况或施工安排灌筑内层衬砌。

由于拱形开挖高度较小，或地层松软锚杆不易锚固，所以施工中不设或少设锚杆。环形开挖进尺为0.5～1.0m，不宜过长。上部核心体土和下台阶的距离一般当洞跨较大时为1倍洞跨，洞跨较小时为2倍洞跨。

(3) 优缺点及适用条件。在台阶分部开挖法中，因为上部留有核心体土支撑着开挖面，而且能迅速及时地灌筑拱部初次支护，所以开挖工作面稳定性好。和台阶法一样，核心体和下部开挖都是在拱部初次支护保护下进行的，施工安全性好。这种方法适用于一般土质或易坍塌的软弱围岩中。与超短台阶法相比，台阶长度可以加长，减少上下台阶施工干扰。而与下述的侧壁导坑法相比，施工机械化程度较高，施工速度可加快。虽然核心土增强了开挖面的稳定，但开挖中围岩要受多次扰动，而且断面分块多，支护结构形成全断面封闭的时间长，这些都有可能使围岩变形增大。因此，它常要结合辅助施工措施对开挖工作面及其前方岩体进行预支护或预加固。

2. 单侧壁导坑法

(1) 开挖面分部形式：一般将断面分成三块：侧壁导坑1、上台阶2、下台阶3，如图6.7 (b) 所示。侧壁导坑尺寸应本着充分利用台阶的支撑作用，并考虑机械设备和施工条件而定。一般侧壁导坑宽度不宜超过0.5倍洞宽，高度以到起拱线为宜，这样，导坑可分二次开挖和支护，不需要架设工作平台，人工架立钢支撑也较方便。导坑与台阶的距离没有硬性规定，但一般应以导坑施工和台阶施工不发生干扰为原则，所以在短隧洞中可先挖通导坑，而后再开挖台阶。上下台阶的距离则视围岩情况参照短台阶法或超短台阶法拟定。

(2) 施工作业顺序。

1）开挖侧壁导坑，并进行初次支护（锚杆加钢筋网或锚杆加钢支撑或钢支撑，喷射混凝土），应尽快使导坑的初次支护闭合。

2）开挖上台阶，进行拱部初次支护，使其一侧支承在导坑的初次支护上，另一侧支撑在下台阶上。

3）开挖下台阶，进行另一侧边墙的初次支护，并尽快灌筑底部初次支护，使全断面闭合。

4）拆除导坑临空部分的初次支护。

5）灌筑内层衬砌。

(3) 优缺点及适用条件。单侧壁导坑法是将断面横向分成3块或4块，每步开挖的宽度较小，而且封闭型的导坑初次支护承载能力大，所以单侧壁导坑法适用于断面跨度大，地表沉陷难于控制的软弱松散围岩中。

3. 双侧壁导坑法（又称眼镜工法）

(1) 开挖面分部形式。一般将断面分成四块：左、右侧壁导坑1、上部核心土2、下台阶3，如图6.7 (c) 所示。导坑尺寸拟定的原则同前，但宽度不宜超过断面最大跨度的1/3，左右侧导坑错开的距离应根据开挖一侧导坑所引起的围岩应力重分布的影响不致波及另一侧已成导坑的原则确定。

(2) 施工作业顺序。

1）开挖一侧导坑，并及时将其初次支护闭合。

2）相隔适当距离后开挖另一侧导坑，并灌筑初次支护。

3）开挖上部核心体，灌筑拱部初次支护，进行拱脚支承在两侧壁导坑的初次支护。

4）开挖下台阶，灌筑底部的初次支护，使初次支护全断面闭合。

5）拆除导坑临空部分的初次支护。

6）灌筑内层衬砌。

（3）优缺点及适用条件。当隧洞跨度很大、地表沉陷很大、地表沉陷要求严格、围岩条件特别差、单侧壁导坑难以控制围岩变形时，可采用双侧壁导坑法。现场实例表明，双侧壁导坑法所引起的地表沉陷仅为短台阶法的1/2，双侧壁导坑法开挖断面分块多，扰动大，初次支护全断面闭合的时间长，速度较慢，成本较高，但侧壁导坑法施工安全。

6.1.1.4 平洞的衬砌或支护施工

平洞开挖以后，除非地质条件特别好，一般都要进行衬砌或支护。

断面衬砌或支护，原则上待平洞贯通后进行为好。但往往由于地质或其他施工条件的原因，为了保持围岩的稳定，保证施工安全，要求在平洞贯通以前，对挖好的地段进行衬砌，要求开挖一段衬砌一段或边开挖边衬砌，开挖和衬砌交叉作业，这样，不可避免地会造成施工干扰。

就衬砌本身来说，若地质和设备条件允许，应尽量减少断面衬砌的分缝分块数目。

断面衬砌的顺序，常见的有自下而上，自上而下两种方法：前者先衬砌底拱（底板），后衬砌边拱（边墙）、顶拱，或边、顶拱一次衬砌，如图6.8（a）、（b）所示；后者先衬砌顶拱，在顶拱保护下衬砌边拱（边墙）、底拱（底板），如图6.8（c）所示。自下而上衬砌多用于地质条件较好的场合，自上而下衬砌适合于围岩能力较差的情况。

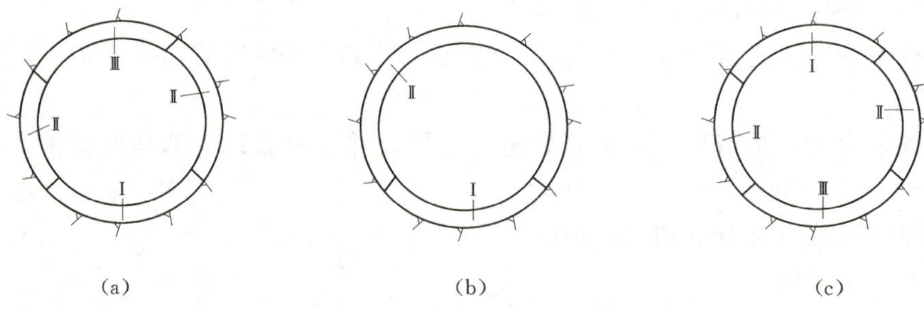

图6.8 断面衬砌顺序

（a）自下而上边顶拱分部衬砌；（b）自下而上边顶拱一次衬砌；（c）自上而下衬砌

Ⅰ、Ⅱ、Ⅲ—衬砌顺序

一般来说，当平洞沿线地质条件较好、断面不大、洞线不长时，多采用一次开挖或分部开挖成洞，然后进行衬砌支护的方式。如果开挖时遇到局部危岩，可用锚杆、挂网、喷混凝土或其他措施（如采用木架支护）进行临时支撑，对于围岩较差的平洞，通常是按先拱后墙，先分部开挖拱部，随即在拱部断面中修筑拱圈，然后在拱圈的防护下开挖中部断面，修筑边拱（边墙）和底拱（底板）。

任务 6.1.2　隧洞钻孔爆破设计

工程背景： 黑河导流隧洞钻孔爆破设计：

炸药采用 2 号岩石铵梯炸药，导爆管起爆网路，光面爆破控制周边，中部采用拉槽梯段预裂爆破减震，如图 6.9 所示。爆破孔参数表示例见表 6.2。

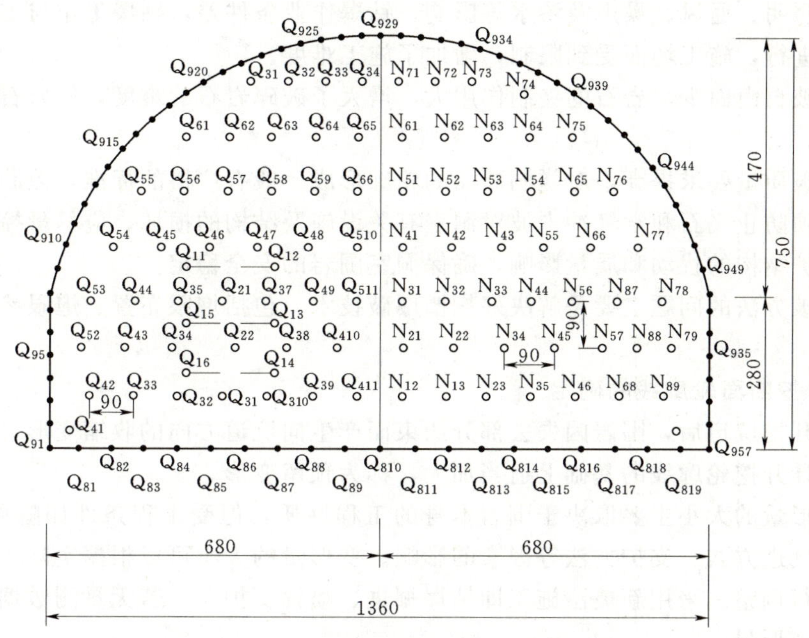

图 6.9　Ⅰ、Ⅱ区爆破开挖炮孔布置图（单位：mm）

表 6.2　　　　**（Ⅰ）区爆破孔参数表**

炮孔类型	孔号	孔数	孔径 (mm)	孔深 (m)	倾角 (°)	药卷直径 (mm)	单孔药量 (kg)	总药量 (kg)	段别	备注
掏槽孔	Q_{11}～Q_{16}	6	46	2.9	51.3	32	2.73	16.38	1	
	Q_{21}～Q_{22}	2	46	2.8	90.0	32	1.09	2.18	2	
崩落孔	Q_{31}～Q_{310}	10	46	2.7	90.0	32	1.82	18.20	3	
	Q_{41}～Q_{411}	11	46	2.7	90.0	32	1.82	20.02	4	
	Q_{50}～Q_{511}	10	46	2.7	90.0	32	1.82	18.20	5	以类围岩为准，循环进尺 2.5m，单位耗药 0.9kg/m^3
	Q_{61}～Q_{66}	6	46	2.7	90.0	32	1.82	10.92	6	
	Q_{71}～Q_{74}	4	46	2.7	90.0	32	1.82	7.29	7	
底孔	Q_{81}～Q_{810}	10	46	2.6	85.5	32	1.89	18.90	8	
周边孔	Q_{91}～Q_{929}	29	50	2.6	86.6	20	0.55	15.95	10	

问题： 隧洞爆破开挖的参数是如何确定的？

学习目标：

（1）知识目标。能说出隧洞断面爆孔布置类型及作用；明白进尺对循环作业的影响。

（2）能力目标。能根据地质状况和机械配置条件进行隧洞钻爆设计，并能绘制网路图和循环作业组织表。

钻孔爆破法一直是地下建筑的岩体开挖的主要施工方法，而控制爆破是新奥法的基本特征，这种方法对岩层地质条件适应性强，开挖成本低，尤其适合岩石坚硬，长度相对短的洞室施工。做好钻爆设计是确保开挖质量和施工进度及施工安全的基础。

与露天开挖爆破比较，地下洞室岩石开挖爆破施工有如下主要特点：

(1) 因照明、通风、噪声及渗水等影响，钻爆作业条件差，钻爆工作与支护出渣运输等工序交叉进行，施工场面受到限制，增加了施工难度。

(2) 爆破自由面少，岩石的夹制作用大，增大了破碎岩石的难度，使岩石爆破的单位耗药量提高。

(3) 爆破质量要求提高，对隧洞断面的轮廓形成一般有严格的标准，控制超挖，不允许欠挖，必须防止飞石和空气冲击波对洞室有关设施及结构的损坏，应尽量控制爆破对围岩及附近支护结构的扰动和质量影响，确保洞室围岩的安全稳定。

隧洞爆破方法的问题主要是解决好掏槽爆破技术，包括炮眼布置、炮眼参数以及装药起爆等。

6.1.2.1　开挖断面轮廓线的确定

考虑到开挖坑道后，围岩因失去部分约束而产生向坑道方向的收缩变形，施工开挖轮廓线应在设计开挖轮廓线的基础上适当加大，称为预留变形。

预留变形量的大小主要取决于围岩本身的工程性质，但受工程条件如隧洞断面大小、开挖方法、掘进方式、支护方法等因素的影响。变形量的大小可以根据实际量测数据分析确定，并进行调整。采用新奥法施工即钻爆掘进、喷锚支护时，若无量测数据，则可参照表6.3预留变形量。

表6.3　　**开挖轮廓预留变形量**　　单位：cm

围岩级别		Ⅱ	Ⅲ	Ⅳ	Ⅴ
跨度	9～11m	5～7	7～12	12～17	特殊设计
	7～9m	3～5	5～7	7～10	10～15

6.1.2.2　炮眼布置

炮眼布置首先应确定施工开挖线，然后进行炮眼布置，隧洞爆破通常将开挖断面上的炮眼分区布置且分区顺序起爆，逐步扩大完成一次爆破开挖。

1. 掏槽眼布置

掏槽眼的作用是将开挖面上某一部位的岩石掏出一个槽，以形成新的临空面，为其余炮眼的爆破创造有利条件。掏槽炮眼一般要比其他的眼深10～20cm，以保证爆破后开挖深度一致。掏槽眼本身只有一个临空面，且受周围岩石的夹制作用，故常采用较大的炸药耗量，以增大爆破粉碎区，并利用爆炸冲击波及爆炸产物做功，将岩石抛出槽口。为保证掏槽炮能有效地将石渣抛出槽口，采用孔底反向连续装药和双雷管起爆，槽口尺寸常在1.0～2.5m^2之间，要与循环进尺、断面大小和掏槽方式相协调。

根据坑道断面、岩石性质和地质构造等条件，掏槽眼排列形式有很多种，总的可分成斜眼掏槽（图6.10）和直眼掏槽（图6.11）两大类。

(1) 斜眼掏槽。斜眼掏槽特点是掏槽眼方向与开挖工作面斜交。常用的有锥形掏槽、

楔形掏槽、单向掏槽。锥形掏槽是各掏槽眼以相等或相近的角度向工作面中心轴线倾斜，眼底趋于集中，但互相并不贯通，爆破后形成锥形槽。眼数为 3～6 个，通常呈三角锥形、正锥形和圆锥形［图 6.10（a）］。楔形掏槽通常由两排相对称的倾斜炮眼组成，爆破后形成楔形槽。楔形掏槽可分为水平楔形掏槽和垂直楔形掏槽两种［图 6.10（b）、（c）］。单向掏槽是掏槽眼排列成一行，并朝一个方向倾斜［图 6.10（d）］。其中最常用的水平楔形掏槽。

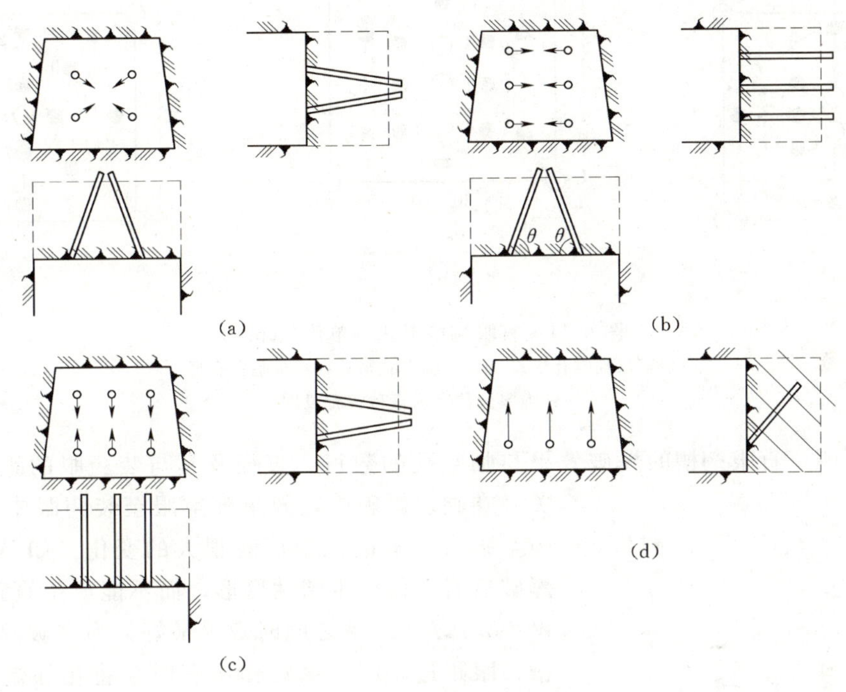

图 6.10　斜眼掏槽形式

斜眼掏槽的优点是可以按岩层的实际情况选择掏槽方式和掏槽角度，容易把岩石抛出，而且所需掏槽眼数较少，掏槽体积大，易将岩石抛出，有利于其他炮眼的爆破。缺点是眼深受坑道断面尺寸的限制，不便于多台钻机同时凿岩。掏槽眼深度受到坑道断面限制，因而影响到每个掘进循环的进尺；岩石抛掷距离远，岩堆分散，影响装岩效率。

（2）直眼掏槽。

1）优点。直眼掏槽可以实行多机凿岩、钻眼机械化和深眼爆破，从而为加快掘进速度提供了有利条件；凿岩作业比较方便，不需随循环进尺的改变而变化掏槽形式，仅需改变炮眼深度；直眼掏石渣抛掷距离也可缩短。所以目前现场多采用直眼掏槽。

2）缺点。直眼掏槽的炮眼数目和单位用药量较多，炮眼位置和钻眼方向也要求高度准确，才能保证良好的掏槽效果，技术比较复杂。

近年来，由于重型凿岩机投入施工，尤其是能钻大于 100mm 直径大孔的液压钻机投入施工后，直眼掏槽的布置形式有了新的发展。大直径空眼的作用相当于为装药掏槽眼提供了辅助临空面，掏槽效果良好。一般在中硬和坚硬岩层中，对于设计循环进尺为 3.5m 左右时，采用双空孔形式最佳［图 6.11（a）］；对 3.5～5.15m 的深孔掏槽，则采用三空孔形式最好［图 6.11（b）］；对 3m 以下的浅眼掏槽，则采用单空孔形式较好［图 6.11（c）］。为提高掏槽效果，掏槽眼围绕空孔布置成螺旋，成为螺旋掏槽，其药孔距中心穿插孔距离依次增大，装药孔连线呈现螺旋状并按螺旋线顺序微差起爆。还有按螺旋装药孔对称地布置，至空孔距离逐渐加大的双螺旋掏槽法，如图 6.12 所示。

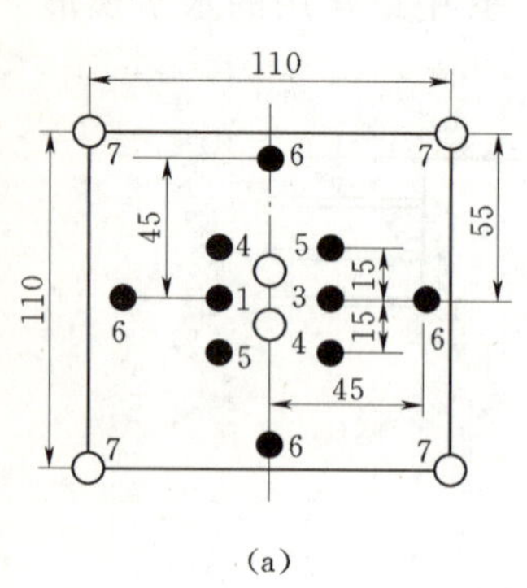

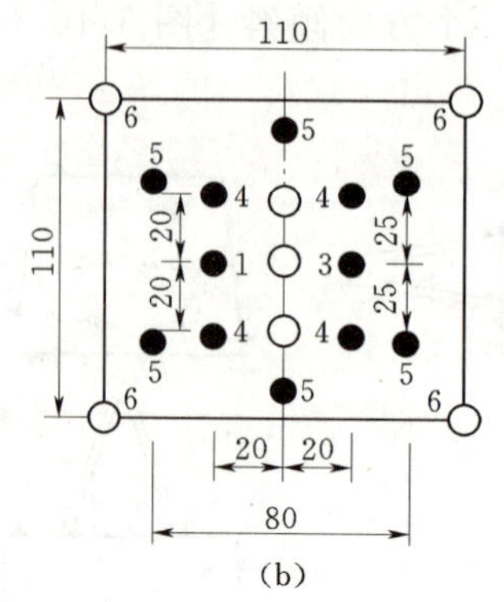

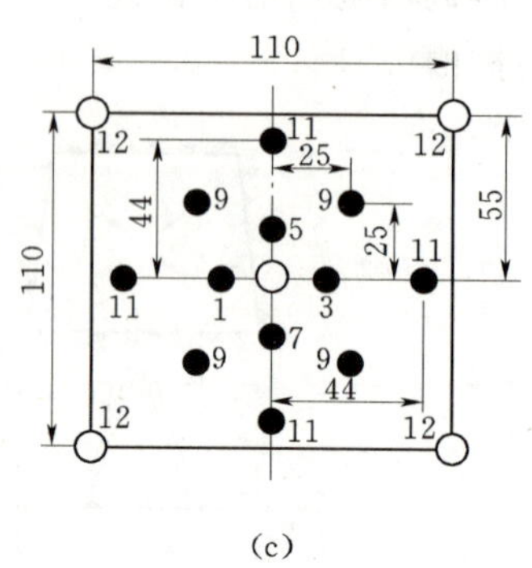

图 6.11 直眼掏槽形式（单位：cm）

（a）双临空孔形；（b）三临空孔形；（c）单临空孔形

注：炮眼旁数字为毫秒雷管段别

实践证明，直眼掏槽的爆破效果与临空孔的数目、直径及其与装药眼的距离密切相关。在硬岩爆破中，效果随空眼至装药眼中心距离 W 与空眼直径 ϕ 的比值而有很大的变化。如 $W>2\phi$ 时，爆破后岩石仅产生塑性变形，而不能产生真正的破碎；$W=0.70\phi\sim1.5\phi$ 之间时效果最好，为在破碎抛掷型掏槽；眼距过小时，爆炸作用有时会将相邻炮眼中的炸药（主要指粉状硝铵类炸药）“挤实”，使之因密度过高而拒爆。为保证空眼所形成的空间足够供岩石膨胀，在考虑临空孔数目时，一般要求所形成的空间不小于装药眼到空眼的岩体体积的 10%～20%。

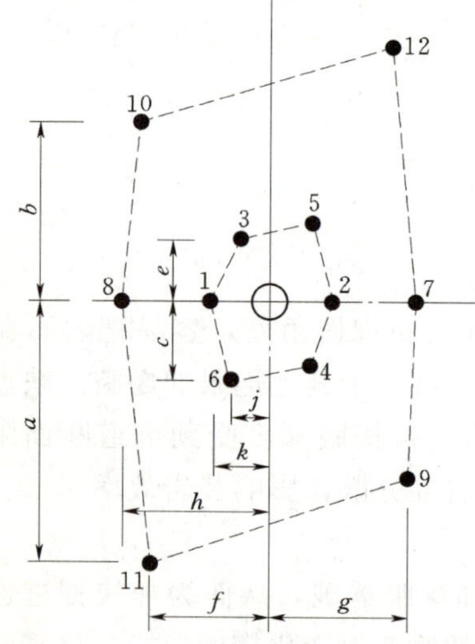

图 6.12 双螺旋直孔掏槽布置图

1～12—起爆时顺序；$a\sim k$—孔距参数

2. 辅助眼的布置

辅助眼的作用是进一步扩大掏槽体积和增大爆破量，并为周边眼创造有利的爆破条件。其布置主要是解决炮眼间距 E 和最小抵抗线 W 问题，这可以由工地经验决定。一般取 $E/W=60\%\sim80\%$ 为宜。辅助眼应由内向外，逐层布置，逐层起爆，逐步接近开挖断面轮廓形状。

3. 周边眼布置

周边眼的作用是爆破后使坑道断面达到设计的形状和规格。周边眼原则上沿着设计轮廓均匀布置，间距和最小抵抗线应比辅助眼小，以便爆出较为平顺的轮廓。周边眼口一般沿设计轮廓线布置。眼底应根据岩石的抗爆破性来确定其位置，应将炮眼方向以 3%～

5%的斜率外插，这一方面是为了控制超欠挖，另一方面是为了便于下次钻眼时容易落钻开眼。一般对于松软岩层，眼底应落在设计轮廓线上；对于中硬岩及硬岩，眼底应落在设计轮廓线以外 10～15cm，底板眼的眼底一般都落在设计轮廓线以外。此外，为保证开挖面平整，辅助眼及周边眼的深度应使其眼底落在同一垂直面上，必要时应根据实际情况调整炮眼深度。

周边眼的爆破，在很大程度上影响到开挖轮廓的质量和对围岩的扰动破坏程度，可采用光面爆破或预裂爆破。特别当岩质较软或较破碎时，应加强开挖轮廓面钻爆施工。

6.1.2.3 周边围岩的控制

在隧道爆破施工中，首要的要求是炮眼利用率高，开挖轮廓及尺寸准确，对围岩震动小，按通常的周边炮眼布置，若以普通钻爆法开挖，常常难以爆破出理想设计断面，对围岩扰动又大。采用光面爆破与预裂爆破技术，可以控制爆破轮廓，尽量保持围岩的稳定。

1. 光面爆破控制

光面爆破的主要参数及技术措施：光面爆破的主要参数包括周边眼的间距、光面爆破层的厚度、周边眼密集系数（E/W）、周边眼的线装药量密度（炮眼内每米装药量）等。影响光面爆破参数选择的因素很多，主要有岩石的爆破性能、炸药品种、一次爆破的断面大小及形状等，其中影响最大的是地质条件。光面爆破参数的选择，目前还缺乏一定的理论计算公式，多是采用经验方法。为了获得良好的光面爆破效果，可采取以下技术措施：

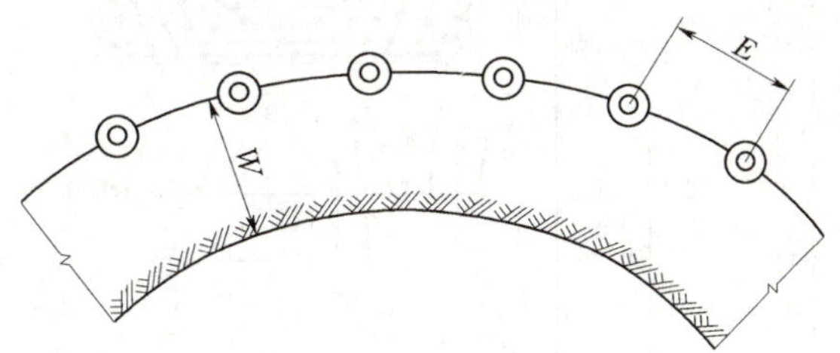

图 6.13 光面爆破炮眼布置

（1）适当加密周边眼间距，合理确定光面爆破层厚度轮廓，避免超欠挖，又不致过大地增加钻眼工作量。孔间距的大小与岩石性质、炸药种类、炮眼直径有关，一般为 $E=(8\sim18)d\approx40\sim70$cm，$E$ 为孔距（图 6.13），d 为炮眼直径。一般情况下，坚硬或破碎的岩石宜取小值，软质或完整的岩石宜取大值。

光面爆破层厚度，就是周边眼与最外层辅助眼之间的一圈岩石层。光面爆破层厚度就是周边眼的最小抵抗线 W（图 6.13）。为了保证孔间贯穿裂缝优先形成，须使周边眼的最小抵抗线大于炮眼间距，通常取 $E/W=0.8$ 为宜，即 $W\approx50\sim90$cm。

（2）合理用药及合理装药结构。用于光面爆破的炸药，既要求有较高的破岩应力能，又要消除或减轻爆破对围岩的扰动，所以宜采用低猛度、低爆速、传爆性能好的炸药。但在炮眼底部，为了克服眼底岩石的夹制作用和上覆石渣的压制，应改用高爆速炸药，同时，又起到翻渣作用。

炮眼中间正常装药段每米长的装药量称为线装药密度。周边眼的线装密度是光面爆破参数中最重要的一个参数。恰当的装药量应是既要具有破岩所需的应力能，又不造成围岩的破坏。施工中应根据孔距、光面爆破层厚度、石质及炸药种类等综合考虑确定装药量。一般来说，线装药密度应控制在 0.04～0.4kg/m。

药卷与炮眼壁间留有空隙，称之为不耦合装药结构。炮眼直径与药卷直径之比称为不耦合系数。在装药结构上，宜采用比炮眼直径小的小直径药卷连续或间隔装药，此时，光面爆破的不耦合系数可控制在1.25～2.0之间，但药卷直径不应小于该炸药的临界直径，以保证稳定起爆。

(3) 保证周边眼同时起爆。据测定，各炮眼的起爆时差超过200ms时，就近似于单个炮眼爆破，不能形成爆炸应力波叠加。使用瞬发雷管与导爆索是保证光面爆破眼同时起爆的好方法，同段毫秒雷管起爆次之。

为使光面爆破有较好的效果，要为周边眼光面爆破创造临空面，这可以在开挖程序和起爆顺序上予以保证，还应使辅助炮眼爆破后尽量接近开挖轮廓形状，对靠近光面爆破层的辅助眼的布置和装药量给予特殊注意，即使光爆层厚度尽可能一致，并应注意不要使先爆落的石渣堵死周边眼的临空面，光面爆破的设计实例如图6.14所示。图6.15所示为弧形导坑光面爆破网路。

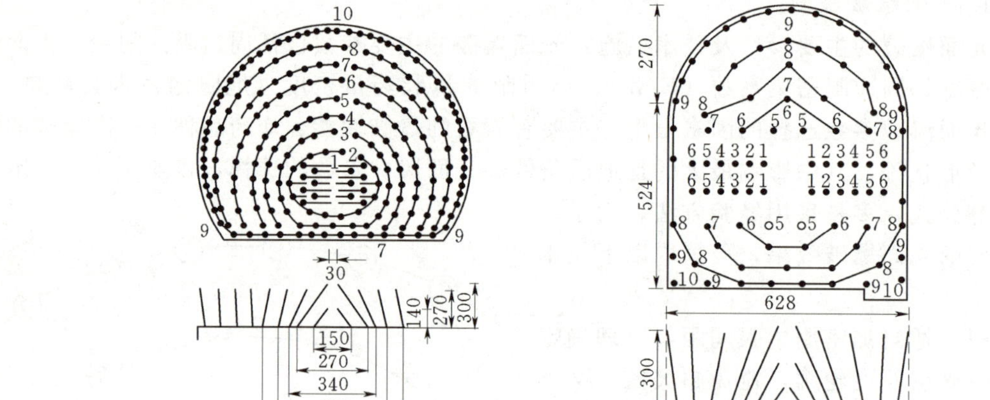

图6.14 隧道炮眼布置图（单位：cm）

(a) 楔形掏槽环状布置；(b) 楔形掏槽线形布置；(c) 直眼掏槽环状布置；(d) 直眼掏槽层状布置

2. 定向断裂控制爆破技术

定向断裂爆破掘进技术的原理就是利用聚能管改变坑道周边眼的装药方式及方法，以获得较好的爆破效果。在周边眼装药时，将炸药放在 ABS 塑料或竹管制成的聚能管内，对炮孔实行不耦合装药，使聚能管本身对爆轰力产生瞬时抑制和导向作用，并通过切缝提供瞬时卸压空间，使爆轰压力在切缝处形成高能射流，集中在坑道轮廓线方向上传导，使其沿轮廓方向优先产生裂缝并定向扩展。获得良好的爆破效果，这种爆破技术的关键是，首先要利用 ABS 塑料管或竹管制成标准的聚能管，装药时将聚能管的切缝对准坑道的轮廓线，另外周边眼的间距要小于最小抵抗线。

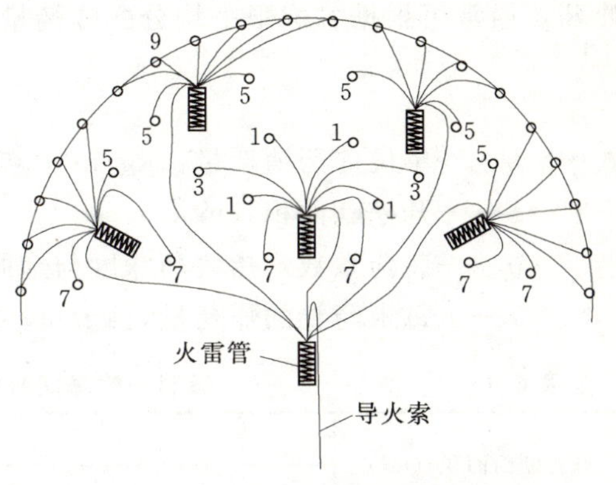

图 6.15　弧形导坑光面爆破网路图
1、3、5、7、9—起爆微差雷管段别

聚能药包爆破目前常采用切缝药包，切缝药包爆破的实质是在具有一定密度和强度的炸药外包装上开有不同角度、不同形状的切槽（图 6.16）。利用切槽控制爆炸应力场的分布与爆生气体对介质准静态作用和尖劈作用，达到控制被爆介质的破碎程度的目的。它是利用药包外壳在爆轰产物高压作用阶段产生的局部集中应力来控制预定区域内的径向裂缝的发展。药包外壳作用的基本原理是在炮孔壁四周形成不均匀的应力分布，尤其是在药包的切缝方向形成的应力突变，使预定方向上的介质产生裂缝。

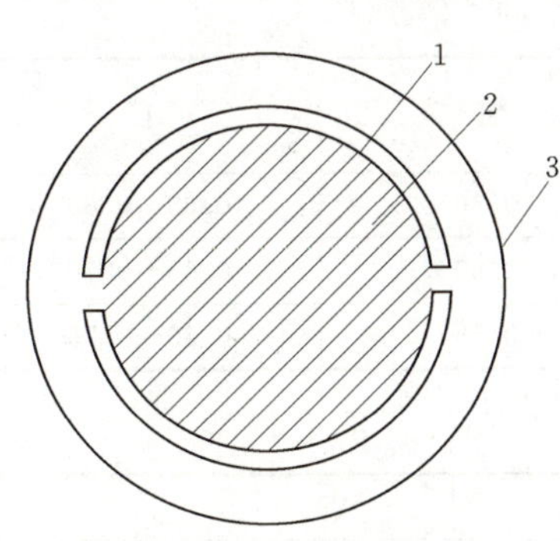

图 6.16　切缝药包
1—外壳；2—炸药；3—炮孔

6.1.2.4　爆破参数的确定

炮眼参数包括炮眼直径、炮眼数目和炮眼长度、单位耗药量等在爆破设计时应认真确定。

1. 炮眼直径

炮眼直径对凿岩生产率、炮眼数目、单位炸药消耗量和洞壁的平整程度均有影响，炮眼直径以及相应药径增加可使炸药能量相对集中，爆炸效果得以提高。但炮眼直径过大将导致凿岩速度显著下降，并影响岩石破碎质量、洞壁平整程度和围岩稳定性。因此，必须根据岩性、凿岩设备和工具、炸药性能予以综合分析，合理选用孔径。

药卷直径大小应与炮眼直径相匹配，以免导致药卷拒爆。工程爆破中，常用不耦合系数来控制药卷直径，不耦合系数一般应控制在 1.1～1.4 之间，且要求药卷直径不小于该炸药的临界直径。

实际爆破设计时，对掏槽眼及辅助眼应采用较小的值，以提高炸药的爆破效率；对周边眼则可采用较大的值，以减少对围岩的破坏。

2. 炮眼数目

炮眼数目主要与开挖断面、岩石性质和炸药性能有关。炮眼数目应能装入所需的适量炸药，通常可根据各炮眼平均分配炸药量的原则来计算炮眼数目 N 见式（6.2）：

$$N=\frac{qs}{ar} \tag{6.2}$$

式中　q——单位炸药消耗量，kg/m^3，参见表 6.4；

S——开挖断面积，m^2；

a——装药系数，指装药深度与炮眼长度的比值，可参考表 6.5；

r——每米药卷的炸药量，kg/m，2 号岩石硝铵炸药的每米药卷量见表 6.6。

表 6.4　　隧洞开挖爆破所需的单位耗药量 q 参考值　　单位：kg/m^3

开挖断面面积（m^2）	围岩类别			
	Ⅰ	Ⅱ	Ⅲ	Ⅳ～Ⅴ
4～6	2.9	2.3	1.7	1.6
7～9	2.5	2.0	1.6	1.3
10～12	2.25	1.8	1.5	1.2
13～15	2.1	1.7	1.4	1.2
16～20	2.0	1.6	1.3	1.1
20～43	1.4	1.1		

表 6.5　　装 药 系 数 a 值

围岩级别 / 炮眼名称	Ⅳ～Ⅴ	Ⅲ	Ⅱ	Ⅰ
掏槽眼	0.50	0.55	0.60	0.65～0.80
辅助眼	0.40	0.45	0.50	0.55～0.70
周边眼	0.40	0.45	0.55	0.60～0.75

表 6.6　　2 号岩石炸药每米质量 r 值

药卷直径	32	35	38	40	45	50
r（kg/m）	0.78	0.96	1.10	1.25	1.50	1.60

3. 炮眼长度

炮眼长度决定着每一掘进循环的钻眼工作量、出渣工作量、循环时间和次数以及施工组织。它对掘进速度的影响很大，对围岩的稳定性和断面超欠挖也有重大影响。因此，合理的炮眼长度应是在隧洞施工优质、安全、节省投资的前提下，能够防止爆破面以外围岩过大的松动，减少繁重支护，避免过大的超欠挖，又能获得最好的掘进速度的炮眼长度。一般情况下，采用 3.5m 以下的炮眼长度对减少超挖是有利的。

4. 单位炸药消耗量

爆破 $1m^3$ 原岩所需的炸药质量称为单位炸药消耗量，通常以 q（kg/m^3）表示，该值的大小对爆破效果、凿岩和装岩工作量、炮眼利用率、坑道轮廓的平整性和围岩的稳定性都有较大的影响。单位炸药消耗量偏低时，则可能使隧洞断面达不到设计要求，岩石破碎不均匀，甚至崩落不下来。当单位炸药消耗量偏高时，不仅会增加炸药的用量，而且可能

造成坑道超挖、降低围岩的稳定性，甚至还会损坏支架和设备。表6.4给了隧洞开挖爆破单耗药量参考值。

爆破效果的好坏，在很大程度上取决于其参数设计正确性与否。目前，参数设计的方法很多，各有其优缺点，研究试验表明，通过近似计算和工程类比法（即查表法）选择爆破参数，再在工程实践中通过漏斗试验法校正，这样综合确定的爆破参数比较符合实际，效果较好。同时，在中硬岩石中以工程类比法和漏斗试验进行参数设计，在软岩石中以漏斗试验法确定爆破参数。

漏斗试验法就是按利文斯顿爆破漏斗理论来进行试验的一种方法，确定临界深度，临界装药量、最佳深度及最佳装药量。临界深度是周边眼设计的重要依据，而最佳深度为掏槽眼的设计依据，漏斗试验适用于软弱围岩为主的岩性条件。漏斗试验选择具有代表性的岩层作为试验点，如在坑内或地表，钻凿一定深度的炮眼（尽量与作业循环同深度，深度不一致时需应用相似原理计算结果），一般一组炮眼为3个，需要3组炮眼的试验，才能基本上确定所需的深度和装药量。

为了取得裂隙贯穿时的试验结果，还可作3孔漏斗试验确定周边眼间距，试验方法与上述方法相似，主要的是取得贯穿时的临界深度和装药量。根据掘进工作面不同岩石条件进行试验，按所得参数，制定光面爆破的施工作业规程。

5. 装药结构

装药结构是指继爆药药卷和起爆药卷在炮眼中的布置形式。

按其连续性分为连续装药、间隔装药和不耦合装药。间隔装药是在药卷之间留出一定的空隙，使药量分散以使爆力沿孔长均匀分布。不耦合装药时药卷置于炮眼孔的中央，药卷与孔壁间留有空气间隙。

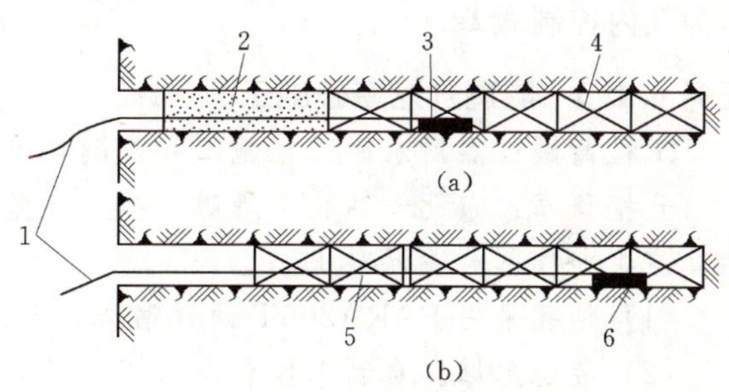

图6.17　装药结构

(a) 正向装药；(b) 反向装药

1—引线；2—炮泥；3、6—引爆药卷；4、5—普通药卷

装药时要严格按照炮眼的设计装药量装填，可以按设计要求连续装药或间隔装药或不耦合装药，总的装药长度不宜超过炮眼深的2/3，靠炮眼口的剩余长度用炮泥堵塞好。按起爆药卷在炮眼中的位置和雷管的聚能穴方向，装药结构可分为以下3种方式（图6.17）。

（1）正向装药。将起爆药卷放在眼口第二个药卷位置上，雷管聚能穴朝向眼底，并用炮眼堵塞眼口。

（2）反向装药。将起爆药卷放在眼底第二个药卷位置上，雷管聚能朝向眼口。

（3）双向装药。起爆药卷放在炮眼装药中部。

国内外实践证明，反向起爆能提高炮眼利用率，减小岩石破碎块度，增大抛渣距离，降低炸药消耗量，炮眼愈深，反向装药的效果愈好。这是因为，反向起爆时，爆轰波的传播方向和岩石向自由运动的方向一致，这有利于在自由面形成反射拉伸应力波，从而提高自由面附近岩石的破碎效果。同时，眼底起爆时，药包距自由面较远，爆轰气体不会立即从眼口冲出，因而爆炸能量得到了充分的利用，增大了炮眼底部爆炸作用能力和作用时间。应该指出，反向起爆也有不足之处，如雷管脚线长，装药不方便；在有水炮眼中起爆药物易受潮拒爆；机械化装药时，易产生静电，引起早爆。

掏槽眼和辅助眼多用大直径药卷孔底起爆连续装药，周边眼可采用小直径药卷连续装药。

6.1.2.5 起爆网路及时差

1. 起爆网路

目前隧洞钻爆、开挖、起爆时多采用非电起爆网路。根据拟定的爆破参数和炮孔布置形式将炮孔用传爆材料连接起来形成起爆网路，如图 6.5 所示。

2. 时差

试验和研究表明，各层（卷）炮之间的起爆时差越小，则爆破效果越好。常采用的时差为 50～200ms，称为微差爆破。

同圈眼必须同时起爆，尤其是掏槽眼和周边眼，以保证同圈眼的共同作用效果。

延期时间可以由孔内控制或孔外控制。孔内控制是将延期雷管装入孔内的药卷中来实现微差爆破，这是常用的方法，但装药要求严格，一旦差错就影响爆破效果。孔外控制是将延期雷管装在孔外，在孔内药卷中装入即发雷管实现微差爆破。这便于装药后进行系统检查。但先爆雷管可能会炸断其他管线，造成瞎炮，影响爆破效果。由于毫秒雷管段数较多和延期时间精度提高，现多采用孔内控制微差爆破，而较少采用孔外控制。图 6.16 所示为孔内控制微差。

任务 6.1.3 隧洞开挖爆破施工

工程背景： 黑河水库工程施工导流隧洞开挖爆破施工

开挖程序：布孔—钻孔—爆破—排烟—危石清理—出渣—布锚孔—钻锚孔—插锚杆—钻孔注浆—挂网—喷混凝土。

(1) 钻孔采用 PARA206T 两臂凿岩台车及 7655 手风钻协同钻孔。

(2) 装药起爆。自制工作台车人工装药，毫秒微差起爆，火工材料为导爆管与 2 号岩石铵梯炸药，顶拱及侧墙采用光面爆破，各区炮孔布置如图 6.9 与图 6.10 所示。

(3) 危石处理。采用 $0.9m^3$ 反铲清除顶拱及侧墙危石，紧接喷 5cm 厚混凝土，封闭岩面。

(4) 锚喷支护。锚筋采用 PAPA206T 两臂钻凿岩石车钻孔，借助自制工作台车两臂配合人工操作，注浆采用 MZ—1 型锚杆注浆机注入水泥砂浆，喷混凝土采用 350L 拌机和搅拌，用 HPS—ⅡB 型湿喷机喷射。

(5) 出渣。采用 ZLC50C 型装载机及 $0.9m^3$ 反铲装渣，用 19T 自卸汽车运渣至洞外弃渣场。

(6) 挂网。单根据钢筋直接编织的方法进行。对于断层和破碎带拱部超前锚杆加深至 7m，同时施以钢拱架支护和混凝土支护，间距 0.8m。

问题： 工程中钻孔，装渣、运渣都用什么机械？一个循环进尺如何确定？

学习目标：

(1) 知识目标。能说出钻爆法的施工工序。了解钻孔、装渣、运输机械形式、规格、

性能。

(2) 能力目标。能根据设计网络图和初拟的施工方案进行洞内的钻爆作业及组织工作。

根据钻爆设计图进行钻孔施工。其主要工序有：测量放线布孔、钻孔、清孔装药、联接网路、起爆、通风排烟、危石处理、清渣支护。

1. 钻眼掘进

(1) 钻眼机具。隧洞工程中常使用的凿岩机有风动凿岩机和液压凿岩机。另外还有电动凿岩机和内燃凿岩机，但较少采用。其工作原理都是利用镶嵌在钻头体前端的凿刃反复冲击并转动破碎岩石而成孔。有的可能通过调节冲击功大小和转动速度以适应不同硬度的石质，达到最佳成孔效果。

1) 钻头和钻杆。钻头直接连接在钻杆前端（整体式）或套装在钻杆前端（组合式），钻杆尾则套装在凿岩机的机头上，钻头前端则镶入硬质高强耐磨合金钢凿刃。凿刃起着直接破碎岩石的作用，它的形状、结构、材质、加工工艺是否合理都直接影响凿岩效率和其本身的磨损。

凿刃的种类按其形状可分为片状连续刃及柱齿刃（不连续）两类。片状连续刃又有一字形、十字形等几种布置形式；柱齿刃又有球齿、锥形齿、楔形齿等形状之分。

常用钻头的钻孔直径有38mm、40mm、42mm、45mm、48mm等，用于钻中空孔眼的钻头直径可达102mm，甚至更大。超过50mm的钻孔施工时，则需要配备相应型号和钻孔能力的钻机施工。钻头和钻杆均有射水孔，压力水即通过此孔清洗岩粉。钻头构造如图6.18所示。

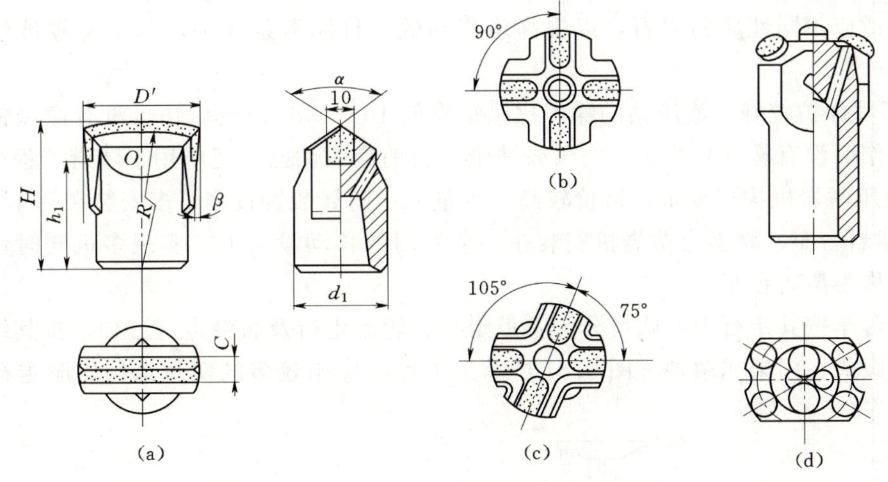

图6.18　钻头形式

(a) 一字形刃钻头；(b) 十字形刃钻头；(c) X形刃钻头；(d) 柱齿刃钻头

2) 风动凿岩机。风动凿岩机俗称风钻，如图6.19所示，常采用的机型有YT—310、YT—24、7655、YIP—26等，它以压缩空气的膨胀为驱动力，具有结构简单，使用灵活方便，制造维修简便，操作便利，造价较低，使用安全的优点。但压缩空气的供应设备比较复杂，工人劳动强度大，机械效率低，能耗大，噪声大。凿岩速度比液压凿岩机低。

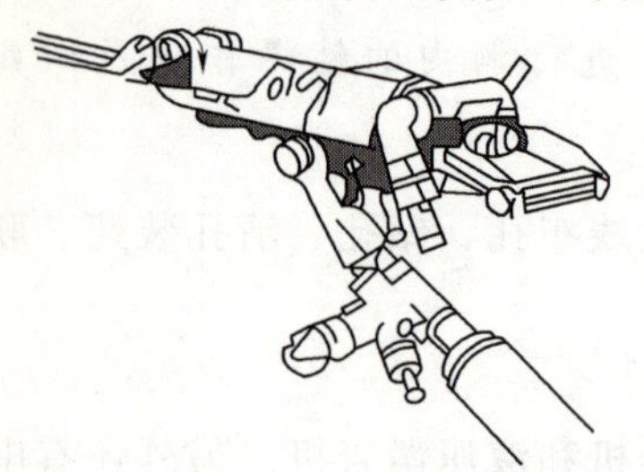

图 6.19 风动凿岩机

3）液压凿岩机。液压凿岩机是以电力带动高压油泵，通过改变油路，使活塞往复运动，实现冲击作用。其工作原理见图 6.20。

液压凿岩机与风动凿岩机相比，具有以下主要特点：

a. 动力消耗少，能量利用率高。液压凿岩机动力消耗仅为风动凿岩机的 1/3～1/2；液压凿岩机的能量利用率可达 30%～40%，风动的仅有 15%。

b. 凿岩速度快。液压凿岩机比风动凿岩机的凿岩速度快 50%～150%。在花岗岩中纯钻进速度可达 170～200cm/min。

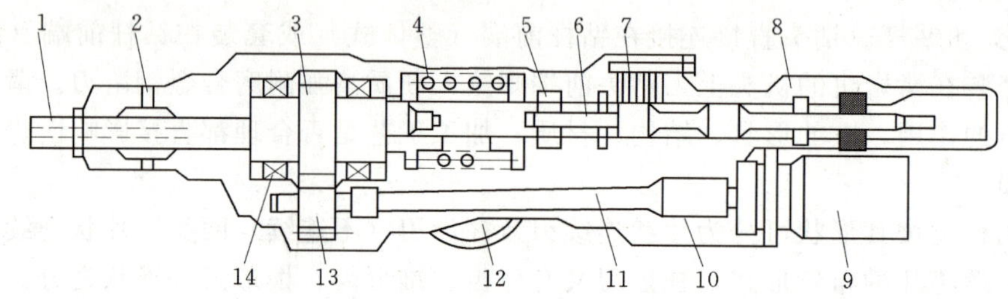

图 6.20 液压凿岩机工作原理

1—杆尾；2—旁侧供水口；3—转杆齿轮套；4—缓冲弹簧；5—密封；6—冲击活塞；7—油压流量调节器；8—流量调节螺钉；9—油马达；10—花键联结套；11—传动轴；12—蓄能器；13—驱动齿轮；14—滚动轴承

c. 液压凿岩机的液压系统设计配套合理，能自动调节冲击频率、扭矩、转速和推力等参数，适应不同性质的岩石，以提高凿岩功效，且润滑条件好，各主要零件使用寿命较长。

d. 环境保护较好。液压钻的噪声比风钻降低 10～15dB；液压钻也没有像风钻那样的排气，工作面没有雾气和粉尘，空气较清晰。目前液压钻已广泛应用于隧道工程中。

e. 液压凿岩机构造复杂，造价较高，重量大，附属装置较多，多安装在台车上使用。

4）凿岩台车。将多台凿岩机安装在一个专门的移动设备上，实现多机同时作业，集中控制，称为凿岩台车。

凿岩台车按其走行为方式可分为轨道走行、轮胎走行及履带走行三种；按其结构形式可分为实腹式、门架式两种。图 6.21 所示为工程中应用较多的实腹结构轮胎走行的全液压凿岩台车。

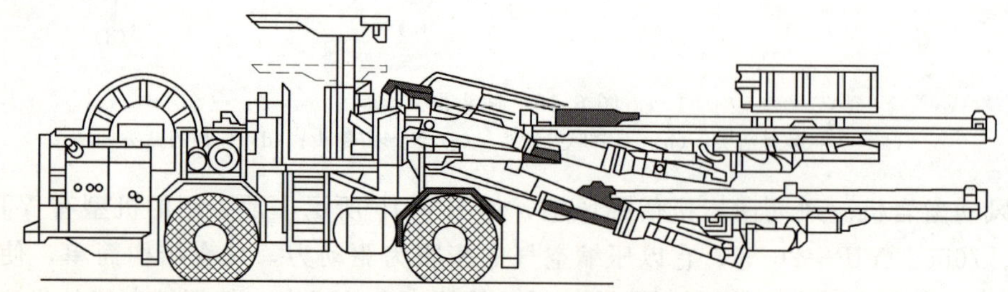

图 6.21 凿岩台车（实腹、轮行）

实腹式凿岩台车通常为轮胎走行，可以安装 1～4 台凿岩机及一个工作平台，其立定工作范围可以达到宽 10～15m，高 7～12m，分别可适用于不同断面的隧洞中。但实腹式凿岩台车占用坑道空间较大，需与出渣运输车辆交会避让，占用循环时间，尤其是在隧道断面不大时，机械避让占用的非工作时间就更长。故实腹式凿岩台车多应用于断面较大的隧洞中。

门架式凿岩台车的腹部可通行出渣运输车辆，可以减少机械避让时间。门架式凿岩台车通常为轨道走行式，安装 2～3 台凿岩机。门架式凿岩台车多用于中等断面（20～80m^2）的隧道开挖，开挖断面过小或过大则都不采用。

若按其控制的自动化程度来分，凿岩车可以分为人工控制、电脑控制、电脑导向 3 种。

人工控制是由人工控制操纵杆来实现钻机的定位、定向和钻进的。钻眼位置由工程师标出，钻眼方向则由操作手按经验目测确定。

电脑控制凿岩台车的所有动作都在电脑的控制下进行，必要时可操作进行干预。

电脑导向凿岩台车不仅具有电脑控制功能，而且可以在隧道定位（导向）激光束的帮助下进行自动定位和定向，因此能进一步缩短钻眼作业时间，提高钻眼精度，减少超欠挖量。

(2) 周边钻孔控制。钻孔精度对隧道超欠挖的影响主要是周边炮孔的外插角 θ、开口误差 e 和一次爆破进尺 L，如图 6.22 所示，它们与超欠挖高度（h）有如下的关系：

$$h=e+L\tan\theta \tag{6.3}$$

由此可见，随 θ、L 的增大，h 增大；当 θ、L 一定时，e 作为一个独立参数，当 e 为正值时（即孔口位置在设计线外时），随 e 的增加，h 也增加；而当 e 为负值时，随 e 的减少，h 则减少。

L 可近似用炮孔深度代替，它是一个设计指标。可在设计中加以控制，即在其他条件一定时，采用较浅孔爆破对减少超挖是有利的。这也是国外在钻孔深度上很少采用超过 4.0m 以上深孔的原因。而在一般情况下，都采用 3.5m 左右的钻孔深度。此外，还应指出，深孔爆破的一次装药量较大，对周边围岩的损伤也较大，不符合施工中尽可能地维护围岩自身的、固有的强度的原则。

角度 θ 则主要取决于司钻工的操作水平和所采用的钻机的某些性能。为确保控制 θ，一定要努力提高司钻人员的操作水平和责任心，并借助激光指向仪、测斜仪辅助定向。还可以采用计算机控制的凿岩台车来钻孔。

实际施工中，周边孔开口位置 e 有 3 种情况（图 6.22），其出现几率和差值大小则主要决定于钻孔水平。第一种情况 [图 6.22 (a)]，不影响超欠挖；在第二种情况 [图 6.22 (b)] 时，将使超挖增加一个 e 值；而第三种情况 [图 6.22 (c)]，将使超挖减小一个 e 值，而出现欠挖。因而，钻孔时先定位，后钻进，并在掌子面上完整醒目地标出周边孔位线，把 e 控制在较小范围内（约在 3 cm）是可能的。

从实际施工的经验看，控制 θ 是比较困难的，但控制 e 值是可能的。有一些国家容许一定的欠挖，即有意识地使 e 为负值 [图 6.22 (c)]，对减少超挖是有效的。

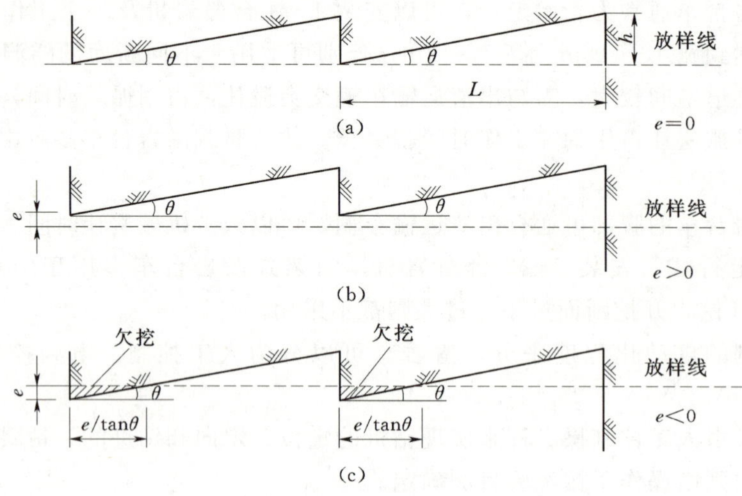

图 6.22 周边孔口误差的几种情况

e—开口位置；θ—钻机偏角

2. 清孔装药

炮眼装前应认真做好准备工作。首先要对炮眼参数进行检查验收，测量炮眼位置、炮眼深度是否符合设计要求。然后对钻好的炮眼进行清渣和排水。可用长柄掏勺掏出眼内留有的岩渣，再用布条缠在掏勺上，将眼内的存水吸干，或用压气管通入眼底，利用压气将眼内的岩渣和水分吹出。

待准备工作完毕并确认炮眼合格后，即可进行装药工作。装药时一定要严格按照预先计算好的每个炮眼装药量装填。总的装药长度不宜超过眼深 2/3。用木制炮棍压紧，以增加炮眼的装药密度。在有水或潮湿的炮眼中，应采取防水措施或改用防水炸药。

当采用导爆索起爆时，应该用胶布将导爆索与每个药卷紧密贴合，才能充分发挥导爆索的引爆作用。

3. 堵塞

炮眼装药后眼口未装药部分应该用堵塞物进行堵塞。

常用的堵塞材料有砂子、黏土、岩粉等。等小直径炮眼则常用炮泥堵塞。炮泥是用砂子和黏土混合配制而成的，其质量比为 3∶1，再加上 20%的水。混合均匀后再揉成直径稍小于炮眼直径的炮泥段。堵塞时将炮泥段送入炮眼，用炮棍适当加压捣实。炮眼堵塞长度可以是全部堵塞，也可以是部分堵塞，堵塞以不能被爆轰气体直接冲出眼口为宜，一般不能小于最小抵抗线。堵塞应是连续的，中间不能间断。

4. 起爆

起爆前，应专人检查包括装药，核对起爆炮孔数、起爆网路，确认无误后，方可实施起爆。

爆破指导人员要确认周围安全警戒工作完成，并发布放炮信号后，方可发起爆命令，警戒人员应在规定警戒点进行警戒，在未确认撤除警戒前不应该擅离职守；起爆后，确认炮孔全部起爆，经检查后方可发出解除警戒信号，撤除警戒人，如发现盲炮，要采取安全

防范措施后，才能解除警戒信号。

5. 通风散烟

起爆后即可进行通风散烟，待散烟结束作业人员方可进洞进行洞内作业（详见“分项任务 6.1.3.1”）。

6. 安全检查与处理

在通风散烟后，应检查隧洞周围特别是拱顶是否有粘连在围岩母体上的危石。对这些危石以前常采用长撬棍处理，但不安全，条件许可时，可以采用轻型的长臂挖掘机进行危石的安全处理。

7. 初期支护

当围岩质量或自稳性较差时，为预防塌方或松动掉块产生安全事故，必须对暴露围岩进行临时的支撑或支护。

临时支撑的形式很多，有木支撑、钢支撑、钢筋混凝土支撑、喷混凝土和锚杆支撑。可根据地质条件、材料来源及安全、经济等要求来选择。

关于喷锚支护详见“分项任务 6.1.3.3 喷锚支护”。

8. 出渣运输

出渣运输是隧道开挖中费力费时的工作，所花时间约占循环时间的 1/3～1/2，它是控制掘进速度的关键工序，在大断面洞室中尤为突出。因此，必须制订切实可行的施工组织措施，规划好洞内外运输线路和弃渣场地，通过计算选择配套的运输设备，拟定装渣运输设备的调度运输方式和安全运行措施。

关于出渣运输详见“分项任务 6.1.3.2”。

分项任务 6.1.3.1　隧道通风散烟及风、水、电供给

工程背景：黑河水库工程导流洞施工辅助作业

采用 1.1kW 轴流式风机进行供风和排烟，通过风管将风送入到掌子面。采用湿钻进行钻孔。

问题：在隧洞沿施工过程中都需要哪些辅助性的工作。这些辅助作业是如何进行？

学习目标：

(1) 知识目标。

1) 能说出隧洞施工过程中的辅助工作内容。

2) 能陈述不同辅助作业和技术要求及组织方式。

(2) 能力目标。能根据施工条件和工程特点完成辅助作业工作。

通风、散烟、除尘、排水、照明和风水电供应等，是地下工程施工中的辅助作业。做好这些辅助作业可以改善施工人员作业环境，为加快地下工程施工，创造良好的条件。

6.1.3.1.1　通风、散烟及除尘

通风、散烟及除尘的目的是为了控制因凿岩、爆破、装渣、喷射混凝土和内燃机运行等而产生的有害气体和岩石粉尘含量，及时供给工作面充足的新鲜空气，改善洞内的温度、湿度和气流速度等状况，创造满足卫生标准的洞内工作环境。这在长隧洞施工中尤为重要。

1. 卫生标准

地下工程施工过程中，洞内空气质量应符合洞内作业的卫生标准，见表6.7。

表6.7　洞内空气卫生标准

气体名称	要求（允许浓度）		有害气体最高容许浓度与对应的作业时间	
	体积（%）	重量（mg/m²）	最高容许浓度（mg/m²）	对应的作业时间
氧气（O_2）	≥20			
二氧化碳（CO_2）	≤0.5			
甲烷（CH_4）	≤1		50	≤1h
一氧化碳（CO）	≤0.0024	≤30	100	≤0.5h
氮氧化合物换算成二氧化氮（NO_2）	≤0.00025	≤5	200	15～20min
二氧化硫（SO_2）	≤0.000500	≤15		反复作业时间的间隔应大于2h
硫化氢（H_2S）	≤0.00066	≤10		
醛类（丙烯醛）		≤0.3		
含有10%以上游离SiO_2的粉尘		≤2	含有80%以上游离SiO_2的生产粉尘不宜超过1mg/m³	
含有10%以下游离SiO_2的水泥粉尘		≤6		
含有10%以下游离SiO_2的其他粉尘		≤10		

同时，要求洞内的气温不能超过28℃，洞内风速满足表6.8中的规定。此外，要求工作面附近的最小风速不得低于0.25m/s；最大风速：平洞、竖井、斜井工作面不得超过4m/s，在运输洞与通风洞内不得超过6m/s。

表6.8　洞内温度与风速的关系

温度（℃）	<15	15～20	20～22	22～24	24～28
风速（m/s）	<0.5	0.5～1.0	1.0～1.5	1.5～2.0	>2.0

2. 通风方式

洞内通风方式有自然通风和机械通风两种。自然通风只适用在长度不超过40m的短洞。实际工程中多采用机械通风。

机械通风的形式有压入式、吸出和混合式三种。

（1）压入式通风。压入式通风是通过风管将新鲜空气直接送到工作面附近，使污浊空气冲淡，并经由洞身排至洞外，如图6.23（a）所示，S为开挖面面积。此法的优点是施工人员比较集中的工作面附近能够很快地获得新鲜空气；缺点是污浊空气容易扩散到整个洞室。

（2）吸出式通风。吸出式通风是通过风管将工作面前的污浊空气吸走并排至洞外，新鲜空气则由洞口流入洞内，如图6.23（b）所示。此法的优点是工作面处的污浊空气能在较短时间内经由管路吸出，避免了沿整个洞室流通扩散；缺点是新鲜空气流到工作面比较

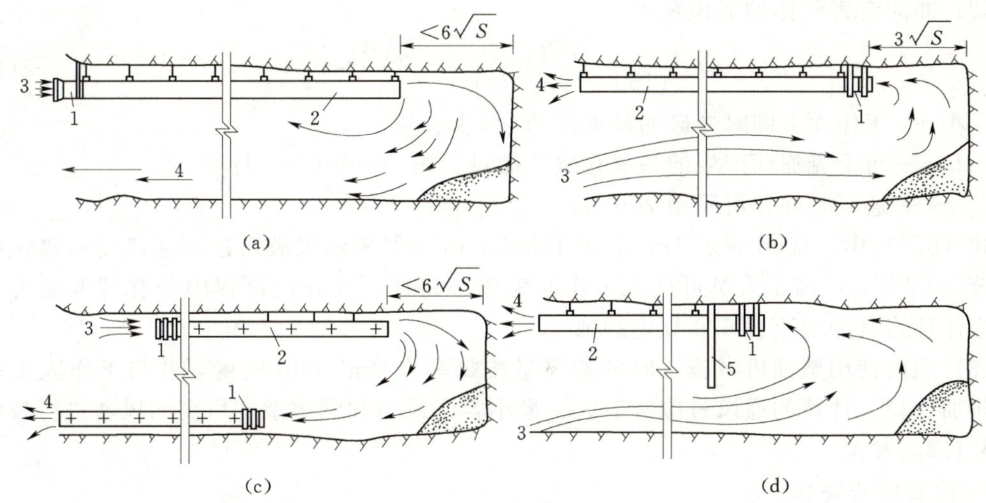

图 6.23　机械通风方式

(a) 压入式；(b) 吸出式；(c) 混合式；(d) 带帘幕的通风方式

1—风机；2—风筒；3—新鲜空气；4—污浊气体；5—帘幕

缓慢，且易遭污染，对较长的平洞尤为明显。

(3) 混合式通风。混合式通风是在经常性供风时用压入式，爆破后进行定期通风时吸出式，通过上述两种通风方式的结合可以充分发挥它们各自的优点，如图 6.23 (c) 所示。

有时为了充分发挥风机效能，加快换气速度，施工中常利用帆布、塑料布或麻袋等制成帘幕，防止炮烟扩散，使排除污浊气体的范围缩小。帘幕设在靠近工作面处，但要有一定的防爆距离，一般为 12～15m。有条件时也可以设置水幕或压气水幕来代替帆布一类的帘幕，如图 6.23 (d) 所示。

机械通风方式的选择，取决于洞室型式、断面大小和隧洞长度。竖井、斜井和短洞开挖时，可采用压入式通风；小断面长洞开挖时，宜采用吸出式通风；大断面长洞开挖时，宜采用混合式通风。

在改善通风的同时，还要重视粉尘和有害气体的控制。湿钻凿岩、爆破后喷雾降尘、出渣前对石渣喷水、防尘等都是降低空气中粉尘含量行之有效的措施。洞内施工严禁使用汽油发动机，使用柴油机时，宜加设废气净化装置，降低有害尾气的排放。

3. 通风量计算

通风量的计算，可根据下列三种情况分别计算，取其中最大者，并应根据通风方式和长度考虑漏风增加值，漏风系数一般取 1.2～1.5。

(1) 施工人员所需的通风量为

$$Q=mq \tag{6.4}$$

式中　Q——通风量，m^3/min；

m——同时在洞内工作的最多人数；

q——每人所需的通风量，取 $q=3m^3/min$。

(2) 冲淡有害气体的通风量为

$$Q=\frac{AB}{(1000\times0.02\%)\ t}=\frac{5AB}{t}=10A \tag{6.5}$$

式中 A——工作面上同时爆破的最大炸药量，kg；

B——每千克炸药产生的一氧化碳气体量，按 B=40L/kg 计算；

t——通风时间，可采用 20min。

式 (6.5) 中，1000 表示 $1m^3$ 等于 1000L；0.02%表示爆破后连续通风使一氧化碳浓度降至 0.02%时，施工人员可进人工作面工作。此外，在开挖过程中若有其他有害气体时，应保证将其冲淡至表 6.6 规定的浓度。

(3) 洞内使用柴油机械施工时的通风量按每马力 $3m^3$/min 风量，并与工作人员所需用量相加计算。计算的通风量应按最大、最小容许风速和洞室温度所需的风速进行校核。

6.1.3.1.2 防尘

1. 防尘的必要性

在隧洞施工中，凿岩、爆破、装渣、喷射混凝土等项作业都有粉尘产生，其中以凿岩和喷射混凝土产生的粉尘最多。对人体危害最大的是粒径小于 10μm 的粉尘，此类粉尘能在空气中长期浮游，最易吸入人体内。粉尘被人们长期吸入呼吸器官，能引起尘肺病。这是一种极为严重的职业病，伤害呼吸功能，影响劳动能力，缩短劳动寿命，甚至死亡；粉尘进入机械设备的油液、运动部件之中，污染设备，加快运动零件的磨损，缩短设备的使用寿命；某些粉尘（如煤、硫化物）在一定条件下发生爆炸，造成重大事故。所以，必须采取多种措施，把粉尘浓度降到 $2mg/m^3$ 以下的标准。

2. 主要的防尘措施

(1) 湿式作业。湿式作业是矿山和铁路、交通、水工等隧洞施工中普遍采用的一项重要的防尘技术措施。主要有以下措施：

1) 湿式凿岩。在钻眼时用高压水通过钻头冲洗孔眼，使岩粉变成岩浆而流出。湿式凿岩是防尘措施中最主要的措施。

2) 水封爆破。利用装满水的塑料袋代替炮泥堵塞炮口，爆炸时水变成雾或蒸汽，能吸附粉尘。

3) 装渣洒水喷雾。在装渣运输等产尘较大的工序和工点，都应喷雾洒水，以减少产尘量和防止粉尘飞扬。

4) 喷雾捕尘（用水捕捉悬浮在空气中的粉尘）。把水雾化成微细水滴并喷射于空气中，使之与尘粒碰撞接触，则尘粒被水滴捕捉而附于水滴上或者被湿润的尘粒相互凝集成大颗粒，从而加快其沉降速度。

(2) 机械通风。施工通风可以稀释隧道内的有害气体浓度，给施工人员提供足够的新鲜空气，同时也是持久防尘的基本方法。因此，除爆破后需要通风外，还应保持通风的经常性，这对于消除装渣运输中产生的粉尘是十分有利的。

(3) 个人防护。个人防护也是综合防尘措施之一，目前主要是配带防尘口罩。在凿岩、喷混凝土等作业时还要配带防噪声的耳塞及防护眼镜等。

6.1.3.1.3 风、水、电供应

在洞室开挖过程中，对于供风（压缩空气）、供水、供电、照明及排水等辅助作业，

虽不像钻孔爆破、出渣运输等工作那样，直接影响开挖掘进的速度、质量和安全，但它们对于保证钻爆和运输作业的正常进行都有影响，在整个开挖作业中，必须统筹考虑，不能疏漏。

对所有必要的辅助作业，不仅在循环作业图表中要安排一定的时间，使风、水、电、管线的延长或拆移有切实的保证，而且在制订开挖施工技术规程和措施计划时，对于各项辅助作业都要提出相应的技术标准和要求。

所有辅助作业都应与开挖掘进工作密切配合。输送到工作面的压缩空气，不仅风量要充足，而且风压不应低于 0.5MPa。施工用水的数量、质量和压力，应满足钻孔、喷水、喷锚作业、混凝土衬砌、灌浆、消防和生活等方面的要求。洞内的供电线路，宜按动力、照明、电力起爆的不同需要，分开架设，并注意防水和绝缘的要求。洞内照明，为安全计，应采用 36V 或 24V 的低压电，保证洞室沿线和工作面的照明亮度。洞内排水系统必须畅通，保证工作面和路面没有积水。

分项任务 **6.1.3.2** 装渣运输作业

工程背景：黑河水库工程导流洞开挖出渣作业

采用 $0.9m^3$ 铲配合 19t 自卸汽车出渣。

问题：隧洞出渣都有哪些方法？

学习目标：

(1) 知识目标。能说出隧洞出渣的方法及机械性作业的类型与性能等。

(2) 能力目标。能合理组织隧洞出渣作业。

隧洞装渣和出渣是一项很繁重的工作，约占循环时间的 50%～60%，也是影响掘进速度的关键环节。

装渣运输作业包括装渣和运输两项工作。

6.1.3.2.1 装渣

(1) 人工装渣。常在装渣地点设置钢板，使爆破石渣落在钢板上，以便用铁铲装车。如事先埋设松渣炸药包，用松渣炮将堆渣翻松，将有利于装渣。为了提高装渣效率，当采用下半分部开挖方式时，常利用漏斗棚架装渣（图 6.24）；当采用上半分部开挖方式时，常利用工作平台车装渣（图 6.25）。

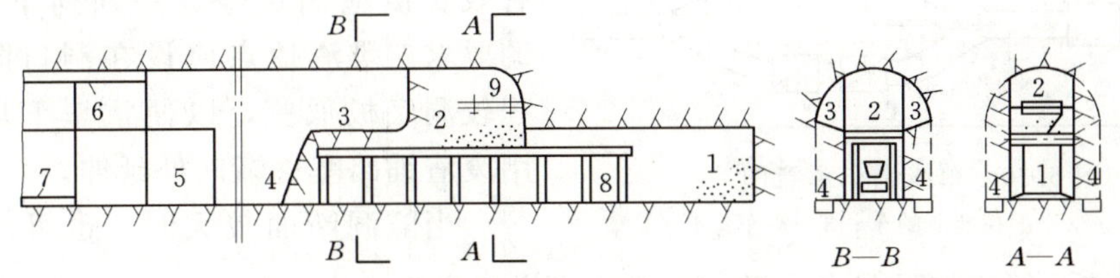

图 6.24 下导洞开挖漏斗棚架装渣

1—下导洞；2—顶部扩大；3—上部扩大；4—下部扩大；5—边墙衬砌；6—顶部衬砌；7—底部衬砌；8—漏斗棚架；9—脚手架

(2) 机械装渣。常用设备有：斗容为 $0.2\sim0.4m^3$ 的装岩机，其生产率为 20～48

m^3/h（图 6.26）；斗容 $1\sim3m^3$ 的装载机。还有适合地下工程特点的 $1m^3$ 短臂正向铲（图 6.27）。

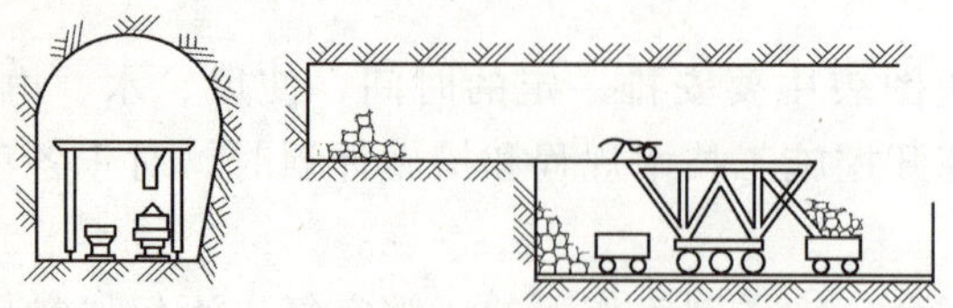

图 6.25　工作平台装渣

图 6.26　0.4 m^3 风动铲式装岩机

1—装渣时的铲斗；2—卸渣时的铲斗

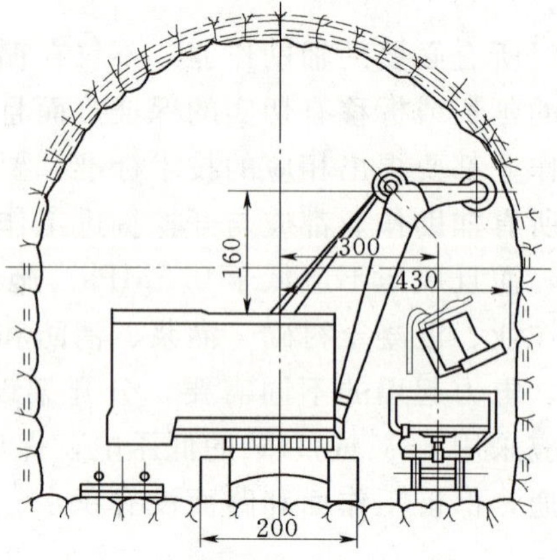

图 6.27　隧洞 $1m^3$ 短臂正向铲（单位：cm）

6.1.3.2.2　运输

石渣运输多采用窄轨铁路及装渣列车，一般由电气机车或电瓶机车牵引。当运距短、出渣量少时，也可采用人力推运或卷扬机牵引 0.6m^3 窄轨斗车运输。洞内有轨运输宜铺设双线，并每隔 300～400m 设置岔道，以满足装卸及调车的需要（图 6.28）。如采用单线

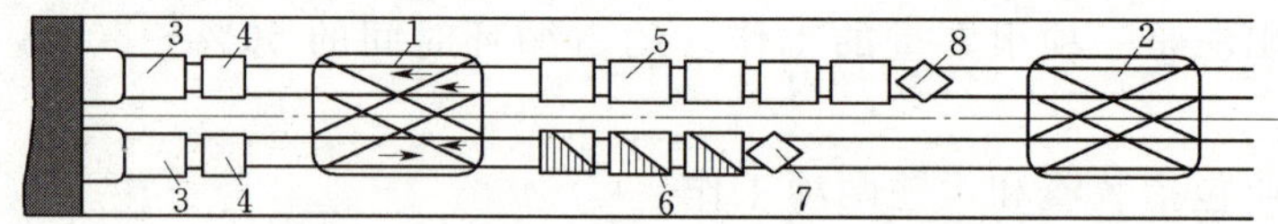

图 6.28　双线调车示意图

1、2—1 号和 2 号道岔；3—装岩机；4—正在装渣的车；5—空车；6—重车．；7—电气机车；8—调车用的电气机车

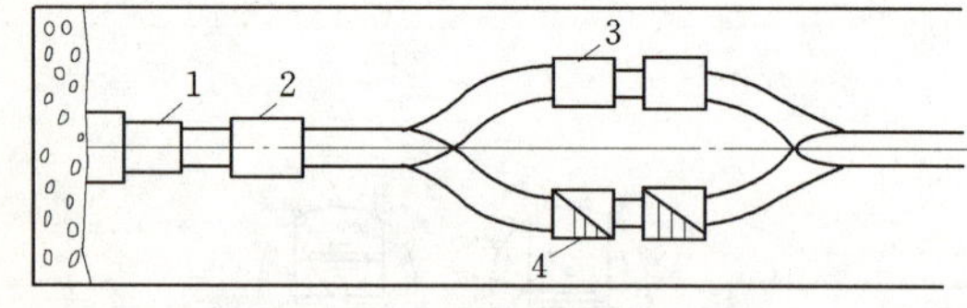

图 6.29　单线调车示意图

1—装岩机；2—正在装渣的车；3—空车；4—重车

时，应每隔 100～200m 设置错车岔道，其有效长度应满足停放一列列车（图 6.29）的要求。堆渣地点应设在洞口附近，其高程较洞底板低些，以便重车下坡，并可利用废渣铺路基逐渐向外延伸。

当隧洞断面较大时，也可以采用自卸汽车运输石渣，但应加强洞内通风，以排除内燃机产生的有害气体。

分项任务 6.1.3.3　锚喷支护

工程背景：黑河水库工程锚筋孔施工

采用 PA206T 两臂凿岩台车钻凿插筋采用自制工作车或两臂钻配合人工操作。注浆采用 MZ—1 型锚杆注浆机注入水砂浆，350L 拌和机再搅拌，HPS—B 型湿喷机喷射。

问题： 锚喷支护解决了什么工程问题？如何做好锚喷支护？

学习目标：

(1) 知识目标。能说出锚喷支护的工作原理，能陈述锚喷支护的技术要求和操作要领。

(2) 能力目标：能针对隧洞围岩情况正确选择锚喷支护的方式，并能在现场指导进行锚喷支护的作业和有关操作。

锚喷支护是地下工程施工中对围岩进行保护与加固的主要技术措施。对于不同地层条件、不同断面大小、不同用途的地下洞室都表现出较好的适用性。在DL/T5099—1999《水工建筑物地下开挖工程施工技术规范》中，明确规定了要优先采用锚喷支护。

锚喷支护技术有很多类型，包括单一的喷混凝土或锚杆支护，喷混凝土、锚杆（索）、钢筋网、钢拱架等分别组合而成的多种联合支护。锚喷支护具有显著的技术经济优势，根据大量工程的统计，锚喷支护较之传统的模注混凝土衬砌，混凝土用量减少50%，用于支撑及模板的材料可全部节省，出渣量减少15%～25%，劳动力节省50%，造价降低50%左右，施工速度加快一倍以上，同时因其良好的力学性能与工作性，对围岩的支护更加合理更加有效。

新奥法的核心思想是“在充分考虑围岩自身承载能力的基础上，因地制宜地搞好地下洞室的开挖与支护。”作为一个完整的概念，它强调运用光面爆破（或其他破坏围岩最小的开挖方法）、锚喷支护和施工过程中的围岩稳定状态监测，此亦称为新奥法的三大支柱。

新奥法运用锚喷支护，是适时采用既有一定刚度又有一定柔性的支护结构主动加固近壁围岩，使围岩的变形受到抑制，同时与围岩共同形成具有抵抗外力作用的承载拱圈或称广义的复合支护系统，从而有效增加洞室围岩的稳定性。

锚喷支护特别强调合适的支护时机。过早了，支护结构要承担围岩向着洞室变形而产生的形变压力，这样不仅不经济，而且可能导致支护结构破坏；过迟了，围岩会因过度松弛而使岩体强度大幅度下降，甚至导致洞室破坏。正确的做法是：在洞室开挖后，先让其产生一定的变形，再施作一定的柔性支护，使围岩与支护在加以限制的情况下共同变形，不致发展到有害的程度。

锚喷支护的正确运用，必须特别重视支护结构、支护构筑时机、围岩应力状态及围岩变形过程四者的相互关系。

新奥法施工中，锚喷支护一般分两期进行。

(1) 初期支护。在洞室开挖后，适时采用薄层的喷混凝土支护，建立起一个柔性的“外层支护”，必要时可加锚杆或钢筋网、钢拱架等措施，同时通过量测手段，随时掌握围岩的变形与应力情况。初期支护是保证施工早期洞室安全稳定的关键。

(2) 二期支护。待初期支护后且围岩变形达到基本稳定时，进行二期支护，如复喷混凝土、锚杆加密，也可采用模注混凝土，进一步提高其耐久性、防水性、安全系数及表面平整度等。

6.1.3.3.1 锚喷支护的作用与选型

锚喷支护的作用是加固与保护围岩，确保洞室的安全稳定。由于围岩条件复杂多变，其变形、破坏的形式与过程多有不同，各类支护措施及其作用特点也就不相同。在实际工程中，尽管围岩的破坏形态很多，但总体上，围岩破坏表现为局部性破坏和整体性破坏两大类。

1. 局部性破坏

局部性破坏的表现形式包括开裂、错动、崩塌等，多发生在受到地质结构面切割的坚硬岩体中。

对于局部性破坏，只要在可能出现破坏的部位对围岩进行支护就可有效地维护洞体的稳定。实践证明，锚喷支护是处理局部性破坏的一种简易而有效的手段。利用锚杆的抗剪与抗拉能力，可以提高围岩的 c、φ 值及对不稳定岩体进行悬吊。而喷混凝土支护的作用表现为以下几点。

（1）填平凹凸不平的壁面，以避免过大的局部应力集中。

（2）封闭岩面，以防止岩体的风化。

（3）堵塞岩体结构面的渗水通道、胶结已松动的岩块，以提高岩层的整体性。

（4）提供一定的抗剪力。

2. 整体性破坏

整体性破坏也称强度破坏，是大范围内岩体应力超限所引起的一种破坏现象。表现为大范围塌落、边墙挤出、底鼓、断面大幅度缩小等破坏形式。常采用复式喷混凝土与系统锚杆支护相结合的方法，这样不仅能够加固围岩，而且可以调整围岩的受力分布。另外，喷混凝土锚杆钢筋网支护和喷混凝土锚杆钢拱架支护等不同支护复合型式，对处理整体性破坏也有很好的效果。

由于围岩状况的复杂性以及锚喷支护理论尚处在发展中，对于具体的地下洞室支护结构型式选择与参数设计，目前一般多采用工程类比和现场测试相结合的方法。根据大量工程实践的分析与总结，表 6.9 给出了不同的类别的围岩条件下建议的支护类型与设计参数，可供初步参考。

表 6.9 地下洞室锚喷支护的型式和设计参数

围岩类别	围岩特征	毛洞跨度（m）	支护型式和设计参数
Ⅰ	稳定： 围岩坚硬，致密完整，不易风化的岩层	2～5 5～10 10～15 15～25	不支护； 不支护或拱部 5cm 厚喷混凝土； 5～8cm 厚喷混凝土，2.0～2.5m 长锚杆； 8～15 cm 厚喷混凝土，2.5～4m 长锚杆
Ⅱ	稳定性较好： 坚硬、有轻微裂隙的岩层	2～5 5～10 10～15 15～25	3～5cm 厚喷混凝土； 5～7cm 厚喷混凝土，1.5～2.0m 长锚杆； 8～12cm 厚喷混凝土，2.0～2.5m 长锚杆； 12～20cm 厚喷混凝土，2.5～4.0m 长锚杆
Ⅲ	中等稳定： 节理裂隙中等发育，易引起小块掉落的火成岩、变质岩；中等坚硬的沉积岩	2～5 5～10 10～15 15～20	5cm 厚喷混凝土，1.5～2.0m 长锚杆； 8～10cm 厚喷混凝土，2.0～2.5m 长锚杆，必要时配置钢筋网； 10～15cm 厚钢筋网喷混凝土，2.6～3.0 长锚杆； 15～20cm 厚钢筋网喷混凝土，3.0～4.0 长锚杆

续表

围岩类别	围岩特征	毛洞跨度(m)	支护型式和设计参数
Ⅳ	稳定性较差： 节理裂隙发育的强破碎岩层；裂隙明显张开、夹杂较多黏土质充填物的岩层或其他稳定性较差的岩层	2～5 5～10 10～20	8～10cm 厚喷混凝土，1.5～2.0m 长锚杆； 10～15cm 厚钢筋网喷混凝土，2.0～2.5m 长锚杆； 15～20cm 厚钢筋网喷混凝土，2.5～3.5m 长锚杆
Ⅴ	不稳定： 严重的构造软弱带、大断层，易风化解体剥落的松软岩层或其他不稳定岩层	2～5 5～10	12～15cm 厚钢筋网喷混凝土，1.5～2.0m 长锚杆，必要时加仰拱； 15～20cm 厚钢筋网喷混凝土，2.0～3.0m 长锚杆，加仰拱，必要时采用钢拱架

6.1.3.3.2 锚杆支护及其施工工艺

锚杆是用金属（主要是钢材）或其他高抗拉性能材料制作的杆状构件，配合使用某些机械装置、胶凝介质，按一定施工工艺，将其锚固于地下洞室围岩的钻孔中，起到加固围岩、承受荷载、阻止围岩变形的目的。

在工程中，按锚杆与围岩的锚固方式，基本上可分为集中锚固和全长锚固两类。

楔缝式锚杆和胀壳式锚杆是属于集中锚固的两种锚杆，如图 6.30（a）、（b）所示。它们是由锚杆端部的楔瓣或胀圈扩开以后所提供的嵌固力而得到锚固的。

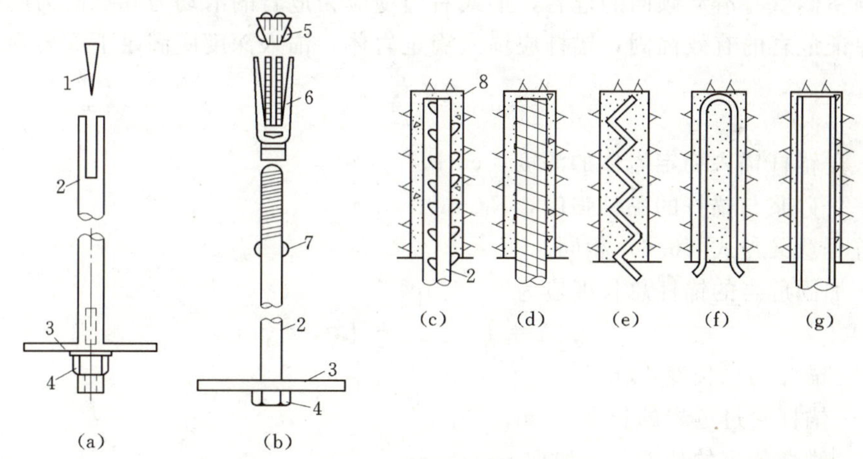

图 6.30 锚杆的类型

（a）楔缝式锚杆；（b）胀壳式锚杆；（c）螺纹或竹节钢筋砂浆锚杆；（d）中空螺纹或竹节钢筋砂浆锚杆；（e）波浪形钢筋砂浆锚杆；（f）倒 U 形钢筋砂浆锚杆；（g）钢管砂浆锚杆

1—楔块；2—锚杆；3—垫板；4—螺帽；5—锥形螺帽；6—胀圈；7—突头；8—水泥砂浆或树脂

全长锚固的锚杆有砂浆锚杆和树脂锚杆等，如图 6.30（c）、（d）、（e）、（f）、（g）所示，它们是由水泥砂浆或树脂在杆体和锚孔间提供的摩擦力和黏结力而得到锚固的。全长锚固的锚杆由于锚固可靠耐久（这在松软岩体中效果尤为显著），工程建设中使用较多。其中，由水泥砂浆胶结的螺纹钢筋锚杆，由于施工简便，经济可靠，使用更为普遍。

随着我国基本建设速度的加快，有许多大跨度、大断面的地下洞室在十分复杂的岩体中修建，对锚杆材料及锚固介质有更高的要求。如采用高强度或超高强度的金属作为杆件材料，并对杆体进行冷拉、滚丝处理，可大大提高支护效果。树脂是一种高分子材料，具有优越的黏结性能，较之以快硬水泥为主要材料的砂浆锚固，在施工中具有较好的操控性和可靠性。

根据围岩变形与破坏的特性，从发挥锚杆不同作用考虑，锚杆在洞室的布置有局部（随机）锚杆和系统锚杆。

1. 局部（随机）锚杆

主要用来加固危石，防止掉块。锚杆参数按悬吊理论计算。悬吊理论认为不稳定岩体的重量（或滑动力）应全部由锚杆承担，即：

$$n\frac{\pi d^2}{4}R_g \geqslant rVg \tag{6.6}$$

式中　n——锚杆根数；

d——锚杆的计算直径，cm；

R_g——锚杆的设计抗拉强度，N/cm^2；

r——危岩密度，kg/m^3；

V——危岩的体积，m^3；

g——重力加速度，m/s^2。

对于洞室侧壁有滑动倾向的危岩，上式右边项应为危岩的滑动力和抗滑力的代数和。

为了保证危岩的有效锚固，锚杆应锚入稳定岩体，锚入深度应满足下式要求：

$$L_1 \geqslant \frac{dR_g}{4t} \tag{6.7}$$

式中　L_1——锚杆锚入稳定岩体的深度，cm；

t——砂浆与锚杆的黏结强度，N/cm^2；

其余符号意义与式（6.6）相同。

因此，加固危岩的锚杆总长度应为

$$L = L_1 + L_2 + L_3 \tag{6.8}$$

式中　L——锚杆的总长度，cm；

L_2——锚杆穿过危岩的长度，cm；

L_3——锚杆外露的长度，一般取5～15cm。

2. 系统锚杆

一般按梅花形排列，连续锚固在洞壁内。它们将被结构面切割的岩块串联起来，保持与加强岩块的联锁、咬合和嵌固效应，使分割的围岩组成一体，形成一连续加固拱，提高围岩的承载能力。

系统锚杆不一定要锚入稳定岩层。当围岩破碎时，用短而密的系统锚杆，同样可取得较好的锚固效果。

锚杆施工应按施工工艺严格控制各工序的施工质量。下面主要介绍水泥砂浆锚杆的施工方法。

水泥砂浆锚杆的施工，可以先压注砂浆后安设锚杆，也可以先安设锚杆后压浆。其施工顺序主要包括：钻孔、钻孔清洗、压注砂浆和安设锚杆等。

钻孔时要控制孔位、孔向、孔径、孔深符合设计要求。一般要求孔位误差不大于20cm，孔向尽可能垂直岩层的结构面，孔径比锚杆直径大10mm左右，孔深误差不大于5cm。

钻孔清洗要彻底，可用高压风将孔内岩粉积水冲洗干净，以保证砂浆与孔壁的黏结强度。

压注砂浆要密实饱满，不允许有气泡残留。先注砂浆后设锚杆时，注浆管宜插入孔底，随砂浆的注入徐徐匀速拔出，拔管过快会使砂浆脱节。砂浆应拌和均匀，随拌随用，砂浆配合比应符合设计要求，一般水泥和砂的重量比为1∶1～1∶2，水灰比为0.38～0.45。砂子要洁净过筛，控制粒径不大于3mm，以防堵管。

安设锚杆应徐徐插入，插至孔底后，立即在孔口楔紧，待砂浆凝固再撤除楔块。

先设锚杆后注砂浆的施工工艺，基本要求同上。

6.1.3.3.3 喷混凝土的施工

喷混凝土是将水泥、砂、石和外加剂（速凝剂）等材料，按一定配比拌和后，装入喷射机中，用压缩空气将混合料压送到喷头处，与水混合后高速喷到作业面上，快速凝固在被支护的洞室壁面，形成一种薄层支护结构。

这种支护结构在凝固初期，有一定强度和柔性，能适应围岩的松弛变形，减少围岩的变形压力。喷混凝土不但与围岩表面有一定黏结力，而且能充填围岩的缝隙，将分离的岩面黏结成整体，提高围岩的自身强度，增强围岩抵抗位移和松动的能力；喷混凝土还能封闭围岩，防止风化，缓和应力集中，是一种高效、早强、经济的轻型支护结构。

1. 喷混凝土材料

喷混凝土的原材料与普通混凝土基本相同，但在技术要求上有一些差别。

（1）水泥。喷混凝土的水泥以选用普通硅酸盐水泥为好，强度等级应不低于C45，以使喷射混凝土在速凝剂的作用下，早期强度增长快，干硬收缩小，保水性能好。

（2）砂子。一般采用坚硬洁净的中、粗砂，平均粒径0.35～0.5cm。砂子过粗，容易产生回弹；过细，不仅会增加水泥用量，而且会增加混凝土的收缩，降低混凝土的强度。砂子的含水率对喷射工艺有很大影响。含水率过低，混合料在管中容易分离，造成堵管，喷射时粉尘较大；含水率过高，集料有可能发生胶结。工程实践证明中砂或中粗砂的含水率以4%～6%为宜。

（3）石料。碎石、卵石都可以用作喷混凝土的粗骨料。石料粒径为5～20mm，其中大于15mm的颗粒宜控制在20%以下，以减少回弹，保证输料管路的畅通。石料使用前应经过筛洗。

（4）水。喷混凝土用水与一般混凝土对水的要求相同。地下洞室中的混浊水和一切含酸、碱的侵蚀水不能使用。

（5）速凝剂。为加快喷混凝土凝结硬化过程，提高早期强度，增加一次喷射的厚度，提高喷混凝土在潮湿含水地段的适应能力，需在喷混凝土中掺和速凝剂。速凝剂应符合国家标准，其初凝时间不大于5min，终凝时间不大于10min。

2. 主要施工工艺

喷混凝土的施工方法主要有干喷、湿喷及水泥裹砂法三种。

(1) 干喷法。将水泥、砂、石和速凝剂加微量水干拌后，用压缩空气输送到喷嘴处，再与适量水混合，喷射到岩石表面。也可以将干混合料压送到喷嘴处，再加液体速凝剂和水进行喷射。这种施工方法，便于调节加水量，控制水灰比，但喷射时粉尘较大。

(2) 湿喷法。将集料和水拌匀后送到喷嘴处，再添加液体速凝剂，并用压缩空气补给能量进行喷射。湿喷法主要改善了喷射时粉尘较大的缺点。

为了进一步改善喷混凝土的施工工艺，控制喷射粉尘，在工程实践中还研究出如水泥裹砂法（SEC法）、双裹并列法和潮料掺浆法等喷混凝土新工艺。

图6.31所示为干喷法、湿喷法及水泥裹砂法的喷射工艺流程。

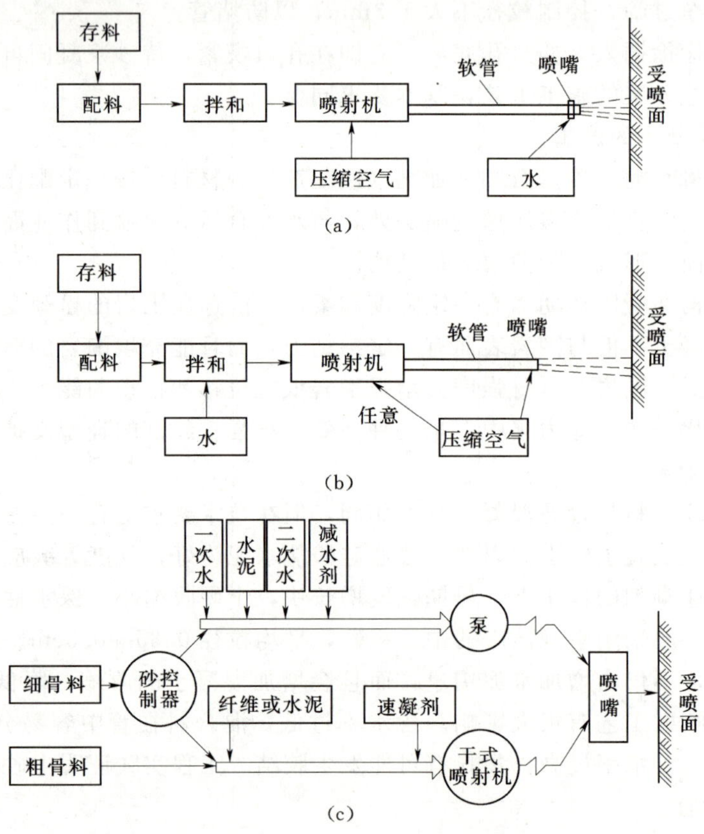

图6.31　不同喷射方式的工艺流程图

(a) 干喷法；(b) 湿喷法；(c) 水泥裹砂法

3. 施工技术要求

为了保证喷混凝土的质量，必须严格控制有关的施工参数，注意以下施工技术要求。

(1) 风压。正常作业时喷射机工作室内的风压，一般为0.2MPa。风压过大，喷射速度高，混凝土回弹量大，粉尘多，水泥耗量大；风压过小，则混凝土不密实。

(2) 水压。喷头处的水压必须大于该处风压，并要求水压稳定，保证喷射水具有较强的

穿透集料的能力。水压不足时，可设专用水箱，用压缩空气加压，以保证集料能充分湿润。

（3）喷射方向和喷射距离。喷头与受喷面应尽量垂直，偏角宜控制在20°以内，利用喷射料束抑阻集料的回弹，以减少回弹量。喷头与受喷面的距离，与风压和喷射速度有关。据试验，当喷射距离为1.0m左右时，对于提高喷射质量、减少集料回弹都比较理想。

（4）喷射区段和喷射顺序。喷射作业应分区段进行，区段长度一般为4～6m。喷射时，通常先墙后拱，自下而上，先凹后凸，顺序进行，以防溅落的灰浆粘附于未喷岩面，影响喷混凝土的黏结强度。

（5）喷射分层和间歇时间。当喷混凝土设计厚度大于10cm时，一般应分层喷射。一次喷射厚度，边墙控制在6～10cm，顶拱3～6cm，局部超挖处可稍厚2～3cm，掺速凝剂时可厚些，不掺时应薄些。一次喷射太厚，容易因自重而引起分层脱落或与岩面脱开；一次喷射太薄，若喷射厚度小于最大骨粒粒径，则回弹率又会迅速提高。

分层喷射时，后一层喷射应在前一层混凝土终凝后进行，但也不宜间隔过久，若终凝1～2h后再进行喷射，应用风、水清洗混凝土表面，以利层间结合。

当喷混凝土紧跟开挖面进行时，从混凝土喷完到下一次循环放炮的时间间隔，一般不小于4h，以保证喷混凝土强度有一定增长，避免引起爆破震动裂缝。

（6）喷混凝土的养护。喷混凝土单位体积的水泥用量比较大，凝结硬化快，为使混凝土强度均匀增长，减少或防止不正常的收缩，必须加强养护。一般喷完后2～4h开始洒水养护，并保持混凝土的湿润状态，养护时间不少于14d。

分项任务6.1.3.4 隧洞开挖循环作业设计

工程背景：黑河水库工程导流洞开挖

其开挖循环见表6.10。

表6.10 （Ⅰ或Ⅱ）区开挖循环作业时间表

序号	工序名称	工作量	作业时间(min)	循环作业历时（h）													
				2	4	6	8	10	12	14	16	18	20	22	24	26	28
1	准备		150														
2	钻孔	224.1m	150														
3	装药	83孔	125														
4	排烟		30														
5	危石处理		30														
6	出渣	107m³	262														
7	锚固	42锚 0.736t	342														
8	挂网	34.2m	171														
9	喷护	5.2m³	134														
10	小计		1394														

注 排烟、危石处理及喷护不平行作业（准备工作包括测量布孔，接水管、电缆）。

问题： 在每次掘进中掘进深度与作业班如何协调？

学习目标：

(1) 知识目标。能说出循环作业包括的内容和循环作业时间的计算方法。

(2) 能力目标。会编制隧洞开挖循环作业图表。

开挖循环作业是指在一个循环周期（循环时间）内，完成一定掘进深度（即循环进尺）所进行的各工序过程。而循环时间是指每各工序循环一次所用时间的总和，常以每一次钻孔开始算起，到第二次开始钻孔为止。循环时间常采用4h、6h、8h、12h等，以便于工人定时换班。

隧洞开挖循环作业所包括的主要工作（工序）有钻孔、装药、爆破、通风排烟、爆后检查处理、装渣运输、铺接轨道等。

为了确保掘进速度，常采用流水作业法（平行作业法和交叉作业法）组织各工序进行开挖掘进工作。在一个循环时间内，各工序的起、止时间和进度安排，常用循环作业图表示。

编制循环作业图的关键是合理确定循环掘进深度。掘进深度越大，则炮孔深度越大，钻孔和装渣运输所占的时间越长，整个循环时间也越长。编制循环作业图时，往往先确定循环时间，再推算出相应的掘进深度。

计算掘进深度的步骤如下。

(1) 计算开挖面的炮孔数目 N。

$$N=k\sqrt{fs} \tag{6.9}$$

式中 f——岩石坚固系数；

s——隧洞断面面积，m^2；

k——临空面影响系数。

(2) 计算开挖面掘进1m时的炮孔总长 $L_{总}$。

$$L_{总}=\frac{N\times1}{\eta}\quad(m) \tag{6.10}$$

式中 η——炮孔利用系数，约为0.8～0.9。

(3) 计算开挖面掘进1m时的钻孔时间 $t_{钻}$。

$$t_{钻}=\frac{L_{总}}{\pi_{钻}\mu\varphi}\quad(h) \tag{6.11}$$

式中 $\pi_{钻}$——风钻的生产率，m/h，当使用手持式风钻时可取3；

μ——使用的风钻台数；

φ——μ台风钻同时工作系数。

(4) 计算开挖面掘进1m时的出渣时间 $t_{渣}$。

$$t_{渣}=\frac{Sk_{松}\times1}{\pi_{渣}}\quad(h) \tag{6.12}$$

式中 S——开挖断面面积，m^2；

$k_{松}$——岩石松散系数，取1.6～1.9；

$\pi_{渣}$——装岩机的生产率，m^3/h。

(5) 确定其他辅助工序的时间 $T_{辅}$（h）。包括装药、爆破、通风排烟、爆破后检查处

理、铺接轨道等工序所占用的时间，这些时间比较固定，可按工程类比法确定。

（6）计算开挖面循环掘进深度 L。

$$L=\frac{T-T_{辅}}{t_{钻}+t_{渣}} \quad (\mathrm{m}) \tag{6.13}$$

式中 T——预定的循环时间，h。

上式系考虑钻孔与出渣为连续流水作业的计算式。如为平行作业，则不能简单叠加，钻孔与出渣同时工作的时间只能计算一次。

（7）计算掘进深度为 L 时的钻孔时间 $T_{钻}$ 和出渣时间 $T_{渣}$。

$$T_{钻}=Lt_{钻} \quad (\mathrm{h}) \tag{6.14}$$

$$T_{渣}=Lt_{渣} \quad (\mathrm{h}) \tag{6.15}$$

图 6.32 为全断面台阶法掘进方案。工作开始时，先将台阶的石渣扒到洞底，因而上台阶钻孔可与下台阶出渣平行作业，然后进行下台阶的钻孔，最后上、下台阶同时装药爆破，其循环作业图见表 6.11

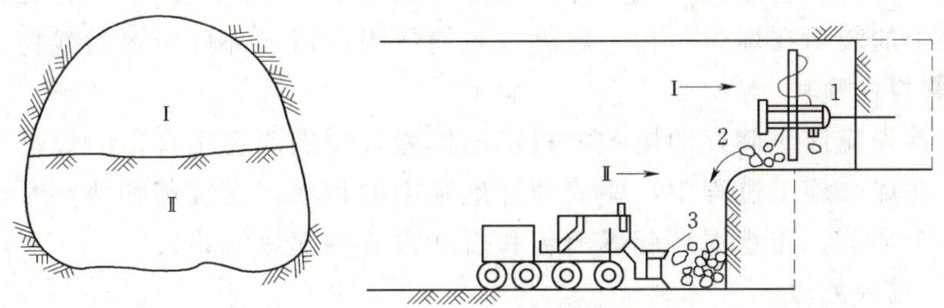

图 6.32 全断面台阶法掘进示意图

Ⅰ—上台阶；Ⅱ—下台阶

1—上台阶；2—扒落石渣；3—出渣后再钻孔

表 6.11 循环作业图

序号	工序	时间（h）	班时（h）							
			1	2	3	4	5	6	7	8
1	工作面检查清理	0.5								
2	上台阶扒渣	0.5								
3	上台阶钻孔	5.9								
4	出渣	2.9								
5	下台阶钻孔	3.1								
6	装药爆破、通风	1.0								

特殊任务 **6.1.3.5** 盲炮的预防和处理

问题： 盲炮如何预防？

学习目标：

(1) 知识目标。能说出盲炮预防的施工方法，能说出盲炮处理的方法。

(2) 能力目标。初步具有处理盲炮的指导工作能力。

盲炮的预防和处理是一项特殊的任务，一旦发生盲炮就必须认真处理。

6.1.3.5.1 盲炮产生的原因

在爆破过程中，炮眼装药未能被引爆，称为拒爆。拒爆的炮眼称为盲炮或瞎炮。拒爆有三种情况：一种是雷管未爆，因而炸药也未爆，称为全拒爆；另一种是雷管爆炸了，而炸药未被引爆，称为半爆；第三种是雷管爆炸后只引爆了部分炸药，剩余部分炸药未被引爆，称为残爆。当导火索受潮、导爆管被折断或漏气、电雷管失效或脚线被拉断时，均能引起全拒爆；当炸药过期、受潮、感度降低，或雷管起爆能不足，或导爆索未贴紧药包时，均能引起半拒爆；起爆能不足，炸药未能达到稳定爆轰，或因不耦合装药产生管道效应，造成炮眼中的装药在爆轰过程中熄灭，致使炮眼内留下部分未爆的残药。

6.1.3.5.2 盲炮的预防

预防盲炮首先应该对储存的爆破材料定期检验，爆破前选用合格的炸药和雷管以及其他起爆材料；在爆破施工过程中，要清理好炮眼中的积水；在装药和堵塞时，必须仔细进行，注意每一个环节，防止损坏起爆药包和折断雷管的起爆线路。

6.1.3.5.3 盲炮的处理

产生盲炮后，应立即封锁现场，由原施工的人员针对装药时的具体情况，找出拒爆原因，采取相应措施处理。处理盲炮一般可采用二次爆破法、炸毁法及冲洗法等三种方法。属于漏点火的拒爆药包，可再找出原来的导火索、导爆索、导爆管或雷管脚线，经检查确认完后，进行二次起爆；对于不防水的硝铵炸药，可用水冲洗炮眼中的装药，使其失去爆炸能力；对防水炸药装填的炮眼，可用掏勺细心地掏出堵塞物，再装入起爆药包将其炸毁。如果拒爆眼周围岩石尚未发生松动破碎，可以在拒爆眼 30cm 处，钻一平行新眼，重新装药起爆，将拒爆眼炸毁。

特殊任务 **6.1.3.6** 塌方预防及处理

问题： 隧洞开挖中常在什么情况下处理塌方？如何预防？遇到塌方事故时有哪些处理方法？

学习目标：

(1) 知识目标。能说出塌方预防的施工措施与处理塌方的方法。

(2) 能力目标。具有预测判断塌方出现的初步能力，能根据地质状况正确预测塌方，并能安全进行塌方的处理与指导。

塌方是最为常见也是比较典型的一类事故。造成塌方的原因多种多样，有地质上突发的因素，即地质状态、受力状态、地下水变化等，也有人为因素，即不适当的设计，或不适当的施工作业方法等。由于塌方往往会给施工带来很大困难和很大经济损失，因此，需要尽量注意排除可导致塌方的各种因素，尽可能避免塌方的发生。应树立塌方是可以预

测、可以控制的观点，不断培养工程技术人员在不良地质条件下施工的应变能力和处理能力。

6.1.3.6.1　发生塌方的主要原因

1. 不良地质及水文地质条件

从塌方实例中可以看出，在以下地质条件下，如施工不当，就会发生不同程度的塌方。

(1) 在断层破碎带中，视断层规模，从小规模崩塌到大规模崩塌都有发生；在断层处，视其破碎程度，发生一次崩塌或多次崩塌的情况都有。

(2) 在断层围岩中，通常都发生比较小规模的崩塌。例如，在第三纪的砂岩、页岩互层中，因少量涌水，固结度低的砂岩层会流出，残留的泥岩部分将呈块状崩落。崩塌的程度因砂岩层的固结度、层理面的间距、层理面的固结度、砂岩层中的水量、水压等而异，崩塌会因涌水而加剧。

(3) 在强风化的围岩中，会产生比较大的崩塌，有涌水时崩塌规模会更大。

(4) 由于层理面产生崩塌的围岩，可发生中等规模到大规模的崩塌，视层理面的强度和掌子面状况、涌水等，会在数小时内发生几次崩塌。

(5) 在砂质围岩中，多发生比较小规模和中等规模的崩塌。

(6) 有突发涌水或大量涌水的场合等。

(7) 隧道穿越地层覆盖过薄地段，如在沿河傍山、偏压地段以及沟谷凹地浅埋和丘陵浅埋地段极易发生塌方。

2. 人为因素

(1) 地质勘探资料不详细。缺乏较详细的隧道所处位置的地质及水文地质资料，未能查明可能塌方的因素，或没有绕开可以绕避的不良地质地段，造成设计不尽合理而引起施工指导或施工方案的失误。

(2) 施工方法与地质条件不相适应；地质条件发生变化，没有及时改变施工方法；工序安排不当；支护不及时，支撑架立不合要求，或抽换不当“先拆后支”；地层暴露过久，引起围岩松动、风化、导致塌方。

(3) 锚喷支护不及时，喷射混凝土的质量、厚度不符合要求。

(4) 按新奥法施工的隧道，没有按规定进行量测，或信息反馈不及时，决策失误，措施不力。

(5) 围岩爆破用药量过多，因震动引起坍塌。

(6) 对危石检查不重视、不及时，处理危石措施不当，引起岩层坍塌。

(7) 对已施工段坑道水文地质情况、岩性特征资料收集不够及时、准确，描述不详细，变形量测不到位；对未施工段坑道水文地质情况、岩性特征推断不准确，事故应变措施不到位，重视程度不够。

6.1.3.6.2　预防塌方的施工措施

首先应加强初期支护，控制塌方；其次通过观察、量测等手段预测塌方，如发现征兆应高度重视及时分析，采取有力措施处理隐患，防患于未然。为此采取以下措施：

(1) 隧道开挖后，应及时有效地完成锚喷支护或锚喷网联合支护，并应考虑采用早强

喷射混凝土、早强锚杆和钢支撑支护措施等。在不良地质、围岩破碎地段，应采取“先排水、短开挖、弱爆破、强支护、早衬砌、勤量测”的施工方法。

(2) 加强塌方的预测。预测塌方常用方法有以下几种。

1) 观察法。

a. 定期和不定期地观察洞内围岩的受力及变形状态；检查支护结构是否发生了较大的变形；观察岩层的层理、节理是否裂隙变大，坑顶或坑壁是否松动掉块；喷射混凝土是否发生脱落；地表是否下沉等。

b. 对掘进工作面应进行地质素描，或采用探孔对地质情况或水文情况进行探察，分析判断掘进前方有无可能发生塌方。

2) 量测法。采用一般的量测仪器，按时量测观测点的位移、应力，及时发现不正常的受力、位移状态及有可能导致塌方的情况；或根据微地震学测量法和声学测量法，通过专用仪器确定岩石的受力状态，并预测塌方可能发生的情况。

6.1.3.6.3　隧道塌方的处理措施

(1) 查明原因，制定处理方案。发生塌方后，应及时迅速处理。首先应查明塌方发生的原因和地下水活动情况，对塌方范围、形状、塌穴的地质构造必须详细观测，经认真分析，制定合理的处理方案。

(2) 先加固未坍塌地段，然后清除渣体，完成衬砌。塌方发生后，为防止继续发展，可按下列方法进行处理：

1) 小塌方。纵向延伸不长、塌穴不高。首先加固坍体两端洞身，并抓紧喷射混凝土或采用锚喷联合支护封闭塌穴顶部和侧部，再进行清渣。在确保安全的前提下，也可在塌渣上架设临时支架，稳定顶部，然后清渣。临时支架待灌筑衬砌混凝土达到要求强度后方可拆除。

2) 大塌方。塌穴高、塌渣数量大，塌渣体完全堵住洞身时，宜采取先护后挖的方法。在查清塌穴规模大小和穴顶位置后，可采用管棚法和注浆固结法稳固围岩体和渣体，待其基本稳定后，按先上部后下部的顺序清除渣体，采取短进尺、弱爆破、早封闭的原则挖坍体，并尽快完成衬砌（图 6.33）。

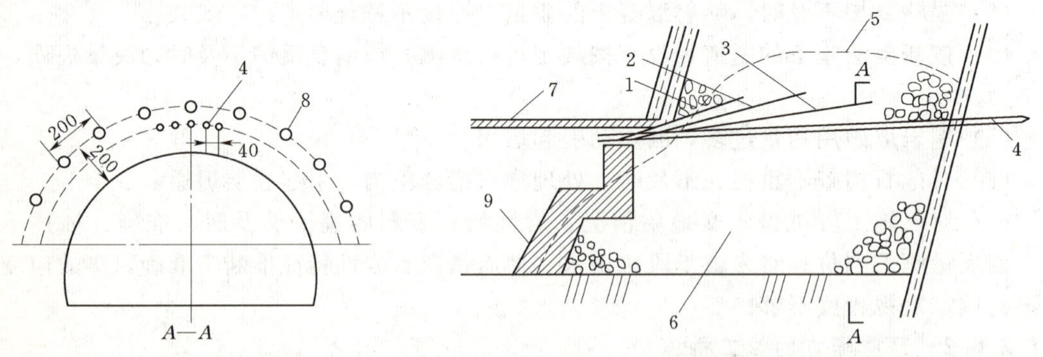

图 6.33　大规模塌方处理实例示意图（单位：cm）

1—第一次注浆；2—第二次注浆；3—第三次注浆；4—管棚；5—塌线；6—塌体；7—初期支护；8—注浆孔；9—混凝土封堵线

3）塌方冒顶，在清渣前应支护陷穴口，地层条件极差时，在陷穴口附近地面打设地表锚杆，洞内可采用管棚支护或钢架支撑。

4）洞口塌方，一般易塌至地表，可采取暗洞明作的办法。

（3）在处理塌方的同时，应加强防排水工作。塌方往往与地下水活动有关，治塌应先治水，防止地表水渗入塌体或地下，引截地下水防止渗入塌方地段，以免塌方扩大。具体措施有以下几种。

1）地表沉陷或裂缝。用不透水土壤夯填紧密，开挖截水沟，防止地表水渗入塌体。

2）塌方通顶时，应在塌陷穴口地表四周挖沟排水，并设雨棚遮盖穴顶。塌陷穴口回填应高出地面并用黏土或圬工封口，做好排水。

3）塌体内有地下水活动时，应用管槽引至排水沟排出，防止塌方扩大。

（4）塌方地段的衬砌应视塌穴大小和地质情况予以加强。衬砌背后与塌穴洞孔周壁间必须紧密支撑。当塌穴较小时，可用浆砌片石或干砌片石将塌穴填满；当塌穴较大时，可先用浆砌片石回填一定厚度，其以上空间应采用钢支撑等顶住以稳定围岩；特大塌穴应作特殊处理。

（5）采用新奥法施工的隧道或有条件的隧洞，塌方后要加设量测点，增加量测频率，根据量测信息及时研究对策。浅埋隧道，要进行地表下沉测量。

特殊任务6.1.3.7 隧洞施工过程中的地下水控制

问题：在施工过程中应如何控制防治地下水？

学习目标：

（1）知识目标：能说出隧洞开挖过程中地下水治理的原则，能熟练陈述各种措施。

（2）能力目标：能针对水文地质状况采用正确措施防治地下渗水。

地下工程防水的功能要求是，采用有效、可靠的防水材料和技术措施，保证建筑物某些部位免受水的侵入和不出现渗漏水现象，保护建筑物具有良好、安全的使用环境、使用条件和使用年限。因此，地下工程防水技术在地下工程中占有重要地位。

在施工期间，由于地下水的作用不仅降低围岩的稳定性（尤其是对软弱破碎围岩影响更为严重），使得开挖十分困难，且增加了支护的难度和费用，甚至需采取超前支护或预注浆堵水加固围岩。此外，若对地下水处理不当，则可能造成更大的危害，如地下、地上水位下降及水环境的改变，影响农业生产和生活用水，或被迫停工，影响工程进展等。在运营期间，地下水常从混凝土衬砌的施工缝、变形缝（伸缩缝和沉降缝）、裂缝甚至混凝土孔隙等通道渗漏进隧洞中，应采取措施避免或减少它对工程的危害。

由于地下建筑所处位置的不同，所遇到的地下水的类型和埋藏条件也不相同，因此必须针对地下水存在特点，采取“排、隔、堵相结合，因地制宜，综合治理”的原则，达到防水可靠，经济合理的目的。

排，就是采取措施降低地下水，或将地表水疏导排除以及人为设置排水系统，将地下水排出隧道。

隔，就是利用不透水或弱透水材料，将地下水隔绝在建筑空间之外。

堵，就是采取措施封堵防水结构或防水构造破坏处（孔隙、裂缝等）的渗漏以及预制构件接缝处的渗漏。

6.1.3.7.1 排水措施

排水是建筑防水措施之一，包括地表水的排除，人工降低地下水位和将水引入建筑物后再排走等几种做法，同时还要考虑施工排水。这种防水措施的主要特点是解除了水量较大的重力水对地下建筑的直接威胁，卸掉了这些水的静水压力后，对于承压水的防治效果尤为有效。

常用的结构排水设施有：盲沟—泄水孔—排水沟。而在施工期间，则应考虑施工排水。施工排水应结合结构排水进行。

1. 施工排水

施工排水包括洞外排水和洞内排水两部分。

（1）洞外排水。主要是做好洞口的防洪和排水设施，防止雨季到来时山洪或地面水倒流入洞。对于斜井、竖井尤应多加注意。其次是将与地下水有补给关系的洼地、勾缝用黏土回填密实，并施作截水沟截流导排。

（2）洞内排水。洞内水主要来源于地下水和施工用水。对于有污染性的施工用水，还应按环境保护要求经净化处理后方能排入河流。

洞内排水方式，根据路线坡度情况可分为以下两种。

1）顺坡排水。即进洞上坡，一般只需按线路设计坡度，在坑道一侧挖出纵向排水沟，水即可以沿沟顺坡排出洞外。若利用平行导坑排水时，则应较洞低0.2～0.6m，使横通道（联系洞）有一个顺坡，有利于排水。应当注意的是，一般将施工排水沟挖在结构排水沟的位置上。

2）反坡排水。即进洞下坡，此时水向工作面汇集，需用水泵排水。排水方式有两种：第一种是分段开挖反坡侧沟，在侧沟每一分段上设一集水坑，用水泵把水排出洞外（图6.34）。集水坑间距为

$$L_k = h_k/(i_s + i_k) \tag{6.16}$$

式中 h_k——水沟最大开挖深度，一般不超过0.7m；

i_s——线路坡度，‰；

i_k——水沟底坡度，不小于2‰。

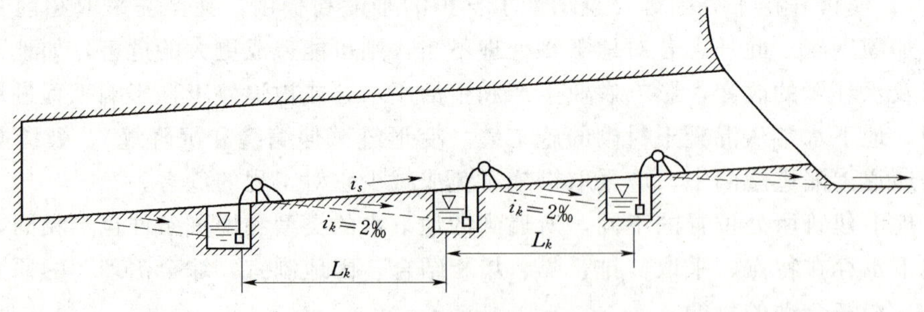

图6.34 分段积水坑排水

这种排水方式的优点是工作面无积水，水泵位置固定，不需水管。缺点是使用水泵多且要开挖反坡水沟。一般在隧洞较短，线路坡度较小时采用。

另外一种是隔较长距离开挖集水坑。开挖面的积水用小水泵抽到最近的集水坑内，再

用主水泵将水排出洞外（图 6.35）。

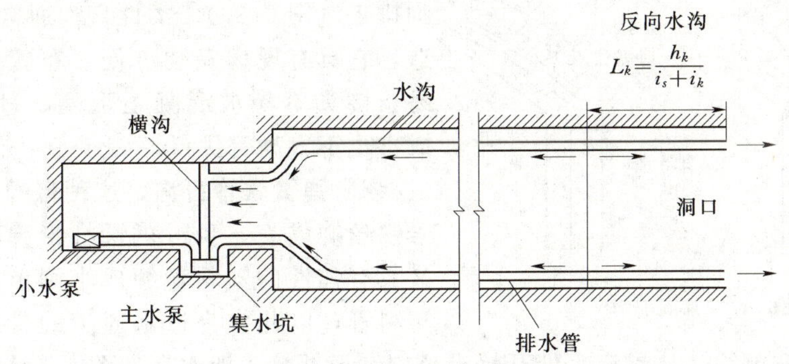

图 6.35 长距离集水坑排水

这种排水方式的优点是所需水泵少，但要装水管，水泵也要随开挖面掘进而拆迁前移。在隧道较长、涌水量较大时采用。

应当注意的是，进洞下坡施工的隧道，应配备足够的排水设施（留一定的备用水泵）。必要时应在开挖面上钻深眼探水，防止突然遇到地下水囊、暗河等淹没坑道造成事故。

2. 人工降低地下水

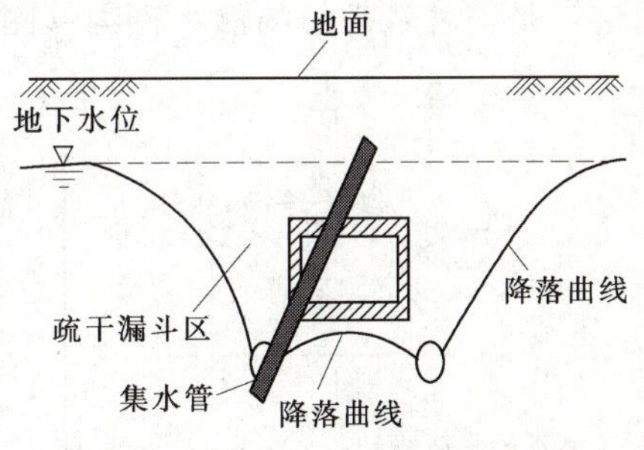

图 6.36 人工降低地下水

在地下建筑的下中部或下部的周围设置集水管，将水集中后用机械抽出排走，使地下建筑周围的地下水位逐步下降，一直降到抽水点的标高，形成一个疏漏漏斗区（图 6.36）。在这个漏斗区范围内，不再有重力水和相应的静水压力，使建筑防水的可靠程度大为提高。在地下水位高的地区，地下建筑的施工常采用井点防水的方法保持基坑的干燥，如果设计的人工降水系统能与施工降水系统相结合，是比较经济合理的。

3. 结构排水

结构排水设施应结合混凝土衬砌来进行。其排水过程是：水从围岩裂隙进入衬砌背后的盲沟，盲沟下接泄水孔（泄水孔穿过衬砌边墙下部），水从衬砌后进入隧洞内的纵向排水沟，并经纵向排水沟排出洞外。现分述如下。

（1）盲沟。盲沟的作用是在衬砌与围岩之间提供过水通道，并使之汇入泄水孔。引导较为集中的局部渗流水。

我国较为传统的盲沟有灌砂木盒、灌砂竹筒或由片石做成。因其加工、安装均较麻烦，且接头处易被混凝土阻塞，所以现在逐步被新型柔性盲沟所替代。

1）片石盲沟。在衬砌背后，沿隧道纵向每隔一定距离用片石砌一道可供流水的疏水带，并进行纵向连通，使岩壁上渗出的水集中到疏水带中，通过底部的排水沟排走。

在岩石比较完整、岩壁侧压力较小的情况下，常采用离壁衬砌，这种衬砌比贴壁衬砌较容易解决防水问题。离壁衬砌的顶拱一般仍需考虑承受山体压力，要用块石回填以传递压力，因此在回填前应先做好防水层，回填时在拱脚处留出天沟，通过预埋在顶拱内的排

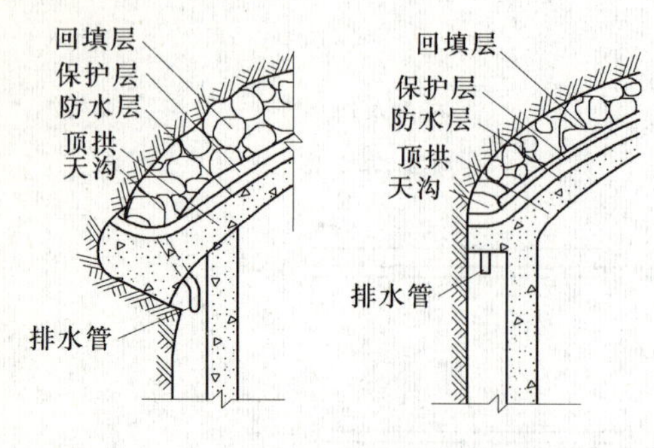

图 6.37 片石盲沟

水管将渗漏水排出岩壁外夹层，经下部的排水沟排走（图 6.37）。柔性盲沟通常由工厂加工制造，它具有现场安装方便，布置灵活，连接容易、接头不易被混凝土阻塞，过水效果良好，成本也不太高等优点。

2）弹簧软管盲沟。这种盲沟一般是采用10号铁丝缠成 $\phi5\sim8cm$ 的圆柱形弹簧或采用硬质又具有弹性的塑料丝缠成半圆形弹簧，或带孔塑料管，以此作为过水通道的骨架，安装时外覆塑料薄膜和铁窗纱，从渗流水处开始沿环向铺设并接入泄水孔（图 6.38）。

3）化学纤维渗滤布盲沟。这种盲沟是以结构疏松的化学纤维布作为水的渗流通道，其单面有塑料敷膜，安装时使敷膜朝向混凝土一面，可以阻止水泥浆渗入滤布。这种渗滤布式盲沟重量轻，便于安装和连续加垫焊接，宽度和厚度也可以根据渗排水量的大小进行调整，是一种较理想的渗水盲沟（图 6.39）。

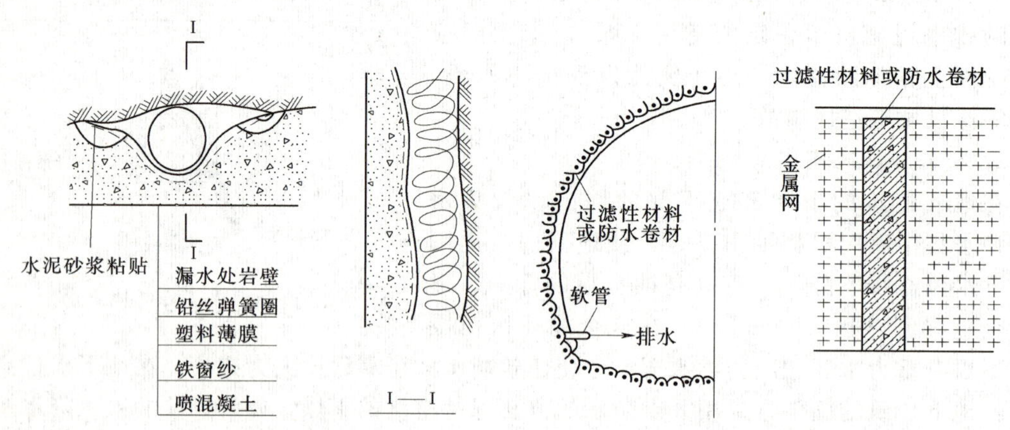

图 6.38 弹簧软管盲沟

图 6.39 渗滤布盲沟

（2）泄水孔。泄水孔是设于衬砌边墙下部的出水孔道，它将盲沟流来的水直接泄入隧道内的纵向排水沟。

泄水孔的施作有以下两种方法。

1）在立边墙模板同时安设泄水管，并特别注意使其里端与盲沟接通，外端穿过模板。泄水管可用钢管、竹管、塑料管、蜡封纸管等。这种方法主要用于水量较大时。

2）当水量较小时，则可以待边墙混凝土拆模后，再根据记录的盲沟位置钻泄水孔。泄水孔的位置应按设计要求设置。

（3）排水沟。排水沟承接泄水孔泄出的水，并将其排出隧道。隧道纵向排水沟有单侧、双侧、中心式3种形式。它是根据线路坡度、路面形式、水量大小等因素确定的。

排水沟的施作，通常是与仰拱混凝土或底板混凝土同时浇筑，以保证水沟的整体性，防止水向下渗流影响地基。

6.1.3.7.2 隔水措施

隔水可以通过外加的防水层起作用，也可以把结构本身作为隔水层，后者称为结构防

水。防水层设在结构外侧的为外防水，又称正向防水；设在结构内侧的为内防水，称反向防水。外防水可承受地下水的静水压力，并传递到结构；内防水承受水压力的能力较差，对于毛细水和气态水能起隔绝作用，静水压力较大时则不适于使用。

常用的隔水措施有：喷射混凝土隔水、塑料板隔水、混凝土衬砌隔水。当水量大、压力大时，则可采取注浆隔水，注浆既可以隔水也可以起到加固围岩的作用。

1. 喷射混凝土

当围岩有大面积裂隙渗水，且水量、压力较小时，可结合初期支护采用喷射混凝土。但应注意此时需加大速凝剂用量，进行连续喷射，且在主裂隙处不喷射混凝土，水流能集中于主裂隙流入盲沟，通过盲沟排出。

2. 水泥砂浆防水层

水泥砂浆防水层所用的材料及其配合比应符合规范规定。水泥砂浆防水层由水泥砂浆层和水泥浆交替铺抹而成，一般需做 4～5 层，其总厚度为 15～20mm。施工分铺抹或喷射两种，水泥砂浆每层厚度宜为 5～10mm，铺抹后应压实，表面提浆压光；水泥每层厚度宜为 2mm。防水层各层间应紧密结合，并宜连续施工。

3. 塑料板

当围岩有大面积裂隙滴水、流水，且水量压力不太大时，可于喷射混凝土等初期支护施作完毕后，二次支护施作前，在岩壁大面积铺设塑料板隔水。

塑料板防水层是近十多年国际上发展起来的一项防水新技术，它具有优良的防水，抗腐蚀性能，在隧道及地下工程中得到了日益广泛的应用。

塑料板铺设固定时不能绷得太紧，要预留一定的松弛度，使得在灌筑二次支护混凝土时，塑料板能向凸凹处变形，不产生过度张拉和破坏。

4. 喷涂膜防水层

喷涂膜防水层使用油溶性或非湿固性喷涂料时，基面应保持干燥。在潮湿基面上选用湿固性喷涂料、含有吸水能力组分的喷涂料、水性喷涂料。涂料的喷涂不得少于 2 遍，后一层涂料的施工必须待前一层喷涂料结膜后方可进行；后一层喷涂料的喷涂应与前一层喷涂料相垂直。为增强防水效果，喷涂料宜与玻璃布、玻纤毡、土工布等料复合使用。

5. 防水混凝土衬砌

模筑混凝土本身就具有一定的抗渗阻水性能，但普通混凝土的抗渗性较差，尤其是在施工质量不高的情况下，如振捣不密实，配比不当，施工缝、沉降缝、伸缩缝处理不好等，则更易形成水的渗漏、漫流。当地下水有侵蚀性时，对混凝土的腐蚀就更为严重。如果能保证混凝土衬砌的抗渗防水性能，则不需要另外增加其他防水隔水措施。因此，充分利用混凝土衬砌的防水性能，是最基本的经济合理的防水措施。

防水混凝土衬砌施工必须采用机械振捣。施工缝、沉降缝及伸缩缝则可以采用中埋式塑料或橡胶止水带，或采用背贴塑料止水带止水。

防水混凝土的抗渗能力不应小于 0.6MPa，环境温度不得高于 100℃；处于侵蚀性介质中防水混凝土的耐侵蚀系数不应小于 0.8。防水混凝土结构的混凝土垫层，其抗压强度等级不应小于 10MPa，厚度不应小于 100mm。其水灰比不得大于 0.6，水泥用量不得少于 280 kg/m^3，砂率应适当提高，并不得低于 35%。

6. 注浆隔水

注浆适用于大面积隔水，使用的材料主要有硅酸盐类和树脂系两种。硅酸盐类注浆使用较普遍，因为造价较低，其主要成分为硅酸盐水泥、黏土、细砂和水，使用时按一定的配比（与凝固时间有关）搅拌成浆液，用不小于0.2MPa的工作压力，通过注浆孔压入结构层之外的土层或岩层中，形成一个不透水的屏障，称为壁外注浆。当水量和水压都较大时，可在注浆材料中掺加水玻璃等速凝剂，以保证隔水效果。注浆在加固围岩的同时，实际上也起到了隔水作用。图6.40所示为某海底隧洞的注浆范围示意图。

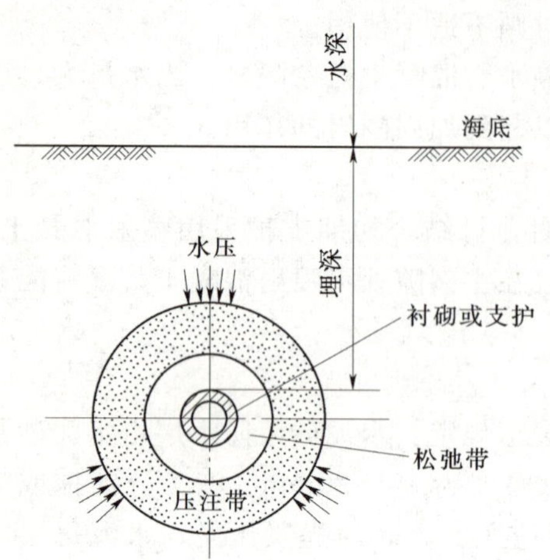

图6.40 注浆范围示意图

6.1.3.7.3 堵水措施

当防水结构或防水构造受到破坏而渗漏水时，向破坏处（孔隙、裂缝等）及其附近注入防水材料，可起修复和堵水作用，故常称为堵漏。此外，在预制构件的接缝处做好密封措施，实际上也是一种堵水方法。

用于局部堵漏的材料很多，目前常用的有氰凝、丙凝、水溶性聚氨酯等，还有821 AF和TZS，堵漏效果也很好。但是这些材料的强度较差，不能承受结构变形或开裂而产生的应力，故应在堵水后再复合一层有弹性的密封材料。

任务6.1.4 隧洞衬砌施工

工程背景： 黑河水库工程导流隧洞衬砌施工

工程全部贯通后先浇筑底板，再用钢模台车采用分段流水方式浇筑，一次完成顶拱与侧墙的浇筑。

问题： 对于不同地质条件，不同型式和大小的断面，不同部位的混凝土浇筑都有哪些浇筑方法？

学习目标：

(1) 知识目标：能说出隧洞混凝土浇筑的分缝分块方式，钢模台车，计梁模板，组合模板的构成型式，混凝土入仓方式和封拱方法。

(2) 能力目标：能有效地组织隧洞混凝土浇筑。

隧洞混凝土和钢筋混凝土衬砌的施工，有现浇、预填骨料压浆和预制安装等方法。

现浇衬砌施工，与一般混凝土及钢筋混凝土施工基本相同。但由于地下洞室空间狭窄，工作面小，而且作业方式和组织形式有其自身特点。

6.1.4.1 平洞衬砌的分缝分块及浇筑顺序

平洞的衬砌，在纵向通常要分段进行浇筑。当结构上设有永久伸缩缝时，可以利用永久缝分段。当永久缝间距过大或无永久缝时，则应设施工缝分段。分段长度一般为4～18m，视平洞断面大小、围岩约束特性以及施工浇筑能力等因素而定。

分段浇筑的顺序有跳仓浇筑、分段流水浇筑、分段留空当浇筑等不同方式，如图

6.41 (a)、(b)、(c) 所示。当地质条件较差时，采用肋拱肋墙法施工，这是一种开挖与衬砌交替进行的跳仓浇筑法。对于无压平洞，结构上按允许开裂设计，也可采用滑动模板连续施工方法进行浇筑，以加快衬砌施工，但施工工艺必须严格控制。

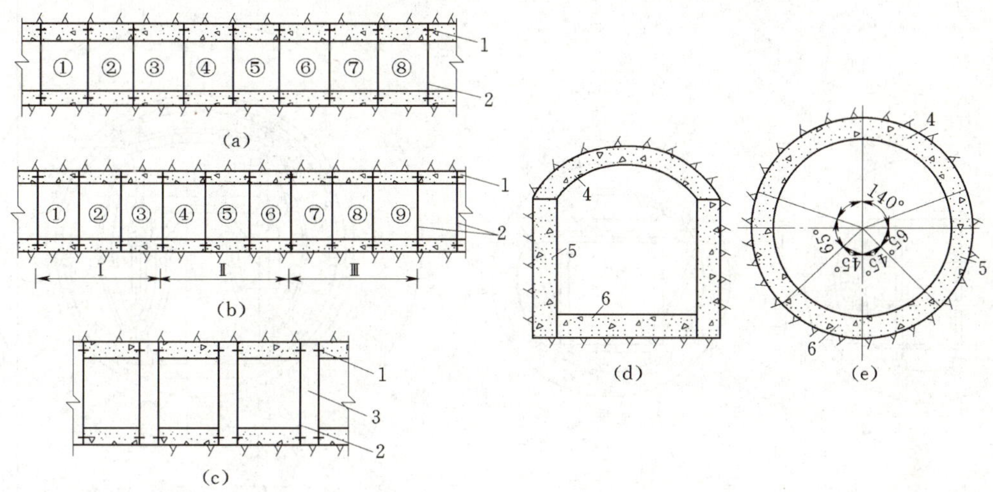

图 6.41　平洞衬砌施工中的分缝分块

(a) 跳仓浇筑（先浇①，③，⑤，…段，后浇②，④，⑥，…段）；(b) 分段流水浇筑（在大段Ⅰ，Ⅱ，Ⅲ，…之间进行流水作业）；(c) 分段留空当浇筑（空当约宽 1m、最后浇筑）；(d) 在结构转折点设施工缝；(e) 在内分较小部位设施工缝

1—止水；2—分缝；3—空当；4—顶拱；5—边拱（边墙）；6—底拱（底板）

①，②，…，⑨—分段序号；Ⅰ，Ⅱ，Ⅲ—流水段号

衬砌施工在横断面上也常分块进行。一般分成底拱（底板）、边拱（边墙）和顶拱三块。横断面上浇筑的顺序，正常情况是先底拱（底板），后边拱（边墙）和顶拱，其中边拱（边墙）和顶拱，可以连续浇筑，也可以分块浇筑，视模板型式和浇筑能力而定。在地质条件较差时，可以先浇筑顶拱，再浇筑边拱（边墙）和底拱（底板）；有时为了满足开挖与衬砌平行作业的要求，隧洞底板还未清理成形以前先浇好边拱（边墙）和顶拱，最后浇筑底拱（底板）。

后两种浇筑顺序，由于在浇筑顶拱、边拱（边墙）时，混凝土体下方无支托，应注意防止衬砌的下移和变形，并做好分块接头处反缝的处理，必要时反缝要进行灌浆。

6.1.4.2　平洞衬砌模板

平洞衬砌模板的型式依隧洞洞型、断面尺寸、施工方法和浇筑部位等因素而定。

对底拱而言，当中心角较小时，可以像底板浇筑那样，不用表面模板，只立端部挡板，混凝土浇筑后用型板将混凝土表面刮成弧形即可。当中心角较大时，一般采用悬挂式弧形模板，如图 6.42 所示。目前，使用牵引式拖模连续浇筑或底拱模板台车分段浇筑底拱也获得了广泛应用。

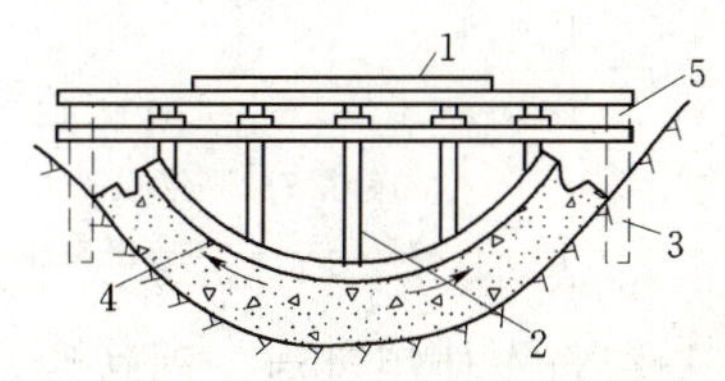

图 6.42　底拱模板

1—仓面板；2—模板桁架；3—桁架支柱；4—板形模板；5—纵梁（架在仓面板支撑上）

浇筑边拱（边墙）、顶拱时，常用桁架式或钢模台车。

桁架式模板，由桁架和面板组成，如图6.43所示。在洞外先将桁架拼装好，运入洞内就位后，再随着混凝土浇筑面的上升，逐次安设模板。

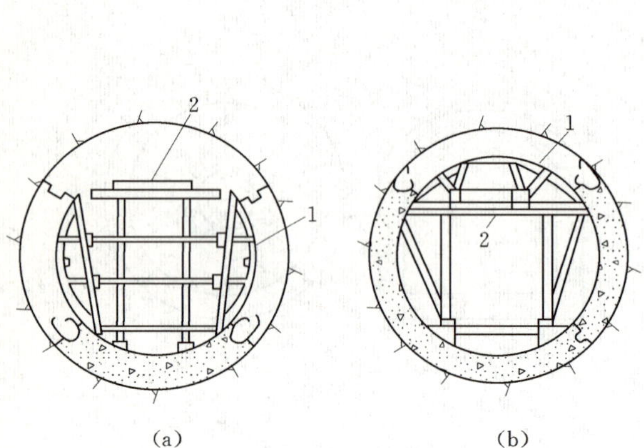

图6.43 桁架式模板

(a) 边拱桁架式模板；(b) 顶拱杵架式模板

1—桁架式模板；2—工作平台或脚手架

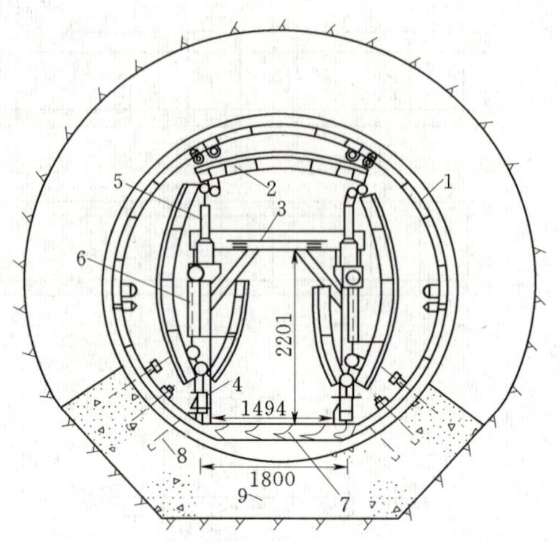

图6.44 钢模台车简图（单位：mm）

1—架好的钢模；2—移动时的钢模；3—工作平台；4—台车底梁；5—垂直千斤顶；6—台车车架；7—枕木；8—拉筋；9—已浇底拱

钢模台车是一种可移动的多功能隧洞衬砌模板车。根据需要，它可作顶拱钢模、边拱墙钢模以及全断面模板使用，如图6.44所示。

圆形隧洞衬砌的全断面一次浇筑，可用针梁式钢模台车。其施工特点是不需要铺设轨道，模板的支撑、收缩和多动，均依靠一个伸出的针梁，如图6.45所示。

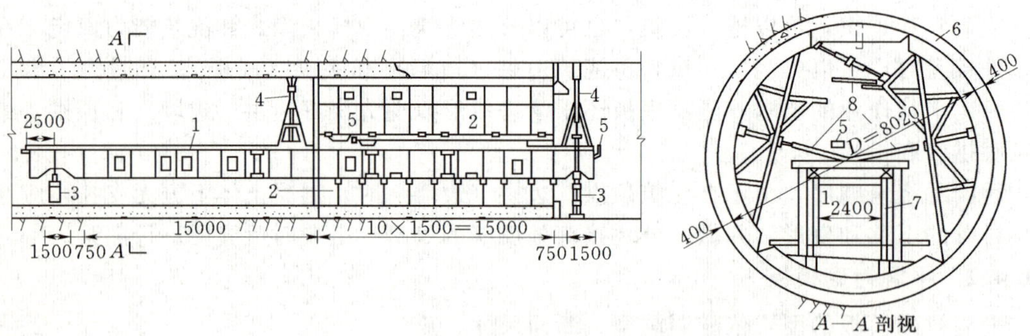

图6.45 针梁式钢模台车简图（单位：mm）

1—针梁；2—钢模；3—支座液压千斤顶；4—抗浮液压千斤顶；5—行走系统；6—混凝土衬砌；7—行走梁框；8—手动螺旋千斤顶

模板台车使用灵活，周转快，重复使用次数多。用台车进行钢模的安装、运输和拆卸一部台车可配几套钢模板进行流水作业，施工效率高。

6.1.4.3 衬砌的浇筑

隧洞衬砌多采用二级配混凝土。对中小型隧洞，混凝土一般采用斗车或轨式混凝土搅

拌运输车，由电瓶车牵引运至浇筑部位；对大中型隧洞，则多采用 3～6m³ 的轮式混凝土搅拌运输车运输。在浇筑部位，通常用混凝土泵将混凝土压送并浇入仓内。常用的混凝土泵有柱塞式、风动式和挤压式等工作方式。它们均能适应洞内狭窄的施工条件，完成混凝土的运输和浇筑，能够保证混凝土的质量。

泵送混凝土的配合比，应保证有良好的和易性和流动性，其坍落度一般为 8～16cm。

混凝土浇捣因衬砌洞壁厚度与采用的模板形式不同而已，当洞壁厚度较大时，作业人员可以进入仓内用振捣棒进行浇捣，当洞壁较薄，人不能进入仓内时，可在模板不同位置流进料窗口，并由此窗口插入振捣器进行振捣。如果是台车，也可以在台车上安装附着式振捣器进行振捣。由窗口振捣时，随着浇筑混凝土面的抬升可封堵窗口再由上层窗口进料和振捣。

6.1.4.4　衬砌的封拱

平洞的衬砌封拱是指顶拱混凝土即将落筑完毕前，将拱顶范围内未充满混凝土的空隙和预留的进出口窗口进行浇筑、封堵填实的过程。封拱工作对于保证衬砌体与围岩紧密接触，形成完整的拱圈是非常重要的。

封拱方法多采用封拱盒法和混凝土泵封拱。封拱盒封拱，如图 6.46 所示。在封拱前，先在拱顶预留一小窗口，尽量把能浇筑的四周部分浇好，然后从窗口退出人和机具，并在窗口四周立侧模，待混凝土达到规定强度后，将侧模拆除，凿毛之后安装封拱盒。封堵时，先将混凝土料从盒侧活门送入，再用千斤顶顶起活动封门板，将盒内混凝土压入待封部位即告完成。

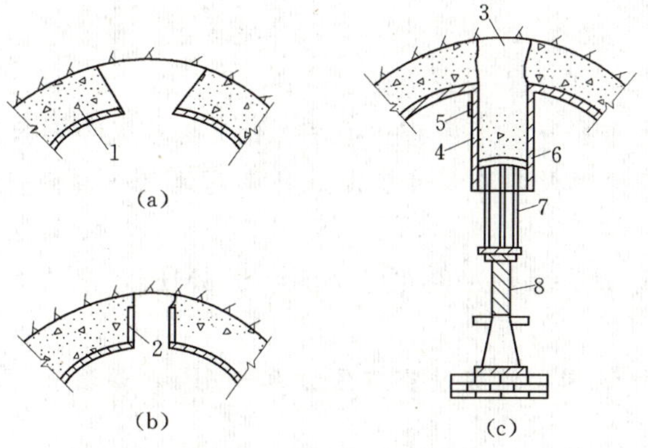

图 6.46　封拱盒封拱示意图

（a）人工退出窗口时的混凝土浇筑面；（b）装侧模后预留方孔；（c）用封拱盒封拱

1—已浇混凝土；2—模框；3—封拱部位；4—封拱盒；5—进料活门；6—活动封门板；7—顶架；8—千斤顶

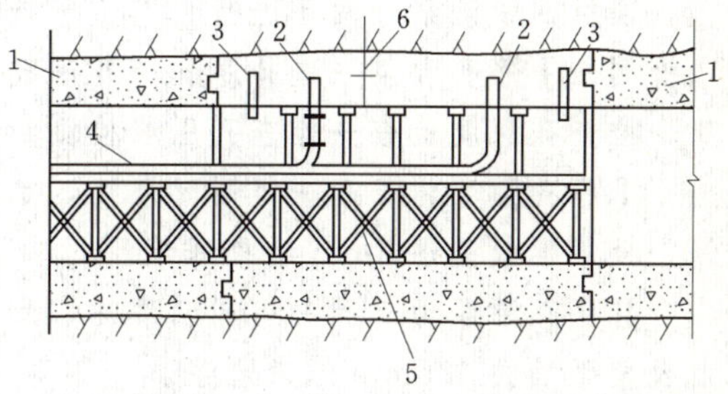

图 6.47　混凝土泵封拱示意图

1—已浇混凝土；2—冲天尾管；3—排气管；4—导管；5—脚手架；6—尾管出口与岩面距离

混凝土泵封拱，如图 6.47 所示。通常在导管的末端接上冲天尾管，垂直穿过模板伸入仓内。冲天尾管的位置应根据浇筑段长度和混凝土扩散半径来确定，其间距一般为 4～6m，离浇筑段端部约 1.5m 左右。尾管出口与岩面的距离，原则上是越贴近越好，但应保证压出的混凝土能自由扩散，一般为 20cm 左右。封拱时应在仓内岩面最高的地方设置排气管，在仓的中央部位设置进入孔，以便进入仓内进行必要的辅助工作。

混凝土泵封拱的施工程序如下：

(1) 当混凝土浇至顶拱仓面时，撤出仓内各种器材，尽量筑高两端混凝土。

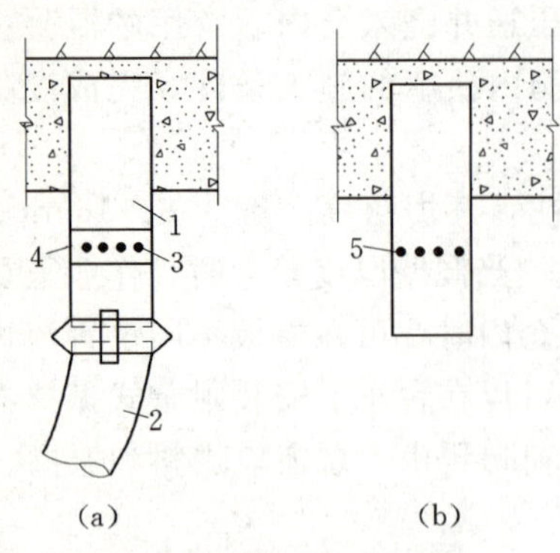

图 6.48 尾管孔眼布置
(a) 浇筑混凝土时的情况；
(b) 拆除导管后的情况
1—尾管；2—导管；3—ϕ2～3cm 的孔眼；
4—薄铁皮铁箍；5—插入孔眼的钢筋

(2) 当混凝土达到与进入孔齐平时，仓内人员全部撤离，封闭进入孔，同时增大混凝土的坍落度（达14～16cm），加快混凝土泵的压送速度，连续压送混凝土。

(3) 当排气管开始漏浆或压入的混凝土量已超过预计方量时，停止压送混凝土。

(4) 去掉尾管上包住预留孔眼的铁箍，从孔眼中插入防止混凝土坍落的钢筋。

(5) 拆除导管。

(6) 待顶拱混凝土凝固后，将外伸的尾管割除，并用灰浆抹平，如图 6.48 所示。

6.1.4.5 压浆混凝土施工

压浆混凝土又称预填骨料压浆混凝土，它是将组成混凝土的粗骨料预先填入立好的板中，振捣密实后，再利用灌浆泵把水泥砂浆压入，凝固而成结石。这种施工方法适用钢筋密布、预埋件复杂、不容易浇筑和捣固的部位。洞室衬砌封拱或钢板衬砌回填混凝时，用这种方法施工，可以明显减轻仓内作业的工作强度和干扰。

任务 6.1.5 隧洞围岩灌浆

工程背景：黑河水库工程导流洞灌浆施工

顶拱回填灌浆分两序进行，其工艺流程为布孔→造Ⅰ序孔→Ⅰ序孔钻孔深度及空腔尺寸检测→Ⅰ序孔灌浆→造Ⅱ序孔→Ⅱ序孔钻孔深度及空腔尺寸检测→Ⅱ序孔灌浆→造检查孔→检查孔深度检查→检查孔压浆检测封孔。

Ⅰ序孔灌浆为三孔一组同时灌注，水灰比 0.6∶1，注浆孔空口压力 0.3MPa，灌浆孔停止吸浆延续关注 5min 结束灌浆。

Ⅱ序孔灌浆为三孔一组同时灌注，水灰比 1∶1，注浆孔空口压力 0.3MPa，灌浆孔停止吸浆延续关注 5min 结束灌浆。

检查孔压浆检验是在序孔灌浆结束 7d 后进行，孔口压力 0.3MPa，在初始 10min 内注水灰比 2∶1 的浆液，吸浆量不超过 10L。

问题：隧洞灌浆如何进行?

学习目标：

(1) 知识目标。能说出隧洞灌浆的方法。

(2) 能力目标。能进行隧洞灌浆施工。

隧洞灌浆有回填灌浆和固结灌浆两种。前者是填塞岩石与衬砌之间的空隙，以弥补混凝土浇筑质量的不足，所以只限于顶拱范围内；后者是为了加固围岩，以提高围岩的整体性和强度，所以范围包括断面四周的围岩。为了节省钻孔工作量，两种灌浆都需要在衬砌时预留直径为 38～50mm 的灌浆钢管并固定在模板上。

图6.49所示为隧洞两种灌浆管孔的布置。灌浆管孔沿洞轴线2～4m布置一排，各排孔位交叉排列。此外，还需要布置一些检查孔，用以检查灌浆质量。

灌浆必须在衬砌混凝土达到一定强度后才能进行，并先进行回填灌浆，隔一个星期后再进行固结灌浆。灌浆时应先用压缩空气清孔，然后用压力水冲洗。灌浆在断面上应自下而上进行，并利用上部管孔排气，在洞轴线方向采用隔排灌注、逐步加密的方法。

为了保证灌浆质量和防止衬砌结构的破坏，必须严格控制灌浆压力。回填灌浆压力为：无压隧洞第一序孔用100～304kPa，有压隧洞第一序孔用200～405kPa；第二序孔可增大1.5～2倍。固结灌浆的压力，应比回填灌浆的压力高一些，以使岩石裂缝灌注密实。

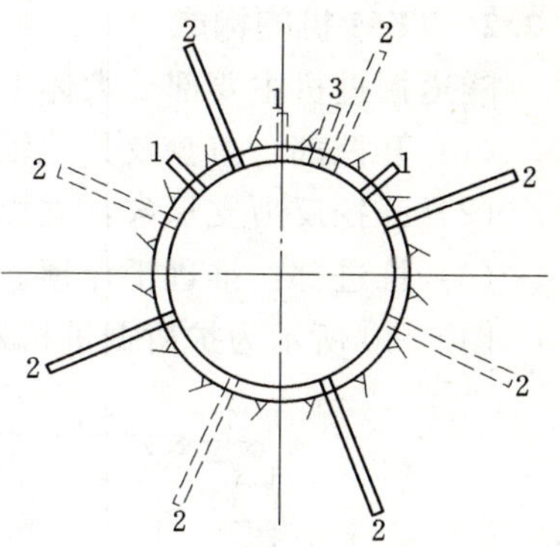

图6.49　灌浆管孔的布置
1—回填灌浆管；2—固结灌浆管孔；3—检查管

项目6.2　掘进机TBM法掘进

工程背景：万家寨引黄工程隧洞施工

此隧洞埋深大都在100～300m之间。岩体各向异性显著，存在膨胀性泥岩、流变砂岩、铝土岩及风化泥质岩等特殊岩体，隧洞地质条件极差，多为Ⅳ、Ⅴ类。采用TBM全断面掘进施工89.479km。施工要点：在Ⅰ、Ⅱ、Ⅲ类围岩地段无支护掘进，在Ⅳ、Ⅴ类围岩适用带有特殊钢筋的混凝土管片衬砌。在TBM机上安装了地质雷达、超前钻探设备和加固排水灌浆设备，用以判识断层状况，加固岩体。

问题：TBM法是一个什么样的开挖方法？是如何进行掘进与衬砌作业的？

学习目标：

(1) 知识目标。能说出掘进机的构成和掘进过程。

(2) 能力目标。具备应用掘进机进行隧洞掘进的初步能力。

6.2.1　掘进的施工特点

隧洞掘进机（简称TBM）是一种机械化的隧道掘进设备。掘进机法是利用掘进机切削破岩，开凿隧道的施工方法。掘进机施工有着钻爆法施工不可比拟的优点。

采用掘进机开挖隧洞的优越性包括：一次成洞；洞壁光滑；施工质量好；速度快，劳动条件好；对围岩的损伤小，几乎不产生松弛，掉块，崩塌的危险小，支护的工作量小；超挖小，衬砌也省；震动、噪音小，对周围的居民和结构物的影响小等。

隧洞掘进机的缺点是机械的购置费和运输、组装解体等的费用高，机械的设计制造时间长，初期投资高；施工途中不能改变开挖直径；掘进机施工方式一经确定，就不可像钻爆法施工那样自由变更，难以适应复杂的地质变化情况，对断层、破碎带和软弱掘进困难。开挖断面的大小、形状变更困难。

目前使用的TBM有敞开式、护棚式、护盾式等类型，在地质条件较好时，多采用开敞式。

6.2.2 TBM 机的构成

隧道掘进机主要部分大体上可分为以下几种。

(1) 开挖部：刀盘及其主轴和驱动装置。

(2) 开挖反力支承部：支撑靴。

(3) 推进部：推进千斤顶。

图 6.50 所示为护盾掘进机示意图，图 6.51 所示为刀盘示意图。

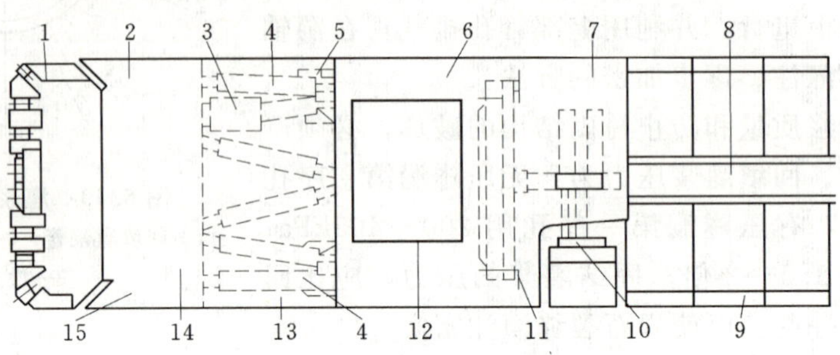

图 6.50 护盾掘进机示意图

1—刀盘；2—前护盾；3—驱动组件；4—推进油缸；5—铰接油缸；6—撑靴护盾；7—尾护盾；8—出渣输送机；9—拼装好的管片；10—管片安装仓；11—辅助推进靴；12—撑靴；13—伸缩护盾；14—主轴承大齿圈；15—刀盘支撑

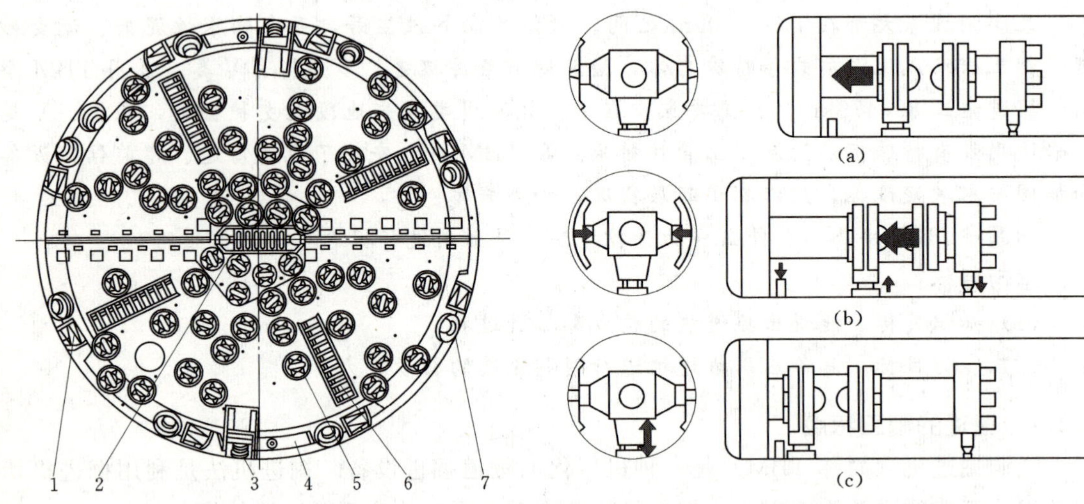

图 6.51 刀盘示意图

1—铲斗；2—中心刀；；3—扩孔边刀；4—扩孔刮渣器；5—面刀；6—铲齿；7—边刀

图 6.52 掘进循环工作示意图

(a) 开挖；(b) 撑靴缩合；(c) 撑靴伸张

掘进机的推进方式如下：

(1) 扩张支撑靴，固定掘进机的机体在隧道壁上。

(2) 回转刀盘，开动千斤顶前进。

(3) 推进一行程后，缩回支撑靴，把支撑靴移置到前方，返回 (1) 的状态。

6.2.3 TBM 机的工作过程

敞开式 TBM 循环掘进如图 6.52 所示。

岩石隧道掘进机切削头是焊接钢结构，通常向前呈弧面凸出，在凸面上按最佳切削作用和根据不同区域要求的间距布置切削刀具，它可以承受巨大的推力和扭矩。在切削头的边缘有一系列铲斗，破岩后的石渣由铲斗铲起，旋转至顶部导入输送机系统，再运出洞外。

隧洞掘进机施工场面如图6.53所示。机体内有驱动马达、其他电气和液压设备以及附属设备。驱动马达提供转动切削头所得的扭矩。液压设备主要为推力千斤顶、踏撑千斤顶和支撑千斤顶。推力千公斤顶提供掘进机所需的推力；踏撑千斤顶是为了在掘进机钻进时撑紧岩壁，使机身固定。

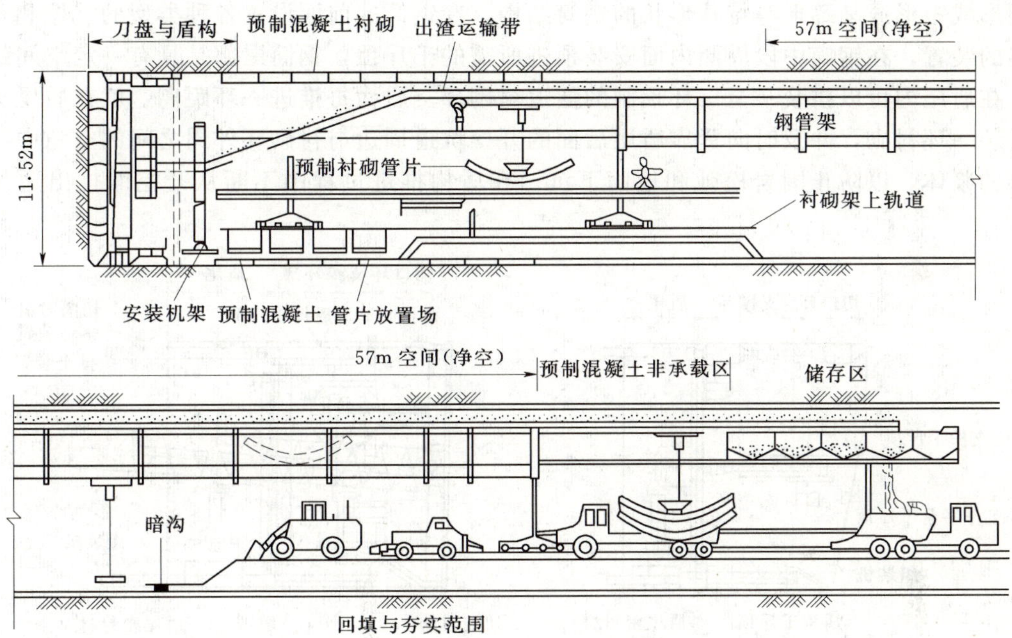

图6.53 隧道掘进机施工场面示意图

项目6.3 盾构法开挖隧洞

工程背景： 陕西洛惠渠5号隧洞施工

此工程穿越粉砂地段300m，洞径1.8m，采用盾构法施工，成功穿越。

问题： 盾构法为一个什么样的隧洞开挖过程？

学习目标：

(1) 知识目标。能说出盾构机的构成、性能及施工过程。

(2) 能力目标。能初步组织进行盾构法开挖隧洞施工。

盾构施工法是软土隧道掘进施工的一种有效方法，在城市地下铁道施工中已得到广泛应用。近十多年来盾构技术又有了飞跃发展，可适用于任何地层。

盾构实质上就是软土隧洞掘进机。不过，它既可能是机械开挖，也可能是人工开挖。

它既是一种施工机具，又是一个强有力的临时支撑结构。在盾壳的保护下既可进行开挖，又能进行衬砌。采用盾构施工，具有不影响地面交通，没有振动，对地面邻近建筑物危害较小，施工工费用不受埋深的影响。在土质差、水位高的地方建设埋深较大的隧洞，盾构法有较高的技术经济优越性等优点。

6.3.1 盾构组成

盾构由盾壳、推进机构、取土机构、拼装或现浇衬砌机构以及盾尾等部分组成（图6.54）。盾构推进中所受到的地层阻力，通过盾构千斤顶传至盾构尾部已拼装的预制隧道衬砌结构，再传到竖井或基坑的后靠壁上。它是一个能支承地层荷载而又能在地层中推进的圆形或矩形或马蹄形等特殊形状的钢筒结构。在钢筒的前面设置各种类型的支撑和开挖土体的装置，在钢筒中段周圈内面安装顶进所需的千斤顶，钢筒尾部是具有一定空间的壳体，在盾尾内可以拼装一至二环预制的隧道衬砌环。盾构每推进一环距离，就在盾尾支护下拼装一环衬砌，并及时向紧靠盾尾后面的开挖坑道周边与衬砌环外周之间的空隙中压注足够的浆体，以防止围岩松弛和地面下沉。在盾构推进过程中不断从开挖面排出适量的土方。

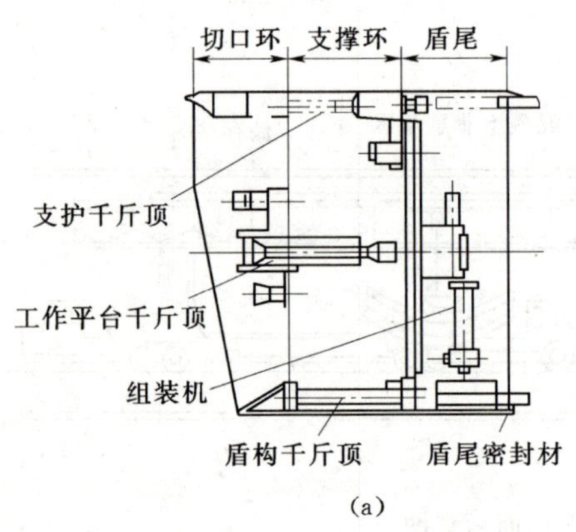

(a)

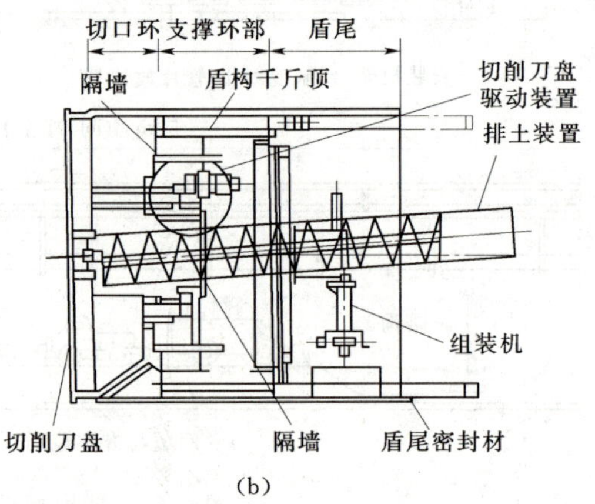

(b)

图6.54 盾构的组成

(a) 敞开式盾构；(b) 土压平衡盾构

6.3.2 盾构的类型

1. 按开挖方式分

(1) 手掘式盾构，开挖和出土可用人工进行；

(2) 半机械式盾构，大部分的开挖工作和出土由机械进行；

(3) 机械式盾构，从开挖到出土均采用机械。

2. 按开挖面的支护方式分

(1) 无固定支护式的盾构。如开胸式盾构（包括辐射式带转子构件的盾构在内）、带隔板（隔开工作面）的盾构，开挖面带压板和旋转夺板的盾构以及带有活动迭梁的盾构等。

(2) 固定机械支护式盾构。如带有开挖面封闭衬板（闭胸式）的盾构，用黏土作护壁面移动或是在盾构下面隔板上设有小孔的盾构，以及刀盘可以调节岩石进入量的转子开缝

式盾构。

(3) 工作面近旁带有气压室的盾构。用一定的气压平衡地下水，以稳定工作面。这类盾构由于喷射压缩空气而易发生喷气的危险，故较少采用。近年来德国和法国研制了利用压缩空气使触变性溶液在开挖面表面形成黏土表层的工艺，使压缩空气不再喷出。

(4) 泥水加压式盾构。这种盾构的旋转切削头后面有一个用隔板密封起来的泥浆室，其间充满从地面泥水处理设备输送来的有压泥浆，泥浆的压力比开挖面的地下水压力高，从而保护开挖面稳定。弃渣与泥浆混合后由输泥管抽出洞外进行渣泥分离处理。

使用水泥加压盾构，能在很浅覆盖层的砂卵石地层中，在很高的水压下挖掘，而不会像气压盾构施工的那样有喷气的危险。施工人员可以在常压下工作，不会像在气压盾构的高压下工作那样困难。但此种盾构需要附有庞大的泥水处理设备，成本较高。它适宜于黏性软土或砂质含水地层的施工。此类盾构自1975年问世以来，用此法修建的工程数量剧增。

(5) 土压式盾构。这种盾构（图6.55）把旋刀削下来的土留存于储土室内，然后根据掘进量并在保持对开挖面施加一定压力的条件下，由螺旋输送器自动控制出土量，连续出土。这样不仅可以防止开挖面坍塌，滞留在螺旋输送器内的土砂还可以起隔水墙的作用来抵抗地下水压力。土压盾构适用黏结性土壤的开挖。

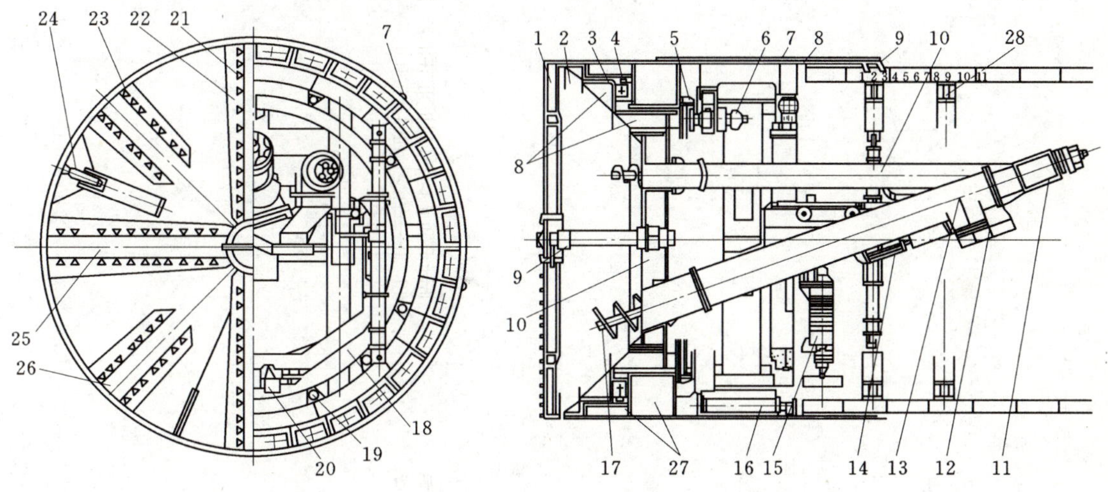

图6.55 土压平衡盾构

1—切削刀盘；2—泥土仓；3—密封装置；4—支承轴承；5—驱动齿轮；6—液压马达；7—注浆管；8—盾壳；9—盾尾密封装置；10—小螺旋输送机；11—大螺旋输送机驱动液压马达；12—排土闸门；13—大螺旋输送机；14—闸门滑阀；15—拼装机构；16—盾构千斤顶；17—大螺旋输送机叶轮轴；18—拼装机转盘；19—支承滚轮；20—举升臂；21—切削刀；22—主刀槽；23—副刀槽；24—超挖刀；25—主刀梁；26—副刀梁；27—固定鼓；28—真圆保持器

这类盾构比泥水加压式盾构具有更明显的优越性。故自1974年问世以来以更快的速度发展。近年来已超泥水加压式盾构的发展速度。

6.3.3 盾构法的施工过程

(1) 在隧洞某段的一端建造交通竖井或基坑，以供盾构安装就位，盾构从竖井或基坑的墙壁开孔出发，在地层中沿着设计轴线向另一竖井或基坑的设计孔洞推进。

（2）盾构掘进相当于装配式衬砌的一环长度。

（3）千斤顶在已拼装好的管片上，使盾构前进。

（4）缩回千斤顶。

（5）用举重设备拼装管片衬砌，同时在开挖面进行开挖。

参　考　文　献

[1] 潘家铮．中国水力发电工程：施工卷．北京：中国电力出版社，2000.

[2] 司兆乐．水利水电枢纽施工技术．北京：中国水利水电出版社，2002.

[3] 吴立，等．凿岩爆破工程．武汉：中国地质大学出版社，2005.

[4] 冯叔瑜．爆破员读本．北京：冶金工业出版社，1992.

[5] 袁光裕．水利工程施工．北京：中国水利水电出版社，2005.

[6] 钟汉华．水利水电工程施工技术．北京：中国水利水电出版社，2004.

[7] 梅锦煜．水利水电工程施工手册：土石方工程．北京：中国电力出版社，2002.

[8] 李德武．隧洞．北京：中国铁道出版社，2004.

[9] 水利电力部水利水电建设总局．砌石坝施工．北京：水利电力出版社，1984.